本书部分实例

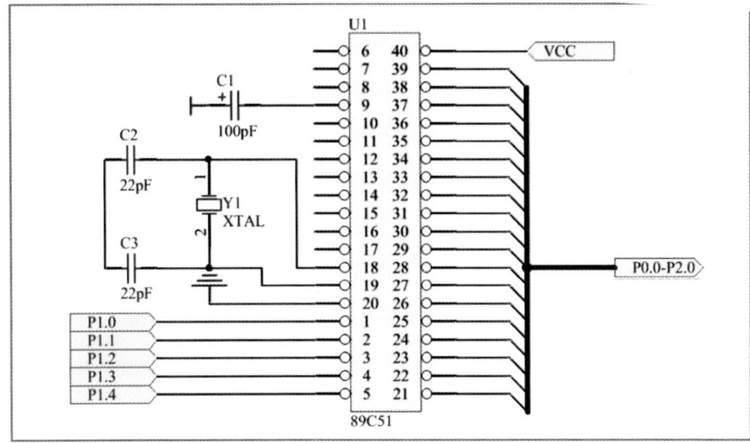

汉字显示屏电路（2）

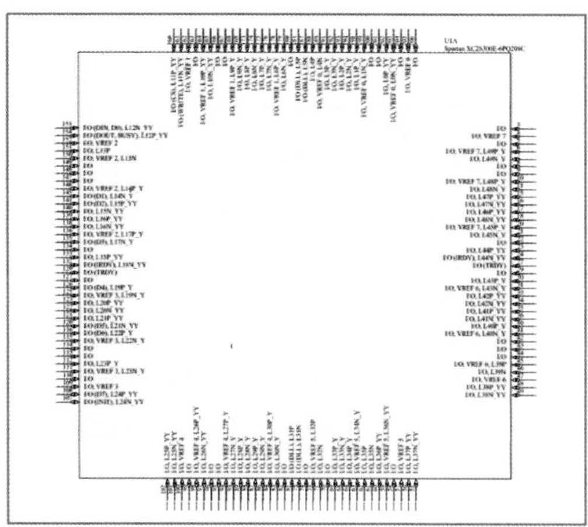

BOARD PCB（2）

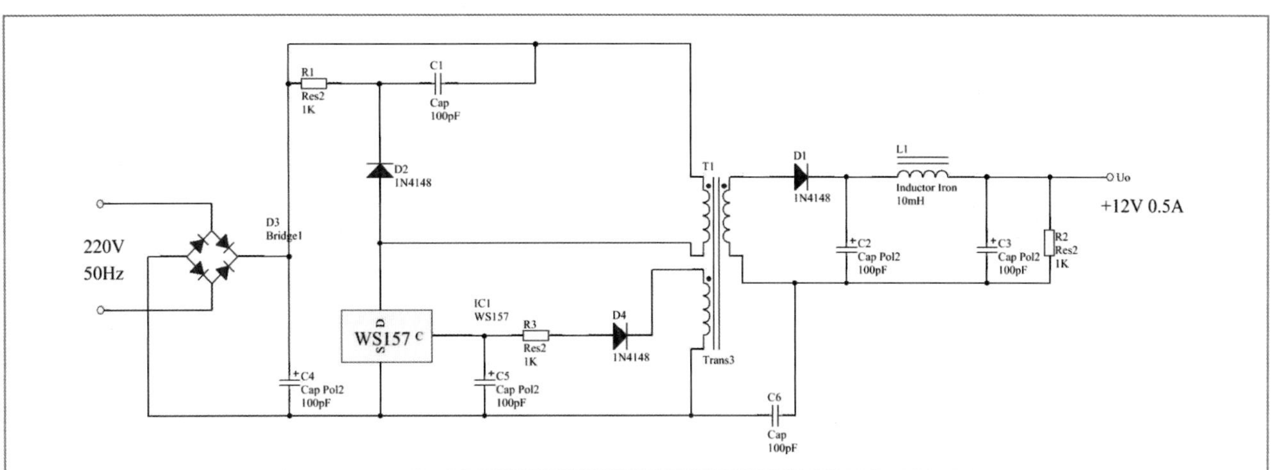

开关稳压器电路图

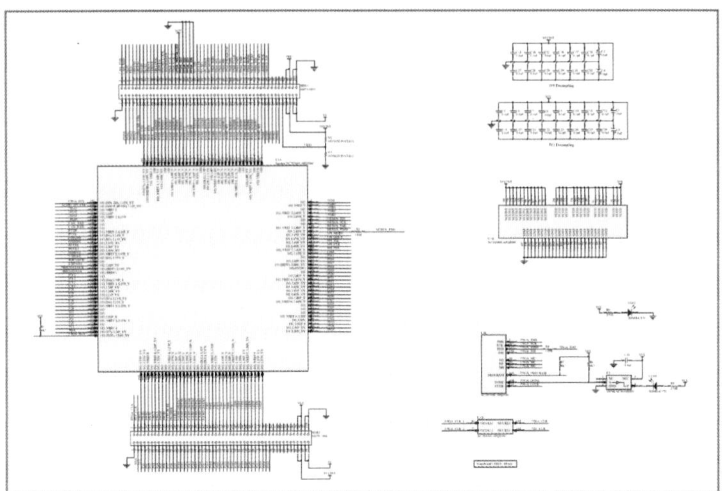

BOARD PCB（1）

4.7K×16

汉字显示屏电路（6）

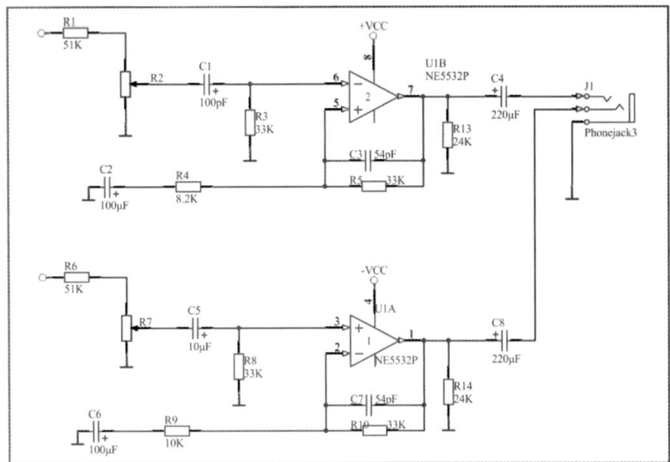

耳机放大器电路设计（1）

集电极耦合多谐振荡器电路

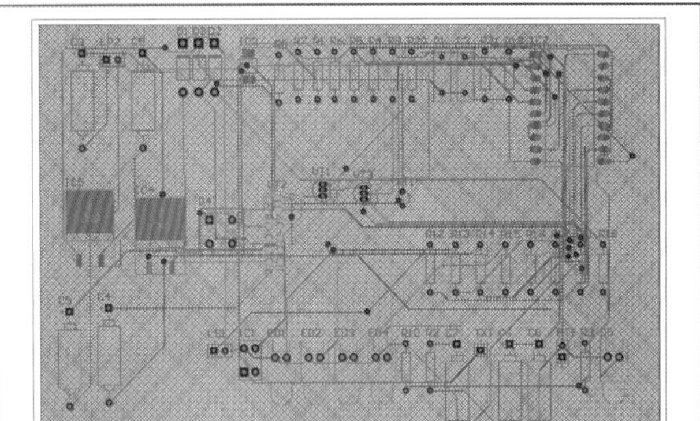

无线防盗报警器电路（2）

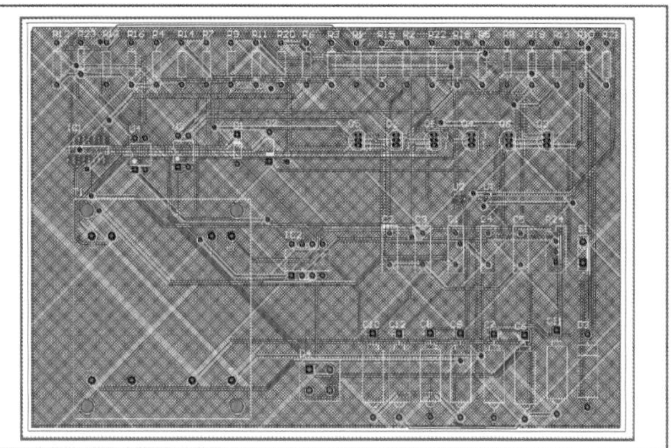

电鱼机电路（2）

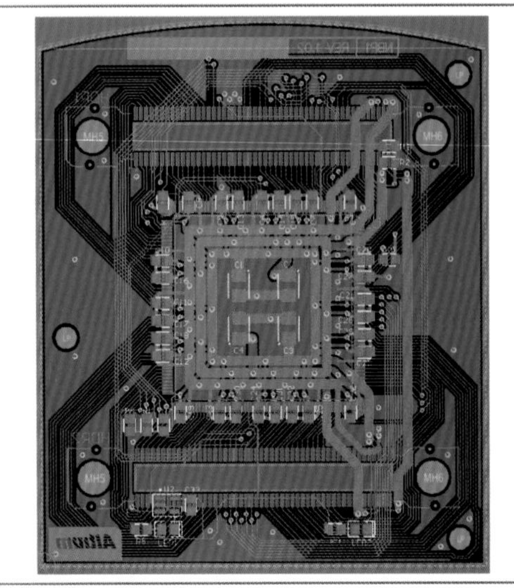

BOARD PCB（3）

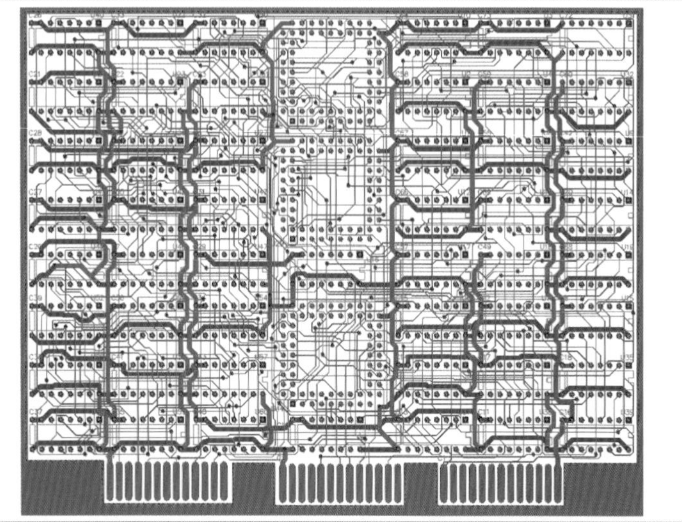

BOARD

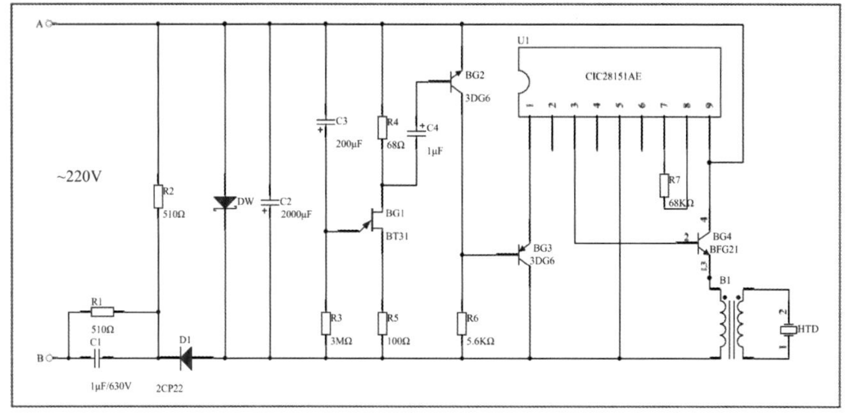

■ 4-电饭煲饭熟报知器电路

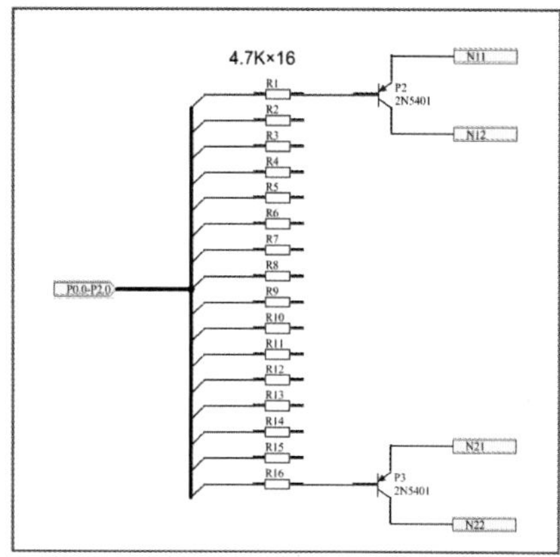

■ 汉字显示屏电路（9）

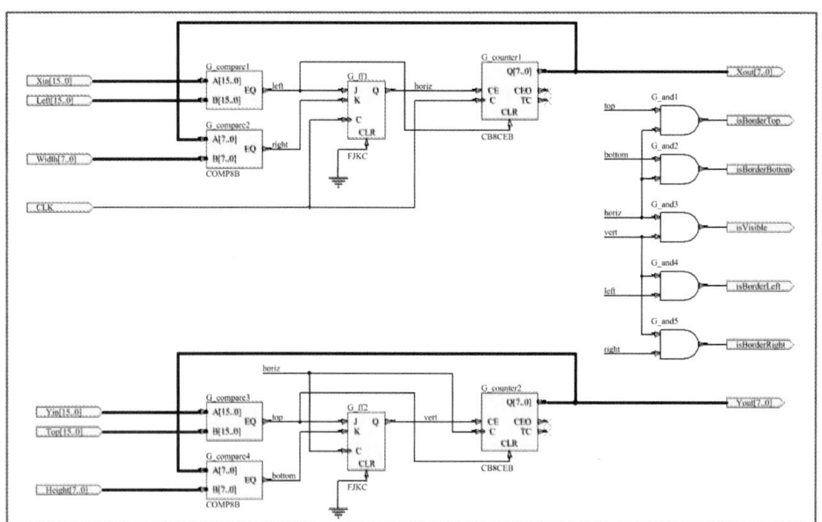

■ TControlWindow（2）

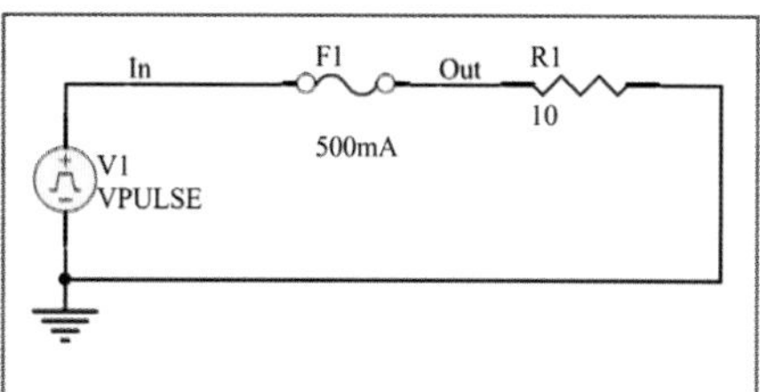

■ 保险丝电路（1）

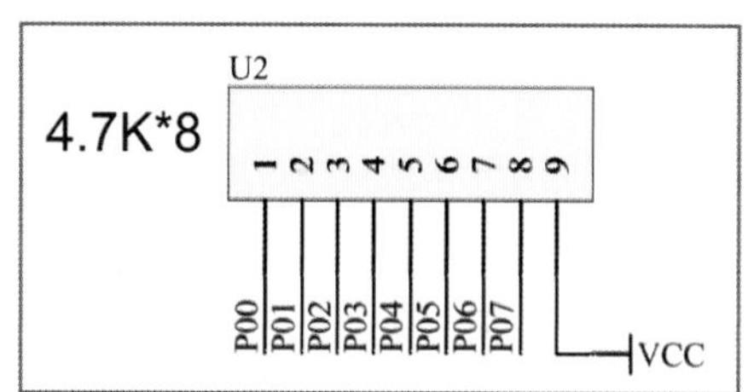

■ 汉字显示屏电路（4）

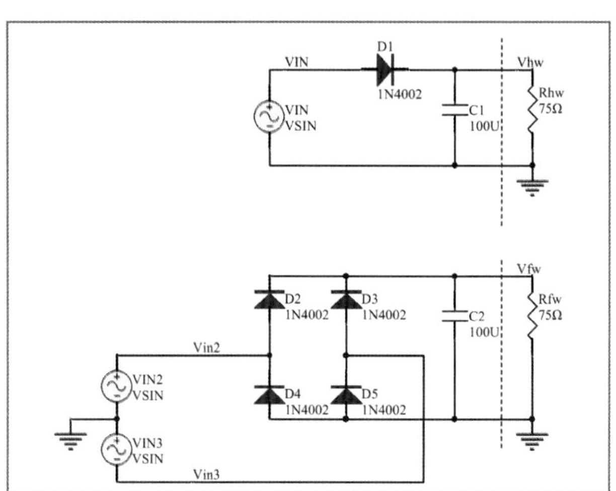

■ 基本电力供应电路

■ 汉字显示屏电路（7）

本书部分实例

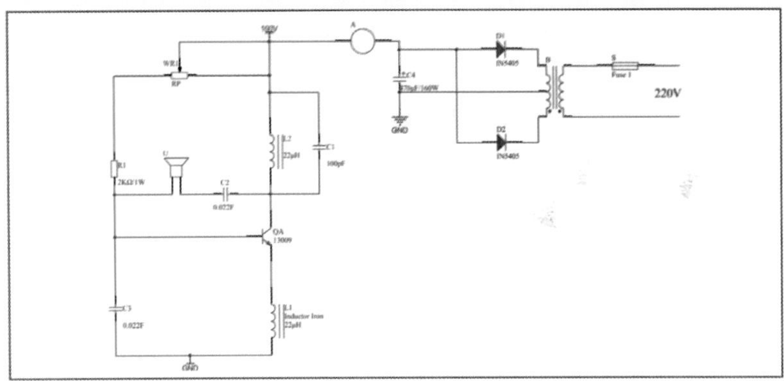

3-超声波雾化器电路

5-RCNetwork

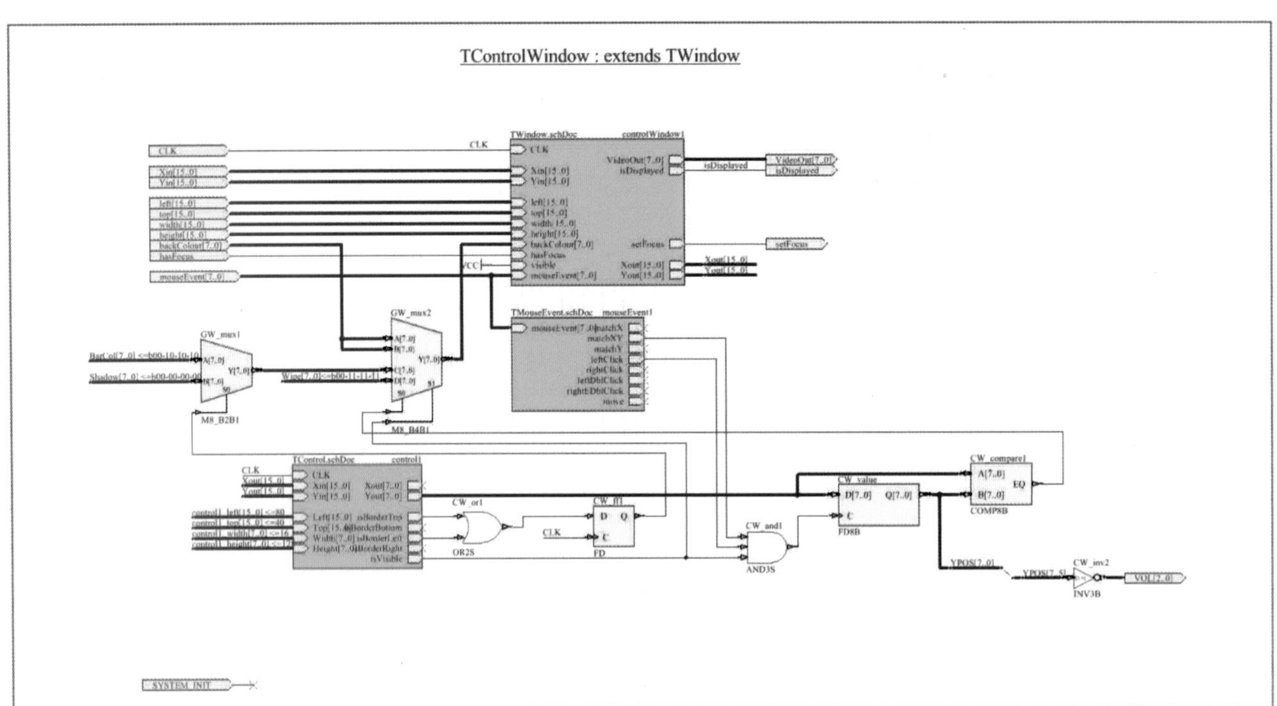

TControlWindow（1）

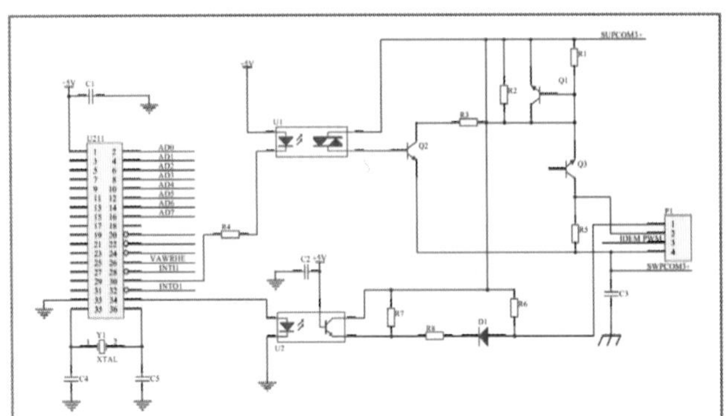

通信电路图（1）

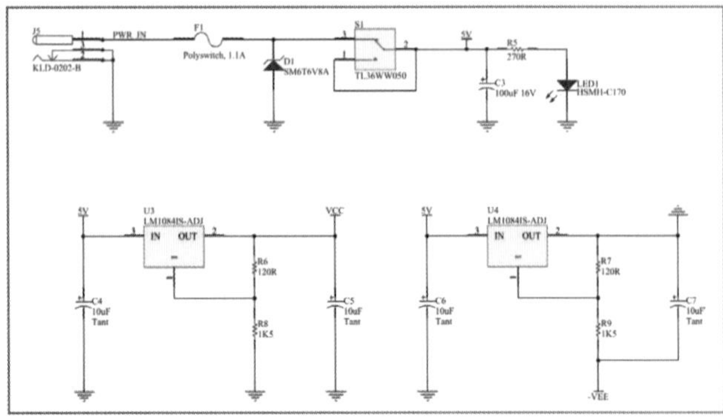

5-power

Altium Designer 18 电路设计与仿真从入门到精通

CAD/CAM/CAE 技术联盟　编著

清华大学出版社

北　京

内 容 简 介

《Altium Designer 18 电路设计与仿真从入门到精通》以 Altium Designer 18 为平台，介绍了电路设计的方法和技巧。全书共 19 章，第 1～16 章具体内容包括 Altium Designer 18 概述、原理图设计基础、原理图的绘制、原理图的后续处理、层次化原理图的设计、原理图中的高级操作、PCB 设计基础知识、PCB 的布局设计、PCB 电路板的布线、电路板的后期制作、创建元件库及元件封装、电路仿真系统、信号完整性分析、开关稳压电路图设计实例、耳机放大器电路设计实例、无线防盗报警器电路图设计实例；第 17～19 章为电子书部分，讲解了通信电路图设计实例、电鱼机电路设计实例、汉字显示屏电路设计实例。全书内容由浅入深，从易到难，各章节既相对独立又前后关联，并根据作者多年的经验，在重要知识点处给出总结和相关提示，帮助读者快速地掌握所学知识。

本书可以作为初学者的入门教材，也可作为相关行业工程技术人员以及各院校相关专业师生的学习参考书。

另外，本书随书配套资源中还配备了丰富的学习资源，具体内容如下。

1．与全书实例配套的教学视频，共 34 集 239 分钟，手机扫码边看视频边学习，轻松效率高。

2．全书实例的源文件和素材文件，方便读者按照书中实例操作时直接调用。

3．赠送 10 套电路设计方案，近 4 小时视频讲解，配合对应源文件，用实例学习更专业、更快捷。

图书在版编目（CIP）数据

Altium Designer 18 电路设计与仿真从入门到精通/CAD/CAM/CAE 技术联盟编著．—北京：清华大学出版社，2018（2025.1 重印）

（清华社“视频大讲堂”大系. CAD/CAM/CAE 技术视频大讲堂）

ISBN 978-7-302-50792-5

Ⅰ.①A… Ⅱ.①C… Ⅲ.①印刷电路-计算机辅助设计-应用软件 Ⅳ.①TN410.2

中国版本图书馆 CIP 数据核字（2018）第 178660 号

责任编辑：贾小红
封面设计：李志伟
版式设计：楠竹文化
责任校对：赵丽杰
责任印制：宋 林

出版发行：清华大学出版社
网 址：https://www.tup.com.cn, https://www.wqxuetang.com
地 址：北京清华大学学研大厦 A 座 **邮 编：**100084
社 总 机：010-83470000 **邮 购：**010-62786544
投稿与读者服务：010-62776969，c-service@tup.tsinghua.edu.cn
质量反馈：010-62772015，zhiliang@tup.tsinghua.edu.cn
印 装 者：三河市龙大印装有限公司
经 销：全国新华书店
开 本：203mm×260mm **印 张：**29.25 **插 页：**2 **字 数：**882 千字
版 次：2018 年 9 月第 1 版 **印 次：**2025 年 1 月第 10 次印刷
定 价：89.80 元

产品编号：080242-01

前　言

Preface

随着计算机业的发展，从 20 世纪 80 年代中期计算机应用进入各个领域。在这种背景下，美国 ACCEL Technologies Inc 推出了第一个应用于电子线路设计的软件包——TANGO，这个软件包开创了电子设计自动化（EDA）的先河。随着电子业的飞速发展，TANGO 日益显示出其不适应时代发展需要的弱点。为了适应科学技术的发展，Protel Technology 公司推出了 Altium 作为 TANGO 的升级版本，从此 Altium 这个名字在业内日益响亮。

Altium 系列是我国最早的电子设计自动化软件之一，一直因易学易用深受广大电子设计者喜爱。Altium Designer 18 以 Windows 的界面风格为主，同时，Altium 独一无二的 DXP 技术集成平台也为设计系统提供了所有工具和编辑器的相容环境。

Altium Designer 18 是一套完整的板卡级设计系统，真正实现了在单个应用程序中的集成。该设计系统的目的就是为了支持整个设计过程。Altium Designer 18 PCB 线路图设计系统完全利用了 Windows 平台的优势，具有改进的稳定性、增强的图形功能和超强的用户界面，设计者可以选择最适当的设计途径以最优化的方式工作。

一、编写目的

鉴于 Altium Designer 18 强大的功能和深厚的工程应用底蕴，我们力图编写一套全方位介绍 Altium Designer 18 在电子工程行业应用实际情况的书籍。我们不求事无巨细地将 Altium Designer 18 知识点全面讲解清楚，而是针对电子工程专业或行业需要，利用 Altium Designer 18 大体知识脉络作为线索，以实例作为“抓手”，帮助读者掌握利用 Altium Designer 18 进行电子工程设计的基本技能和技巧。

二、本书特点

☑ **专业性强**

本书的编者都是高校从事计算机电子工程教学研究多年的一线人员，具有丰富的教学实践经验与教材编写经验，有的是国内 EDA 图书出版界知名的作者，前期出版的一些相关书籍经过市场检验很受读者欢迎。多年的教学工作使他们能够准确地把握学生的心理与实际需求，本书是作者总结多年的设计经验以及教学的心得体会，历时多年精心准备，力求全面细致地展现 Altium Designer 在电子设计应用领域的各种功能和使用方法。

☑ **实例经典**

本书中的实例均为实际设计中经常需要绘制的内容，如原理图设计、PCB 设计等，很多实例本身就是电子电路设计项目案例，这些经典、实际的案例经过作者精心提炼和改编，不仅保证读者能够学好知识点，更重要的是能够帮助读者掌握实际的操作技能，同时培养电子电路设计实践能力。

Note

☑ **涵盖面广**

本书是一本对电子工程专业具有普适性的基础应用学习书籍，在本书的篇幅内包罗了 Altium Designer 常用的功能讲解，内容涵盖了电路设计与仿真各个方面的知识。对每个知识点而言，我们不求过于深入，只要求读者能够掌握一般工程设计的知识即可，因此在语言上尽量做到浅显易懂，言简意赅。

☑ **突出技能提升**

本书从全面提升 Altium Designer 设计与仿真分析能力的角度出发，结合大量的案例讲解如何利用 Altium Designer 进行电路设计分析，让读者了解计算机辅助电路设计并能够独立地完成各种工程设计。

三、本书的配套资源

本书提供了极为丰富的学习配套资源，可扫描封底二维码，将相应资源下载至手机或推送至邮箱下载。

1. 配套教学视频

为了方便读者学习，本书专门制作了 34 集配套教学视频，读者可以先扫码观看视频，像看电影一样轻松愉悦地学习本书内容，然后对照书中内容加以实践和练习，可大大提高学习效率。

2. 10 套不同类型电路图纸设计方案及配套视频文件

为了帮助读者拓宽视野，本书配套资源中特意赠送 10 套电路设计源文件，以及配套的近 4 小时教学视频。

3. 全书实例的源文件和素材

本书附带了很多实例，配套资源中包含实例的源文件和元件库素材文件，读者可以安装 Altium Designer 18 软件，打开并使用它们。

4. 扩展学习内容

除了丰富的纸书内容，本书还附赠 3 章扩展学习内容，包括通信电路图设计实例、电压放大器电路设计实例和汉字显示屏电路设计实例。以 PDF 形式附在配套资源中，读者可扫描封底二维码观看视频，有兴趣可以下载并通过电子书学习。

四、本书服务

1. 安装软件的获取

按照本书上的实例进行操作练习，以及使用 Altium Designer 进行电路设计与仿真分析时，需要事先在计算机上安装相应的软件。读者可访问官方网站 https://www.altium.com.cn 下载试用版，或到当地经销商处购买正版软件。

2. 关于本书的技术问题或有关本书信息的发布

读者朋友遇到有关本书的技术问题，可以登录 www.tup.com.cn，找到该书后单击下部的“网络资源”下载，看该书的留言是否已经对相关问题进行了回复，如果没有请直接留言，我们将尽快回复。

3. 关于手机在线学习

扫描书后刮刮卡二维码，即可绑定书中二维码的读取权限，再扫描书中二维码，可在手机中观看对应教学视频。充分利用碎片化时间，随时随地提升。需要强调的是，书中给出的是实例的重点步骤，详细操作过程还需读者通过视频仔细领会。

五、作者团队

本书由 CAD/CAM/CAE 技术联盟组织编写。CAD/CAM/CAE 技术联盟是一个 CAD/CAM/CAE 技术研讨、工程开发、培训咨询和图书创作的工程技术人员协作联盟，包含 50 多位专职和众多兼职 CAD/CAM/CAE 工程技术专家。其中，赵志超、张辉、赵黎黎、朱玉莲、徐声杰、卢园、杨雪静、孟培、闫聪聪、李兵、甘勤涛、孙立明、李亚莉、王敏、宫鹏涵、左昉、李谨、张亭、秦志霞、井晓翠、解江坤、吴秋彦、胡仁喜、刘昌丽、康士廷、毛瑢、王玮、王艳池、王培合、王义发、王玉秋、张红松、陈晓鸽、张日晶、禹飞舟、杨肖、吕波、李瑞、刘建英、薄亚、方月、刘浪、穆礼渊、张俊生、郑传文等参与了具体章节的编写工作，对他们的付出表示真诚的感谢。

CAD/CAM/CAE 技术联盟负责人由 Autodesk 中国认证考试中心首席专家担任，全面负责 Autodesk 中国官方认证考试大纲制定、题库建设、技术咨询和师资力量培训工作，成员精通 Autodesk 系列软件。其创作的很多教材成为国内具有引导性的旗帜作品，在国内相关专业方向图书创作领域具有举足轻重的地位。

六、致谢

在本书的写作过程中，编辑贾小红女士、艾子琪女士和柴东先生给予了很大的帮助和支持，提出了很多中肯的建议，在此表示感谢。同时，还要感谢清华大学出版社的所有编审人员为本书的出版所付出的辛勤劳动。本书的成功出版是大家共同努力的结果，谢谢所有给予支持和帮助的人们。

编　者

目 录

Contents

Note

Note

Note

AltiumDesigner 扩展学习内容

（本目录对应的内容在本书配套资源中，扫描封底二维码下载）

Altium Designer 18 概述

Protel 系列是我国最早的电子设计自动化软件之一，一直以易学易用而深受广大电子设计者的喜爱。2001 年 8 月，Protel 公司更名为 Altium 公司，2008 年 5 月推出了 Altium 系列，Altium Designer 作为新一代的板卡级设计软件，以 Windows 7 的界面风格为主，同时，Altium 独一无二的 DXP 技术集成平台也为设计系统提供了所有工具和编辑器的相容环境。其友好的界面环境及智能化的性能为电路设计者提供了最优质的服务。

最新版本 Altium Designer 18 有什么特点？如何安装 Altium Designer 18？如何对其界面进行个性化的设计？这些都是本章要介绍的内容。

本章将从 Altium Designer 18 的功能特点及发展历史讲起，介绍 Altium Designer 18 的安装与卸载、Altium Designer 18 的开发环境，以使读者对该软件有个大致的了解。

☑ Altium Designer 18 的运行环境

☑ Altium Designer 18 的开发环境

任务驱动&项目案例

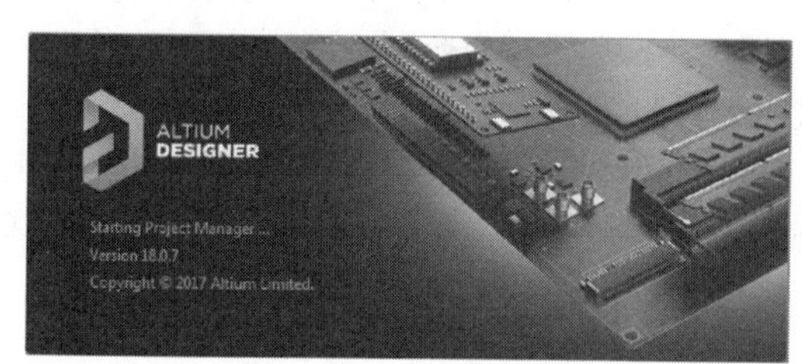

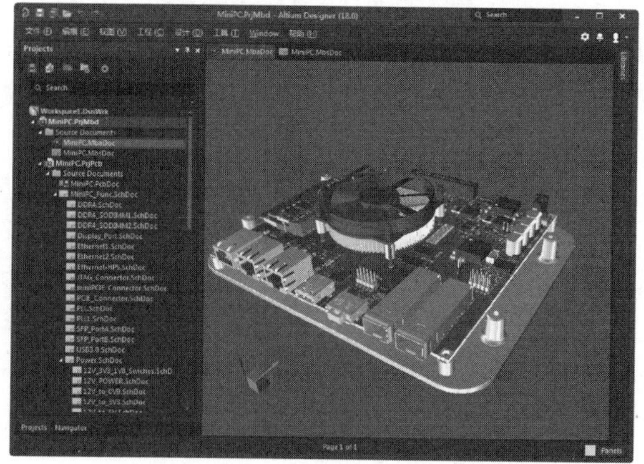

Note

1.1 Altium Designer 18 的主要特点

Altium Designer 18 是一套完整的板卡级设计系统，真正实现了在单个应用程序中的集成。该设计系统的目的就是为了支持整个设计过程。Altium Designer 18 PCB 线路图设计系统完全利用了 Windows 平台的优势，具有改进的稳定性、增强的图形功能和超强的用户界面，设计者可以选择最适当的设计途径以最优化的方式工作。

Altium Designer 18 着重关注 PCB 核心设计技术，提供以客户为中心的全新平台，进一步夯实了 Altium 在原生 3D PCB 设计系统领域的领先地位。Altium Designer 现已支持软性和软硬复合设计，将原理图捕获、3D PCB 布线、分析及可编程设计等功能集成到单一的一体化解决方案中。

Altium Designer 18 独特的原生 3D 视觉支持技术，可以在更小、更流动的空间内加速处理和通信过程，从而实现电子设计的创新。这一强化平台可实现更小的电子设计封装，从而在降低物料和制作成本的同时增加耐用性。

Altium Designer 18 构建于一整套板级设计及实现特性上，其中包括混合信号电路仿真、布局前/后信号完整性分析、规则驱动 PCB 布局与编辑、改进型拓扑自动布线及全部计算机辅助制造（CAM）输出能力等。Altium Designer 18 的功能得到了进一步的增强，可以支持 FPGA（现场可编程门阵列）和其他可编程器件设计及其在 PCB 上的集成。

1. 新型 GUI

Altium Designer 18 不仅包括大范围的新型改进功能，还专注于优化工程师的生产效率。Altium Designer 18 还展示了全新的外观和令人耳目一新的感觉，可以增强电路板设计体验。从主要编辑器的配色方案，到新型更全面的面板，再到抵达 Preferences 和托管内容服务器的最快途径，Altium Designer 的这一更新版本在构建设计时提供更精简的工作方式。

2. 支持多板设计

先进电子产品设计通常由多个 PCB 设计组成，这些 PCB 设计相互连接以创建完整的功能系统。从主板和前面板 LCD 模块设计，到带插卡的复杂活动背板系统，都是按照多板设计系统实施的。

多板设计系统需要一个高级设计系统，该系统允许多个“子”PCB 设计进行电气和物理连接，同时保持其管脚和网络的连接完整性。Altium Designer 18 以专用多板设计环境的形式支持系统级设计集成，该环境具有系统设计的逻辑（原理图）和物理（PCB）方面特点。

3. ActiveRoute 加强

ActiveRoute 是一项自动交互式布线技术，将高效多网络布线算法应用于工程师选定的特定网络或连接。本次发布版本引入了单端和差分对的自动长度调整、自动管脚交换和 Route Guide 内的可配置走线间距，全部在更新的 PCB ActiveRoute 面板上进行配置和选择过滤器。

如果要编辑多个对象，首先需要选中所需的对象。Altium Designer 18 采用新型选择过滤器实现了此项要求。新的属性面板顶部可找到此过滤器，只有在原理图或 PCB 编辑器工作区内无任何选择对象时显示此过滤器。

4. Draftsman 增强功能

Altium Designer 18 发布版本为 Draftsman 生产绘图应用程序带来了一系列新特点和增强功能。包

括支持两个新对象类型——Arc 和 Region。目前 Bookmarks 面板也可使用，便于导航和管理多张绘图文档。不同于 Projects 面板，Bookmarks 面板展示了完整文档结构的可扩展树形视图，还包括所有文档图纸以及这些图纸中的主要视图对象。

Note

目前，Draftsman 编辑器可支持 PCB 文档嵌入式板阵列，使 Draftsman 文档能够提供作为面板阵列放置的多个板的详图。

5. 增强的 BOM 管理与 ActiveBOM

最终材料清单通常不只是包括安装在电路板上的元器件，还需要在另一个编辑器中进行手动和容易出错的手工制作。新型 ActiveBOM 编辑器解决了这些问题：自定义行和列；可配置、可编辑的专用行数列；强大的供应链搜索；综合性 BOM 检查。

Altium Designer 18 包含了一些可提高性能的重要优化功能，在 64 位进行交付，具备新型图形渲染引擎的功能。

1.2 Altium Designer 18 的运行环境

Altium 公司提供了 Altium Designer 18 的使用版本，用户可以通过网上下载来体验其新功能。

Altium 公司为用户定义的 Altium Designer 18 软件的最低运行环境和推荐系统配置如下所述。

1. 安装 Altium Designer 18 软件的最低配置要求

（1）Windows 7、Windows 8 或 Windows 10（仅限 64 位）英特尔®酷睿™i5 处理器或等同产品。

（2）4GB 随机存储内存。

（3）10GB 硬盘空间（安装+用户文件）。

（4）显卡（支持 DirectX 10 或更好版本），如 GeForce 200 系列、Radeon HD 5000 系列、Intel HD 4600。

（5）最低分辨率为 1680×1050（宽屏）或 1600×1200（4：3）的显示器。

（6）Adobe® Reader®（用于 3D PDF 查看的 XI 版本或更新）。

（7）最新网页浏览器。

（8）Microsoft Excel（用于材料清单模板）。

2. 安装 Altium Designer 18 软件的推荐配置

（1）Windows 7、Windows 8 或 Windows 10（仅限 64 位）英特尔®酷睿™i7 处理器或等同产品。

（2）16GB 随机存储内存。

（3）10GB 硬盘空间（安装+用户文件）。

（4）固态硬盘。

（5）高性能显卡（支持 DirectX 10 或以上版本），如 GeForce GTX 1060、Radeon RX 470。

（6）分辨率为 2560×1440（或更好）的双显示器。

（7）用于 3D PCB 设计的 3D 鼠标，如 Space Navigator。

（8）Adobe® Reader®（用于 3D PDF 查看的 XI 或以上版本）。

（9）网络连接。

（10）最新网页浏览器。

（11）Microsoft Excel（用于材料清单模板）。

Note

1.3 Altium Designer 18 的启动

Altium Designer 18 成功安装后，系统将在 Windows“开始”菜单栏中加入程序项，并在桌面上建立启动 Altium Designer 18 的快捷方式。

启动 Altium Designer 18 的方法是在 Windows“开始”菜单栏中找到 Altium Designer 并单击，或者在桌面上双击 Altium Designer 快捷方式，即可启动 Altium Designer 18。

启动 Altium Designer 18 时，将出现一个启动界面，通过该启动界面区别于其 Altium 版本，如图 1-1 所示。

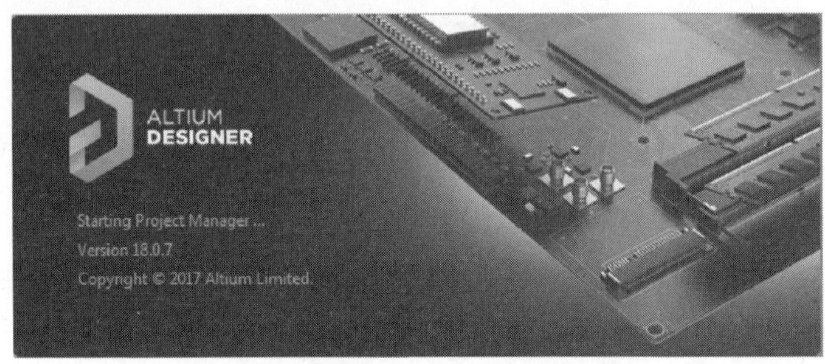

图 1-1　Altium Designer 18 启动界面

1.4 Altium Designer 18 的主窗口

Altium Designer 18 成功启动后则可进入主窗口，如图 1-2 所示。用户可以使用该窗口进行项目文件的操作，如创建新项目、打开文件等。

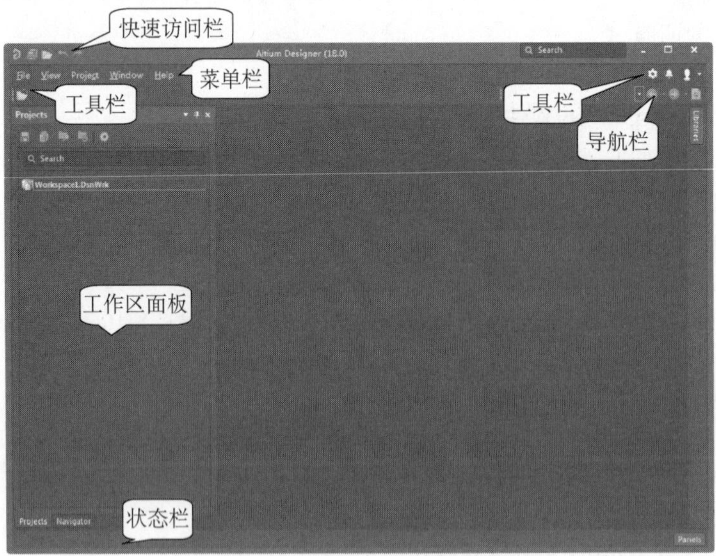

图 1-2　Altium Designer 18 的主窗口

搜索功能位于工作区右上角，其主要作用是方便用户进行全局搜索，如图 1-3 所示。

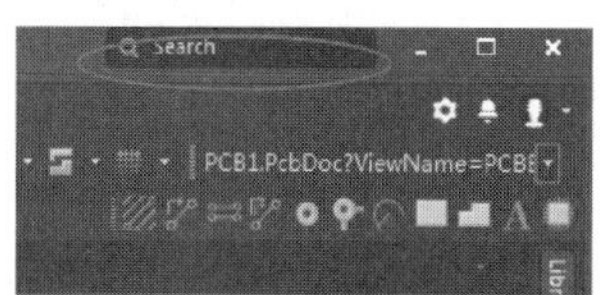

图 1-3 搜索功能

主窗口类似于 Windows 的界面风格，主要包括 6 个部分，分别为快速访问栏、工具栏、菜单栏、工作区面板、状态栏、导航栏。

1.4.1 快速访问栏

Quick Access 栏位于工作区的左上角。Quick Access 允许快速访问常用的命令，包括保存当前的活动文档，使用适当的按钮打开任何现有的文档，以及撤销和重做功能，还可以单击“保存”按钮来一键保存所有文档。

使用 Quick Access 栏快速保存和打开文档、取消或重做最近的命令。

1.4.2 工具栏

工具栏包括两种，系统默认基本设置不可移动与关闭的固定工具栏、可打开与关闭的灵活工具栏。右上角固定工具栏中只有 3 个按钮。功能介绍如下。

（1）“Setup system preference（设置系统属性）”按钮：选择该命令，弹出“Preferences（参数选择）”对话框，如图 1-4 所示，用于设置 Altium Designer 的工作状态。

（2）“Notifications（通知）”按钮：访问 Altium Designer 系统通知。有通知时，该图标将显示一个数字。

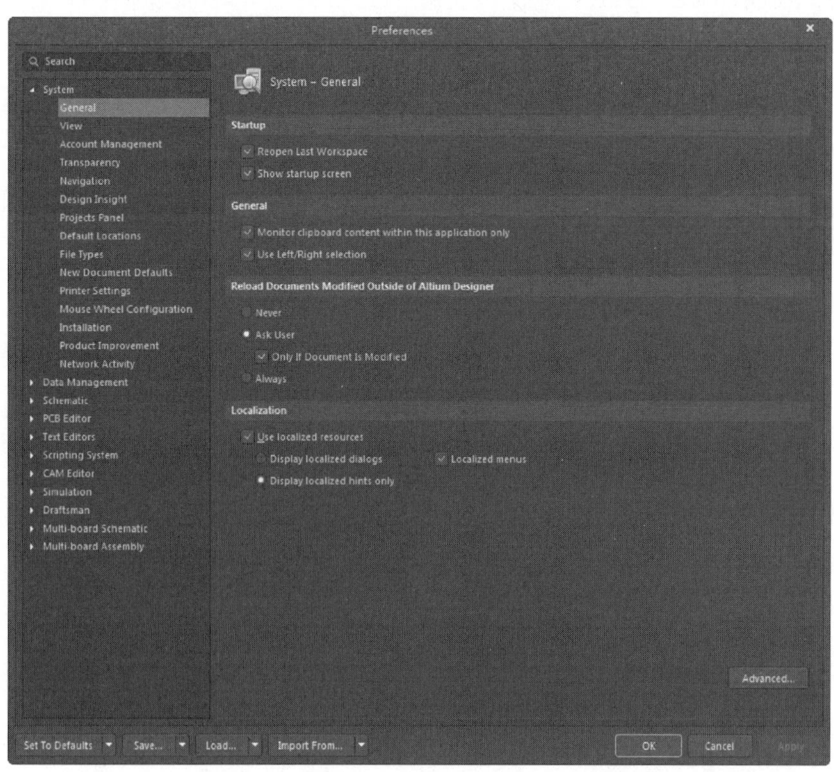

图 1-4 “Preferences（参数选择）”对话框

（3）“用户”按钮：帮助用户自定义界面。单击用户按钮，弹出如图 1-5 所示的下拉菜单，其中包括一些用户配置选项。

图 1-5　下拉列表

☑ “Sign in（标记 Altium 信息）”命令：选择该命令，在主窗口右侧弹出“Sign in to Server（连接 Altium 服务器）”对话框，如图 1-6 所示，用于设置 Altium 基本信息，包括服务地址、用户名、密码。

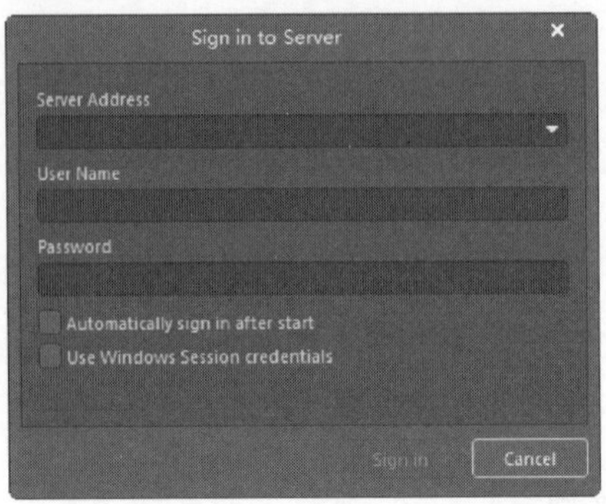

图 1-6　“Sign in to Server（连接 Altium 服务器）”对话框

☑ “License Management（许可证管理器）”命令：选择该命令，在主窗口右侧弹出“License Management（许可证管理器）”选项卡，显示 Altium 基本信息。

☑ “Extensions and Updates（插件与更新）”命令：选择该命令，在主窗口右侧弹出如图 1-7 所示的“Extensions & Updates（插件与更新）”选项卡，用于检查软件更新。

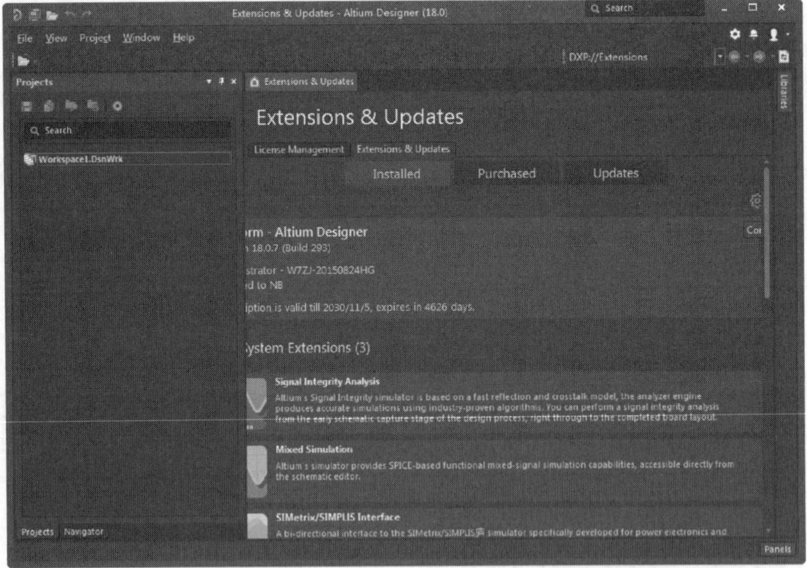

图 1-7　“Extensions & Updates（插件与更新）”选项卡

1.4.3　菜单栏

菜单栏包括“File（文件）”“View（视图）”“Project（工程）”“Window（窗口）”“Help（帮助）”5 个菜单按钮。

1. “File（文件）”菜单

“File（文件）”菜单主要用于文件的新建、打开和保存等，如图 1-8 所示。

图 1-8 “File（文件）”菜单

下面详细介绍“File（文件）”菜单中的各命令及其功能。

☑ “新的”命令：用于新建一个文件，其子菜单如图 1-8 所示。
☑ “打开”命令：用于打开已有的 Altium Designer 18 可以识别的各种文件。
☑ “打开工程”命令：用于打开各种工程文件。
☑ “打开设计工作区”命令：用于打开设计工作区。
☑ “检出”命令：用于从设计存储库中选择模板。
☑ “保存工程”命令：用于保存当前的工程文件。
☑ “保存工程为”命令：用于另存当前的工程文件。
☑ “保存设计工作区”命令：用于保存当前的设计工作区。
☑ “保存设计工作区为”命令：用于另存当前的设计工作区。
☑ “全部保存”命令：用于保存所有文件。
☑ “智能 PDF”命令：用于生成 PDF 格式设计文件的向导。
☑ “导入向导”命令：用于将其他 EDA 软件的设计文档及库文件导入 Altium Designer 的导入向导，如 Protel 99SE、CADSTAR、Orcad、P-CAD 等设计软件生成的设计文件。
☑ “运行脚本”命令：用于运行各种脚本文件，如用 Delphi、VB、Java 等语言编写的脚本文件。
☑ “Recent Documents（当前文档）”命令：用于列出最近打开过的文件。
☑ “Recent Projects（最近的工程）”命令：用于列出最近打开的工程文件。
☑ “Recent Workspaces（当前工作区）”命令：用于列出最近打开的设计工作区。
☑ “退出”命令：用于退出 Altium Designer 18。

2. “View（视图）”菜单

“View（视图）”菜单主要用于工具栏、工作区面板、命令行及状态栏的显示和隐藏，如图 1-9 所示。

（1）“Toolbars（工具栏）”命令：用于控制工具栏的显示和隐藏，其子菜单如图 1-9 所示。

（2）“Panels（工作区面板）”命令：用于控制工作区面板的打开与关闭，其子菜单如图 1-10 所示。其中，“Libraries（库）”“Messages（信息）”“Projects（工程）”工作区面板比较常用，后面的章节中将详细介绍。

Note

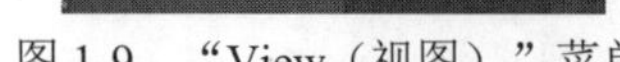

图 1-9 “View（视图）”菜单

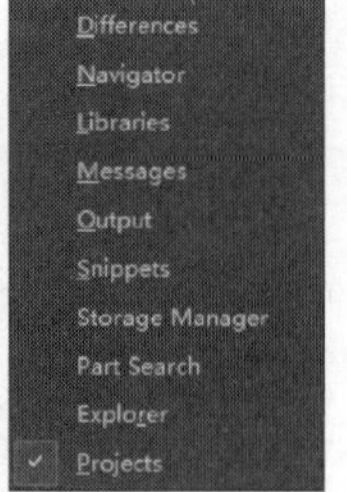

图 1-10 “Panels（工作区面板）”子菜单

（3）“状态栏”命令：用于控制工作窗口下方状态栏上标签的显示与隐藏。

（4）“命令状态”命令：用于控制命令行的显示与隐藏。

3. “Project（工程）”菜单

“Project（工程）”菜单主要用于工程文件的管理，包括工程文件的编译、添加、删除、差异显示和版本控制等，如图 1-11 所示。这里主要介绍“显示差异”和“Version Control（版本控制）”两个命令。

☑ “显示差异”命令：选择该命令，将弹出如图 1-12 所示的“Choose Documents To Compare（选择文档比较）”对话框。选中“Advanced Mode（高级模式）”复选框，可以进行文件之间、工程之间、文件与工程之间的比较。

☑ “Version Control（版本控制）”命令：选择该命令，可以查看版本信息，可以将文件添加到“Version Control（版本控制）”数据库中，并对数据库中的各种文件进行管理。

4. “Window（窗口）”菜单

“Window（窗口）”菜单用于对窗口进行纵向排列、横向排列、打开、隐藏及关闭等操作。

5. “Help（帮助）”菜单

“Help（帮助）”菜单用于打开各种帮助信息。

图 1-11 “Project（工程）”菜单

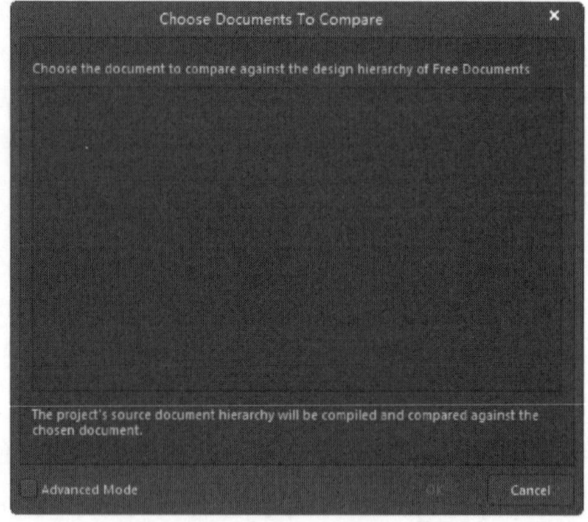

图 1-12 “Choose Documents To Compare（选择文档比较）”对话框

1.4.4 工作区面板

在 Altium Designer 18 中，可以使用系统型面板和编辑器面板两种类型的面板。系统型面板在任何时候都可以使用，而编辑器面板只有在相应的文件被打开时才可以使用。

使用工作区面板是为了便于设计过程中的快捷操作。Altium Designer 18 被启动后，系统将自动激活“Projects（工程）”面板和“Navigator（导航）”面板，可以单击面板底部的标签，在不同的面

板之间切换。下面简单介绍“Projects（工程）”面板，其余面板将在随后的原理图设计和 PCB 设计中详细讲解。展开的面板如图 1-13 所示。

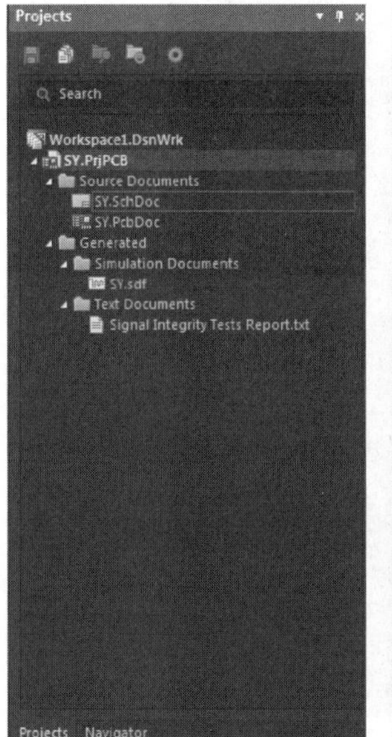

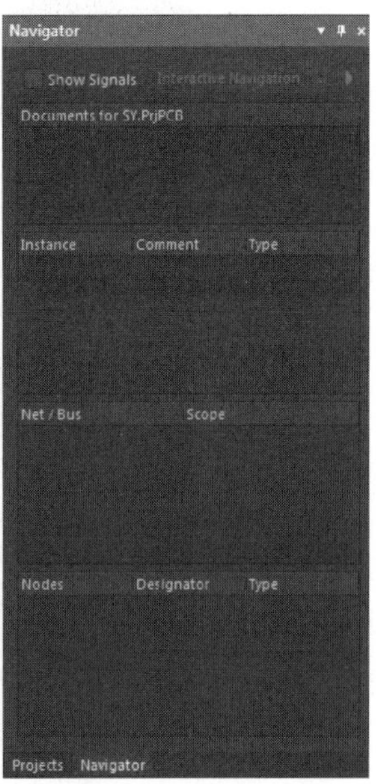

图 1-13 工作区面板

工作区面板有自动隐藏显示、浮动显示和锁定显示 3 种显示方式。每个面板的右上角都有 3 个按钮，▼按钮用于在各种面板之间进行切换操作，按钮用于改变面板的显示方式，✕按钮用于关闭当前面板。

1.5 Altium Designer 18 的文件管理系统

对于一个成功的公司来说，技术是核心，健全的管理体制则是关键。同样，评价一个软件的好坏，文件的管理系统也是很重要的一个方面。Altium Designer 18 的“Projects（工程）”面板提供了两种文件：项目文件和设计时生成的自由文件。设计时生成的文件可以放在项目文件中，也可以移出放入自由文件中。在文件存盘时，文件将以单个文件的形式存入，而不是以项目文件的形式整体存盘，被称为存盘文件。下面简单介绍这 3 种文件类型。

1.5.1 项目文件

Altium Designer 18 支持项目级别的文件管理，在一个项目文件中包括设计中生成的一切文件。例如要设计一个收音机电路板，则可将收音机的电路图文件、PCB 图文件、设计中生成的各种报表文件以及元件的集成库文件等放在一个项目文件中，这样非常便于文件的管理。一个项目文件类似于 Windows 系统中的“文件夹”，在项目文件中可以执行对文件的各种操作，如新建、打开、关闭、复制与删除等。但需要注意的是，项目文件只是起到管理的作用，在保存文件时，项目中的各个文件是以单个文件的形式保存的，如图 1-14 所示。

Note

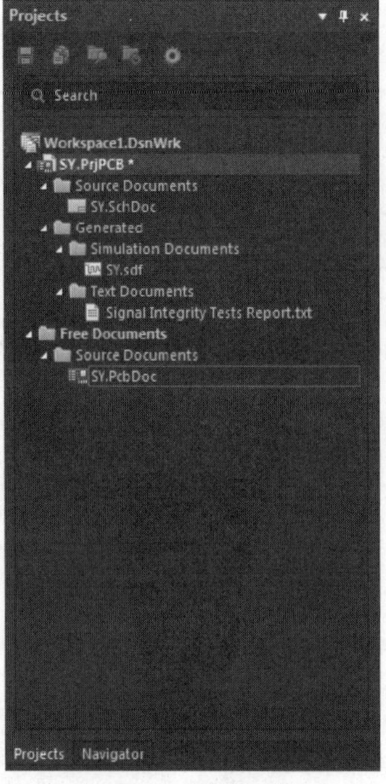

图 1-14　项目文件

1.5.2　自由文件

自由文件是指游离于文件之外的文件，Altium Designer 18 通常将这些文件存放在唯一的 Free Documents 文件夹中。自由文件有以下两个来源。

（1）当将某文件从项目文件夹中删除时，该文件并没有从 Projects 面板消失，而是出现在 Free Documents 中，成为自由文件。

（2）打开 Altium Designer 18 的存盘文件（非项目文件）时，该文件将出现在 Free Documents 中并成为自由文件。

自由文件的存在方便了设计的进行，当将文件从自由文件夹中删除时，将会彻底被删除。

1.5.3　存盘文件

存盘文件是在将项目文件存盘时生成的文件。Altium Designer 18 保存文件时并不是将整个项目文件进行保存，而是单个保存，项目文件只起到管理的作用。这样的保存方法有利于进行大型电路的设计。

1.6　Altium Designer 18 的开发环境

本节简单介绍 Altium Designer 18 几种主要开发环境的风格。

1.6.1　Altium Designer 18 原理图开发环境

如图 1-15 所示为 Altium Designer 18 原理图开发环境，在操作界面上有相应的菜单和工具栏。

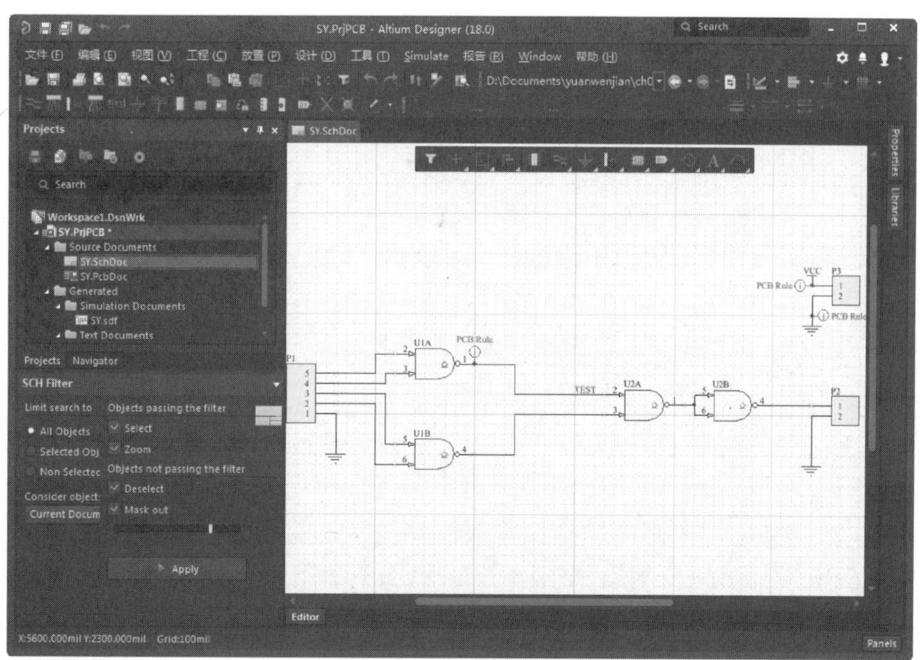

图 1-15　Altium Designer 18 原理图开发环境

1.6.2　Altium Designer 18 印制板电路开发环境

如图 1-16 所示为 Altium Designer 18 印制板电路开发环境。

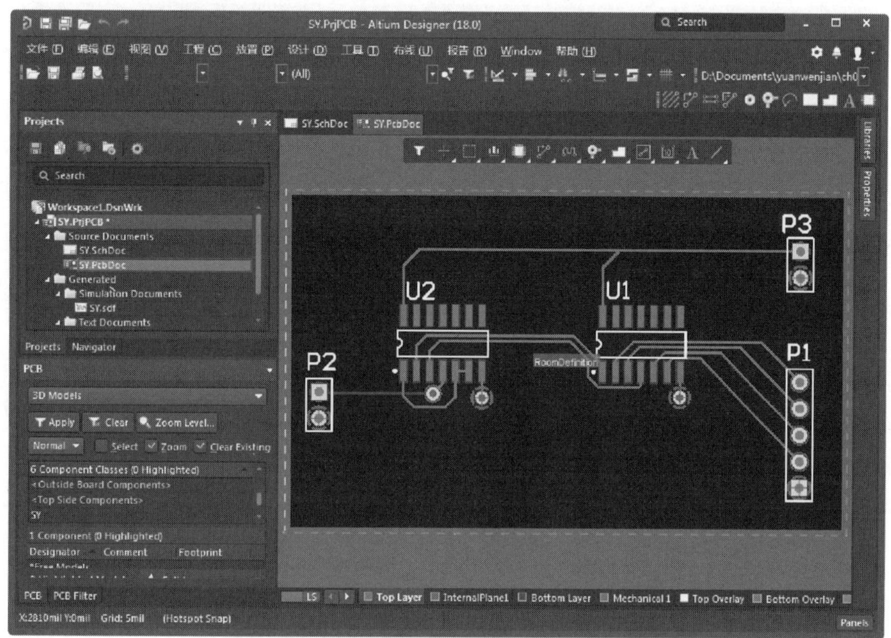

图 1-16　Altium Designer 18 印制板电路开发环境

Note

1.6.3 Altium Designer 18 仿真编辑环境

如图 1-17 所示为 Altium Designer 18 仿真编辑环境。

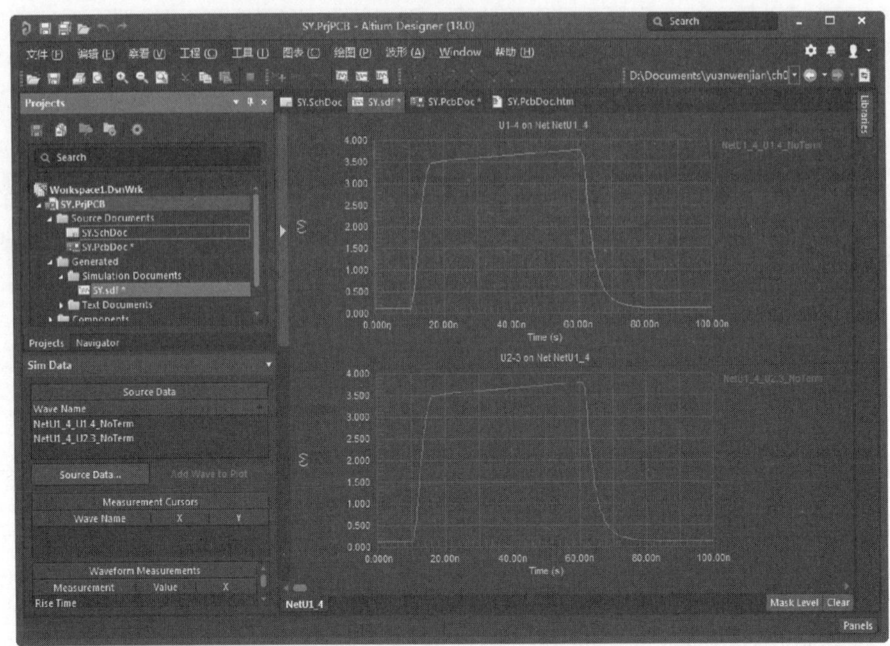

图 1-17 Altium Designer 18 仿真编辑环境

1.6.4 Altium Designer 18 多面板编辑环境

如图 1-18 所示为 Altium Designer 18 多面板编辑环境。

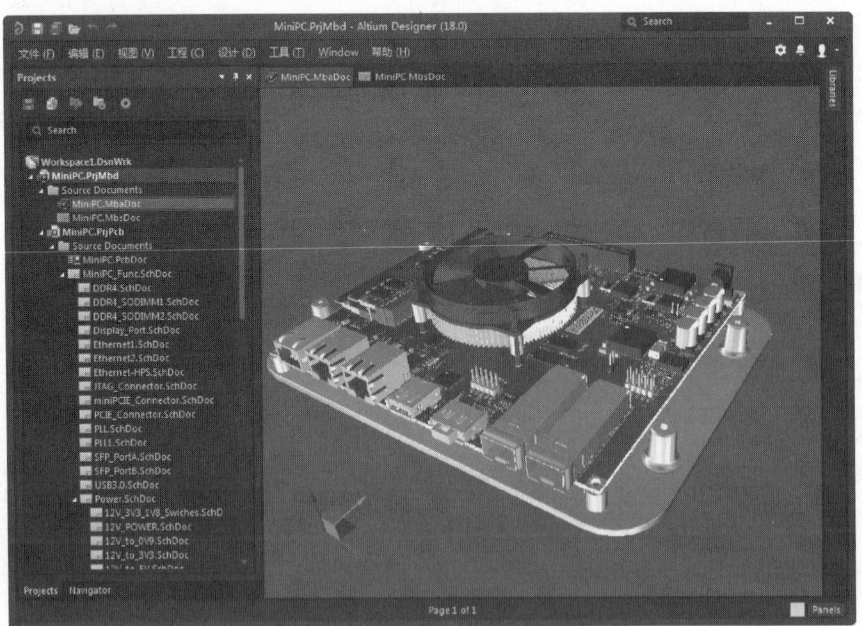

图 1-18 Altium Designer 18 多面板编辑环境

1.7 常用编辑器的启动

Altium Designer 18 的常用编辑器有以下 5 种。

☑ 原理图编辑器，文件扩展名为*.SchDoc。

☑ PCB 编辑器，文件扩展名为*.PcbDoc。

☑ 原理图库文件编辑器，文件扩展名为*.SchLib。

☑ PCB 库文件编辑器，文件扩展名为*.PcbLib。

☑ CAM 编辑器，文件扩展名为*.Cam。

1.7.1 创建新的项目文件

在进行工程设计时，通常要先创建一个项目文件，这样有利于对文件的管理。

选择菜单栏中的“文件”→“新的”→“项目”命令，弹出如图 1-19 所示的子菜单，显示创建的项目类型。

图 1-19 子菜单

（1）PCB 工程：选择创建新的 PCB 项目。一个新的 PCB_Project.PrjPCBd 入口出现于 Projects 面板。

（2）Multi-board Design Project：选择创建新的多板项目。一个新的 MultiBoard_Project.PrjMbd 入口出现于 Projects 面板。

创建该项目文件后，可创建的新的文件类型包括：

☑ Multi-board Schematic（*.MbsDoc）：当多板项目为活动文件时可用。

☑ Mutli-board Assembly（*.MbaDoc）：当多板项目为活动文件时可用。

（3）集成库：选择创建新的集成元器件库项目。一个新的 Integrated_Library.LibPkg 入口出现于 Projects 面板。

（4）Project：当选择该命令时，将打开“New Project（新建工程）”对话框，可通过该对话框定义新项目详细信息。

创建项目文件有两种方法，下面介绍具体创建方法。

1. 直接创建

选择菜单栏中的“文件”→“新的”→“项目”→“PCB 工程”命令，在“Projects（工程）”面板中出现了新建的工程文件，系统提供的默认名为 PCB Project1.PrjPCB，如图 1-20 所示。

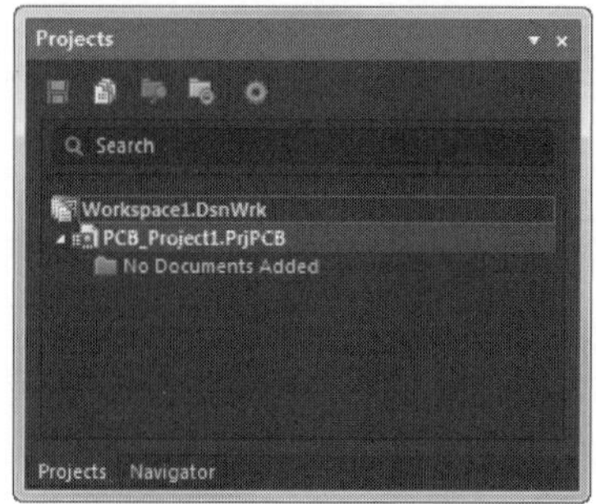

图 1-20 新建工程文件

2. 对话框创建

选择菜单栏中的“文件”→“新的”→“项目”→“Project（工程）”命令，在弹出的对话框中列出了可以创建的各种工程类型，如图 1-21 所示，单击选择即可。

Note

图 1-21　“New Project（新建工程）”对话框

在“New Project（新建工程）”对话框中，包括以下几个选项。

（1）在“Project Types（项目类型）”选项组下显示 4 种项目类型：

☑ Multi-board Design Project：选择创建新的多板项目。

☑ PCB Project：选择创建新的 PCB 项目。Projects 面板上创建一个新的 PCB_Project.PrjPCBd。

☑ Integrated Library：选择创建新的集成元器件库项目。

☑ Script Project：选择创建新的脚本项目。

（2）在“Name（名称）”文本框中输入项目文件的名称，默认名称为 PCB_Project，后面新建的项目名称依次添加数字后缀，如 PCB_Project_1、PCB_Project_2 等。

（3）在“Location（路径）”文本框下显示要创建的项目文件的路径，单击 Browse Location... 按钮，弹出“Browse for project location（搜索项目位置）”对话框，选择路径文件夹。

1.7.2　原理图编辑器的启动

新建一个原理图文件即可同时打开原理图编辑器，具体操作步骤如下。

（1）菜单创建。选择菜单栏中的“File（文件）”→“新的”→“原理图”命令，在“Projects（工程）”面板中将出现一个新的原理图文件，如图 1-22 所示。若已有打开的原理图时，要再新建一个原理图，则可选择菜单栏中的“文件”→“新的”→“原理图”来创建。Sheet1.SchDoc 为新建文件的默认名字，系统自动将其保存在已打开的工程文件中，同时整个窗口新添加了许多菜单项和工具项。

Note

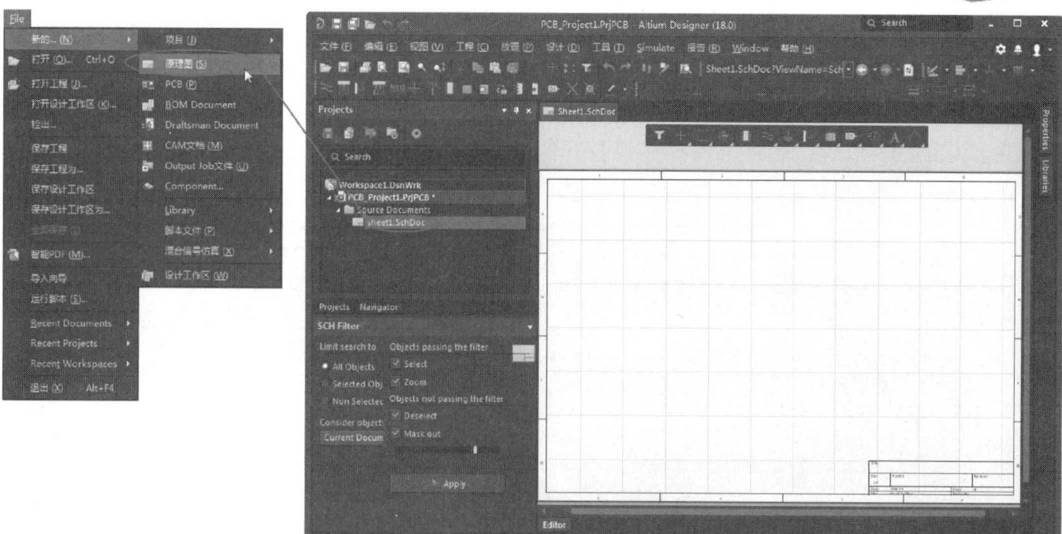

图 1-22 新建原理图文件

（2）右键命令创建。在新建的工程文件上右击弹出快捷菜单，选择“添加新的...到工程”→“Schematic（原理图）”命令即可创建原理图文件，如图 1-23 所示。

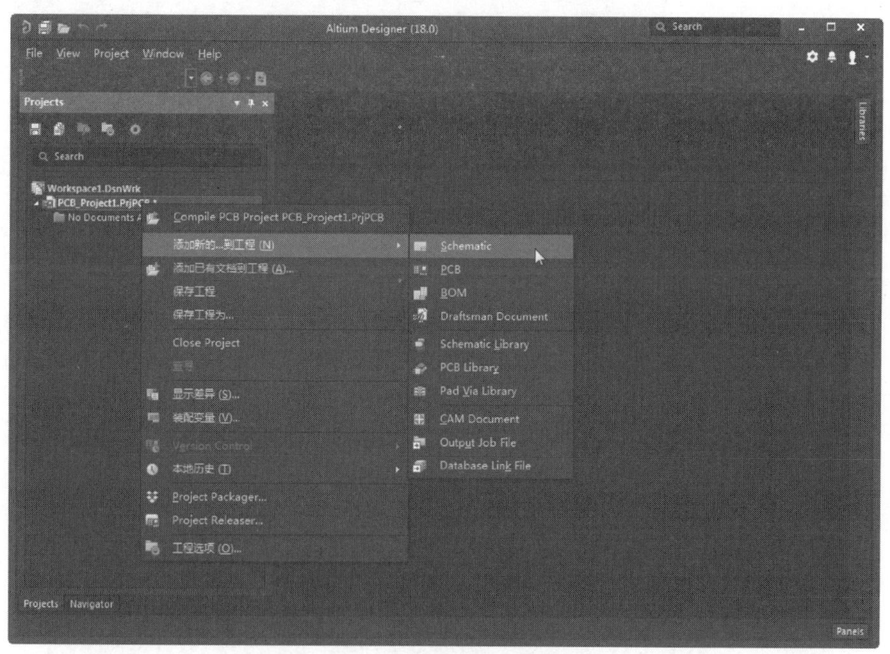

图 1-23 右键创建原理图文件

在新建的原理图文件处右击，在弹出的快捷菜单中选择“保存”命令，然后在系统弹出的“保存”对话框中输入原理图文件的文件名，如 MySchematic，即可保存新创建的原理图文件。

1.7.3 PCB 编辑器的启动

新建一个 PCB 文件，即可同时打开 PCB 编辑器，具体操作步骤如下。

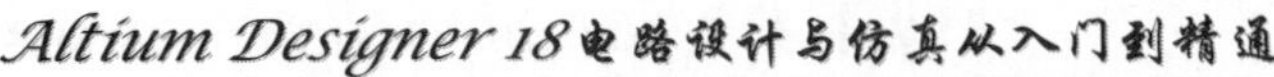

Note

（1）菜单创建。选择菜单栏中的“File（文件）”→“新的”→“PCB（印制电路板）”命令，在“Projects（工程）”面板中将出现一个新的 PCB 文件，如图 1-24 所示。若已有打开的 PCB 文件时，可选择菜单栏中的“文件”→“新的”→PCB 来再创建一个新的 PCB 文件。新建 PCB 文件的默认名字为 PCB1.PcbDoc，系统自动将其保存在已打开的工程文件中，同时整个窗口新添加了许多菜单项和工具项。

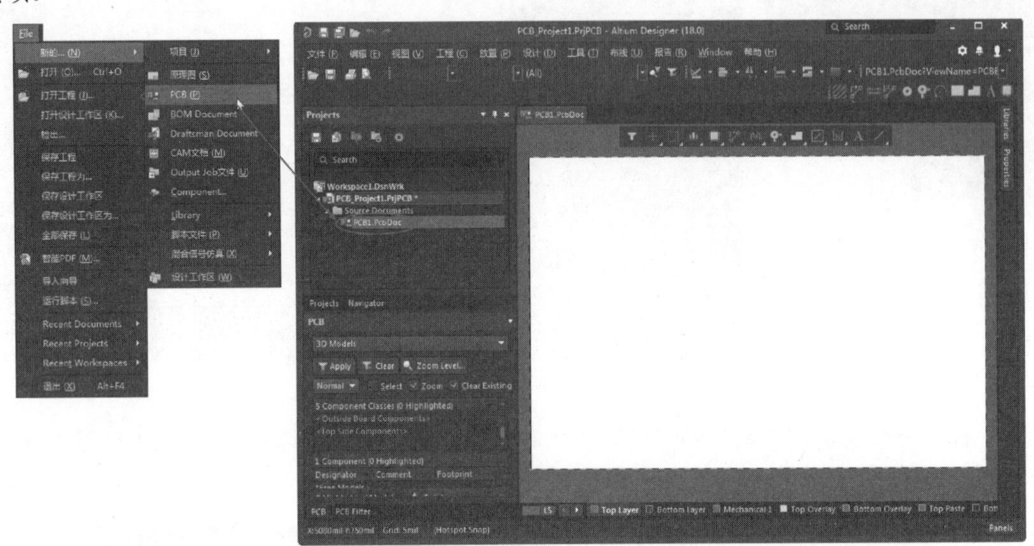

图 1-24　新建 PCB 文件

（2）右键命令创建。在新建的工程文件上右击弹出快捷菜单，选择“添加新的...到工程”→“PCB（印制电路板文件）”命令即可创建 PCB 文件，如图 1-25 所示。

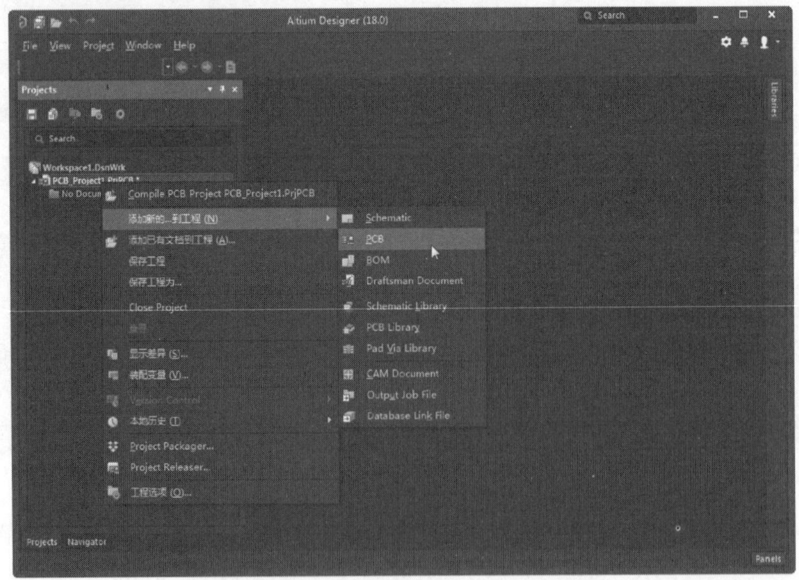

图 1-25　右键创建 PCB 文件

在新建的 PCB 文件处右击，在弹出的快捷菜单中选择“保存”命令，然后在系统弹出的“保存”对话框中输入原理图文件的文件名，例如 MyPCB，即可保存新创建的 PCB 文件。

Note

1.7.4 不同编辑器之间的切换

对于未打开的文件，在“Projects（工程）”面板中双击不同的文件，这样打开不同的文件后即可在不同的编辑器之间切换。

对于已经打开的文件，单击“Projects（工程）”面板中不同的文件或单击工作窗口最上面的文件标签，即可在不同的编辑器之间切换。若要关闭某一文件，在“Projects（工程）”面板中或在工作窗口的标签上右击该文件，在弹出的快捷菜单中选择 Close Sheet1.SchDoc 命令即可，如图 1-26 所示。

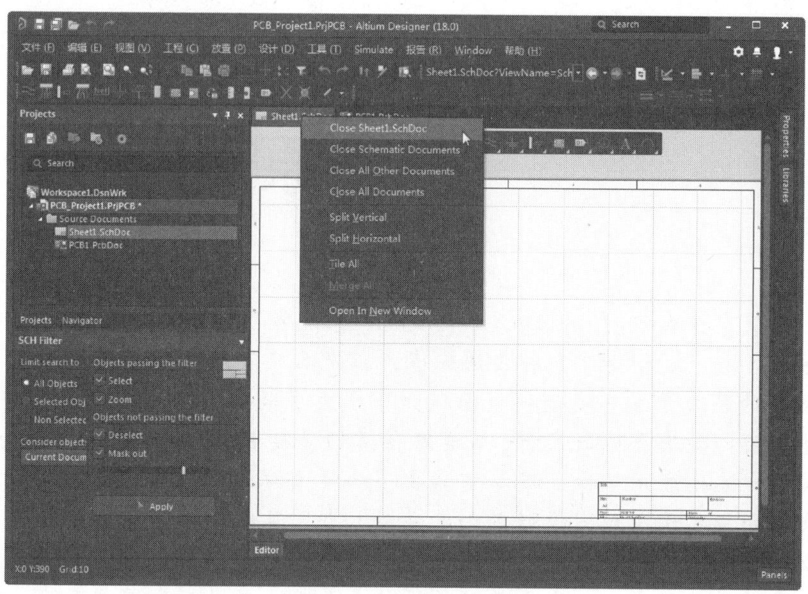

图 1-26 工作窗口标签

原理图设计基础

在前面的章节中，我们对 Altium Designer 18 系统做了一个总体且较为详细的介绍，目的是让读者对 Altium Designer 18 的应用环境，以及各项管理功能有个初步的了解。Altium Designer 18 强大的集成开发环境使得电路设计中绝大多数的工作可以迎刃而解，从构建设计原理图开始到复杂的层次原理图设计，从电路仿真到多层 PCB 板的设计，Altium Designer 18 都提供了具体的一体化应用环境，使从前需要多个开发环境的电路设计变得简单。

本章将详细介绍关于原理图设计的一些基础知识，具体包括原理图的组成、原理图编辑器的界面、原理图绘制的一般流程、新建与保存原理图文件、原理图环境设置等。

在整个电子设计过程中，电路原理图的设计是最根本的基础。同样，在 Altium Designer 18 中，只有设计出符合需要和规则的电路原理图，才能对其顺利进行仿真分析，最终变为可以用于生产的 PCB 印制电路板文件。

- ☑ 原理图编辑器的界面
- ☑ 原理图设计的一般流程
- ☑ 原理图工作环境设置

任务驱动&项目案例

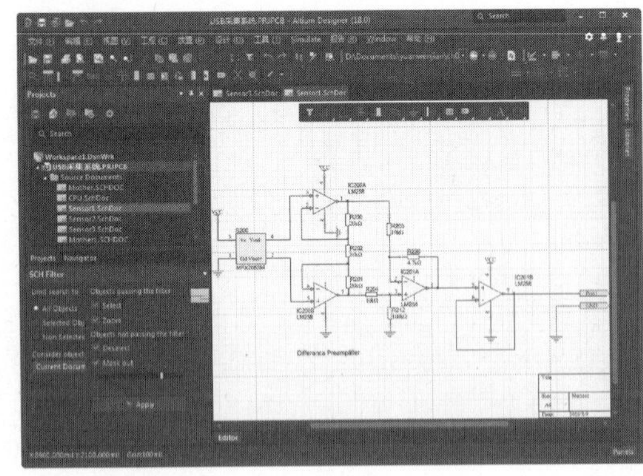

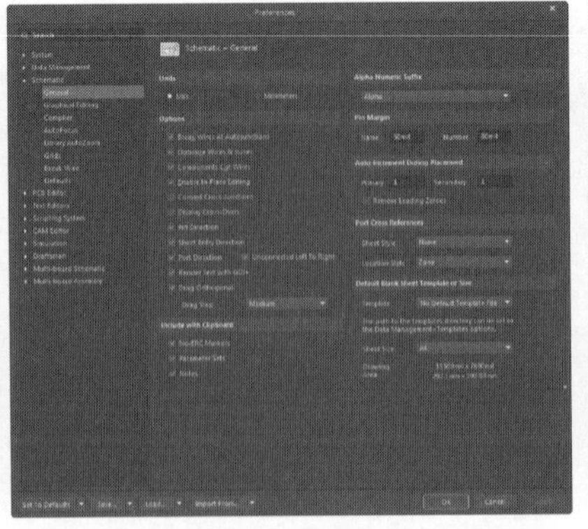

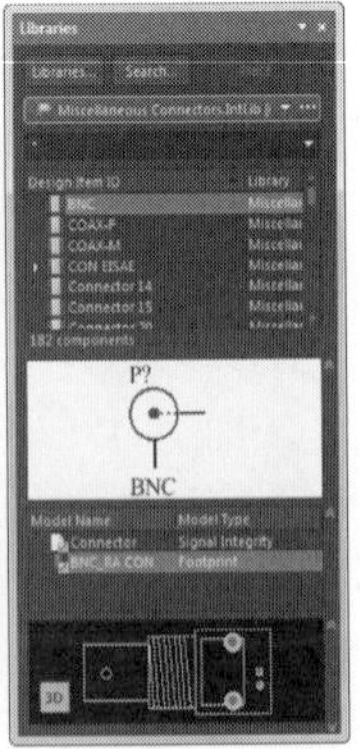

Note

2.1　原理图的组成

原理图，即为电路板在原理上的表现，它主要由一系列具有电气特性的符号构成。如图 2-1 所示，它是一张用 Altium Designer 18 绘制的原理图，在原理图上用符号表示了所有的 PCB 板组成部分。

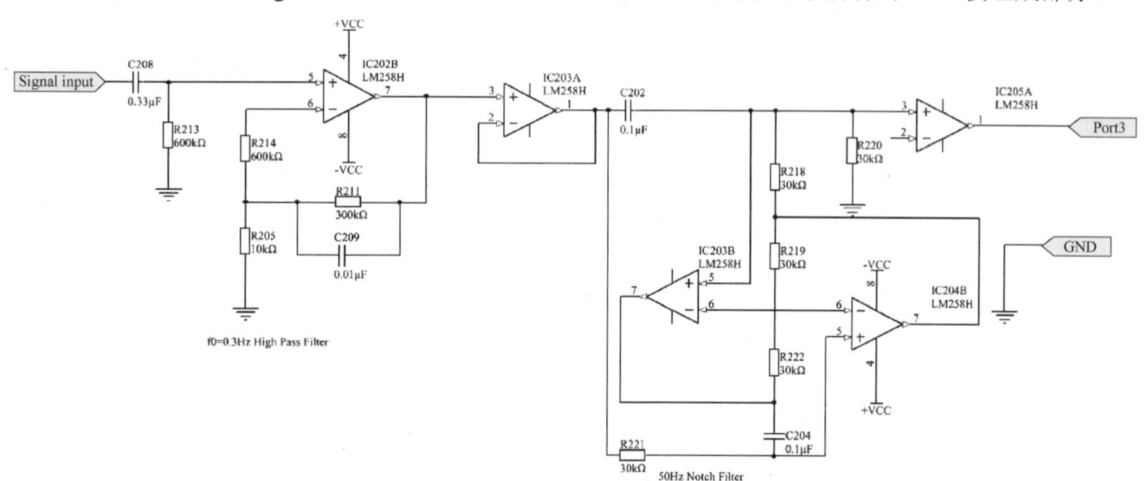

图 2-1　Altium Designer 18 绘制的原理图

PCB 各个组成部分在原理图上的对应关系具体如下。

（1）Component（元件）：在原理图设计中，元件将以元件符号的形式出现。元件符号主要由元件管脚和边框组成，其中元件管脚需要和实际的元件一一对应。

如图 2-2 所示为图 2-1 中采用的一个元件符号，该符号在 PCB 板上对应的是一个运算放大器。

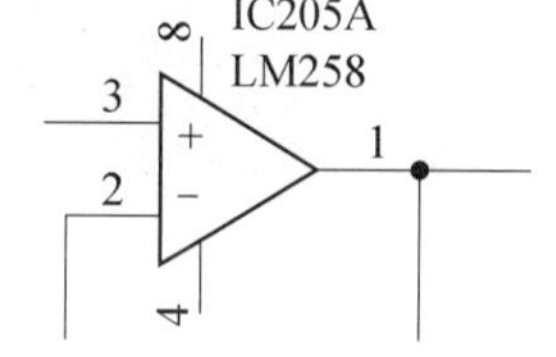

图 2-2　原理图中的元件符号

（2）Copper（铜箔）：在原理图设计中，铜箔分别有如下表示。

☑　导线：原理图设计中导线也有自己的符号，它以线段的形式出现。在 Altium Designer 18 中还提供了总线用于表示一组信号，它在 PCB 上将对应一组铜箔组成的时间导线。

☑　焊盘：元件的管脚对应 PCB 板上的焊盘。

☑　过孔：原理图上不涉及 PCB 板的走线，因此没有过孔。

☑　铺铜：原理图上不涉及 PCB 板的铺铜，因此没有铺铜的对应物。

（3）Silkscreen Level（丝印层）：丝印层是 PCB 板上元件的说明文字，它们在原理图上对应于元件的说明文字属性。

（4）Port（端口）：在原理图编辑器中引入的端口不是指硬件端口，而是为了建立跨原理图电气连接而引入的具有电气特性的符号。原理图中采用了一个端口，该端口就可以和其他原理图中同名的端口建立一个跨原理图的电气连接。

（5）Net Label（网络标号）：网络标号和端口类似，通过网络标号也可以建立电气连接。原理图中网络标号必须附加在导线、总线或元件管脚上。

（6）Supply（电源符号）：这里的电源符号只是标注原理图上的电源网络，并非实际的供电器件。

总之，绘制的原理图由各种元件组成，它们通过导线建立电气连接。在原理图上除了元件之外，还有一系列其他组成部分帮助建立起正确的电气连接，整个原理图能够和实际的 PCB 对应起来。

原理图作为一张图，它是绘制在原理图图纸上，在绘制过程中引入的全部是符号，没有涉及实物，因此原理图上没有任何尺寸概念。原理图最重要的用途就是为PCB板设计提供元件信息和网络信息，并帮助用户更好地理解设计原理。

Note

2.2 原理图编辑器的界面简介

在打开一个原理图设计文件或创建了一个新的原理图文件的同时，Altium Designer 18的原理图编辑器将被启动，即打开了电路原理图的编辑环境，如图2-3所示。

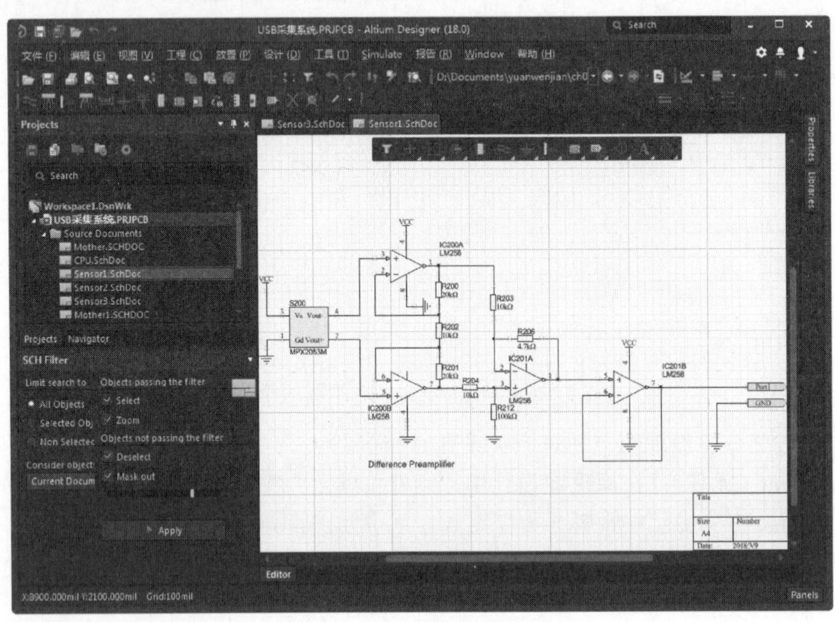

图2-3　电路原理图编辑环境

下面简单介绍该编辑环境中的主要组成部分。

2.2.1 主菜单栏

Altium Designer 18设计系统对于不同类型的文件进行操作时，主菜单的内容会发生相应的改变。在原理图编辑环境中，主菜单会改变为如图2-4所示。在设计过程中，对原理图的各种编辑操作都可以通过菜单中的相应命令来完成。

文件(F)　编辑(E)　视图(V)　工程(C)　放置(P)　设计(D)　工具(T)　Simulate　报告(R)　Window　帮助(H)

图2-4　原理图编辑环境主菜单栏

☑ “文件”菜单：主要用于文件的新建、打开、关闭、保存与打印等操作。

☑ “编辑”菜单：用于对象的选取、复制、粘贴与查找等编辑操作。

☑ “视图”菜单：用于视图的各种管理，如工作窗口的放大与缩小，各种工具、面板、状态栏及节点的显示与隐藏等。

☑ “工程”菜单：用于与工程有关的各种操作，如工程文件的打开与关闭、工程的编译及比较等。

☑ “放置”菜单：用于放置原理图中的各种组成部分。
☑ “设计”菜单：用于对元件库进行操作、生成网络报表等操作。
☑ “工具”菜单：可为原理图设计提供各种工具，如元件快速定位等操作。
☑ “Simulate（仿真器）”菜单：用于创建各种测试平台。
☑ “报告”菜单：可进行生成原理图中各种报表操作。
☑ “Window（窗口）”菜单：可对窗口进行各种操作。
☑ “帮助”菜单：用户可根据下拉菜单选择相应的帮助内容。

2.2.2 主工具栏

在原理图设计界面中，Altium Designer 18 提供了丰富的工具栏，其中绘制原理图常用的工具栏具体介绍如下。

执行“视图”→“Toolbars（工具栏）”→“自定制”命令，系统弹出如图 2-5 所示的“Customizing Sch Editor（定制原理图编辑器）”对话框，在该对话框中可以对工具栏进行增减等操作，以便用户创建自己的个性工具栏。

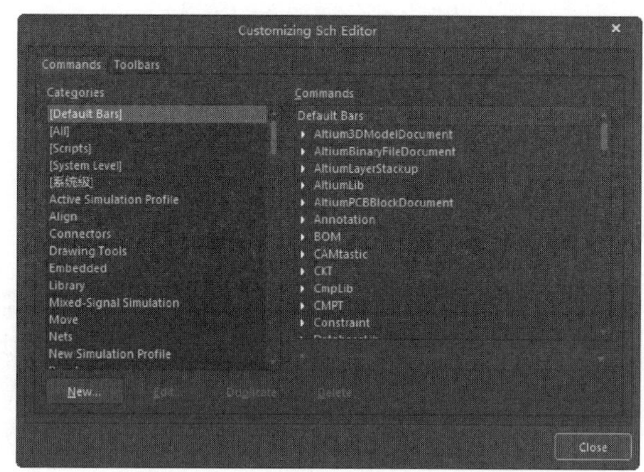

图 2-5　Customizing Sch Editor 对话框

1.“原理图标准”工具栏

“原理图标准”工具栏中为用户提供了一些常用的文件操作快捷方式，如打印、缩放、复制、粘贴等，以按钮图标的形式表示出来，如图 2-6 所示。如果将光标悬停在某个按钮图标上，则该按钮的功能就会在图标下方显示出来，便于用户识别。

图 2-6　原理图编辑环境中的“原理图标准”工具栏

2.“布线”工具栏

“布线”工具栏主要用于放置原理图中的元件、电源、接地、端口、图纸符号、未用管脚标志等，同时完成连线操作，如图 2-7 所示。

图 2-7　原理图编辑环境中的“布线”工具栏

Note

3. “应用工具”工具栏

“应用工具”工具栏用于在原理图中绘制所需要的标注信息，不代表电气连接，如图 2-8 所示。

用户可以尝试操作其他的工具栏。总之，在“视图”菜单下“Toolbars（工具栏）”命令的子菜单中列出了所有原理图设计中的工具栏，在工具栏名称左侧有“√”标记则表示该工具栏已经被打开了，否则该工具栏是被关闭的，如图 2-9 所示。

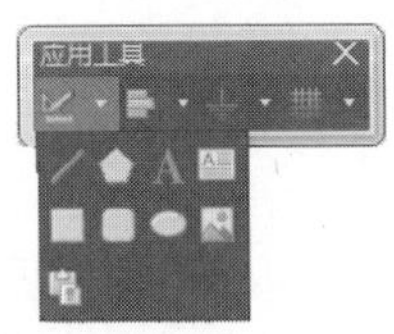

图 2-8　原理图编辑环境中的“应用工具”工具栏

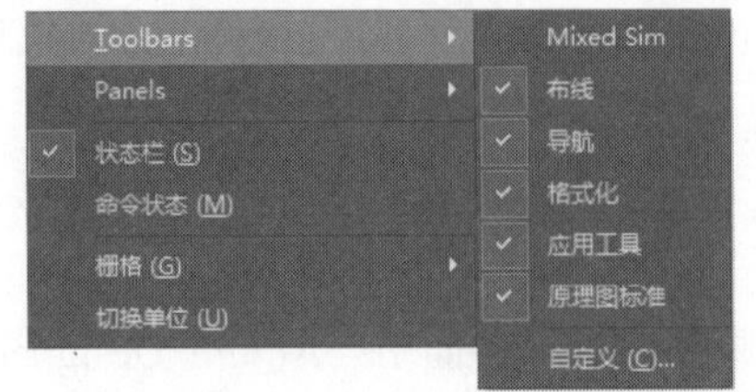

图 2-9　“Toolbars（工具栏）”命令子菜单

2.2.3　快捷工具栏

在原理图或 PCB 界面设计工作区的中上部分增加新的工具栏——Active Bar 快捷工具栏，用来访问一些常用的放置和走线命令，如图 2-10 所示。快捷工具栏轻松地将对象放置在原理图、PCB、Draftsman 和库文档中，并且可以在 PCB 文档中一键执行布线，而无须使用主菜单。工具栏的控件依赖于当前正在工作的编辑器。

当快捷工具栏中的某个对象最近被使用后，该对象就变成了活动/可见按钮。按钮的右下方有一个小三角形，在小三角上右击，即可弹出下拉菜单，如图 2-11 所示。

图 2-10　快捷工具栏

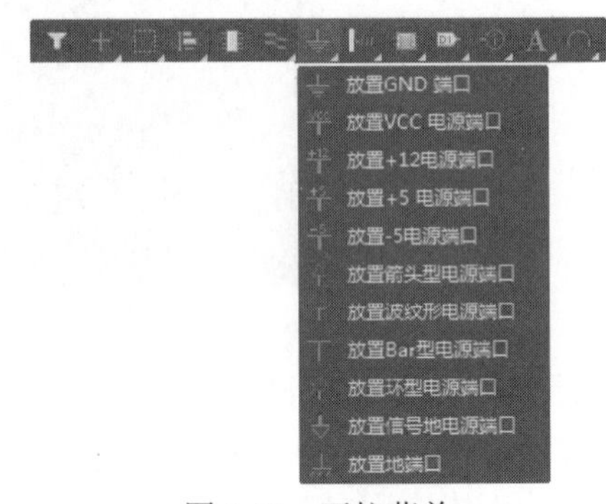

图 2-11　下拉菜单

2.2.4　工作窗口和工作面板

工作窗口就是进行电路原理图设计的工作平台。在此窗口内，用户可以新画一个原理图，也可以对现有的原理图进行编辑和修改。

在原理图设计中经常用到的工作面板有“Projects（工程）”面板、“Libraries（库）”面板及“Navigator（导航）”面板。

1. “Projects（工程）”面板

“Projects（工程）”面板如图 2-12 所示，其中列出了当前打开工程的文件列表及所有的临时文件，提供了所有关于工程的操作功能，如打开、关闭和新建各种文件，以及在工程中导入文件、比较工程中的文件等。

Note

（1）工具按钮

“Projects（工程）”面板包含了许多 Navigator 面板中的功能，在“Projects（工程）”面板的左上方添加按钮用于进行基本操作，如图 2-12 所示。

☑ 按钮：保存当前文档。只有在对当前文档进行更改时，才可以使用此选项。

☑ 按钮：编译当前文档。

☑ 按钮：打开“Project Options（工程选项）”对话框。

☑ 按钮：访问下拉列表，如图 2-13 所示，可以在图中配置面板设置。

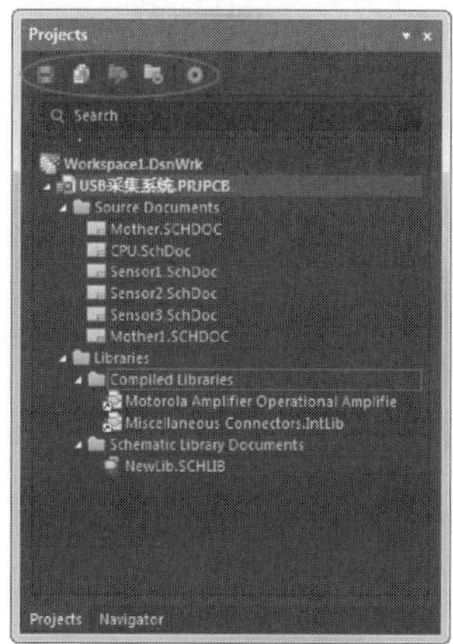

图 2-12　工程面板

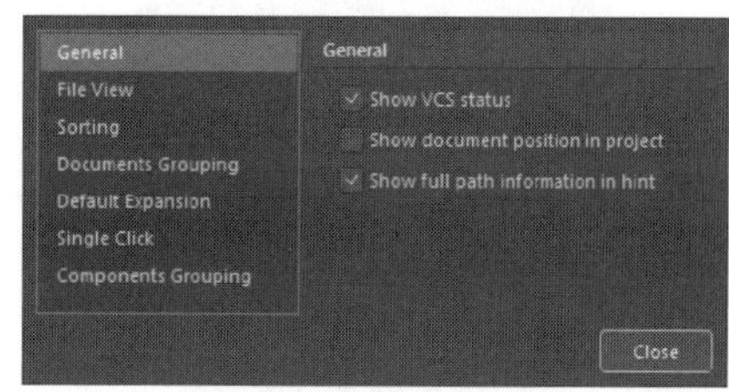

图 2-13　面板设置

☑ Search 功能：在面板中搜索特定的文档。在 Search 文本框中输入内容时，该功能起到过滤器的作用，如图 2-14 所示。

（2）右键命令

在项目面板右击显示快捷菜单，该菜单包括右键操作所针对的特定项目的命令。

① 在工程文件上右击，显示如图 2-15 所示的快捷菜单。

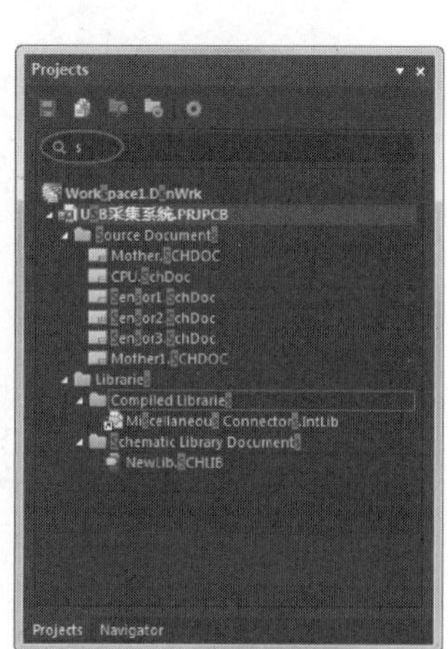

图 2-14　显示新的搜索功能

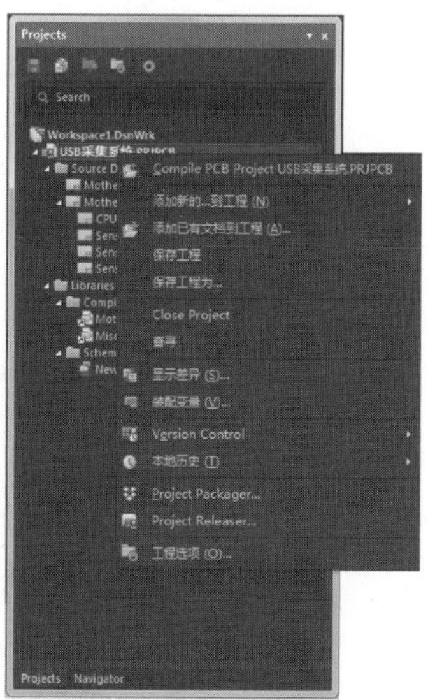

图 2-15　项目文件快捷菜单

选择“Compile PCB Project（编译 PCB 项目）”命令，在项目完成编译后，在“Projects（工程）”面板中添加名为 Components 和 Nets 的文件夹，如图 2-16 所示。

Note

② 在原理图文件上右击，显示如图 2-17 所示的快捷菜单，进行文件打开、删除、打印预览等操作。

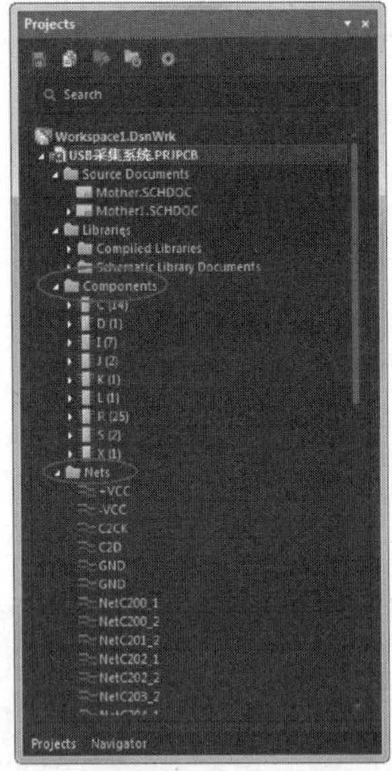

图 2-16　Components 和 Nets 文件夹

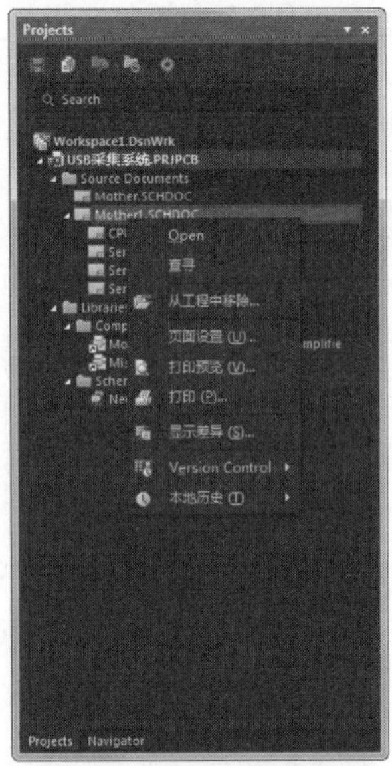

图 2-17　原理图快捷菜单

2. “Libraries（库）”面板

“Libraries（库）”面板如图 2-18 所示。这是一个浮动面板，当光标移动到其标签上时，就会显示该面板，也可以通过单击标签在几个浮动面板间进行切换。在该面板中可以浏览当前加载的所有元件库，也可以在原理图上放置元件，还可以对元件的封装、3D 模型、SPICE 模型和 SI 模型进行预览，同时还能够查看元件供应商、单价、生产厂商等信息。

3. “Navigator（导航）”面板

“Navigator（导航）”面板能够在分析和编译原理图后提供关于原理图的所有信息，通常用于检查原理图，如图 2-19 所示。

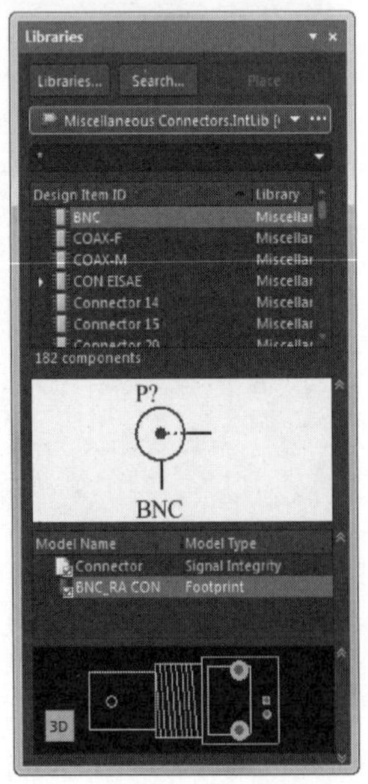

图 2-18　“Libraries（库）”面板

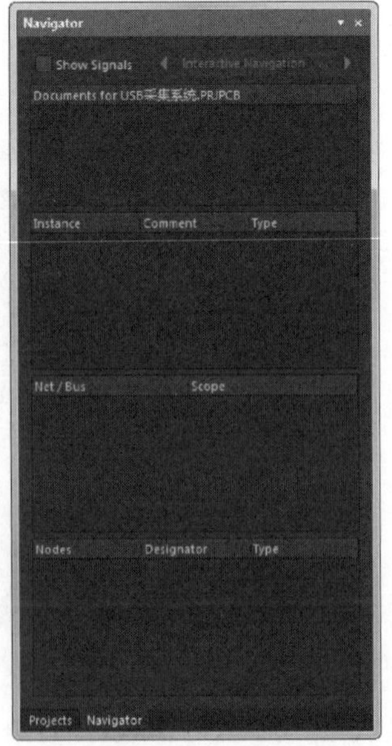

图 2-19　“Navigator（导航）”面板

2.3　原理图设计的一般流程

原理图设计是电路设计的第一步，是制板、仿真等后续步骤的基础。因而，一幅原理图正确与否，直接关系到整个设计的成功与失败。另外，为方便自己和他人读图，原理图的美观、清晰和规范也十分重要。

Altium Designer 18 的原理图设计大致可分为如图 2-20 所示的 9 个步骤。

（1）新建原理图。这是设计一幅原理图的第一个步骤。

（2）图纸设置。图纸设置即要设置图纸的大小、方向等信息。图纸设置要根据电路图的内容和标准化要求来进行。

（3）装载元件库。装载元件库即将需要用到的元件库添加到系统中。

（4）放置元件。从装入的元件库中选择需要的元件放置到原理图中。

（5）元件位置调整。根据设计的需要，将已经放置的元件调整到合适的位置和方向，以便连线。

（6）连线。根据所要设计的电气关系，用导线和网络将各个元器件连接起来。

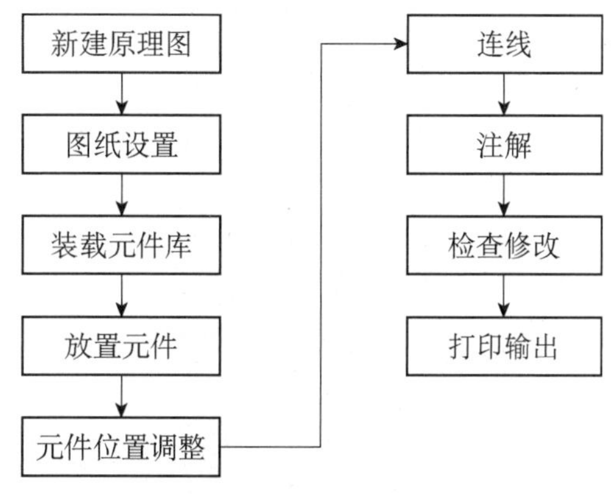

图 2-20　原理图设计的一般流程

（7）注解。为了设计的美观、清晰，可以对原理图进行必要的文字注解和图片修饰，这些都对后来的 PCB 设置没有影响，只是为了方便自己和他人读图。

（8）检查修改。设计基本完成后，应该使用 Altium Designer 18 提供的各种校验工具，根据各种校验规则对设计进行检查，发现错误后进行修改。

（9）打印输出。设计完成后，根据需要，可选择对原理图进行打印，或者制作各种输出文件。

2.4　原理图图纸设置

在原理图绘制过程中，可以根据所要设计的电路图的复杂程度，首先对图纸进行设置。虽然在进入电路原理图编辑环境时，Altium Designer 18 在“Properties（属性）”面板中会自动给出默认的图纸相关参数，但是在大多数情况下，这些默认的参数不一定适合用户的要求，尤其是图纸尺寸的大小。用户可以根据设计对象的复杂程度来对图纸的大小及其他相关参数重新定义。

可以同时查看一个打开的原理图文档和一个打开的 PCB 文档的“Properties（属性）”面板。使用两个显示器时尤其有用：一个原理图显示器，一个 PCB 显示器。通过每个文档的单独打开的“Properties（属性）”面板，可以对每个文档进行更改并实时查看。

在界面右下角单击 Panels 按钮，弹出如图 2-21 所示快捷菜单，选择“Properties（属性）”命令，打开“Properties（属性）”面板，并自动固定在右侧边界上，如图 2-22 所示。

“Properties（属性）”面板包含与当前工作区中所选择的条目相关的信息和控件。如果在当前工作空间中没有选择任何对象，从 PCB 文档访问时，面板显示电路板选项。从原理图访问时，显示文档选项。从库文档访问时，显示库选项。从多板文档访问时，显示多板选项。面板可显示当前活动的

BOM 文档（*.BomDoc），还可以迅速即时更改通用的文档选项。在工作区中放置对象（弧形、文本字符串、线等）时，面板也会出现。在放置之前，也可以使用“Properties（属性）”面板配置对象。通过 Selection Filter，能够控制在工作空间中可以选择的和不能选择的内容。

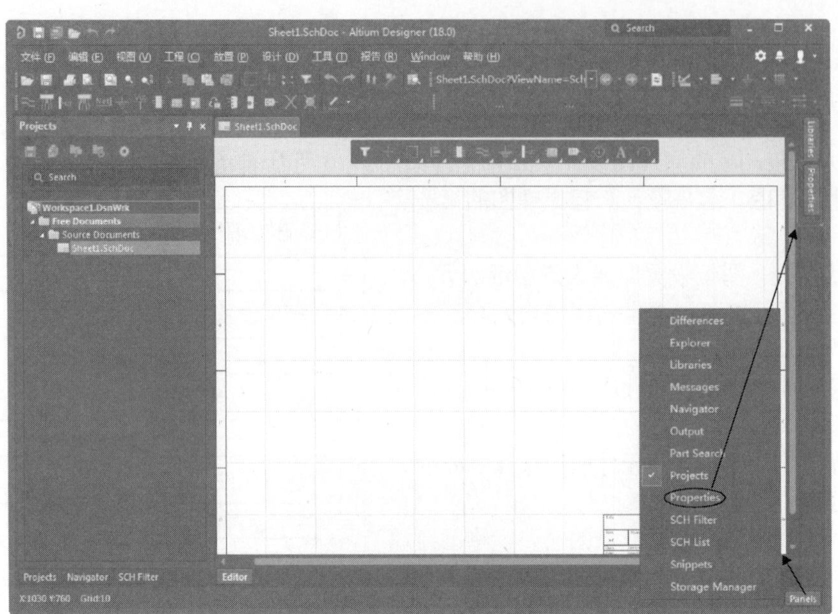

图 2-21　快捷菜单

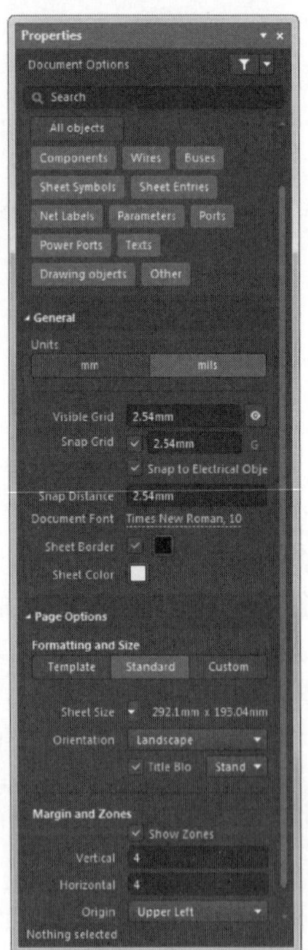

图 2-22　“Properties（属性）”面板

1. "search（搜索）"功能：允许在面板中搜索所需的条目

☑ 单击按钮，使"Properties（属性）"面板中包含来自同一项目的任何打开文档的所有类型的对象。

☑ 单击按钮，使"Properties（属性）"面板中仅包含当前文档中所有类型的对象。在该选项板中，有"General（通用）"和"Parameters（参数）"两个选项卡。

2. 设置过滤对象

在"Document Options（文档选项）"选项组单击中的下拉按钮，弹出如图 2-23 所示的对象选择过滤器。

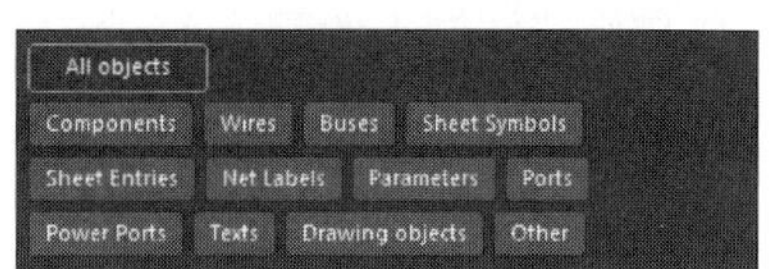

图 2-23　对象选择过滤器

单击 All objects，表示在原理图中选择对象时，选中所有类别的对象。其中包括 Components、Wires、Buses、Sheet Symbols、Sheet Entries、Net Labels、Parameters、Ports、Power Ports、Texts、Drawing objects、Other，可单独选择其中的选项，也可全部选中。

在"Selection Filter（选择过滤器）"选项组中显示同样的选项。

3. 设置图纸方向单位

图纸单位可通过"Units（单位）"选项组进行设置，可以设置为公制（mm），也可以设置为英制（mils）。一般在绘制和显示时设为 mil。

选择菜单栏中的"视图"→"切换单位"命令，自动在两种单位间切换。

4. 设置图纸尺寸

单击"Page Options（图页选项）"选项组，"Formatting and Size（格式与尺寸）"选项为图纸尺寸的设置区域。Altium Designer 18 给出了三种图纸尺寸的设置方式。

第一种是"Template（模板）"，单击"Template（模板）"下拉按钮，如图 2-24 所示，在下拉列表框中可以选择已定义好的图纸标准尺寸，包括模型图纸尺寸（A0_portrait～A4_portrait）、公制图纸尺寸（A0～A4）、英制图纸尺寸（A～E）、CAD 标准尺寸（A～E）、OrCAD 标准尺寸（OrCAD_A～OrCAD_E）及其他格式（Letter、Legal、Tabloid 等）的尺寸。

当一个模板设置为默认模板后，每次创建一个新文件时，系统会自动套用该模板，适用于固定使用某个模板的情况。若不需要模板文件，则"Template（模板）"文本框中显示空白。

在"Template（模板文件）"选项组的下拉菜单中选择 A、A0 等模板，单击按钮，弹出如图 2-25 所示的提示对话框，提示是否更新模板文件。

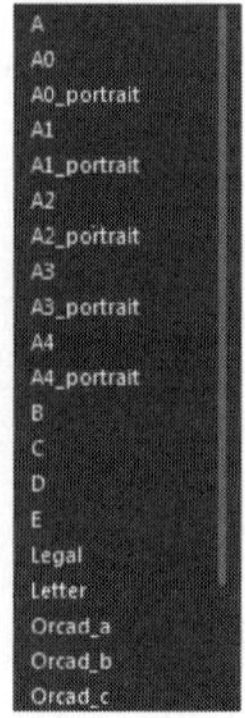

图 2-24　Template 选项卡

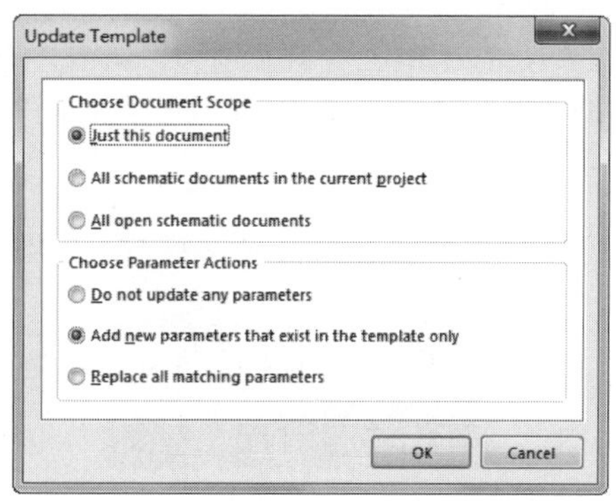

图 2-25　Update Template 对话框

第二种是“Standard（标准风格）”，单击“Sheet Size（图纸尺寸）”右侧的按钮，在下拉列表框中可以选择已定义好的图纸标准尺寸，包括公制图纸尺寸（A0～A4）、英制图纸尺寸（A～E）、CAD 标准尺寸（A～E）、OrCAD 标准尺寸（OrCAD A～OrCAD E）及其他格式（Letter、Legal、Tabloid 等）的尺寸，如图 2-26 所示。

Note

第三种是“Custom（自定义风格）”，在“Width（定制宽度）”、“Height（定制高度）”输入框中输入相应数值来确定模板尺寸。

在设计过程中，除了对图纸的尺寸进行设置外，往往还需要对图纸的其他选项进行设置，如图纸的方向、标题栏样式和图纸的颜色等。这些设置可以在“Page Options（图页选项）”选项组中完成。

图 2-26　下拉列表

5. 设置图纸方向

图纸方向可通过“Orientation（定位）”下拉列表框设置，可以设置为水平方向（Landscape，即横向），也可以设置为垂直方向（Portrait，即纵向）。一般在绘制和显示时设为横向，在打印输出时可根据需要设为横向或纵向。

6. 设置图纸标题栏

图纸标题栏（明细表）是对设计图纸的附加说明，可以在该标题栏中对图纸进行简单的描述，也可以作为以后图纸标准化时的信息。在 Altium Designer 18 中提供了两种预先定义好的标题栏格式，即 Standard（标准格式）和 ANSI（美国国家标准格式）。选中“标题块”复选框，即可进行格式设计，相应的图纸编号功能被激活，可以对图纸进行编号。

7. 设置图纸参考说明区域

在“Margin and Zones（边界和区域）”选项组中，通过“Show Zones（显示区域）”复选框可以设置是否显示参考说明区域。选中该复选框表示显示参考说明区域，否则不显示参考说明区域。一般情况下应该选择显示参考说明区域。

8. 设置图纸边界区域

在“Margin and Zones（边界和区域）”选项组中，显示图纸边界尺寸，如图 2-27 所示。在“Vertical（垂直）”“Horizontal（水平）”两个方向上设置边框与边界的间距。在“Origin（原点）”下拉列表中选择原点位置是“Upper Left（左上）”或者“Bottom Right（右下）”。在“Margin Width（边界宽度）”文本框中设置输入边界的宽度值。

9. 设置图纸边框

在“Units（单位）”选项组中，通过“Sheet Border（显示边界）”复选框可以设置是否显示边框。选中该复选框表示显示边框，否则不显示边框。

10. 设置边框颜色

在“Units（单位）”选项组中，单击“Sheet Border（显示边界）”颜色显示框，然后在弹出的对话框中选择边框的颜色，如图 2-28 所示。

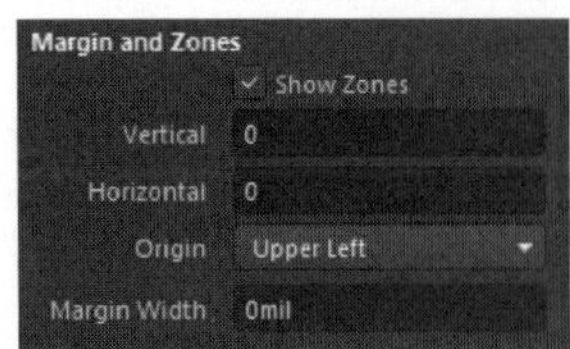

图 2-27　显示边界与区域

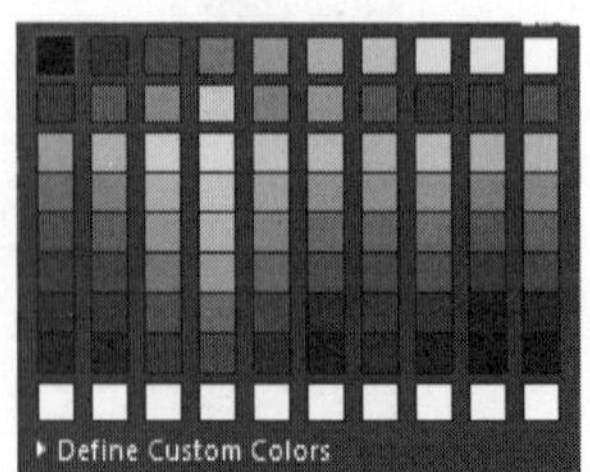

图 2-28　选择颜色

11. 设置图纸颜色

在"Units（单位）"选项组中，单击"Sheet Color（图纸的颜色）"显示框，然后在弹出的对话框中选择图纸的颜色。

12. 设置图纸网格点

进入原理图编辑环境后，编辑窗口的背景是网格型，这种网格就是可视网格，是可以改变的。网格为元件的放置和线路的连接带来了极大的方便，使用户可以轻松地排列元件，整齐地走线。Altium Designer 18 提供了"Visible Grid（可见的）""Snap Grid（捕获）""Snap to Electrical Object（捕获电栅格）"3 种网格，对网格进行具体设置，如图 2-29 所示。

☑ "Visible Grid（可见的）"文本框：在文本框中输入可视网格大小，激活"可见"按钮，用于控制是否启用捕获网格，即在图纸上是否可以看到的网格。对图纸上网格间的距离进行设置，系统默认值为 100 个像素点。若不选中该复选框，则表示在图纸上将不显示网格。

☑ "Snap Grid（捕获）"文本框：在文本框中输入所谓捕获网格大小，就是光标每次移动的距离大小。光标移动时，以右侧文本框的设置值为基本单位，系统默认值为 10 个像素点，用户可根据设计的要求输入新的数值来改变光标每次移动的最小间隔距离。

☑ "Snap to Electrical Object（捕获电栅格）"复选框：如果选中该复选框，则在绘制连线时，系统会以光标所在位置为中心，以"Snap Distance（栅格范围）"文本框中的设置值为半径，向四周搜索电气节点。如果在搜索半径内有电气节点，则光标将自动移到该节点上并在该节点上显示一个圆亮点，搜索半径的数值可以自行设定。如果不选中该复选框，则取消了系统自动寻找电气节点的功能。

选择菜单栏中的"视图"→"栅格"命令，其子菜单中有用于切换 3 种网格启用状态的命令，如图 2-30 所示。单击其中的"设置捕捉栅格"命令，系统将弹出如图 2-31 所示的"Choose a snap grid size（选择捕获网格尺寸）"对话框。在该对话框中可以输入捕获网格的参数值。

13. 设置图纸所用字体

在"Units（单位）"选项卡中，单击"Document Font（文档字体）"选项组下的 Times New Roman, 10 按钮，系统将弹出如图 2-32 所示的下拉对话框。在该对话框中对字体进行设置，将会改变整个原理图中的所有文字，包括原理图中的元件管脚文字和原理图的注释文字等。通常，字体采用默认设置即可。

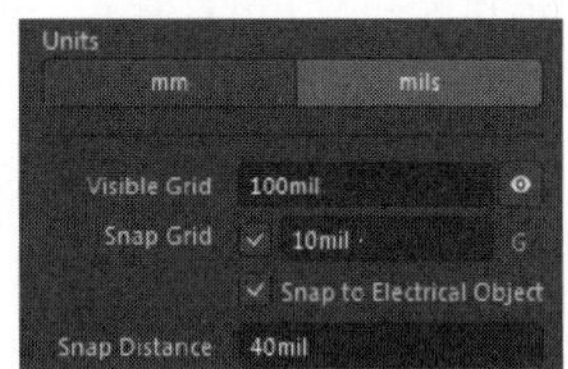

图 2-29 网格设置

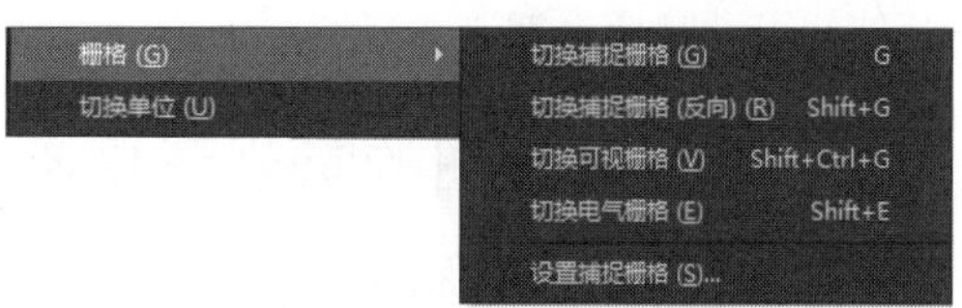

图 2-30 "栅格"命令子菜单

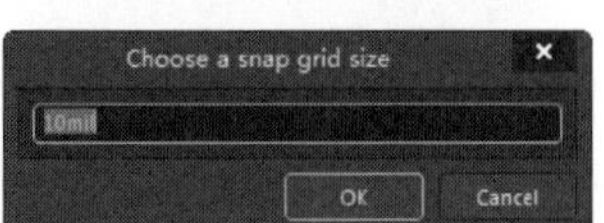

图 2-31 "Choose a snap grid size（选择捕获网格尺寸）"对话框

图 2-32 "字体"对话框

14. 设置图纸参数信息

图纸的参数信息记录了电路原理图的参数信息和更新记录。这项功能可以使用户更系统、更有效地对自己设计的图纸进行管理。

建议用户对此项进行设置。当设计项目中包含很多图纸时，图纸参数信息即显得非常有用。

在“Properties（属性）”面板中，选择“Parameter（参数）”选项卡，即可对图纸参数信息进行设置，如图 2-33 所示。

Note

在要填写或修改的参数上双击或选中要修改的参数后，在文本框中修改各个设定值。单击“Add（添加）”按钮，系统添加相应的参数属性。如图 2-34 所示是“ModifiedDate（修改日期）”参数，用户可在“Value（值）”选项组中填入修改日期，完成该参数的设置。

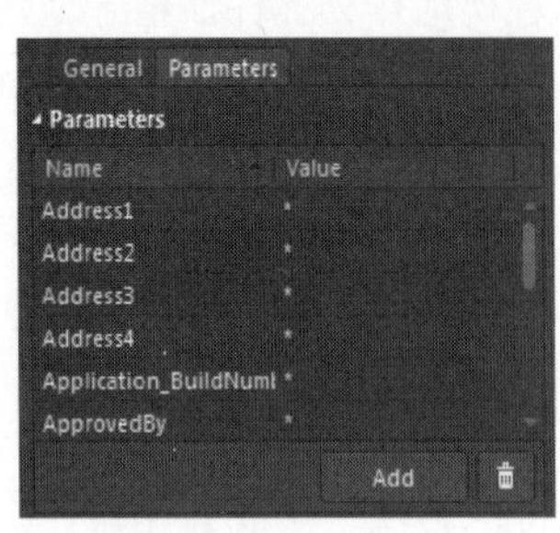

图 2-33 “Parameters（参数）”选项卡

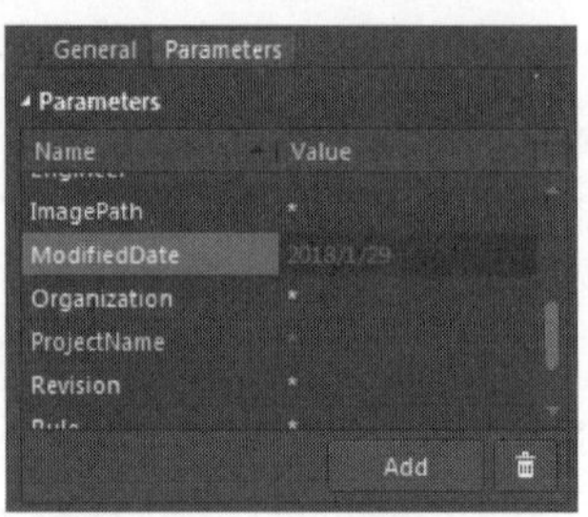

图 2-34 日期设置

2.5 原理图工作环境设置

在原理图绘制过程中，其效率和正确性往往与环境参数的设置有着密切的关系。参数设置得合理与否，直接影响到设计过程中软件的功能是否能充分发挥。

在 Altium Designer 18 电路设计软件中，原理图编辑器的工作环境设置是由原理图“Preferences（参数选择）”设定对话框来完成的。

选择菜单栏中的“工具”→“原理图优先项”命令，或在编辑窗口中右击，在弹出的快捷菜单中选择“原理图优先项”命令，或按快捷键 T+P，系统将弹出“Preferences（参数选择）”对话框。

在“Preferences（参数选择）”对话框中“Schematic（原理图）”选项下主要有 8 个标签页，即 General（常规设置）、Graphical Editing（图形编辑）、Compiler（编译器）、AutoFocus（自动获得焦点）、Library AutoZoom（库扩充方式）、Grids（栅格）、Break Wire（断开连线）和 Default（默认）。下面对相关标签页的具体设置进行说明。

2.5.1 设置原理图的常规环境参数

电路原理图的常规环境参数设置通过“General（常规设置）”标签页来实现，如图 2-35 所示。

1. “Units（单位）”选项组

图纸单位可通过“Units（单位）”选项组来设置，可以设置为公制（Millimeters），也可以设置为英制（Mils）。一般在绘制和显示时设为 Mils。

2. “Options（选项）”选项组

☑ “Break Wires At Autojunctions（自动添加结点）”复选框：选中该复选框后，在两条交叉线处自动添加节点后，节点两侧的导线将被分割成两段。

☑ “Optimize Wires & Buses（最优连线路径）”复选框：选中该复选框后，在进行导线和总线的连接时，系统将自动选择最优路径，并且可以避免各种电气连线和非电气连线的相互重叠。此时，下面的“元件割线”复选框也呈现可选状态。若不选中该复选框，则用户可以自己选择连线路径。

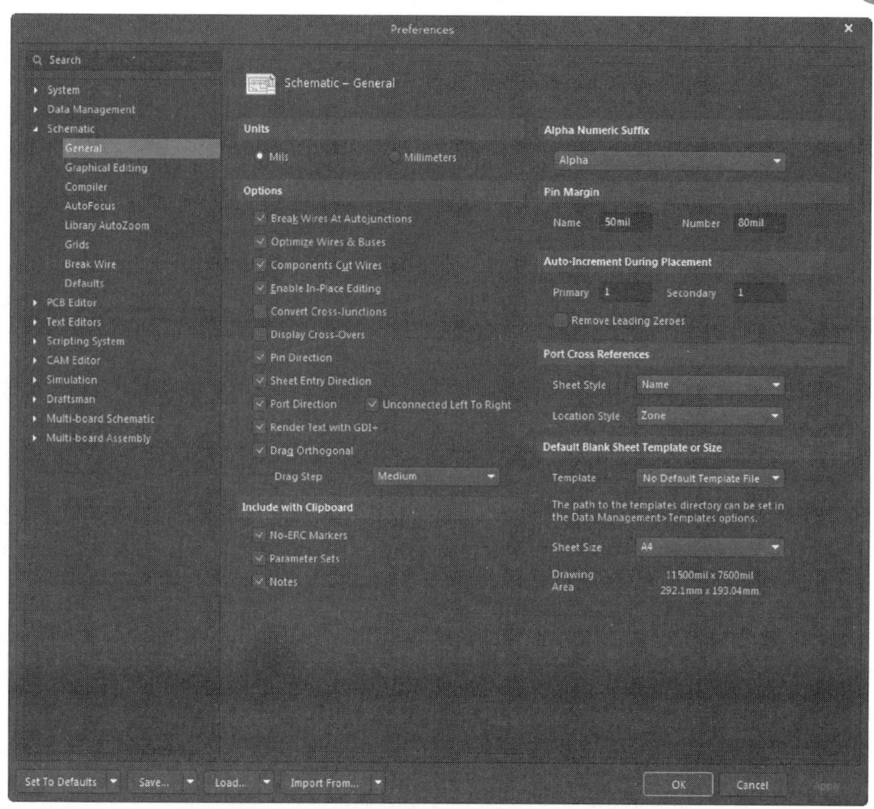

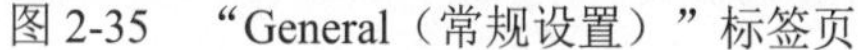
图 2-35 “General（常规设置）”标签页

☑ “Components Cut Wires（元件割线）”复选框：选中该复选框后，会启动元件分割导线的功能。即当放置一个元件时，若元件的两个管脚同时落在一根导线上，则该导线将被分割成两段，两个端点分别自动与元件的两个管脚相连。

☑ “Enable In-Place Editing（启用即时编辑功能）”复选框：选中该复选框后，在选中原理图中的文本对象时，如元件的序号、标注等，双击后可以直接进行编辑、修改，而不必打开相应的对话框。

☑ “Convert Cross-Junctions（将绘图交叉点转换为连接点）”复选框：选中该复选框后，用户在绘制导线时，在相交的导线处自动连接并产生节点，同时终止本次操作。若没有选中该复选框，则用户可以任意覆盖已经存在的连线，并可以继续进行绘制导线的操作。

☑ “Display Cross-Overs（显示交叉点）”复选框：选中该复选框后，非电气连线的交叉点会以半圆弧显示，表示交叉跨越状态。

☑ “Pin Direction（管脚说明）”复选框：选中该复选框后，单击元件某一管脚时，会自动显示该管脚的编号及输入输出特性等。

☑ “Sheet Entry Direction（原理图入口说明）”复选框：选中该复选框后，在顶层原理图的图纸符号中会根据子图中设置的端口属性显示输出端口、输入端口或其他性质的端口。图纸符号中相互连接的端口部分不随此项设置的改变而改变。

☑ “Port Direction（端口说明）”复选框：选中该复选框后，端口的样式会根据用户设置的端口属性显示输出端口、输入端口或其他性质的端口。

☑ “Unconnected Left To Right（左右两侧原理图不连接）”复选框：选中该复选框后，由子图生成顶层原理图时，左右可以不进行物理连接。

☑ “Render Text with GDI+（使用 GDI+渲染文本+）”复选框：选中该复选框后，可使用 GDI 字体渲染功能，精细到字体的粗细、大小等功能。

☑ “Drag Orthogonal（直角拖曳）”复选框：选中该复选框后，在原理图上拖动元件时，与元件相连接的导线只能保持直角。若不选中该复选框，则与元件相连接的导线可以呈现任意的角度。

☑ “Drag Step（拖动间隔）”下拉列表：在原理图上拖动元件时，拖动速度包括4种：Medium、Large、Small、Smallest。

Note

3. “Include With Clipboard（包含剪贴板）”选项组

☑ “No-ERC Markers（忽略ERC检查符号）”复选框：选中该复选框后，在复制、剪切到剪贴板或打印时，均包含图纸的忽略ERC检查符号。

☑ “Parameter Sets（参数设置）”复选框：选中该复选框后，使用剪贴板进行复制操作或打印时，包含元件的参数信息。

☑ “Notes（说明）”复选框：选中该复选框后，使用剪贴板进行复制操作或打印时，包含注释说明信息。

4. “Alpha Numeric Suffix（字母和数字后缀）”选项组

该选项组用于设置某些元件中包含多个相同子部件的标识后缀，每个子部件都具有独立的物理功能。在放置这种复合元件时，其内部的多个子部件通常采用“元件标识: 后缀”的形式来加以区别。

☑ “Alpha（字母）”选项：选择该选项，子部件的后缀以字母表示，如U: A，U: B等。

☑ “Numeric, separated by a dot "."（数字间用点间隔）”选项：选择该选项，子部件的后缀以数字表示，如U.1，U.2等。

☑ “Numeric, separated by a colon ":"（数字间用冒号间隔）”选项：选择该选项，子部件的后缀以数字表示，如U: 1，U: 2等。

5. “Pin Margin（管脚边距）”选项组

☑ “Name（名称）”文本框：用于设置元件的管脚名称与元件符号边缘之间的距离，系统默认值为50mil。

☑ “Number（编号）”文本框：用于设置元件的管脚编号与元件符号边缘之间的距离，系统默认值为80mil。

6. “Auto-Increment During Placement（分段放置）”选项组

该选项组用于设置元件标识序号及管脚号的自动增量数。

☑ “Primary（首要的）”文本框：用于设定在原理图上连续放置同一种元件时，元件标识序号的自动增量数，系统默认值为1。

☑ “Secondary（次要的）”文本框：用于设定创建原理图符号时，管脚号的自动增量数，系统默认值为1。

☑ Remove Leading Zeroes（去掉前导零）：选中该复选框，元件标识序号及管脚号去掉前导零。

7. “Port Cross References（端口对照）”选项组

☑ “Sheet Style（图纸风格）”文本框：用于设置图纸中端口类型，包括“Name（名称）”“Number（数字）”。

☑ “Location Style（位置风格）”文本框：用于设置图纸中端口放置位置依据，系统设置包括“Zone（区域）”“Location X,Y（坐标）”。

8. “Default Blank Sheet Template or Size（默认空白原理图模板或尺寸）”选项组

该选项组用于设置默认的模板文件。可以在“Template（模板）”下拉列表中选择模板文件，选择后，模板文件名称将出现在“Template（模板）”文本框中。每次创建一个新文件时，系统将自动套用该模板。如果不需要模板文件，则“模板”列表框中显示“No Default Template File（没有默认

Note

的模板文件)”。

在“Sheet Size（图纸尺寸）”下拉列表中选择模板文件，选择后，模板文件名称将出现在“Sheet Size（图纸尺寸）”文本框中，在文本框下显示具体的尺寸大小。

2.5.2 设置图形编辑的环境参数

图形编辑的环境参数设置通过“Graphical Editing（图形编辑）”标签页来完成，如图 2-36 所示，主要用来设置与绘图有关的一些参数。

1. “Options（选项）”选项组

☑ “Clipboard Reference（剪贴板参考点）”复选框：选中该复选框后，在复制或剪切选中的对象时，系统将提示确定一个参考点。建议用户选中该复选框。

☑ “Add Template to Clipboard（添加模板到剪贴板）”复选框：选中该复选框后，用户在执行复制或剪切操作时，系统将会把当前文档所使用的模板一起添加到剪贴板中，所复制的原理图包含整个图纸。建议用户不选中该复选框。

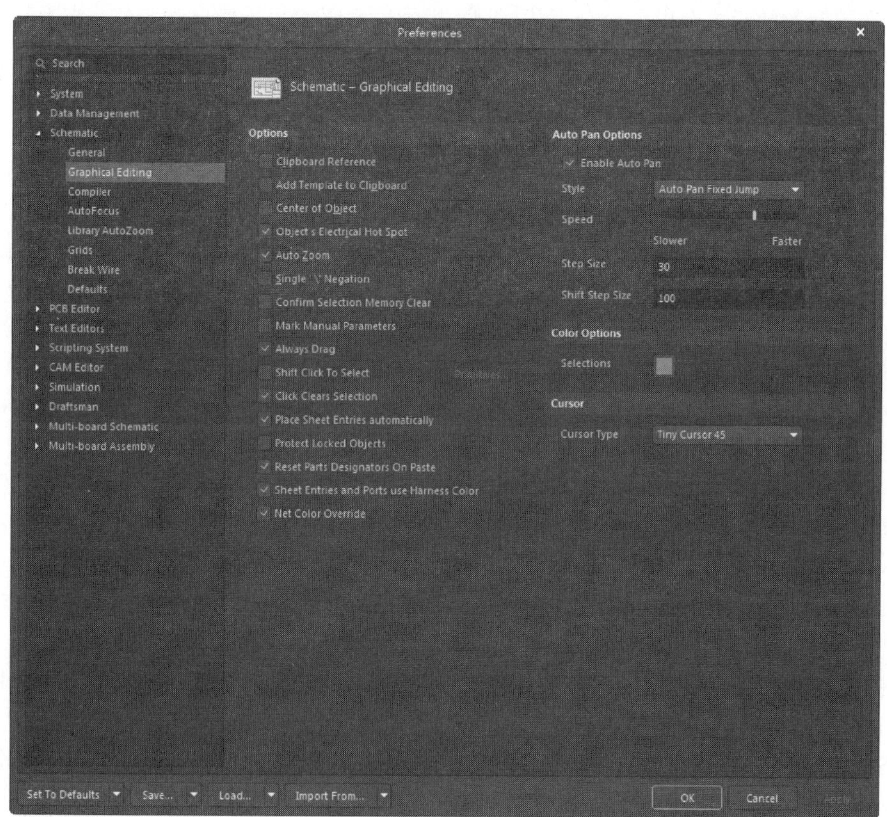

图 2-36 “Graphical Editing（图形编辑）”标签页

☑ “Center of Object（对象中心）”复选框：选中该复选框后，在移动元件时，光标将自动跳到元件的参考点上（元件具有参考点时）或对象的中心处（对象不具有参考点时）。若不选中该复选框，则移动对象时光标将自动滑到元件的电气节点上。

☑ “Object's Electrical Hot Spot（对象的电气热点）”复选框：选中该复选框后，当用户移动或拖动某一对象时，光标自动滑动到离对象最近的电气节点（如元件的管脚末端）处。建议用

Note

户选中该复选框。如果想实现选中"对象的中心"复选框后的功能，则应取消对"对象电气热点"复选框的选中，否则移动元件时，光标仍然会自动滑到元件的电气节点处。

☑ "Auto Zoom（自动放缩）"复选框：选中该复选框后，在插入元件时，电路原理图可以自动地实现缩放，调整出最佳的视图比例。建议用户选中该复选框。

☑ "Single '\' Negation（使用单一'\'符号表示低电平有效标识）"复选框：一般在电路设计中，我们习惯在管脚的说明文字顶部加一条横线表示该管脚低电平有效，在网络标签上也采用此种标识方法。Altium Designer 18 允许用户使用"\"为文字顶部加一条横线。例如，RESET 低有效，可以采用"\R\E\S\E\T"的方式为该字符串顶部加一条横线。选中该复选框后，只要在网络标签名称的第一个字符前加一个"\"，则该网络标签名将全部被加上横线。

☑ "Confirm Selection Memory Clear（清除选定存储时需要确认）"复选框：选中该复选框后，在清除选定的存储器时，将出现一个确认对话框。通过这项功能的设定可以防止由于疏忽而清除选定的存储器。建议用户选中该复选框。

☑ "Mark Manual Parameters（标记需要手动操作的参数）"复选框：用于设置是否显示参数自动定位被取消的标记点。选中该复选框后，如果对象的某个参数已取消了自动定位属性，那么在该参数的旁边会出现一个点状标记，提示用户该参数不能自动定位，需手动定位，即应该与该参数所属的对象一起移动或旋转。

☑ "Always Drag（始终跟随拖曳）"复选框：选中该复选框后，移动某一选中的图元时，与其相连的导线也随之被拖动，以保持连接关系。若不选中该复选框，则移动图元时，与其相连的导线不会被拖动。

☑ "Shift Click To Select（按 Shift 键并单击选择）"复选框：选中该复选框后，只有在按下 Shift 键时，单击才能选中图元。此时，右侧的"Primitives（原始的）"按钮被激活。单击"元素"按钮，弹出如图 2-37 所示的"Must Hold Shift To Select（必须按住 Shift 键选择）"对话框，可以设置哪些图元只有在按下 Shift 键时，单击才能选择。使用这项功能会使原理图的编辑很不方便，建议用户不必选中该复选框，直接单击选择图元即可。

☑ "Click Clears Selection（单击清除选择）"复选框：选中该复选框后，通过单击原理图编辑窗口中的任意位置，即可解除对某一对象的选中状态，不需要再使用菜单命令或者"原理图标准"工具栏中的 （取消对当前所有文件的选中）按钮。建议用户选中该复选框。

☑ "Place Sheet Entries automatically（自动放置页面符入口）"复选框：选中该复选框后，系统会自动放置图纸入口。

☑ "Protect Locked Objects（保护锁定对象）"复选框：选中该复选框后，系统会对锁定的图元进行保护。若不选中该复选框，则锁定对象不会被保护。

☑ "Reset Parts Designators On Paste（重置粘贴的元件标号）"复选框：选中该复选框后，将复制粘贴后的元件标号进行重置。

☑ "Sheet Entries and Ports use Harness Color（图纸入口和端口使用线束颜色）"复选框：选中该复选框后，将原理图中的图纸入口与电路按端口颜色设置为线束颜色

☑ "Net Color Override（覆盖网络颜色）"：选中该复选框后，激活网络颜色功能，可单击 按钮，设置网络对象的颜色。

2. "Auto Pan Options（自动摇镜选项）"选项组

该选项组主要用于设置系统的自动摇镜功能，即当光标在原理图上移动时，系统会自动移动原理图，以保证光标指向的位置进入可视区域。

☑ "Style（模式）"下拉列表框：用于设置系统自动摇镜的模式。有 3 个选项可以供用户选择，即 Auto Pan Off（关闭自动摇镜）、Auto Pan Fixed Jump（按照固定步长自动移动原理图）、Auto Pan

Recenter（移动原理图时，以光标最近位置作为显示中心）。系统默认为 Auto Pan Fixed Jump。

☑　“Speed（速度）”滑块：通过拖动滑块，可以设定原理图移动的速度。滑块越向右，速度越快。

☑　“Step Size（移动步长）”文本框：用于设置原理图每次移动时的步长。系统默认值为 30，即每次移动 30 个像素点。数值越大，图纸移动越快。

☑　“Shift Step Size（快速移动步长）”文本框：用于设置在按住 Shift 键的情况下，原理图自动移动的步长。该文本框的值一般要大于“Step Size（移动步长）”文本框中的值，这样在按住 Shift 键时可以加快图纸的移动速度。系统默认值为 100。

3.“Color Options（颜色选项）”选项组

该选项组用于设置所选中对象的颜色。单击“Selections（选择）”颜色显示框，系统将弹出如图 2-38 所示的“Choose Color（选择颜色）”对话框，在该对话框中可以设置选中对象的颜色。

图 2-37　“Must Hold Shift To Select（必须按住 Shift 键选择）”对话框

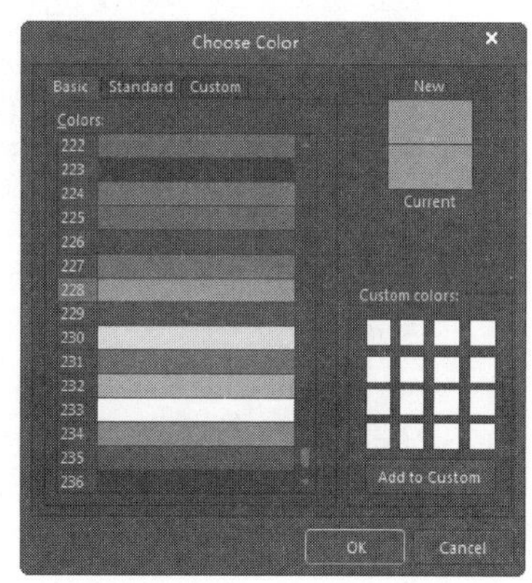

图 2-38　“Choose Color（选择颜色）”对话框

4.“Cursor（光标）”选项组

该选项组主要用于设置光标的类型。在“Cursor Type（光标类型）”下拉列表框中，包含“Large Cursor 90（长十字形光标）”“Small Cursor 90（短十字形光标）”“Small Cursor 45（短 45° 交叉光标）”“Tiny Cursor 45（小 45° 交叉光标）”4 种光标类型。系统默认为“Small Cursor 90（短十字形光标）”类型。

2.5.3　设置编译器的环境参数

利用 Altium Designer 18 的原理图编辑器绘制好电路原理图以后，并不能立即把它传送到 PCB 编辑器中，以生成 PCB 印制电路板文件。因为实际应用中的电路设计都比较复杂，一般或多或少都会有一些错误或者疏漏之处。Altium Designer 18 提供了编译器这个强大的工具，系统根据用户的设置，会对整个电路图进行电气检查，对检测出的错误生成各种报表和统计信息，帮助用户进一步修改和完善自己的设计工作。

编译器的环境设置通过“Compiler（编译器）”标签页来完成，如图 2-39 所示。

1.“Errors & Warnings（错误和警告）”选项组

该选项组用来设置对于编译过程中出现的错误是否显示出来，并可以选择颜色加以标记。系统错误有 3 种，分别是 Fatal Error（致命错误）、Error（错误）和 Warning（警告）。该选项组采用系统默认即可。

2.“Auto-Junction（自动连接）”选项组

该选项组主要用来设置在电路原理图连线时，在导线的“T”字形连接处，系统自动添加电气节点的显示方式。有两个复选框供选择。

Note

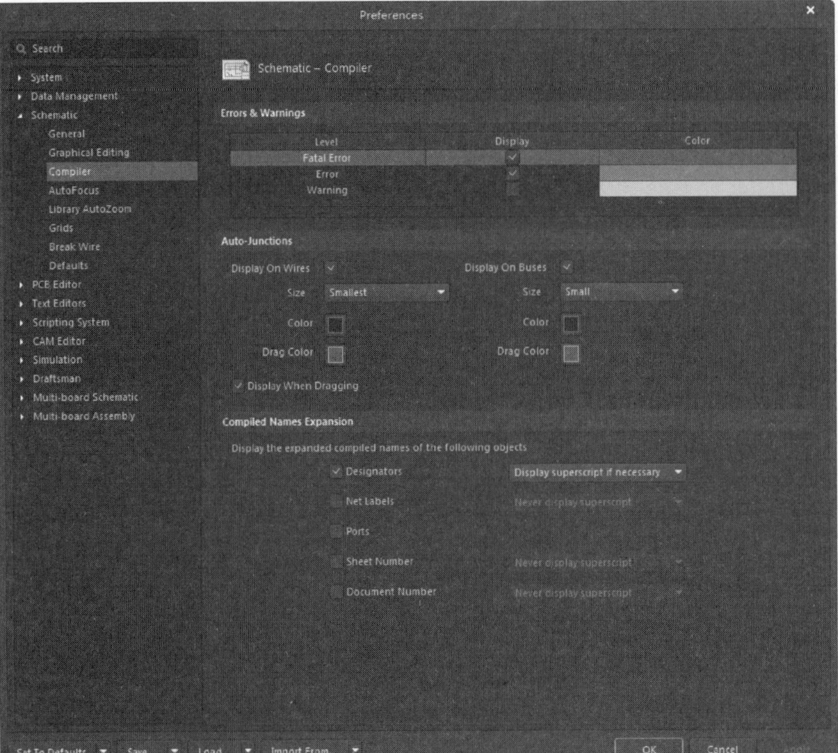

图 2-39　Compiler 标签页

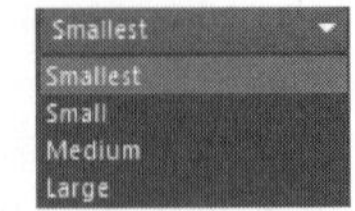

图 2-40　电气节点大小设置

☑ “Display On Wires（显示在线上）”复选框：在导线上显示，若选中该复选框，导线上的“T”字形连接处会显示电气节点。电气节点的大小用“Size（大小）”设置，有 4 种选择，如图 2-40 所示。在“Color（颜色）”对话框中可以设置电气节点的颜色。

☑ “Display On Buses（显示在总线上）”复选框：在总线上显示，若选中该复选框，总线上的“T”字形连接处会显示电气节点。电气节点的大小和颜色设置操作与前面的相同。

3. “Compiled Names Expansion（编译扩展名）”选项组

该选项组主要用来设置要显示对象的扩展名。若选中“Designators（标识）”复选框后，在电路原理图上会显示标志的扩展名。其他对象的设置操作同上。

2.5.4　原理图的自动聚焦设置

在 Altium Designer 18 系统中，提供了一种自动聚焦功能，能够根据原理图中的元件或对象所处的状态（连接或未连接）分别进行显示，便于用户直观快捷地查询或修改。该功能的设置通过“AutoFocus（自动获得焦点）”标签页来完成，如图 2-41 所示。

1. “Dim Unconnected Objects（未链接目标变暗）”选项组

该选项组用来设置对未连接的对象的淡化显示。有 4 个复选框供选择，分别是“On Place（放置时）”“On Move（移动时）”“On Edit Graphically（图形编辑时）”“On Edit In Place（编辑放置时）”。单击 All On 按钮可以全部选中，单击 All Off 按钮可以全部取消选择。淡化显示的程度可以由右面的滑块来调节。

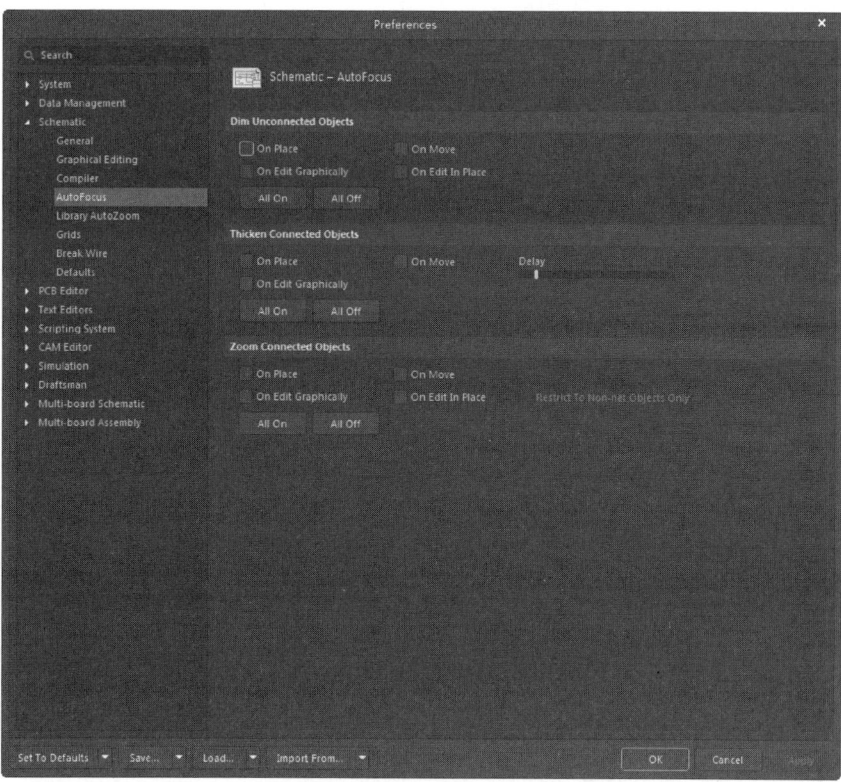

图 2-41 AutoFocus 标签页

2. “Thicken Connected Objects（使连接物体变厚）”选项组

该选项组用来设置对连接对象的加强显示。有 3 个复选框供选择，分别是“On Place（放置时）”“On Move（移动时）”“On Edit Graphically（图形编辑时）”。其他的设置同上。

3. “Zoom Connected Objects（缩放连接目标）”选项组

该选项组用来设置对连接对象的缩放。有 5 个复选框供选择，分别是“On Place（放置时）”“On Move（移动时）”“On Edit Graphically（图形编辑时）”“On Edit In Place（编辑放置时）”“Restrict To Non-net Objects Only（仅约束非网络对象）”。第 5 个复选框在选中“On Edit In Place（编辑放置时）”复选框后，才能进行选择。其他设置同上。

2.5.5 元件自动缩放设置

可以设置元件的自动缩放形式，主要通过“Library AutoZoom（元件库自动缩放）”标签页完成，如图 2-42 所示。

该标签页设置有 3 个单选按钮供用户选择：“Do Not Change Zoom Between Componets（在元件切换间不更改）”“Remember Last Zoom For Each Component（记忆最后的缩放值）”“Center Each Component In Editor（编辑器中每个器件居中）”。用户根据自己的实际情况选择即可，系统默认选中“Center Each Component In Editor（元件居中）”单选按钮。

Note

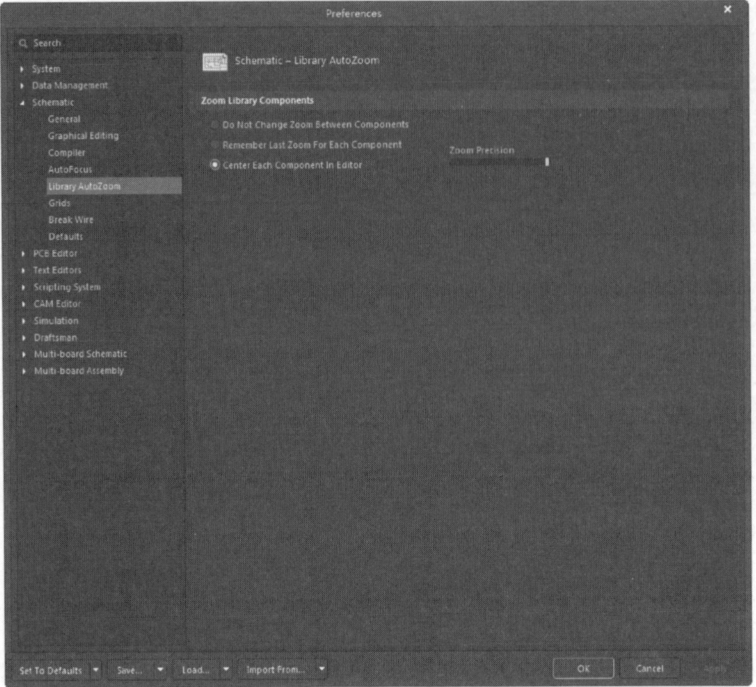

图 2-42　Library AutoZoom 标签页

2.5.6　原理图的网格设置

对于各种网格，除了数值大小的设置外，还有形状、颜色等也可以设置，主要通过“Grids（栅格）”标签页完成，如图 2-43 所示。

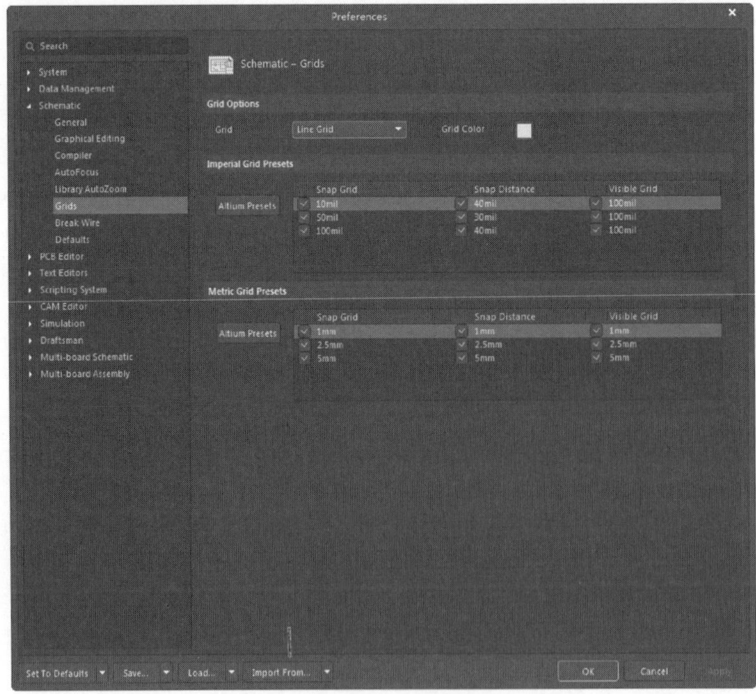

图 2-43　Grids 标签页

1. “Imperial Grid Presets（英制栅格预设）”选项组

该选项组用来将网格形式设置为英制网格形式。单击 Altium Presets 按钮，弹出如图 2-44 所示的菜单。

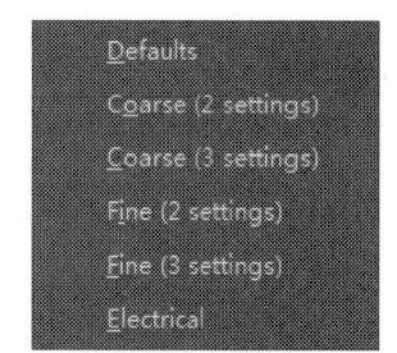

图 2-44　“Altium Presets（推荐设置）”菜单

选择某一种形式后，在旁边显示出系统对“Snap Grid（捕捉栅格）”“Snap Distance（捕捉距离）”“Visible Grid（可视化栅格）”的默认值。用户也可以自己单击设置。

2. “Metric Grid Presets（米制格点预设）”选项组

网格形式有英制与公制之分。单击 Altium Presets 按钮，会弹出一个小菜单供用户选择，如图 2-44 所示。对应于每一种边框形式，“Snap Grid（跳转栅格）”“Snap Distance（电气栅格）”“Visible Grid（可视化栅格）”都有系统的默认设置值，用户可单击修改。

2.5.7　原理图的连线切割设置

在原理图编辑环境中，在菜单项“编辑”的级联菜单中，或在编辑窗口右击弹出的快捷菜单中，都提供了一项“Break Wire（断开连线）”命令，用于对原理图中的各种连线进行切割、修改。

在设计电路的过程中，往往需要擦除某些多余的线段，如果连接线条较长或连接在该线段上的元器件数目较多，我们不希望删除整条线段，但此项功能可以使用户在设计原理图过程中更加灵活。

与该命令有关的一些参数通过原理图优先设定对话框中的“Break Wire（断开连线）”标签页来设置，如图 2-45 所示。

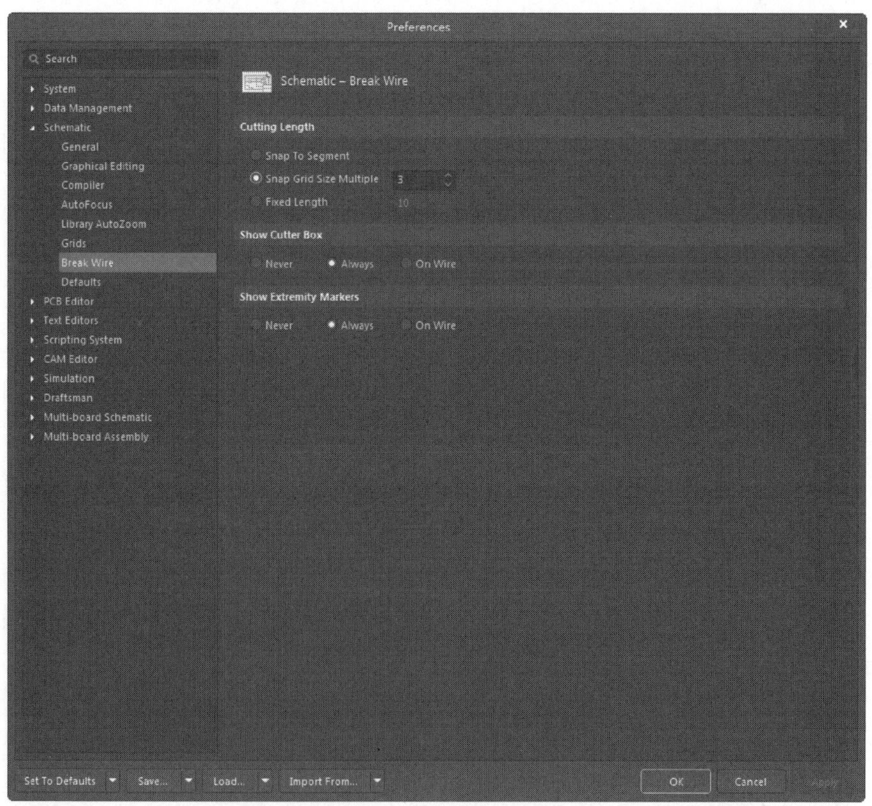

图 2-45　Break Wire 标签页

1. “Cutting Length（切割长度）”选项组

该选项组用来设置当执行“Break Wire（断开连线）”命令时，切割导线的长度。该选项组有以下

3 个单选按钮。

☑ "Snap To Segment（捕捉段）"单选按钮：选中该单选按钮后，当执行"Break Wire（断开连线）"命令时，光标所在的导线被整段切除。

☑ "Snap Grid Size Multiple（捕捉格点尺寸倍增）"单选按钮：选中该单选按钮后，当执行"Break Wire（断开连线）"命令时，每次切割导线的长度都是网格的整数倍。用户可以在右边的数字栏中设置倍数，倍数的大小设置为2～10。

☑ "Fixed Length（固定长度）"单选按钮：选中该单选按钮后，当执行"Break Wire（断开连线）"命令时，每次切割导线的长度是固定的。用户可以在右边的文本框中设置每次切割导线的固定长度值。

2. "Show Cutter Box（显示切割框）"选项组

该选项组用来设置当执行"Break Wire（断开连线）"命令时，是否显示切割框。有 3 个单选按钮供选择，分别是"Never（从不）""Always（总是）""On Wire（线上）"。

3. "Show Extremity Markers（显示末端标记）"选项组

该选项组用来设置当执行"Break Wire（断开连线）"命令时，是否显示导线的末端标记。有 3 个单选按钮供选择，分别是"Never（从不）""Always（总是）""On Wire（线上）"。

2.5.8 电路板图元的设置

"Defaults（默认值）"标签页用来设定原理图编辑时常用图元的原始默认值，如图 2-46 所示。这样，在执行各种操作时，如图形绘制、元器件插入等，就会以所设置的原始默认值为基准进行操作，简化了编辑过程。

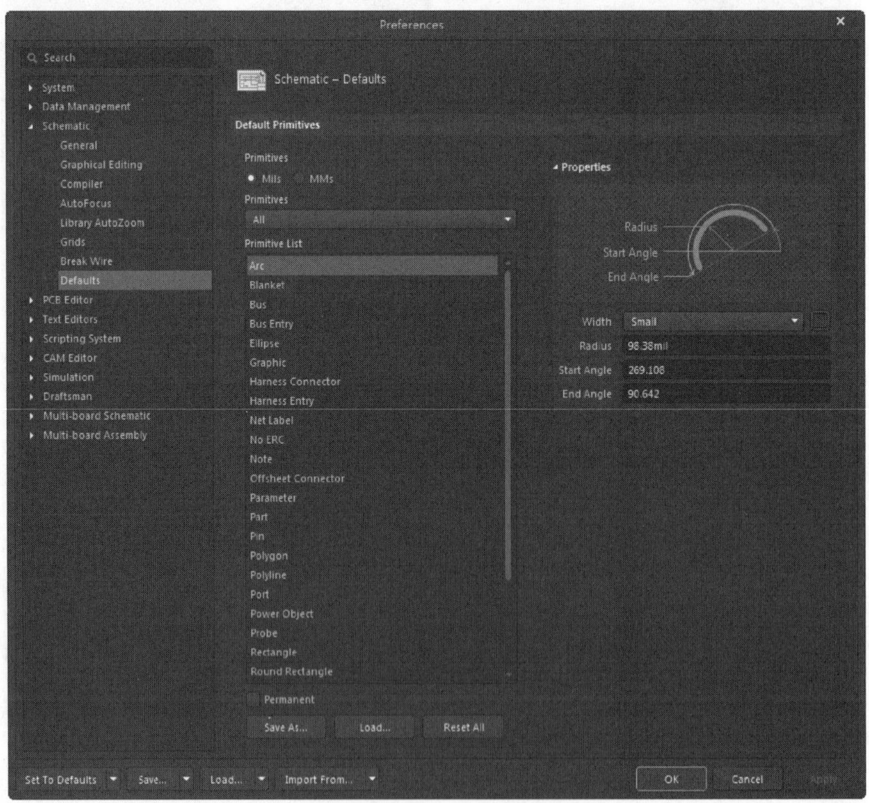

图 2-46　Defaults 标签页

Note

1. “Primitives（元件）”选项组

在原理图绘制中，使用的单位系统可以是英制单位系统（Mils），也可以是公制单位系统（MMs）。

2. “Primitives（元件）”下拉列表框

在“Primitives（元件）”下拉列表框中，单击其下拉按钮，弹出下拉列表。选择下拉列表的某一选项，该类型所包括的对象将在“Primitive List（元器件）”列表框中显示。

☑ All：全部对象。选择该选项后，在下面的“元器件”列表框中将列出所有的对象。

☑ Drawing Tools：指绘制非电气原理图工具栏所放置的全部对象。

☑ Other：指上述类别所没有包括的对象。

☑ Wiring Objects：指绘制电路原理图工具栏所放置的全部对象。

☑ Harness Objects：指绘制电路原理图工具栏所放置的线束对象。

☑ Library Parts：指与元件库有关的对象。

☑ Sheet Symbol Objects：指绘制层次图时与子图有关的对象。

3. “Primitive List（元件列表）”列表框

可以选择“Primitive List（元件列表）”列表框中显示的对象，并对所选的对象进行属性设置或复位到初始状态。在“Primitive List（元件列表）”列表框中选定某个对象，例如选中“Pin（管脚）”，如图 2-47 所示，在右侧的基本信息显示文本框中修改相应的参数设置。

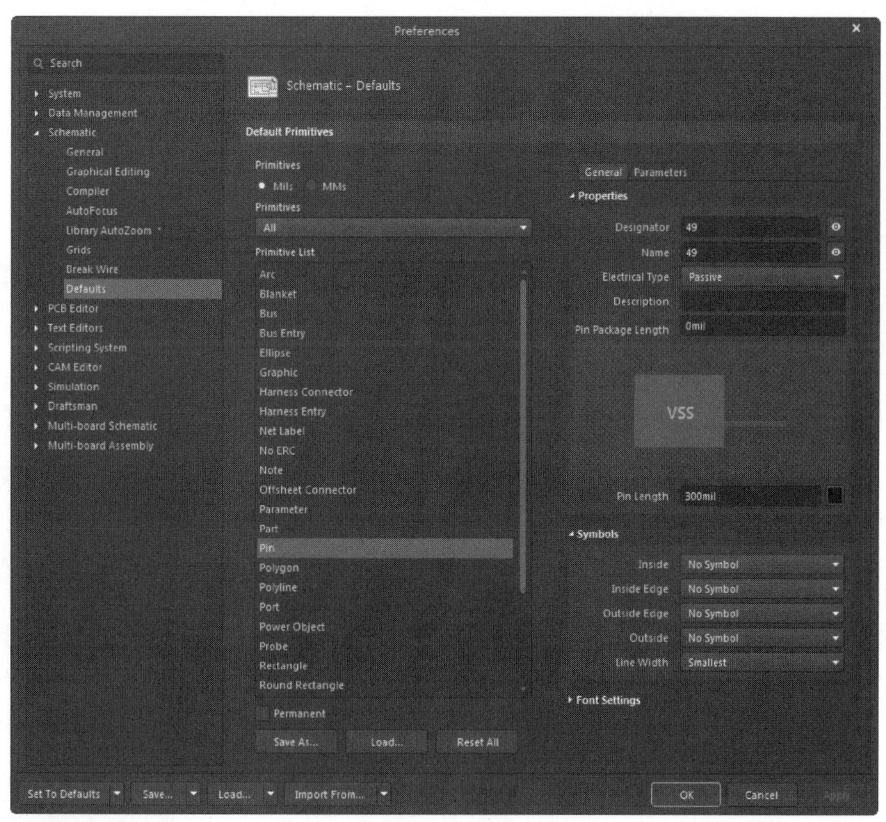

图 2-47　“Pin（管脚）”信息

如果在此处修改相关的参数，那么在原理图上绘制管脚时默认的管脚属性则是修改过的管脚属性设置。

在原始值列表框选中某一对象，单击 Reset All 按钮，则该对象的属性复位到初始状态。

4. 功能按钮

☑ Save As（保存为）：保存默认的原始设置，当所有需要设置的对象全部设置完毕，单击 Save As... 按钮，弹出文件保存对话框，保存默认的原始设置。默认的文件扩展名为*.dft，以后可以重新进行加载。

☑ 装载：加载默认的原始设置，要使用以前曾经保存过的原始设置，单击 Load... 按钮，弹出打开文件对话框，选择一个默认的原始设置文档即可加载默认的原始设置。

☑ 复位所有：恢复默认的原始设置。单击 Reset All 按钮，所有对象的属性都回到初始状态。

2.6 加载元件库

在绘制电路原理图的过程中，首先要在图纸上放置需要的元器件符号。Altium Designer 18 作为一个专业的电子电路计算机辅助设计软件，一般常用的电子元器件符号都可以在其元件库中找到，用户只需在 Altium Designer 18 元件库中查找所需的元器件符号，并将其放置在图纸适当的位置即可。

2.6.1 元器件库的分类

Altium Designer 18 的元器件库中的元器件数量庞大，分类明确。Altium Designer 18 元器件库采用下面两级分类方法。

（1）一级分类是以元器件制造厂家的名称分类。

（2）二级分类在厂家分类下面又以元器件种类（如模拟电路、逻辑电路、微控制器、A/D 转换芯片等）进行分类。

对于特定的设计项目，用户可以只调用几个需要的元器件厂商中的二级库，即可减轻计算机系统运行的负担，提高运行效率。用户若要在 Altium Designer 18 的元器件库中调用一个所需要的元器件，首先应该知道该元器件的制造厂商和该元器件的分类，以便在调用该元器件之前把含有该元器件的元件库载入系统。

2.6.2 打开“Libraries（库）”面板

打开“Libraries（库）”面板的具体操作如下。

（1）将鼠标箭头放置在工作区右侧的“Libraries（库）”标签上，此时会自动弹出一个“Libraries（库）”面板，如图 2-48 所示。

（2）如果在工作区右侧没有“Libraries（库）”标签，只要单击底部的面板控制栏中的“Libraries（库）”按钮，即可在工作区右侧出现“Libraries（库）”标签，并自动弹出一个“Libraries（库）”面板。可以看到，在“Libraries（库）”面板中，Altium Designer 18 系统已经装入了两个默认的元件库：通用元件库（Miscellaneous Devices.IntLib）和通用接插件库（Miscellaneous Connectors.IntLib）。

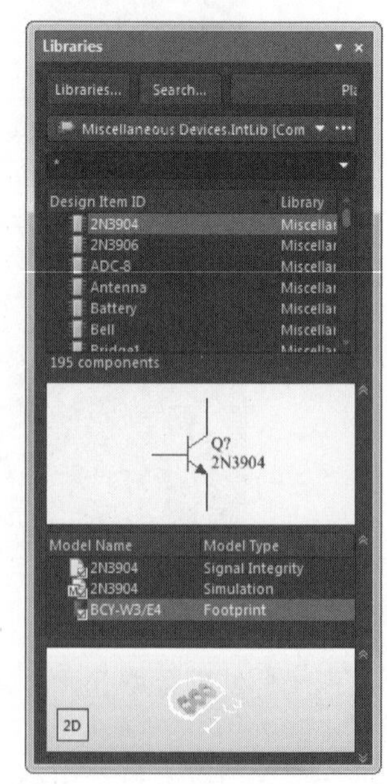

图 2-48 “Libraries（库）”面板

2.6.3 加载和卸载元件库

装入所需的元件库的具体操作如下。

（1）单击如图 2-48 所示的“Libraries（库）”面板左上角的 Libraries... 按钮，弹出“Available Libraries（可用库）”对话框，如图 2-49 所示。

图 2-49 “Available Libraries（可用库）”对话框

可以看到系统已经装入的元件两个库：通用元件库（Miscellaneous Devices.IntLib）和通用接插件库（Miscellaneous Connectors.IntLib）。

图 2-49 中，Move Up 和 Move Down 按钮则用来调整元件库排列顺序。

（2）加载绘图所需的元件库。

在如图 2-49 所示的对话框中有 3 个选项卡，“Project（工程）”选项卡列出的是用户为当前项目自行创建的库文件。“Installed（已安装）”选项卡列出的是系统中可用的库文件。

选择 Install... 按钮下的 Install from file... 命令，系统弹出如图 2-50 所示的选择库文件对话框。

在该对话框中选中确定的库文件夹并双击打开后，单击选中相应的库文件，再单击 打开(O) 按钮，所选中的库文件即可出现在如图 2-49 所示的可用元件库对话框中。

重复操作可以把所需要的各种库文件添加到系统中，称为当前可用的库文件。加载完毕后，单击 Close 按钮，关闭对话框。这时所有加载的元件库都出现在元件库面板中，用户可以选择使用。

（3）在如图 2-49 所示的“Available Libraries（可用库）”对话框中选中一个库文件，单击 Remove 按钮，即可将该元件库卸载。

由于 Altium Designer 10 后面版本的软件中元件库的数量大量减少，如图 2-50 所示，不足以满足本书中原理图绘制所需的元件，因此在随书配套资源中自带大量元件库，用于原理图中元件的放置与查找。可以利用步骤（2）中的 Install... 按钮，在查找文件夹对话框中选择自带元件库中所需元件库的路径，完成加载后进行使用。

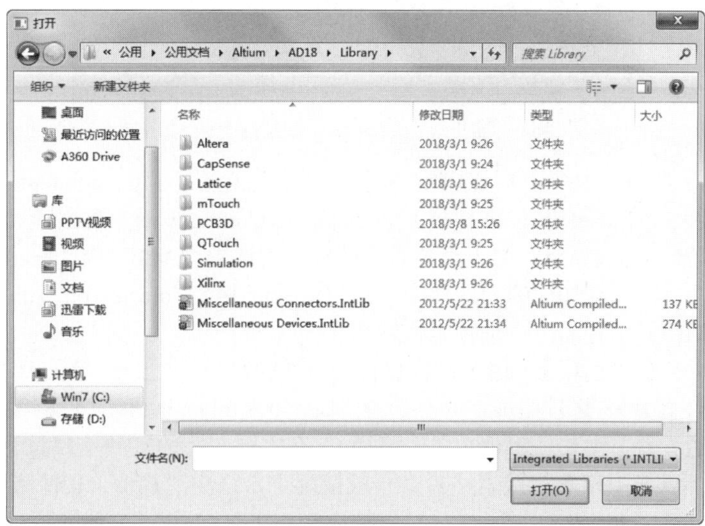

图 2-50 选择库文件对话框

2.7 放置元件

Note

原理图中有两个基本要素：元件符号和线路连接。绘制原理图的主要操作就是将元件符号放置在原理图图纸上，然后用线将元件符号中的管脚连接起来，建立正确的电气连接。在放置元件符号前，需要知道元件符号在哪个元件库中，并需要载入该元件库。

2.7.1 元件的搜索

以上叙述的加载元件库操作有一个前提，即用户已经知道需要的元件符号在哪个元件库中，而实际情况中却可能并非如此。此外，当用户面对的是一个庞大的元件库时，逐个地寻找列表中每个元件，直到找到自己想要的元件为止，将是一件非常麻烦的事情，工作效率会很低。Altium Designer 18 提供了强大的元件搜索能力，帮助用户轻松地在元件库中定位元件。

1. 查找元件

执行"工具"→"查找器件"命令，或在"Libraries（库）"面板中单击 Search... 按钮，将弹出如图 2-51 所示的"Libraries Search（搜索库）"对话框。在该对话框中用户可以搜索需要的元件。搜索元件需要进行一系列的参数设置。

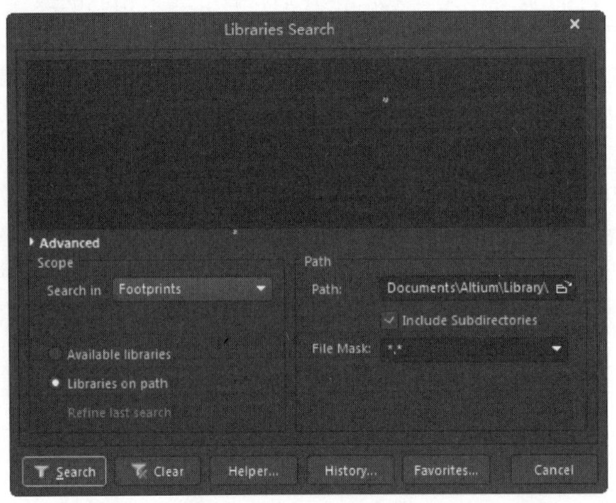

图 2-51 "Libraries Search（搜索库）"对话框

☑ "Search in（在……中搜索）"选项：用来选择查找类型。有 Components（元件）、Footprints（PCB 封装）、3D Models（3D 模型）和 Database Components（数据库元件）4 种查找类型。

☑ "Scope（范围）"选项组：用于设置查找范围。若选中"Available libraries（可用库）"单选按钮，则在目前已经加载的元器件库中查找；若选中"Libraries on path（库文件路径）"单选按钮，则按照设置的路径进行查找。

☑ "Path（文件路径）"选项组：用于设置查找元器件的路径。主要由"Path（文件路径）"和"File Mask（文件面具）"选项组成，只有选中"Libraries on path（库文件路径）"单选按钮时，才能进行路径设置。单击"Path（文件路径）"文本框右边的打开文件按钮，弹出浏览文件夹对话框，可以选中相应的搜索路径。一般情况下，选中"Path（文件路径）"文本框下方的"Include Subdirectories（包括子目录）"复选框。"File Mask（文件屏蔽）"是文件过滤器，默认采用通配符。如果对搜索的库比较了解，可以输入相应的符号以减少搜索范围。

☑　文本框：用来输入需要查找的元器件名称或部分名称。输入当前查询内容后，必要时可以单击 Helper... 按钮进入系统提供的“Query Helper（搜索助手）”对话框，如图 2-52 所示。在该对话框中可以输入一些与查询内容有关的过滤语句表达式，有助于系统更快捷、更准确地查找。

单击 History... 按钮，则会打开表达式管理器，里面存放了所有的查询记录，对于需要保存的内容，单击 Favorites... 按钮，可放在收藏内，便于下次查询时直接调用。

在文本框内输入“3904”，单击 Search 按钮后，系统开始搜索。

2. 显示找到的元件及所在的元件库

查找“3904”后的元件库面板如图 2-53 所示。可以看到，符合搜索条件的元件名、描述、所在的库及封装形式在面板上被一一列出，供用户浏览使用。

3. 加载找到的元件所在元件库

选中需要的元件（不在系统当前可用的库文件中）右击，在弹出的快捷菜单中执行放置元件命令，或者单击元件库面板右上方的按钮，系统弹出如图 2-54 所示的是否加载库文件的提示框。

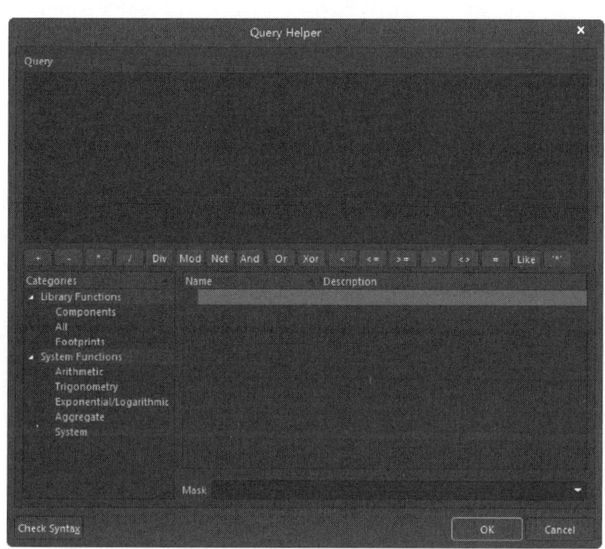

图 2-52　“Query Helper（搜索助手）”对话框

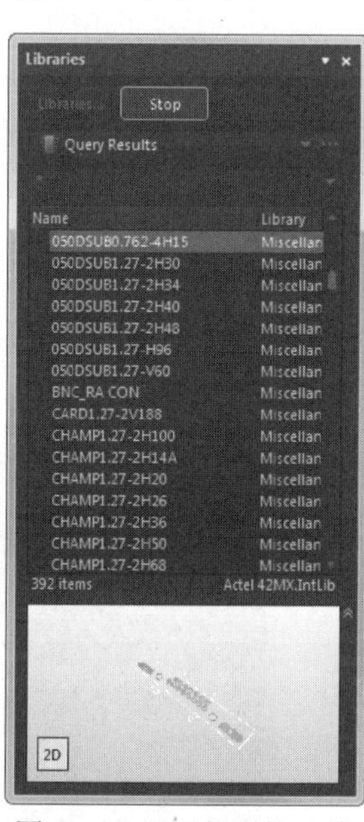

图 2-53　显示找到的元件

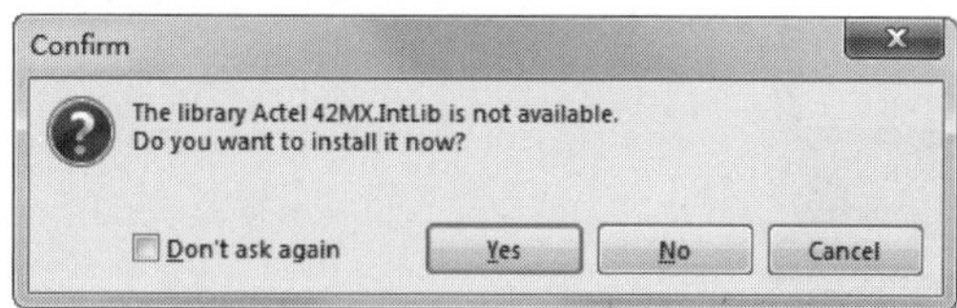

图 2-54　是否加载库文件提示框

单击“Yes（是）”按钮，则元件所在的库文件被加载。单击“No（否）”按钮，则只使用该元件而不加载其元件库。

2.7.2　元件的放置

在元件库中找到元件后，加载该元件库，以后即可在原理图上放置元件。在这里原理图中共需要放置 4 个电阻、两个电容、两个三极管和一个连接器，其中的电阻、电容和三极管用来产生多谐振荡，

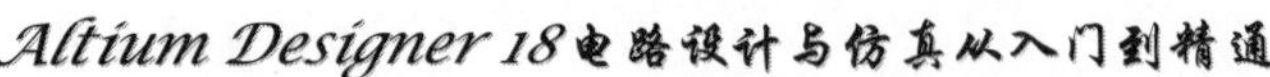

其在元件库 Miscellaneous Devices.IntLib 中可以找到。连接器用于给整个电路供电，其在元件库 Miscellaneous Connectors.IntLib 中可以找到。

在 Altium Designer 18 中有两种方法放置元件：通过“Libraries（库）”面板放置和菜单放置。下面将以放置元件“2N3904”为例，叙述放置方法的过程。

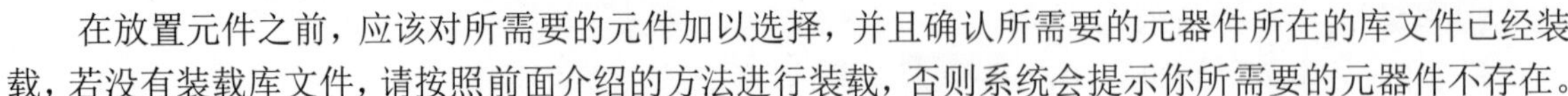

在放置元件之前，应该对所需要的元件加以选择，并且确认所需要的元器件所在的库文件已经装载，若没有装载库文件，请按照前面介绍的方法进行装载，否则系统会提示你所需要的元器件不存在。

（1）选择菜单栏中的“放置”→“器件”命令，或单击“Libraries（元件库）”按钮，打开“Libraries（库）”面板，载入所要放置元件所在的库文件。在这里，需要的元件全部在元件库 Miscellaneous Devices.IntLib 和 Miscellaneous Connectors.IntLib 中，加载这两个元件库。

（2）选择想要放置元件所在的元件库。在这里，所要放置的三极管 2N3904 元件在元件库 Miscellaneous Devices.IntLib 中，如图 2-55 所示，在下拉选项中选择该文件，该元件库出现在文本框中，可以放置其中的所有元件。在后面的浏览器中将显示库中所有的元件。

（3）在浏览器中选中所要放置的元件，该元件将以高亮显示，此时可以放置该元件的符号。Miscellaneous Devices.IntLib 元件库中的元件很多，为了快速定位元件，可以在上面的文本框中输入所要放置元件的名称或元件名称的一部分，输入后只有包含输入内容的元件才会以列表的形式出现在浏览器中。在这里，所要放置的元件为 2N3904，因此输入“*3904*”字样。在元件库 Miscellaneous Devices.IntLib 中只有一个元件 2N3904 包含输入字样，它将出现在浏览器中，单击选中该元件。

（4）选中元件后，在“Libraries（库）”面板中将出现元件符号的预览以及元件的模型预览，确定是想要放置的元件后，单击面板上方的按钮，鼠标将变成十字形状并附带着元件 2N3904 的符号出现在工作窗口中，如图 2-56 所示。

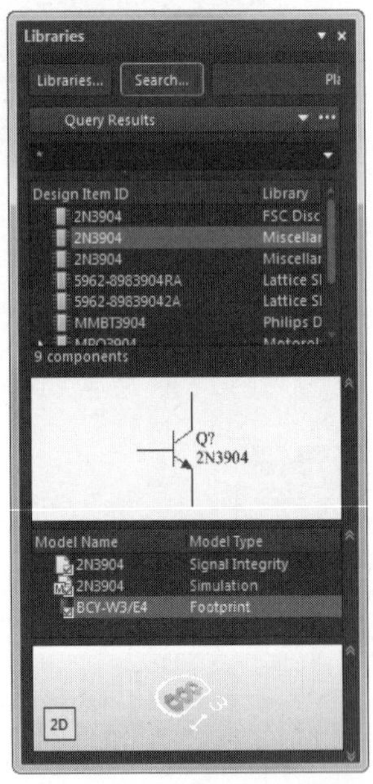

图 2-55　选中需要的元器件

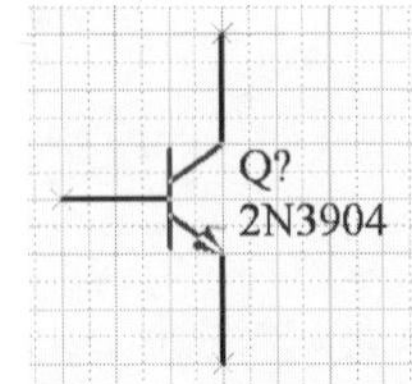

图 2-56　放置元件

（5）移动光标到合适的位置单击，元件将被放置在光标停留的地方。此时系统仍处于放置元件状态，可以继续放置该元件。在完成放置选中元件后，右击或者按 Esc 键退出，结束元件的放置。

（6）完成一些元件的放置后，可以对元件位置进行调整，设置这些元件的属性，然后重复刚才的步骤，放置另外的元件。

2.7.3　元件位置的调整

每个元件开始放置时，其位置都为大体估计，并不是很准确。在进行连线之前，需要根据原理图的整体布局对元件的位置进行调整。既便于布线，也使得所绘制的电路原理图清晰、美观。

元件位置的调整实际上即利用各种命令将元件移动到图纸上所需要的位置处，并将元件旋转为所需要的方向。

1. 元件的移动

在 Altium Designer 18 中，元件的移动有两种情况，一种是在同一平面内移动称为“平移”；另一种是一个元件将另一个元件遮住时，同样需要移动位置来调整它们之间的上下关系，这种元件间的上下移动称为“层移”。

对于元件的移动，系统提供了相应的菜单命令。执行“编辑”→“移动”命令，相应的移动菜单命令如图 2-57 所示。

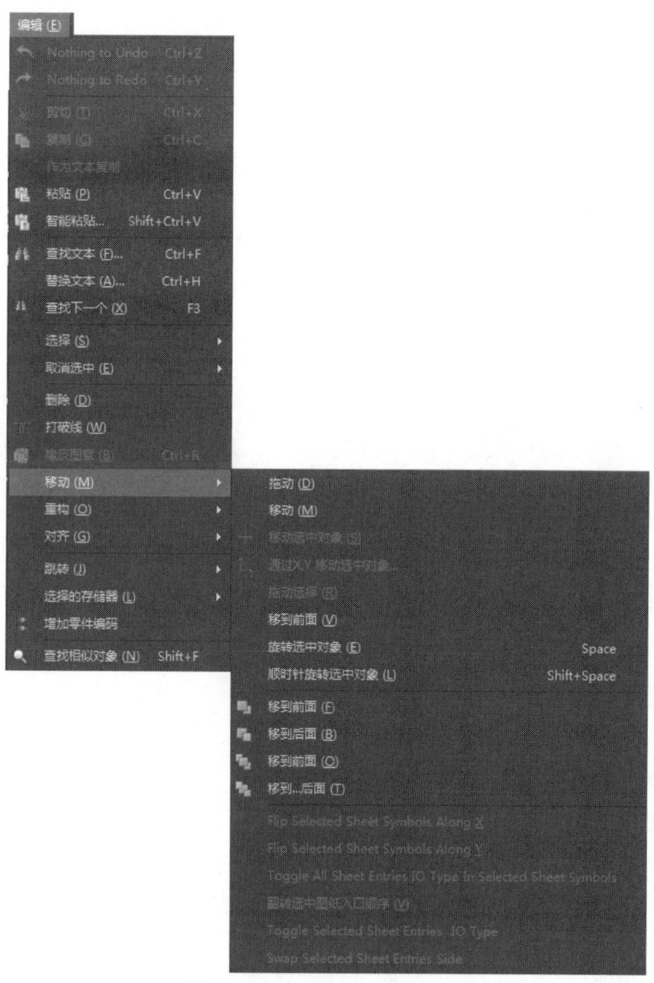

图 2-57　“移动”菜单命令

除了使用菜单命令移动元件外，在实际原理图的绘制过程中，最常用的方法就是直接使用鼠标来实现移动功能。

Note

（1）使用鼠标移动单个的未选取元件

将光标指向需要移动的元件（不需要选中），按住鼠标左键不放，此时光标会自动滑到元件的电气节点（显示红色星形标记）上。拖动鼠标，元件随之一起移动，到达合适位置后，松开鼠标左键，元件即被移动到当前位置。

（2）使用鼠标移动单个的已选取元件

如果需要移动的元件已经处于选中状态，将光标指向该元件，同时按下鼠标左键不放，拖动元件到指定位置。

（3）使用鼠标移动多个元件

需要同时移动多个元件时，首先应将要移动的元件全部选中，然后在其中任意一个元件上按住鼠标左键并拖动，到适当位置后，松开鼠标左键，则所有选中的元件都移动到了当前的位置。

（4）使用图标移动元件

对于单个或多个已经选中的元器件，单击主工具栏中的图标后，光标变成十字形，移动光标到已经选中的元件附近，单击鼠标，所有已经选中的元件将随光标一起移动，到正确位置后，再单击鼠标，完成移动。

2. 元件的旋转

（1）单个元件的旋转

用鼠标左键单击要旋转的元件并按住不放，将出现十字光标，此时，按下面的功能键，即可实现旋转。旋转至合适的位置后放开鼠标左键，即可完成元件的旋转。

功能键的说明如下。

☑ Space 键：每按一次，被选中的元件逆时针旋转 90°。

☑ X 键：被选中的元件左右对调。

☑ Y 键：被选中的元件上下对调。

（2）多个元件的旋转

在 Altium Designer 18 中还可以将多个元件旋转。其方法是：先选定要旋转的元件，然后单击其中任何一个元件并按住鼠标左键不放，再按上面的功能键，即可将选定的元件旋转，松开鼠标左键完成操作。

2.7.4 元件的排列与对齐

在布置元件时，为求电路美观以及连线方便，应将元件摆放整齐、清晰，需用到 Altium Designer 18 中的排列与对齐功能。

执行“编辑”→“对齐”命令，系统弹出如图 2-58 所示的菜单。

其中主要命令说明如下。

☑ 左对齐：将选取的元器件向最左端的元器件对齐。

☑ 右对齐：将选取的元器件向最右端的元器件对齐。

☑ 水平中心对齐：将选取的元器件向最左端元器件和最右端元器件的中间位置对齐。

☑ 水平分布：将选取的元器件在最左端元器件和最右端元器件之间等距离放置。

☑ 顶对齐：将选取的元器件向最上端的元器件对齐。

☑ 底对齐：将选取的元器件向最下端的元器件对齐。

☑ 垂直中心对齐：将选取的元器件向最上端元器件和最下端元器件的中间位置对齐。

☑ 垂直分布：将选取的元器件在最上端元器件和最下端元器件之间等距离放置。

执行“编辑”→“对齐”→“对齐”命令，将弹出如图 2-59 所示的“Align Objects（排列对象）”对话框。

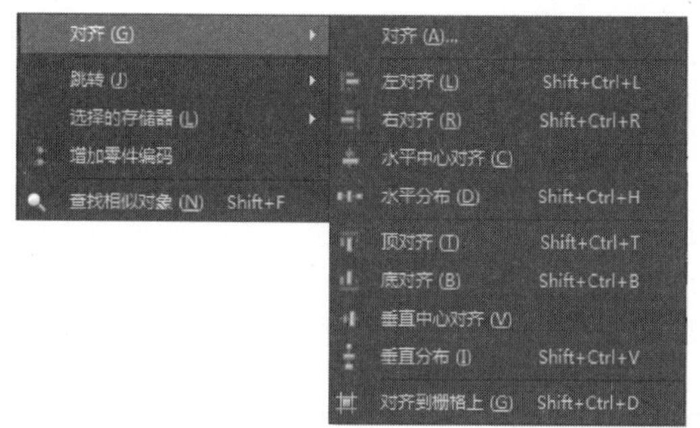

图 2-58 “对齐”菜单命令

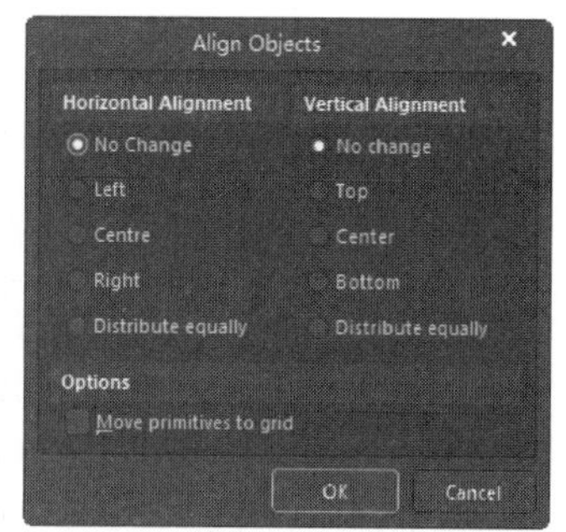

图 2-59 “Align Objects（排列对象）”对话框

“Align Objects（排列对象）”对话框中的各选项说明如下。

（1）“Horizontal Alignment（水平排列）”栏：该栏中包括下面一些选项。

☑ No Change（不改变）：水平方向上保持原状，不进行排列。

☑ Left（左边）：水平方向左对齐，等同于“左对齐”命令。

☑ Centre（居中）：水平中心对齐，等同于“水平中心对齐”命令。

☑ Right（右边）：水平右对齐，等同于“右对齐”命令。

☑ Distribute equally（平均分布）：水平方向均匀排列，等同于“水平分布”命令。

（2）“Vertical Alignment（垂直排列）”栏：该栏中包括下列一些选项。

☑ No change（不改变）：垂直方向上保持原状，不进行排列。

☑ Top（置顶）：顶端对齐，等同于“顶对齐”命令。

☑ Center（居中）：垂直中心对齐，等同于“垂直中心对齐”命令。

☑ Bottom（置底）：底端对齐，等同于“底对齐”命令。

☑ Distribute equally（平均分布）：垂直方向均匀排列，等同于“垂直分布”命令。

（3）“Move primitives to grid（按栅格移动）”复选框：选中该复选框，对齐后，元件将被放到网格点上。

2.7.5 元件的属性设置

在原理图上放置的所有元件都具有自身的特定属性，在放置好每个元件后，应该对其属性进行正确的编辑和设置，以免对后面的网络表及 PCB 板的制作带来错误。

对元件设置一方面确定了后面生成的网络报表的部分内容，另一方面也可以设置元件在图纸上的摆放效果。此外，在 Altium Designer 18 中还可以设置部分布线规则，可以编辑元件的所有管脚。元件属性设置具体包含以下 5 个方面的内容：元件的基本属性设置、元件的外观属性设置、元件的扩展属性设置、元件的模型设置、元件管脚的编辑。

1. 手动方式设置

在原理图编辑窗口内，双击需要编辑属性的元件，系统会弹出“Properties（属性）”面板，如图 2-60 所示，该面板是编辑三极管 2N3904 的属性。

Note

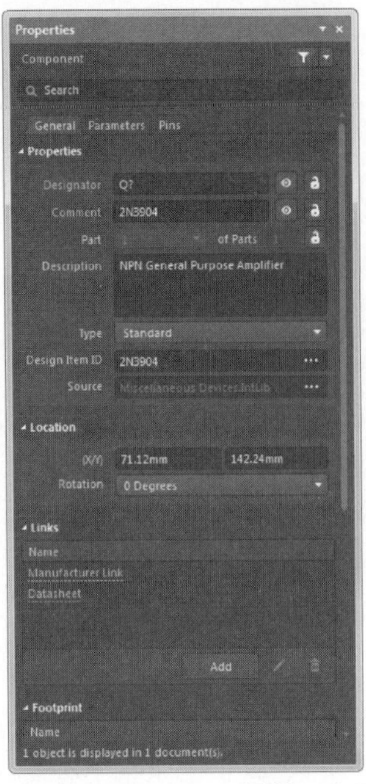

图 2-60 “Properties（属性）”面板

用户可以根据自己的实际情况设置如图 2-60 所示的面板，完成设置后，按 Enter 键确认。

2. 自动编辑

当电路原理图比较复杂、有很多元件的情况下，如果用手工方式逐个编辑元件的标识，不仅效率低，而且容易出现标识遗漏、跳号等现象。此时，使用 Altium Designer 18 系统所提供的自动标识功能可轻松完成对元件的编辑。

（1）设置元件自动标号的方式

执行“工具”→“标注”→“原理图标注”命令，系统会弹出“Annotate（标注）”对话框，如图 2-61 所示。

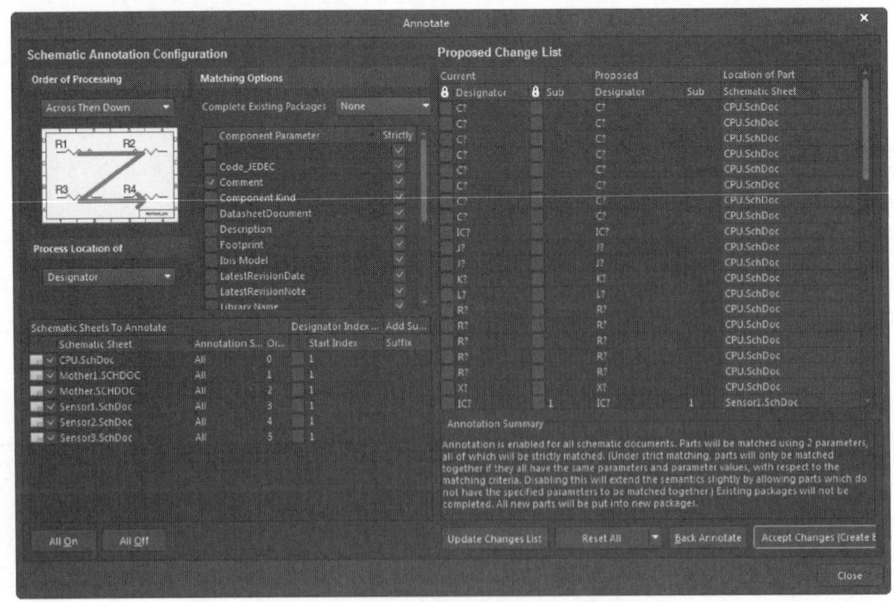

图 2-61 “Annotate（标注）”对话框

该对话框中各选项的含义如下。

①“Order of Processing（编号顺序）”选项组：用来设置元件表示的处理顺序。单击下拉按钮，有以下 4 种选择方案。

Note

☑ “Up Then Across（先向上后左右）”选项：按照元件在原理图上的排列位置，先按自下而上，再按自左到右的顺序自动标识。

☑ “Down Then Across（先向下后左右）”选项：按照元件在原理图上的排列位置，先按自上而下，再按自左到右的顺序自动标识。

☑ “Across Then Up（先左右后向上）”选项：按照元件在原理图上的排列位置，先按自左到右，再按自下而上的顺序自动标识。

☑ “Across Then Down（先左右后向下）”选项：按照元件在原理图上的排列位置，先按自左到右，再按自上而下的顺序自动标识。

②“Matching Options（匹配选项）”选项组：从“Complete Existing Packages（完善现有的包）”下拉列表框中选择元件的匹配参数，在对话框的右下方有对该项的注释概要。

③“Schematic Sheets To Annotate（需要对元件编号的原理图文件）”选项组：用来选择要标识的原理图，并确定注释范围、起始索引值及后缀字符等。

☑ “Schematic Sheet（原理图页面）”列：用来选择要标识的原理图文件。可以直接单击 All On 按钮选中所有文件，也可以单击 All Off 按钮取消选择所有文件，然后单击所需的文件前面的复选框进行选中。

☑ “Annotation Scope（注释范围）”列：用来设置选中的原理图要标注的元件范围，有 All（全部元件）、Ignore Selected Parts（不标注选中的元件）和 Only Selected Parts（只标注选中的元件）3 种选择。

☑ “Order（顺序）”列：用来设置同类型元件标识序号的增量数。

☑ “Start Index（启动索引）”列：用来设置起始索引值。

☑ “Suffix（后缀）”列：用来设置标识的后缀。

④“Proposed Change List（提议更改列表）”列表框：用来显示元件的标号在改变前后的情况，并指明元件在哪个原理图文件中。

（2）执行元件自动标号操作

☑ 单击对话框中的 Reset All 按钮，然后在弹出的对话框中单击 OK 按钮确定复位，系统会使元件的标号复位，即变成标识符加上问号的形式。

☑ 单击“Update Change List（更新变化列表）”按钮，系统会根据配置的注释方式更新标号，并且显示在“Proposed Change List（提议更改列表）”列表框中。

☑ 单击“Accept Changes（Create ECO）（接受更改）”按钮，系统将弹出“Engineering Change Order（执行更改顺序）”对话框，显示出标号的变化情况，如图 2-62 所示。在该对话框中可以使标号的变化有效。

☑ 单击如图 2-62 所示对话框中的“Validate Changes（确定更改）”按钮，可以使标号变化有效，但此时原理图中的元件标号并没有显示出变化，单击“Execute Changes（执行更改）”按钮，原理图中元件标号即显示出变化。

☑ 单击“Report Changes（修改报表）”按钮，可以以预览表的方式报告有哪些变化，如图 2-63 所示。

Note

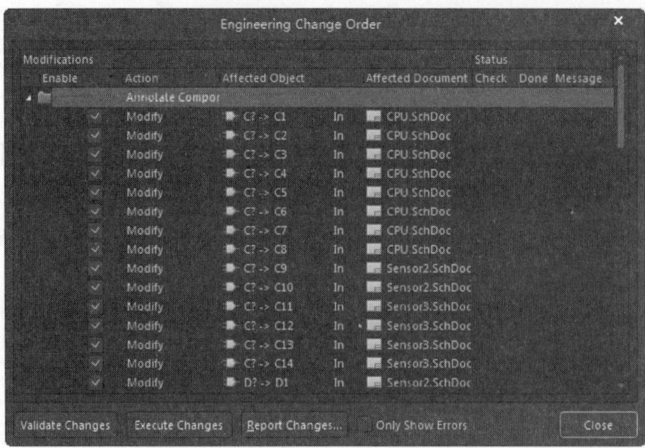

图 2-62 “Engineering Change Order（执行更改顺序）”对话框

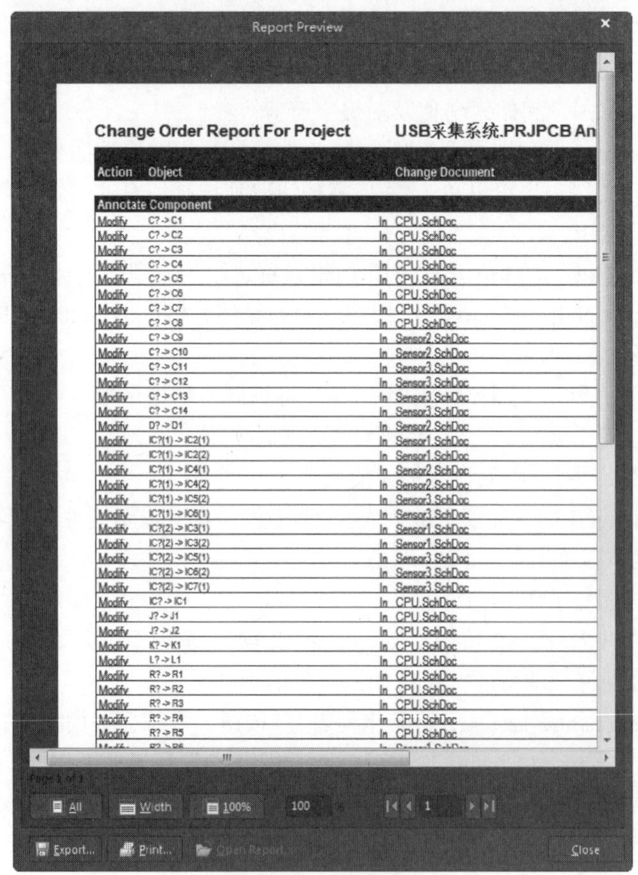

图 2-63 更新预览表

2.8 元器件的删除

如果在放置元器件时一时疏忽，多放了一个或放错了一个元器件，那么如何删除它呢？删除多余

的元器件可以用不同的操作方法，下面介绍最简单的两种方法。

（1）将鼠标箭头移至要删除的元件中心，然后单击该元件，使该元件处于被选中的状态，按 Delete 键即可删除该元件。

（2）在 Altium Designer 18 集成操作环境中，执行“编辑”→“删除”命令，鼠标箭头上会悬浮着一个十字叉，将鼠标箭头移至要删除元件的中心单击即可删除该元件。

如果还有其他元件需要删除，只需要重复上述操作即可。如果没有其他元件需要删除，通过右击或者按 Esc 键退出删除元件的操作。

删除元件的两种操作方法各有所长，第（1）种方法适合删除单个元件，第（2）种方法适合删除多个元件。

第3章 原理图的绘制

在图纸上放置好所需要的各种元件并且对它们的属性进行相应的编辑之后，根据电路设计的具体要求，我们就可以着手将各个元件连接起来，以建立电路的实际连通性。这里所说的连接，指的是具有电气意义的连接，即电气连接。

电器连接有两种实现方式，一种是直接使用导线将各个元件连接起来，称为“物理连接”；另一种是“逻辑连接”，即不需要实际的相连操作，而是通过设置网络标签使得元器件之间具有电气连接关系。

☑ 原理图连接工具　　☑ 使用图形工具绘图

任务驱动&项目案例

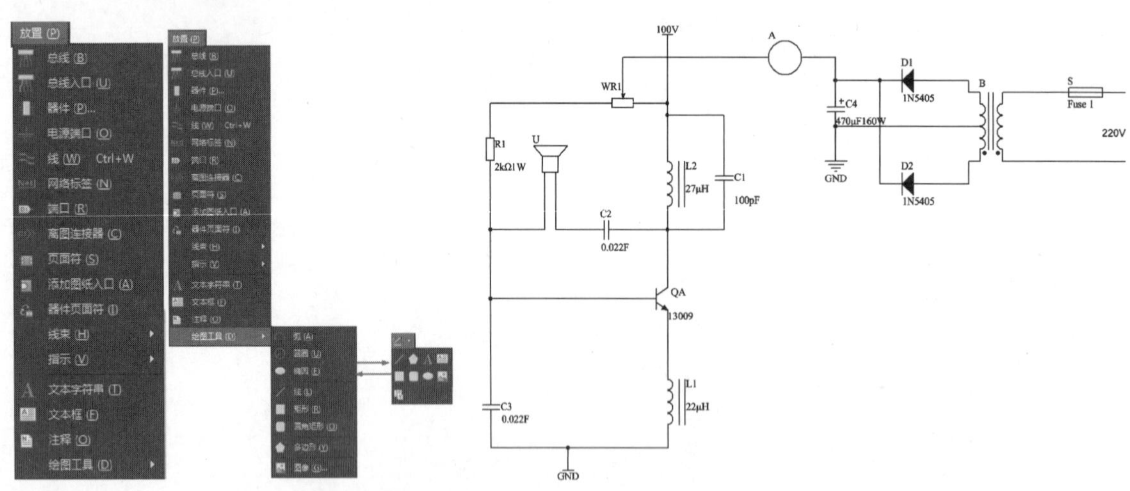

3.1 原理图连接工具

Altium Designer 18 中提供了 3 种对原理图进行连接的操作方法，下面先简单介绍这 3 种方法。

1. 使用菜单命令

执行“放置”命令，弹出如图 3-1 所示的原理图连接工具菜单。

在该菜单中，提供了放置各种图元的命令，也包括对总线（Bus）、总线进口（Bus Entry）、线（Wire）、网络标号（Net Label）等连接工具的放置。其中，“指示”子菜单中还包含若干项，如图 3-2 所示，常用到的有放置忽略 ERC 检查符号（No ERC）和放置 PCB 布局标志（PCB Layout）等。

图 3-1 “放置”菜单

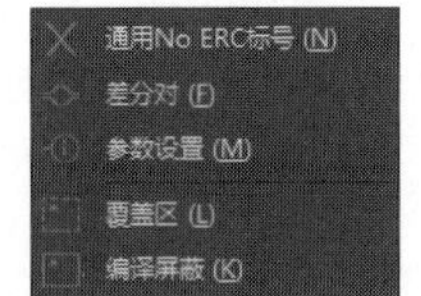

图 3-2 “指示”菜单

2. 使用“布线”工具栏

在“放置”菜单中，各项命令分别与“布线”工具栏中的图标一一对应，直接单击该工具栏中的相应图标，即可完成相同的功能操作。

3. 使用快捷键

上述各项命令都有相应的快捷键操作，如设置网络标号的快捷键操作是 P+N，绘制总线进口的快捷键操作是 P+U 等，直接在键盘上按快捷键可以大大加快操作速度。

3.2 元件的电气连接

元器件之间电气连接的主要方式是通过导线来连接。导线是电路原理图中最重要也是用得最多的图元，它具有电气连接的意义，不同于一般的绘图工具，绘图工具没有电气连接的意义。

3.2.1 用导线连接元件

导线是电气连接中最基本的组成单位，放置导线的详细步骤如下。

（1）执行“放置”→“线”命令，或单击“布线”工具栏中的 （放置线）按钮，也可以按 P+W 快捷键，这时光标变成十字形并附加一个叉记号，如图 3-3 所示。

Note

（2）将光标移动到想要完成电气连接的元件的管脚上，单击放置导线的起点。由于设置了系统电气捕捉节点（Electrical Snap），因此，电气连接很容易完成。出现红色的记号表示电气连接成功，如图 3-4 所示。移动鼠标并多次单击可以确定多个固定点，最后放置导线的终点，完成两个元件之间的电气连接。此时鼠标仍处于放置导线的状态，重复上面的操作可以继续放置其他的导线。

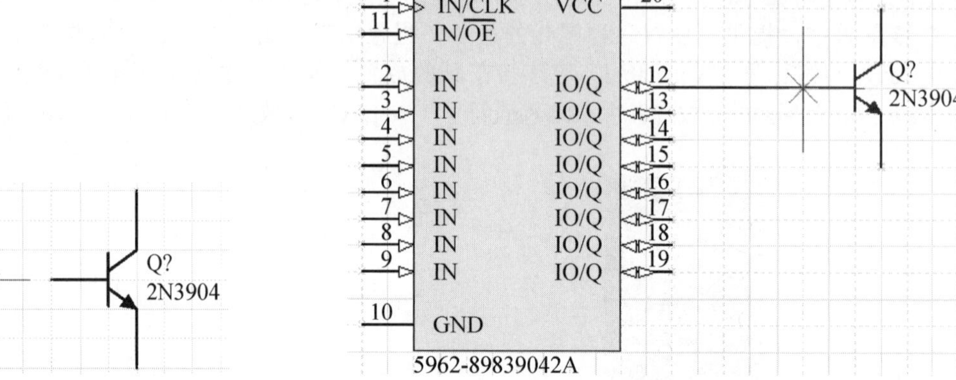

图 3-3　绘制导线时的光标　　　　图 3-4　导线的绘制

（3）导线的拐弯模式。如果要连接的两个管脚不在同一水平线或同一垂直线上，则绘制导线的过程中需要单击鼠标确定导线的拐弯位置，而且可以通过按 Shift+空格键来切换选择导线的拐弯模式，共有 3 种：直角、45°角、任意角，如图 3-5 所示。导线绘制完毕，右击或按 Esc 键即可退出绘制导线操作。

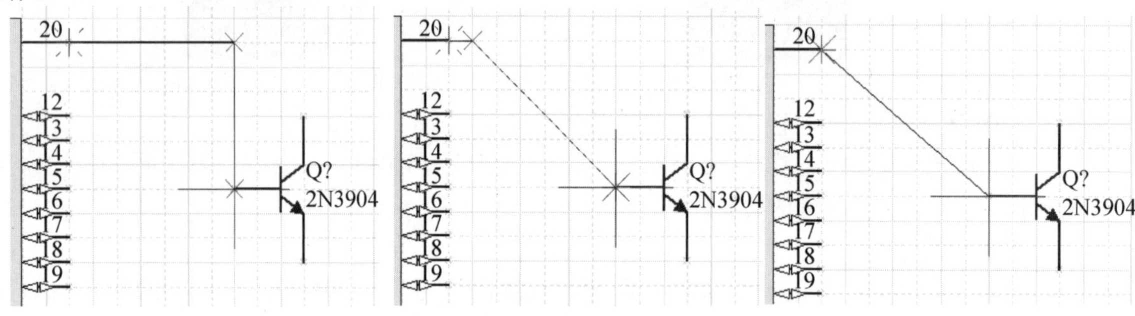

图 3-5　导线的拐弯模式

（4）设置导线的属性。任何一个建立起来的电气连接都被称为一个网络（Net），每个网络都有自己唯一的名称，系统为每个网络设置默认的名称，用户也可以自己进行设置。原理图完成并编译结束后，在导航栏中即可看到各种网络的名称。在绘制导线的过程中，用户便可以对导线的属性进行编辑。双击导线或者在光标处于放置导线的状态时按 Tab 键，即可打开“Properties（属性）”面板，如图 3-6 所示。

在该面板中主要是对线的颜色、线宽参数进行设置。

☑ 颜色设置：单击对话框中的颜色框■，即可在弹出如图 3-7 所示的下拉对话框中选择设置需要的导线颜色。系统默认为深蓝色。

☑ Width（线宽）：单击下拉按钮，打开下拉列表框，有 Smallest、Small、Medium 和 Large 4 个选项供用户选择。系统默认为 Small。实际中应该参照与其相连的元件管脚线宽度进行选择。

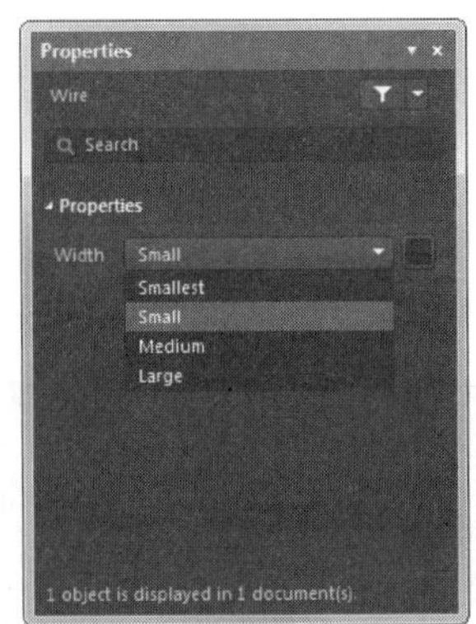

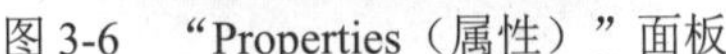

图 3-6 “Properties（属性）”面板

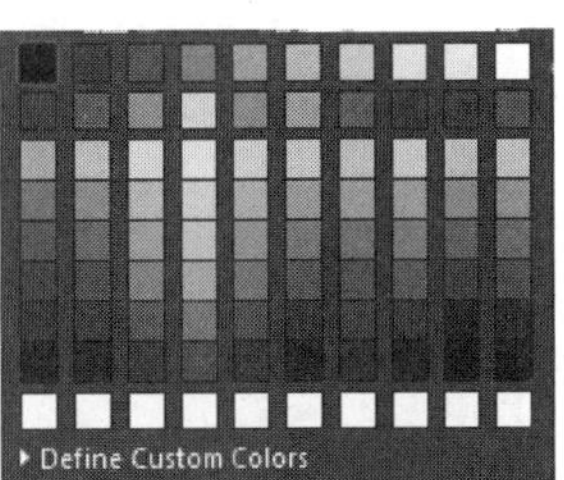

图 3-7 选择颜色

提示： 在 Altium Designer 18 中，默认情况下，系统会在导线的 T 型交叉点处自动放置电气节点（Manual Junction），表示所画线路在电气意义上是连接的。但在其他情况下，如十字交叉点处，由于系统无法判断导线是否连接，因此不会自动放置电气节点。如果导线确实是相互连接的，就需要将十字交叉点按 T 型交叉点处理，Altium Designer 18 删除电气节点功能，无法手动来设置。

系统存在着一个默认的自动放置节点的属性，用户也可以按照自己的愿望进行改变。执行“工具”→“原理图优先项”命令，或单击界面右上角 Setup system preferences 按钮，打开“Preferences（参数选择）”对话框，选择“Schematic（原理图）”→“Compiler（编译器）”节点，即可对各类节点进行设置，如图 3-8 所示。

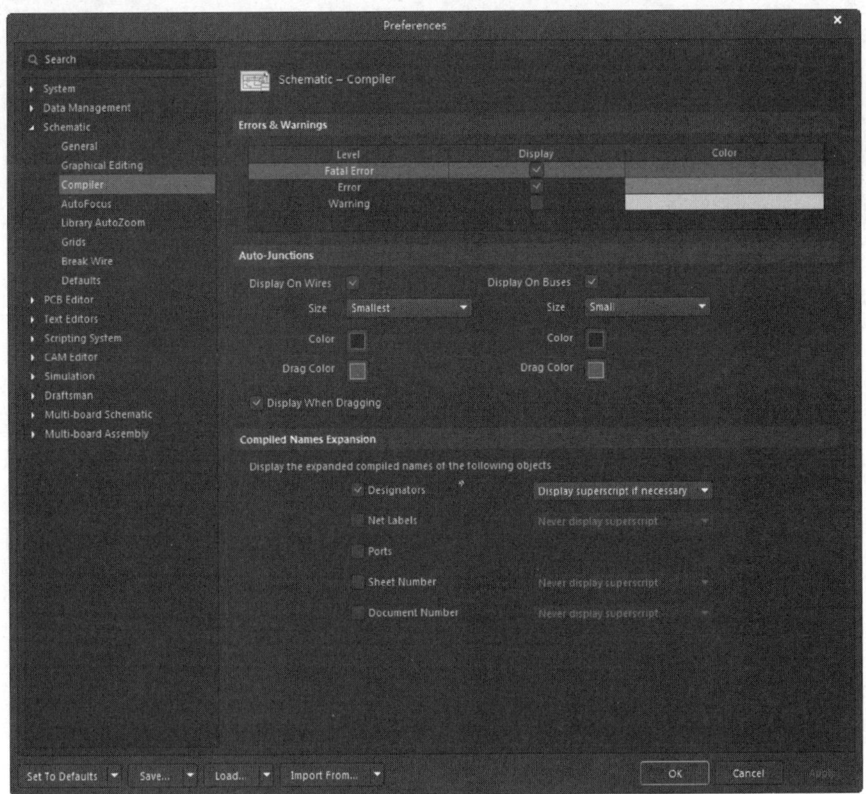

图 3-8 “Preferences（参数选择）”对话框

Note

“Auto-Junctions（自动连接）”选项组中的选项分别控制着节点的显示、大小和颜色，用户可以自行设置。

（5）导线相交时的导线模式。选择“Schematic（原理图）”→“General（常规设置）”节点，如图 3-9 所示。选中“Display Cross-Overs（显示交叉点）”复选框，则可改变原理图中的交叉导线显示。系统的默认设置为取消对该复选框的选中状态。

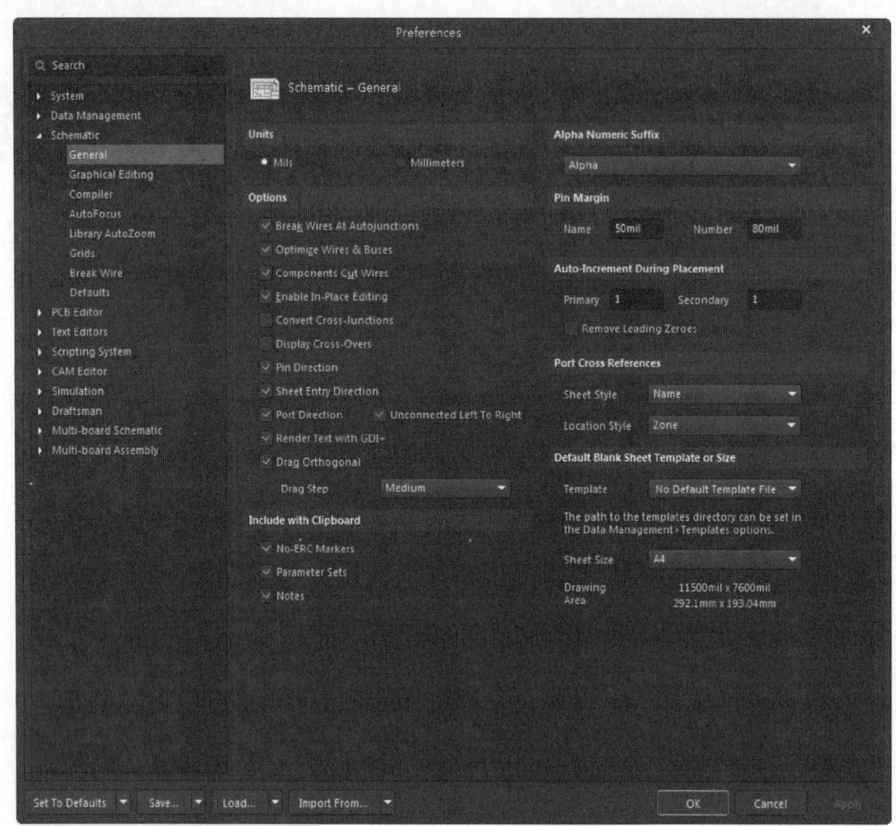

图 3-9　交叉导线显示模式的设置

3.2.2　总线的绘制

总线（Bus）是一组具有相同性质的并行信号线的组合，如数据总线、地址总线、控制总线等。在大规模的原理图设计，尤其是数字电路的设计中，只用导线来完成各元件之间的电气连接时，整个原理图的连线就会显得细碎而烦琐，而总线的运用则可大大简化原理图的连线操作，可以使原理图更加整洁、美观。

原理图编辑环境下的总线没有任何实质的电气连接意义，仅仅是为了绘图和读图的方便而采取的一种简化连线的表现形式。

总线的绘制与导线的绘制基本相同，具体操作步骤如下。

（1）执行“放置”→“总线”命令，或单击“布线”工具栏中的（放置总线）按钮，也可以按 P+B 快捷键，这时光标变成十字形。

（2）将光标移动到想要放置总线的起点位置，单击确定总线的起点。然后拖动鼠标，单击确定多个固定点和终点，如图 3-10 所示。总线的绘制不必与元件的管脚相连，它只是为了方便接下来对总线分支线的绘制而设定的。

（3）设置总线的属性。在绘制总线的过程中，用户便可以对总线的属性进行编辑。双击总线或者在鼠标处于放置总线的状态时按 Tab 键，即可打开“Properties（属性）”面板，如图 3-11 所示。

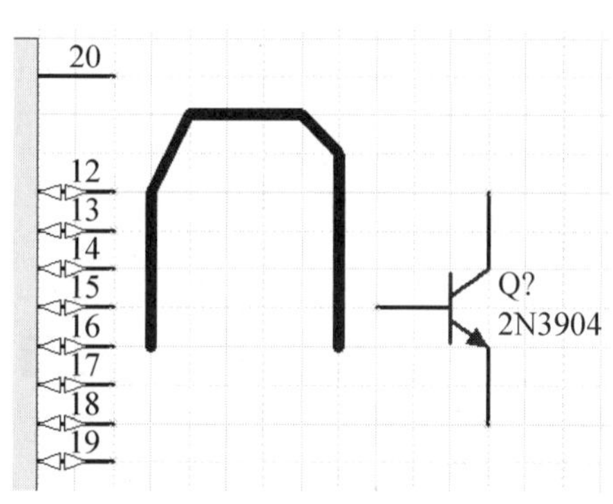

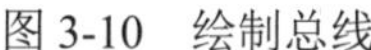

图 3-10　绘制总线

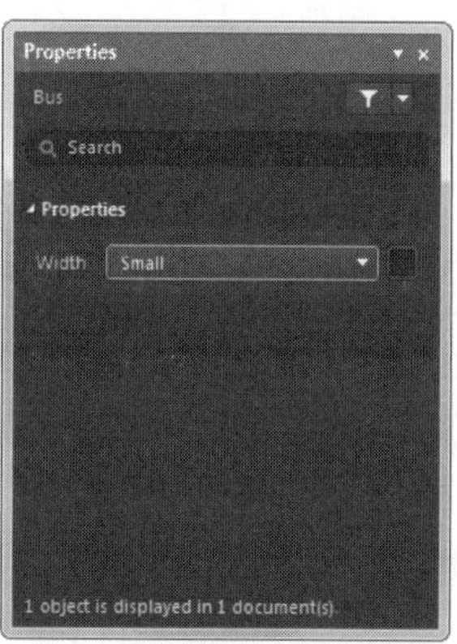

图 3-11　总线属性设置面板

3.2.3　绘制总线分支线

总线分支线（Bus Entry）是单一导线与总线的连接线。使用总线分支线把总线和具有电气特性的导线连接起来，可以使电路原理图更为美观、清晰，且具有专业水准。与总线一样，总线分支线也不具有任何电气连接的意义，而且它的存在并不是必需的，即便不通过总线分支线，直接把导线与总线连接也是正确的。

放置总线分支线的操作步骤如下：

（1）执行“放置”→“总线入口”命令，或单击“布线”工具栏中的　（放置总线入口）按钮，也可以按 P+U 快捷键，这时光标变成十字形。

（2）在导线与总线之间单击鼠标，即可放置一段总线分支线。同时在该命令状态下，按空格键可以调整总线分支线的方向，如图 3-12 所示。

（3）设置总线分支线的属性。在绘制总线分支线的过程中，用户便可以对总线分支线的属性进行编辑。双击总线分支线或者在光标处于放置总线分支线的状态时按 Tab 键，即可打开总线分支线的“Properties（属性）”面板，如图 3-13 所示。

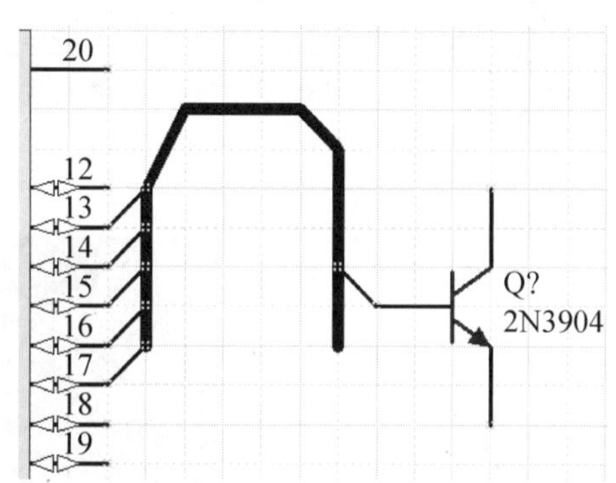

图 3-12　绘制总线分支线

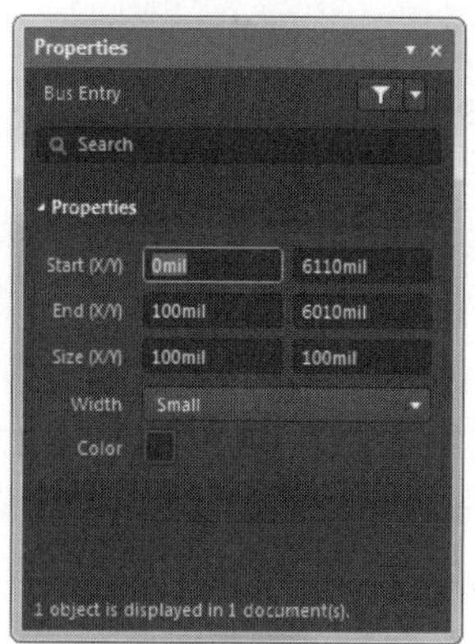

图 3-13　总线分支线属性

其中各选项的说明如下：

☑ Start(X/Y)：用于设置总线入口顶端的坐标位置。

☑ End(X/Y)：用于设置总线入口底端的坐标位置。

☑ Size(X/Y)：用于设置总线入口竖直水平方向的尺寸，即坐标位置。

☑ Color（颜色）：用于设置总线入口颜色。

☑ Width（宽度）：用于设置总线入口线宽度。

3.2.4 放置电源和接地符号

电源和接地符号是电路原理图中必不可少的组成部分。在 Altium Designer 18 中提供了多种电源和接地符号供用户选择，每种形状都有一个相应的网络标签作为标识。

放置电源和接地符号的步骤如下：

（1）执行“放置”→“电源端口”命令，或单击“布线”工具栏中的（GND 端口）或（VCC 电源端口）按钮，也可以按下 P+O 快捷键，这时光标变成十字形，并带有一个电源或接地符号。

（2）移动光标到需要放置电源或接地的地方，单击即可完成放置，如图 3-14 所示。此时光标仍处于放置电源或接地的状态，重复操作即可放置其他的电源或接地符号。

（3）设置电源和接地符号的属性。在放置电源和接地符号的过程中，用户便可以对电源和接地符号的属性进行编辑。双击电源和接地符号或者在光标处于放置电源和接地符号的状态时按 Tab 键，即可打开电源和接地符号的属性编辑面板，如图 3-15 所示。在该面板中可以对电源端口的颜色、风格、位置、旋转角度及所在网络的属性进行设置。

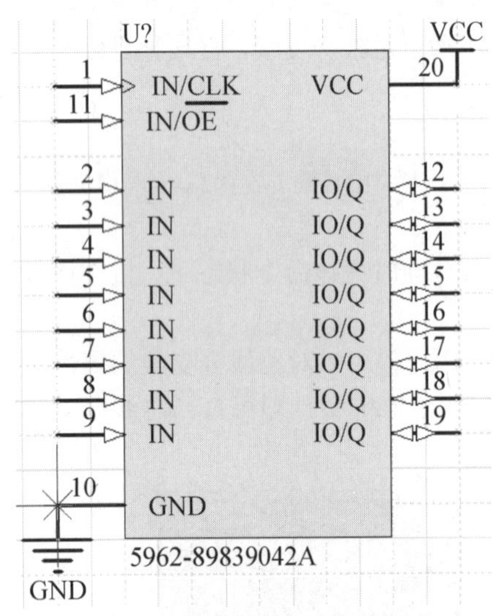

图 3-14　放置电源和接地符号

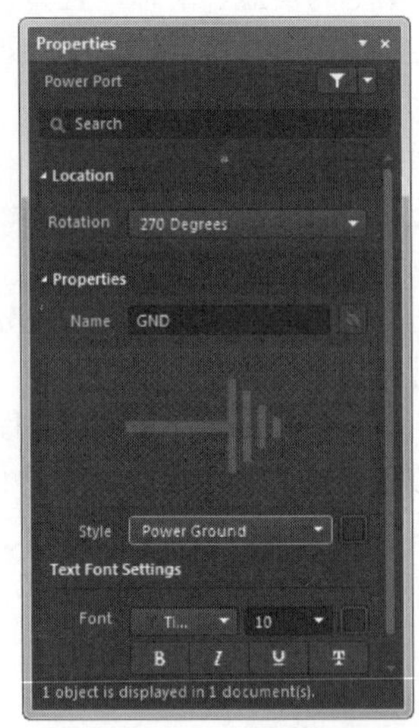

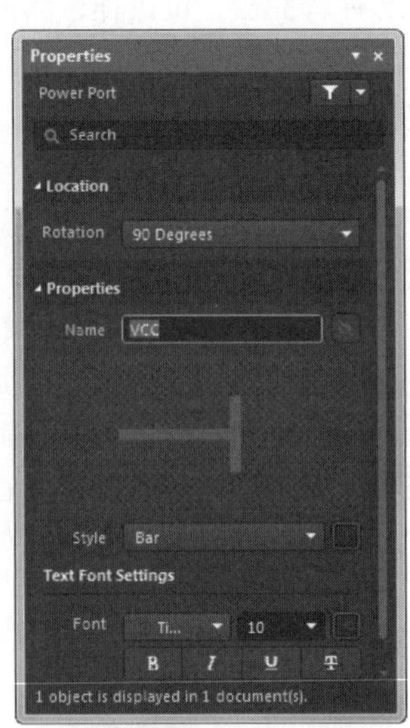

图 3-15　电源和接地属性设置

其中各选项的说明如下：

☑ Rotation（旋转）：用于设置端口放置的角度，有 0 Degrees、90 Degrees、180 Degrees、270 Degrees 4 种选择。

☑ Name（网络名称）：用于设置电源与接地端口的名称。

☑ Style（风格）：用于设置端口的电气类型，包括 11 种类型，如图 3-16 所示。

☑ Font（字体）：用于设置端口名称的字体类型、字体大小、字体颜色，同时设置字体添加加粗、斜体、下划线、横线等效果。

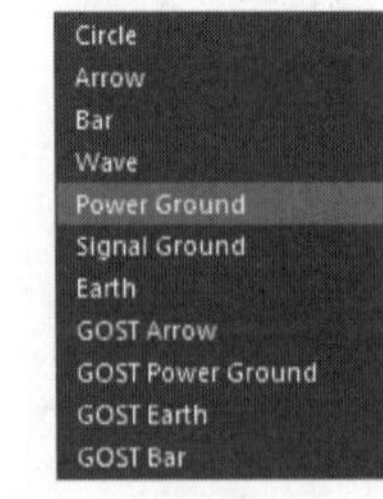

图 3-16　端口的电气类型

3.2.5 放置网络标签

在原理图绘制过程中，元器件之间的电气连接除了使用导线外，还可以通过设置网络标签（Net Label）的方法来实现。

网络标签具有实际的电气连接意义，具有相同网络标签的导线或元件管脚不管在图上是否连接在一起，其电气关系都是连接在一起的。特别是在连接的线路比较远，或者线路过于复杂，而使走线比较困难时，使用网络标签代替实际走线可以大大简化原理图。

下面以放置电源网络标签为例介绍网络标签的放置，具体步骤如下。

（1）执行“放置”→“网络标签”命令，或单击“布线”工具栏中的Net（放置网络标签）按钮，也可以按 P+N 快捷键，这时光标变成十字形，并带有一个初始标号 Net Label1。

（2）移动光标到需要放置网络标签的导线上，当出现红色米字标志时，单击即可完成放置，如图 3-17 所示。此时光标仍处于放置网络标签的状态，重复操作即可放置其他的网络标签。右击或者按 Esc 键便可退出操作。

（3）设置网络标签的属性。在放置网络标签的过程中，用户便可以对网络标签的属性进行编辑。双击网络标签或者在光标处于放置网络标签的状态时按 Tab 键，即可打开网络标签的属性编辑面板，如图 3-18 所示。在该面板中可以对网络的颜色、位置、旋转角度、名称及字体等属性进行设置。

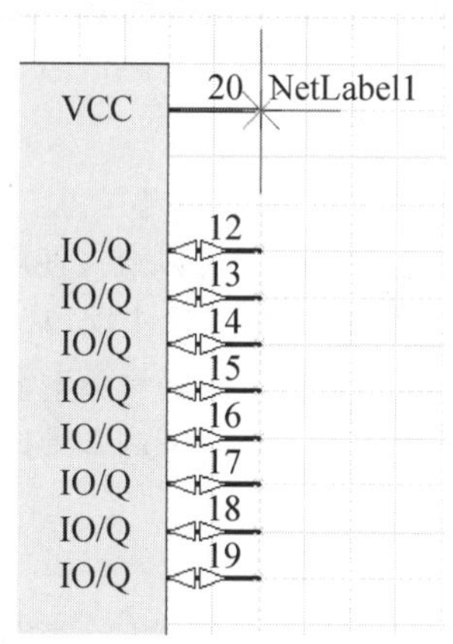

图 3-17　放置网络标签

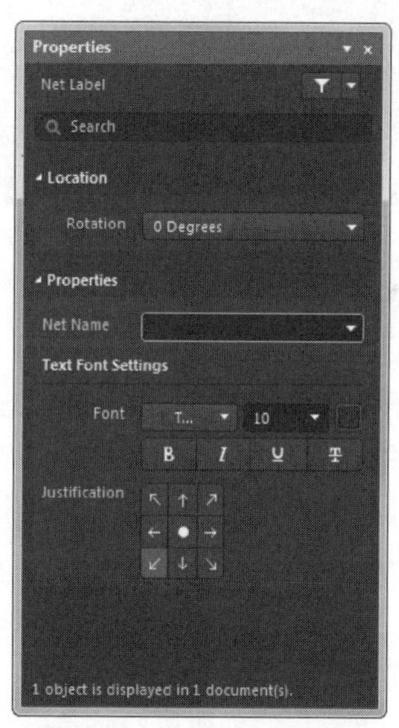

图 3-18　网络标签属性设置

用户也可在工作窗口中直接改变网络的名称，具体操作步骤如下。

（1）执行“工具”→“原理图优先项”命令，或单击界面右上角的 Setup system preferences 按钮，打开“Preferences（参数选择）”对话框，选择“Schematic（原理图）”→“General（常规设置）”节点，选中“Enable In-Place Editing（启用即时编辑功能）”复选框（系统默认即为选中状态），如图 3-19 所示。

（2）此时在工作窗口中单击网络标签的名称，过一段时间后再一次单击网络标签的名称，即可对该网络标签的名称进行编辑。

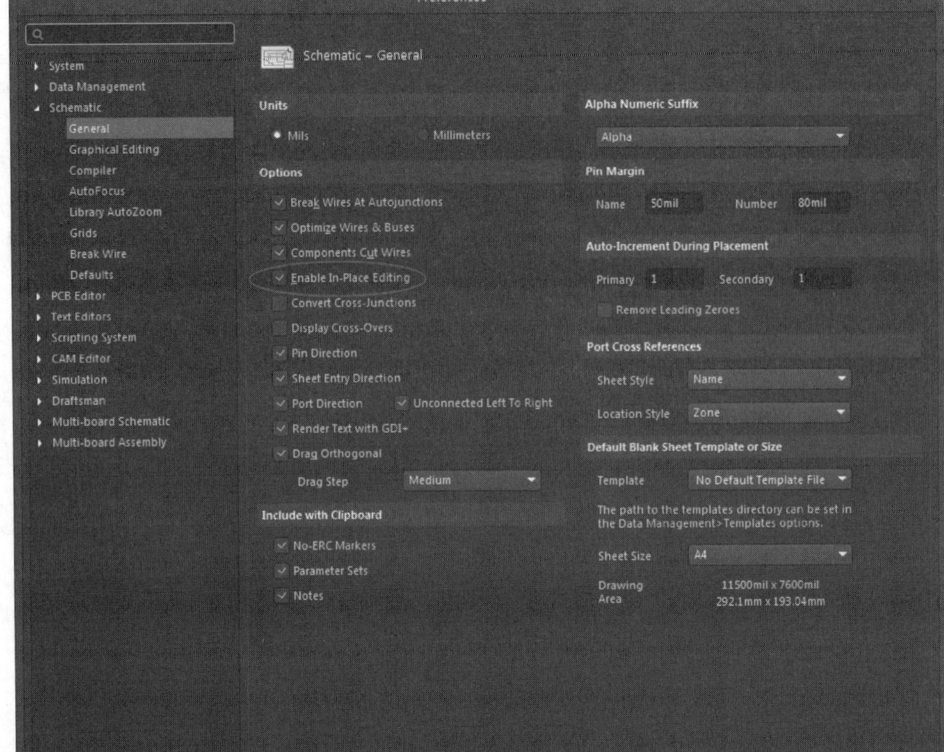

图 3-19　选中“Enable In-Place Editing（启用即时编辑功能）”复选框

3.2.6　放置输入/输出端口

通过上面的学习我们知道，在设计原理图时，两点之间的电气连接，可以直接使用导线连接，也可以通过设置相同的网络标签来完成。还有一种方法，即使用电路的输入/输出端口，能同样实现两点之间（一般是两个电路之间）的电气连接。相同名称的输入/输出端口在电气关系上是连接在一起的，一般情况下在一张图纸中是不使用端口连接的，层次电路原理图的绘制过程中常用到这种电气连接方式。

放置输入/输出端口的具体步骤如下。

（1）执行“放置”→“端口”命令，或单击“布线”工具栏中的（放置端口）按钮，也可以按 P+R 快捷键，这时光标变成十字形，并带有一个输入/输出端口符号。

（2）移动光标到需要放置输入/输出端口的元器件管脚末端或导线上，当出现红色米字标志时，单击鼠标确定端口的一端位置。然后拖动鼠标使端口的大小合适，再次单击确定端口的另一端位置，即可完成输入/输出端口的一次放置，如图 3-20 所示。此时光标仍处于放置输入/输出端口的状态，重复操作即可放置其他的输入/输出端口。

（3）设置输入/输出端口的属性。在放置输入/输出端口的过程中，用户便可以对输入/输出端口的属性进行编辑。双击输入/输出端口或者在光标处于放置输入/输出端口的状态时按 Tab 键，即可打开输入/输出端口的属性编辑面板，如图 3-21 所示。

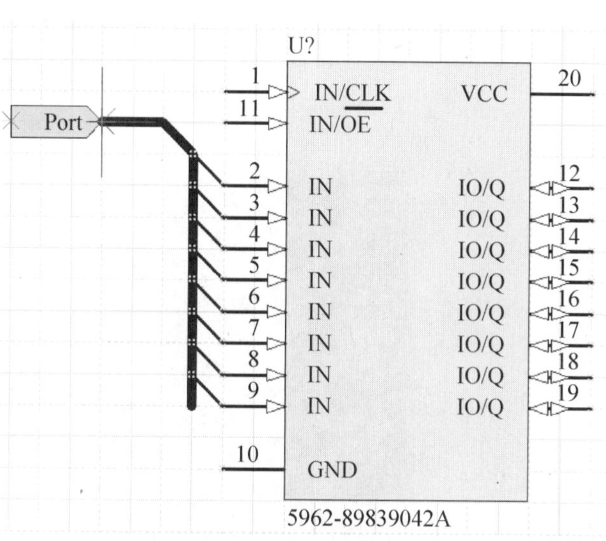

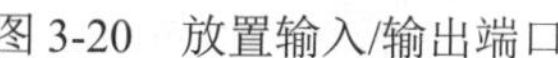

图 3-20　放置输入/输出端口

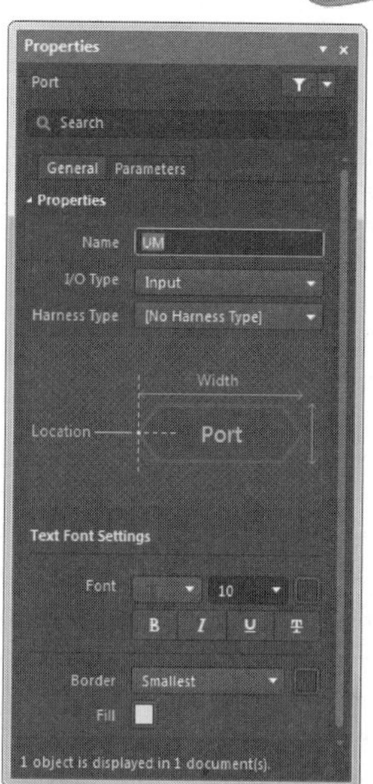

图 3-21　输入/输出端口属性设置

☑ Name（名称）：用于设置端口名称。这是端口最重要的属性之一，具有相同名称的端口在电气上是连通的。

☑ I/O Type（输入/输出端口的类型）：用于设置端口的电气特性，对后面的电气规则检查提供一定的依据。有 Unspecified（未指明或不确定）、Output（输出）、Input（输入）和 Bidirectional（双向型）4 种类型。

☑ Harness Type（线束类型）：设置线束的类型。

☑ Font（字体）：用于设置端口名称的字体类型、字体大小、字体颜色，同时设置字体添加加粗、斜体、下划线、横线等效果。

☑ Border（边界）：用于设置端口边界的线宽、颜色。

☑ Fill（填充颜色）：用于设置端口内填充颜色。

3.2.7　放置通用 No ERC 标号

在电路设计过程中，系统进行电气规则检查（ERC）时，有时会产生一些不希望的错误报告。例如，出于电路设计的需要，一些元器件的个别输入管脚有可能被悬空，但在系统默认情况下，所有的输入管脚都必须进行连接，这样在 ERC 检查时，系统会认为悬空的输入管脚使用错误，并在管脚处放置一个错误标记。

为了避免用户为检查这种“错误”而浪费时间，可以使用忽略 ERC 测试符号，让系统忽略对此处的 ERC 测试，不再产生错误报告。

放置忽略 ERC 测试点的具体步骤如下。

（1）执行“放置”→“指示”→“通用 No ERC 标号”命令，或单击“布线”工具栏中的“放置通用 No ERC 标号”按钮，也可以按 P+I+N 快捷键，这时光标变成十字形，并带有一个红色的小叉（通用 No ERC 标号）。

（2）移动光标到需要放置通用 No ERC 标号的位置处，单击即可完成放置，如图 3-22 所示。此时光标仍处于放置通用 No ERC 标号的状态，重复操作即可放置其他的忽略 ERC 测试点。右击或者按 Esc 键便可退出操作。

Note

（3）设置通用 No ERC 标号的属性。在放置通用 No ERC 标号的过程中，用户便可以对通用 No ERC 标号的属性进行编辑。双击通用 No ERC 标号或者在光标处于通用 No ERC 标号的状态时按 Tab 键，即可打开通用 No ERC 标号的属性编辑面板，如图 3-23 所示。在该面板中可以对通用 No ERC 标号的颜色及位置属性进行设置。

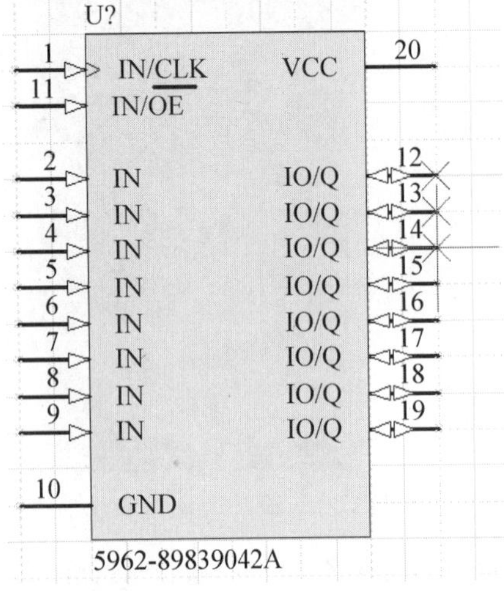

图 3-22　放置忽略 ERC 测试点

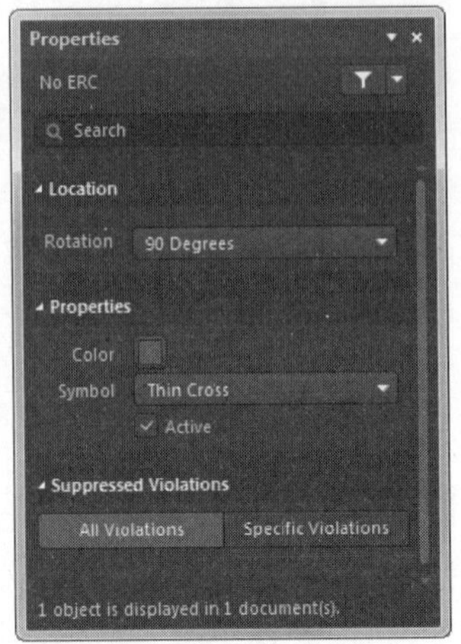

图 3-23　忽略 ERC 测试点属性设置

3.2.8　放置 PCB 布线指示

用户绘制原理图时，可以在电路的某些位置放置 PCB 布线指示，以便预先规划指定该处的 PCB 布线规则，包括铜模的厚度、布线的策略、布线优先权及布线板层等。这样，在由原理图创建 PCB 印制板的过程中，系统就会自动引入这些特殊的设计规则。

放置 PCB 布线指示的具体步骤如下。

（1）执行“放置”→“指示”→“参数设置”命令，也可以按 P+V+M 快捷键，这时光标变成十字形，并带有一个 PCB 布线指示符号。

（2）移动光标到需要放置 PCB 布线指示的位置处，单击即可完成放置，如图 3-24 所示。此时光标仍处于放置 PCB 布线指示的状态，重复操作即可放置其他的 PCB 布线指示符号。右击或者按 Esc 键便可退出操作。

Parameter Set

图 3-24　放置 PCB 布线指示

（3）设置 PCB 布线指示的属性。在放置 PCB 布线指示的过程中，用户便可以对 PCB 布线指示的属性进行编辑。双击 PCB 布线指示或者在光标处于放置 PCB 布线指示的状态时按 Tab 键，即可打开 PCB 布线指示的属性编辑面板，如图 3-25 所示。在该面板中可以对 PCB 布线指示的名称、位置、旋转角度及布线规则属性进行设置。

☑ “(X/Y)（位置 X 轴、Y 轴）”文本框：用于设定 PCB 布线指示符号在原理图上的 X 轴和 Y 轴坐标。

☑ “Label（名称）”文本框：用于输入 PCB 布线指示符号的名称。

☑ “Style（类型）”文本框：用于设定 PCB 布线指示符号在原理图上的类型，包括“Large（大的）”和“Tiny（极小的）”。

Rules（规则）和 Classes（级别）窗口中列出了该 PCB 布线指示的相关参数，包括名称、数值及类型。选中任一参数值，单击“Add（添加）”按钮，系统弹出如图 3-26 所示的“Choose Design Rule Type（选择设计规则类型）”对话框，窗口内列出了 PCB 布线时用到的所有规则类型供用户选择。

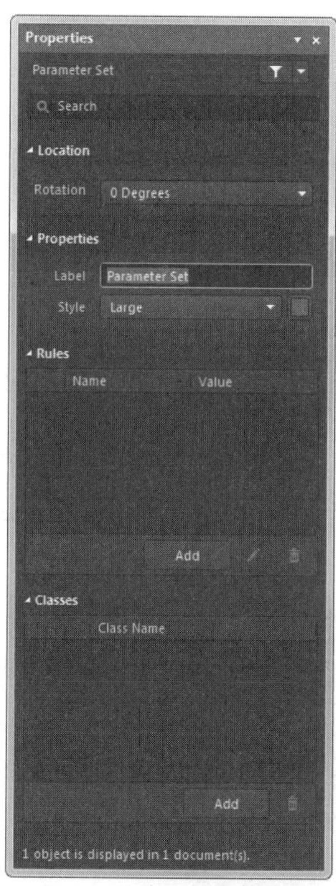

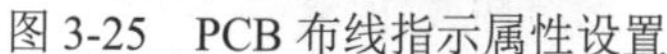

图 3-25 PCB 布线指示属性设置

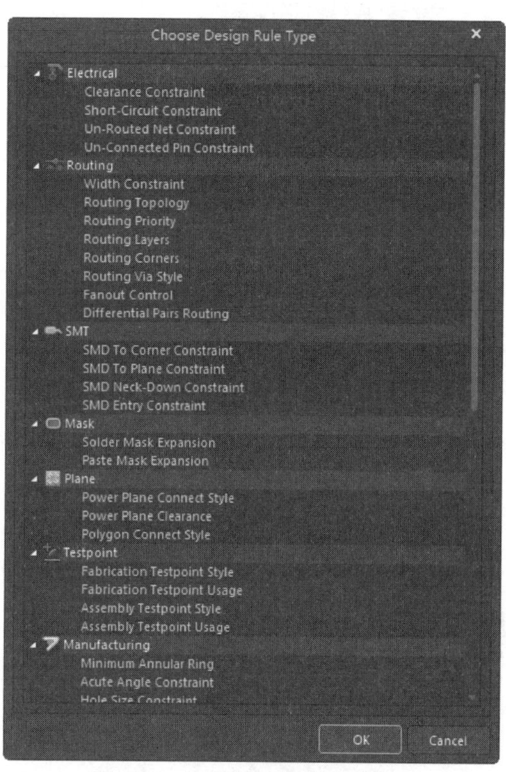

图 3-26 选择设计规则类型窗口

例如，在这里选中“Width Constraint（铜膜线宽度）”，单击“OK（确定）”按钮后，则打开相应的铜膜线宽度设置对话框，如图 3-27 所示。该对话框分为两部分，上面是图形显示部分，下面是列表显示部分。对于铜膜线的宽度，既可以在上面设置，也可以在下面设置。属性编辑结束后单击“OK（确定）”按钮，即可关闭该对话框。

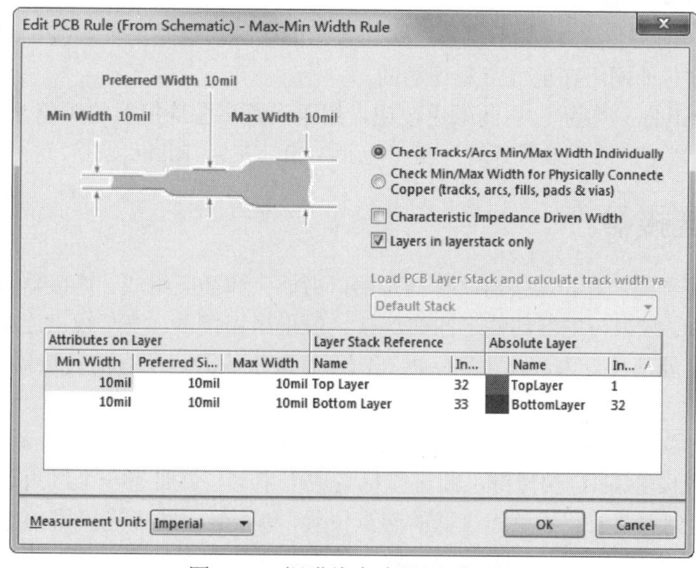

图 3-27 铜膜线宽度设置对话框

Note

3.2.9　放置离图连接器

在原理图编辑环境下，离图连接器的作用其实和网络标签是一样的，不同的是，网络标签用在了同一张原理图中，而离图连接器用在同一工程文件下、不同的原理图中。放置离图连接器的操作步骤如下。

（1）执行“放置”→“离图连接器”命令，弹出连接符，此时光标变成十字形，并带有一个离页连接符符号。

（2）移动光标到需要放置离图连接器的元件管脚末端或导线上，当出现红色交叉标志时，单击确定离页连接符的位置，即可完成离图连接器的一次放置。此时光标仍处于放置离图连接器的状态，如图 3-28 所示，重复操作即可放置其他的离图连接器。

（3）设置离图连接器属性。在放置离图连接器的过程中，用户可以对离图连接器的属性进行设置。双击离图连接器或者在光标处于放置状态时按 Tab 键，弹出如图 3-29 所示的“Properties（属性）”面板。

图 3-28　离图连接器符号

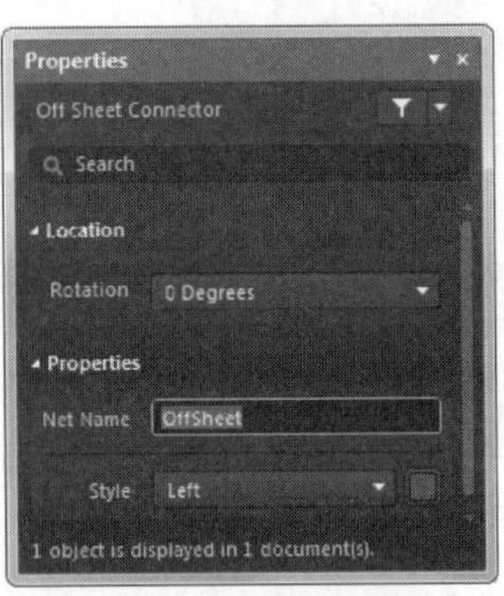

图 3-29　离图连接器设置

其中各选项的意义如下。

☑ Rotation（旋转）：用于设置离图连接器放置的角度，有 0 Degrees、90 Degrees、180 Degrees、270 Degrees 4 种选择。

☑ Net Name（网络名称）：用于设置离图连接器的名称。这是离页连接符最重要的属性之一，具有相同名称的网络在电气上是连通的。

☑ “颜色”：“Style（类型）”后面颜色按钮，用于设置离图连接器的颜色。

☑ “Style（类型）”：用于设置外观风格，包括 Left（左）、Right（右）这两种选择。

3.2.10　线束连接器

线束连接器是端子的一种，连接器又称插接器，由插头和插座组成。连接器是汽车电路中线束的中继站。线束与线束、线束与电器部件之间的连接一般采用连接器，汽车线束连接器是连接汽车各个电器与电子设备的重要部件，为了防止连接器在汽车行驶中脱开，所有的连接器均采用了闭锁装置。其操作步骤如下：

（1）执行“放置”→“线束”→“线束连接器”命令，或单击“布线”工具栏中的（放置线束连接器）按钮，或按 P+H+C 快捷键，此时光标变成十字形，并带有一个线束连接器符号。

（2）将光标移动到想要放置线束连接器的起点位置，单击确定线束连接器的起点，然后拖动光标，单击确定终点，如图 3-30 所示。此时系统仍处于绘制线束连接器状态，用同样的方法绘制另一个线束连接器。绘制完成后，右击退出绘制状态。

Note

（3）设置线束连接器的属性。双击线束连接器或在光标处于放置线束连接器的状态时按 Tab 键，弹出如图 3-31 所示的“Properties（属性）”面板，在该面板中可以对线束连接器的属性进行设置。

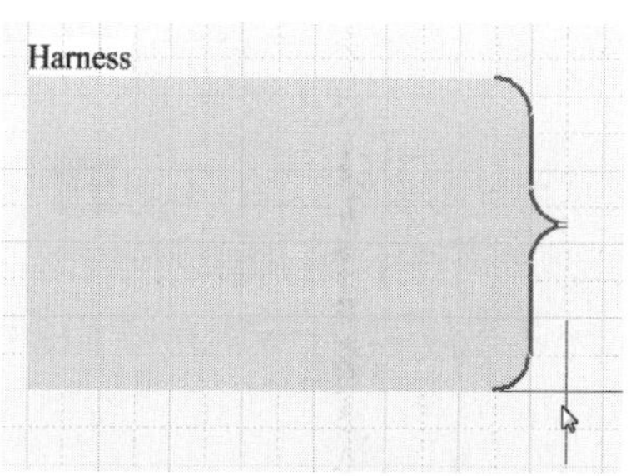

图 3-30　放置线束连接器

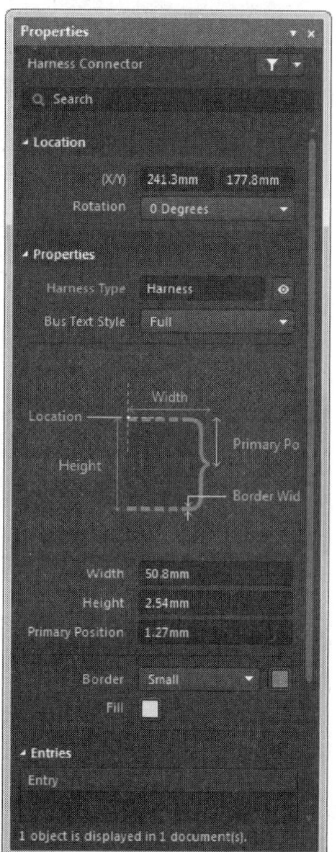

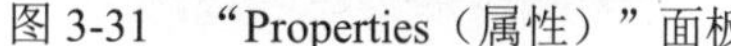

图 3-31　“Properties（属性）”面板

该面板包括两个选项组。

① Location（位置）选项组。

☑ (X/Y)：用于表示线束连接器左上角顶点的位置坐标，用户可以输入设置。

☑ Rotation（旋转）：用于表示线束连接器在原理图上的放置方向，有 0 Degrees、90 Degrees、180 Degrees 和 270 Degrees 4 个选项。

② Properties（属性）选项组。

☑ Harness Type（线束类型）：用于设置线束连接器中线束的类型。

☑ Bus Text Style（总线文本类型）：用于设置线束连接器中文本显示类型。单击后面的下三角按钮，有两个选项供选择：Full（全程）、Prefix（前缀）。

☑ Width（宽度）、Height（高度）：用于设置线束连接器的长度和宽度。

☑ Primary Position（主要位置）：用于设置线束连接器的宽度。

☑ Border（边框）：用于设置边框线宽、颜色。单击后面的颜色块，可以在弹出的对话框中设置颜色。

☑ Full（填充色）：用于设置线束连接器内部的填充颜色。单击后面的颜色块，可以在弹出的对话框中设置颜色。

③ Entries（线束入口）选项组。

在该选项组中可以为连接器添加、删除和编辑与其余元件连接的入口，如图 3-32 所示。

单击“Add（添加）”按钮，在该面板中自动添加线束入口，如图 3-33 所示。

Note

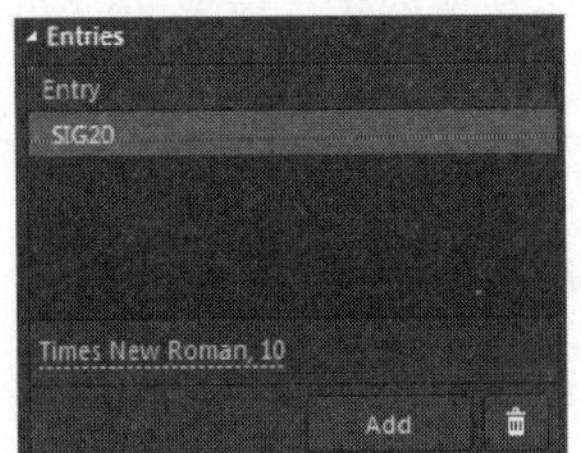

图 3-32　Entries（线束入口）选项组

图 3-33　添加入口

（4）执行“放置”→“线束”→“预定义的线束连接器”命令，弹出如图 3-34 所示的“Place Predefined Harness Connector（信号连接器属性设置）”对话框。

在该对话框中可精确定义线束连接器的名称、端口、线束入口等。

3.2.11　线束入口

线束通过“线束入口”的名称来识别每个网络或总线。Altium Designer 正是使用这些名称而非线束入口顺序来建立整个设计中的连接。除非命名的是线束连接器，网络命名一般不使用线束入口的名称。

放置线束入口的操作步骤如下。

（1）执行“放置”→“线束”→“线束入口”命令，或单击“布线”工具栏中的■（放置线束入口）按钮，或按 P+H+E 快捷键，此时光标变成十字形，出现一个线束入口随鼠标移动而移动。

（2）移动鼠标到线束连接器内部，单击选择要放置的位置，只能在线束连接器左侧的边框上移动，如图 3-35 所示。

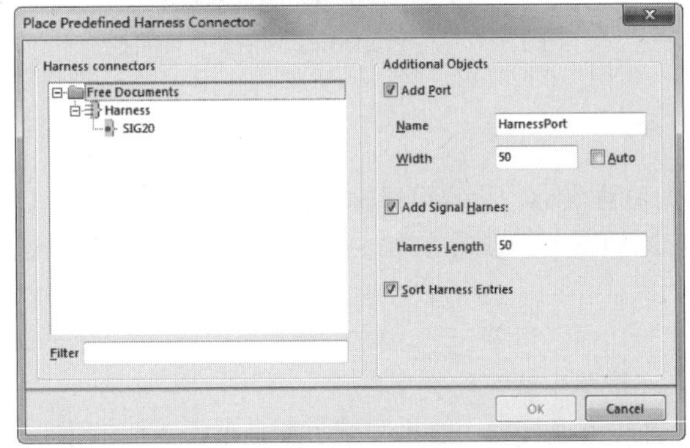

图 3-34　Place Predefined Harness Connector 对话框

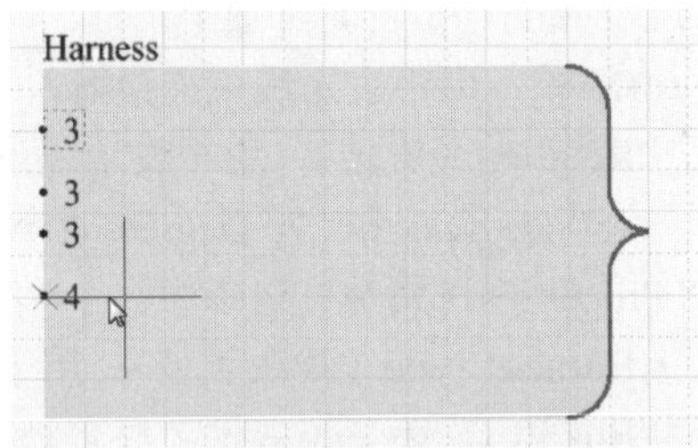

图 3-35　调整总线入口分支线的方向

（3）设置线束入口的属性。在放置线束入口的过程中，用户可以对线束入口的属性进行设置。双击线束入口或在光标处于放置线束入口的状态时按 Tab 键，弹出如图 3-36 所示的“Properties（属性）”面板，在面板中可以对线束入口的属性进行设置。

☑　Harness Name（名称）：用于设置线束入口的名称。

☑　Text Font Settings（文本字体设置）：用于设置线束入口的字体类型、字体大小、字体颜色，同时设置字体添加加粗、斜体、下划线、横线等效果。

图 3-36　“Properties（属性）”面板

3.2.12　信号线束

信号线束是一组具有相同性质的并行信号线的组合，通过信号线束线路连接到同一电路图上另一个线束接头，或连接到电路图入口或端口，以使信号连接到另一个原理图。

其操作步骤如下。

（1）执行“放置”→“线束”→“信号线束”命令，或单击“布线”工具栏中的（放置信号线束）按钮，或按 P+H 快捷键，此时光标变成十字形。

（2）将光标移动到想要完成电气连接的元件的管脚上，单击放置信号线束的起点。出现红色的符号表示电气连接成功。移动光标，多次单击可以确定多个固定点，最后放置信号线束的终点。如图 3-37 所示，此时光标仍处于放置信号线束的状态，重复上述操作可以继续放置其他的信号线束。

（3）设置信号线束的属性。在放置信号线束的过程中，用户可以对信号线束的属性进行设置。双击信号线束或在光标处于放置信号线束的状态时按 Tab 键，弹出如图 3-38 所示的“Properties（属性）”面板，在该面板中可以对信号线束的属性进行设置。

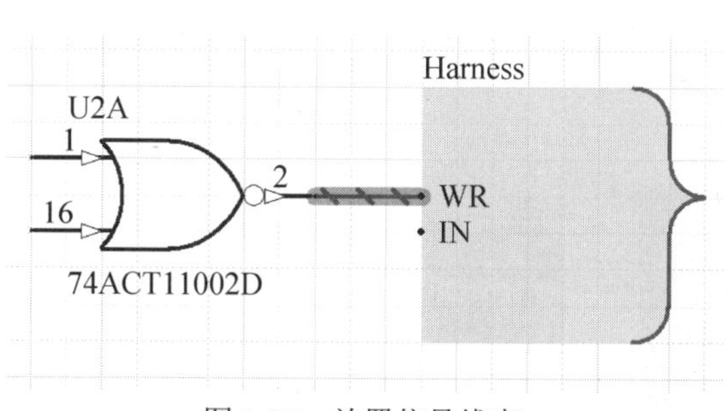

图 3-37　放置信号线束

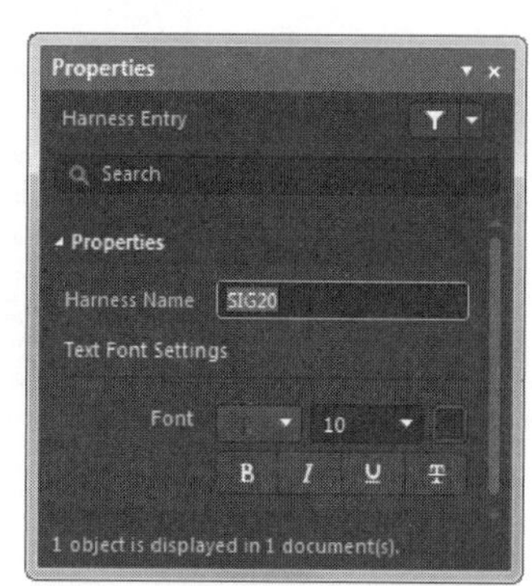

图 3-38　“Properties（属性）”面板

3.3　使用图形工具绘图

在原理图编辑环境中，与“布线”工具栏相对应，还有一个图形工具栏，用于在原理图中绘制各种标注信息，使电路原理图更清晰，数据更完整，可读性更强。该图形工具栏中的各种图元均不具有电气连接特性，所以系统在做 ERC 检查及转换成网络表时，它们不会产生任何影响，也不会附加在网络表数据中。

3.3.1　实用工具

单击图形工具图标，各种绘图工具按钮如图 3-39 所示，与执行“放置”→“绘图工具”命令后菜单中的各项命令具有对应的关系。

- ☑ ：用于绘制直线。
- ☑ ：用于绘制圆。
- ☑ ：用于绘制圆弧线。
- ☑ ：用于绘制多边形。
- ☑ ：用于添加说明文字。

Note

☑ ：用于放置文本框。

☑ ：用于绘制矩形。

☑ ：用于绘制圆角矩形。

☑ ：用于绘制椭圆。

☑ ：用于插入图片。

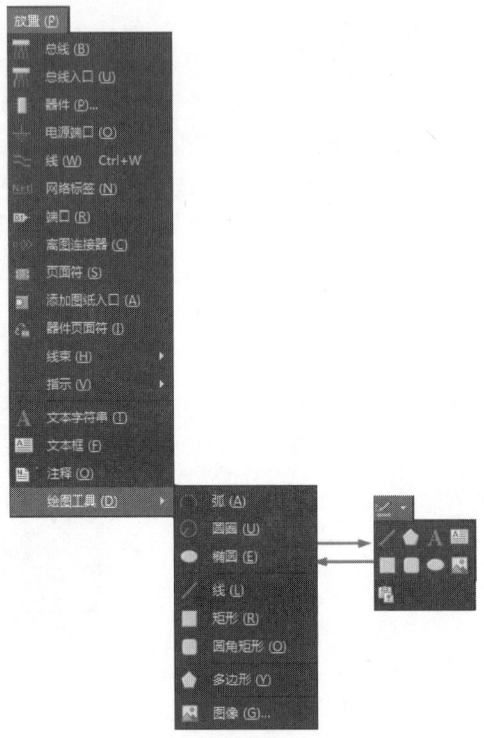

图 3-39　图形工具

3.3.2　绘制直线

在原理图中，直线可以用来绘制一些注释性的图形，如表格、箭头、虚线等，或者在编辑元器件时绘制元器件的外形。直线在功能上完全不同于前面所说的导线，它不具有电气连接特性，不会影响到电路的电气结构。

直线的绘制步骤如下。

（1）执行“放置”→“绘图工具”→“线”命令，或者单击“实用工具”工具栏中的（放置线）按钮，这时光标变成十字形。

（2）移动光标到需要放置“直线”的位置处，单击确定直线的起点，多次单击确定多个固定点，一条直线绘制完毕后右击退出当前直线的绘制。

（3）此时鼠标仍处于绘制直线的状态，重复步骤（2）的操作即可绘制其他的直线。

在直线绘制过程中，需要拐弯时，可以单击确定拐弯的位置，同时通过按 Shift+空格键来切换拐弯的模式。在 T 型交叉点处，系统不会自动添加节点。

右击或者按 Esc 键便可退出操作。

（4）设置直线属性。

① 在绘制状态下按 Tab 键，系统将弹出相应的直线属性编辑面板，如图 3-40 所示。

Note

在该面板中可以对线宽、类型和直线的颜色等属性进行设置。

- ☑ Line（线宽）：用于设置直线的线宽。有 Smallest（最小）、Small（小）、Medium（中等）和 Large（大）4 种线宽供用户选择。
- ☑ 颜色设置：单击该颜色显示框■，用于设置直线的颜色。
- ☑ Line Style（线种类）：用于设置直线的线型。有 Solid（实线）、Dashed（虚线）和 Dotted（点划线）3 种线型可供选择。
- ☑ Start Line Shape（结束块外形）：用于设置直线起始端的线型。
- ☑ End Line Shape（开始块外形）：用于设置直线截止端的线型。
- ☑ Line Size Shape（线尺寸外形）：用于设置所有直线的线型。

② 直线绘制完毕后双击多边形，弹出的属性编辑面板与图 3-40 略有不同，添加“Vertices（顶点）”选项组，用于设置直线各顶点的坐标值，如图 3-41 所示。

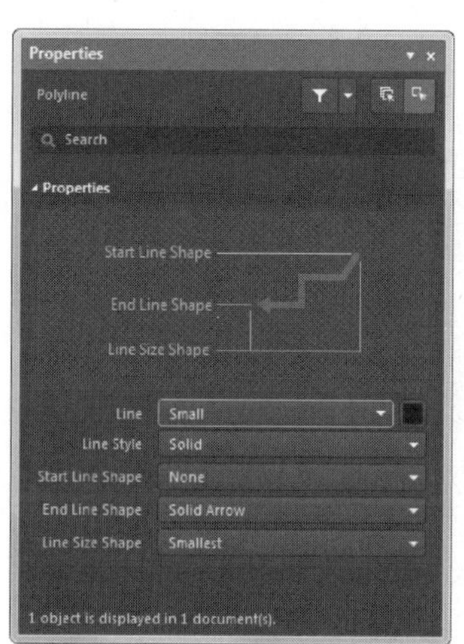

图 3-40　直线的属性编辑面板

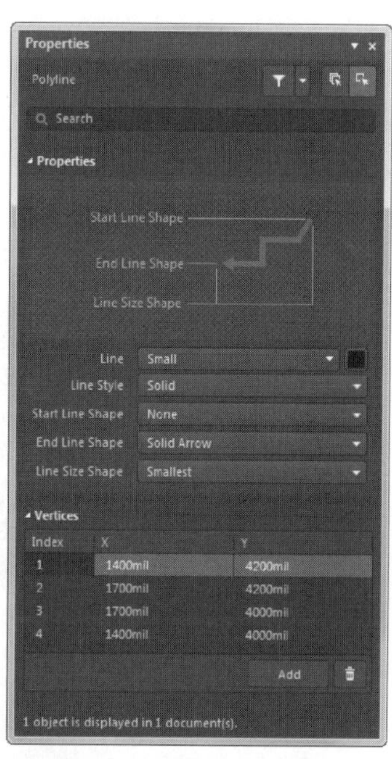

图 3-41　顶点坐标设置

3.3.3　绘制多边形

多边形的绘制步骤如下。

（1）执行“放置”→“绘图工具”→“多边形”命令，或者单击“实用工具”工具栏中的⬟（放置多边形）按钮，这时光标变成十字形。

（2）移动光标到需要放置多边形的位置处，单击确定多边形的一个定点，接着每单击一下就确定一个顶点，绘制完毕后右击退出当前多边形的绘制。

（3）此时光标仍处于绘制多边形的状态，重复步骤（2）的操作即可绘制其他的多边形。

右击或者按 Esc 键便可退出操作。

（4）设置多边形属性。

① 在绘制状态下按 Tab 键，系统将弹出相应的多边形属性编辑对话框，如图 3-42 所示。

Note

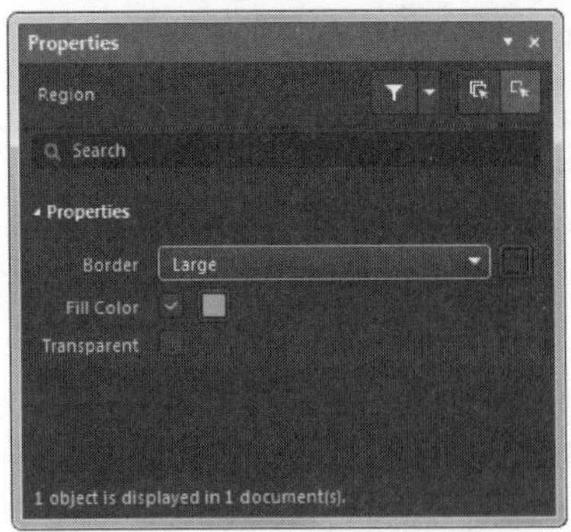

图 3-42 多边形的属性编辑面板

☑ Border（边界）：设置多边形的边框粗细和颜色，多边形的边框线型，有 Smallest、Small、Medium 和 Large 4 种线宽可供用户选择。

☑ Filled Color（填充颜色）：设置多边形的填充颜色。选中后面的颜色块，多边形将以该颜色填充多边形，此时单击多边形边框或填充部分都可以选中该多边形。

☑ Transparent（透明的）：选中该复选框则多边形为透明的，内无填充颜色。

② 多边形绘制完毕后双击多边形，弹出的属性编辑面板与图 3-42 略有不同，添加“Vertices（顶点）”选项组，用于设置多边形各顶点的坐标值，如图 3-43 所示。

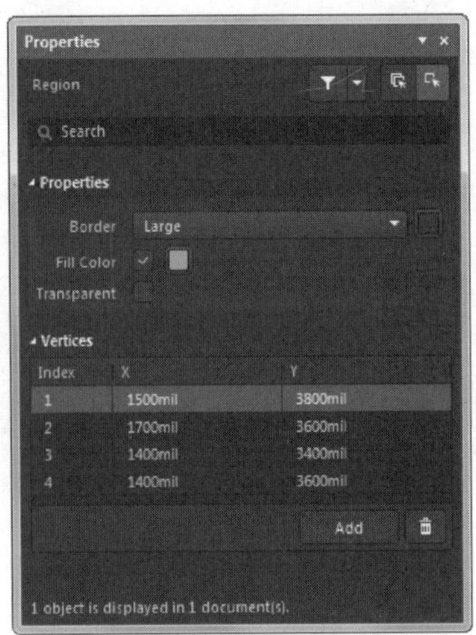

图 3-43 顶点坐标设置

3.3.4 绘制弧

圆上任意两点间的部分叫弧。

弧的绘制步骤如下。

（1）执行“放置”→“绘图工具”→“弧”命令，或者单击“实用工具”工具栏中的 （弧）按钮，这时光标变成十字形。

（2）移动光标到需要放置弧的位置处，单击，第 1 次确定弧的中心，第 2 次确定弧的半径，第 3 次确定弧的起点，第 4 次确定弧的终点，从而完成弧的绘制。

（3）此时光标仍处于绘制弧的状态，重复步骤（2）的操作即可绘制其他的弧。

右击或者按 Esc 键便可退出操作。

（4）设置弧属性。

① 在绘制状态下按 Tab 键，系统将弹出相应的弧属性编辑面板，如图 3-44 所示。

② 双击需要设置属性的弧。弧绘制完成后双击弧，弹出的属性编辑面板与图 3-44 略有不同，设置弧的位置坐标（X/Y），如图 3-45 所示。

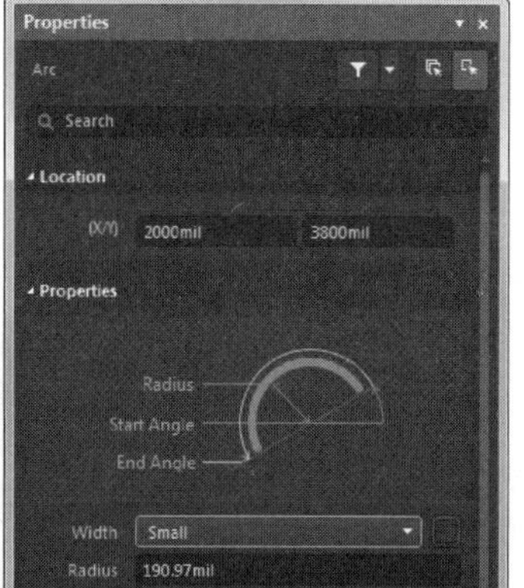

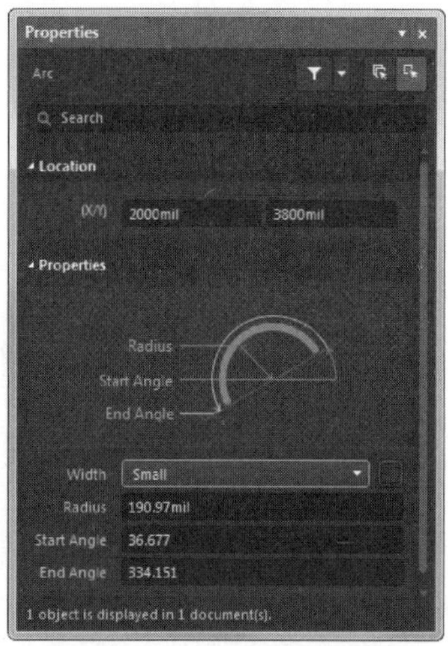

图 3-44　弧的属性编辑面板

图 3-45　位置坐标设置

☑ Width（线宽）：设置弧线的线宽，有 Smallest、Small、Medium 和 Large 4 种线宽可供用户选择。

☑ 颜色设置：设置弧宽度右侧的颜色块。

☑ Radius（半径）：设置弧的半径长度。

☑ Start Angle（起始角度）：设置弧的起始角度。

☑ End Angle（终止角度）：设置弧的结束角度。

☑ (X/Y)：设置弧的位置。

3.3.5　绘制圆

圆是圆弧的一种特殊形式。

圆的绘制步骤如下。

（1）执行“放置”→“绘图工具”→“圆圈”命令，这时光标变成十字形，移动光标到需要放置圆的位置处，单击，第 1 次确定圆的中心，第 2 次确定圆的半径，从而完成圆的绘制。

（2）此时光标仍处于绘制圆的状态，重复步骤（1）的操作即可绘制其他的圆。

右击或者按 Esc 键便可退出操作。

设置圆属性与圆弧的设置相同，这里不再赘述。

3.3.6　绘制矩形

矩形的绘制步骤如下。

（1）执行“放置”→“绘图工具”→“矩形”命令，或者单击“实用”工具栏中的□（矩形）按钮，这时光标变成十字形，并带有一个矩形图形。

（2）移动光标到需要放置矩形的位置处，单击确定矩形的一个顶点，移动鼠标光标到合适的位置再一次单击确定其对角顶点，从而完成矩形的绘制。

（3）此时光标仍处于绘制矩形的状态，重复步骤（2）的操作即可绘制其他的矩形。

右击或者按 Esc 键便可退出操作。

（4）设置矩形属性。

① 在绘制状态下按 Tab 键，系统将弹出相应的矩形属性编辑面板，如图 3-46 所示。

② 双击需要设置属性的矩形。矩形绘制完毕后双击矩形，弹出的属性编辑面板与图 3-46 略有不同，添加位置坐标，如图 3-47 所示。

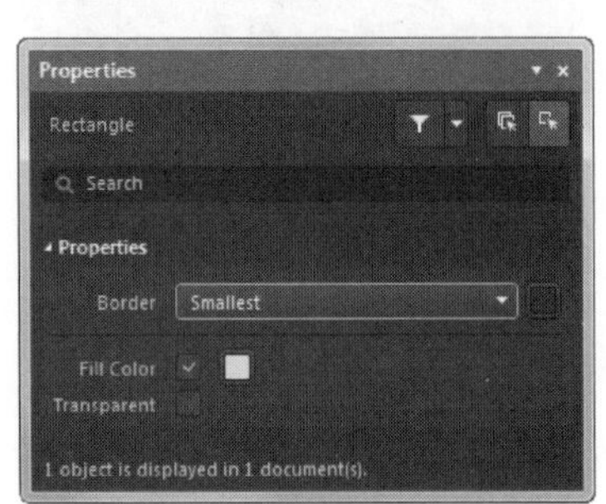

图 3-46　矩形的属性编辑面板

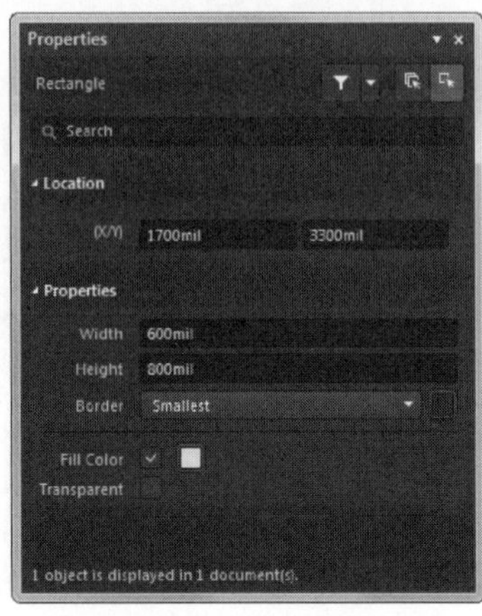

图 3-47　位置坐标设置

☑ Width（宽度）：设置矩形的宽。

☑ Height（高度）：设置矩形的高。

☑ Border（边界）：设置矩形的边框线型，有 Smallest、Small、Medium 和 Large 4 种线宽可供用户选择。

☑ 颜色设置：设置矩形宽度右侧的颜色块。

☑ Fill Color（填充颜色）：设置多边形的填充颜色。选中后面的颜色块，多边形将以该颜色填充多边形，此时单击多边形边框或填充部分都可以选中该多边形。

☑ Transparent（透明的）：选中该复选框则多边形为透明的，内无填充颜色。

☑ (X/Y)：设置矩形起点的位置坐标。

3.3.7　绘制圆角矩形

圆角矩形的绘制步骤如下。

（1）执行“放置”→“绘图工具”→“圆角矩形”命令，或者单击“实用工具”工具栏中的▢（圆角矩形）按钮，这时光标变成十字形，并带有一个圆角矩形图形。

（2）移动光标到需要放置圆角矩形的位置处，单击确定圆角矩形的一个顶点，移动光标到合适的位置再一次单击确定其对角顶点，从而完成圆角矩形的绘制。

（3）此时光标仍处于绘制圆角矩形的状态，重复步骤（2）的操作即可绘制其他的圆角矩形。

右击或者按 Esc 键便可退出操作。

（4）设置圆角矩形属性。

① 在绘制状态下按 Tab 键，系统将弹出相应的圆角矩形属性编辑面板，如图 3-48 所示。

☑ Border（边界）：设置圆角矩形的边框线型，有 Smallest、Small、Medium 和 Large 4 种线宽可供用户选择。

☑ 颜色设置：设置圆角矩形宽度右侧的颜色块。

☑ Fill Color（填充颜色）：设置圆角矩形的填充颜色。选中后面的颜色块，将以该颜色填充圆角矩形，此时单击圆角矩形边框或填充部分都可以选中该圆角矩形。

② 双击需要设置属性的圆角矩形。圆角矩形绘制完毕后双击圆角矩形，弹出的属性编辑面板与图 3-48 略有不同，如图 3-49 所示。

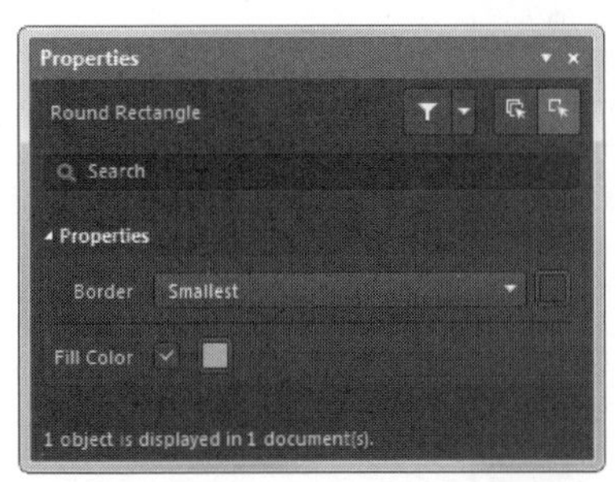

图 3-48 圆角矩形的属性编辑面板

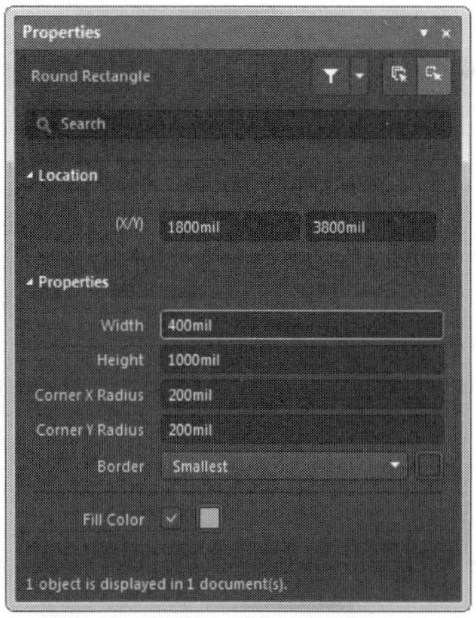

图 3-49 属性设置

☑ (X/Y)：设置圆角矩形起始顶点的位置。

☑ Width（宽度）：设置圆角矩形的宽。

☑ Height（高度）：设置圆角矩形的高。

☑ Corner X Radius（X 方向的圆角半径）：设置 1/4 圆角 X 方向的半径长度。

☑ Corner Y Radius（Y 方向的圆角半径）：设置 1/4 圆角 Y 方向的半径长度。

3.3.8 绘制椭圆

椭圆的绘制步骤如下。

（1）执行“放置”→“绘图工具”→“椭圆”命令，或者单击“实用工具”工具栏中的 （椭圆）按钮，这时光标变成十字形，并带有一个椭圆图形。

（2）移动光标到需要放置椭圆的位置处，单击，第 1 次确定椭圆的中心，第 2 次确定椭圆长轴的长度，第 3 次确定椭圆短轴的长度，从而完成椭圆的绘制。

（3）此时光标仍处于绘制椭圆的状态，重复步骤（2）的操作即可绘制其他的椭圆。

右击或者按 Esc 键便可退出操作。

（4）设置椭圆属性。

① 在绘制状态下按 Tab 键，系统将弹出相应的椭圆属性编辑面板，如图 3-50 所示。

☑ Border（边界）：设置椭圆的边框线型，有 Smallest、Small、Medium 和 Large 4 种线宽可供用户选择。

☑ 颜色设置：设置椭圆宽度后面的颜色块。

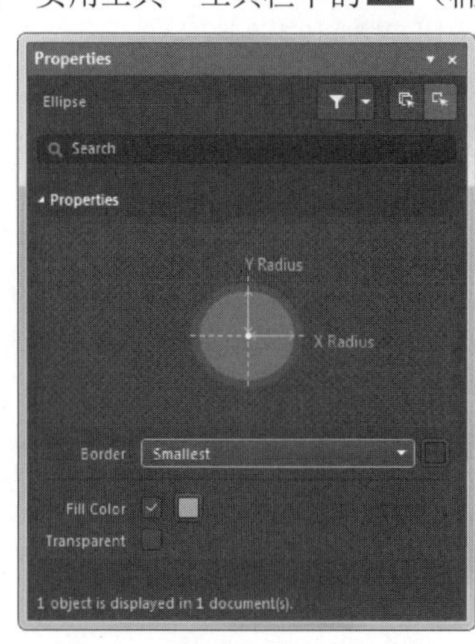

图 3-50 椭圆的属性编辑面板

☑ Fill Color（填充颜色）：设置椭圆的填充颜色。选中后面的颜色块，将以该颜色填充椭圆，此时单击椭圆边框或填充部分都可以选中该椭圆。

② 双击需要设置属性的椭圆。椭圆绘制完毕后双击椭圆，弹出的属性编辑面板与图 3-50 略有不同，如图 3-51 所示。

Note

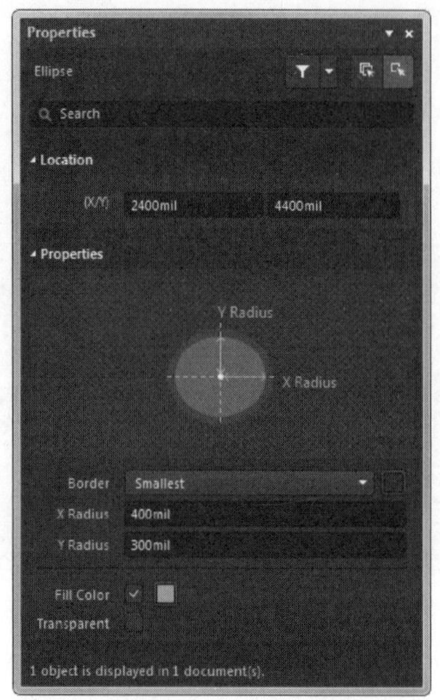

图 3-51　属性设置

☑ (X/Y)：设置椭圆起始顶点的位置。

☑ X Radius（X 方向的半径）：设置 X 方向的半径长度。

☑ Y Radius（Y 方向的半径）：设置 Y 方向的半径长度。

3.3.9　添加文本字符串

为了增加原理图的可读性，在某些关键的位置处应该添加一些文字说明，即放置文本字符串，便于用户之间的交流。

放置文本字符串的步骤如下。

（1）执行“放置”→“文本字符串”命令，或者单击“实用工具”工具栏中的 A（文本字符串）按钮，这时鼠标光标变成十字形，并带有一个文本字符串 Text 标志。

（2）移动光标到需要放置文本字符串的位置处，单击即可放置该字符串。

（3）此时光标仍处于放置字符串的状态，重复步骤（2）的操作即可放置其他的字符串。

右击或者按 Esc 键便可退出操作。

（4）设置文本字符串属性。

① 在绘制状态下按 Tab 键，系统将弹出相应的文本字符串属性编辑面板，如图 3-52 所示。

☑ 颜色：设置文本字符串的颜色。

☑ Rotation（定位）：设置文本字符串在原理图中的放置方向，有 0 Degrees、90 Degrees、180 Degrees 和 270 Degrees 4 个选项。

☑ Text（文本）：在该栏输入名称。

Note

☑ Font（字体）：在该文本框右侧按钮打开字体下拉列表，设置字体大小，在方向盘上设置文本字符串在不同方向上的位置，包括9个方位。

② 双击需要设置属性的文本字符串。文本字符串绘制完毕后双击文本字符串，弹出的属性编辑面板与图3-52略有不同，如图3-53所示。

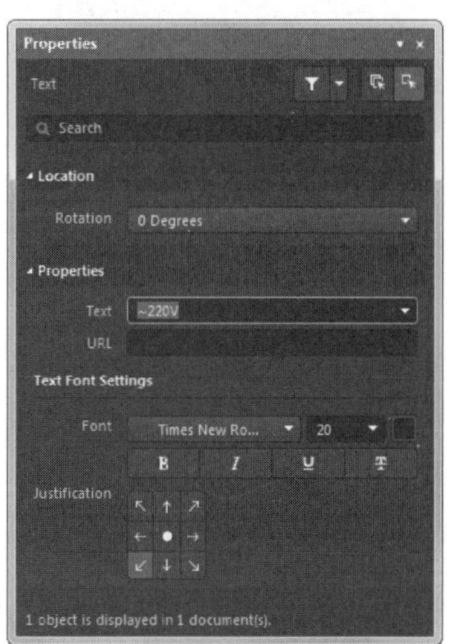

图3-52　字符串的属性编辑面板

图3-53　属性设置

(X/Y)（位置）：设置字符串的位置。

3.3.10　添加文本框

上面放置的文本字符串只能是简单的单行文本，如果原理图中需要大段的文字说明，就需要用到文本框。使用文本框可以放置多行文本，并且字数没有限制，文本框仅是对用户所设计的电路进行说明，本身不具有电气意义。

放置文本框的步骤如下。

（1）执行“放置”→“文本框”命令，或者单击“实用工具”工具栏中的（文本框）按钮，这时光标变成十字形。

（2）移动光标到需要放置文本框的位置处，单击鼠标左键确定文本框的一个顶点，移动光标到合适位置再单击一次确定其对角顶点，完成文本框的放置。

（3）此时光标仍处于放置文本框的状态，重复步骤（2）的操作即可放置其他的文本框。

右击或者按Esc键便可退出操作。

（4）设置文本框属性。

① 在绘制状态下按Tab键，系统将弹出相应的文本字符串属性编辑面板，如图3-54所示。

☑ Word Wrap：选中该复选框，则文本框中的内容自动换行。

☑ Clip to Area：选中该复选框，则文本框中的内容剪辑到区域。

文本框设置和文本字符串大致相同，相同选项这里不再赘述。

② 双击需要设置属性的文本框。文本框绘制完毕后双击文本框，弹出的属性编辑面板与图3-54略有不同，如图3-55所示。

Note

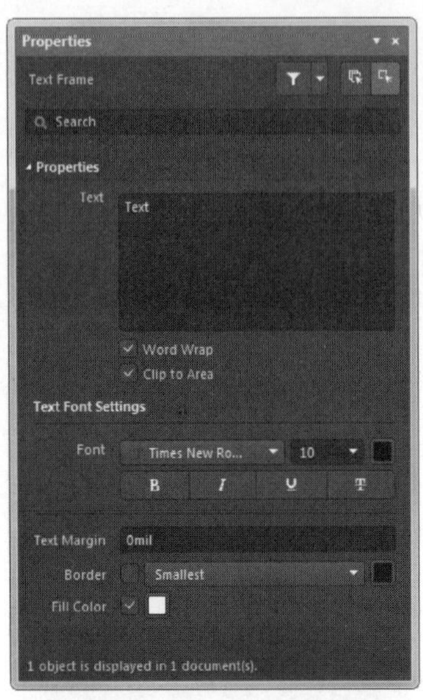

图 3-54 文本框的属性编辑面板

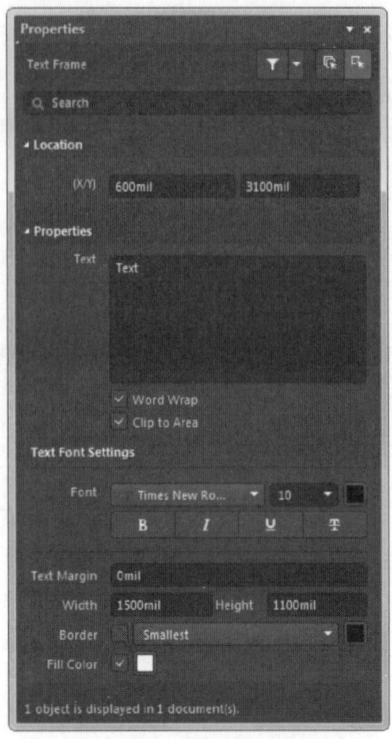

图 3-55 属性设置

3.3.11 添加图形

有时在原理图中需要放置一些图像文件，如各种厂家标志、广告等。通过使用粘贴图片命令可以实现图形的添加。

Altium Designer 18 支持多种图片的导入，添加图形的步骤如下。

（1）执行“放置”→“绘图工具”→“图像”命令，或者单击“实用工具”工具栏中的 （图像）按钮，这时光标变成十字形，并带有一个矩形框。

（2）移动光标到需要放置图形的位置处，单击确定图形放置位置的一个顶点，移动鼠标光标到合适的位置再次单击，此时将弹出如图 3-56 所示的浏览对话框，从中选择要添加的图形文件。移动光标到工作窗口中，然后单击，这时所选的图形将被添加到原理图窗口中。

图 3-56 浏览图形对话框

（3）此时光标仍处于放置图形的状态，重复步骤（2）的操作即可放置其他的图形。

右击或者按下 Esc 键便可退出操作。

（4）设置放置图形属性。

① 在放置状态下按 Tab 键，系统将弹出相应的图形属性编辑面板，如图 3-57 所示。

② 双击需要设置属性的图形。双击图形，弹出的属性编辑面板与图 3-57 略有不同，如图 3-58 所示。

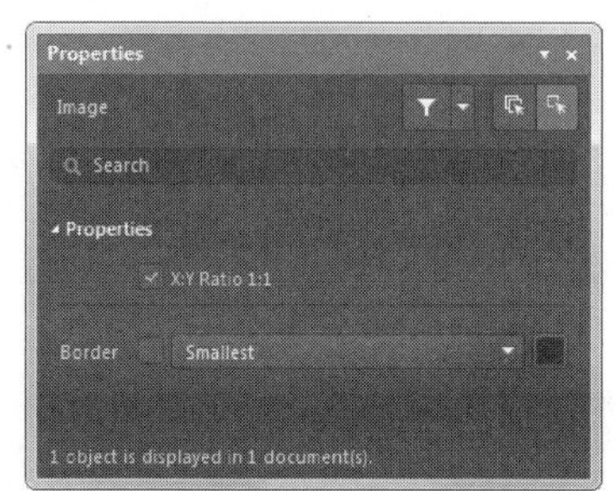

图 3-57　图形属性编辑面板

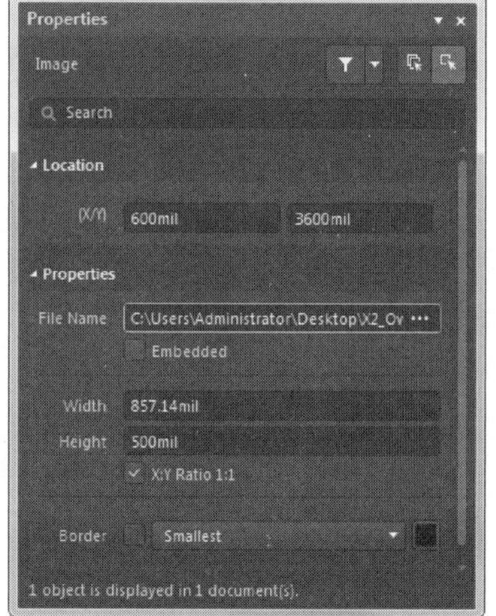

图 3-58　属性设置

☑ Border（边界）：设置图形边框的线宽和颜色，线宽有 Smallest、Small、Medium 和 Large 4 种线宽可供用户选择。

☑ (X/Y)（位置）：设置图形框的对角顶点位置。

☑ File Name（文件名）：选择图片所在的文件路径名。

☑ Embedded（嵌入式）：选中该复选框后，图片将被嵌入原理图文件中，这样可以方便文件的转移。如果取消对该复选框的选中状态，则在文件传递时需要将图片的链接也转移过去，否则将无法显示该图片。

☑ Width（宽度）：设置图片的宽。

☑ Height（高度）：设置图片的高。

☑ X∶Y Ratio1∶1（比例）：选中该复选框则以 1∶1 的比例显示图片。

扫码看视频

3.4　超声波雾化器电路

3.4　操作实例——超声波雾化器电路

通过前面章节的学习，用户对 Altium Designer 18 原理图编辑环境、原理图编辑器的使用有了初步的了解，而且能够完成简单电路原理图的绘制。本节将从实际操作的角度出发，通过一个具体的实例来说明怎样使用原理图编辑器完成电路的设计工作。

超声波雾化器是以超声波环能的方法产生高频震动使水面产生雾化，在雾化的工程中产生水雾不断向周围蒸发使空气中保持一定的湿度。

本实例主要包括由电阻、电容、电感元件组成的大功率高频振荡器，三极管和电容器构成的电容三点式振荡电路。电容三点式振荡电路，其主要操作步骤如下。

Note

（1）启动 Altium Designer 18，选择菜单栏中的“文件（F）”→“新的”→“项目”→“PCB 工程”命令，在“Projects（工程）”面板中出现新建的工程文件，系统提供的默认文件名为 PCB_Project1.PrjPCB，如图 3-59 所示。

（2）在工程文件 PCB_Project1.PrjPCB 上右击，在弹出的快捷菜单中选择“保存工程为”命令，在弹出的保存文件对话框中输入文件名“超声波雾化器电路.PrjPcb”，并保存在指定的文件夹中。此时，在“Projects（工程）”面板中，工程文件名变为“超声波雾化器电路.PrjPcb”。该工程中没有任何内容，可以根据设计的需要添加各种设计文档。

（3）在工程文件“超声波雾化器电路.PrjPcb”上右击，在弹出的快捷菜单中选择“添加新的...到工程”→“Schematic（原理图）”命令。在该工程文件中新建一个电路原理图文件，系统默认文件名为 Sheet1.SchDoc。在该文件上右击，在弹出的快捷菜单中选择“另存为”命令，在弹出的保存文件对话框中输入文件名“超声波雾化器电路.SchDoc”。此时，在“Projects（工程）”面板中工程文件名变为“超声波雾化器电路.SchDoc”，如图 3-60 所示。在创建原理图文件的同时，也就进入了原理图设计系统环境。

（4）打开“Properties（属性）”面板，如图 3-61 所示，对图纸参数进行设置。我们将图纸的尺寸及标准风格设置为 A4，放置方向设置为“Landscape（水平）”，标题块设置为“Standard（标准）”，设置字体为 Arial，大小为 10，其他选项均采用系统默认设置。

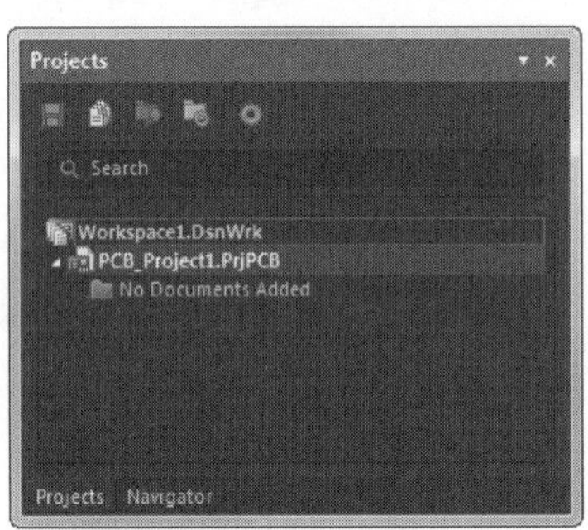

图 3-59　新建工程文件

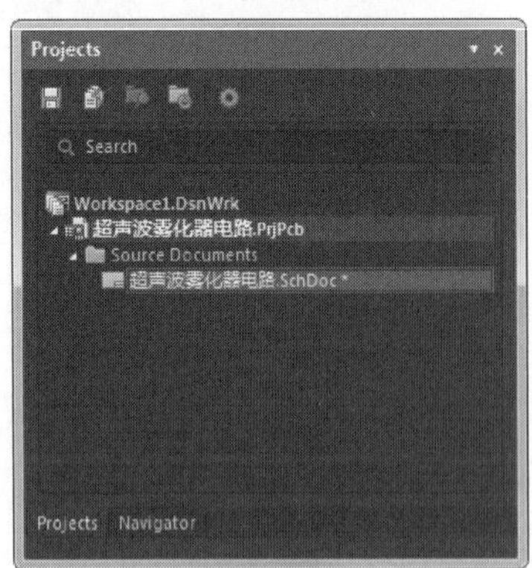

图 3-60　创建新原理图文件

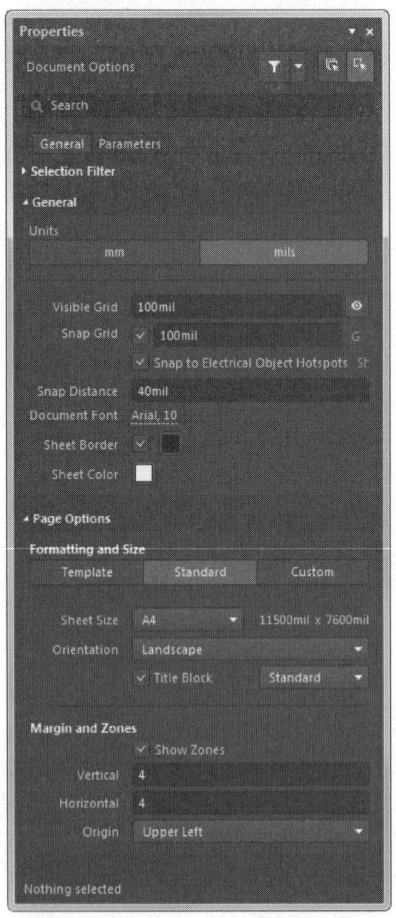

图 3-61　“Properties（属性）”面板

Note

（5）在“Libraries（库）”面板中单击 Libraries... 按钮，系统将弹出如图 3-62 所示的“Available Libraries（可用库）”对话框。在该对话框中单击 Add Library... 按钮，打开相应的选择库文件对话框，如图 3-63 所示，在该对话框中选择确定的库文件夹，并选择系统库文件 Miscellaneous Devices.IntLib 和 Miscellaneous Connectors.IntLib，单击 打开(O) 按钮，完成库添加，结果如图 3-64 所示，单击 Close 按钮，关闭该对话框。

☞ **操作与点拨：** 在绘制原理图的过程中，元件库的添加是最基本的操作，可在原理图编辑初始即添加所有库，对于复杂电路，也可先添加元件部分已知元件库，在绘制过程中依次添加所需元件库。在绘制原理图的过程中，放置元件的基本原则是根据信号的流向放置，从左到右，或从上到下。首先应该放置电路中的关键元件，然后放置电阻、电容等外围元件。在本例中，设定图纸上信号的流向是从左到右，关键元件包括单片机芯片、地址锁存芯片、扩展数据存储器。

图 3-62　“Available Libraries（可用库）”对话框

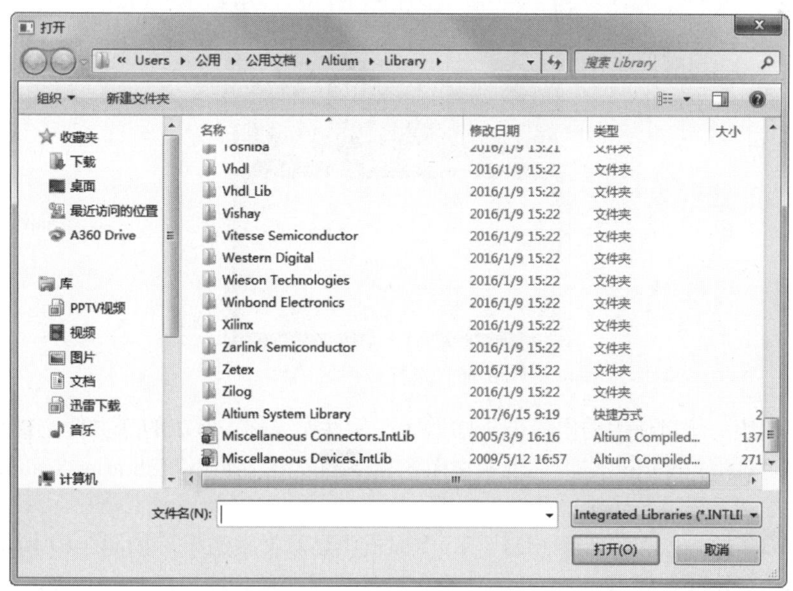

图 3-63　“打开”对话框

Note

图 3-64 “Available Libraries（可用库）”对话框

（6）放置超声波换能器。打开“Libraries（库）”面板，在元件库名称栏中选择 Miscellaneous Devices.IntLib 选项，在过滤框条件文本框中输入 Sp，如图 3-65 所示，选择扬声器符号 Speaker，单击 Place Speaker 按钮，将选择的扬声器符号放置在原理图图纸上，表示超声波换能器符号。

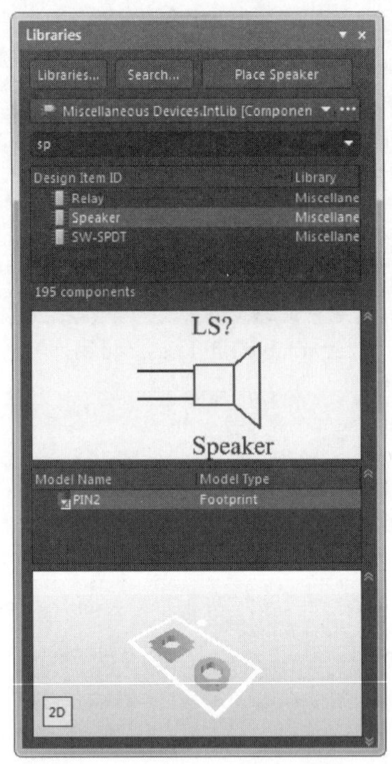

图 3-65 选择扬声器芯片

（7）放置电流表。这里使用的电流表不知道所在元件库名称、所在的库文件位置，因此在整个元件路中进行搜索。在“Libraries（库）”面板中单击 Search... 按钮，弹出“Libraries Search（搜索库）”对话框，在“过滤”框中输入 meter，如图 3-66 所示。

（8）单击 Search 按钮，在“Libraries（库）”面板中显示搜索结果，如图 3-67 所示。

（9）单击 Place Meter 按钮，将选择的计量表符号放置在原理图图纸上，代替电流表符号。

（10）放置变压器。这里使用的变压器所在的库文件为 Miscellaneous Devices.IntLib，在“元件名称”列表框中选择 Trans CT 选项，如图 3-68 所示。单击 Place Trans CT 按钮，将选择的变压器符号放置在原理图图纸上。

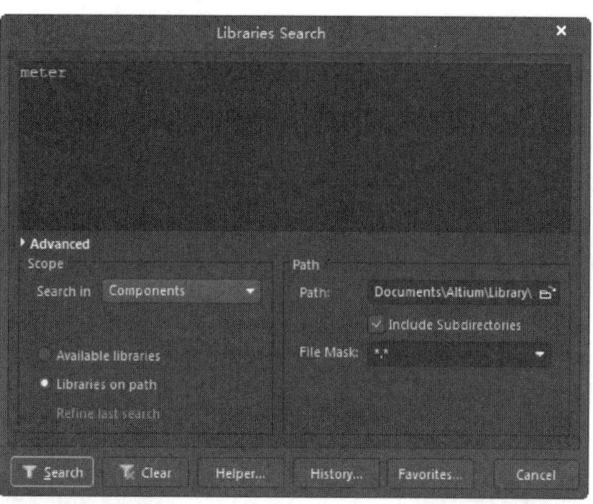

图 3-66　“Libraries Search（搜索库）”对话框

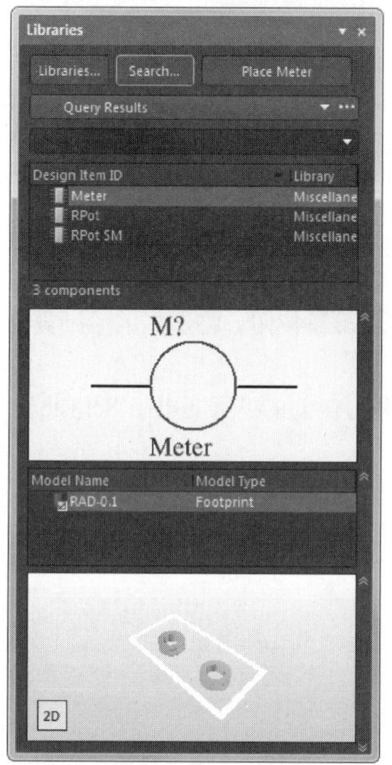

图 3-67　选择计量表

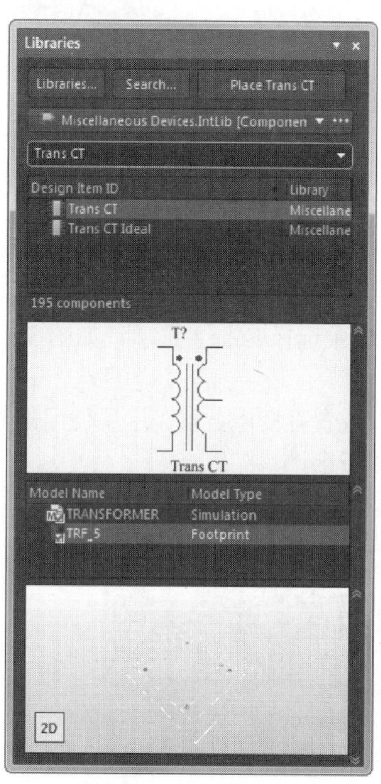

图 3-68　选择变压器

（11）放置空心线圈。这里使用的线圈所在的库文件为 Miscellaneous Devices.IntLib，在“元件名称”列表框中选择 Inductor Iron 选项，如图 3-69 所示。单击 Place Inductor Iron 按钮，将选择的空心线圈符号放置在原理图图纸上。

提示：在放置过程中按空格键可 90° 翻转芯片，按 X、Y 键芯片分别关于 X、Y 键对称翻转。

（12）打开“Libraries（库）”面板，在当前元件库名称栏中选择 Miscellaneous Devices.IntLib 选项，在“元件名称”列表框中选择 2N3904 选项，如图 3-70 所示。单击 Place 2N3904 按钮，将选择的三极管芯片放置在原理图图纸上。

Note

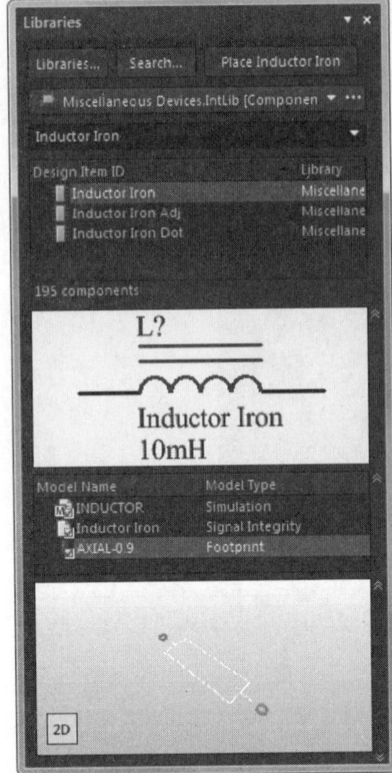

图 3-69　选择线圈

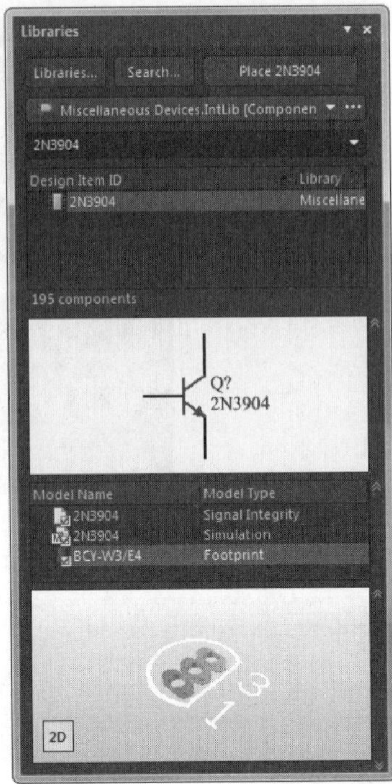

图 3-70　选择三极管芯片

（13）放置熔断器。这里使用的熔断器所在的库文件为 Miscellaneous Devices.IntLib，在“元件名称”列表框中选择 Fuse 1 选项，如图 3-71 所示。单击 Place Fuse 1 按钮，将选择的熔断器放置在原理图图纸上。

（14）放置可变电位器。这里使用的熔断器所在的库文件为自创的“可变电阻.SchLib”，加载结果如图 3-72 所示。

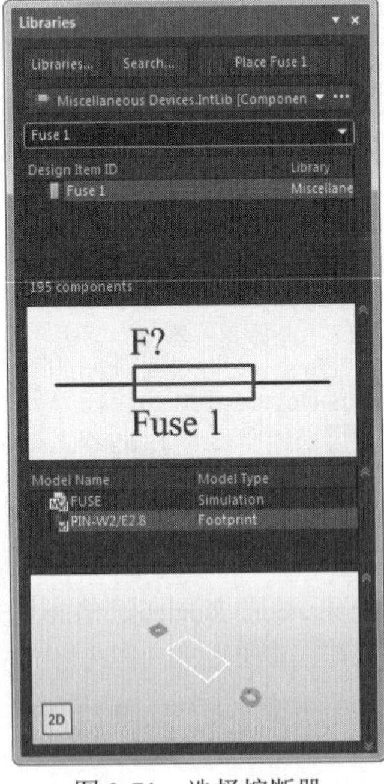

图 3-71　选择熔断器

图 3-72　“Available Libraries（可用库）”对话框

（15）在加载的“可变电阻.SchLib”中选择 RP 选项，如图 3-73 所示。单击 Place RP 按钮，将选择的可变电位器放置在原理图图纸上。

放置的元件符号结果如图 3-74 所示。

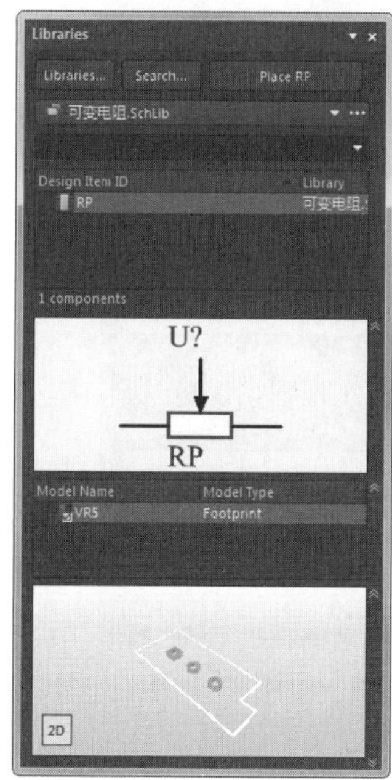

图 3-73　选择可变电阻

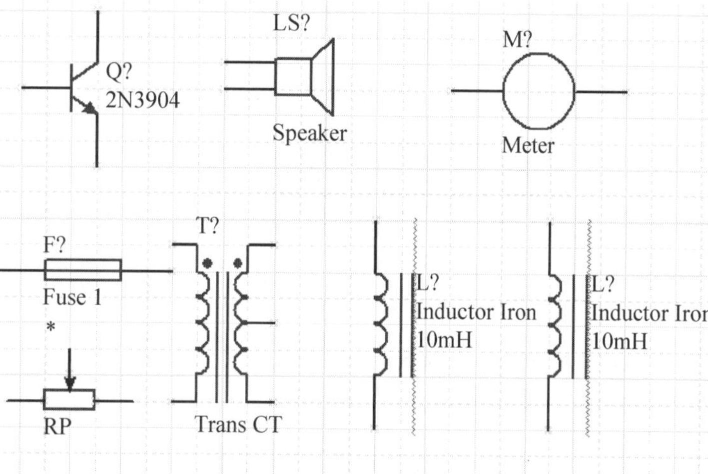

图 3-74　放置元件

（16）放置外围元件。在本例中，除了上述元件符号，还需要其余常见符号。剩余元件有三个无极性电容元件、一个极性电容元件、两个二极管和一个电阻均分布在电路四周，这些元件都在库文件 Miscellaneous Devices.IntLib 中。打开“Libraries（库）”面板，在当前元件库名称栏中选择 Miscellaneous Devices.IntLib 选项，在“元件名称”列表框中选择 Cap（电容），Cap Pol2（极性电容），Diode（二极管），Res2（电阻），如图 3-75～图 3-78 所示。将元件一一进行放置，最终结果如图 3-79 所示。

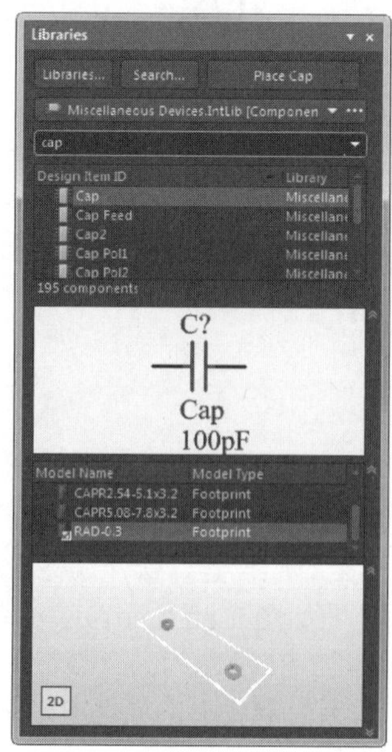

图 3-75　选择电容元件

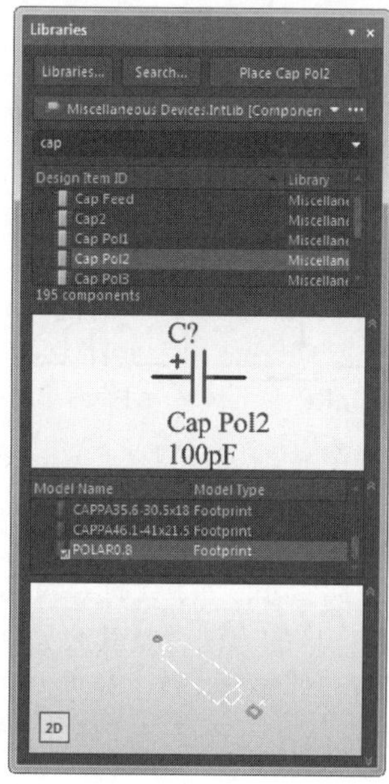

图 3-76　选择极性电容元件

Note

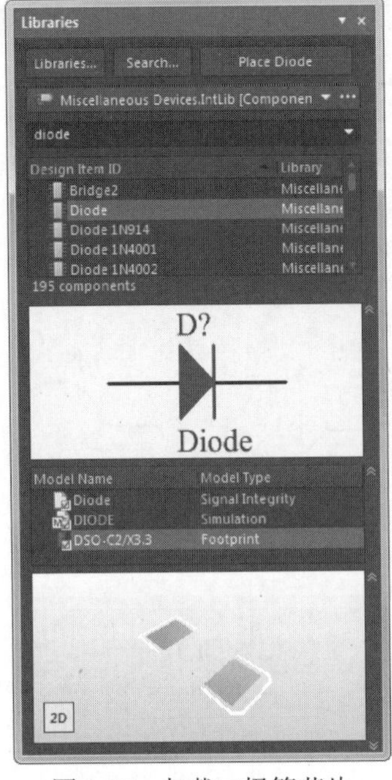

图 3-77　加载二极管芯片

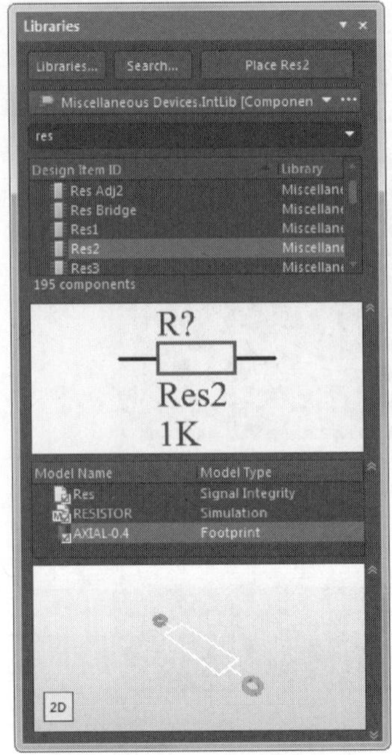

图 3-78　加载电阻元件

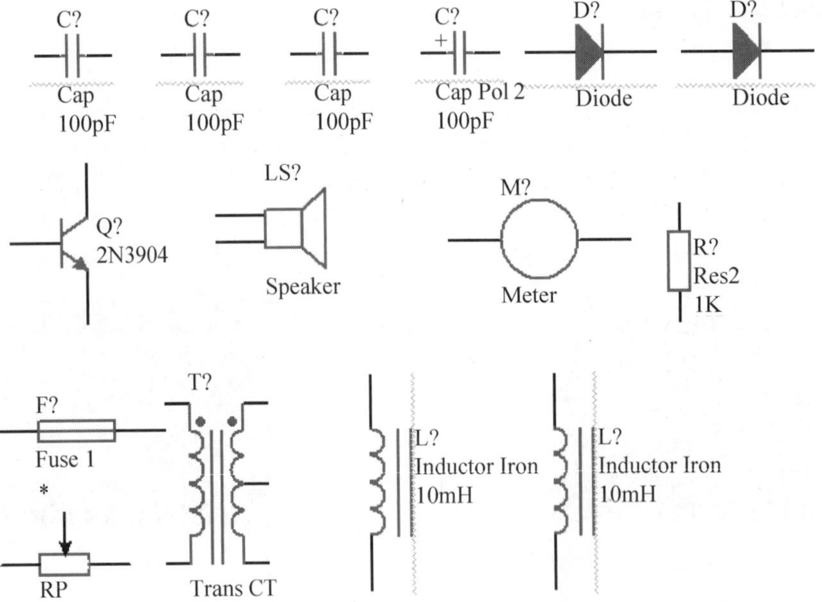

图 3-79　放置元件

（17）元件布局。在图纸上放置好元件之后，再对各个元件进行布局，按住鼠标左键选中拖动元件，元件上显示浮动的十字光标，表示选中元件，拖动鼠标光标至对应位置，松开鼠标左键，完成元件定位，使用同样的方法调整其余元件位置，完成布局后的原理图如图 3-80 所示。

（18）设置元件属性。双击元件，打开元件属性设置面板，如图 3-81 所示为扬声器芯片属性设置面板。其他元件的属性设置采用同样的方法，这里不再赘述。设置好元件属性后的原理图如图 3-82 所示。

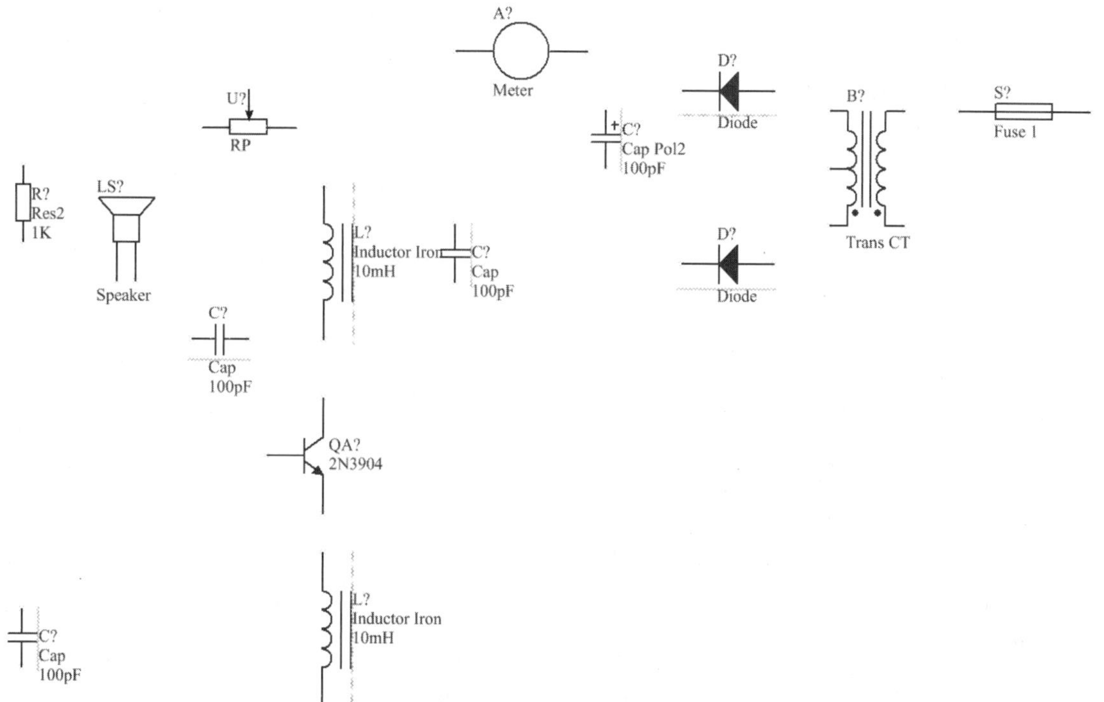

图 3-80　元件布局

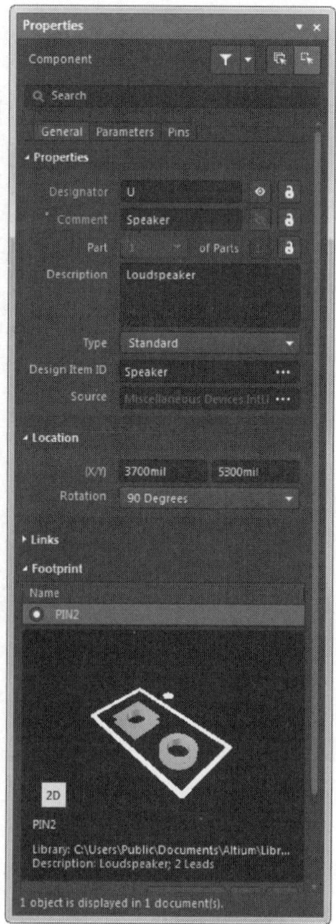

图 3-81　设置芯片属性

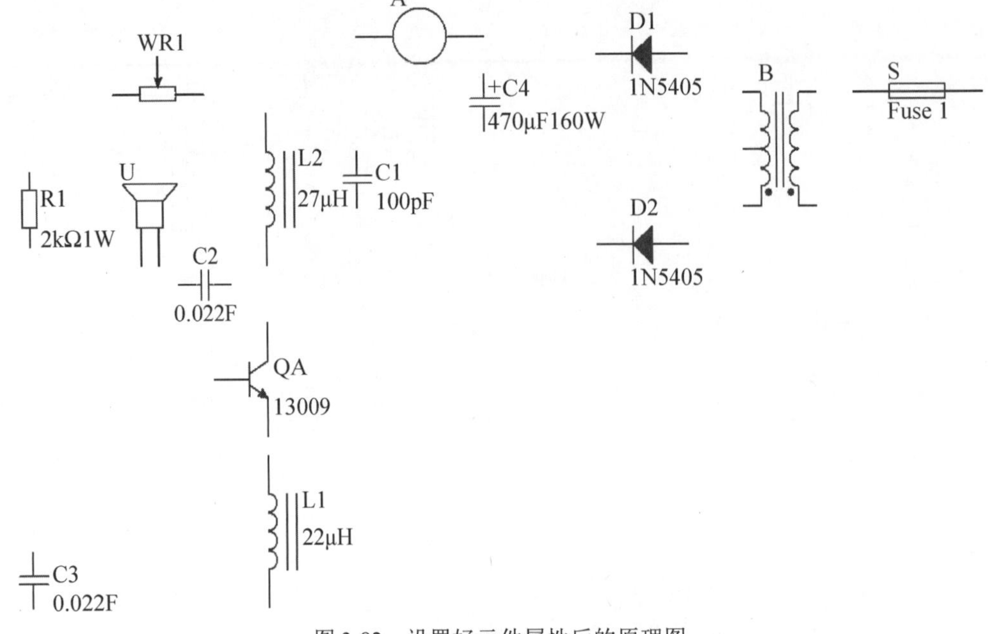

图 3-82　设置好元件属性后的原理图

（19）放置电源和接地符号。单击“布线”工具栏中的■（VCC 电源端口）按钮，弹出“Properties（属性）”面板，在“Name（电源名称）”文本框中输入“100V”，如图 3-83 所示。

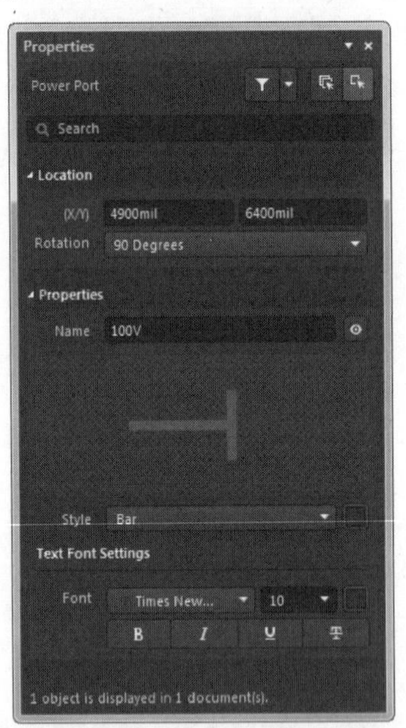

图 3-83　“Properties（属性）”面板

（20）单击“布线”工具栏中的■（GND 端口）按钮，放置原理图符号，结果如图 3-84 所示。

（21）连接导线。单击“布线”工具栏中的■（放置线）按钮，根据电路设计的要求把各个元件连接起来，如图 3-85 所示。

（22）放置网络标号。执行“放置”→“文本字符串”命令，或者单击“应用工具”工具栏中的“实用工具”按钮■下拉菜单中的■（文本字符串）按钮，按住 Tab 键，弹出“Properties（属性）”面板，在“Text（文本）”文本框中输入“220V”，如图 3-86 所示。

Note

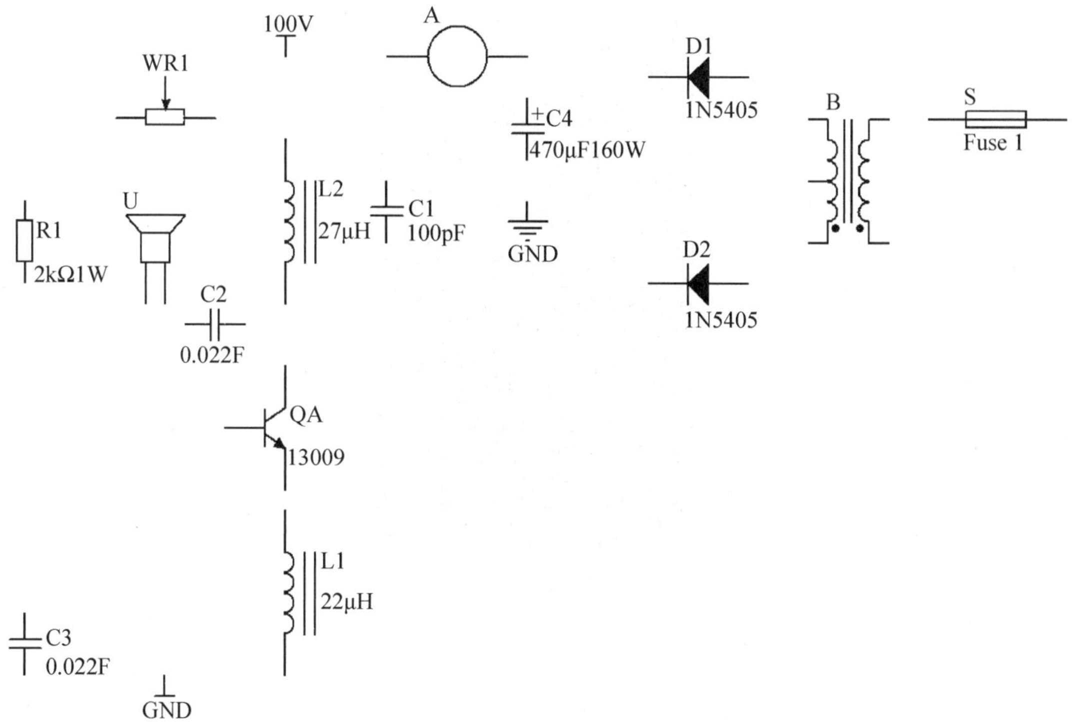

图 3-84　放置原理图符号

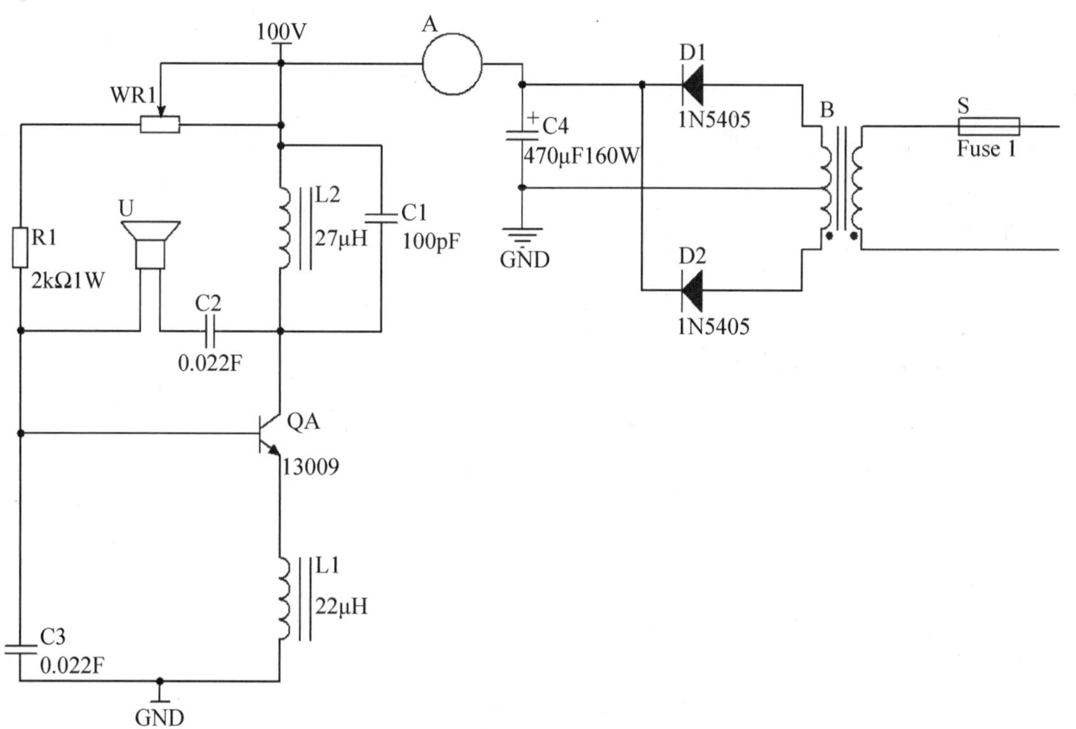

图 3-85　连接导线

Note

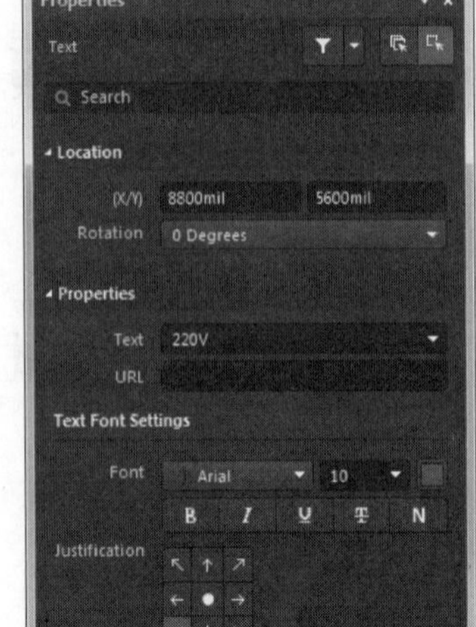

图 3-86 “Properties（属性）”面板

（23）在图纸适当位置标注，如图 3-87 所示。

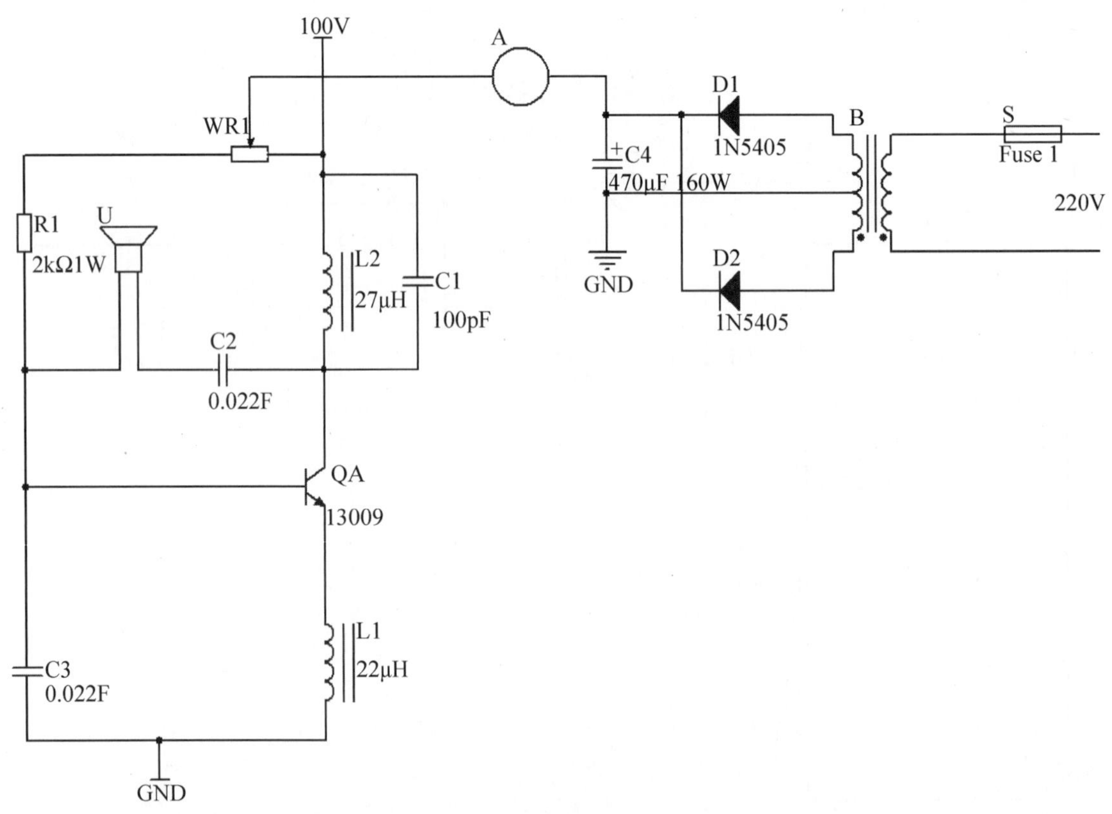

图 3-87 放置文本

（24）绘制完成后的超声波雾化器电路原理图如图 3-87 所示。保存电路图。

至此，原理图的设计工作暂时告一段落。如果需要进行 PCB 板的设计制作，还需要对设计好的电路进行电气规则检查和对原理图进行编译，在以后的例子中再详细介绍。

原理图的后续处理

学习了原理图绘制的方法和技巧外，接下来介绍原理图中的常用操作。本章主要内容包括原理图中的常用操作和打印报表输出。

☑ 原理图中的常用操作
☑ 原理图中的查找与替换操作
☑ 打印与报表输出

任务驱动&项目案例

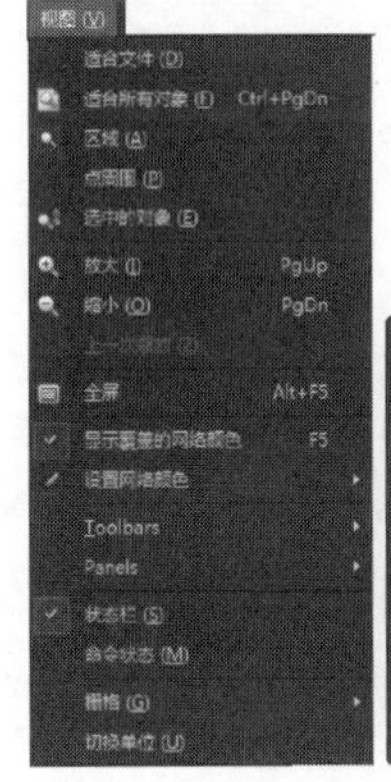

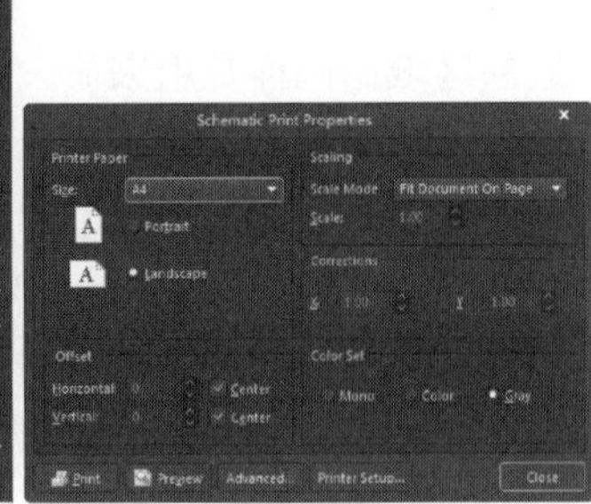

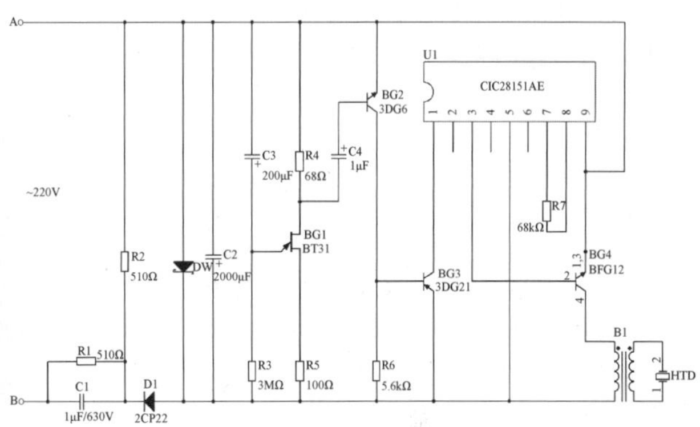

4.1 原理图中的常用操作

Note

在绘制原理图的过程中，需要一些常用技巧操作，以方便绘制。

4.1.1 工作窗口的缩放

在原理图编辑器中，提供了电路原理图的缩放功能，以便于用户进行观察。选择“视图”菜单，系统弹出如图 4-1 所示的下拉菜单，在该菜单中列出了对原理图画面进行缩放的多种命令。

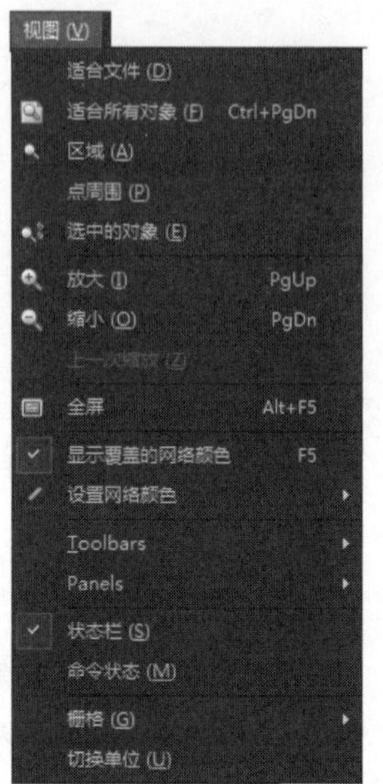

图 4-1 “视图”下拉菜单

菜单中有关窗口缩放的操作分为以下几种类型。

1. 在工作窗口中显示选择的内容

该类操作包括在工作窗口显示整个原理图、显示所有元件、显示选定区域、显示选定元件和选中的坐标附近区域，它们构成了“视图”下拉菜单的第一栏。

☑ “适合文件”命令：用来观察并调整整张原理图的布局。执行该命令后，编辑窗口内将以最大比例显示整张原理图的内容，包括图纸边框、标题栏等。

☑ “适合所有对象”命令：用来观察整张原理图的组成概况。执行该命令之后，编辑窗口内将以最大比例显示电路原理图上的所有元器件及布线时图纸的其他空白部分，使用户更容易观察。

☑ “区域”命令：在工作窗口选中一个区域，用来放大该选中的区域。具体操作方法为：执行该命令，光标将变成十字形出现在工作窗口中，在工作窗口单击，确定区域的一个顶点，移动鼠标光标确定区域的对角顶点后可以确定一个区域；单击，在工作窗口中将只显示刚才选择的区域。

☑ “点周围”命令：在工作窗口显示一个坐标点附近的区域。同样是用来放大选中的区域，但区域的选择与上一个命令不同。具体操作方法是：执行该命令，光标将变成十字形出现在工作窗口中，移动光标到想要显示的点，单击后移动鼠标，在工作窗口将出现一个以该点为中心的虚线框；确定虚线框的范围后，单击，工作窗口将会显示虚线框所包含的范围。

☑ “选中的对象”命令：用来放大显示选中的对象。执行该命令后，对选中的多个对象将以合适的宽度放大显示。

2. 显示比例的缩放

该类操作包括确定原理图的比例显示、原理图的放大和缩小显示以及不改变比例地显示原理图上坐标点附近区域，它们一起构成了“视图”下拉菜单的第二栏和第三栏。

☑ “放大”命令：放大显示比例，用来以光标为中心放大画面。

☑ “缩小”命令：缩小显示比例，用来以光标为中心缩小画面。

执行“放大”“缩小”命令时，最好将光标放在要观察的区域中，这样会使要观察的区域位于视图中心。

3. 使用快捷键和工具栏按钮执行视图操作

Altium Designer 18 为大部分的视图操作提供了快捷键，有些还提供了工具栏按钮，具体如下。

（1）快捷键

☑　快捷键 Page Up：放大显示比例。

☑　快捷键 Page Down：缩小显示比例。

☑　快捷键 Home：保持比例不变地显示以鼠标光标所在点为中心的附近区域。

（2）工具栏按钮

☑　按钮：在工作窗口中显示所有对象。

☑　按钮：在工作窗口中显示选定区域。

☑　按钮：在工作窗口中显示选定元件。

4.1.2　刷新原理图

绘制原理图时，在滚动画面、移动元件等操作后，有时会出现画面显示残留的斑点、线段或图形变形等问题。虽然这些内容不会影响电路的正确性，但为了美观，建议用户单击“导航”工具栏中的“刷新”按钮，或者按 End 键刷新原理图。

4.1.3　工具栏和工作面板的打开/关闭

工作面板的打开和关闭与工具栏的操作类似，在面板名称前单击加上“√”标识，表示该工作面板已经被打开，否则该面板为关闭状态，如图 4-2 所示。

4.1.4　状态信息显示栏的打开/关闭

Altium Designer 18 中有坐标显示和系统当前状态显示，它们位于 Altium Designer 18 工作窗口的底部，通过“视图”菜单可以设置是否显示它们，如图 4-3 所示。默认的设置是显示坐标，而不显示系统当前状态。

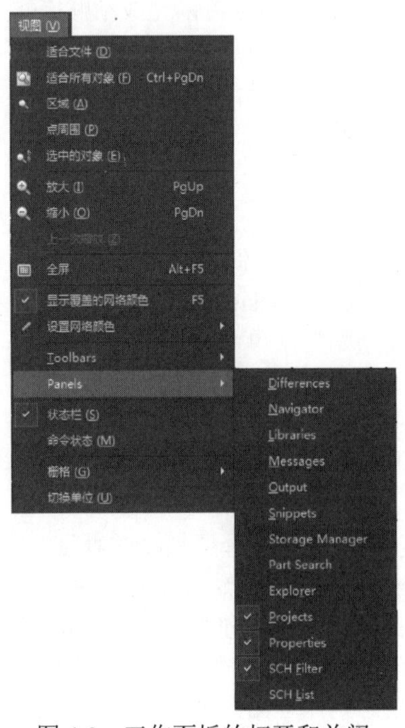

图 4-2　工作面板的打开和关闭

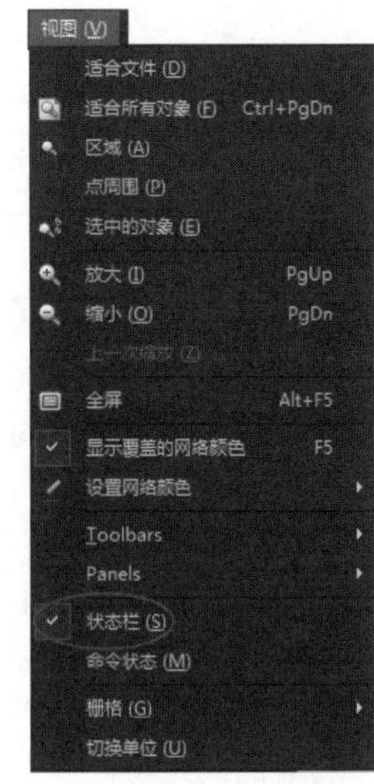

图 4-3　状态信息栏的打开和关闭

4.1.5　对象的复制/剪切和粘贴

Altium Designer 18 中提供了通用对象的复制、剪切和粘贴功能。考虑到原理图中可能存在多个类似的元件，Altium Designer 18 还提供了阵列粘贴功能。

1. 对象的复制

在工作窗口选中对象后即可执行对该对象的复制操作。

执行"编辑"→"复制"命令，光标将变成十字形出现在工作窗口中。移动光标到选中的对象上，单击即可完成对象的复制。此时，对象仍处于选中状态。

对象复制后，复制的内容将保存在 Windows 的剪贴板中。

另外，按 Ctrl+C 快捷键或者单击工具栏中的"复制"按钮也可以完成复制操作。

2. 对象的剪切

在工作窗口选中对象后即可执行对该对象的剪切操作。

执行"编辑"→"剪切"命令，光标将变成十字形出现在工作窗口中。移动光标到选中的对象上，单击即可完成对象的剪切操作。此时，工作窗口中该对象被删除。

对象剪切后，剪切的内容将保存在 Windows 的剪贴板中。

另外，按 Ctrl+X 快捷键或者单击工具栏中的"剪切"按钮也可以完成剪切操作。

3. 对象的粘贴

在完成对象的复制或剪切之后，Windows 剪贴板中已经有内容了，此时可以执行粘贴操作。粘贴操作的步骤如下。

（1）执行"编辑"→"粘贴"命令，光标将变成十字形并附带着剪贴板中的内容出现在工作窗口中。

（2）移动光标到合适的位置单击，剪贴板中的内容即被放置在原理图上。被粘贴的内容和复制或剪切的对象完全一样，它们具有相同的属性。

（3）单击或右击，退出对象粘贴操作。

除此之外，按 Ctrl+V 快捷键或者单击工具栏上的"粘贴"按钮也可以完成粘贴操作。

除了提供对剪贴板的内容的一次粘贴外，Altium Designer 18 还提供了多次粘贴的操作。执行"编辑"→"橡皮图章"命令即可执行该操作。和粘贴操作相同的是，粘贴的对象具有相同的属性。

在粘贴元件时，将出现若干个标号相同的元件，此时需要对元件属性进行编辑，使得它们有不同的标号。

4. 对象的高级粘贴

在原理图中，某些同种元件可能有很多个，例如电阻、电容等，它们具有大致相同的属性。如果一个个地放置它们，设置它们的属性，工作量大而且烦琐。Altium Designer 18 提供了高级粘贴，极大地方便了粘贴操作。该操作通过"编辑"菜单中的"智能粘贴"菜单命令来完成。

（1）复制或剪切某个对象，使得 Windows 的剪贴板中有内容。

（2）执行"编辑"→"智能粘贴"命令，系统弹出如图 4-4 所示的"智能粘贴"对话框。

（3）在图 4-4 所示的"Smart Paste（智能粘贴）"对话框中可以对要粘贴的内容进行适当设置，然后再执行粘贴操作。

☑ "Choose the objects to paste（选择粘贴对象）"选项组：用于选择要粘贴的对象。

☑ "Choose Paste Action（选择粘贴操作）"选项组：用于设置要粘贴对象的属性。

☑ "Paste Array（阵列粘贴）"选项组：用于设置阵列粘贴。下面的"Enable Paste Array（启用阵列粘贴）"复选框用于控制阵列粘贴的功能。阵列粘贴是一种特殊的粘贴方式，能够一次性地按照指定间距将同一个元件或元件组重复地粘贴到原理图图纸上。当原理图中需要放置多个相同对象时，该操作会很有用。

Note

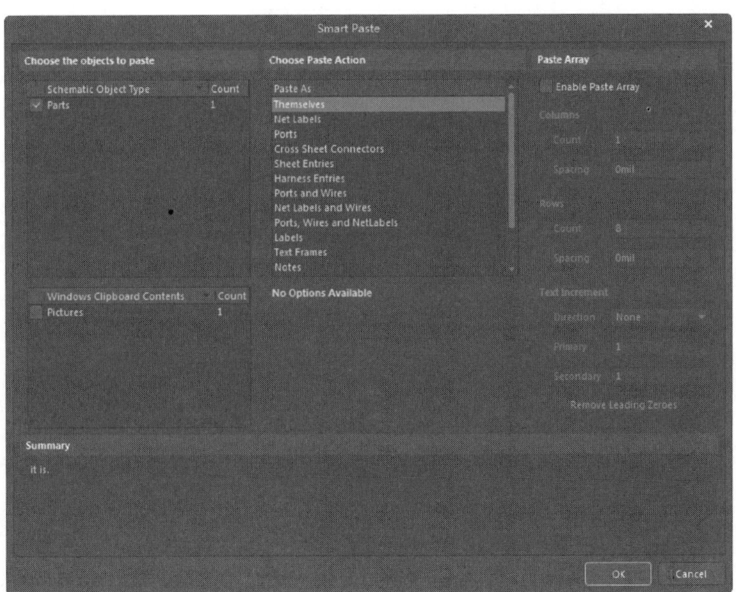

图 4-4　“Smart Paste（智能粘贴）”对话框

（4）选中“Enable Paste Array（启用阵列粘贴）”复选框，阵列粘贴的设置如图 4-5 所示。

图 4-5　设置阵列粘贴的参数

对话框中需要设置的阵列粘贴参数如下。

①“Columns（列）”选项组：用于设置水平方向阵列粘贴的数量和间距。

☑　“Count（数量）”文本框：用于设置水平方向阵列粘贴的列数。

☑　“Spacing（间距）”文本框：用于设置水平方向阵列粘贴的间距。若设置为正数，则元件由左向右排列；若设置为负数，则元件由右向左排列。

②“Rows（行）”选项组：用于设置竖直方向阵列粘贴的数量和间距。

☑　“Count（数量）”文本框：用于设置竖直方向阵列粘贴的行数。

☑　“Spacing（间距）”文本框：用于设置竖直方向阵列粘贴的间距。若设置为正数，则元件由下到上排列；若设置为负数，则元件由上到下排列。

③“Text Increment（编号增量）”选项组：用于设置阵列粘贴中元件标号的增量。

☑　“Direction（方向）”下拉列表框：用于确定元件编号递增的方向。有 None（无）、Horizontal First（先水平）和 Vertical First（先竖直）3 种选择。

- None（无）：表示不改变元件编号。
- Horizontal First（先水平）：表示元件编号递增的方向是先按水平方向从左向右递增，再按竖直方向由下往上递增。
- Vertical First（先竖直）：表示先竖直方向由下往上递增，再水平方向从左向右递增。

☑　“Primary（主要的）”文本框：用于设置每次递增时元件主编号的增量。指定相邻两次粘贴之间元件标识的编号增量，系统的默认设置为 1。

☑　“Secondary（次要的）”文本框：用于在复制管脚时，设置管脚序号的增量。指定相邻两次粘贴之间元件管脚编号的数字增量，系统的默认设置为 1。

Note

如图 4-5 所示，设置完之后，单击“OK（确定）”按钮，移动光标到合适位置单击，阵列粘贴的效果如图 4-6 所示。

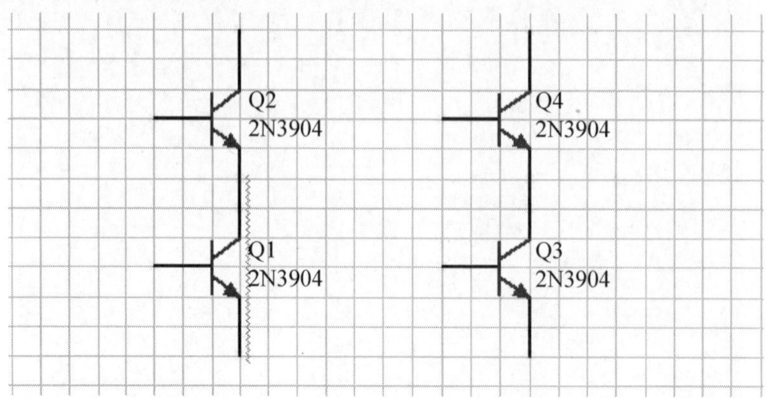

图 4-6　执行阵列粘贴后的元件

4.1.6　查找与替换操作

1. 查找与替换字符

（1）“查找文本”命令

该命令用于在电路图中查找指定的文本，运用该命令可以迅速找到某一文字标识的图案，下面介绍该命令的使用方法。

① 执行“编辑”→“查找文本”命令，或者按 Ctrl+F 快捷键，屏幕上会出现如图 4-7 所示的“Find Text（文本查找）”对话框。

“Find Text（文本查找）”对话框中包含的各参数含义如下。

☑ “Text to find（查找文本）”选项组：其中“Text to Find（查找文本）”文本框用于输入需要查找的文本。

☑ “Scope（范围）”选项组：包含 Sheet Scope（原理图文档范围）、Selection（选择）和 Identifiers（标识符）3 个下拉列表框。“Sheet Scope（原理图文档范围）”下拉列表框用于设置所要查找的电路图范围，包含 Current Document（当前文档）、Project Document（项目文档）、Open Document（已打开的文档）和 Document On Path（选定路径中的文档）4 个选项。“Selection（选择）”下拉列表框用于设置需要查找的文本对象的范围，包含 All Objects（所有对象）、Selected Objects（选择的对象）和 Deselected Objects（未选择的对象）3 个选项。All Objects（所有对象）表示对所有的文本对象进行查找，Selected Objects（选择的对象）表示对选中的文本对象进行查找，Deselected Objects（未选择的对象）表示对没有选中的文本对象进行查找。“Identifiers（标识符）”下拉列表框用于设置查找的电路图标识符范围，包含 All Identifiers（所有 ID）、Net Identifiers Only（仅网络 ID）和 Designators Only（仅标号）3 个选项。

☑ “Options（选项）”选项组：用于匹配查找对象所具有的特殊属性，包含 Case sensitive（敏感案例）、Whole Words Only（仅完全字）和 Jump to Results（跳至结果）3 个复选框。选中“Case sensitive（敏感案例）”复选框表示查找时要注意大小写的区别；选中“Whole Words Only（仅安全字）”复选框表示只查找具有整个单词匹配的文本，要查找的网络标识包含的内容有网络标签、电源端口、I/O 端口、方块电路 I/O 口；选中“Jump to Results（跳至结果）”复选框表示查找后跳到结果处。

② 用户按照自己实际情况设置完对话框内容之后，单击“OK（确定）”按钮开始查找。

如果查找成功，会发现原理图中的视图发生了变化，在视图的中心正是要查找的元件。如果没有找到需要查找的元件，屏幕上则会弹出 Designer Explorer 提示对话框，提示查找失败。

总的来说，“查找文本”命令的用法和含义与 Word 中的“查找”命令基本上是一样的，按照 Word 中的“查找”命令来运用“查找文本”命令即可。

（2）“替换文本”命令

该命令用于将电路图中指定文本用新的文本替换掉，这项操作在需要将多处相同文本修改成另一文本时非常有用。首先单击“编辑”菜单，从中选择“替换文本”命令，或者按 Ctrl+H 快捷键，这时屏幕上就会出现如图 4-8 所示的对话框。

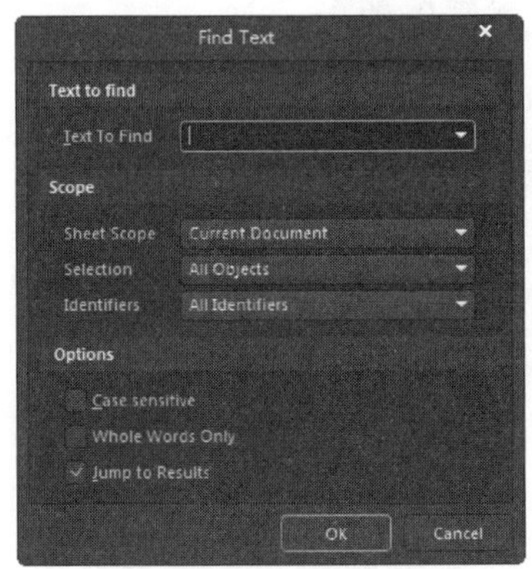

图 4-7　“Find Text（文本查找）”对话框

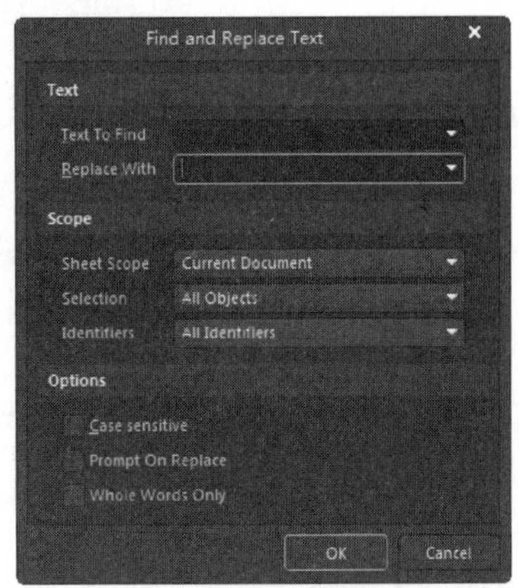

图 4-8　“Find and Replace Text（查找和替换文本）”对话框

可以看出图 4-7 和图 4-8 所示的两个对话框非常相似，对于相同的部分，这里不再赘述，读者可以参看“Find Text（文本查找）”命令，下面只对上文未提到的一些选项进行解释。

☑ “Replace With（替代）”下拉列表框：用于选择替换原文本的新文本。

☑ “Prompt On Replace（提示替换）”复选框：用于设置是否显示确认替换提示对话框。如果选中该复选框表示在进行替换之前，显示确认替换提示对话框，反之不显示。

（3）“发现下一处”命令

该命令用于查找下一处“Find Next（查找下一处）”对话框中指定的文本，也可以按 F3 键执行这项命令。该命令比较简单，这里不多介绍。

2. 查找相似对象

在原理图编辑器中提供了寻找相似对象的功能。具体的操作步骤如下。

（1）执行“编辑”→“查找相似对象”命令，光标将变成十字形出现在工作窗口中。

（2）移动光标到某个对象上，单击，系统将弹出如图 4-9 所示的“Find Similar Objects（查找相似对象）”对话框，在该对话框中列出了该对象的一系列属性。通过对各项属性匹配程度的设置，可以决定搜索的结果。这里以搜索和三极管类似的元件为例，此时搜索设置对话框给出了如下的对象属性。

①“Kind（种类）”选项组：显示对象类型。

②“Design（设计）”选项组：显示对象所在的文档。

③“Graphical（图形）”选项组：显示对象图形属性。

Note

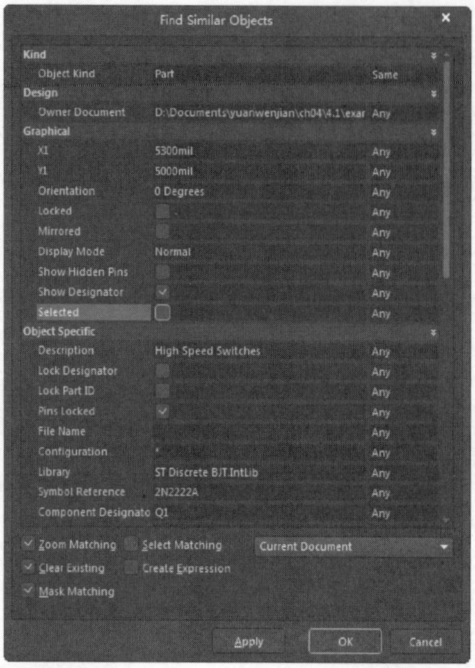

图 4-9　“Find Similar Objects（查找相似对象）”对话框

☑　X1：X1 坐标值。
☑　Y1：Y1 坐标值。
☑　Orientation（方向）：放置方向。
☑　Locked（锁定）：确定是否锁定。
☑　Mirrored（镜像）：确定是否镜像显示。
☑　Display Mode（显示模式）：确定是否显示模型。
☑　Show Hidden Pins（显示隐藏管脚）：确定是否显示隐藏管脚。
☑　Show Designator（显示标号）：确定是否显示标号。

④“Object Specific（对象特性）”选项组：显示对象特性。

☑　Description（描述）：对象的基本描述。
☑　Lock Designator（锁定标号）：确定是否锁定标号。
☑　Lock Part ID（锁定元件 ID）：确定是否锁定元件 ID。
☑　Pins Locked（管脚锁定）：锁定的管脚。
☑　File Name（文件名称）：文件名称。
☑　Configuration（配置）：文件配置。
☑　Library（元件库）：库文件。
☑　Symbol Reference（符号参考）：符号参考说明。
☑　Component Designator（组成标号）：对象所在的元件标号。
☑　Current Part（当前元件）：对象当前包含的元件。
☑　Part Comment（元件注释）：关于元件的说明。
☑　Current Footprint（当前封装）：当前元件封装。
☑　Component Type（元件类型）：当前元件类型。
☑　Database Table Name（数据库表的名称）：数据库中表的名称。

☑　Use Library Name（所用元件库的名称）：所用元件库名称。

☑　Use Database Table（所用数据库表）：当前对象所用的数据库表的名称。

☑　Design Item ID（设计 ID）：元件设计 ID。

在选中元件的每一栏属性后都另有一栏，在该栏上单击将弹出下拉列表框，在下拉列表框中可以选择搜索时对象和被选择的对象在该项属性上的匹配程度，包含以下 3 个选项。

☑　Same（相同）：被查找对象的该项属性必须与当前对象相同。

☑　Different（不同）：被查找对象的该项属性必须与当前对象不同。

☑　Any（忽略）：查找时忽略该项属性。

例如，这里对三极管搜索类似对象，搜索的目的是找到所有和三极管有相同取值和相同封装的元件，在设置匹配程度时在“Part Comment（元件注释）”和“Current Footprint（当前封装）”属性上设置“Same（相同）”，其余保持默认设置即可。

（3）单击“Apply（应用）”按钮，在工作窗口中将屏蔽所有不符合搜索条件的对象，并跳转到最近的一个符合要求的对象上，此时可以逐个查看这些相似的对象。

4.2　打印与报表输出

原理图设计完成后，经常需要输出一些数据或图纸。本节将介绍 Altium Designer 18 原理图的打印与报表输出。

Altium Designer 18 具有丰富的报表功能，可以方便地生成各种不同类型的报表。当电路原理图设计完成并且经过编译检测之后，应该充分利用系统所提供的这种功能来创建各种原理图的报表文件。借助于这些报表，用户能够从不同的角度更好地掌握整个项目的有关设计信息，为下一步的设计工作做好充足的准备。

4.2.1　打印输出

为方便原理图的浏览、交流，经常需要将原理图打印到图纸上。Altium Designer 18 提供了直接将原理图打印输出的功能。

在打印之前首先进行页面设置。执行“文件”→“页面设置”命令，即可弹出“Schematic Print Properties（原理图打印属性）”对话框，如图 4-10 所示。

其中各项设置说明如下。

（1）“Printer Paper（打印纸）”选项组：用于设置纸张，具体包括以下几个选项。

☑　“Size（尺寸）”下拉列表框：选择所用打印纸的尺寸。

☑　“Portrait（肖像图）”单选按钮：选中该单选按钮，将使图纸竖放。

☑　“Landscape（风景图）”单选按钮：选中该单选按钮，将使图纸横放。

（2）“Offset（偏移）”选项组：用于设置页边距，共有以下两个选项。

☑　“Horizontal（水平）”数值框：设置水平页边距。

☑　“Vertical（垂直）”数值框：设置垂直页边距。

（3）“Scaling（缩放比例）”选项组：用于设置打印比例，有以下两个选项。

☑　“Scale Mode（缩放模式）”下拉列表框：选择比例模式，有两个选项。选择 Fit Document On Page 选项，系统自动调整比例，以便将整张图纸打印到一张图纸上。选择 Scaled Print 选项，由用户自己定义比例的大小，这时整张图纸将以用户定义的比例打印，有可能是打印在一张图纸上，也有可能打印在多张图纸上。

☑ “Scale（缩放）”数值框：当选择“Scaled Print（按比例打印）”模式时，用户可以在这里设置打印比例。

Note

（4）“Corrections（修正）”选项组：用于修正打印比例。

（5）“Color Set（颜色设置）”选项组：用于设置打印的颜色，有 3 种选择，即单色、颜色和灰的。

（6）单击 Preview 按钮，可以预览打印效果。

（7）单击 Printer Setup... 按钮，可以进行打印机设置，如图 4-11 所示。

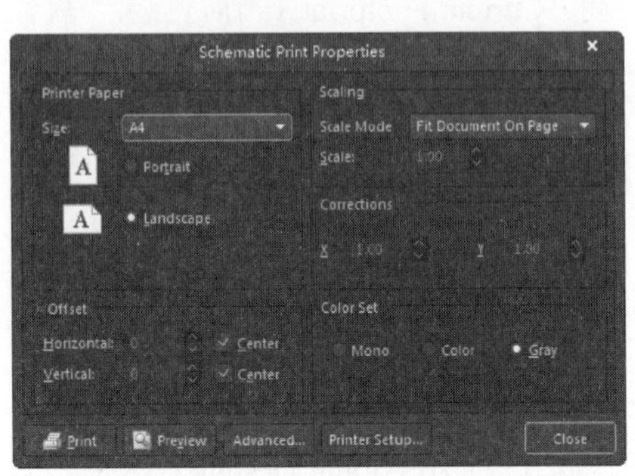

图 4-10 “Schematic Print Properties（原理图打印属性）”对话框

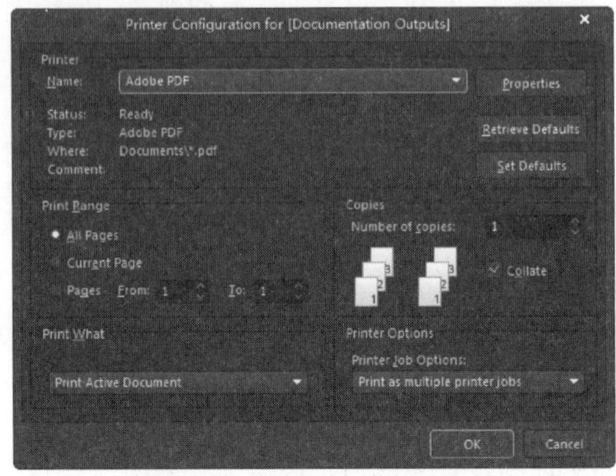

图 4-11 打印机设置对话框

（8）设置、预览完成后，即可单击 Print 按钮，打印原理图。

此外，执行“文件”→“打印”命令，或单击工具栏中的（打印）按钮，也可以实现打印原理图的功能。

4.2.2 网络表

网络表有多种格式，通常为一个 ASCII 码的文本文件。网络表用于记录和描述电路中的各个元件的数据以及各个元件之间的连接关系。在以往低版本的设计软件中，往往需要生成网络表以便进行下一步的 PCB 设计或进行仿真。Altium Designer 18 提供了集成的开发环境，用户不用生成网络表即可直接生成 PCB 或进行仿真，但有时为了方便交流，还是要生成网络表。

在由原理图生成的各种报表中，应该说，网络表最为重要。所谓网络，指的是彼此连接在一起的一组元件管脚，一个电路实际上即由若干网络组成。而网络表就是对电路或者电路原理图的完整描述，描述的内容包括两个方面：一是电路原理图中所有元件的信息（包括元件标识、元件管脚和 PCB 封装形式等）；二是网络的连接信息（包括网络名称、网络节点等），是进行 PCB 布线、设计 PCB 印制电路板不可缺少的工具。

网络表的生成有多种方法，可以在原理图编辑器中由电路原理图文件直接生成，也可以利用文本编辑器手动编辑生成，当然，还可以在 PCB 编辑器中从已经布线的 PCB 文件中导出相应的网络表。

Altium Designer 18 为用户提供了方便快捷的实用工具，可以帮助用户针对不同的项目设计需求，创建多种格式的网络表文件。在这里，我们需要创建的是用于 PCB 设计的网络表，即 Protel 网络表。

具体来说，网络表包括两种，一种是基于单个原理图文件的网络表，另一种则是基于整个项目的网络表。

Note

4.2.3　基于整个项目的网络表

下面以 PLI.PrjPcb 为例，介绍项目网络表的创建及特点。在创建网络表之前，首先应该进行简单的选项设置。

1. 网络表选项设置

（1）打开项目文件 PLI.PrjPcb，并打开其中的任一电路原理图文件。

（2）执行“工程”→“工程选项”命令，打开项目管理选项对话框，选择“Options（选项）”选项卡，如图 4-12 所示。

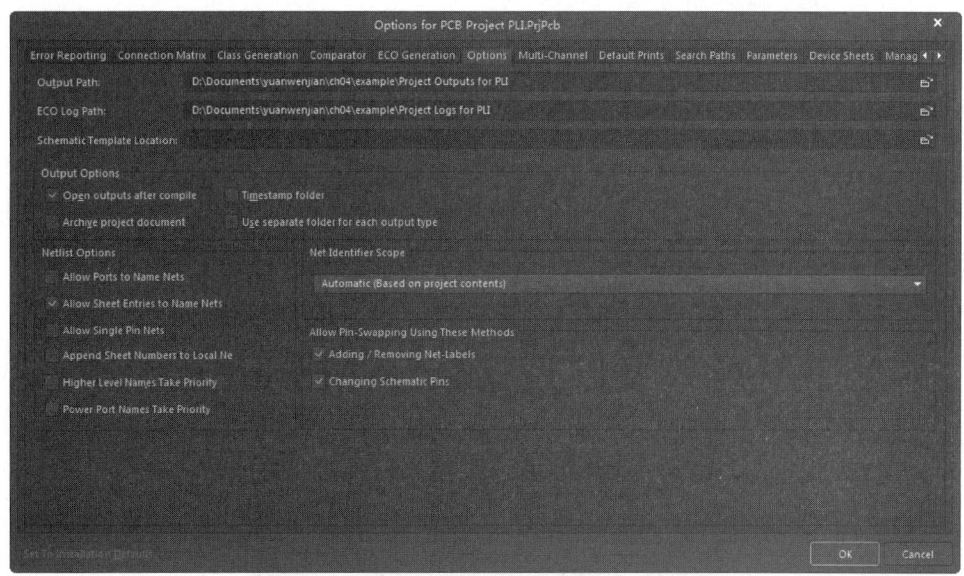

图 4-12　Options 选项卡

在该选项卡中可以进行网络表的有关选项设置。

（3）“Output Path（输出路径）”文本框：用于设置各种报表（包括网络表）的输出路径，系统会根据当前项目所在的文件夹自动创建默认路径。例如，在图 4-12 中，系统创建的默认路径为 D:\yuanwenjian\ch04\example\Project Outputs for PLI。单击右侧的 （打开）图标，可以对默认路径进行更改。

（4）“ECO Log Path（ECO 日志路径）”文本框：用于设置 ECO Log 文件的输出路径，系统会根据当前项目所在的文件夹自动创建默认路径。单击右侧的 （打开）图标，可以对默认路径进行更改。

（5）“Output Options（输出选项）”选项组：用于设置网络表的输出选项，一般保持默认设置即可。

（6）“Netlist Options（网络表选项）”选项组：用于设置创建网络表的条件。

☑　“Allow Ports to Name Nets（允许自动命名端口网络）”复选框：用于设置是否允许用系统产生的网络名代替与电路输入/输出端口相关联的网络名。如果所设计的项目只是普通的原理图文件，不包含层次关系，可选中该复选框。

☑　“Allow Sheet Entries to Name Nets（允许自动命名原理图入口网络）”复选框：用于设置是否允许用系统生成的网络名代替与图纸入口相关联的网络名，系统默认选中。

☑ "Allow Single Pin Nets（允许单独的管脚网络）"复选框：用于设置生成网络表时，是否允许系统自动将图纸号添加到各个网络名称中。当一个项目中包含多个原理图文档时，选中该复选框，便于查找错误。

☑ "Append Sheet Numbers to Local Nets（将原理图编号附加到本地网络）"复选框：用于设置生成网络表时，是否允许系统自动将图纸号添加到各个网络名称中。当一个项目中包含多个原理图文档时，选中该复选框，便于查找错误。

☑ "Higher Level Names Take Priority（高层次命名优先）"复选框：用于设置生成网络表时的排序优先权。选中该复选框，系统将以名称对应结构层次的高低决定优先权。

☑ "Power Port Names Take Priority（电源端口命名优先）"复选框：用于设置生成网络表时的排序优先权。选中该复选框，系统将对电源端口的命名给予更高的优先权。在本例中，使用系统默认的设置即可。

2. 创建项目网络表

（1）执行"设计"→"工程的网络表"→"Protel（生成项目网络表）"命令，如图 4-13 所示。

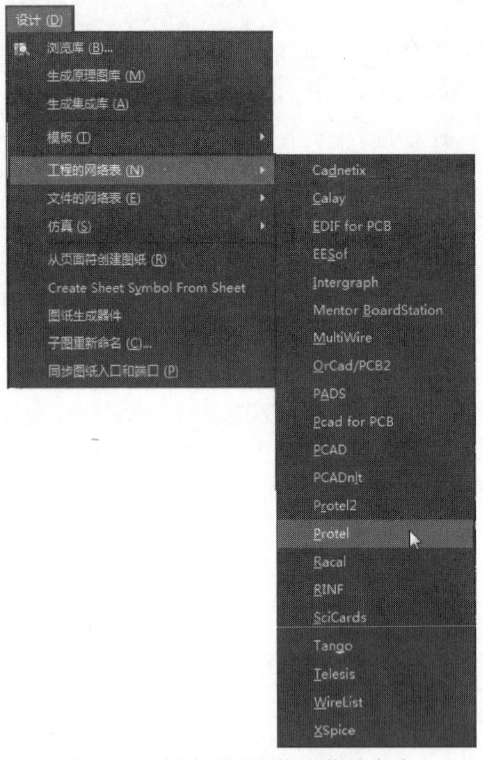

图 4-13　创建项目网络表菜单命令

（2）系统自动生成了当前项目的网络表文件 Top.NET，并存放在当前项目下的 Generated\Netlist Files 文件夹中。双击打开该项目网络表文件 Top.NET，结果如图 4-14 所示。

该网络表是一个简单的 ASCII 码文本文件，由一行一行的文本组成。内容分成了两部分，一部分是元件的信息，另一部分则是网络的信息。

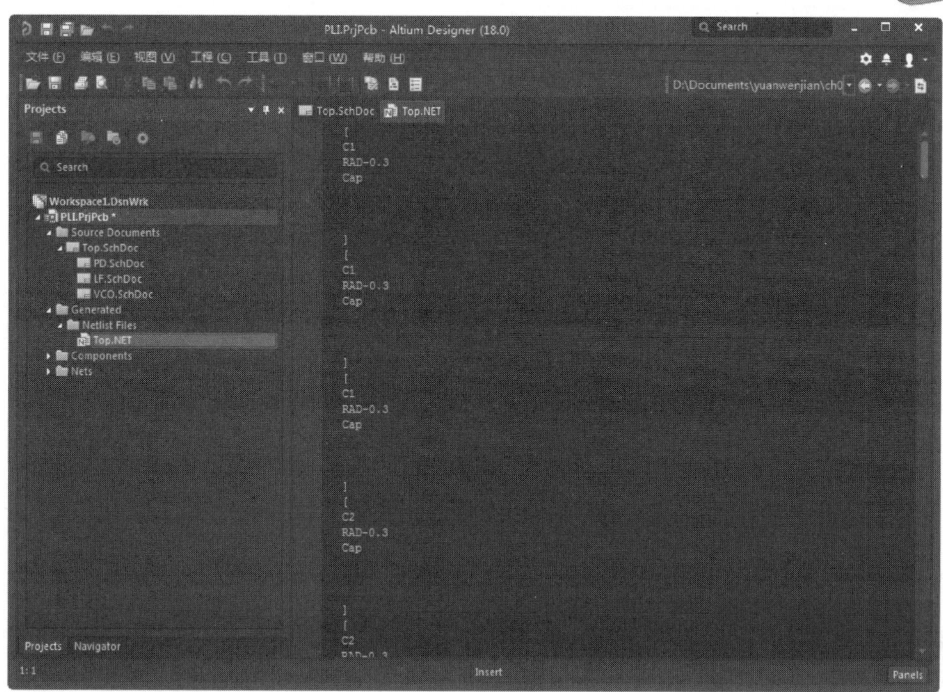

图 4-14　创建项目的网络表文件

Note

元件信息由若干小段组成，每个元件的信息为一小段，用方括号分隔，由元件标识、元件封装形式、元件型号、数值等组成，如图 4-15 所示。空行则是由系统自动生成的。

网络信息同样由若干小段组成，每个网络的信息为一小段，用圆括号分隔，由网络名称和网络中所有具有电气连接关系的元件序号及管脚组成，如图 4-16 所示。

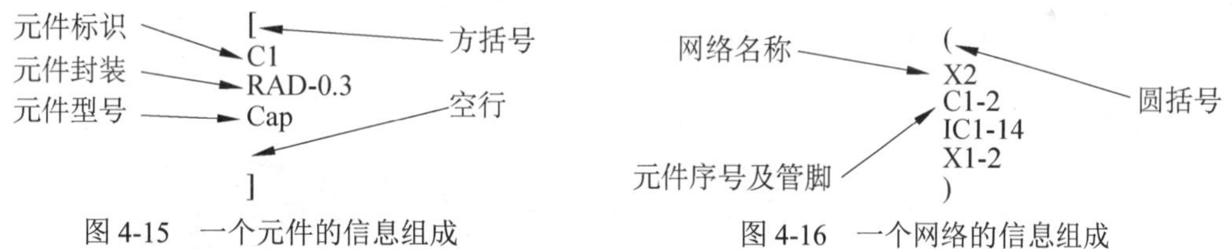

图 4-15　一个元件的信息组成　　　　图 4-16　一个网络的信息组成

4.2.4　基于单个原理图文件的网络表

下面以 4.2.3 节实例项目 PLI.PrjPcb 中的一个原理图文件 Top.SchDoc 为例，介绍基于单个原理图文件网络表的创建。

（1）打开项目 PLI.PrjPcb 中的原理图文件 Top.SchDoc。

（2）执行“设计”→“文件的网络表”→“Protel（生成原理图网络表）”命令。

（3）系统自动生成了当前原理图的网络表文件 Top.NET，并存放在当前项目下的 Generated\Netlist Files 文件夹中。双击打开该原理图的网络表文件 Top.NET，结果如图 4-17 所示。

该网络表的组成形式与上述基于整个项目的网络表是一样的，在此不再赘述。

由于该项目不只有一个原理图文件，因此，基于原理图文件的网络表 Top.NET 与基于整个项目的网络表名称相同，但所包含的内容不完全相同。

Note

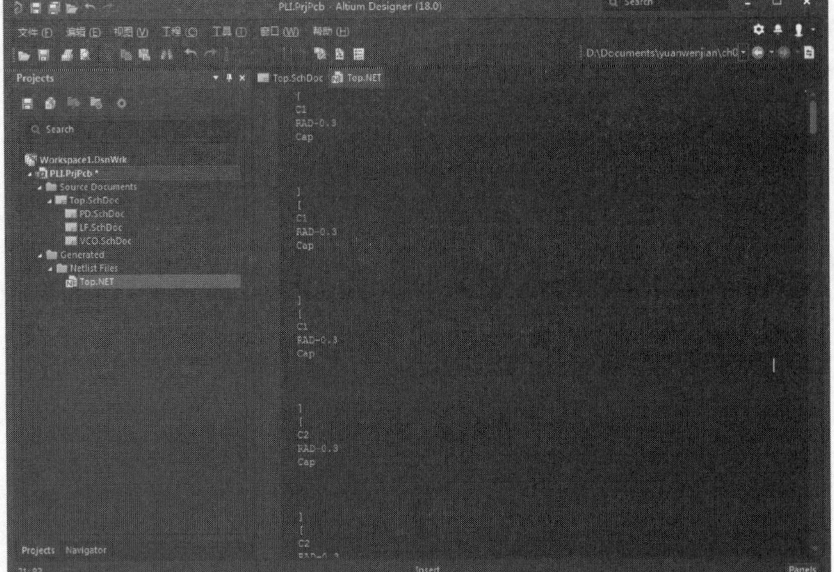

图 4-17　创建原理图文件的网络表

4.2.5　生成元件报表

元件报表主要用来列出当前项目中用到的所有元件的标识、封装形式、库参考等，相当于一份元件清单。依据这份报表，用户可以详细查看项目中元件的各类信息，同时，在制作印制电路板时，也可以作为元件采购的参考。

下面仍然以项目 PLI.PrjPcb 为例，介绍元件报表的创建过程及功能特点。

1. 元件报表的选项设置

（1）打开项目 PLI.PrjPcb 中的原理图文件 Top.SchDoc。

（2）执行“报告”→“Bill of Materials（元件清单）”命令，系统弹出相应的元件报表对话框，如图 4-18 所示。

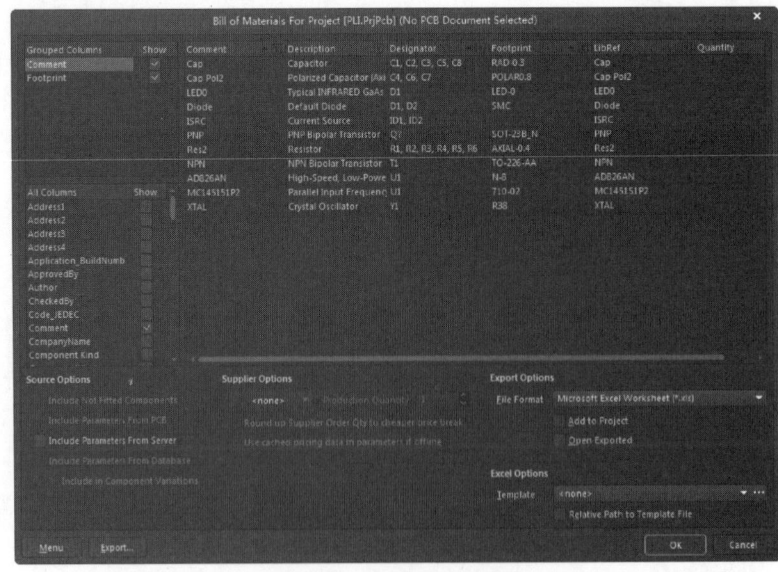

图 4-18　元件报表对话框

Note

（3）在该对话框中，可以对要创建的元件报表进行选项设置。左边有两个列表框，它们的含义不同。

☑ “Grouped Columns（聚合的纵队）”列表框：用于设置元件的归类标准。如果将“全部纵队”列表框中的某一属性信息拖到该列表框中，则系统将以该属性信息为标准对元件进行归类，并显示在元件报表中。

☑ “All Columns（全部纵队）”列表框：用于列出系统提供的所有元件属性信息，如 Description（元件描述信息）、Component Kind（元件种类）等。对于需要查看的有用信息，选中右侧与之对应的复选框，即可在元件报表中显示出来。在图 4-18 中使用了系统的默认设置，即只选中了 Comment（注释）、Description（描述）、Designator（指示符）、Footprint（封装）、LibRef（库编号）和 Quantity（数量）6 个复选框。

例如，选中“All Columns（全部纵队）”列表框中的“Description（描述）”复选框，单击将该项拖曳至“Grouped Columns（聚合的纵队）”列表框中。此时，所有描述信息相同的元件被归为一类，并显示在右边元件列表中。

另外，在右边元件列表的各栏中都有一个下拉按钮，单击该按钮，同样可以设置元件列表的显示内容。

例如，单击元件列表中“Description（描述）”栏的下拉按钮 ▾，则会弹出如图 4-19 所示的下拉列表。

在该下拉列表中，可以选择“All（显示全部元件）”，也可以选择“Custom（以定制方式显示）”，还可以只显示具有某一具体描述信息的元件。例如，这里选择“Default Diode（二极管）”选项，则相应的元件列表如图 4-20 所示。

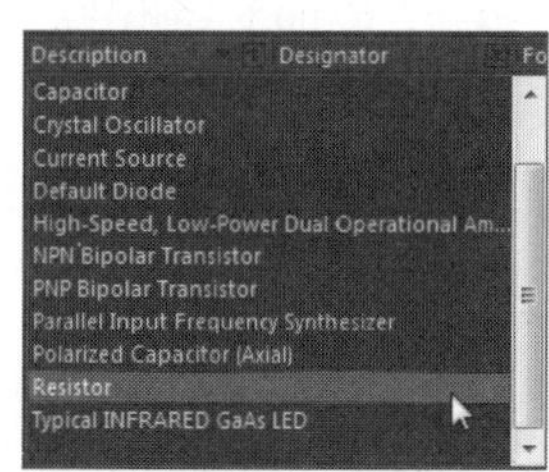

图 4-19　Description 栏的下拉列表

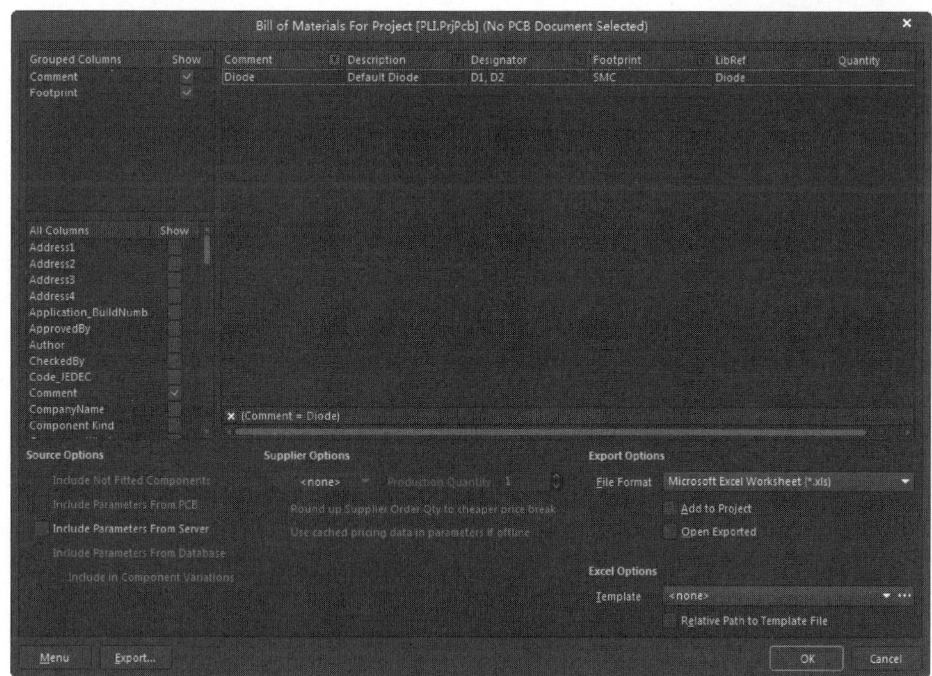

图 4-20　只显示描述信息为 Diode 的元件

在列表框的下方还有若干选项和按钮，功能如下。

☑ “File Format（文件格式）”下拉列表框：用于为元件报表设置文件输出格式。单击右侧的下拉按钮 ▾，可以选择不同的文件输出格式，如 CVS 格式、Excel 格式、PDF 格式、HTML

格式、文本格式和 XML 格式等。

☑ “Add to Project（添加到项目）”复选框：若选中该复选框，则系统在创建了元件报表之后会将报表直接添加到项目中。

☑ “Open Exported（打开输出报表）”复选框：若选中该复选框，则系统在创建了元件报表以后，会自动以相应的格式打开。

Note

☑ “Template（模板）”下拉列表框：用于为元件报表设置显示模板。单击右侧的下拉按钮▼，可以使用曾经用过的模板文件，也可以单击…按钮重新选择。选择时，如果模板文件与元件报表在同一目录下，则可以选中下面的“Relative Path to Template File（模板文件的相关路径）”复选框，使用相对路径搜索，否则应该使用绝对路径搜索。

☑ “Menu（菜单）”按钮：单击该按钮，弹出如图 4-21 所示的“Menu（菜单）”列表。由于该菜单中的各项命令比较简单，在此不一一介绍，用户可以自己练习操作。

☑ “Export（输出）”按钮：单击该按钮，可以将元件报表保存到指定的文件夹中。

图 4-21　“Menu（菜单）”列表

☑ “Force Columns to View（强制多列显示）”复选框：若选中该复选框，则系统将根据当前元件报表窗口的大小重新调整各栏的宽度，使所有项目都可以显示出来。

设置好元件报表的相应选项后，就可以进行元件报表的创建、显示及输出。元件报表可以以多种格式输出，但一般选择 Excel 格式。

2. 元件报表的创建

（1）单击“Menu（菜单）”按钮，在弹出的列表中选择“Report（报表）”命令，则弹出元件报表预览对话框，如图 4-22 所示。

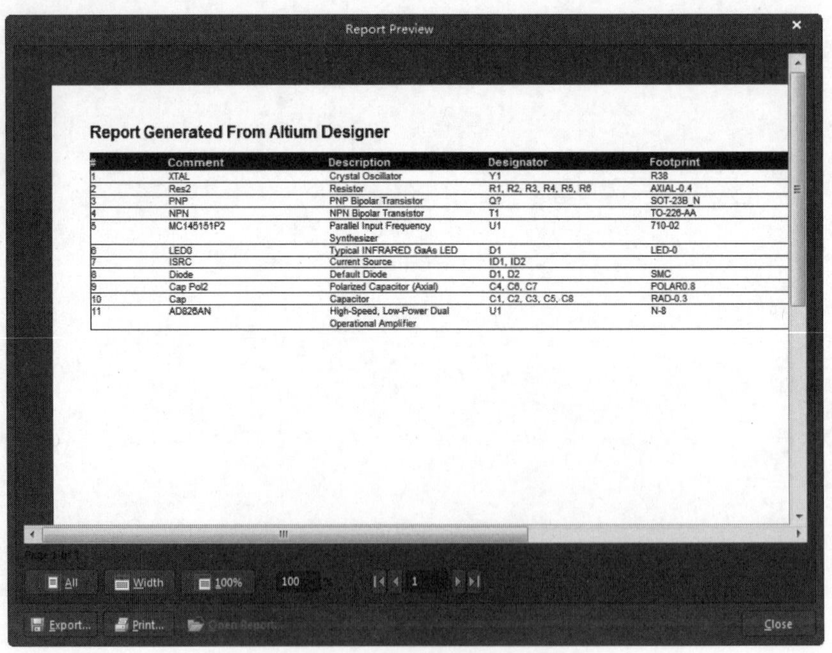

Report Generated From Altium Designer

#	Comment	Description	Designator	Footprint
1	XTAL	Crystal Oscillator	Y1	R38
2	Res2	Resistor	R1, R2, R3, R4, R5, R6	AXIAL-0.4
3	PNP	PNP Bipolar Transistor	Q?	SOT-23B_N
4	NPN	NPN Bipolar Transistor	T1	TO-226-AA
5	MC145151P2	Parallel Input Frequency Synthesizer	U1	710-02
6	LED0	Typical INFRARED GaAs LED	D1	LED-0
7	ISRC	Current Source	ID1, ID2	
8	Diode	Default Diode	D1, D2	SMC
9	Cap Pol2	Polarized Capacitor (Axial)	C4, C6, C7	POLAR0.8
10	Cap	Capacitor	C1, C2, C3, C5, C8	RAD-0.3
11	AD826AN	High-Speed, Low-Power Dual Operational Amplifier	U1	N-8

图 4-22　元件报表预览对话框

（2）单击 Export... 按钮，可以将该报表进行保存，默认文件名为 PLI.xls，是一个 Excel 文件。

（3）单击 Open Report... 按钮，可以将该报表打开。

（4）单击 Print... 按钮，可以将该报表进行打印输出。

（5）在元件报表对话框中，单击“Template（模板）”文本框右侧的…按钮，在 C:\库\文档\Altium\AD18\Templates 目录下选择系统自带的元件报表模板文件“BOM Default Template.XLT”，如图 4-23 所示。

（6）单击 打开(O) 按钮，返回元件报表对话框。单击 OK 按钮，退出对话框。

此外，Altium Designer 18 还为用户提供了简易的元件信息，不需要进行设置即可产生。系统在“Project（工程）”面板中自动添加“Components（元件）”“Net（网络）”选项组，显示工程文件中所有的元件与网络，如图 4-24 所示。

Note

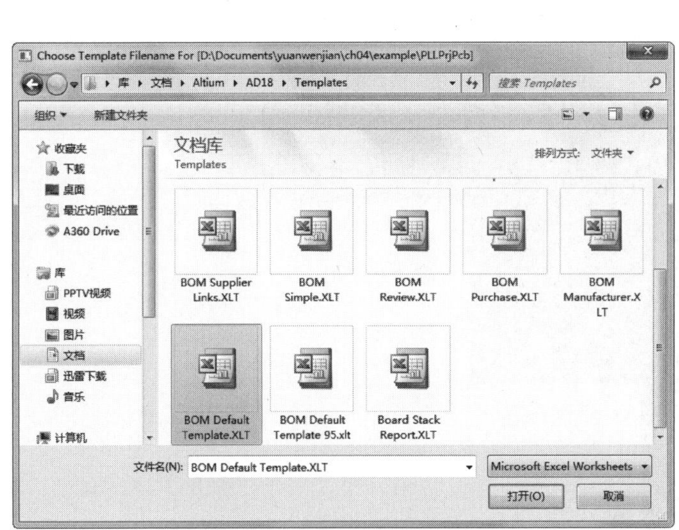

图 4-23 选择元件报表模板

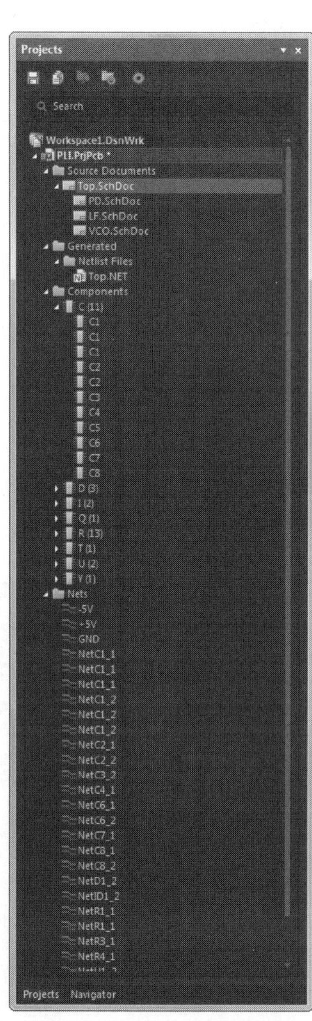

图 4-24 简易元件

4.3 操作实例——电饭煲饭熟报知器电路

电饭煲饭熟报知器电路是电饭煲工作所需的主要电路，经降压式电源、延时电路、音乐集成芯片 CIC2815AE 工作、输出音频信号、发出声响。其原理相对简单，本例不仅要求设计一个如图 4-25 所示的电饭煲饭熟报知器电路，还需要对其进行报表输出操作。

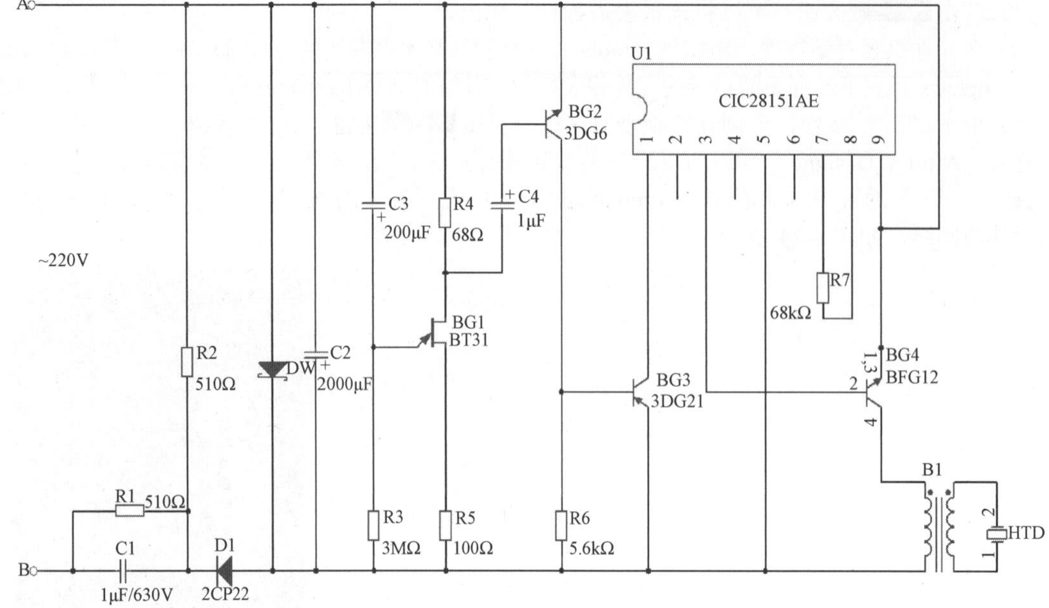

图 4-25　电饭煲饭熟报知器电路

1. 新建项目

（1）启动 Altium Designer 18，执行“File（文件）”→“新的”→“项目”→“Project（工程）”命令，如图 4-26 所示。

图 4-26　新建 PCB 项目文件

（2）弹出“New Project（新建工程）”对话框，在该对话框中显示工程文件类型，创建一个 PCB 项目文件“电饭煲饭熟报知器电路”，如图 4-27 所示。

2. 创建和设置原理图图纸

（1）在“Projects（工程）”面板的“电饭煲饭熟报知器电路.PrjPcb”项目文件上右击，在弹出的快捷菜单中选择“添加新的...到工程”→“Schematic（原理图）”命令，新建一个原理图文件，并自动切换到原理图编辑环境。

（2）用与保存项目文件相同的方法，将原理图文件另存为“电饭煲饭熟报知器电路.SchDoc”，在“Projects（工程）”面板中将显示出用户设置的名称。

图 4-27　“New Project（新建工程）”对话框

（3）设置电路原理图图纸的属性。打开“Properties（属性）”面板，如图 4-28 所示。

（4）设置图纸的标题栏。选择“Parameters（参数）”选项卡，显示标题栏设置选项。在“Value（值）”栏中输入参数值，输入原理图的名称，其他选项可以根据需要填写，如图 4-29 所示。

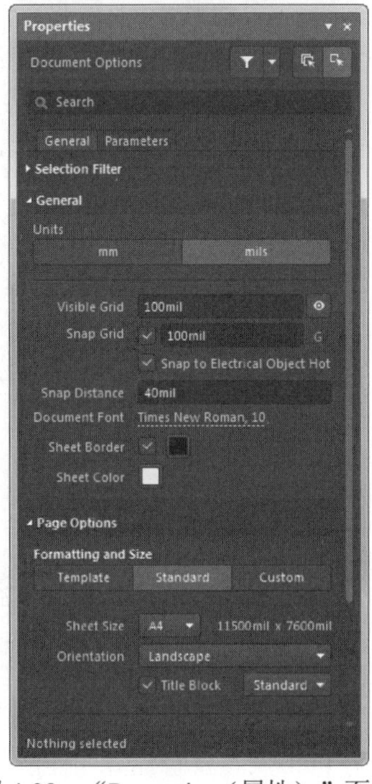

图 4-28　“Properties（属性）”面板

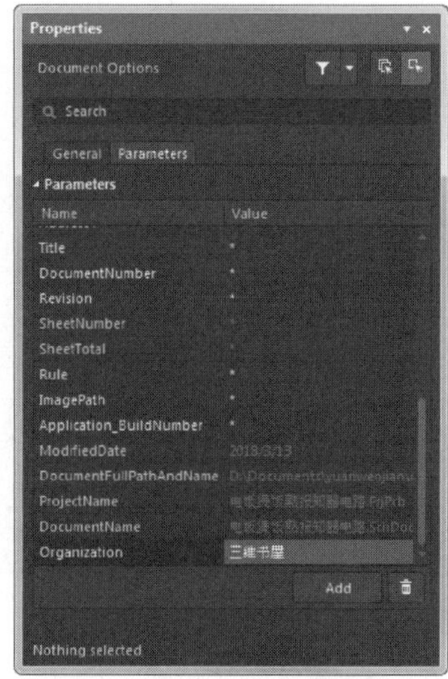

图 4-29　“Parameters（参数）”选项卡

Note

3. 添加库

在“Libraries（库）”面板中单击 Libraries... 按钮，系统将弹出“Available Libraries（可用库）”对话框。在该对话框中单击 Add Library... 按钮，选择系统库文件 My integrated.SchLib、Miscellaneous Devices.IntLib 和 Miscellaneous Connectors.IntLib，单击 打开(O) 按钮，完成库添加，结果如图 4-30 所示，单击 Close 按钮，关闭该对话框。

图 4-30 “Available Libraries（可用库）”对话框

4. 查找元件并设置属性

（1）查找元件。假设这里使用的晶体管元件不知道其所在元件库名称及所在的库文件位置，因此在整个元件路中进行搜索。在打开的“Libraries（库）”面板中单击 Search... 按钮，弹出“Libraries Search（搜索库）”对话框，在“过滤框”中输入“g21”，如图 4-31 所示。

（2）单击 Search 按钮，在“Libraries（库）”面板中显示搜索结果，如图 4-32 所示。

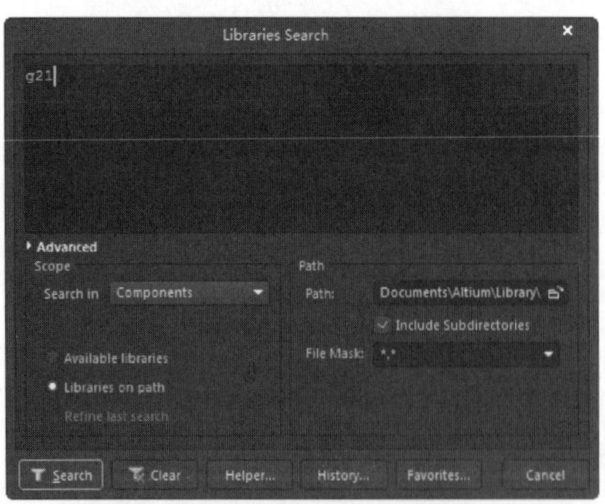

图 4-31 “Libraries Search（搜索库）”对话框

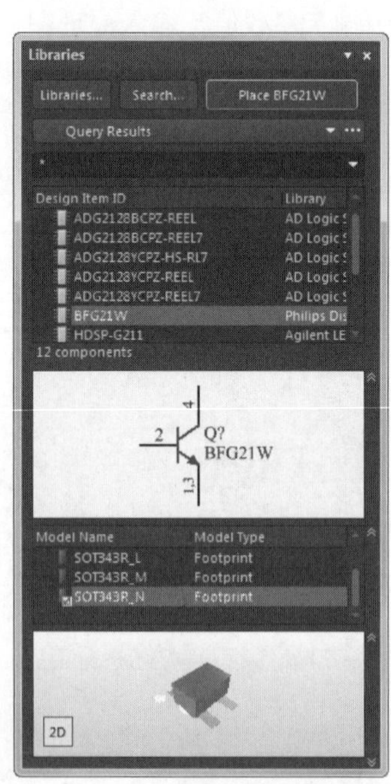

图 4-32 “Libraries（库）”面板

（3）单击 Place BFG21W 按钮，弹出“Confirm（确认）”对话框，选择是否加载元件所在元件库，如图 4-33 所示。单击“Yes（是）”按钮，加载元件库，同时在原理图空白处放置晶体管符号。

5. 放置元件并设置属性

（1）打开“Libraries（库）”面板，在库文件列表中选择名为 Miscellaneous Devices.IntLib 的库文件，选择名为 CIC28151AE 的音乐集成芯片，如图 4-34 所示。

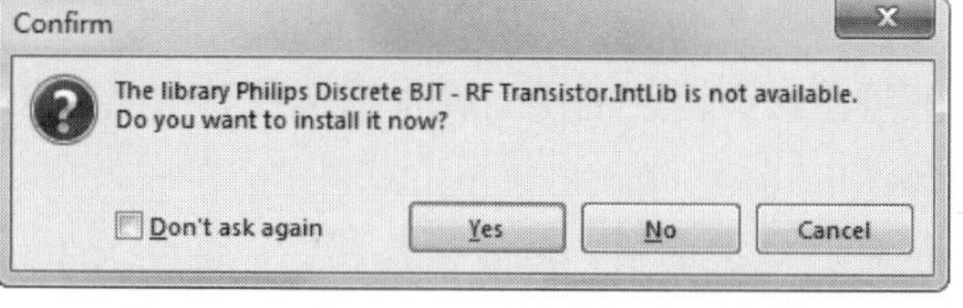

图 4-33　“Confirm（确认）”对话框

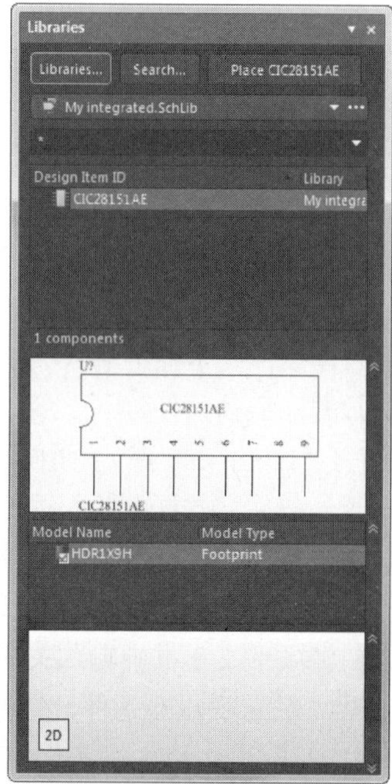

图 4-34　选择元件

（2）在“Libraries（库）”面板中单击 Place CIC28151AE 按钮，放置音乐集成芯片，如图 4-35 所示。

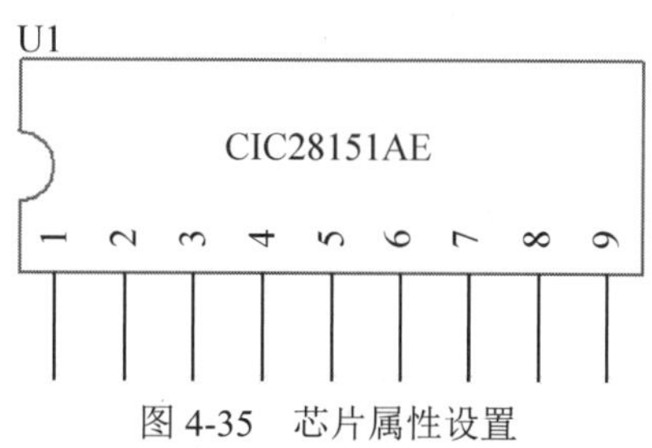

图 4-35　芯片属性设置

（3）打开“Libraries（库）”面板，在库文件列表中选择名为 Miscellaneous Devices.IntLib 的库文件，然后在过滤条件文本框中输入关键字 2N，筛选出包含该关键字的所有元件，选择其中名为 2N3904 和 2N3906 的晶体管元件，然后将元件放置到原理图中。

（4）打开“Libraries（库）”面板，在库文件列表中选择名为 Miscellaneous Devices.IntLib 的库文件，然后在过滤条件文本框中输入关键字 C，筛选出包含该关键字的所有元件，选择其中名为 Cap Pol2 的电解电容，单击“Place Cap Pol2（放置 Cap Pol2）”按钮，然后将光标移动到工作窗口，放置 3 个电解电容。

（5）打开“Libraries（库）”面板，在库文件列表中选择名为 Miscellaneous Devices.IntLib 的库文件，然后在过滤条件文本框中输入关键字 C，筛选出包含该关键字的所有元件，选择其中名为 Cap 的普通电容，放置电容元件。

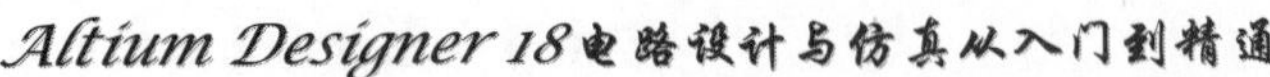

Note

（6）打开“Libraries（库）”面板，在库文件列表中选择名为 Miscellaneous Devices.IntLib 的库文件，然后在过滤条件文本框中输入关键字 D，筛选出包含该关键字的所有元件，选择其中名为 D Schottky 的肖特基二极管，放置肖特基二极管元件。

（7）打开“Libraries（库）”面板，在库文件列表中选择名为 Miscellaneous Devices.IntLib 的库文件，然后在过滤条件文本框中输入关键字 Res，筛选出包含该关键字的所有元件，选择其中名为 Res2 的电阻元件，放置 7 个电阻元件。

（8）打开“Libraries（库）”面板，在库文件列表中选择名为 Miscellaneous Devices.IntLib 的库文件，然后在过滤条件文本框中输入关键字 u，筛选出包含该关键字的所有元件，选择其中名为 UJT-N 的半导体管，放置半导体管元件。

（9）打开“Libraries（库）”面板，在库文件列表中选择名为 Miscellaneous Devices.IntLib 的库文件，然后在过滤条件文本框中输入关键字 X，筛选出包含该关键字的所有元件，选择其中名为 XTAL 的晶振体，放置晶振体元件。

（10）打开“Libraries（库）”面板，在库文件列表中选择名为 Miscellaneous Devices.IntLib 的库文件，然后在过滤条件文本框中输入关键字 D，筛选出包含该关键字的所有元件，选择其中名为 Diode 的二极管，放置普通二极管元件，结果如图 4-36 所示。

（11）打开“Libraries（库）”面板，在库文件列表中选择名为 Miscellaneous Devices.IntLib 的库文件，然后在过滤条件文本框中输入关键字 Tr，筛选出包含该关键字的所有元件，选择其中名为 Trans Cupl 的变压器，放置变压器元件，结果如图 4-36 所示。

（12）双击音乐芯片元件，弹出“Component（元件）”属性面板，修改元件属性，将“Designator（指示符）”设为 U1，将“Comment（注释）”设为不可见，具体参数设置如图 4-37 所示。

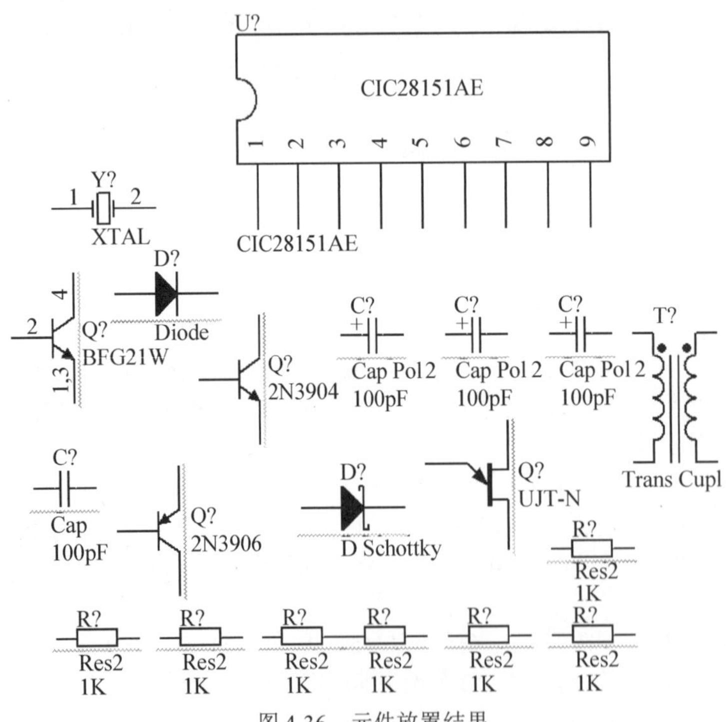

图 4-36　元件放置结果

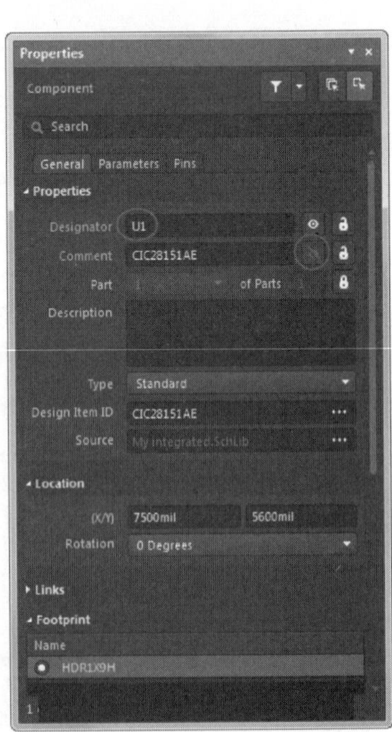

图 4-37　设置 U1 属性

（13）双击三极管元件，弹出“Component（元件）”属性面板，修改元件属性，将“Designator（指示符）”设为 BG2，将“Comment（注释）”设为不可见，如图 4-38 所示。

（14）在右侧的“Parameters（参数）”选项卡中单击“Add（添加）”按钮，在“Value（值）”选项文本框中输入“3DG6”，同时激活下方“可见的”按钮，如图 4-39 所示。

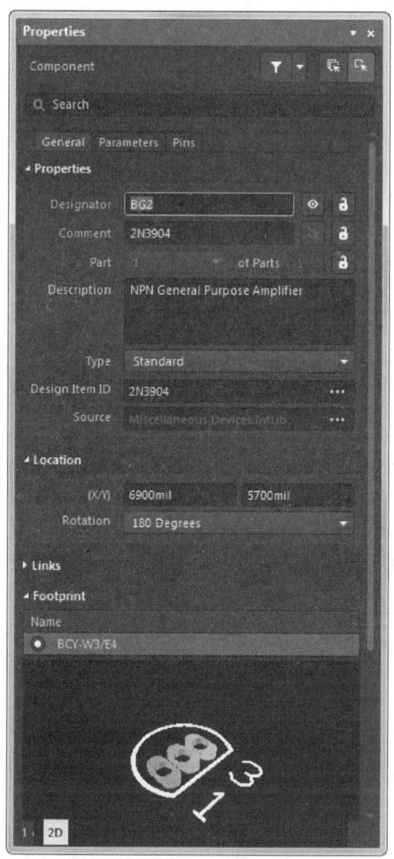

图 4-38　设置元件属性

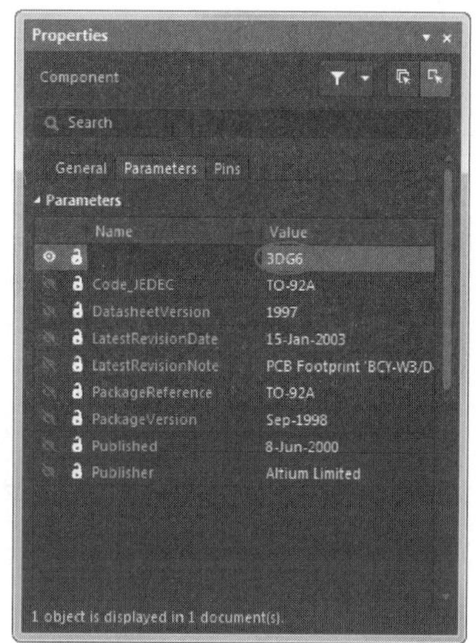

图 4-39　“Parameters（参数）”选项卡

（15）完成添加，结果如图 4-40 所示。

图 4-40　元件修改

（16）采用同样的方法设置其余参数，同时进行布局，结果如图 4-41 所示。

注意： 单击选中元件，按住鼠标左键进行拖动，将元件移至合适的位置后释放鼠标左键，即可对其完成移动操作。在移动对象时，可以通过按 Page Up 或 Page Down 键来缩放视图，以便观察细节。

Note

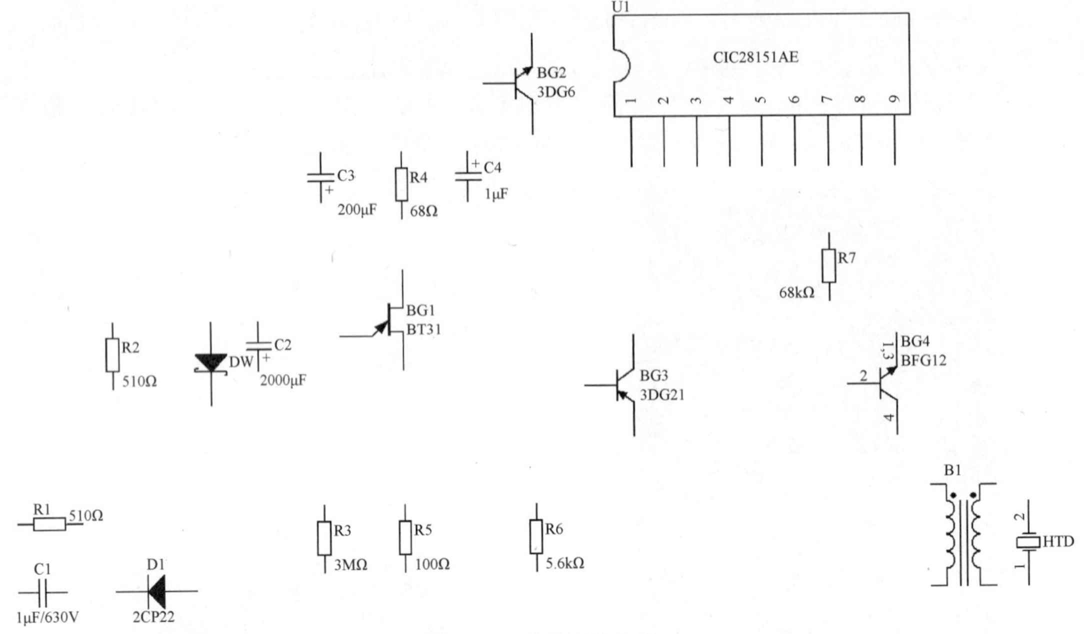

图 4-41　元件调整效果

6. 原理图连线

（1）单击“布线”工具栏中的（放置线）按钮，进入导线放置状态，将光标移动到某个元件的管脚上（如 R1），十字光标的交叉符号变为红色，单击即可确定导线的一个端点。

（2）将光标移动到 R2 处，再次出现红色交叉符号后单击，即可放置一段导线。

（3）采用同样的方法放置其他导线，如图 4-42 所示。

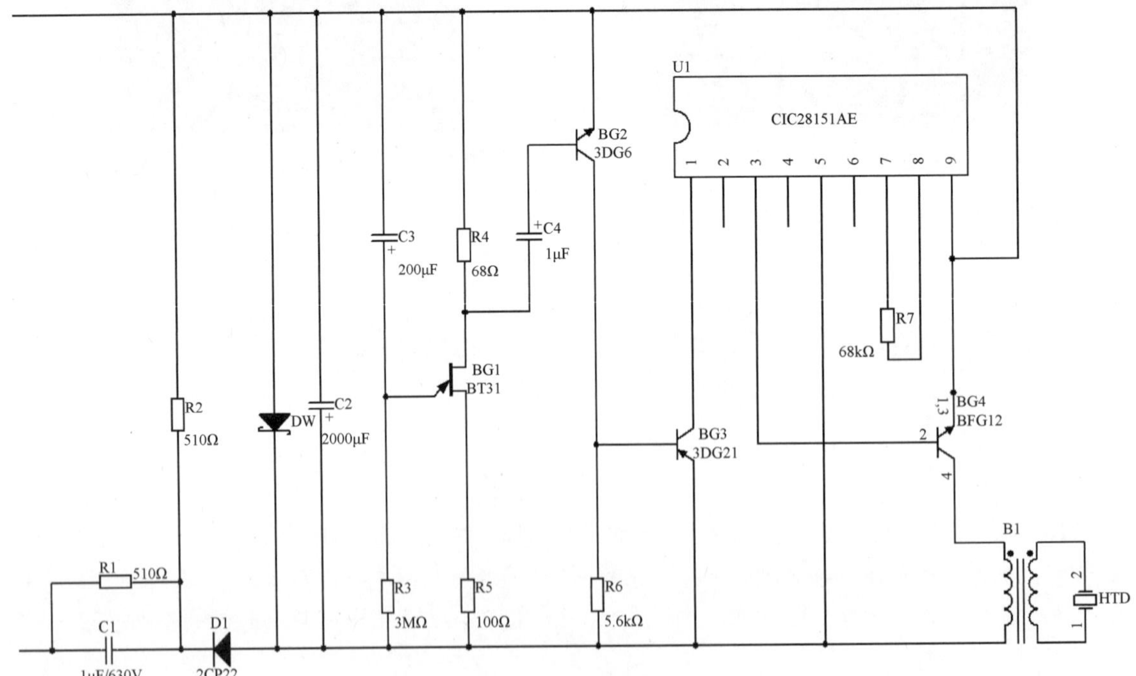

图 4-42　放置导线

7. 放置文本标注

执行“放置”→“文本字符串”命令，或者单击“应用工具”工具栏中的“实用工具”按钮下拉菜单中的（文本字符串）按钮，按住 Tab 键，弹出“Properties（属性）”面板，在“Text（文本）”文本框中输入“～220V”，设置字体为 Arial，大小为 24，如图 4-43 所示。原理图标注结果如图 4-44 所示。

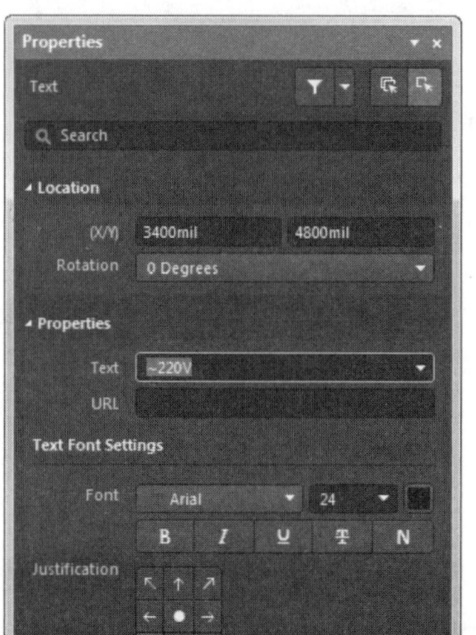

图 4-43　“Properties（属性）”面板

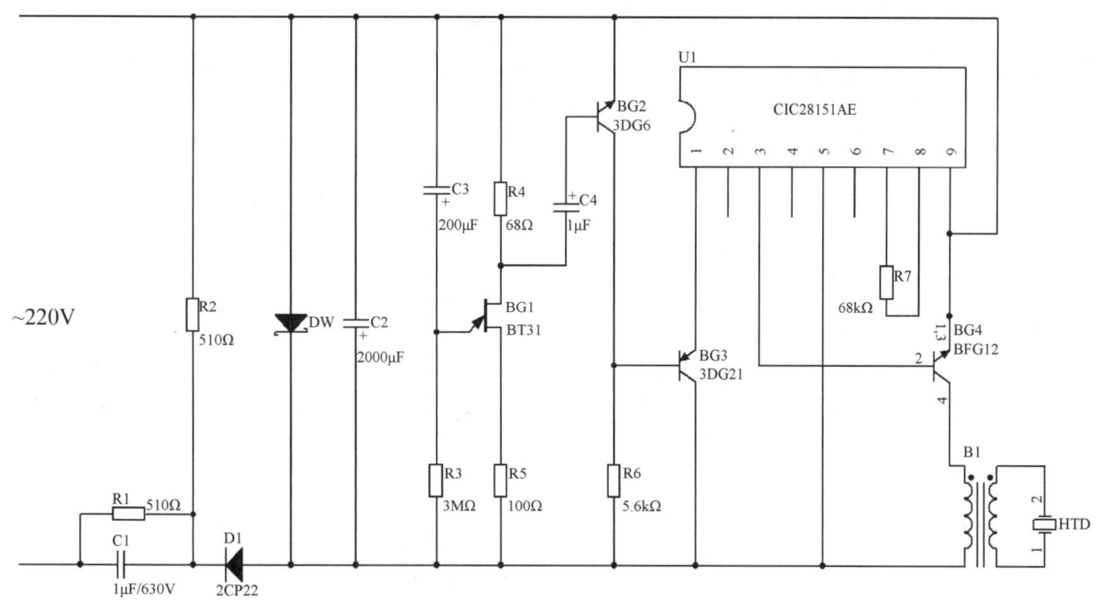

图 4-44　标注原理图

8. 放置电源和接地符号

（1）单击“布线”工具栏中的（VCC 电源端口）按钮，弹出“Properties（属性）”面板，在“Style（类型）”中选择 Circle，在“Name（电源名称）”文本框中输入 A，如图 4-45 所示。

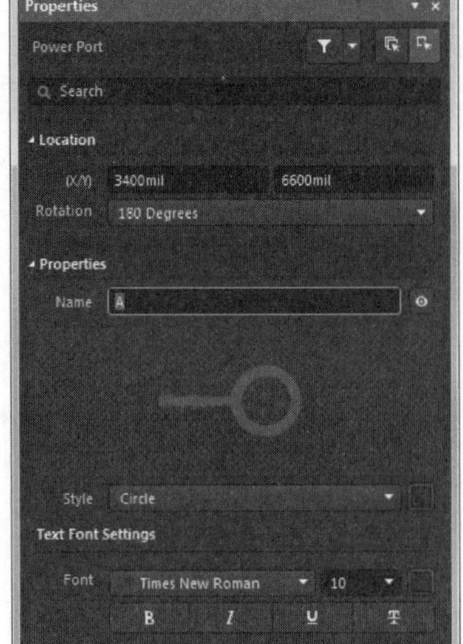

图 4-45 设置电源端口属性

（2）将电源端口放置在左侧导线端，采用同样的方法放置电源端口 B，结果如图 4-46 所示。

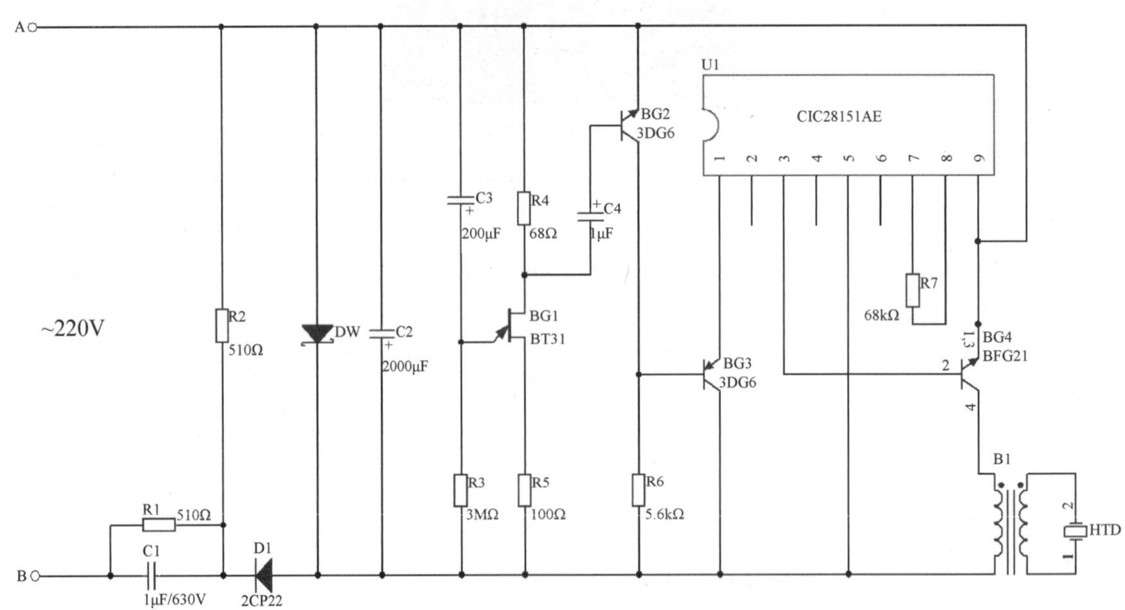

图 4-46 放置电源

（3）在原理图中放置电源后检查和整理连接导线，整理后的原理图如图 4-47 所示。

9. 报表输出

（1）执行“设计”→“工程的网络表”→“Protel（生成项目网络表）”命令，系统自动生成当前项目的网络表文件“电饭煲饭熟报知器电路.NET”，并存放在当前项目的 Generated\Netlist Files 文件夹中。双击打开该项目网络表文件，结果如图 4-48 所示。该网络表是一个简单的 ASCII 码文本文件，由多行文本组成，内容分成了两大部分，一部分是元件信息，另一部分是网络信息。

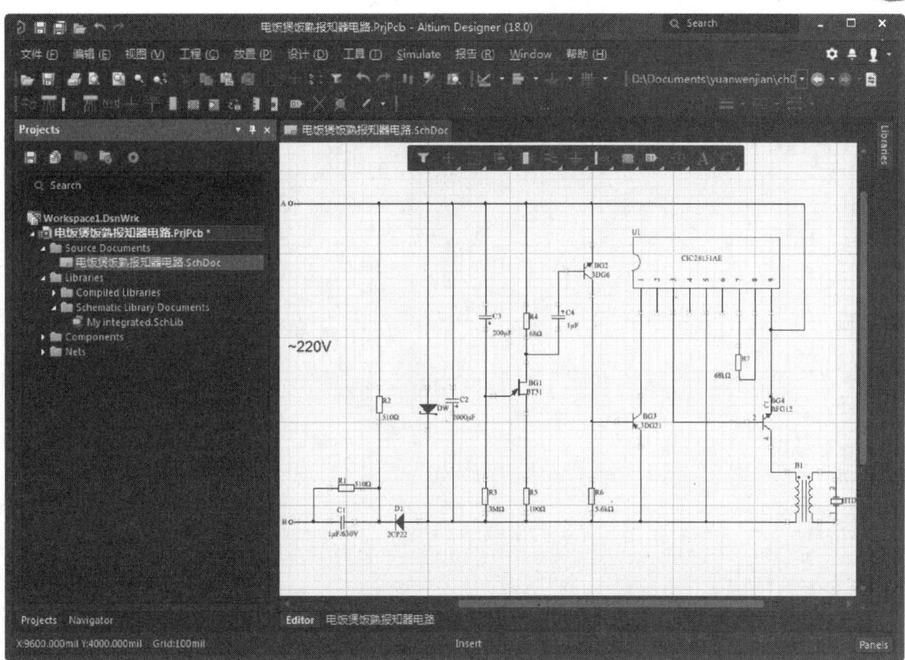

图 4-47 原理图绘制结果

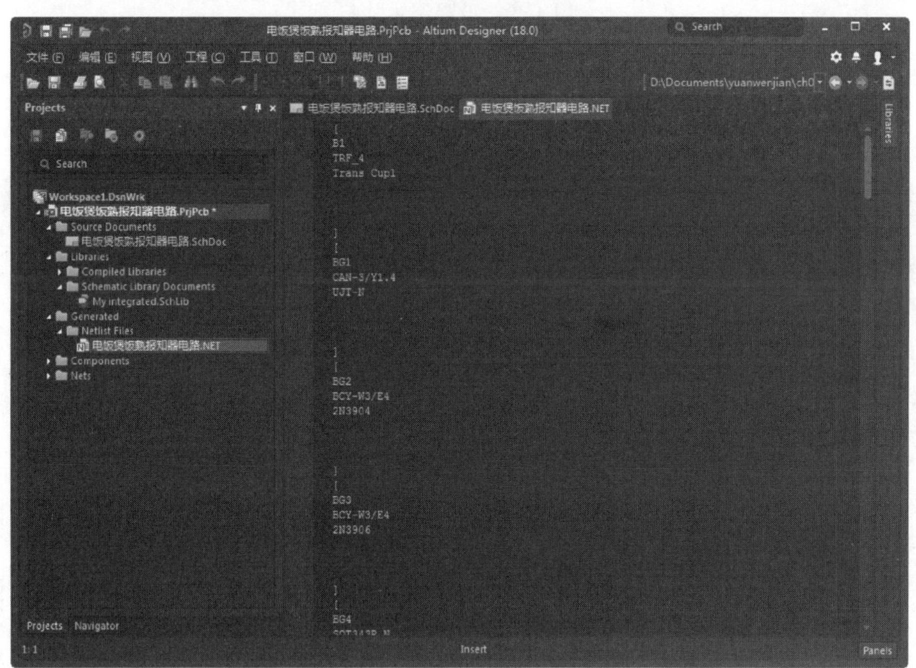

图 4-48 打开项目的网络表文件

（2）执行“设计”→“文件的网络表”→“Protel（生成原理图网络表）”命令，系统会自动生成与当前原理图同名的网络表文件，并存放在当前项目下的 Generated\Netlist Files 文件夹中，由于该项目只有一个原理图文件，该网络表无论组成形式还是内容，与前面基于整个项目的网络表是一样的，在此不再重复。

（3）打开原理图文件，执行“报告”→“Bill of Materials（元件清单）”命令，系统将弹出相应的元件报表对话框，如图 4-49 所示。

Note

图 4-49　设置元件报表

（4）选中“Open Exported（导出选项）”选项组中的“Add to Project（添加到项目）”和“Open Exported（打开输出报表）”复选框，单击“Menu（菜单）”按钮，在弹出的列表中选择“Report（报表）”命令，系统弹出“Report Preview（报表预览）”对话框，如图 4-50 所示。

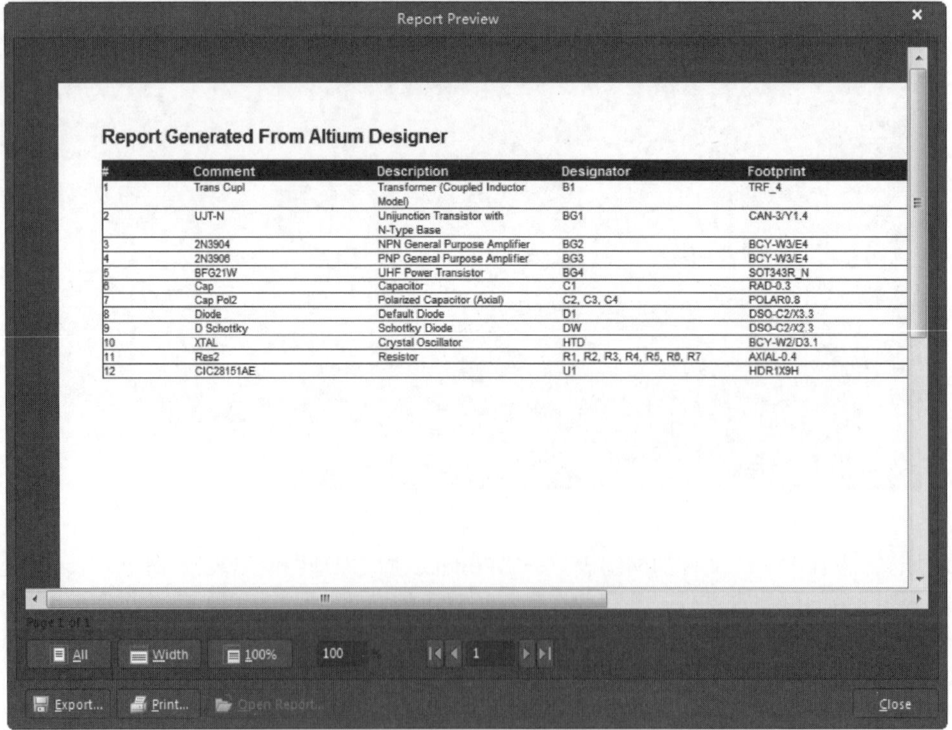

#	Comment	Description	Designator	Footprint
1	Trans Cupl	Transformer (Coupled Inductor Model)	B1	TRF_4
2	UJT-N	Unijunction Transistor with N-Type Base	BG1	CAN-3/Y1.4
3	2N3904	NPN General Purpose Amplifier	BG2	BCY-W3/E4
4	2N3906	PNP General Purpose Amplifier	BG3	BCY-W3/E4
5	BFG21W	UHF Power Transistor	BG4	SOT343R_N
6	Cap	Capacitor	C1	RAD-0.3
7	Cap Pol2	Polarized Capacitor (Axial)	C2, C3, C4	POLAR0.8
8	Diode	Default Diode	D1	DSO-C2/X3.3
9	D Schottky	Schottky Diode	DW	DSO-C2/X2.3
10	XTAL	Crystal Oscillator	HTD	BCY-W2/D3.1
11	Res2	Resistor	R1, R2, R3, R4, R5, R6, R7	AXIAL-0.4
12	CIC28151AE		U1	HDR1X9H

图 4-50　“Report Preview（报表预览）”对话框

（5）单击“Export（输出）”按钮，可以将该报表进行保存，默认文件名为“电饭煲饭熟报知器电路.xls”，是一个 Excel 文件，如图 4-51 所示；单击“Print（打印）”按钮，可以将该报表进行打印输出。

图 4-51　保存报表文件

（6）单击“Open Report（打开报表）”按钮，打开如图 4-52 所示的报表文件。单击“Close（关闭）”按钮，关闭“Report Preview（报表预览）”对话框，返回如图 4-49 所示的元件报表对话框。

（7）在元件报表对话框中单击 按钮，弹出选择模板对话框，在 Template 目录下选择系统自带的元件报表模板文件 BOM Default Template.XLT，如图 4-53 所示。

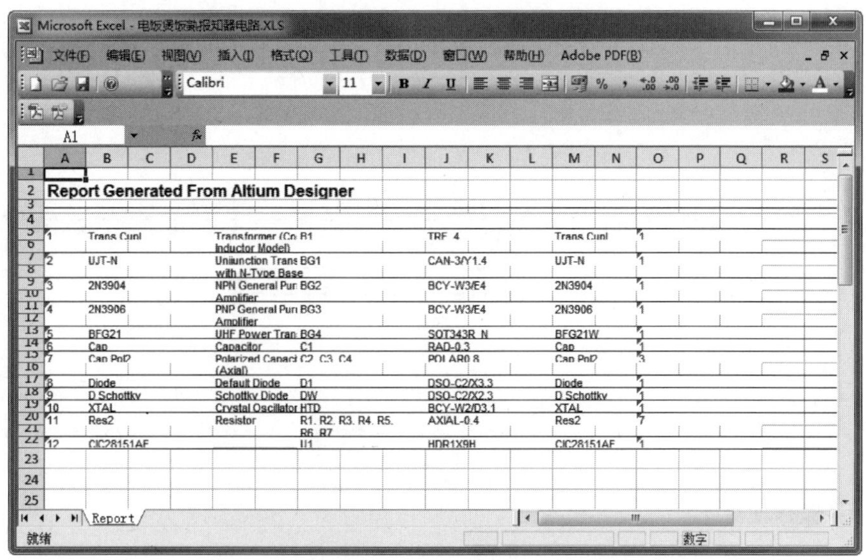

图 4-52　打开报表文件

Note

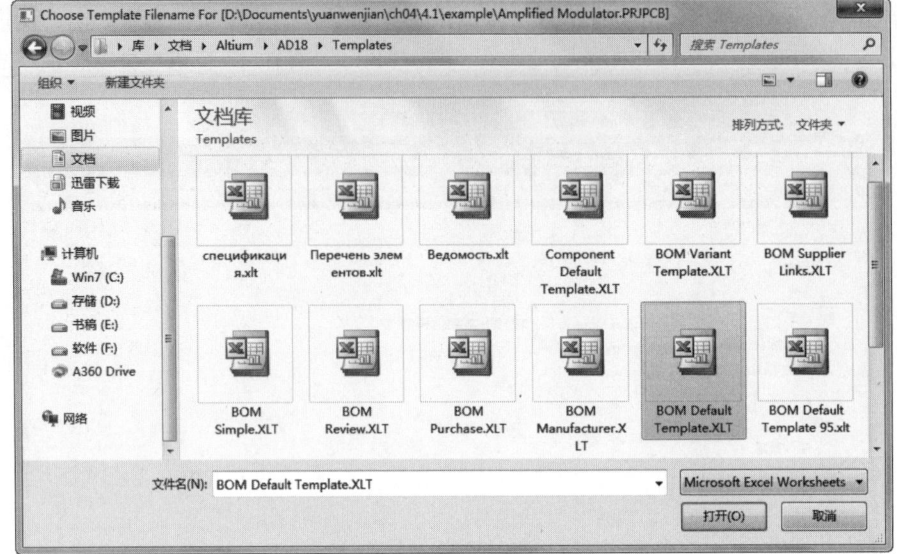

图 4-53　选择模板文件

（8）单击“打开”按钮，返回元件报表对话框。单击“Export（输出）”按钮，保存输出的带模板的报表文件，单击“Open Report（打开报表）”按钮，系统将打开保存的报表文件，如图 4-54 所示。单击“OK（确定）”按钮，退出对话框。

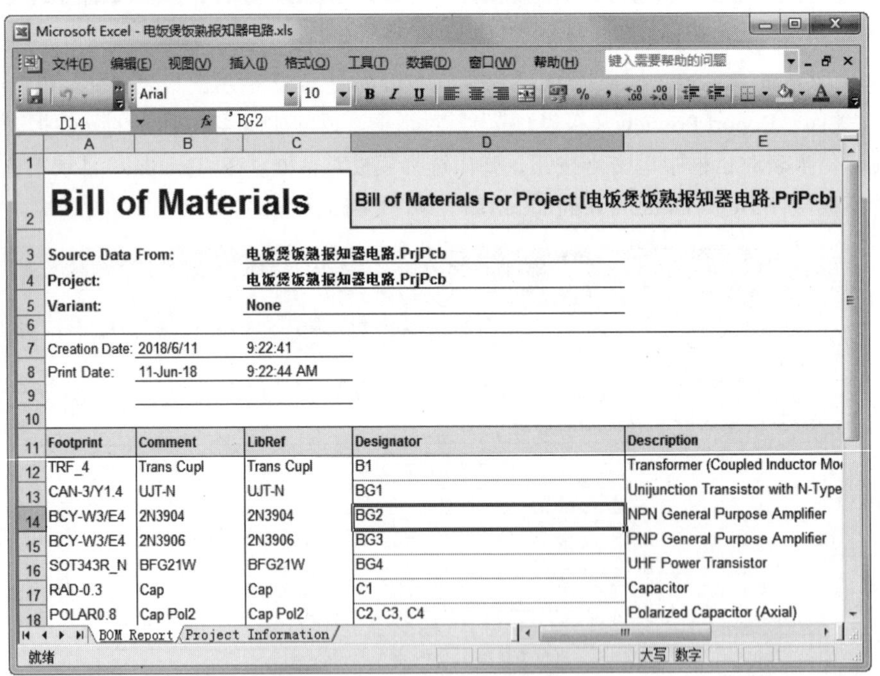

图 4-54　带模板报表文件

10. 编译并保存项目

（1）执行“工程”→“Compile PCB Projects（编译 PCB 项目）”命令，系统将自动生成信息报告，并在“Messages（信息）”面板中显示出来，如图 4-55 所示。项目完成结果如图 4-56 所示。本例没有出现任何错误信息，表明电气检查通过。

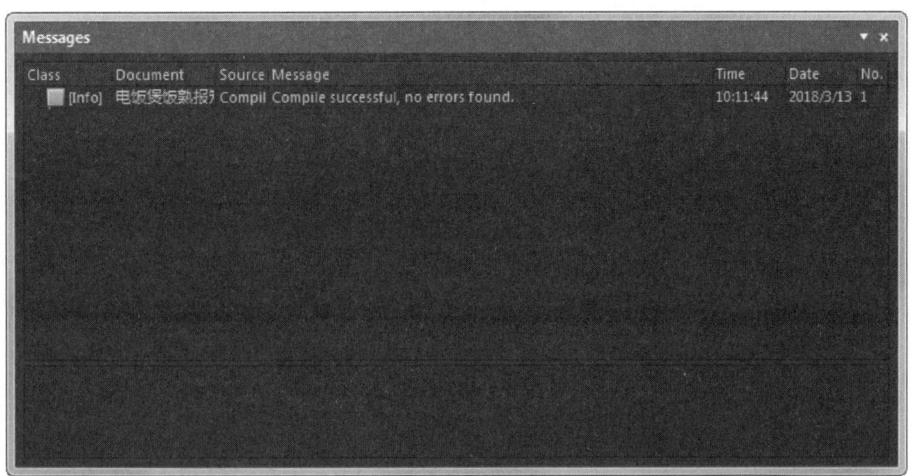

图 4-55　信息显示

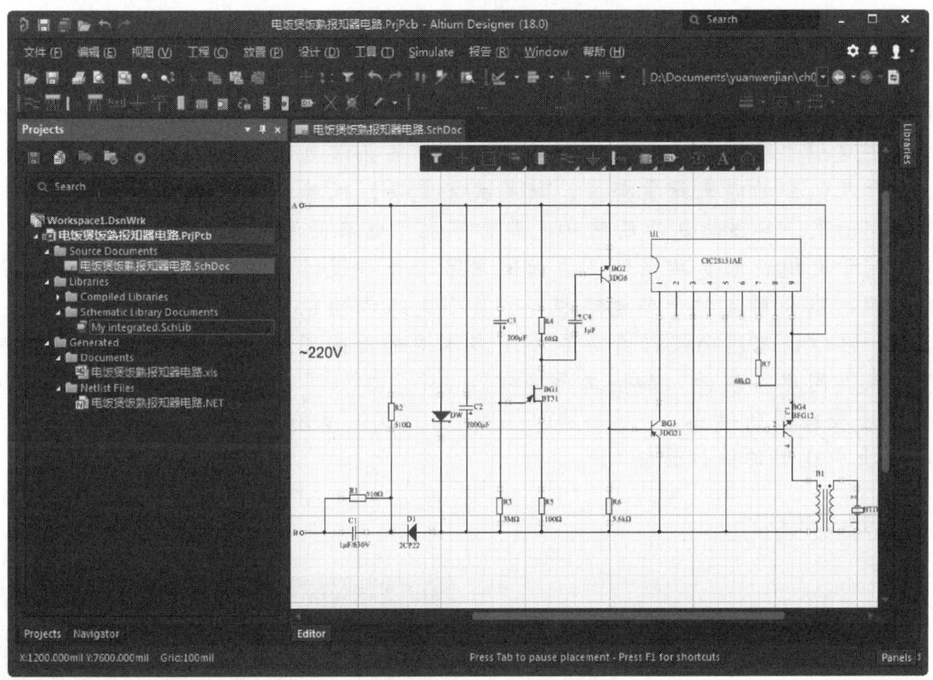

图 4-56　项目完成结果

（2）保存项目，完成电饭煲饭熟报知器电路原理图的设计。

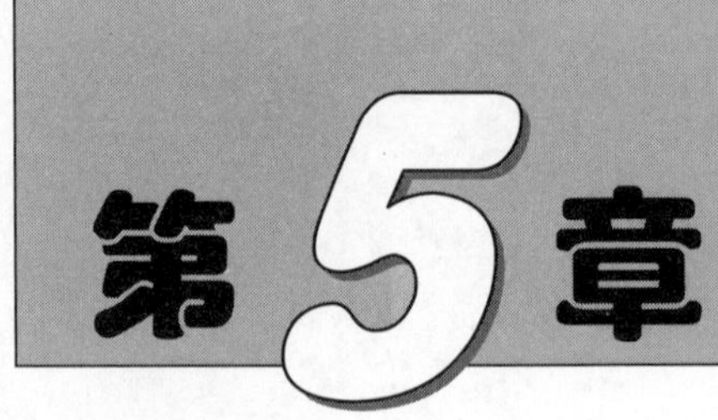

层次化原理图的设计

在前面学习了一般电路原理图的基本设计方法，将整个系统的电路绘制在一张原理图纸上。这种方法适用于规模较小、逻辑结构比较简单的系统电路设计。而对于大规模的电路系统来说，由于所包含的对象数量繁多，结构关系复杂，很难在一张原理图纸上完整地绘出，即使勉强绘制出来，其错综复杂的结构也非常不利于电路的阅读分析与检测。

因此，对于大规模的复杂系统，应该采用另外一种设计方法，即电路的模块化设计。将整体系统按照功能分解成若干个电路模块，每个电路模块能够完成一定的独立功能，具有相对的独立性，可以由不同的设计者分别绘制在不同的原理图纸上。这样，电路结构清晰，同时也便于多人共同参与设计，加快工作进程。

☑ 层次原理图的概念

☑ 层次原理图的设计方法

☑ 层次原理图之间的切换

任务驱动&项目案例

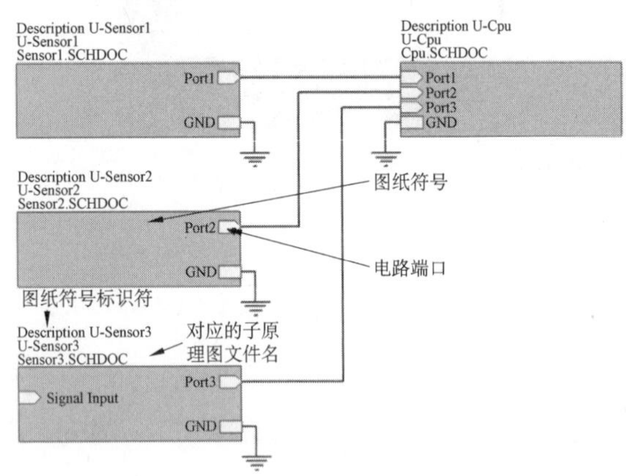

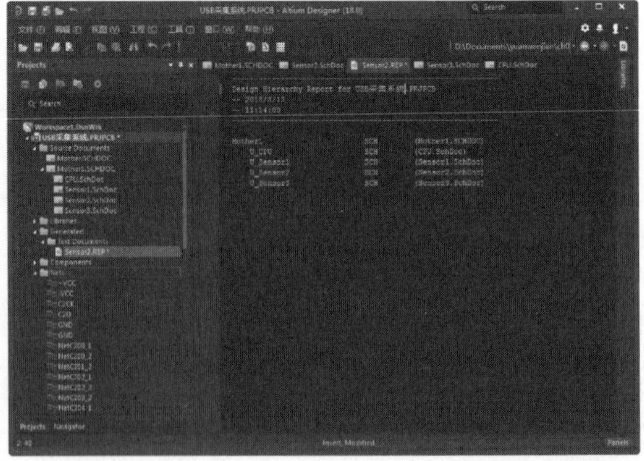

5.1　层次电路原理图的基本概念

对应电路原理图的模块化设计，Altium Designer 18 中提供了层次化原理图的设计方法，这种方法可以将一个庞大的系统电路作为一个整体项目来设计，而根据系统功能所划分出的若干个电路模块，则分别作为设计文件添加到该项目中。这样就把一个复杂的大型电路原理图设计变成了多个简单的小型电路原理图设计，层次清晰，设计简便。

层次电路原理图的设计理念是将实际的总体电路进行模块划分，划分的原则是每个电路模块都应该有明确的功能特征和相对独立的结构，而且还要有简单、统一的接口，便于模块彼此之间的连接。

针对每个具体的电路模块，可以分别绘制相应的电路原理图，该原理图一般称为“子原理图”。而各个电路模块之间的连接关系则是采用一个顶层原理图来表示，顶层原理图主要由若干个方块电路，即图纸符号组成，用来展示各个电路模块之间的系统连接关系，描述了整体电路的功能结构。这样，把整个系统电路分解成了顶层原理图和若干个子原理图来分别进行设计。

在层次原理图的设计过程中还需要注意一个问题。如果在对层次原理图进行编译之后“Navigator（导航）”面板中只出现一个原理图，则说明层次原理图的设计中存在着很大的问题。另外，在另一个层次原理图的工程项目中只能有一个总母图，一张原理图中的方块电路不能参考本张图纸上的其他方块电路或其上一级的原理图。

5.2　层次原理图的基本结构和组成

Altium Designer 18 系统提供的层次原理图设计功能非常强大，能够实现多层的层次化设计功能。用户可以将整个电路系统划分为若干个子系统，每个子系统可以划分为若干个功能模块，而每个功能模块还可以再细分为若干个基本的小模块，这样依次细分下去，就把整个系统划分成为多个层次，电路设计由繁变简。

如图 5-1 所示是一个二级层次原理图的基本结构图，由顶层原理图和子原理图共同组成，是一种模块化结构。

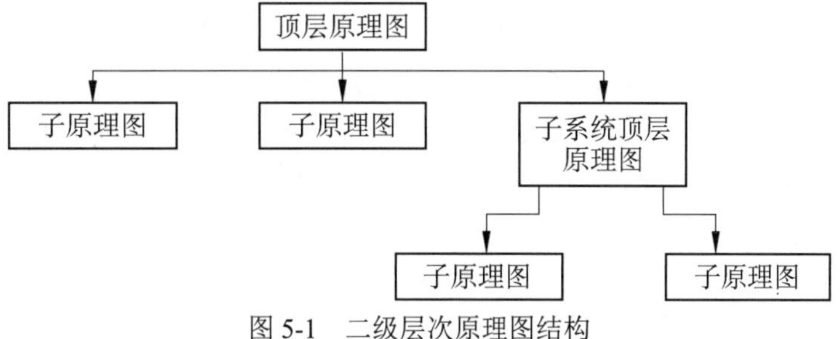

图 5-1　二级层次原理图结构

其中，子原理图就是用来描述某一电路模块具体功能的普通电路原理图，只不过增加了一些输入/输出端口，作为与上层进行电气连接的通道口。普通电路原理图的绘制方法在前面已经学习过，主要由各种具体的元器件、导线等构成。

Note

顶层电路图即母图的主要构成元素却不再是具体的元器件，而是代表子原理图的图纸符号。如图 5-2 所示，是一个电路设计实例采用层次结构设计时的顶层原理图。

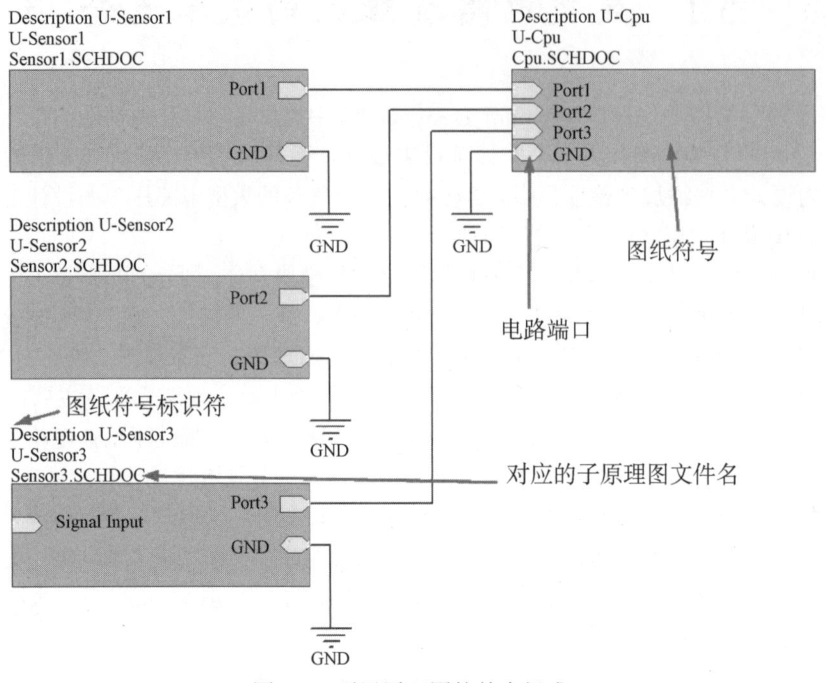

图 5-2　顶层原理图的基本组成

该顶层原理图主要由 4 个图纸符号组成，每一个图纸符号都代表一个相应的子原理图文件，共有 4 个子原理图。在图纸符号的内部给出了一个或多个表示连接关系的电路端口，对于这些端口，在子原理图中都有相同名称的输入/输出端口与之相对应，以便建立起不同层次间的信号通道。

图纸符号之间也是借助于电路端口，可以使用导线或总线完成连接。而且，同一个项目的所有电路原理图（包括顶层原理图和子原理图）中，相同名称的输入/输出端口和电路端口之间，在电气意义上都是相互连接的。

5.3　层次原理图的设计方法

根据上面所讲的层次原理图的模块化结构，层次电路原理图的设计实际上即对顶层原理图和若干子原理图分别进行设计的过程。设计过程的关键在于不同层次间的信号如何正确地传递，这一点主要就是通过在顶层原理图中放置图纸符号、电路端口，而在各个子原理图中放置相同名称的输入/输出端口来实现。

基于上述设计理念，层次电路原理图设计的具体实现方法有两种：一种是自上而下的层次原理图设计，另一种是自下而上的层次原理图设计。

自上而下的设计思想是把整个电路设计分成多个模块，确定每个模块的设计内容，然后对每一模块进行详细的设计。在 C 语言中，这种设计方法被称为自顶向下，逐步细化。该设计方法要求设计者在绘制原理图之前即对系统有比较深入的了解和整个设计的把握，对于电路的模块划分比较清楚。

自下而上的设计思想则是设计者先绘制原理图子图，根据原理图子图生成方块电路图，进而生成上层原理图，最后生成整个设计。该方法比较适用于对整个设计不是非常熟悉的用户，这也是初学者一种不错的选择方法。

Note

5.3.1　自上而下的层次原理图设计

本节以“基于通用串行数据总线 USB 的数据采集系统”电路设计为例，详细介绍自上而下层次电路的具体设计过程。

各种数据的采集和实时处理在科学研究及工业控制中是必不可少的。在一个实用的数据采集处理系统中，外设与主机的通信接口非常关键。一方面，接口应该简单灵活且有比较高的数据传输率；另一方面，主机能够对较大的数据量做出快速响应，并能进行实时分析和处理。采用 USB 接口能满足上述要求，而且与传统的接口如 PCI 总线和 RS-232 串行总线相比，具有传输速度高、功耗低、支持即插即用、可以同时连接多个外设等优点。因此，将 USB 接口应用在数据采集系统中非常适用。

我们采用层次电路的设计方法，将实际的总体电路按照电路模块的划分原则划分为 4 个电路模块：CPU 模块和三路传感器模块 Sensor1、Sensor2、Sensor3。首先绘制出层次原理图中的顶层原理图，然后再分别绘制出每一电路模块的具体原理图。

自上而下绘制层次原理图的具体步骤如下。

（1）执行“开始”→“所有程序”→Altium→Altium Designer 命令，或者双击桌面上的快捷方式图标，启动 Altium Designer 18 程序。

（2）选择菜单栏中的“文件”→“新的”→“项目”→“PCB 工程”命令，在“Projects（工程）”面板中出现了新建的项目文件，另存为“USB 采集系统.PrjPCB”。

（3）在项目文件“USB 采集系统.PrjPCB”上右击，在弹出的快捷菜单中选择“添加新的...到工程”→“Schematic（原理图）”命令，在该项目文件中新建一个电路原理图文件，另存为 Mother.SchDoc，并完成图纸相关参数的设置。

（4）执行“放置”→“页面符”命令，或者单击“布线”工具栏中的“放置页面符”按钮，光标将变为十字形，并带有一个原理图符号标志。

（5）移动光标到需要放置原理图符号的地方，单击确定原理图符号的一个顶点，移动光标到合适的位置再一次单击确定其对角顶点，即可完成原理图符号的放置。

此时放置的图纸符号并没有具体的意义，需要进行进一步设置，包括其标识符、所表示的子原理图文件及一些相关的参数等。

（6）此时，光标仍处于放置原理图符号的状态，重复步骤（5）的操作即可放置其他原理图符号。右击或者按 Esc 键即可退出操作。

（7）设置原理图符号的属性。双击需要设置属性的原理图符号或在绘制状态时按 Tab 键，系统将弹出相应的“Properties（属性）”面板，如图 5-3 所示。

原理图符号属性的主要参数含义如下。

①“Properties（属性）”选项组

☑ Designator（标志）：用于设置页面符的名称。这里我们输入 Modulator（调制器）。

☑ File Name（文件名）：用于显示该页面符所代表的下层原理图的文件名。

☑ Bus Text Style（总线文本类型）：用于设置线束连接器中文本显示类型。单击后面的下三角按钮，有两个选项供选择：Full（全程）、Prefix（前缀）。

Note

图 5-3　“Properties（属性）”面板

☑ Line Style（线宽）：用于设置页面符边框的宽度，有 4 个选项供选择：Smallest、Small、Medium（中等的）和 Large。

☑ Fill Color（填充颜色）：若选中该复选框，则页面符内部被填充。否则，页面符是透明的。

②“Source（资源）”选项组

File Name（文件名）：用于设置该页面符所代表的下层原理图的文件名，输入 CPU.SchDoc（调制器电路）。

③“Sheet Entries（图纸入口）”选项组

在该选项组中可以为页面符添加、删除和编辑与其余元件连接的图纸入口，在该选项组中进行添加图纸入口，与工具栏中的“添加图纸入口”按钮作用相同。

单击 Add 按钮，在该面板中自动添加图纸入口，如图 5-4 所示。

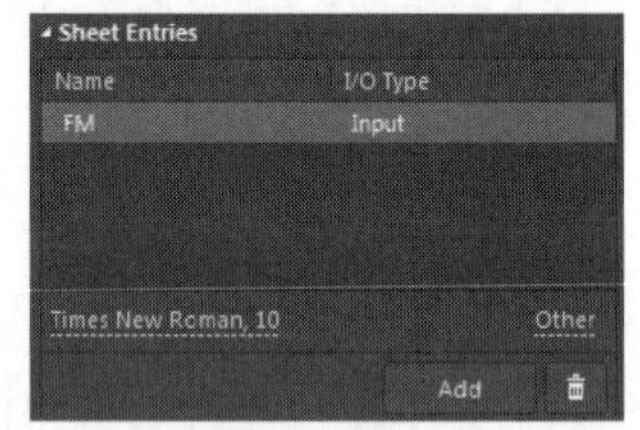

图 5-4　“Sheet Entries（原理图入口）”选项组

☑ Times New Roman, 10：用于设置页面符文字的字体类型、字体大小、字体颜色，同时设置字体添加加粗、斜体、下划线、横线等效果，如图 5-5 所示。

☑ Other（其余）：用于设置页面符中图纸入口的电气类型、边框的颜色和填充颜色。单击后面的颜色块，可以在弹出的对话框中设置颜色，如图 5-6 所示。

图 5-5　文字设置

图 5-6　图纸入口参数

④“Parameters（参数）”选项卡

单击图 5-3 中的“Parameters（参数）”标签，打开“Parameters（参数）”选项卡，如图 5-7 所示。在该选项卡中可以为页面符的图纸符号添加、删除和编辑标注文字。单击 Add 按钮，添加参数显示如图 5-8 所示。

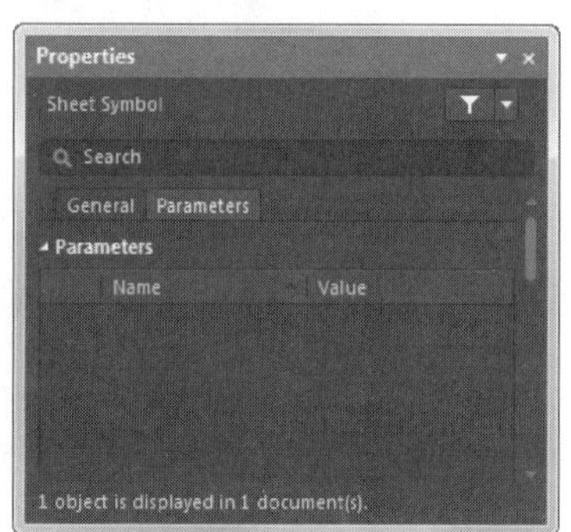

图 5-7　“Parameters（参数）”选项卡

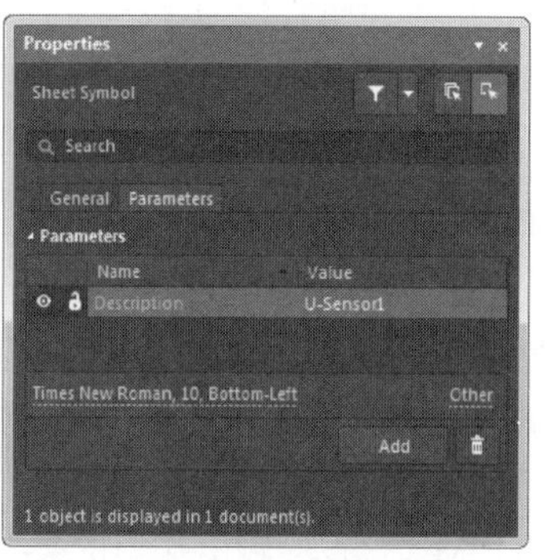

图 5-8　设置参数属性

在该面板中可以设置标注文字的“名称”“值”“位置”“颜色”“字体”“定位”“类型”等。

单击“可见”按钮，显示 Value 值，单击“锁定”按钮，显示 Name。

按照上述方法放置另外 3 个原理图符号 U-Sensor2、U-Sensor3 和 U-Cpu，并设置好相应的属性，如图 5-9 所示。

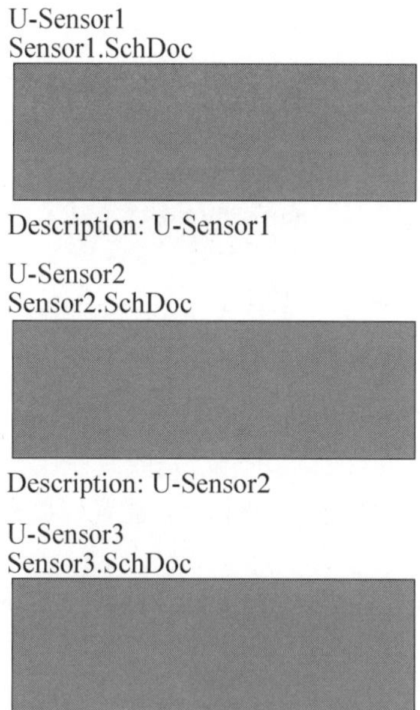

图 5-9　设置好的 4 个原理图符号

放置好原理图符号以后，下一步即需要在上面放置电路端口。电路端口是原理图符号代表的子原理图之间所传输的信号在电气上的连接通道，应放置在原理图符号边缘的内侧。

（8）执行“放置”→“添加图纸入口”命令，或者单击“布线”工具栏中的（放置图纸入口）按钮，光标将变为十字形。

（9）移动光标到原理图符号内部，选择放置图纸入口的位置，单击会出现一个随光标移动的图纸

Note

入口，但其只能在原理图符号内部的边框上移动，在适当的位置再次单击即可完成图纸入口的放置。此时，光标仍处于放置图纸入口的状态，继续放置其他的图纸入口。右击或者按 Esc 键即可退出操作。

（10）设置图纸入口的属性。根据层次电路图的设计要求，在顶层原理图中，每个原理图符号上的所有图纸入口都应该与其所代表的子原理图上的一个电路输入/输出端口相对应，包括端口名称及接口形式等。因此，需要对图纸入口的属性加以设置。双击需要设置属性的图纸入口或在绘制状态时按 Tab 键，系统将弹出相应的“Properties（属性）”面板，如图 5-10 所示。图纸入口属性的主要参数含义如下。

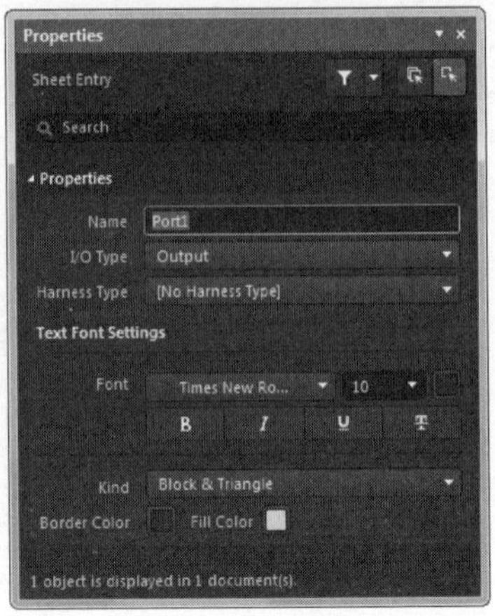

图 5-10 “Properties（属性）”面板

☑ Name（名称）：用于设置图纸入口名称。这是图纸入口最重要的属性之一，具有相同名称的图纸入口在电气上是连通的。

☑ I/O Type（输入/输出端口的类型）：用于设置图纸入口的电气特性，对后面的电气规则检查提供一定的依据。有 Unspecified（未指明或不确定）、Output（输出）、Input（输入）和 Bidirectional（双向型）4 种类型，如图 5-11 所示。

☑ Harness Type（线束类型）：设置线束的类型。

☑ Font（字体）：用于设置端口名称的字体类型、字体大小、字体颜色，同时设置字体添加加粗、斜体、下划线、横线等效果。

☑ Kind（类型）：用于设置图纸入口的箭头类型。单击后面的下三角按钮，4 个选项供选择，如图 5-12 所示。

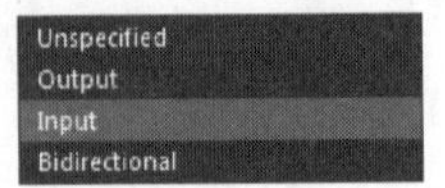

图 5-11 输入/输出端口的类型

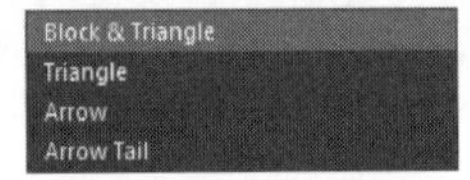

图 5-12 箭头类型

☑ Border Color（边界）：用于设置端口边界的颜色。

☑ Fill Color（填充颜色）：用于设置端口内填充颜色。

（11）按照同样的方法，把所有的电路端口放在合适的位置处，并一一完成属性设置。

（12）使用导线或总线把每个原理图符号上的相应电路端口连接起来，并放置好接地符号，完成顶层原理图的绘制，如图 5-13 所示。

根据顶层原理图中的原理图符号，把与之相对应的子原理图分别绘制出来，这一过程即是使用原理图符号来建立子原理图的过程。

（13）执行“设计”→“从页面符创建图纸”命令，此时光标将变为十字形。移动光标到原理图符号 U-Cpu 内部，单击，系统自动生成一个新的原理图文件，名称为 Cpu.SchDoc，与相应的原理图符号所代表的子原理图文件名一致，如图 5-14 所示。此时可以看到，在该原理图中已经自动放置好与 4 个电路端口方向一致的输入/输出端口。

（14）使用普通电路原理图的绘制方法，放置各种所需的元件并进行电气连接，完成 Cpu.SchDoc 子原理图的绘制，如图 5-15 所示。

Note

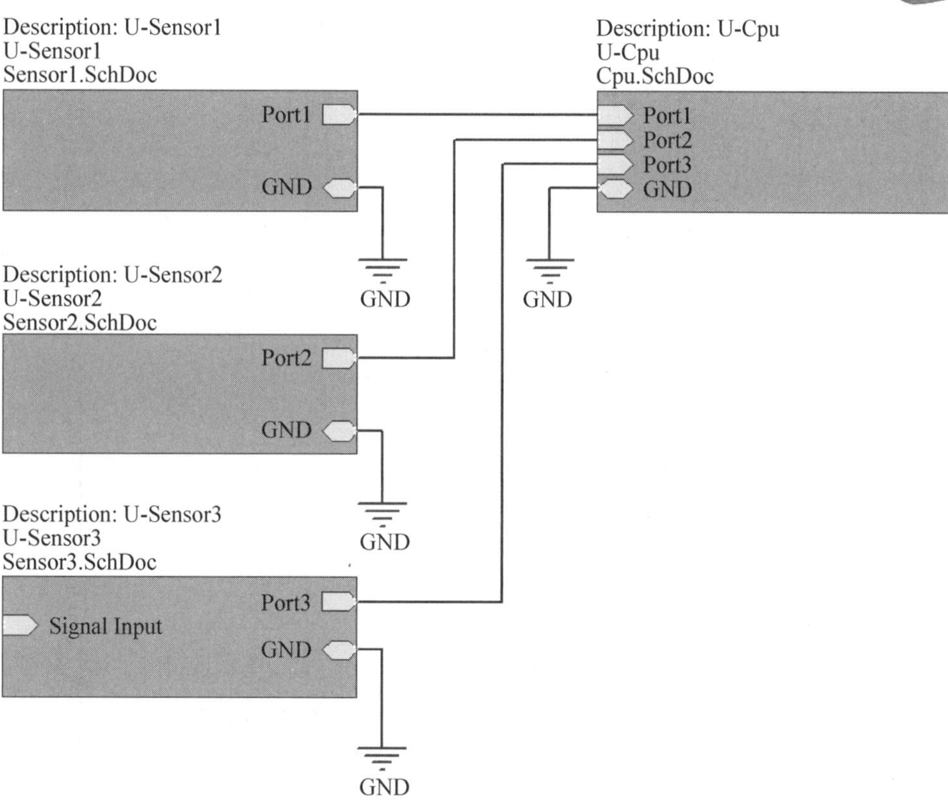

图 5-13　顶层原理图

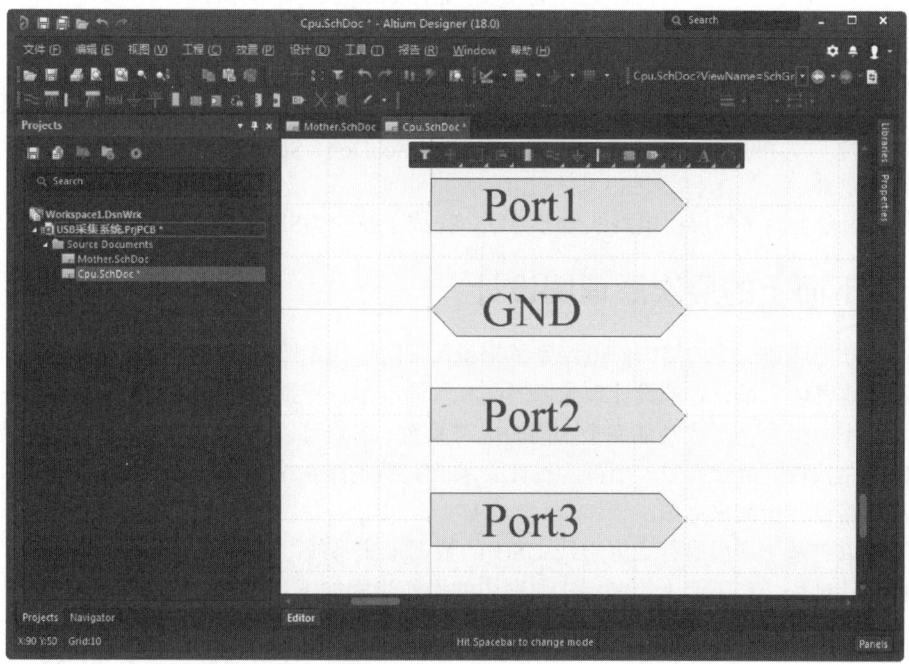

图 5-14　由原理图符号 U-Cpu 建立的子原理图

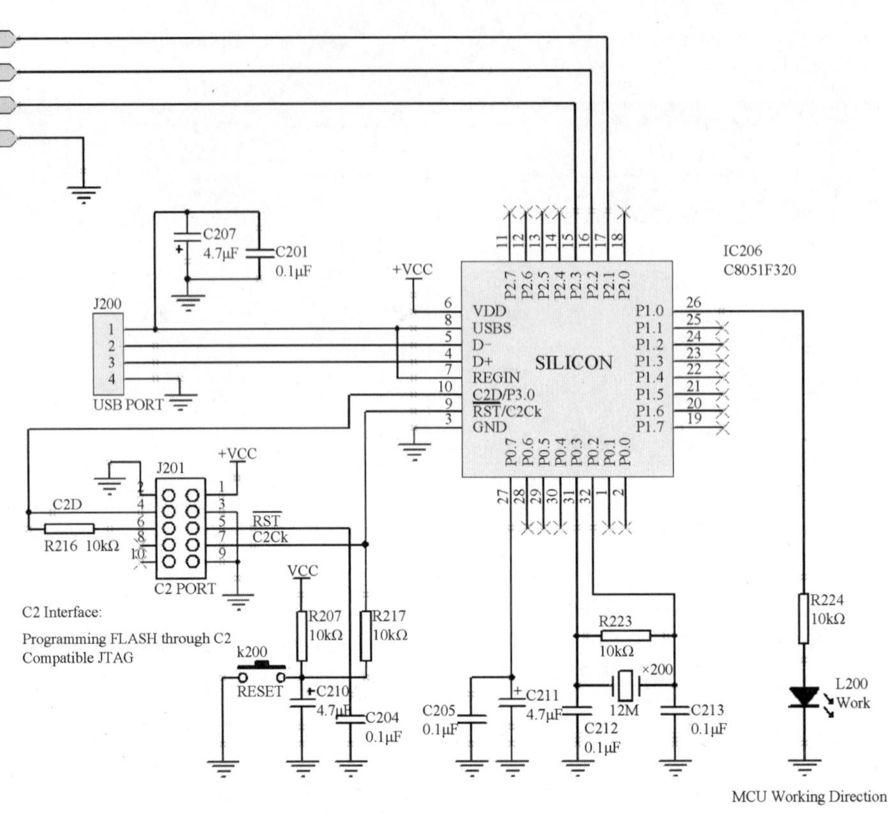

MCU A/D Convert and Data Recording
Full Speed USB2.0 16k ISP FLASH MCU C8051F320
with up to 200ksps 10-Bit ADC

图 5-15　子原理图 Cpu.SchDoc

（15）使用同样的方法，用顶层原理图中的另外 3 个原理图符号（U-Sensor1、U-Sensor2 和 U-Sensor3）建立与其相对应的 3 个子原理图（Sensor1.SchDoc、Sensor2.SchDoc 和 Sensor3. SchDoc），并且分别绘制出来。

至此，采用自上而下的层次电路图设计方法，完成了整个 USB 数据采集系统的电路原理图绘制。

5.3.2　自下而上的层次原理图设计

对于一个功能明确、结构清晰的电路系统来说，采用层次电路设计方法，使用自上而下的设计流程，能够清晰地表达出设计者的设计理念。但在有些情况下，特别是在电路的模块化设计过程中，不同电路模块的不同组合会形成功能完全不同的电路系统。用户可以根据自己的具体设计需要，选择若干个已有的电路模块，组合产生一个符合设计要求的完整电路系统。此时，该电路系统可以使用自下而上的层次电路设计流程来完成。

下面还是以“基于通用串行数据总线 USB 的数据采集系统”电路设计为例，介绍自下而上层次电路的具体设计过程。自下而上绘制层次原理图的操作步骤如下。

（1）启动 Altium Designer 18，新建项目文件。“文件”→“新的”→“项目”→“PCB 工程”，在“Projects（工程）”面板中出现了新建的项目文件，另存为“USB 采集系统.PrjPCB”。

（2）新建原理图文件作为子原理图。在项目文件“USB 采集系统.PrjPCB”上右击，在弹出的快捷菜单中选择“添加新的...到工程”→“Schematic（原理图）”命令，在该项目文件中新建原理图文件，另存为 Cpu.SchDoc，并完成图纸相关参数的设置。采用同样的方法建立原理图文件 Sensor1.

SchDoc、Sensor2.SchDoc 和 Sensor3.SchDoc。

（3）绘制各个子原理图。根据每一模块的具体功能要求，绘制电路原理图。例如，CPU 模块主要完成主机与采集到的传感器信号之间的 USB 接口通信，这里使用带有 USB 接口的单片机 C8051F320 来完成。而三路传感器模块 Sensor1、Sensor2、Sensor3 则主要完成对三路传感器信号的放大和调制，具体绘制过程不再赘述。

（4）放置各子原理图中的输入/输出端口。子原理图中的输入/输出端口是子原理图与顶层原理图之间进行电气连接的重要通道，应该根据具体设计要求进行放置。

例如，在原理图 Cpu.SchDoc 中，三路传感器信号分别通过单片机 P2 口的 3 个管脚 P2.1、P2.2、P2.3 输入单片机中，是原理图 Cpu.SchDoc 与其他 3 个原理图之间的信号传递通道，所以在这 3 个管脚处放置了 3 个输入端口，名称分别为 Port1、Port2 和 Port3。除此之外，还放置了一个共同的接地端口 GND。放置的输入/输出电路端口电路原理图 Cpu.SchDoc 与图 5-10 完全相同。

同样，在子原理图 Sensor1.SchDoc 的信号输出端放置一个输出端口 Port1，在子原理图 Sensor2.SchDoc 的信号输出端放置一个输出端口 Port2，在子原理图 Sensor3.SchDoc 的信号输出端放置一个输出端口 Port3，分别与子原理图 Cpu.SchDoc 中的 3 个输入端口相对应，并且都放置了共同的接地端口。移动光标到需要放置原理图符号的地方，单击确定原理图符号的一个顶点，移动光标到合适的位置再一次单击确定其对角顶点，即可完成原理图符号的放置。

放置了输入/输出电路端口的 3 个子原理图（Sensor1.SchDoc、Sensor2.SchDoc 和 Sensor3.SchDoc）分别如图 5-16、图 5-17 和图 5-18 所示。

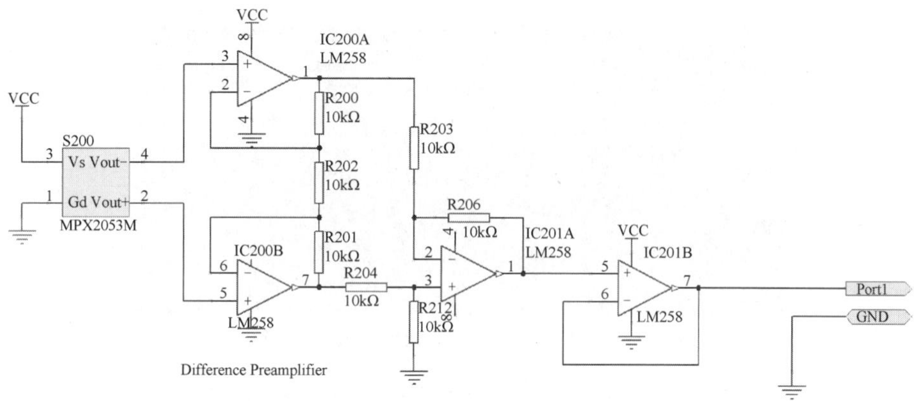

图 5-16　子原理图 Sensor1.SchDoc

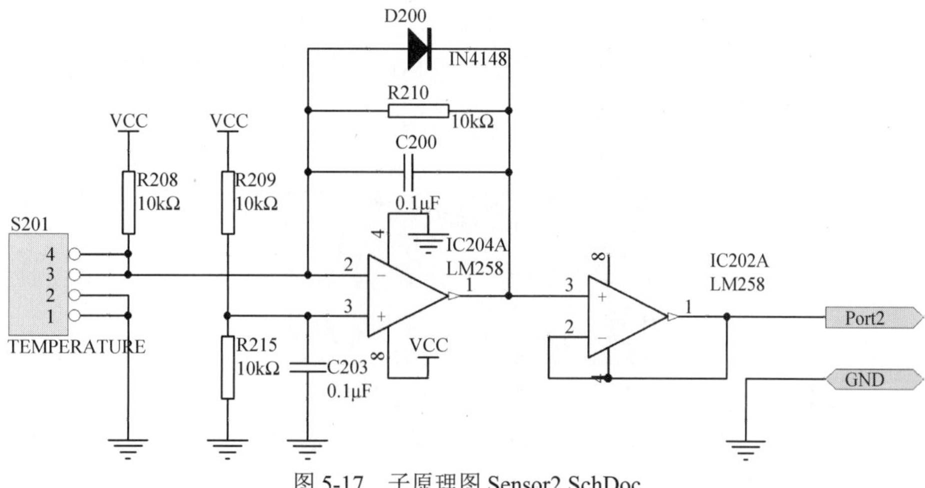

图 5-17　子原理图 Sensor2.SchDoc

Note

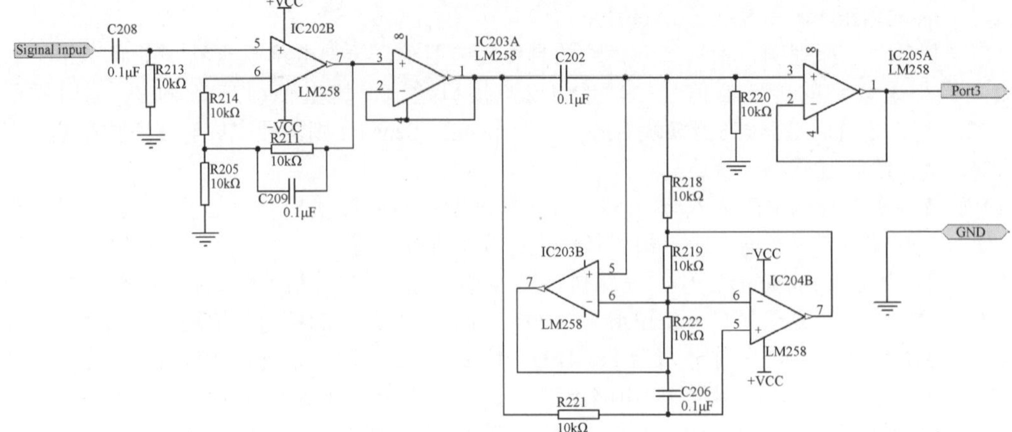

图 5-18　子原理图 Sensor3.SchDoc

（5）在项目“USB 采集系统.PrjPCB”中新建一个原理图文件 Mother1.PrjPCB，以便进行顶层原理图的绘制。

（6）打开原理图文件 Mother1.PrjPCB，执行“设计”→“Create Sheet Symbol From Sheet（原理图生成图纸符）”命令，系统将弹出如图 5-19 所示的“Choose Document to Place（选择文件放置）”对话框。

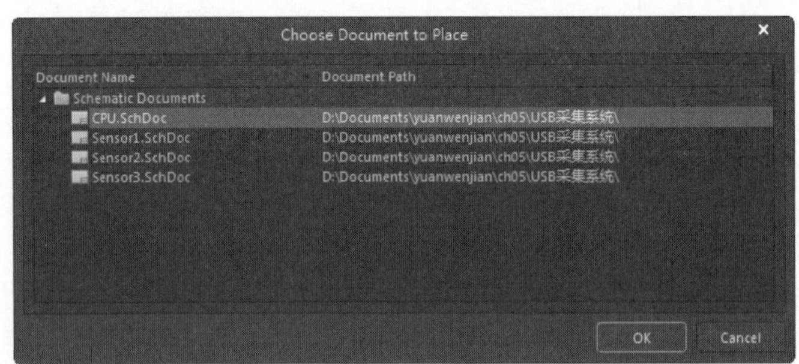

图 5-19　Choose Document to Place 对话框

在该对话框中，系统列出了同一项目中除当前原理图外的所有原理图文件，用户可以选择其中的任何一个原理图来建立原理图符号。例如，这里选中 Cpu.SchDoc，单击 OK 按钮，关闭该对话框。

（7）此时光标变成十字形，并带有一个原理图符号的虚影。选择适当的位置，将该原理图符号放置在顶层原理图中，如图 5-20 所示。该原理图符号的标识符为 U_Cpu，边缘已经放置了 4 个电路端口，方向与相应的子原理图中的输入/输出端口一致。

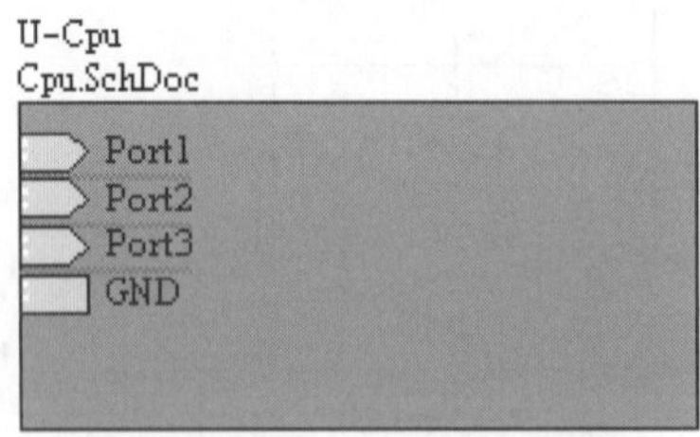

图 5-20　放置 U_Cpu 原理图符号

（8）按照同样的操作方法，由 3 个子原理图（Sensor1.SchDoc、Sensor2.SchDoc 和 Sensor3.SchDoc）可以在顶层原理图中分别建立 3 个原理图符号（U-Sensor1、U-Sensor2 和 U-Sensor3），如图 5-21 所示。

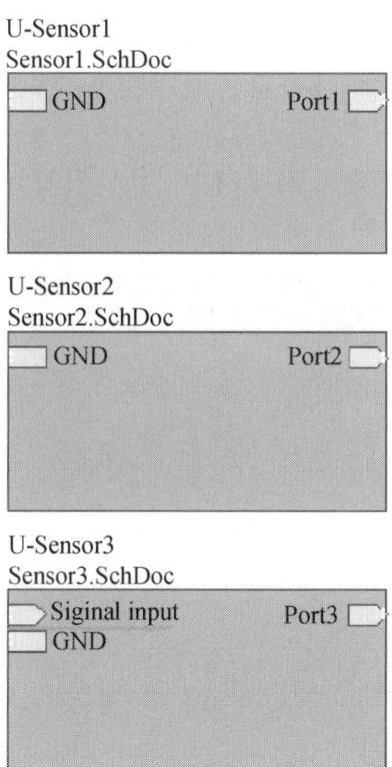

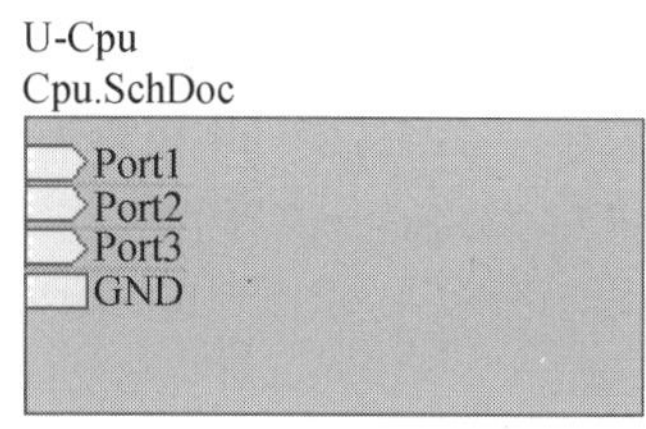

图 5-21 顶层原理图符号

（9）设置原理图符号和电路端口的属性。由系统自动生成的原理图符号不一定完全符合我们的设计要求，很多时候还需要进行编辑，如原理图符号的形状、大小、电路端口的位置要有利于布线连接，电路端口的属性需要重新设置等。

（10）用导线或总线将原理图符号通过电路端口连接起来，并放置接地符号，完成顶层原理图的绘制，结果和图 5-13 完全一致。

5.4 层次原理图之间的切换

绘制完成的层次电路原理图中一般都包含有顶层原理图和多张子原理图。用户在编辑时，常常需要在这些图中来回切换查看，以便了解完整的电路结构。对于层次较少的层次原理图，由于结构简单，直接在“Projects（工程）”面板上单击相应原理图文件的图标即可进行切换查看，但是对于包含较多层次的原理图，结构十分复杂，单纯通过“Projects（工程）”面板来切换就很容易出错，造成混乱。在 Altium Designer 18 系统中提供了层次原理图切换的专用命令，以帮助用户在复杂的层次原理图之间方便地进行切换，实现多张原理图的同步查看和编辑。

5.4.1 由顶层原理图中的方块电路图切换到相应的子原理图

由顶层原理图中的原理图符号切换到相应的子原理图的操作步骤如下：

（1）打开“Projects（工程）”面板，选中项目“USB 采集系统.PrjPCB”，执行“工程”→“Compile PCB Project USB 采集系统.PrjPCB”命令，完成对该项目的编译。

（2）打开“Navigator（导航）”面板，可以看到在面板上显示了该项目的编译信息，其中包括原理图的层次结构，如图 5-22 所示。

（3）打开顶层原理图 Mother.SchDoc，执行“工具”→“上/下层次”命令，或者单击“原理图标

准”工具栏中的 (上/下层次)按钮，此时光标变为十字形。移动光标到与欲查看的子原理图相对应的原理图符号处，放在任何一个电路端口上。例如，在这里要查看子原理图 Sensor2.SchDoc，把光标放在原理图符号“U-Sensor2”中的一个电路端口“Port2”上即可。

Note

（4）单击该电路端口，子原理图 Sensor2.SchDoc 就出现在编辑窗口中，并且具有相同名称的输出端口 Port2 处于高亮显示状态，如图 5-23 所示。

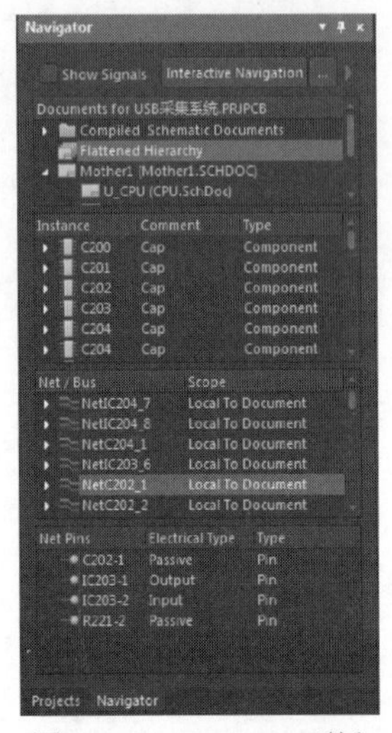

图 5-22　Navigator 面板

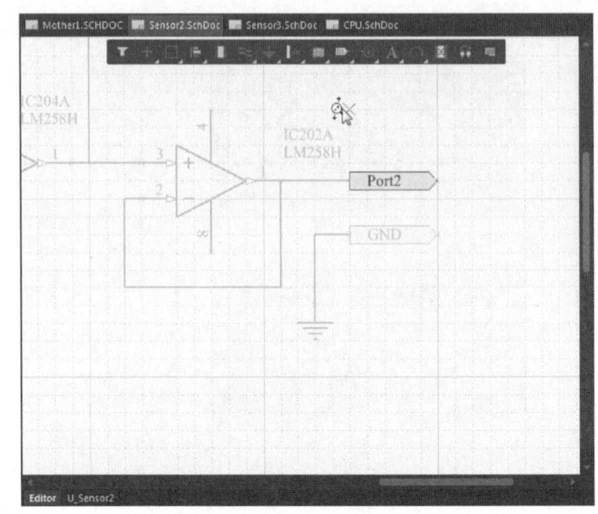

图 5-23　切换到相应子原理图

右击退出切换状态，完成了由原理图符号到子原理图的切换，用户可以对该子原理图进行查看或编辑。用同样的方法，可以完成其他几个子原理图的切换。

5.4.2　由子原理图切换到顶层原理图

由子原理图切换到顶层原理图的操作步骤如下：

（1）打开任意一个子原理图，执行“工具”→“上/下层次”命令，或者单击“原理图标准”工具栏中的 (上/下层次)按钮，此时光标变为十字形，移动光标到任意一个输入/输出端口处，如图 5-24 所示。在这里，打开子原理图 Sensor3.SchDoc，把光标置于接地端口 GND 处。

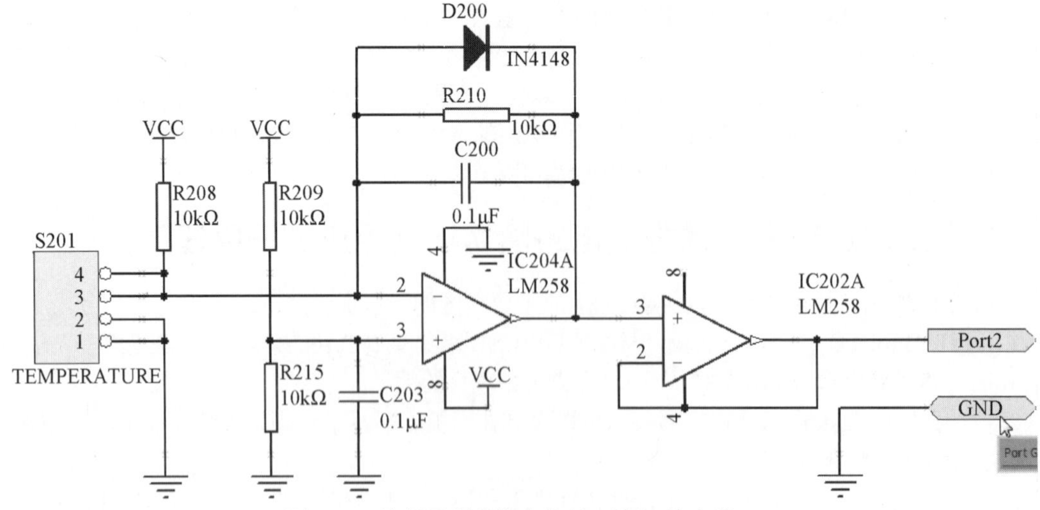

图 5-24　选择子原理图中的任一输入/输出端口

（2）单击顶层原理图 Mother.SchDoc，使其出现在编辑窗口中，在代表子原理图 Sensor3.chDoc 的原理图符号中，具有相同名称的接地端口 GND 处于高亮显示状态。右击退出切换状态，完成了由子原理图到顶层原理图的切换。此时，用户可以对顶层原理图进行查看或编辑。

5.5　层次设计表

我们一般所设计的层次原理图，层次较少，结构也比较简单。但是对于多层次的层次电路原理图，其结构关系却是相当复杂的，用户不容易看懂。因此，系统提供了一种层次设计表作为用户查看复杂层次原理图的辅助工具。借助于层次设计表，用户可以清晰地了解层次原理图的层次结构关系，进一步明确层次电路图的设计内容。

生成层次设计表的主要步骤如下。

（1）编译整个项目。在前面已经对项目“USB 采集系统.PrjPCB”进行了编译。

（2）执行“报告”→“Report Project Hierarchy（项目层次报告）”命令，则会生成有关该项目的层次设计表。

（3）打开“Projects（工程）”面板，可以看到，该层次设计表被添加在该项目下的 Generated\Text Documents\文件夹中，是一个与项目文件同名，后缀为“.REP”的文本文件。

（4）双击该层次设计表文件，则系统转换到文本编辑器，可以对该层次设计表进行查看，如图 5-25 所示。

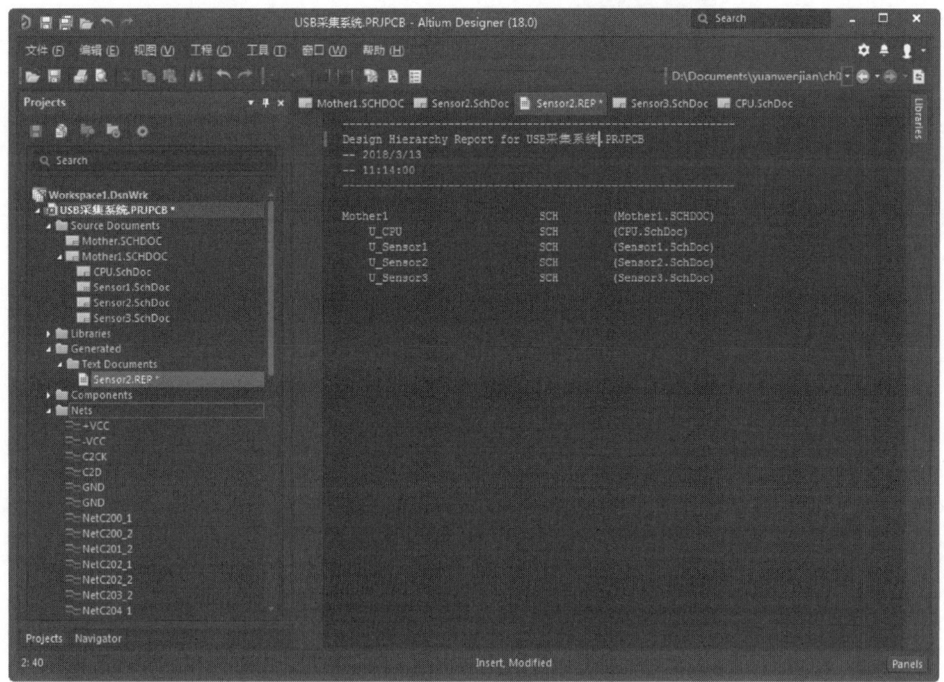

图 5-25　生成层次设计表

由图 5-25 中可以看出，在生成的设计表中使用缩进格式明确地列出了本项目中的各个原理图之间的层次关系，原理图文件名越靠左，说明该文件在层次电路图中的层次越高。

5.6 操作实例——音频均衡器电路

扫码看视频

5.6 音频均衡器电路

通过前面章节的学习，用户对 Altium Designer 18 层次原理图设计方法应该有一个整体的认识。本节用一个实例来详细介绍层次原理图的设计步骤。

1. 建立工作环境

（1）启动 Altium Designer 18，选择菜单栏中的“File（文件）”→“新的”→“项目”→“Project（工程）”命令，如图 5-26 所示。

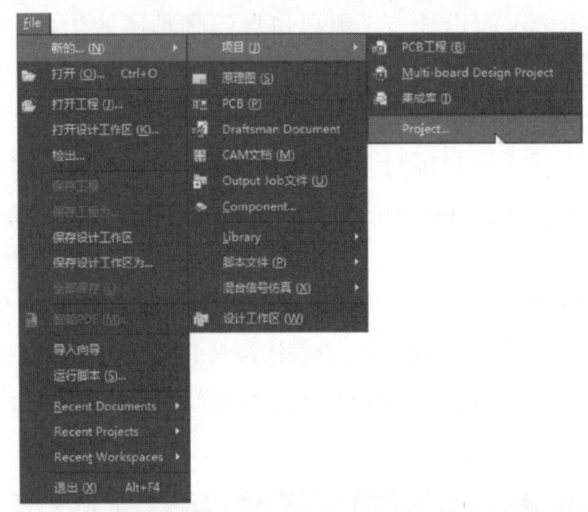

图 5-26 新建 PCB 项目文件

（2）弹出“New Project（新建工程）”对话框，在该对话框中显示工程文件类型，创建一个 PCB 项目文件 AudioEqualizer，如图 5-27 所示。

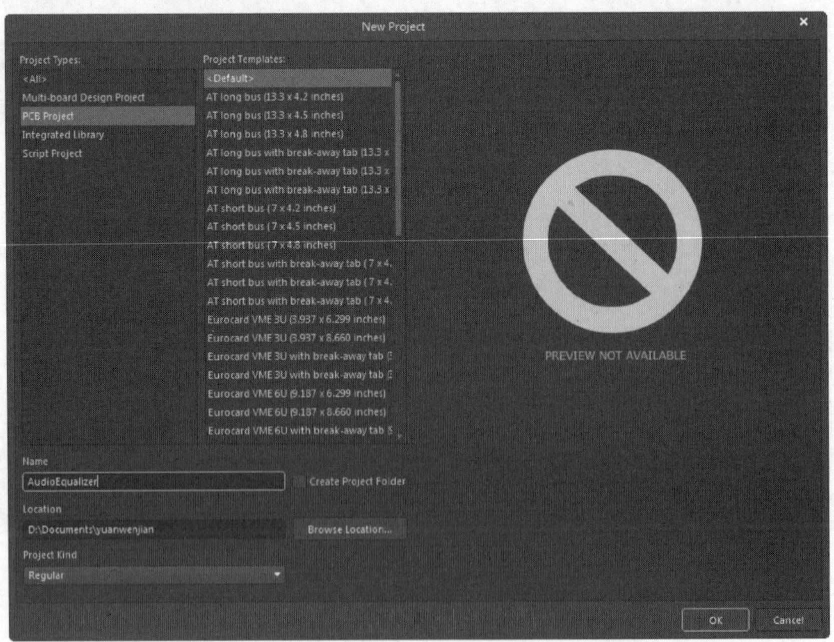

图 5-27 “New Project（新建工程）”对话框

（3）执行“File（文件）”→“新的”→“原理图”命令，在创建的原理图上右击，在弹出的快捷菜单中选择“另存为”命令，将新建的原理图文件保存为“EqualizerTop. SchDoc”。

2. 加载元件库

选择“设计”→“浏览库”菜单命令，打开“Libraries（库）”面板。单击Libraries...按钮，打开“Available Libraries（可用库）”对话框，然后在其中加载需要的元件库 AudioEqualizer.SchLib 与 Audio Equalizer. PcbLib，如图 5-28 所示。

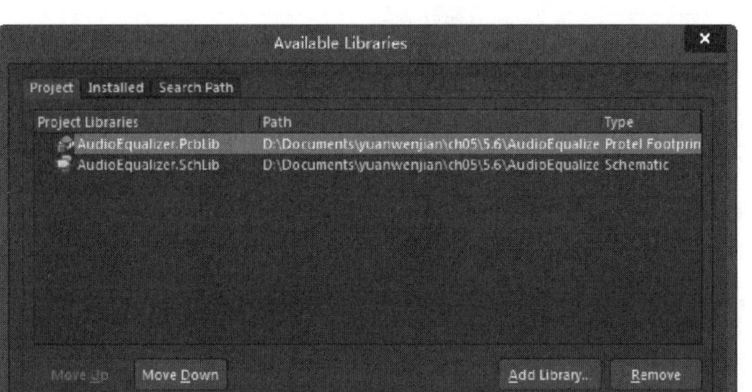

图 5-28　加载需要的元件库

3. 放置方块电路

（1）执行“放置”→“页面符”命令，或者单击“布线”工具栏中的“放置页面符”按钮，光标将变为十字形，并带有一个方块电路图标志。

（2）移动光标到需要放置页面符的地方，单击确定页面符的一个顶点，移动光标到合适的位置再一次单击鼠标确定其对角顶点，即可完成页面符的放置。

（3）此时，光标仍处于放置页面符的状态，重复操作即可放置其他页面符，右击或者按 Esc 键便可退出操作。

（4）设置页面符属性。此时放置的图纸符号并没有具体的意义，需要进一步进行设置，包括其标识符、所表示的子原理图文件，以及一些相关的参数等。

4. 放置图纸入口

（1）执行“放置”→“添加图纸入口”命令，或者单击“布线”工具栏中的（放置图纸入口）按钮，光标将变为十字形。

（2）移动光标到页面符内部，选择要放置的位置，单击，会出现一个图纸入口随光标移动而移动，但只能在页面符内部的边框上移动，在适当的位置再一次单击鼠标即可完成图纸入口的放置。

（3）光标仍处于放置图纸入口的状态，重复上述操作即可放置其他的图纸入口。右击或者按 Esc 键便可退出操作。

5. 设置图纸入口的属性

（1）双击需要设置属性的图纸入口（或在绘制状态下按 Tab 键），系统将弹出相应的图纸入口属性编辑对话框，对图纸入口的属性加以设置。

（2）使用导线或总线把每一个页面符上的相应图纸入口连接起来，并放置好接地符号，完成顶层原理图的绘制，如图 5-29 所示。

技巧： 根据顶层原理图中的页面符，把与之相对应的子原理图分别绘制出来，这一过程就是使用方块电路图（由页面符与图纸入口组成）来建立子原理图的过程。

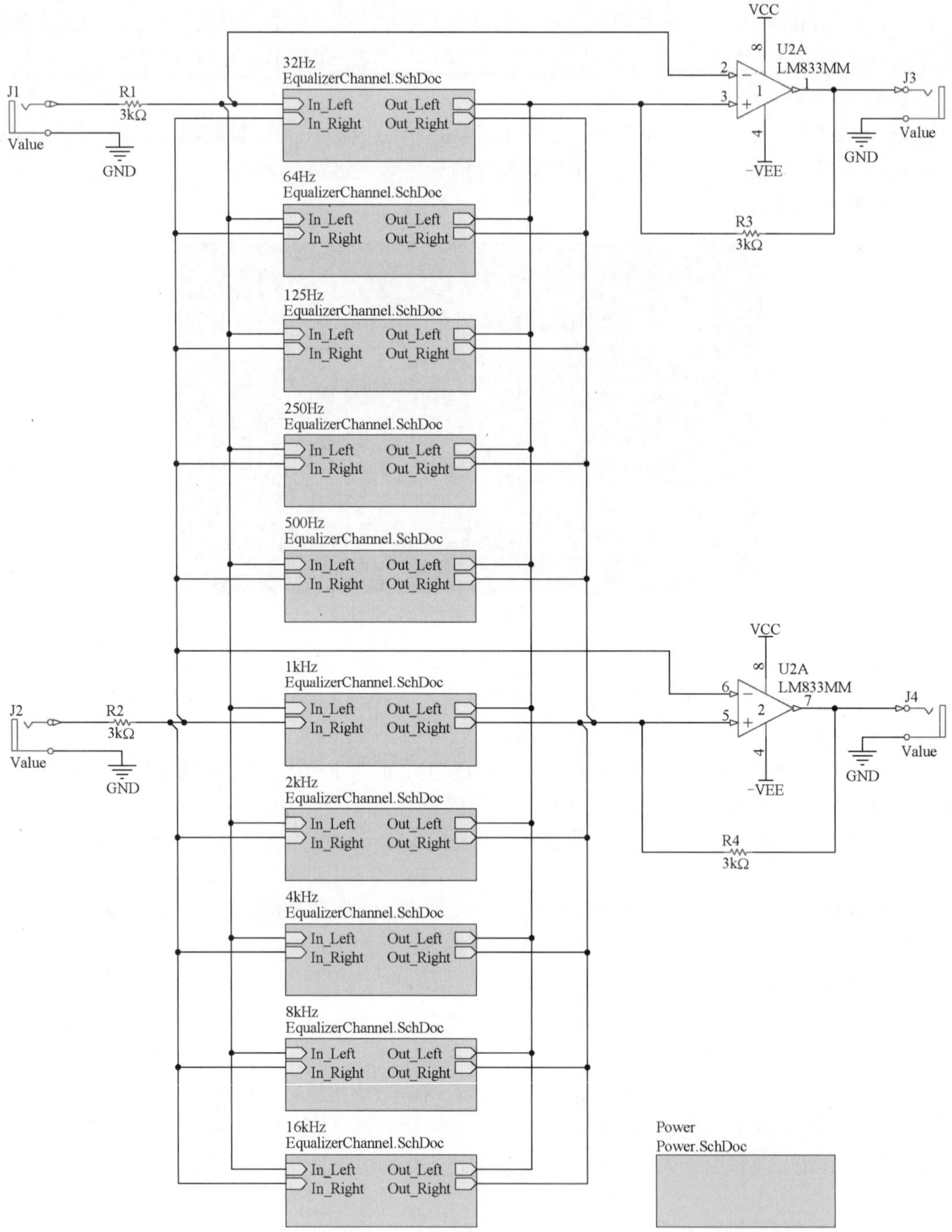

Note

图 5-29　设计完成的顶层原理图①

6. 生成子原理图

（1）执行“设计”→“从页面符创建图纸”命令，这时光标将变为十字形。移动光标到图 5-24 左侧方块电路图内部，单击，系统自动生成一个新的原理图文件，名称为 EqualizerChannel.SchDoc，与相应的方块电路图所代表的子原理图文件名一致，如图 5-30 所示。用户可以看到，在该原理图中

① 编辑注：-ww-与 -□-为电阻不同封装的画法。

已经自动放置好了与 4 个电路端口方向一致的输入/输出端口。

图 5-30　由方块电路图产生的子原理图

（2）使用普通电路原理图的绘制方法，放置各种所需的元器件并进行电气连接，完成 EqualizerChannel.SchDoc 子原理图的绘制，如图 5-31 所示。

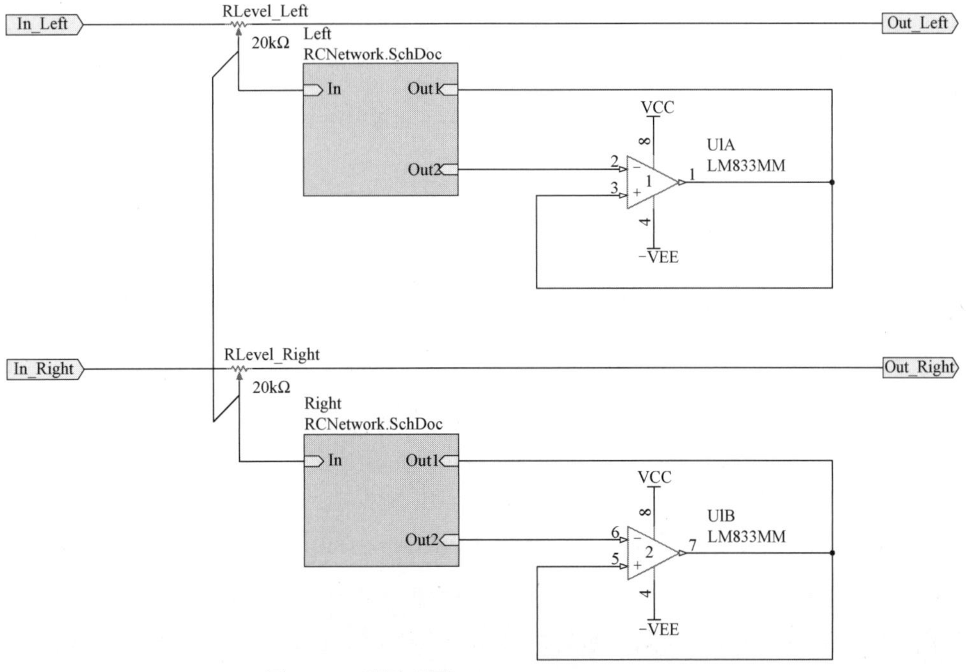

图 5-31　子原理图 EqualizerChannel.SchDoc

（3）使用同样的方法，由顶层原理图中的另外一个方块电路图 Power 建立对应的子原理图 Power.SchDoc，并且绘制出来，电路图如图 5-32 所示。

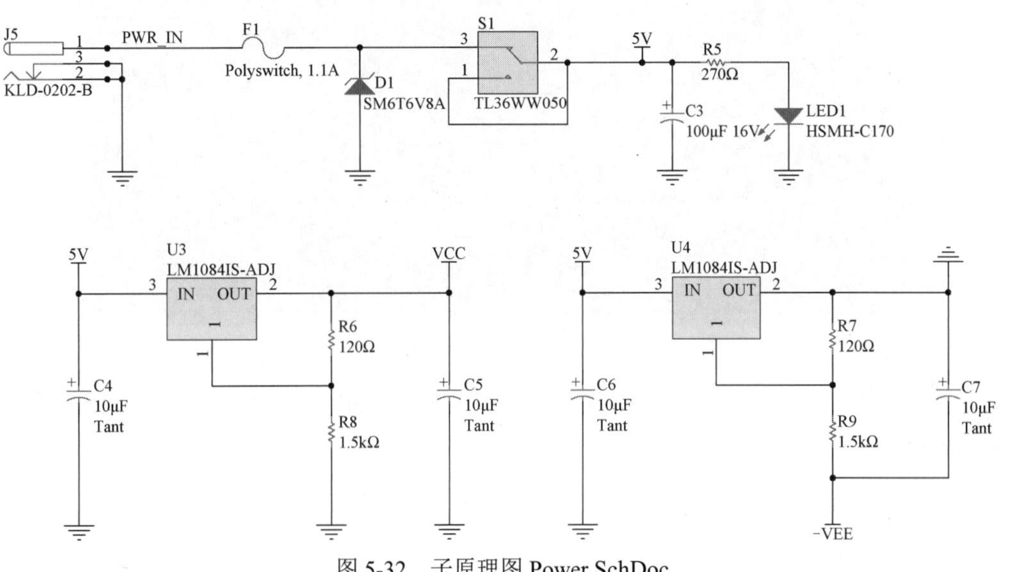

图 5-32　子原理图 Power.SchDoc

Note

（4）打开子原理图 EqualizerChannel.SchDoc，执行“设计”→“从页面符创建图纸”命令，光标变成十字形。移动光标到方块电路 RCNetwork 内部空白处，单击，系统会自动生成一个与该方块图同名的子原理图文件，再单击，系统自动生成一个新的原理图文件，名称为 RCNetwork.SchDoc，如图 5-33 所示。

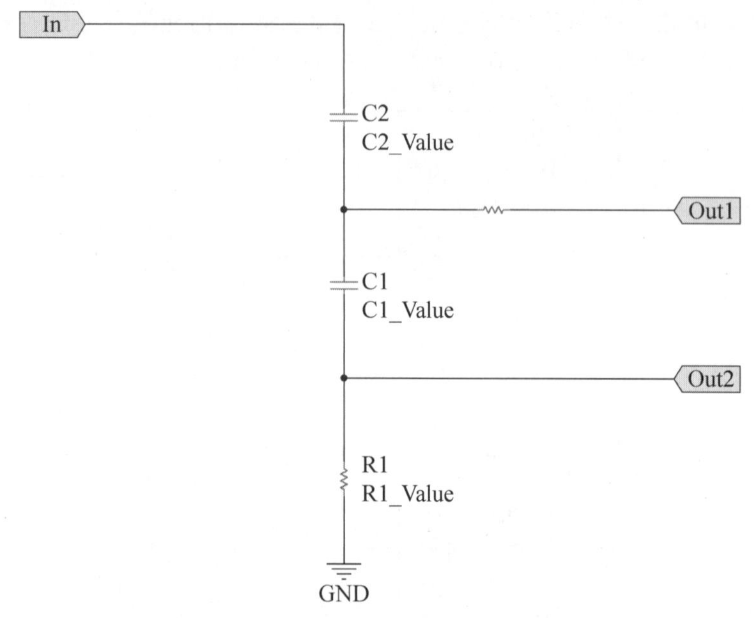

图 5-33　子原理图 RCNetwork.SchDoc

（5）执行“工程”→“Compile PCB 工程（编译电路板工程）”命令，将本工程编译，在“Messages（信息）”面板中显示编译无误的信息，如图 5-34 所示，同时在图 5-35 中显示原理图层次嵌套。

图 5-34　Messages 面板

（6）执行“报告”→“Report Project Hierarchy（工程层次报告）”命令，系统将生成层次设计报表，如图 5-36 所示。

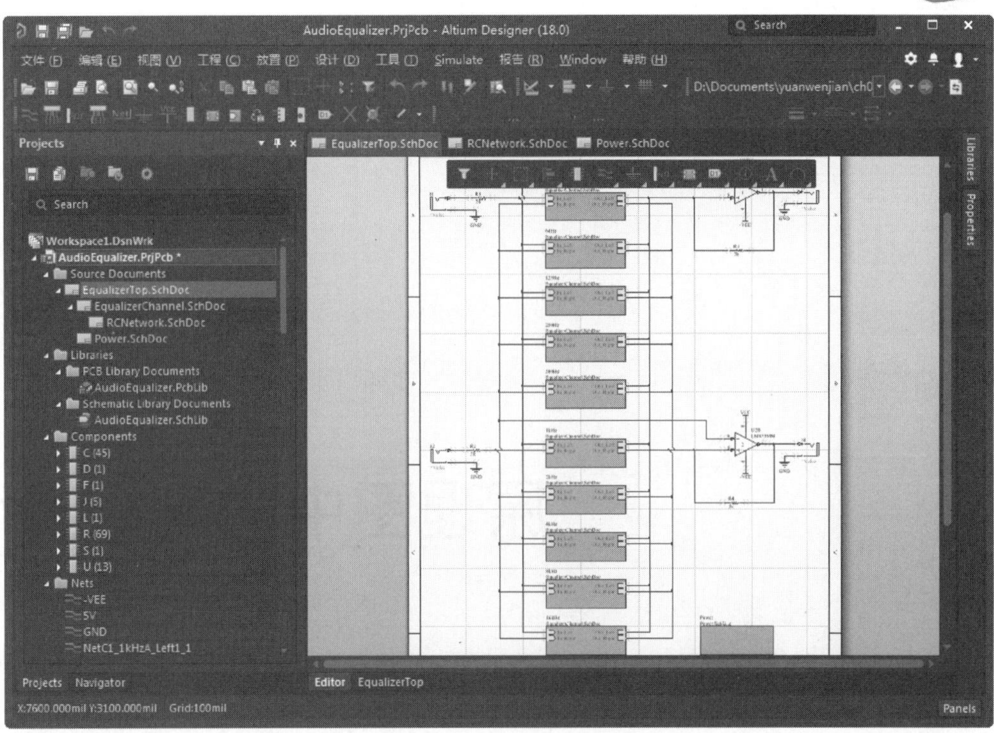

图 5-35　工程编译结果

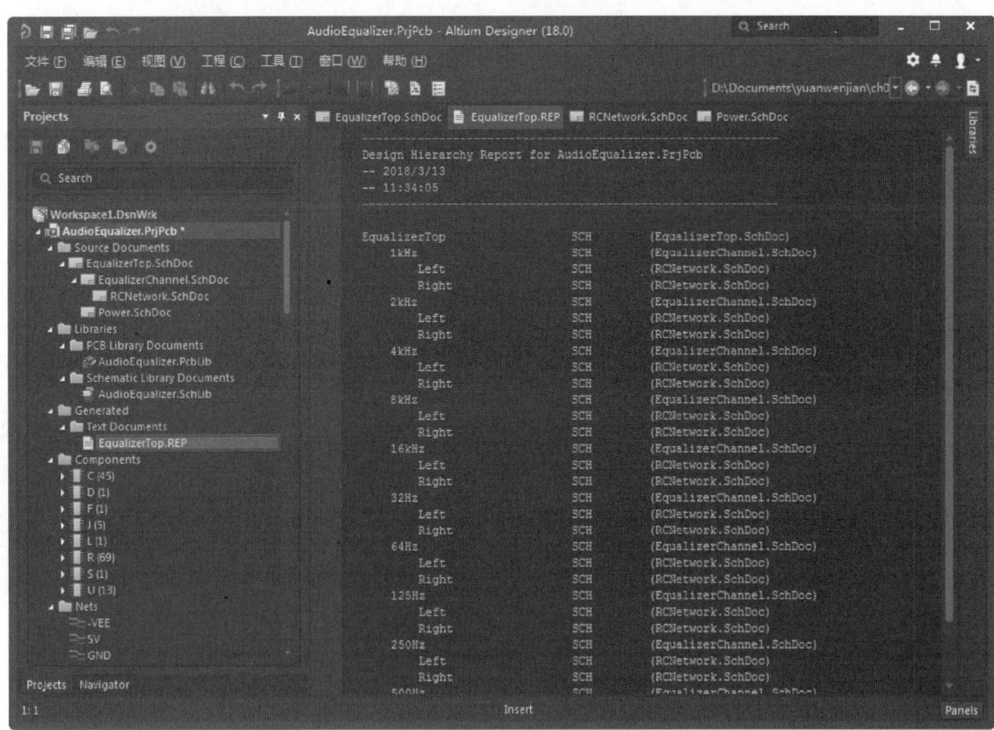

图 5-36　层次设计报表

原理图中的高级操作

Altium Designer 18 中提供了一些高级操作，掌握了这些高级操作，将使用户的电路设计更加得心应手。

本章将详细介绍这些操作，包括工具的使用、元件编号管理、元件的过滤和原理图的查错与编译等。

- ☑ 工具的使用
- ☑ 元件编号管理
- ☑ 元件的过滤
- ☑ 原理图的查错和编译

任务驱动&项目案例

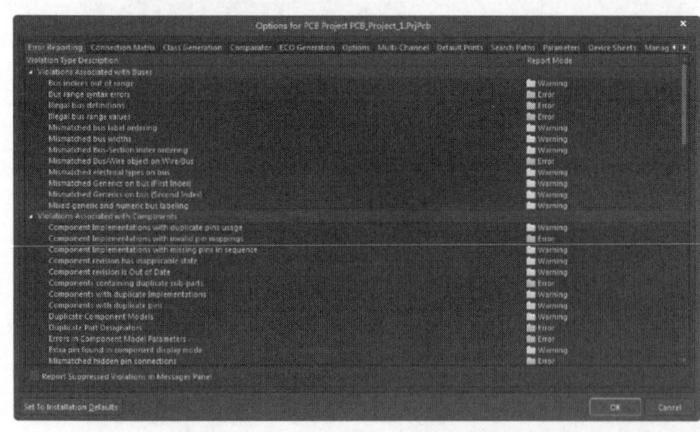

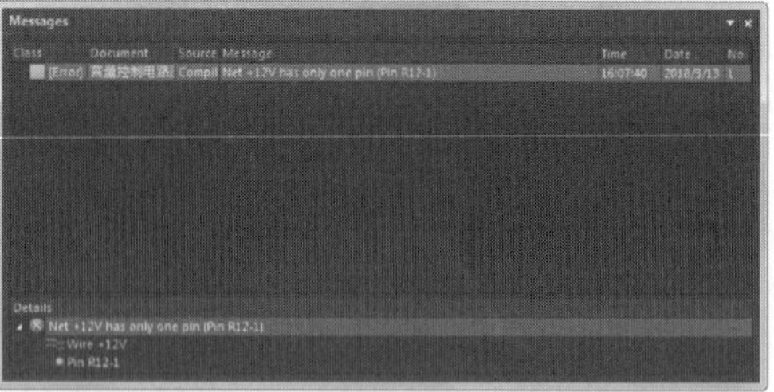

6.1 工具的利用

在原理图编辑器中单击工具栏中的“工具”菜单，会看到如图 6-1 所示的菜单选项。下面就详细介绍其中的几个选项的含义和用法。

本节以 Altium Designer 18 自带的项目文件为例来说明“工具”菜单项的使用，读者可通过随书附赠资源获取相关文件，项目文件的路径为“ch06\example”。

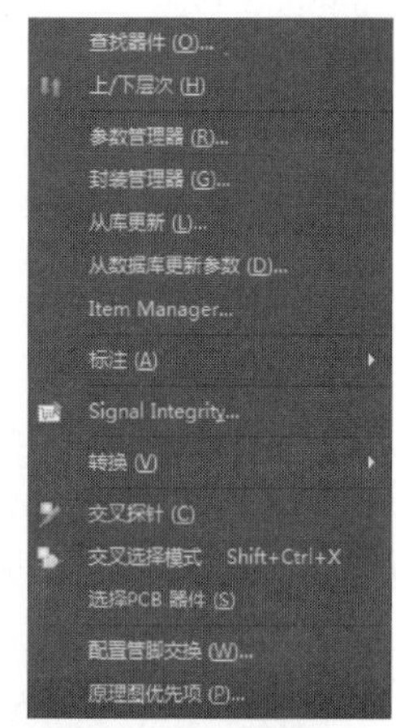

图 6-1 “工具”菜单

6.1.1 自动分配元件标号

“原理图标注”命令用于自动分配元件标号，它不但可以减少手工分配元件标号的工作量，而且可以避免手工分配产生的错误。执行“工具”→“标注”→“原理图标注”命令后，会弹出如图 6-2 所示的对话框。

在该对话框中可以设置原理图编号的一些参数和样式，使得在原理图自动命名时符合用户的要求。

该对话框前面章节已有介绍，这里不再赘述。

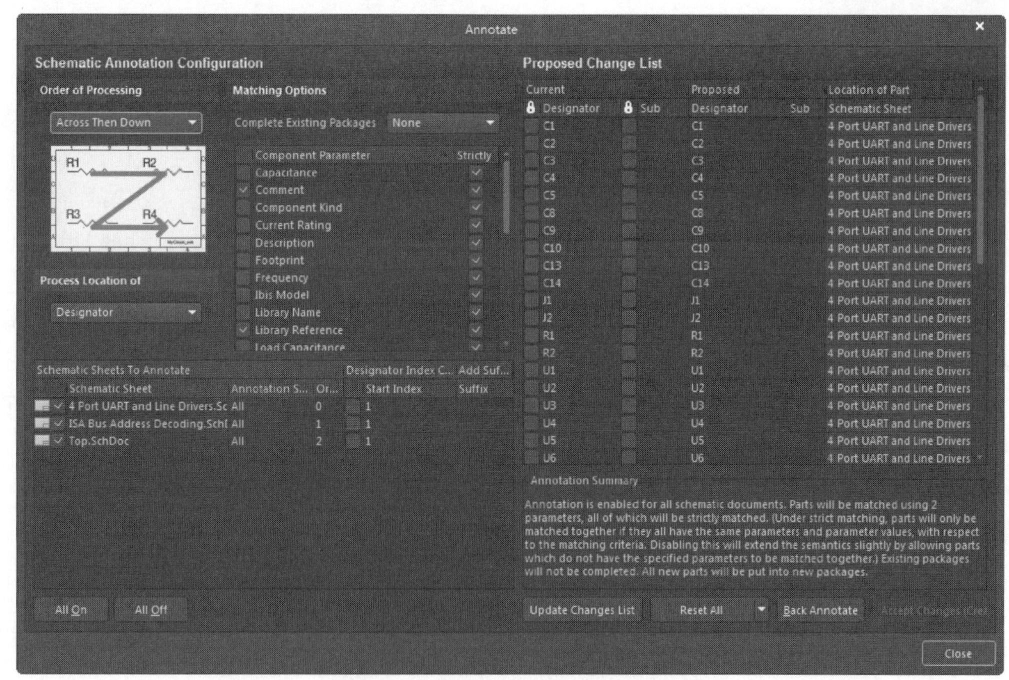

图 6-2 原理图编号设置对话框

6.1.2 返回更新原理图元件标号

“反向标注原理图”命令用于从印制电路返回更新原理图元件标号。在设计印制电路时，有时可能对元件重新编号，为了保持原理图和印制板图之间的一致性，可以使用该命令基于印制板图来更新

原理图中的元件标号。

Note

执行“工具”→“标注”→“反向标注原理图”命令后，系统将弹出一个对话框，要求选择WAS-IS文件，该文件用于从PCB文件更新原理图文件的元件标号。WAS-IS文件是在PCB文档中执行Reannotate命令后生成的文件。当选择好WAS-IS文件后，将弹出一个消息框，报告所有将被重新命名的元件，当然，这时原理图中的元件名称并没有真正被更新。单击 OK 按钮，弹出“Annotate（标注）”对话框，在此可以预览系统推荐的重命名，然后再决定是否执行更新命令，创建新的ECO文件。

6.2 元件编号管理

对于元件较多的原理图，当设计完成后，往往会发现元件的编号变得很混乱或者有些元件还没有编号。用户可以逐个地手动更改这些编号，但是这样比较烦琐而且容易出现错误。Altium Designer 18提供了元件编号管理的功能。

1.“Annotate（标注）”对话框

执行“工具”→“标注”→“原理图标注”命令后，会弹出如图6-2所示的对话框。

在“Annotate（标注）”对话框中，用户可以对元件进行重新编号。

“Annotate（标注）”对话框分为两部分：左面是“Schematic Annotate Configuration（原理图注释配置）”，右面是“Proposed Change List（提议更改列表）”。

（1）在“Schematic Annotate Configuration（原理图注释配置）”栏中列出了当前工程中的所有原理图文件，通过文件名前面的复选框，用户可以选择对哪些原理图进行重新编号。

在对话框左上角的“Order of Processing（编号顺序）”下拉列表框中列出了4种编号的顺序，即Up Then Across（先向上，后左右）、Down Then Across（先向下，后左右）、Across Then Up（先左右，后向上）和Across Then Down（先左右，后向下）。

在“Matching Options（匹配选项）”选项组中列出了元件的参数名称，通过参数名前面的复选框可以选择是否根据这些参数进行编号。

（2）在“Proposed Change List（提议更改列表）”栏中，在“Current（当前的）”栏中列出了当前的元件编号，在“Proposed（被提及的)”栏中列出了新的编号。

2. 重新编号的方法

对原理图重新编号的方法如下。

（1）选择要进行编号的原理图。

（2）选择编号的顺序和参照的参数，单击 Reset All 按钮，对编号进行重置，弹出“Information（信息）”对话框，提示用户编号发生了哪些变化。单击 OK 按钮确认，重置后，所有的元件编号将被消除，如图6-3所示。

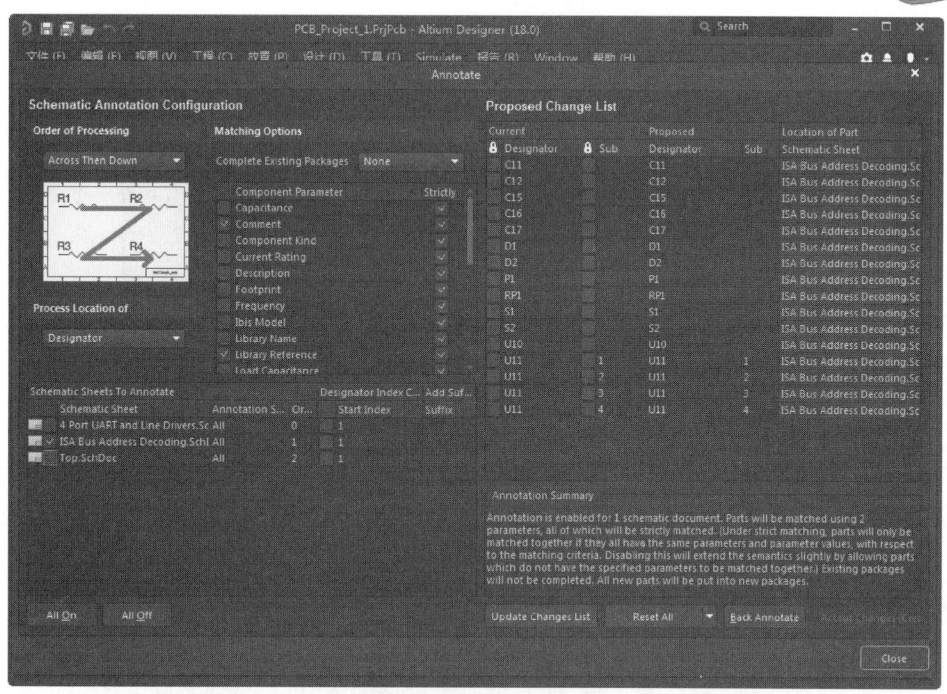

图 6-3　重置后的元件编号

（3）单击 Update Changes List 按钮，重新编号，弹出如图 6-4 所示的“Information（信息）”对话框，提示用户相对前一次状态和相对初始状态发生的改变。

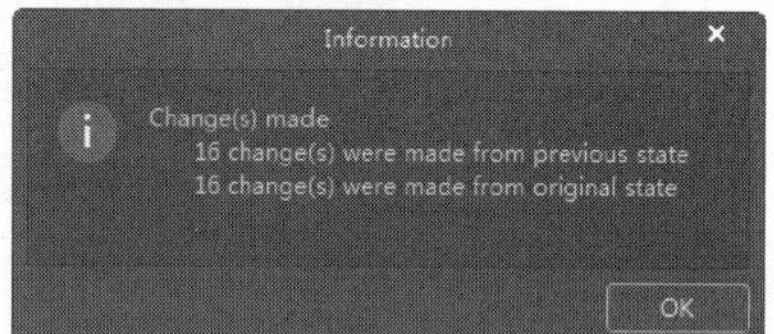

图 6-4　Information 对话框

（4）从“Proposed Change List（提议更改列表）”栏中可以发现，重新编号后，哪些编号发生了变化。如果对这种编号满意，则单击 Accept Changes (Create ECO) 按钮，在弹出的“Engineering Change Order（执行更改顺序）”对话框中更新修改，如图 6-5 所示。

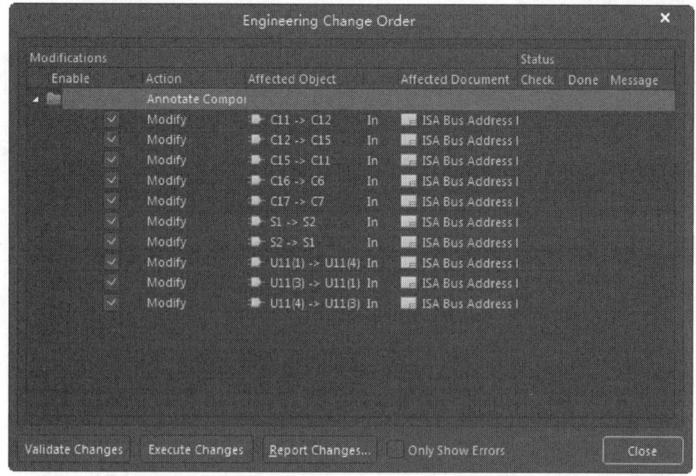

图 6-5　“Engineering Change Order（执行更改顺序）”对话框

（5）在“Engineering Change Order（执行更改顺序）”对话框中单击 Validate Changes 按钮，可以验证修改的可行性，如图 6-6 所示。

Note

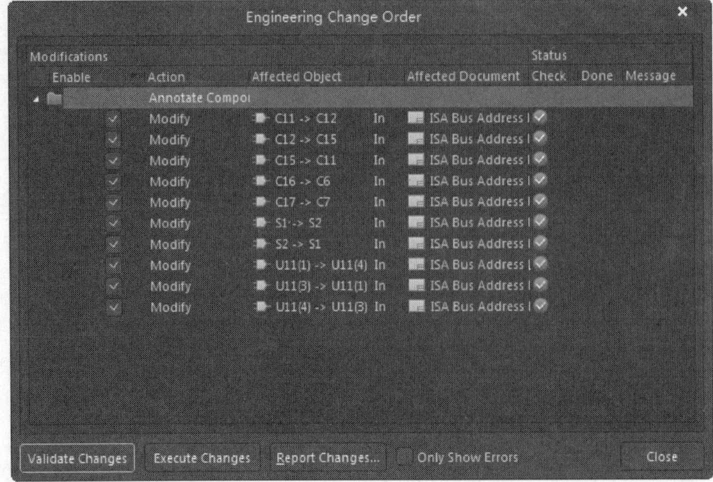

图 6-6　验证修改的可行性

（6）单击 Report Changes... 按钮，将弹出“Report Preview（报告预览）”对话框，如图 6-7 所示，在其中可以将修改报表输出。

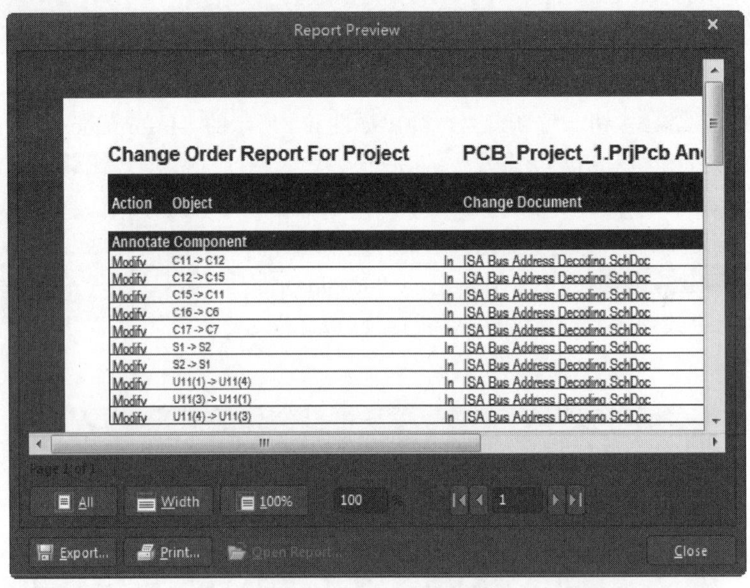

图 6-7　“Report Preview（报告预览）”对话框

（7）单击 Execute Changes 按钮，即可执行修改变化，这样对元件的重新编号便完成了。

6.3　元件的过滤

在进行原理图或 PCB 设计时，用户经常希望能够查看并且编辑某些对象，但是在复杂的电路中，要将某个对象从中区分出来十分困难，尤其是在 PCB 设计时。

因此，Altium Designer 18 提供了一个十分人性化的过滤功能。经过过滤后，那些被选定的对象被清晰地显示在工作窗口中，而其他未被选定的对象则会变成半透明状。同时，未被选定的对象也将

变成不可操作状态，用户只能对选定的对象进行选中和编辑。

1. 使用“Navigator（导航）”面板

在原理图编辑器或PCB编辑器的“Navigator（导航）”面板中，单击一个项目，即可在工作窗口中启用过滤功能，后面将有详细内容的介绍。

2. 使用“List（列表）”面板

在原理图编辑器或PCB编辑器的“List（列表）”面板中使用查询功能时，查询结果将在工作窗口中启用过滤功能，后面将有详细内容的介绍。

3. 使用PCB Filter工具条

使用PCB Filter工具条可以对PCB工作窗口的过滤功能进行管理。例如，在最左边下拉菜单中选择GND网络，GND网络将以高亮显示，如图6-8所示。

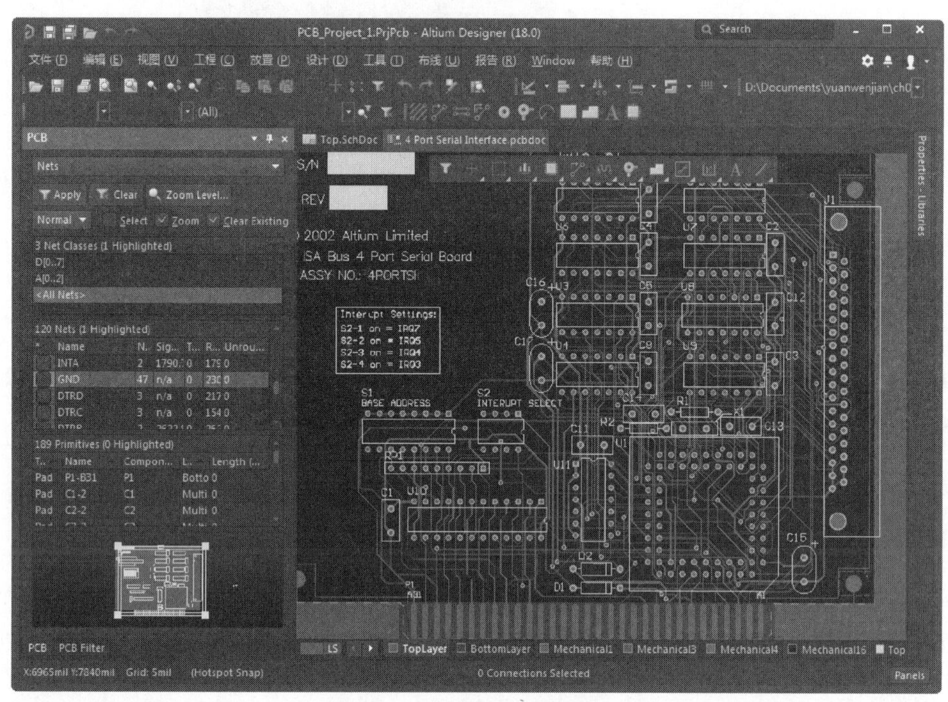

图6-8　选择GND网络

在PCB面板中对于高亮网络有Normal（正常）、Mask（遮挡）和Dim（变暗）3种显示方式，用户可通过面板中的下拉列表框进行选择。

☑ Normal（正常）：直接高亮显示用户选择的网络或元件，其他网络及元件的显示方式不变。

☑ Mask（遮挡）：高亮显示用户选择的网络或元件，其他元件和网络以遮挡方式显示（灰色），这种显示方式更为直观。

☑ Dim（变暗）：高亮显示用户选择的网络或元件，其他元件或网络按色阶变暗显示。

对于显示控制，有3个控制选项，即Select（选择）、Zoom（缩放）和Clear Existing（清除现有的）。

☑ Select（选择）：选中该复选框，在高亮显示的同时选中用户选定的网络或元件。

☑ Zoom（缩放）：选中该复选框，系统会自动将网络或元件所在区域完整地显示在用户可视区域内。如果被选网络或元件在图中所占区域较小，则会放大显示。

☑ Clear Existing（清除现有的）：选中该复选框，在用户选择显示一个新的网络或元件时，上一次高亮显示的网络或元件会消失，与其他网络或元件一起按比例降低亮度显示。不选中该复

选框时，上一次高亮显示的网络或元件仍然以较暗的高亮状态显示。

4. 使用“Filter（过滤）”菜单

在 PCB 编辑器中按 Y 键，即可弹出“Filter（过滤）”菜单，如图 6-9 所示。

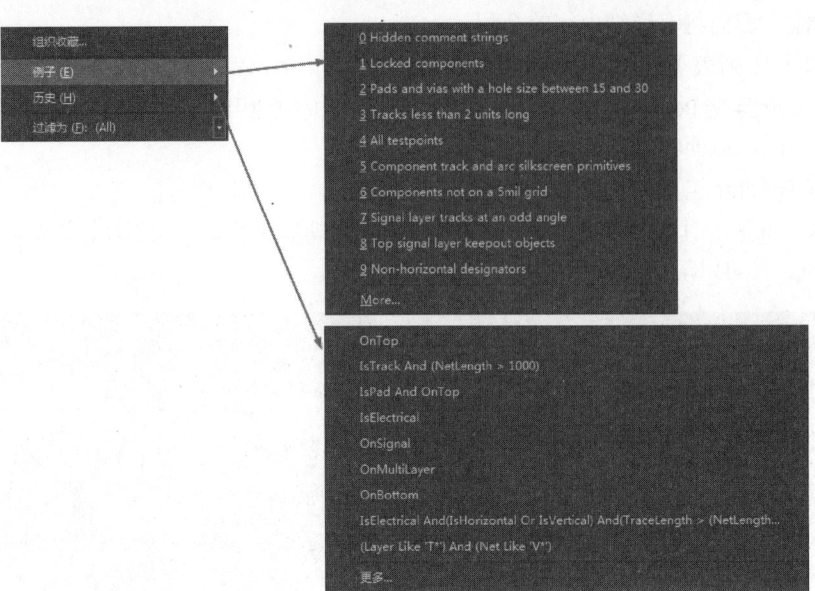

图 6-9 “Filter（过滤）”菜单

“Filter（过滤）”菜单中列出了 10 种常用的查询关键字，另外也可以在“过滤为”下拉列表中选择其他的查询关键字。

6.4 在原理图中添加 PCB 设计规则

Altium Designer 18 允许用户在原理图中添加 PCB 设计规则。当然，PCB 设计规则也可以在 PCB 编辑器中定义。不同的是，在 PCB 编辑器中，设计规则的作用范围是在规则中定义的，而在原理图编辑器中，设计规则的作用范围就是添加处。这样，用户在进行原理图设计时，可以提前将一些 PCB 设计规则定义好，以便进行下一步的 PCB 设计。

对于元件、管脚等对象，可以使用前面介绍的方法添加设计规则。而对于网络、属性对话框，需要在网络上放置 PCB Layout 标志来设置 PCB 设计规则。

例如，对如图 6-10 所示电路的 VCC 网络和 GND 网络添加一条设计规则，设置 VCC 和 GND 网络的走线宽度为 30mil 的操作步骤如下。

（1）单击菜单栏中的“放置”→“指示”→“参数设置”命令，即可放置 PCB Layout 标志，此时按 Tab 键，弹出如图 6-11 所示的“Properties（属性）”面板。

（2）在“Rule（规则）”选项组下单击 Add 按钮，系统将弹出如图 6-12 所示的“Choose Design Rule Type（选择设计规则类型）”对话框，在其中可以选择要添加的设计规则。双击 Width Constraint 选项，系统将弹出如图 6-13 所示的“Edit PCB Rule (From Schematic)-Max-Min Width Rule（编辑 PCB 规则）”对话框。

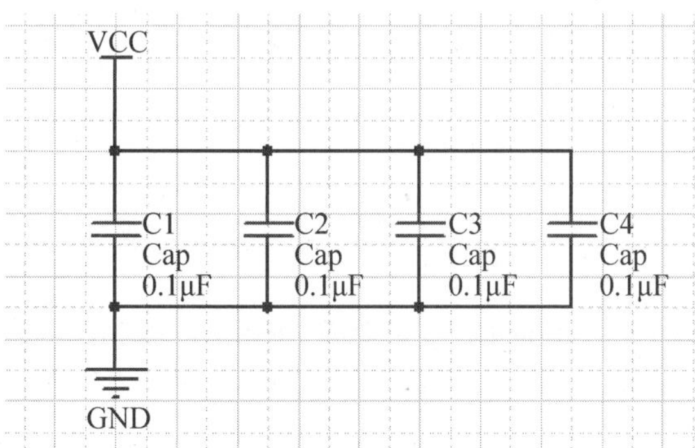

图 6-10　示例电路

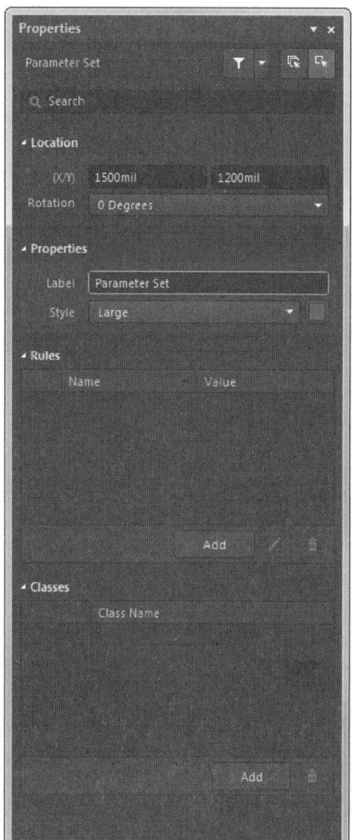

图 6-11　“Properties（属性）”面板

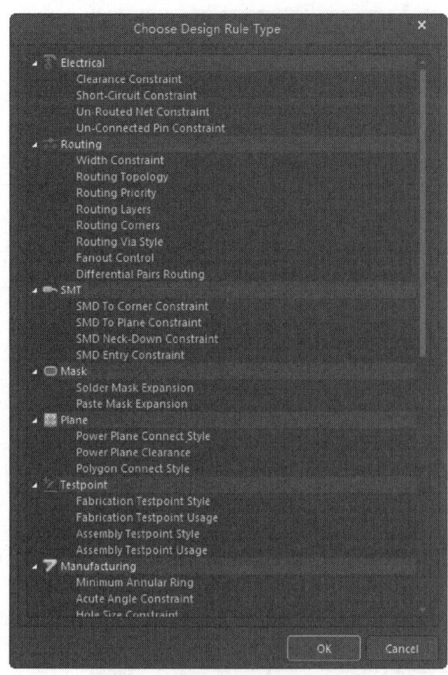

图 6-12　“Choose Design Rule Type（选择设计规则类型）”对话框

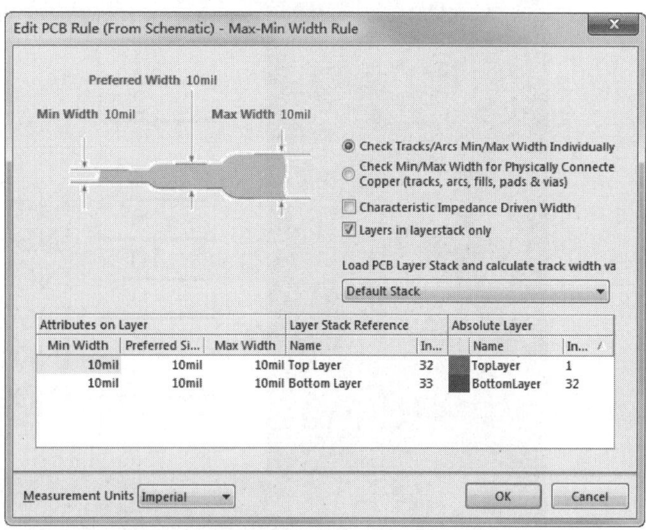

图 6-13　Edit PCB Rule(From Schematic)-Max-Min Width Rule 对话框

Note

其中各选项的意义如下。

☑ Min Width（最小值）：走线的最小宽度。

☑ Preferred Width（首选的）：走线首选宽度。

☑ Max Width（最大值）：走线的最大宽度。

（3）这里将 3 项都改成 30mil，单击 确定 按钮确认。

（4）将修改完的 PCB 布局标志放置到相应的网络中，完成对 VCC 和 GND 网络走线宽度的设置，效果如图 6-14 所示。

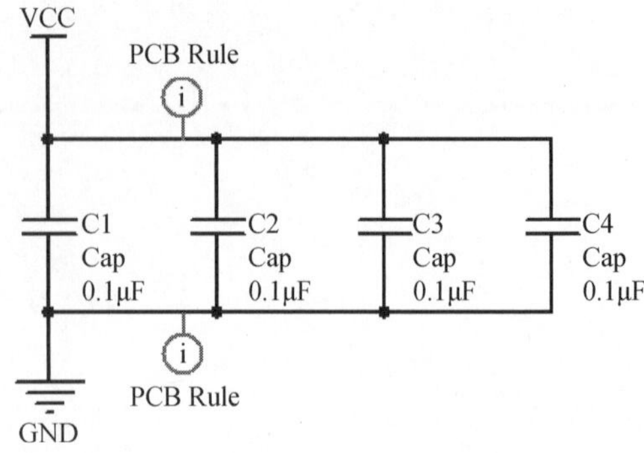

图 6-14　将 PCB 布局标志添加到网络中

6.5　使用 Navigator 和 SCH Filter 面板进行快速浏览

1. “Navigator（导航）”面板

“Navigator（导航）”面板的作用是快速浏览原理图中的元件、网络以及违反设计规则的内容等。“Navigator（导航）”面板是 Altium Designer 18 强大的集成功能的体现之一。

单击“Navigator（导航）”面板中的“Interactive Navigation（相互导航）”按钮后，就会在下面的“Net/Bus（网络/总线）”列表框中显示出原理图中的所有网络。单击其中一个网络，立即在下面的列表框中显示出与该网络相连的所有节点，同时工作区的图纸将该网络的所有元件高亮显示出来，并置于选中状态，如图 6-15 所示。

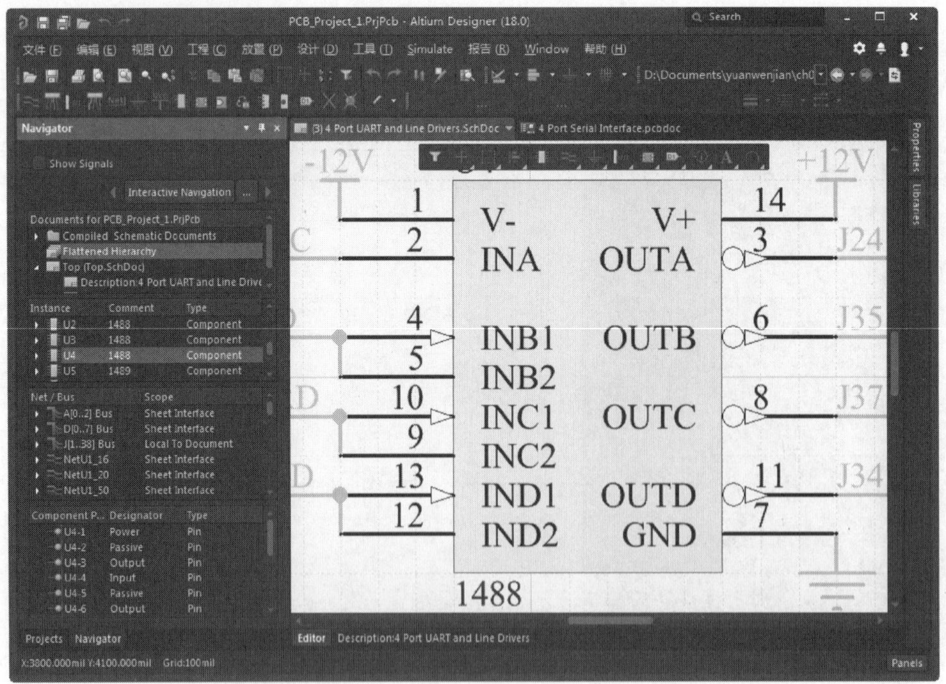

图 6-15　在 Navigator 面板中选中一个网络

2. “SCH Filter（SCH 过滤）”面板

“SCH Filter（SCH 过滤）”面板的作用是根据所设置的过滤器，快速浏览原理图中的元件、网络以及违反设计规则的内容等，如图 6-16 所示。

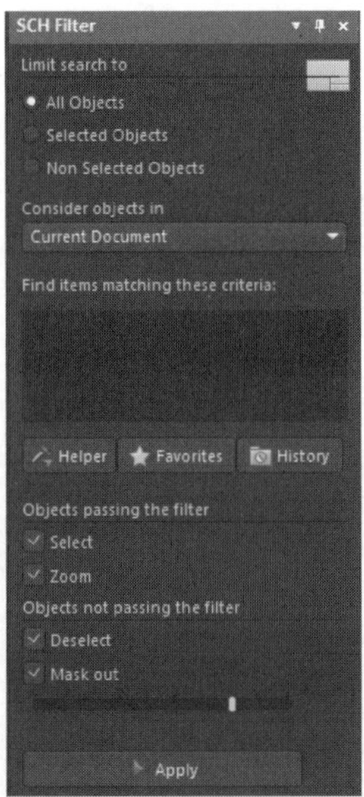

图 6-16　使用 SCH Filter 面板进行过滤搜索

下面简要介绍“SCH Filter（SCH 过滤）”面板。

☑ “Consider objects in（对象查找范围）”下拉列表框：用于设置查找的范围，共有 3 个选项：Current Document（当前文档）、Open Document（打开文档）和 Open Document of the Same Project（在同一个项目中打开文档）。

☑ “Find items matching these criteria（设置过滤器过滤条件）”文本框：用于设置过滤器，即输入查找条件，如果用户不熟悉输入语法，可以单击下面的 Helper 按钮，在弹出的“Query Helper（查询帮助）”对话框的帮助下输入过滤器逻辑语句，如图 6-17 所示。

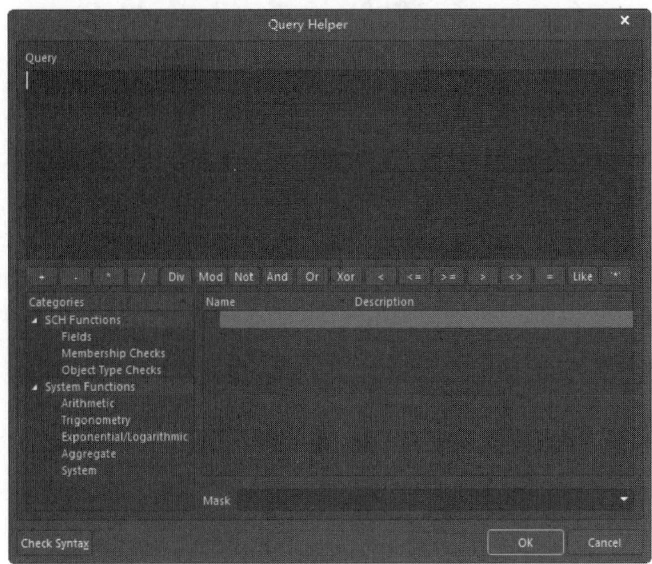

图 6-17　Query Helper 对话框

Note

- ☑ “Favorites（收藏）”按钮：用于显示并载入收藏的过滤器，单击该按钮可以弹出收藏过滤器记录窗口。
- ☑ “History（历史）”按钮：用于显示并载入曾经设置过的过滤器，可以大大提高搜索效率。单击该按钮后即弹出如图 6-18 所示的过滤器历史记录窗口，移动鼠标选中其中一个记录后，单击它即可实现过滤器的加载。单击“Add To Favorites（添加到收藏）”按钮可以将历史记录过滤器添加到收藏夹。
- ☑ “Select（选择）”复选框：用于设置是否将符合匹配条件的元件置于选中状态。
- ☑ “Zoom（缩放）”复选框：用于设置是否将符合匹配条件的元件进行放大显示。
- ☑ “Deselect（取消选定）”复选框：用于设置是否将不符合匹配条件的元件置于取消选中状态。
- ☑ “Mask out（屏蔽）”复选框：用于设置是否将不符合匹配条件的元件屏蔽。
- ☑ Apply 按钮：用于启动过滤查找功能。

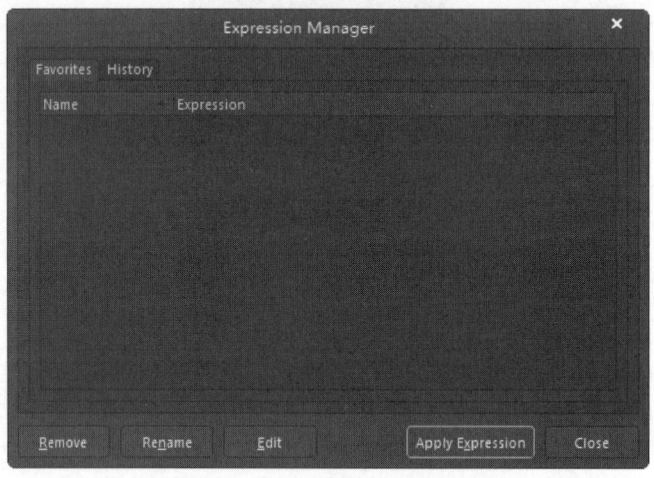

图 6-18　过滤器历史记录窗口

6.6　原理图的查错及编译

Altium Designer 18 和其他的 Altium 家族软件一样提供有电气检测法则，可以对原理图的电气连接特性进行自动检查，检查后的错误信息将在“Messages（信息）”工作面板中列出，同时也在原理图中标注出来。用户可以对检测规则进行设置，然后根据面板中所列出的错误信息对原理图进行修改。这有一点需要注意，原理图的自动检测机制只是按照用户所绘制原理图中的连接进行检测，系统并不知道原理图到底要设计成什么样子，所以如果检测后的“Messages（信息）”面板中并无错误信息出现，这并不表示该原理图的设计完全正确。用户还需将网络表中的内容与所要求的设计反复对照和修改，直到完全正确为止。

6.6.1　原理图的自动检测设置

原理图的自动检测可在“Project Options（项目选项）”中设置。执行“工程”→“工程选项”命令，系统打开“Options for PCB Project...（PCB 项目的选项）”对话框，如图 6-19 所示。所有与项目有关的选项都可以在该对话框中设置。

Note

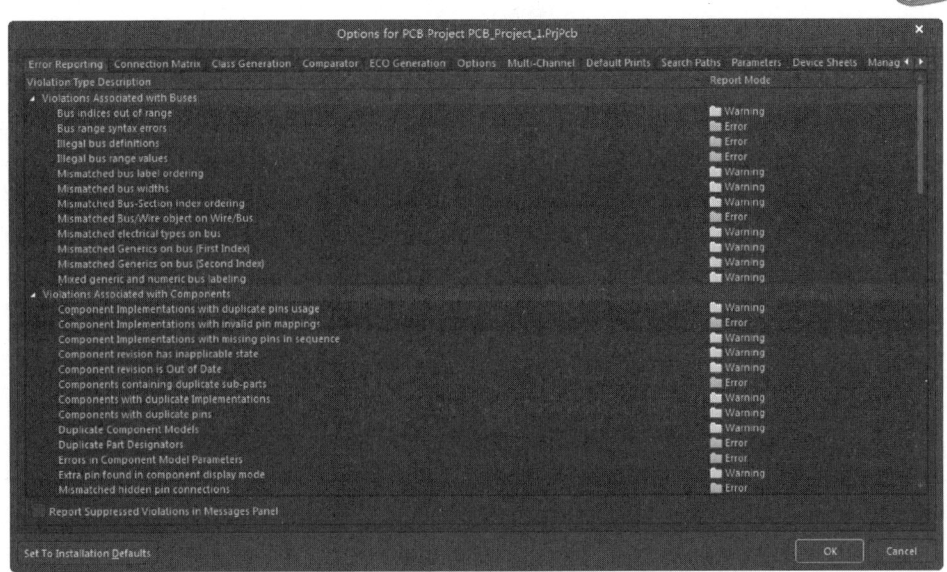

图 6-19　Options for PCB Project...对话框

工程选项中包括很多选项卡。

☑ “Error Reporting（错误报告）”选项卡：设置原理图的电气检测法则。当进行文件的编译时，系统将根据该选项卡中的设置进行电气法则的检测。

☑ “Connection Matrix（电路连接检测矩阵）”选项卡：设置电路连接方面的检测法则。当对文件进行编译时，通过该选项卡的设置可以对原理图中的电路连接进行检测。

☑ “Class Generation（自动生成分类）”选项卡：进行自动生成分类的设置。

☑ “Comparator（比较器）”选项卡：设置比较器。当两个文档进行比较时，系统将根据此选项卡中的设置进行检查。

☑ “ECO Generation（工程变更顺序）”选项卡：设置工程变更命令。依据比较器发现的不同，在该选项卡中进行设置来决定是否导入改变后的信息，大多用于原理图与 PCB 间的同步更新。

☑ “Options（工程选项）”选项卡：在该选项卡中可以对文件输出、网络报表和网络标签等相关信息进行设置。

☑ “Multi-Channel（多通道）”选项卡：进行多通道设计的相关设置。

☑ “Default Prints（默认打印输出）”选项卡：设置默认的打印输出（如网络表、仿真文件、原理图文件以及各种报表文件等）。

☑ “Search Paths（搜索路径）”选项卡：进行搜索路径的设置。

☑ “Parameters（参数设置）”选项卡：进行项目文件参数的设置。

在该对话框中的各项设置中，与原理图检测有关的主要是指 Error Reporting 选项卡、Connection Matrix 选项卡和 Comparator 选项卡。当对工程进行编译操作时，系统会根据该对话框中的设置进行原理图的检测，系统检测出的错误信息将在 Messages 面板中列出。

☑ “Device Sheets（硬件设备列表）”选项卡：用于设置硬件设备列表。

☑ “Managed OutputJobs（管理工作）”选项卡：用于管理设备选项的设置。

1. “Error Reporting（错误报告）”选项卡的设置

在“Error Reporting（错误报告）”选项卡中可以对各种电气连接错误的等级进行设置。其中电气错误类型检查主要分为 6 类，各类中又包括不同的选项，各分类和主要选项的含义如下。

（1）“Violations Associated with Buses（与总线相关的违例）”栏

该栏设置包含总线的原理图或元件的选项。

☑ Bus indices out of range：总线编号索引超出定义范围。总线和总线分支线共同完成电气连接。如果定义总线的网络标签为 D [0…7]，则当存在 D8 及 D8 以上的总线分支线时将违反该规则。
☑ Bus range syntax errors：用户可以通过放置网络标签的方式对总线进行命名。当总线命名存在语法错误时将违反该规则。例如，定义总线的网络标签为 D[0…]时将违反该规则。
☑ Illegal bus definition：连接到总线的元件类型不正确。
☑ Illegal bus range values：与总线相关的网络标签索引出现负值。
☑ Mismatched bus label ordering：同一总线的分支线属于不同网络时，这些网络对总线分支线的编号顺序不正确，即没有按同一方向递增或递减。
☑ Mismatched bus widths：总线编号范围不匹配。
☑ Mismatched Bus-Section index ordering：总线分组索引的排序方式错误，即没有按同一方向递增或递减。
☑ Mismatched Bus/Wire object in Wire/Bus：总线上放置了与总线不匹配的对象。
☑ Mismatched electrical types on bus：总线上电气类型错误。总线上不能定义电气类型，否则将违反该规则。
☑ Mismatched Generics on bus (First Index)：总线范围值的首位错误。总线首位应与总线分支线的首位对应，否则将违反该规则。
☑ Mismatched Generics on bus (Second Index)：总线范围值的末位错误。
☑ Mixed generic and numeric bus labeling：与同一总线相连的不同网络标识符类型错误，有的网络采用数字编号，而其他网络采用了字符编号。

（2）“Violations Associated with Components（与元件相关的违例）”栏

☑ Component Implementations with duplicate pins usage：原理图中元件的管脚被重复使用。
☑ Component Implementations with invalid pin mappings：元件管脚与对应封装的管脚标识符不一致。元件管脚应与管脚的封装一一对应，不匹配时将违反该规则。
☑ Component Implementations with missing pins in sequence：按序列放置的多个元件管脚中丢失了某些管脚。
☑ Component revision has inapplicable state：元件版本有不适用的状态。
☑ Component revision has Out of Date：元件版本已过期。
☑ Components containing duplicate sub-parts：元件中包含了重复的子元件。
☑ Components with duplicate Implementations：重复实现同一个元件。
☑ Components with duplicate pins：元件中出现了重复管脚。
☑ Duplicate Component Models：重复定义元件模型。
☑ Duplicate Part Designators：元件中存在重复的组件标号。
☑ Errors in Component Model Parameters：元件模型参数错误。
☑ Extra pin found in component display mode：元件显示模式中出现多余的管脚。
☑ Mismatched hidden pin connections：隐藏管脚的电气连接存在错误。
☑ Mismatched pin visibility：管脚的可视性与用户的设置不匹配。
☑ Missing Component Model editor：元件模型编辑器丢失。
☑ Missing Component Model Parameters：元件模型参数丢失。
☑ Missing Component Models：元件模型丢失。

☑ Missing Component Models in Model Files：元件模型在所属库文件中找不到。

☑ Missing pin found in component display mode：在元件的显示模式中缺少某一管脚。

☑ Models Found in Different Model Locations：元件模型在另一路径（非指定路径）中找到。

☑ Sheet Symbol with duplicate entries：原理图符号中出现了重复的端口。为避免违反该规则，建议用户在进行层次原理图的设计时，在单张原理图上采用网络标签的形式建立电气连接，而不同的原理图间采用端口建立电气连接。

☑ Un-Designated parts requiring annotation：未被标号的元件需要分开标号。

☑ Unused sub-part in component：集成元件的某一部分在原理图中未被使用。通常对未被使用的部分采用管脚悬空的方法，即不进行任何的电气连接。

（3）"Violations Associated with Documents（与文档关联的违例）"栏

☑ Ambiguous Device Sheet Path Resolution：设备图纸路径分辨率不明确。

☑ Circular Document Dependency：循环文档相关性。

☑ Duplicate sheet numbers：电路原理图编号重复。

☑ Duplicate Sheet Symbol Names：原理图符号命名重复。

☑ Missing child sheet for sheet symbol：项目中缺少与原理图符号相对应的子原理图文件。

☑ Multiple Top-Level Documents：定义了多个顶层文档。

☑ Port not linked to parent sheet symbol：子原理图电路与主原理图电路中端口之间的电气连接错误。

☑ Sheet Entry not linked to child sheet：电路端口与子原理图间存在电气连接错误。

☑ Sheet Name Clash：图纸名称冲突。

☑ Unique Identifiers Errors：唯一标识符错误。

（4）"Violations Associated with Harnesses（与线束关联的违例）"栏

☑ Conflicting Harness Definition：线束冲突定义。

☑ Harness Connector Type Syntax Error：线束连接器类型语法错误。

☑ Missing Harness Type on Harness：线束上丢失线束类型。

☑ Multiple Harness Types on Harness：线束上有多个线束类型。

☑ Unknown Harness Types：未知线束类型。

（5）"Violations Associated with Nets（与网络关联的违例）"栏

☑ Adding hidden net to sheet：原理图中出现隐藏的网络。

☑ Adding Items from hidden net to net：从隐藏网络添加子项到已有网络中。

☑ Auto-Assigned Ports To Device Pins：自动分配端口到器件管脚。

☑ Bus Object on a Harness：线束上的总线对象。

☑ Differential Pair Net Connection Polarity Inversed：差分对网络连接极性反转。

☑ Differential Pair Net Unconnected To Differential Pair Pin：差动对网与差动对管脚不连接。

☑ Differential Pair Unproperly Connected to Device：差分对与设备连接不正确。

☑ Duplicate Nets：原理图中出现了重复的网络。

☑ Floating net labels：原理图中出现不固定的网络标签。

☑ Floating power objects：原理图中出现了不固定的电源符号。

☑ Global Power-Object scope changes：与端口元件相连的全局电源对象已不能连接到全局电源网络，只能更改为局部电源网络。

☑ Harness Object on a Bus：总线上的线束对象。

☑ Harness Object on a Wire：连线上的线束对象。

☑ Missing Negative Net in Differential Pair：差分对中缺失负网。

Note

☑ Missing Positive Net in Differential Pair：差分对中缺失正网。
☑ Net Parameters with no name：存在未命名的网络参数。
☑ Net Parameters with no value：网络参数没有赋值。
☑ Nets containing floating input pins：网络中包含悬空的输入管脚。
☑ Nets containing multiple similar objects：网络中包含多个相似对象。
☑ Nets with multiple names：网络中存在多重命名。
☑ Nets with no driving source：网络中没有驱动源。
☑ Nets with only one pin：存在只包含单个管脚的网络。
☑ Nets with possible connection problems：网络中可能存在连接问题。
☑ Same Nets used in Multiple Differential Pair：多个差分对中使用相同的网络。
☑ Sheets Containing duplicate ports：原理图中包含重复端口。
☑ Signals with multiple drivers：信号存在多个驱动源。
☑ Signals with no driver：原理图中信号没有驱动。
☑ Signals with no load：原理图中存在无负载的信号。
☑ Unconnected objects in net：网络中存在未连接的对象。
☑ Unconnected wires：原理图中存在未连接的导线。

（6）"Violations Associated with Others（其他相关违例）"栏

☑ Fail to add alternate item：未能添加替代项。
☑ Incorrect link in project variant：项目变体中的链接不正确。
☑ Object not completely within sheet boundaries：对象超出了原理图的边界，可以通过改变图纸尺寸来解决。
☑ Off-grid object：对象偏离格点位置将违反该规则。使元件处在格点的位置有利于元件电气连接特性的完成。

（7）"Violations Associated with Parameters（与参数相关的违例）"栏

☑ Same parameter containing different types：参数相同而类型不同。
☑ Same parameter containing different values：参数相同而值不同。

"Error Reporting（报告错误）"选项卡的设置一般采用系统的默认设置，但针对一些特殊的设计，用户则须对以上各项的含义有一个清楚的了解。如果想改变系统的设置，则应单击每栏右侧的"Report Mode（报告模式）"选项进行设置，包括 No Report（不显示错误）、Warning（警告）、Error（错误）和 Fatal Error（严重的错误）4 种选择。系统出现错误时是不能导入网络表的，用户可以在这里设置忽略一些设计规则的检测。

2. "Connection Matrix（电路连接检测矩阵）"选项卡

在该选项卡中，用户可以定义一切与违反电气连接特性有关报告的错误等级，特别是元件管脚、端口和方块电路图上端口的连接特性。当对原理图进行编译时，错误的信息将在原理图中显示出来。要想改变错误等级的设置，单击对话框中的颜色块即可，每单击一次就改变一次。与 Error Reporting 选项卡一样，这里也有 4 种错误等级：No Report（不显示错误）、Warning（警告）、Error（错误）和 Fatal Error（严重的错误）。在该选项卡的任何空白区域中右击，将弹出一个快捷菜单，可以输入各种特殊形式的设置，如图 6-20 所示。当对项目进行编译时，该选项卡的设置与 Error Reporting 选项卡中的设置将共同对原理图进行电气特性的检测。所有违反规则的连接将以不同的错误等级在 Messages 面板中显示出来。单击 Set To Installation Defaults 按钮，即可恢复系统的默认设置。对于大多数的原理图设计保持默认的设置即可，但对于特殊原理图的设计用户则需进行必要的改动。

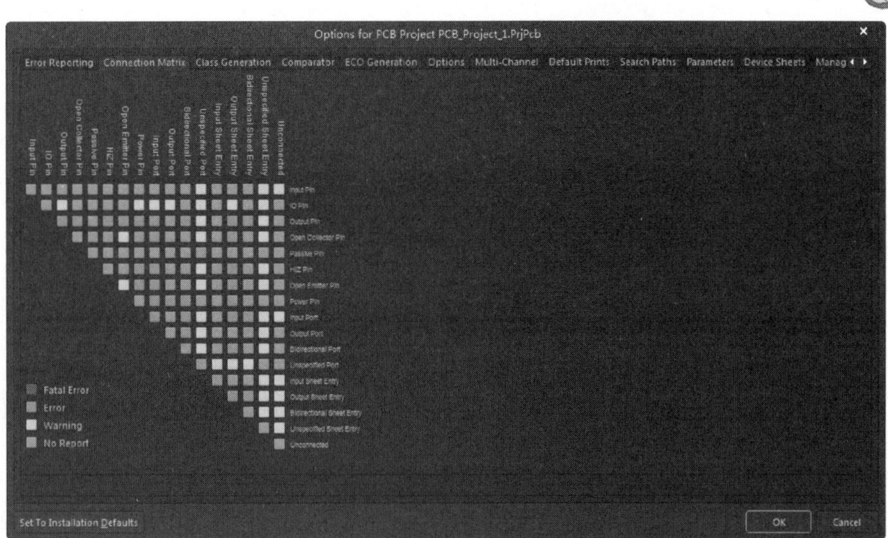

图 6-20　Connection Matrix 选项卡的设置

6.6.2　原理图的编译

对原理图各种电气错误等级设置完毕后，用户便可以对原理图进行编译操作，随即进入原理图的调试阶段。执行“工程”→“Compile PCB Project（工程文件编译）”命令即可进行文件的编译。

文件编译后，系统的自动检测结果将出现在“Messages（信息）”面板中。

打开“Messages（信息）”面板有以下两种方法。

（1）执行“视图”→“Panels（工作区面板）”→“Messages（信息）”命令，如图 6-21 所示。

（2）单击工作窗口右下角的“Panels（工作面板）”标签，然后选择“Messages（信息）”菜单项，如图 6-22 所示。

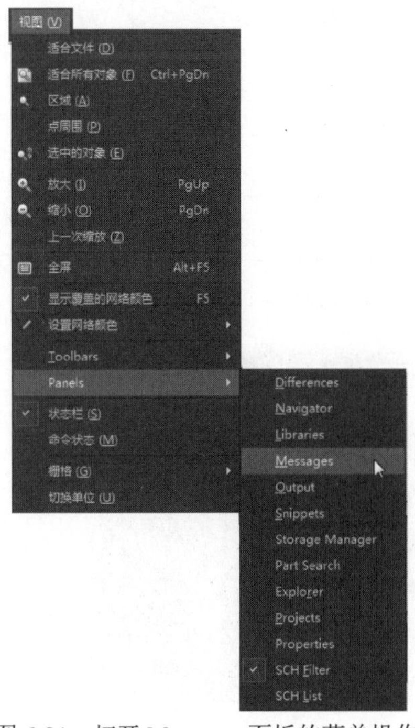

图 6-21　打开 Messages 面板的菜单操作

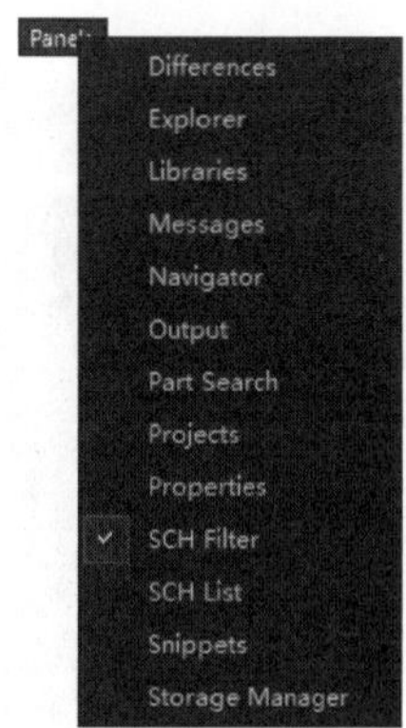

图 6-22　标签操作

6.6.3　原理图的修正

当原理图绘制无误时，“Messages（信息）”面板中将为空。当出现错误的等级为“Error（错误）”或“Fatal Error（严重的错误）”时，“Messages（信息）” 面板将自动弹出。错误等级为“Warning（警告）”时，用户需自己打开“Messages（信息）”面板对错误进行修改。

下面以“音量控制电路原理图.SchDoc”为例，介绍原理图的修正操作步骤。如图6-23所示，原理图中A点和B点应该相连接，在进行电气特性的检测时该错误将在“Messages（信息）”面板中出现。

具体的操作步骤如下。

（1）单击音量控制电路原理图标签，使该原理图处于激活状态。

（2）在该原理图的自动检测“Connection Matrix（电路连接检测矩阵）”选项卡中，将纵向的“Unconnected（不相连的）”和横向的“Passive Pins（被动管脚）”相交颜色块设置为褐色的“Error（错误）”错误等级。单击 OK 按钮，关闭该对话框。

（3）执行“工程”→“Compile PCB Project 音量控制电路原理图.PrjPcb（工程文件编译）”命令，对该原理图进行编译。此时“Messages（信息）”面板将出现在工作窗口的下方，如图6-24所示。

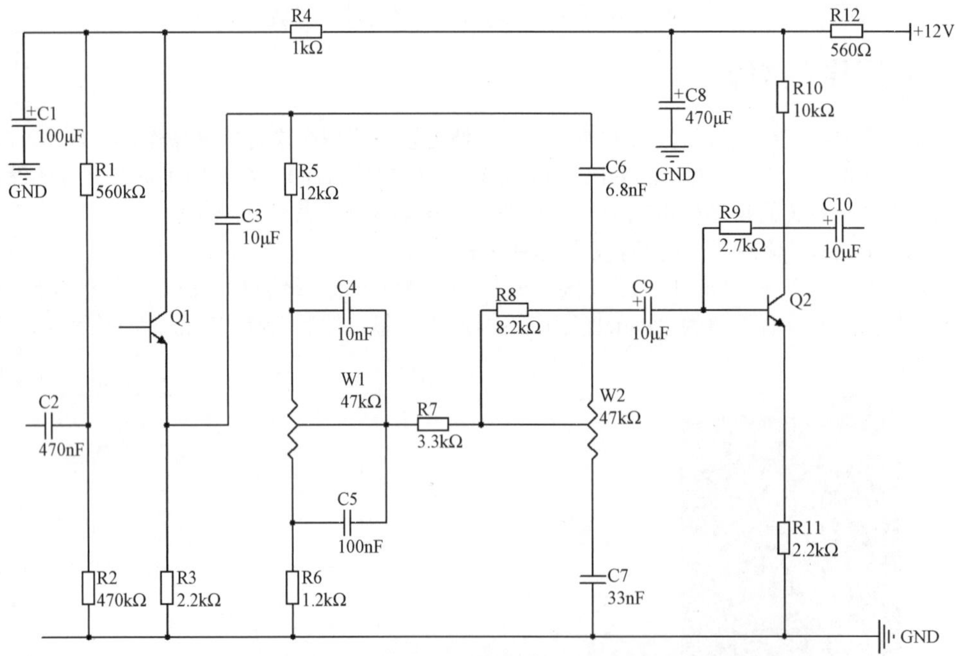

图6-23　存在错误的音量控制电路原理图

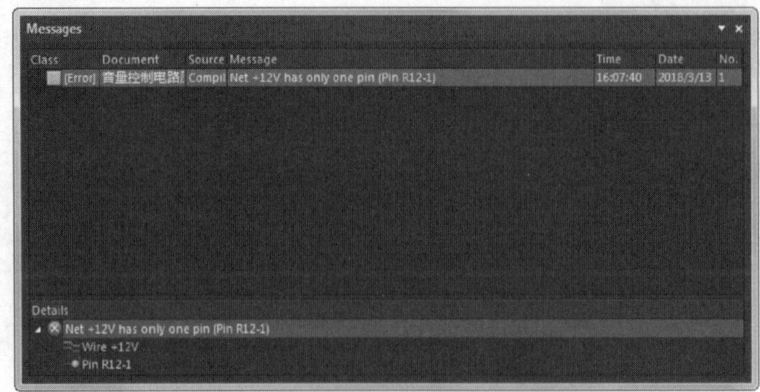

图6-24　编译后的Messages面板

（4）在“Messages（信息）”面板中双击错误选项，系统将在下方“Details（细节）”选项组下列出该项错误的详细信息。同时，工作窗口将跳到该对象上。除了该对象外，其他所有对象处于被遮挡状态，跳转后只有该对象可以进行编辑。

（5）执行“放置”→“线”命令，或者单击“布线”工具栏中的（放置线）按钮，放置导线。

（6）重新对原理图进行编译，检查是否还有其他的错误。

（7）保存调试成功的原理图。

Note

6.7　操作实例——音频均衡器电路高级操作

6.7　音频均衡器电路高级操作

AudioEqualizer（音频均衡器）是一种应用广泛的多媒体电脑外设，本实例采用不同于第 5 章设计音频均衡器原理图的方法，并对其进行查错和编译操作。

1. 新建项目并创建原理图文件

（1）为电路创建一个项目，以便维护和管理该电路的所有设计文档。启动 Altium Designer 18，执行“文件”→“新的”→“项目”→“Project（工程）”命令，创建一个 PCB 项目文件。

（2）弹出“New Project（新建工程）”对话框，在该对话框中显示了工程文件类型，默认选择 PCB Project 选项及“Default（默认）”选项，在“Name（名称）”文本框中输入文件名称 Audio Equalizer，在“Location（路径）”文本框中选择文件路径。

（3）完成设置后，单击 OK 按钮，关闭该对话框，打开“Projects（工程）”面板。在面板中出现了新建的工程类型。

（4）在“Projects（工程）”面板的项目文件上右击，在弹出的快捷菜单中选择“添加新的...到工程”→“Schematic（原理图）”命令，新建一个原理图文件，并自动切换到原理图编辑环境。

（5）用保存项目文件的方法，将该原理图文件另存为 RCNetwork.SchDoc。保存后“Projects（工程）”面板中显示出用户设置的名称。

（6）设置电路原理图图纸的属性。打开“Properties（属性）”面板，如图 6-25 所示。这里图纸的尺寸设置为 A4，放置方向设置为 Landscape，图纸标题栏设为 Standard，其他采用默认设置。

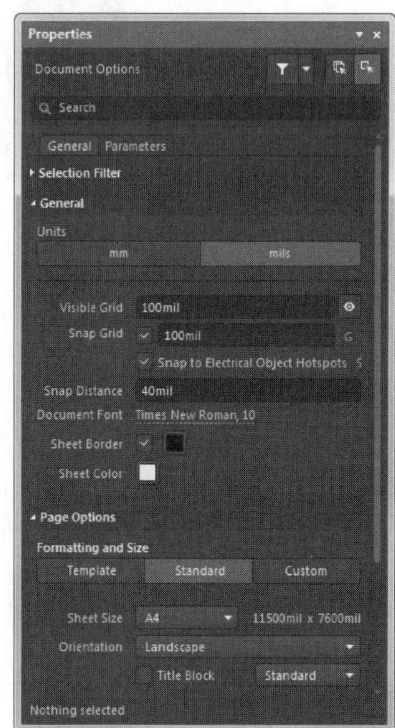

图 6-25　Properties 面板

（7）设置图纸的标题栏。选择“Properties（属性）”面板中的单击“Parameters（参数）”选项卡，出现标题栏设置选项。在“Address1（地址）”选项中输入地址，在“Organization（机构）”选项中输入设计机构名称，在“Title（标题）”选项中输入原理图的名称，其他选项可以根据需要进行设置，如图 6-26 所示。

Note

图 6-26　“Parameters（参数）”选项卡

2. 元件的放置与属性设置

执行“设计”→“浏览库”命令，打开“Available Libraries（可用库）”对话框，然后在其中加载需要的元件库 AudioEqualizer.SchLib 和 AudioEqualizer.PcbLib，如图 6-27 所示。

图 6-27　加载需要的元件库

3. 放置元件并设置属性

（1）打开“Libraries（库）”面板，在库文件列表中选择名为 AudioEqualizer.SchLib 的库文件，然后在过滤条件文本框中输入关键字 R，筛选出包含该关键字的所有元件，选择其中名为 Res1 的电阻元件，在原理图中显示带十字光标的电阻符号，按住 Tab 键，弹出元件属性面板，按要求设置参数，结果如图 6-28 所示，然后将元件放置到原理图中。

继续在原理图中放置 R2，右击或按 Esc 键，退出电阻元件的放置。

（2）打开“Libraries（库）”面板，在库文件列表中选择名为 AudioEqualizer.SchLib 的库文件，然后在过滤条件文本框中输入关键字 C，筛选出包含该关键字的所有元件，选择其中名为 Cap 的电容，如图 6-29 所示。单击 Place Cap 按钮放置 Cap，然后将光标移动到工作窗口，设置名称为 C1，依次递增，放置两个电容，如图 6-30 所示。

4. 元件布局

选中元件，按住鼠标左键进行拖动，将元件移至合适的位置后释放鼠标左键，即可对其进行移动操作。移动对象时，通过按 Page Up 或 Page Down 键来缩放视图，以便观察细节，元件布局调整后的效果如图 6-31 所示。

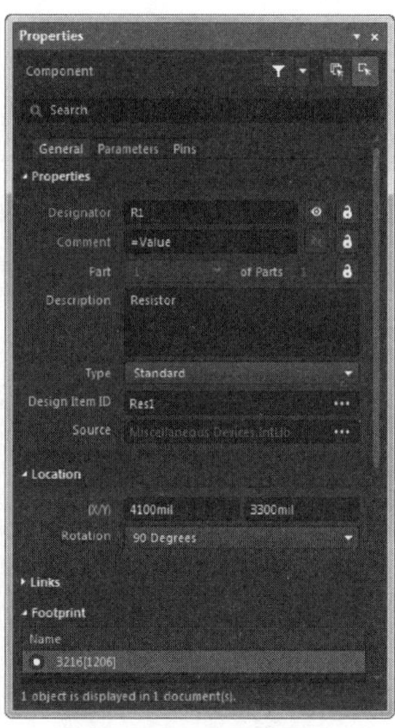

图 6-28　元件属性面板

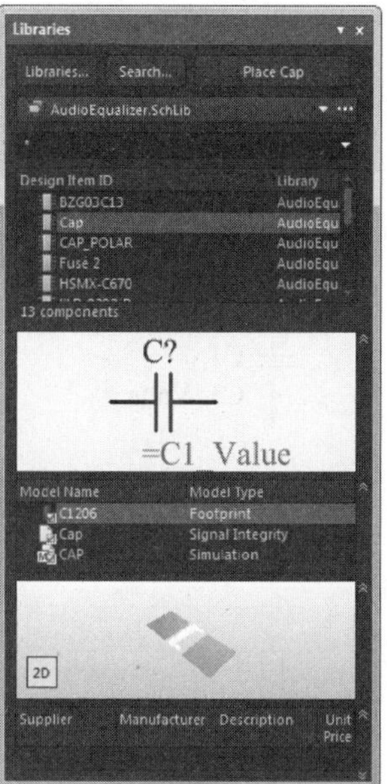

图 6-29　选择电容元件

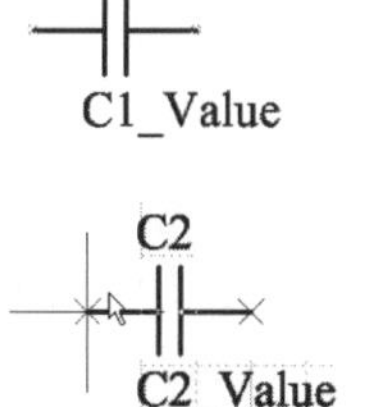

图 6-30　电容放置状态

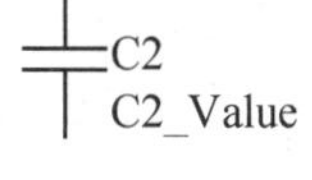

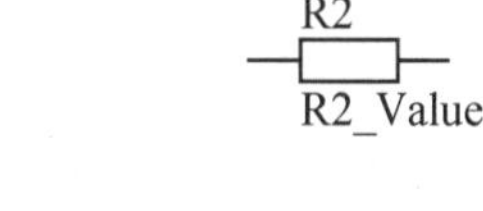

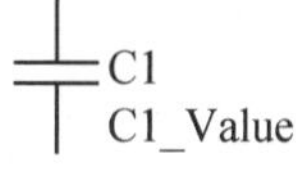

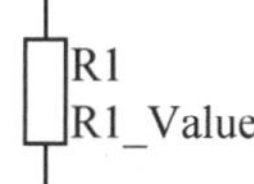

图 6-31　元件布局调整后的效果

5. 原理图连线

（1）单击“布线”工具栏中的 （放置线）按钮，进入导线放置状态。将光标移动到一个元件的管脚上，十字光标的叉号变为红色，单击即可确定导线的一个端点。

（2）将光标移动到另外一个需要连接的元件管脚处，再次出现红色交叉符号后单击，即可放置一段导线。

（3）采用同样的方法放置其他导线，如图 6-32 所示。

（4）单击“布线”工具栏中的 （GND 端口）按钮，进入接地放置状态。按 Tab 键，弹出“Properties（属性）”面板，将“Name（名称）”设置为 GND，激活“显示”按钮，如图 6-33 所示。

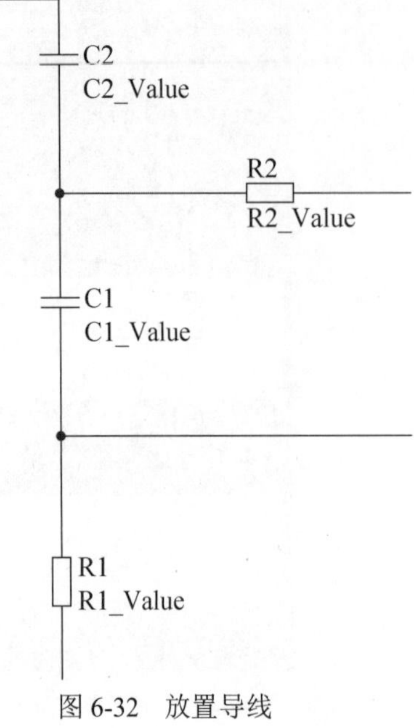

图 6-32　放置导线

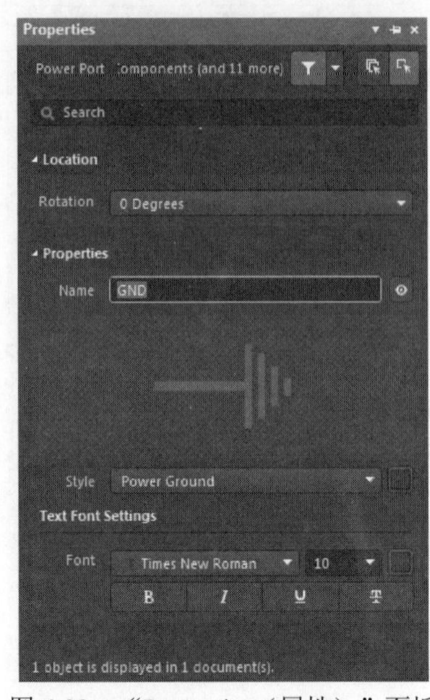

图 6-33　“Properties（属性）”面板

（5）将光标移动到 R1 下方的管脚处，单击，放置一个接地符号，如图 6-34 所示。

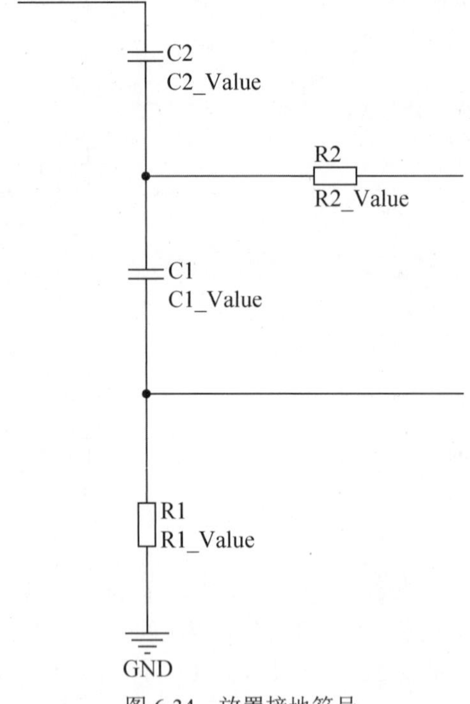

图 6-34　放置接地符号

（6）执行“放置”→“端口”命令，或单击“布线”工具栏中的（放置端口）按钮，或按 P+R 快捷键，此时光标变成十字形，并带有一个输入/输出端口符号。

（7）移动光标到需要放置输入/输出端口的元件管脚末端或导线上，单击确定端口一端的位置，然后拖动光标使端口的大小合适，再次单击确定端口另一端的位置，此时光标仍处于放置输入/输出

端口的状态，重复操作即可放置其他的输入/输出端口。

（8）双击输入/输出端口，弹出如图 6-35 所示的“Properties（属性）”面板，在该面板中可以对输入/输出端口的属性进行设置，原理图设置结果如图 6-36 所示。

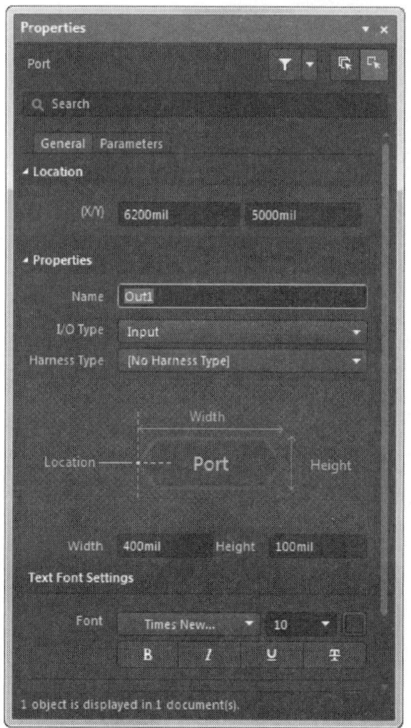

图 6-35　“Properties（属性）”面板

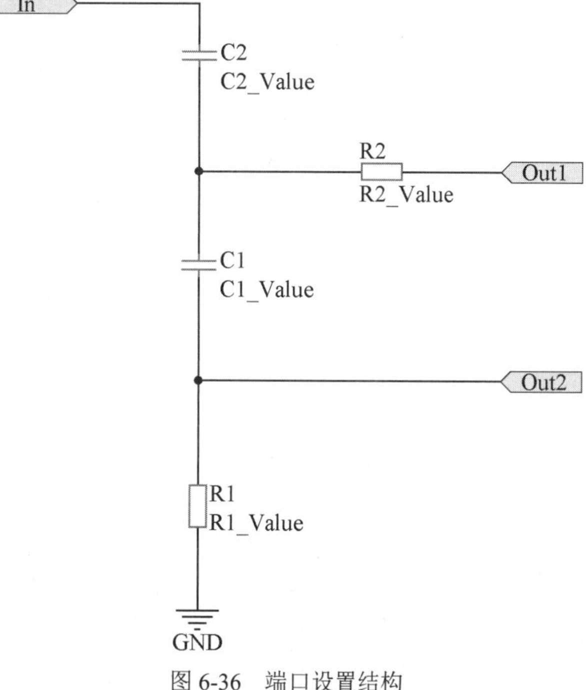

图 6-36　端口设置结构

（9）执行“工程”→“Compile Document RCNetwork.SchDoc（文件编译）”命令，对该原理图进行编译。在图 6-37 中显示没有出现任何错误信息，即表明电气检查通过。

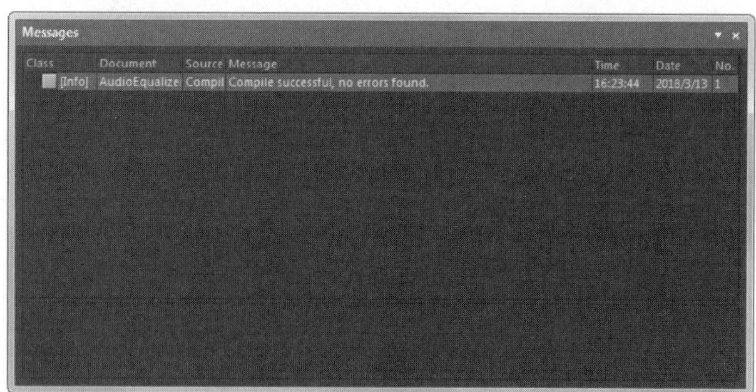

图 6-37　编译信息显示结果

6. 绘制顶层原理图

（1）在“Projects（工程）”面板的项目文件上右击，在弹出的快捷菜单中选择“添加新的...到工程”→“Schematic（原理图）”命令，新建原理图文件 EqualizerChannel.SchDoc，并自动切换到原理图编辑环境。

（2）执行“设计”→“Create Sheet Symbol From Sheet（原理图生成图纸符）”命令，系统弹出选择文件放置对话框，如图 6-38 所示。

Note

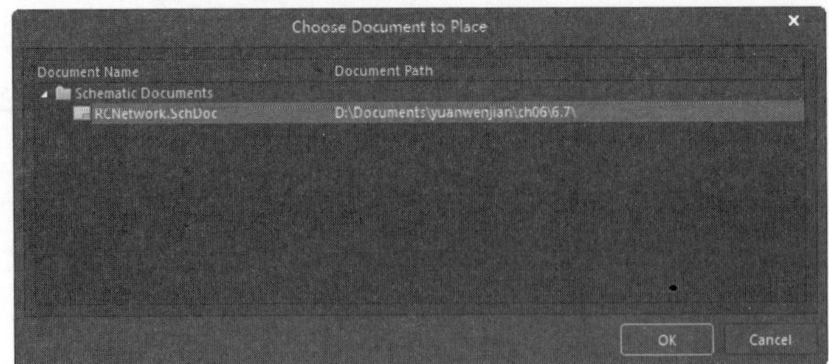

图 6-38　选择文件放置对话框

（3）在对话框中选择一个子原理图文件 RcNetwork.SchDoc 后，单击 OK 按钮，光标上出现一个方块电路虚影，如图 6-39 所示。

（4）在指定位置单击，将方块图放置在顶层原理图中，然后设置方块图属性。

（5）采用同样的方法放置其余方块电路并设置其属性。放置完成的方块电路如图 6-40 所示。

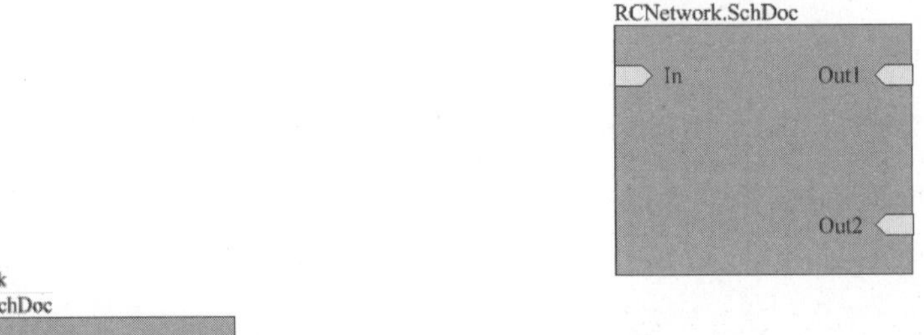

图 6-39　光标上出现的方块电路

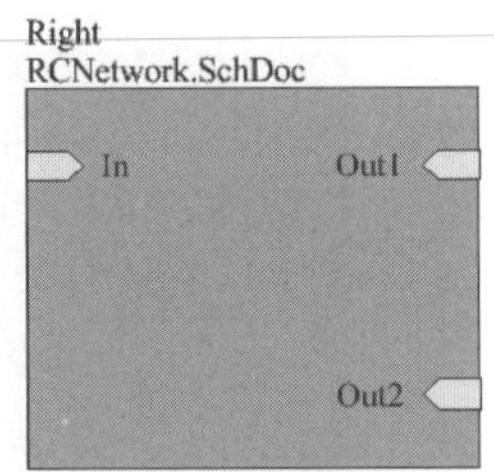

图 6-40　放置完成的方块电路

（6）用导线将方块电路连接起来，并绘制剩余部分电路图。按照图 6-41 绘制完成顶层电路图。

7. 绘制子原理图

（1）在“Projects（工程）”面板的项目文件上右击，在弹出的快捷菜单中选择“添加新的...到工程”→“Schematic（原理图）”命令，新建原理图文件 Power.SchDoc，并自动切换到原理图编辑环境，同时利用原理图的一般绘制方法绘制如图 6-42 所示的原理图。

（2）在“Projects（工程）”面板的项目文件上右击，在弹出的快捷菜单中选择“添加新的...到工程”→“Schematic（原理图）”命令，新建原理图文件 EqualizerTop.SchDoc，并自动切换到原理图编辑环境。

（3）执行“设计”→“Create Sheet Symbol From Sheet（原理图生成图纸符）”命令，系统弹出选择文件放置对话框，如图 6-43 所示。

Note

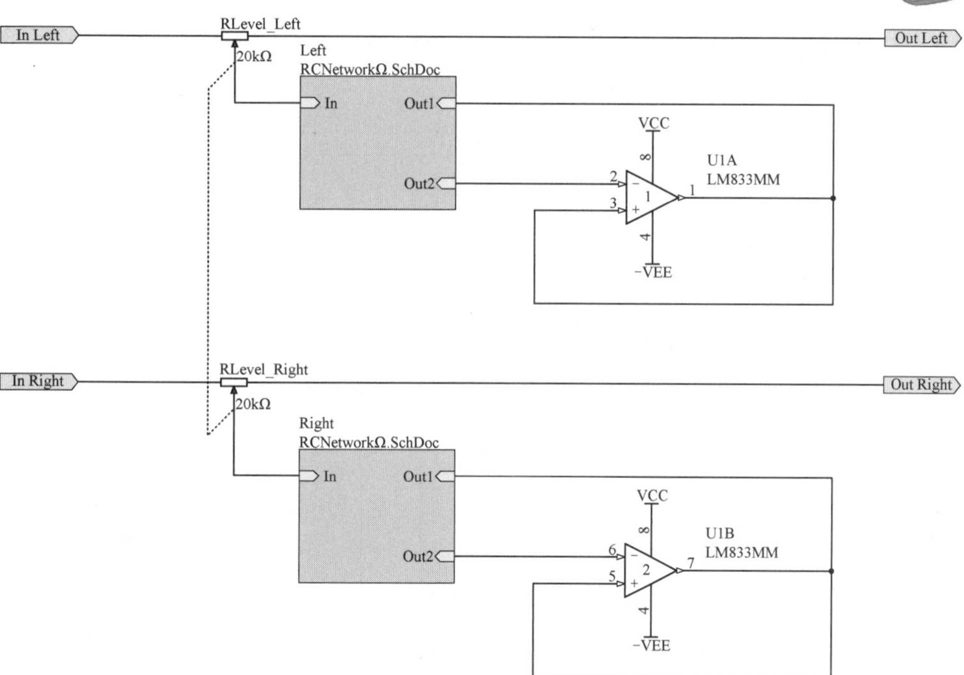

图 6-41　绘制原理图 EqualizerChannel.SchDoc

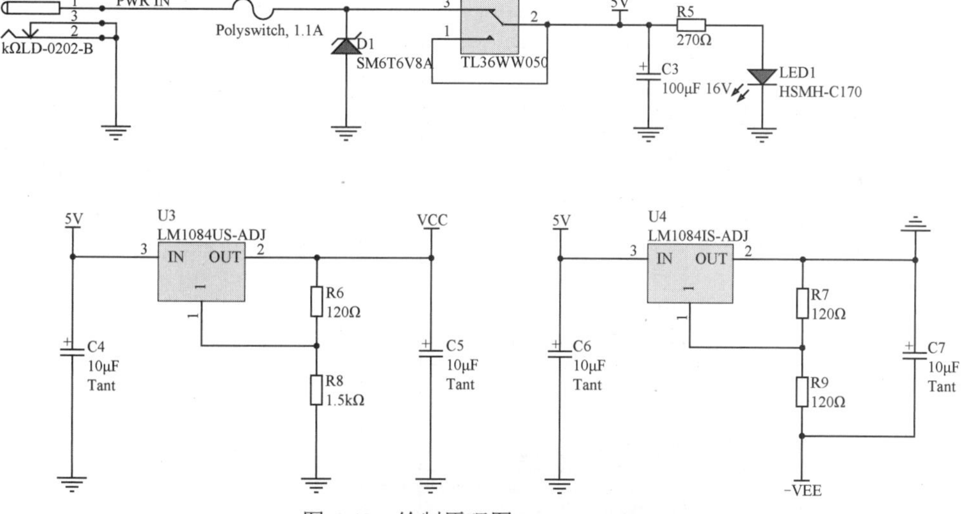

图 6-42　绘制原理图 Power.SchDoc

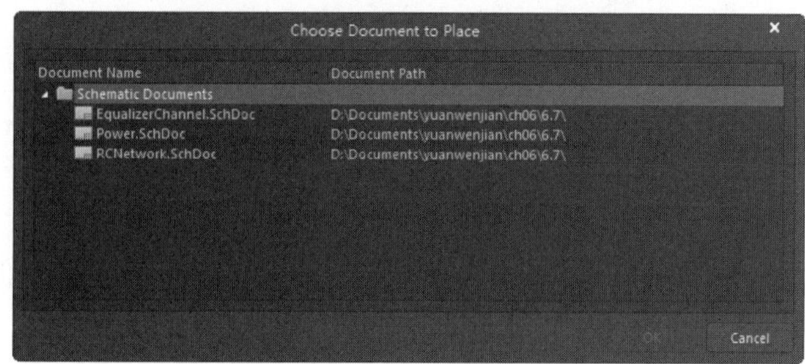

图 6-43　选择文件放置对话框

（4）在对话框中分别选中原理图文件 EqualizerChannel.SchDoc 和 Power.SchDoc 后，并设置其属性。绘制完成的方块电路如图 6-44 所示。

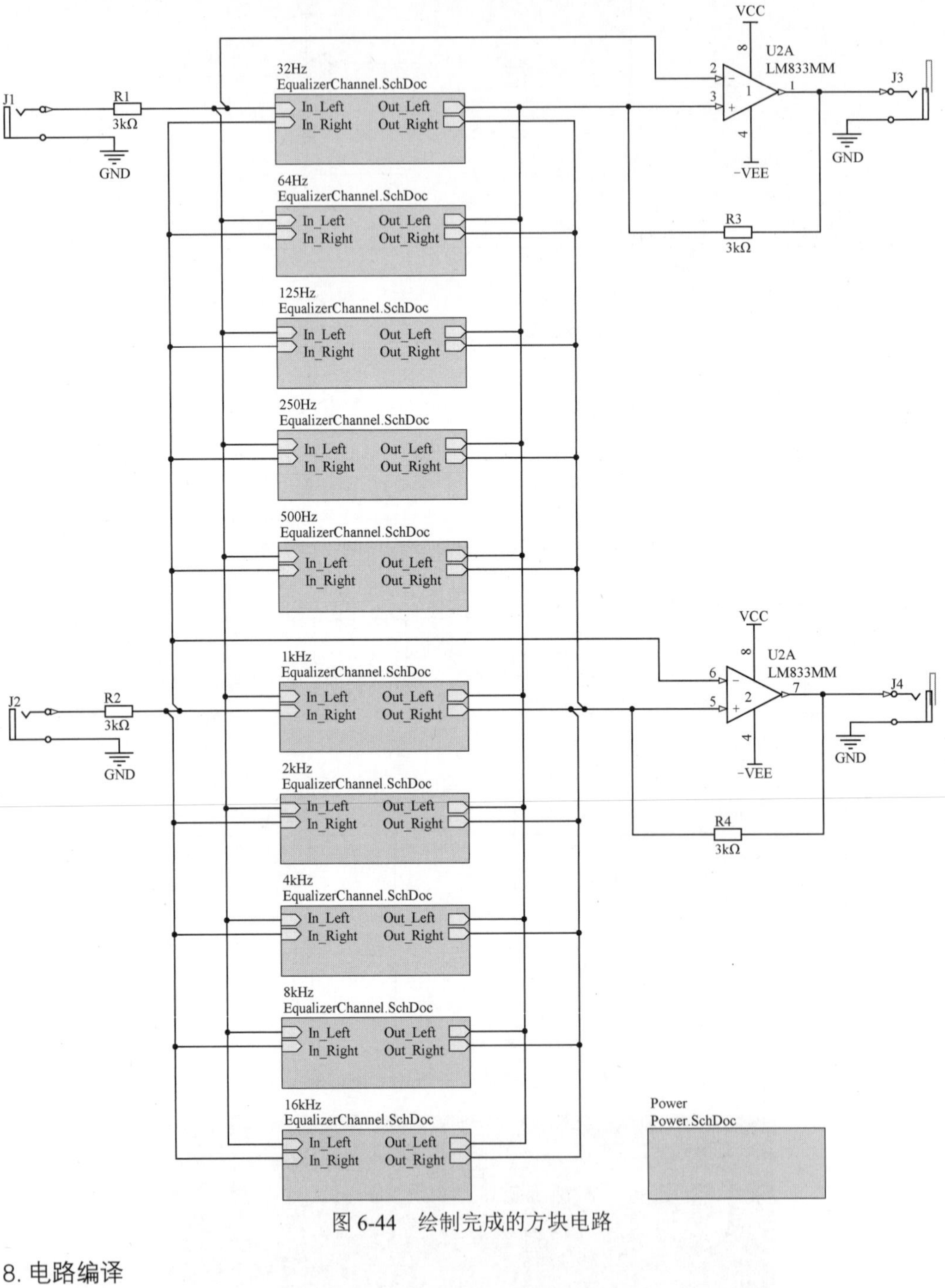

图 6-44　绘制完成的方块电路

8. 电路编译

执行“工程”→“Compile PCB Project（编译电路板工程）”命令，将本设计工程编译，编译结果如图 6-45 所示。

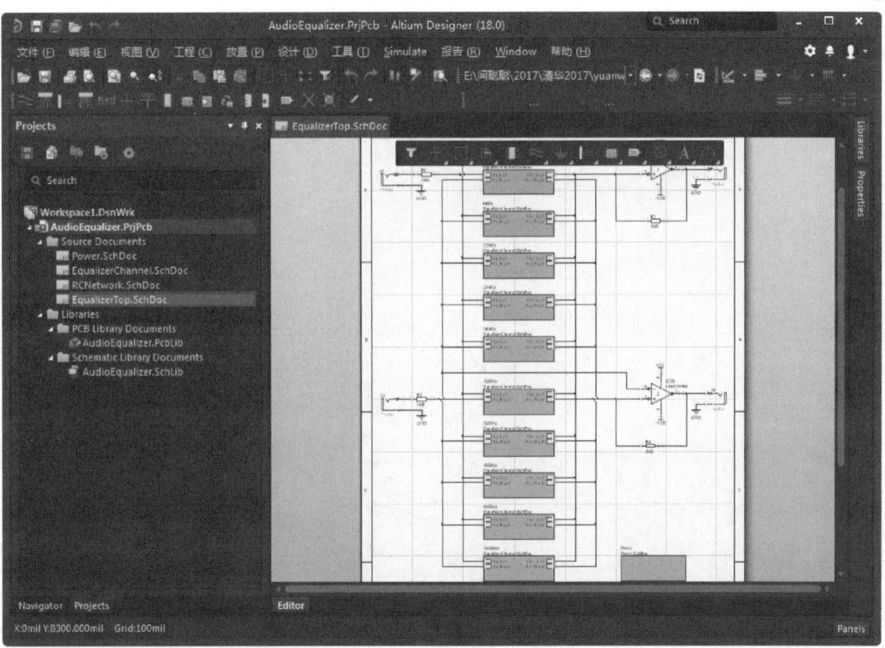

（a）编译前

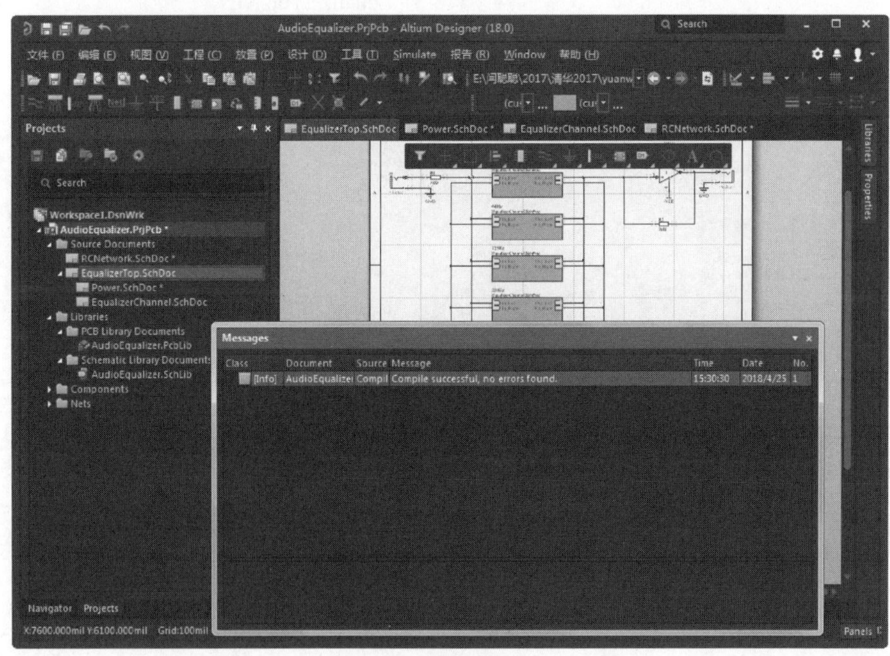

（b）编译后

图 6-45　工程编译结果

9. 报表输出

（1）将原理图文件 EqualizerTop.SchDoc 置为当前，执行“设计”→“文件的网络表”→“Protel（生成网络表文件）”命令，系统自动生成了当前原理图的网络表文件 EqualizerTop.NET，并存放在当前项目下的 Generated\Netlist Files 文件夹中。双击打开该原理图的网络表文件 EqualizerTop.NET，结果如图 6-46 所示。

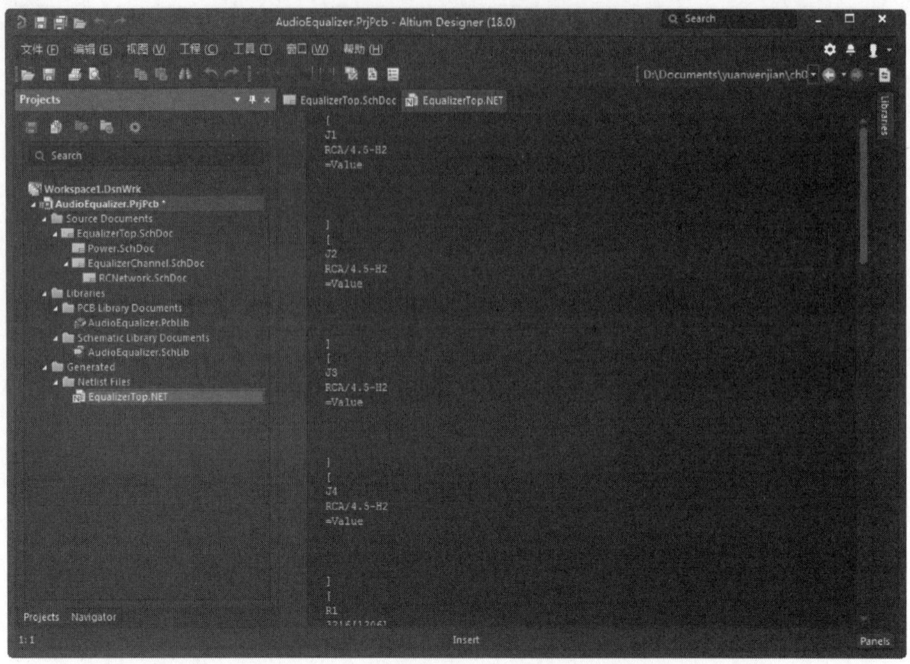

图 6-46　文件的网络表文件 EqualizerTop.NET

（2）使用同样的方法打开其余原理图文件，分成同名的网络表文件，如图 6-47 所示。

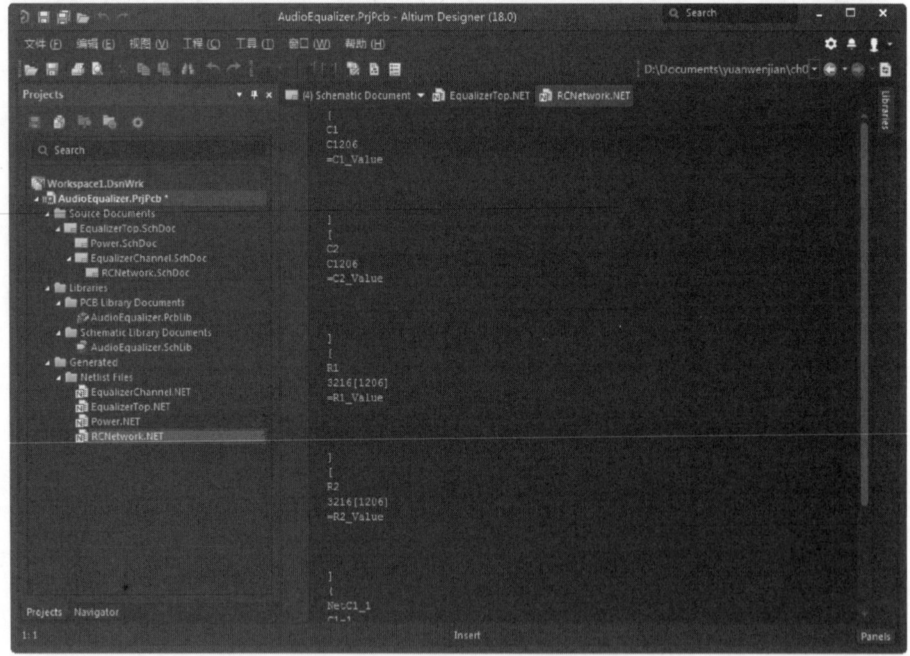

图 6-47　文件的网络表文件

（3）将原理图文件 RCNetwork.SchDoc 置为当前，执行“设计”→“工程的网络表”→“Protel（生成网络表文件）”命令，系统自动生成了当前项目（所有原理图）的网络表文件 RCNetwork.NET，并存放在当前项目下的 Generated\Netlist Files 文件夹中。双击打开该原理图的网络表文件 RCNetwork.NET，结果如图 6-48 所示。

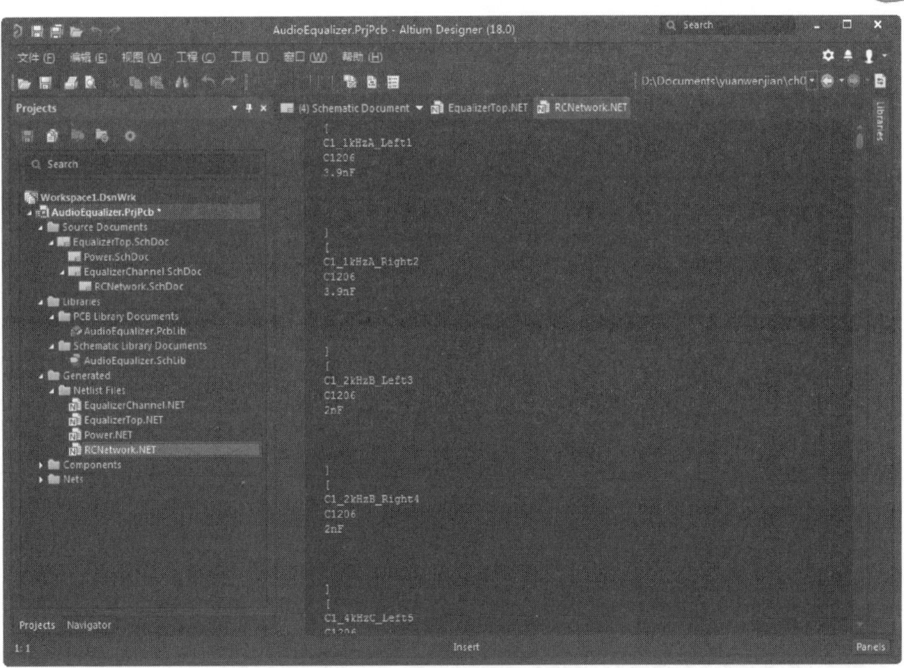

图 6-48　项目的网络表文件

（4）执行“报告”→“Bill of Materials（元件清单）”命令，系统将弹出相应的元件报表对话框，设置元件报表。

（5）选中“Add to Project（添加到项目）”和“Open Exported（打开输出报表）”复选框，单击 按钮，在安装目录 C:\Program Files\AD 18\Template 下，选择系统自带的元件报表模板文件 BOM Default Template 95.XLT，如图 6-49 所示。

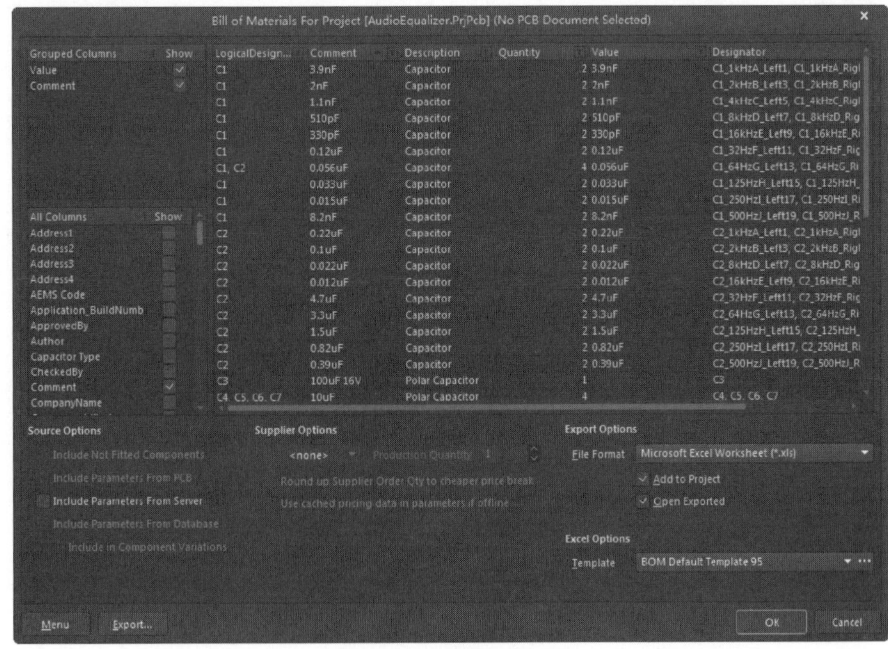

图 6-49　设置报表参数

Note

（6）单击 Menu 按钮，选择“Report（报表）”命令，系统将弹出“Report Preview（报表预览）”对话框，如图 6-50 所示。

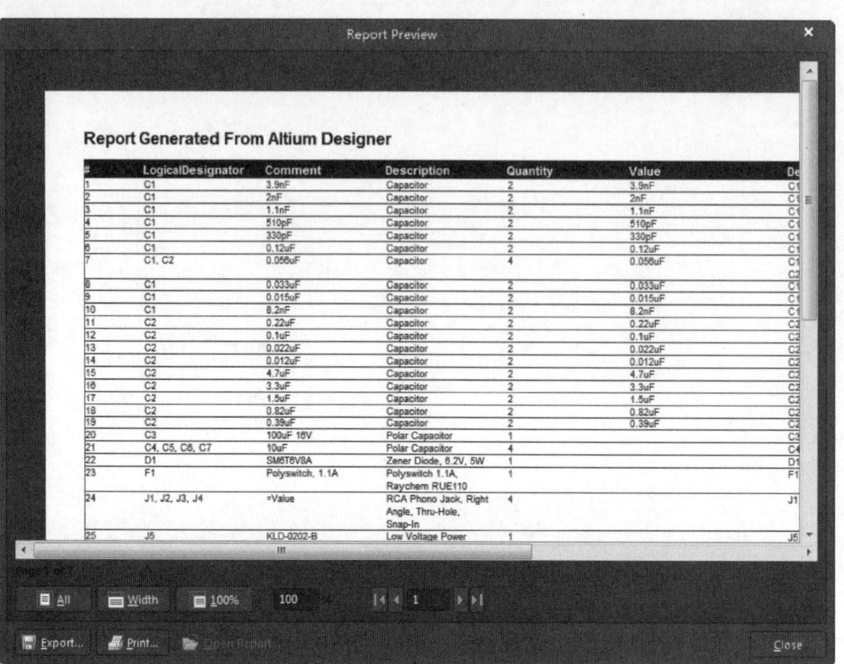

图 6-50 “Report Preview（报表预览）”对话框

（7）单击 Export... 按钮，可以将该报表进行保存，默认文件名为 AudioEqualizer.xls，是一个 Excel 文件；单击 Open Report... 按钮，可以将该报表打开，如图 6-51 所示；单击 Print... 按钮，可以将该报表进行打印输出。

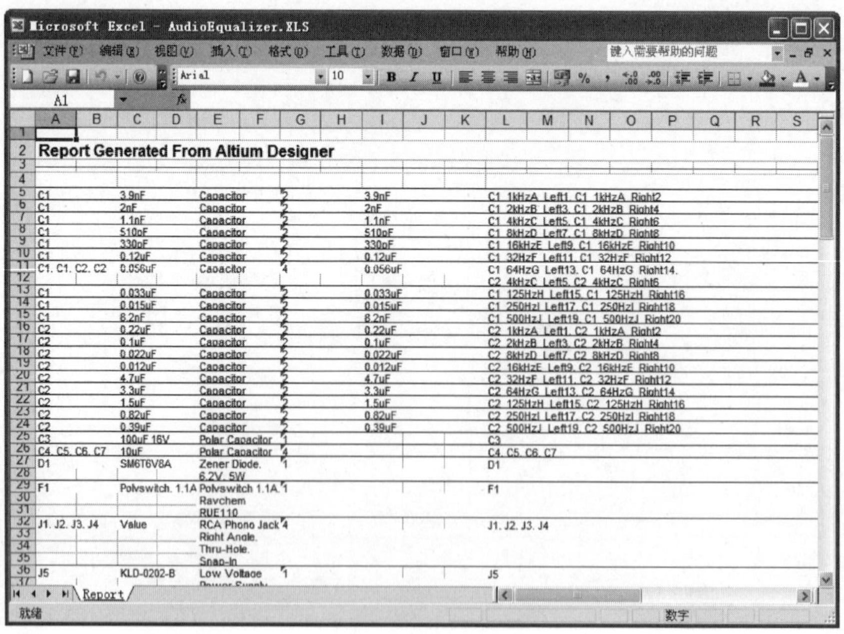

图 6-51 报表文件

（8）单击 Close 按钮，返回元件报表对话框，单击 Export... 按钮，保存带模板报表文件，系统自动打开报表文件，如图 6-52 所示，自动替换图 6-51 所示报表文件。

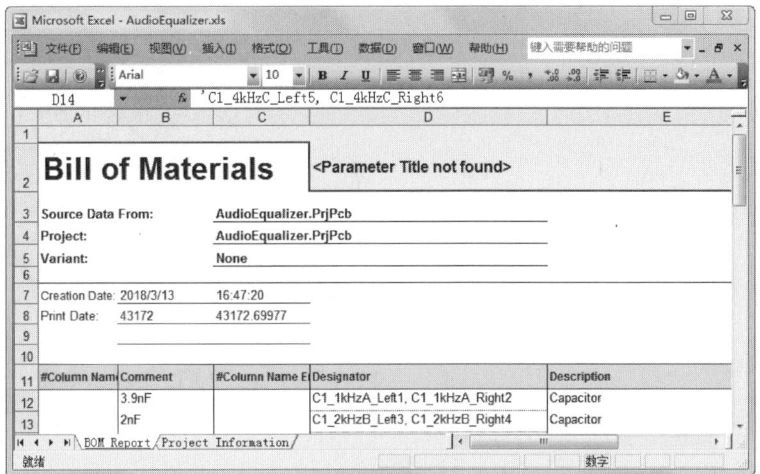

图 6-52　带模板报表文件

（9）关闭报表文件，单击 OK 按钮，退出该对话框，在项目面板中显示加载“.XLS”的报表文件。

10. 保存项目

保存项目，完成音频均衡器电路原理图的设计，最终结果如图 6-53 所示。

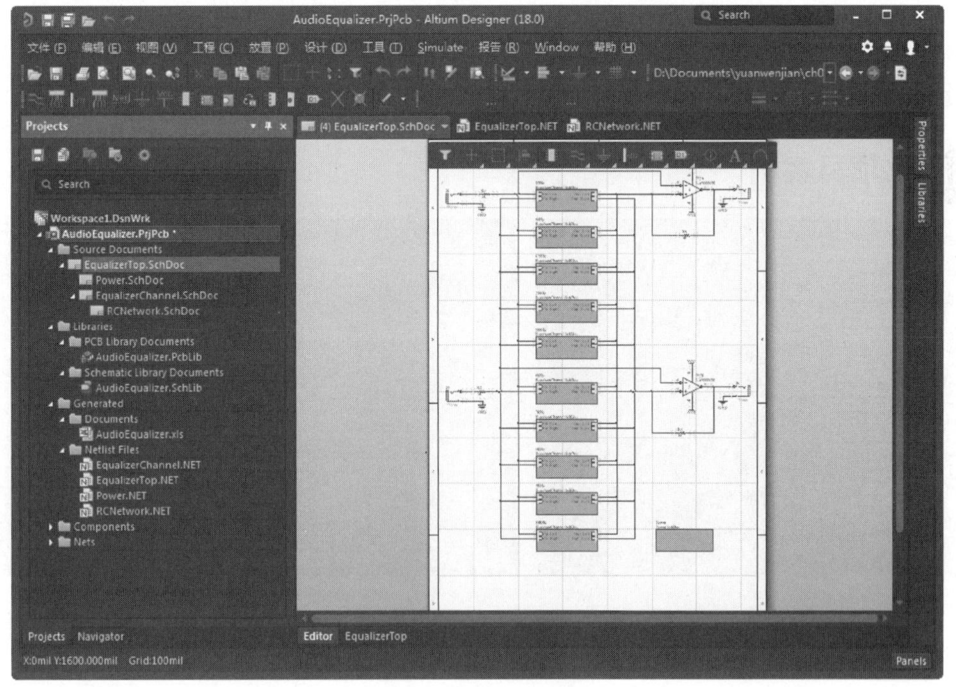

图 6-53　保存项目文件

PCB 设计基础知识

设计印制电路板是整个工程设计的目的。原理图设计得再完美，如果电路板设计得不合理，则性能将大打折扣，严重时甚至不能正常工作。制板商要参照用户所设计的 PCB 图来进行电路板的生产。由于要满足功能上的需要，电路板设计往往有很多的规则要求，如要考虑到实际中的散热和干扰等问题，因此相对于原理图的设计来说，对 PCB 图的设计则需要设计者更细心和耐心。

本章主要介绍电路板的物理结构及环境参数设置、PCB 编辑器的特点、PCB 界面简介以及 PCB 设计流程等知识，以使读者能对电路板的设计有一个全面的了解。

☑ PCB 界面简介　　☑ 电路板物理结构及环境参数设置

☑ PCB 设计流程

任务驱动&项目案例

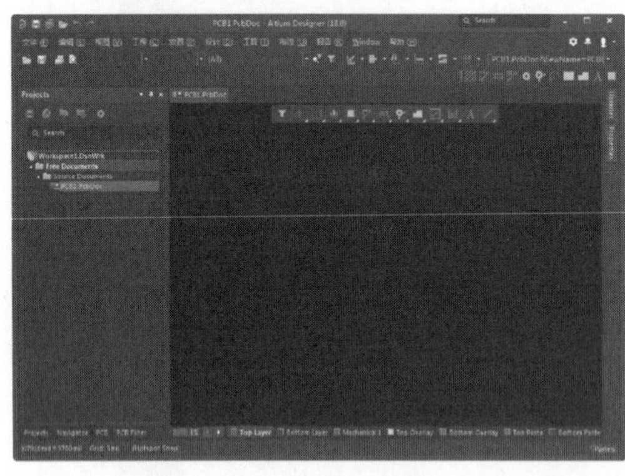

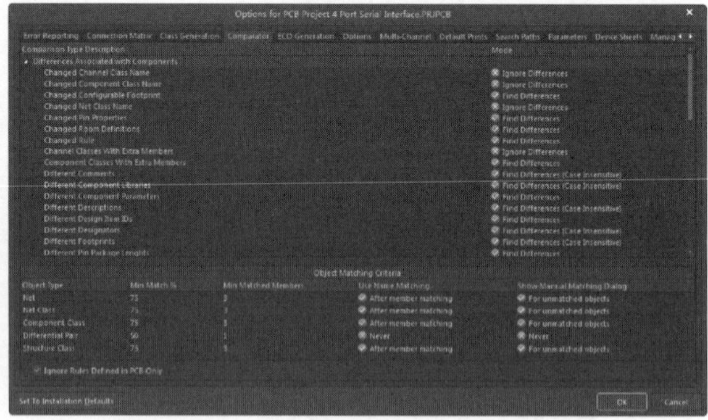

7.1 PCB 编辑器的功能特点

Altium Designer 18 的 PCB 设计能力非常强，能够支持复杂的 32 层 PCB 设计，但是在每个设计中无须使用所有的层次。例如，如果项目的规模比较小，双面走线的 PCB 板就能提供足够的走线空间，此时只需要启动“Top Layer（顶层）”和“Bottom Layer（底层）”的信号层以及对应的机械层、丝印层等层次即可，无须任何其他的信号层和内部电源层。

Altium Designer 18 的 PCB 编辑器提供了一条设计印制电路板的快捷途径，PCB 编辑器通过它的交互性编辑环境将手动设计和自动化设计完美融合。PCB 的底层数据结构最大限度地考虑了用户对速度的要求，通过对功能强大的设计法则的设置，用户可以有效地控制印制电路板的设计过程。对于特别复杂的、有特殊布线要求的、计算机难以自动完成的布线工作，可以选择手动布线。总之，Altium Designer 18 的 PCB 设计系统功能强大而方便，它具有以下功能特点。

☑ 采用了新的 DirectX 3D 渲染引擎，带来更好的 3D PCB 显示效果和性能。
☑ 重构了网络连接性分析引擎，避免了因 PCB 板较大，影响对象移动电路板显示速度。
☑ 文件的载入性能大幅度提升。
☑ ECO 及移动器件性能优化。
☑ 交互式布线速度提升。
☑ 利用多核多线程技术，湿度工程项目编译、铺铜、DRC 检查、导出 Gerber 等性能得到了大幅度提升。
☑ 更加快速的 2D-3D 上下文界面切换。
☑ 更快的 Gerber 导出性能。
☑ 支持多板系统设计。
☑ 增强的 BoM 清单功能，进一步增强了 ActiveBOM 功能，更好地选择前期元器件，有效避免生产返工。

7.2 PCB 界面简介

PCB 界面主要包括 3 个部分：主菜单、主工具栏和工作面板，如图 7-1 所示。

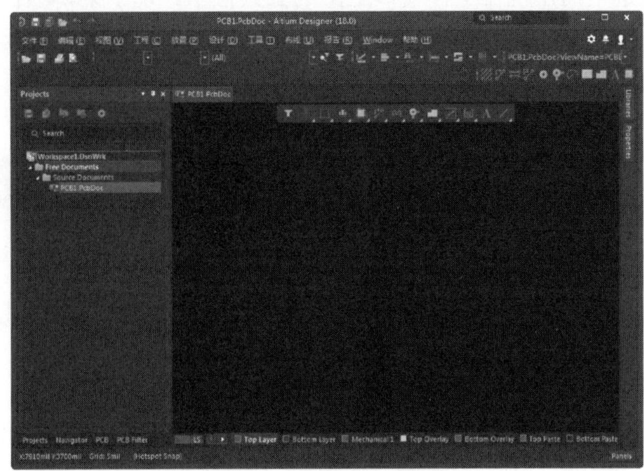

图 7-1　PCB 设计界面

与原理图设计的界面一样，PCB 设计界面也是在软件主界面的基础上添加了一系列菜单项和工具栏，这些菜单项及工具栏主要用于 PCB 设计中的板设置、布局、布线及工程操作等。菜单项与工具栏基本上对应，能用菜单项来完成的操作几乎都能通过工具栏中的相应工具按钮完成。同时用右键单击工作窗口将弹出一个快捷菜单，其中包括一些 PCB 设计中常用的菜单项。

7.2.1 菜单栏

在 PCB 设计过程中，各项操作都可以使用菜单栏中相应的菜单命令来完成，各项菜单中的具体命令如下。

- ☑ “文件”菜单：主要用于文件的打开、关闭、保存与打印等操作。
- ☑ “编辑”菜单：用于对象的选取、复制、粘贴与查找等编辑操作。
- ☑ “视图”菜单：用于视图的各种管理，如工作窗口的放大与缩小，各种工具、面板、状态栏及节点的显示与隐藏等。
- ☑ “工程”菜单：用于与项目有关的各种操作，如项目文件的打开与关闭、工程项目的编译及比较等。
- ☑ “放置”菜单：包含了在 PCB 中放置对象的各种菜单项。
- ☑ “设计”菜单：用于添加或删除元件库、网络报表导入、原理图与 PCB 间的同步更新及印制电路板的定义等操作。
- ☑ “工具”菜单：可为 PCB 设计提供各种工具，如 DRC 检查、元件的手动、自动布局、PCB 图的密度分析以及信号完整性分析等操作。
- ☑ “布线”菜单：可进行与 PCB 布线相关的操作。
- ☑ “报告”菜单：可进行生成 PCB 设计报表及 PCB 的测量操作。
- ☑ “Window（窗口）”菜单：可对窗口进行各种操作。
- ☑ “帮助”菜单：用户可根据下拉菜单选择相应的帮助内容。

7.2.2 主工具栏

工具栏中以按钮的形式列出了常用菜单命令的快捷方式，用户可根据需要对工具栏中包含的命令项进行选择，对摆放位置进行调整。

右击菜单栏或工具栏的空白区域即可弹出工具栏的命令菜单，如图 7-2 所示。它包含 6 个菜单项，有√标志的菜单项将被选中而出现在工作窗口上方的工具栏中。每个菜单项代表一系列工具选项。

（1）“PCB 标准”菜单项：用于控制 PCB 标准工具栏的打开或关闭，如图 7-3 所示。

图 7-2 工具栏设置选项

图 7-3 标准工具栏

（2）“过滤器”菜单项：控制工具栏的打开与关闭，用于快速定位各种对象。

（3）“应用程序”菜单项：控制工具栏的打开与关闭。

（4）“布线”菜单项：控制布线工具栏的打开与关闭。

（5）“导航”菜单项：控制导航工具栏的打开与关闭，通过这些按钮，可以实现在不同界面之间的快速跳转。

（6）“Customize（用户定义）”菜单项：用户自定义设置。

7.3　新建 PCB 文件

前面讲解了 PCB 设计环境，接下来建立自己的 PCB 文件。

PCB 文件的建立有以下两种方法，这需要用户手动生成一个 PCB 文件，生成后用户需单独对 PCB 的各种参数进行设置。

（1）利用子菜单生成 PCB 文件。

（2）利用右键快捷命令生成 PCB 文件。

7.3.1　利用菜单命令创建 PCB 文件

用户可以使用菜单命令直接创建一个 PCB 文件，此后再为该文件设置各种参数。创建一个空白 PCB 文件可以采用以下 3 种方式。

（1）利用模板生成 PCB 文件。在进行 PCB 设计时可以将常用的 PCB 文件保存为模板文件，这样在进行新的 PCB 设计时直接调用这些模板文件即可，模板文件的存在非常有利于将来的 PCB 设计。

（2）选择菜单栏中的“工程”→“添加新的...到工程”→“PCB（PCB 文件）”命令。

（3）选择菜单栏中的“文件”→“新的”→PCB 命令，创建一个空白 PCB 文件。

新创建的 PCB 文件的各项参数均保持着系统默认值，进行具体设计时，还需要对该文件的各项参数进行设计，这些将在本章节后面的内容中介绍。

7.3.2　利用右键快捷命令创建 PCB 文件

Altium Designer 18 提供了通过右键快捷命令生成 PCB 文件的方式，其具体步骤如下。

在“Projects（工程）”面板中工程文件上右击，在弹出的快捷菜单中选择“添加新的...到工程”→“PCB（PCB 文件）”命令，如图 7-4 所示，在该工程文件中新建一个印制电路板文件。

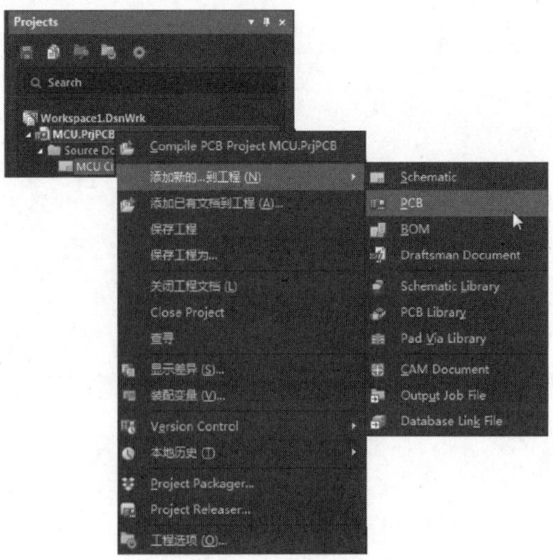

图 7-4　快捷命令

Note

7.3.3 利用模板创建 PCB 文件

Altium Designer 18 拥有一系列预定义的 PCB 模板，主要存放在安装目录 AD 18\Templates 下，添加新图纸的操作步骤如下。

（1）单击需要进行图纸操作的 PCB 文件，使之处于当前的工作窗口中。

（2）执行“文件”→“打开”命令，进入如图 7-5 所示的对话框，选中上述路径下的一个模板文件。

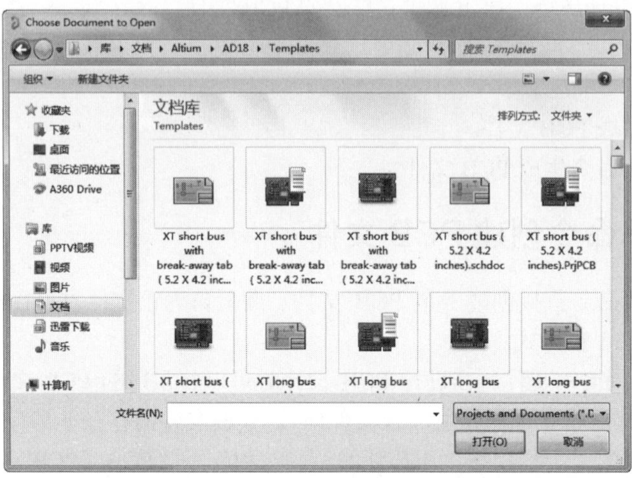

图 7-5　打开 PCB 模板文件对话框

该对话框默认的路径是 Altium Designer 18 自带的模板路径，在该路径中 Altium Designer 18 为用户提供了很多个可用的模板。和原理图文件面板一样，在 Altium Designer 18 中没有为模板设置专门的文件形式，在该对话框中能够打开的都是后缀为 PrjPcb 和 PcbDoc 的文件，它们包含了模板信息。

（3）从对话框中选择所需的模板文件，单击 打开(O) 按钮，即可将模板文件导入工作窗口中，如图 7-6 所示。

图 7-6　导入 PCB 模板文件

（4）用鼠标拉出一个矩形框，选中该模板文件，执行“编辑”→“复制”命令，进行复制操作。然后切换到要添加图纸的 PCB 部件，执行“编辑”→“粘贴”命令，进行粘贴操作，此时光标变成十字形，同时图纸边框悬浮在光标上。

（5）选择合适的位置，然后单击即可放置该模板文件。新页面的内容将被放置到 Mechanical 16 层，但此时并不可见。

Note

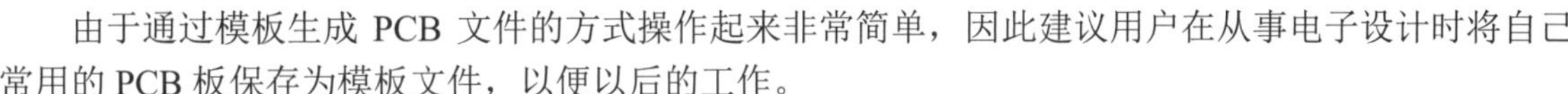

由于通过模板生成 PCB 文件的方式操作起来非常简单，因此建议用户在从事电子设计时将自己常用的 PCB 板保存为模板文件，以便以后的工作。

7.4　PCB 面板的应用

PCB 编辑器中包含多个控制面板，如“文件（F）”面板、“Projects（工程）”面板和 PCB 面板等。本节主要介绍 PCB 面板的应用。

在 PCB 设计中，最重要的一个面板就是 PCB 面板，如图 7-7 所示。该面板的功能与原理图编辑中的“Navigator（导航）”面板相似，可用于对电路板上的各种对象进行精确定位，并以特定的效果显示出来。在该面板中还可以对各种对象（如网络、规则以及元件封装等）的属性进行编辑操作。总的来说，通过该面板可以对整个电路板进行全局的观察及修改，其功能非常强大。

（1）定位对象的设置。单击面板最上部栏中的下拉列表按钮，如图 7-8 所示，即可在下拉列表中选择想要查看的对象。

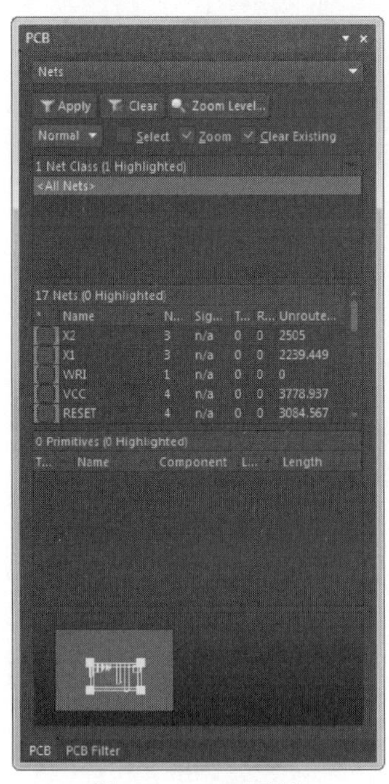

图 7-7　PCB 面板

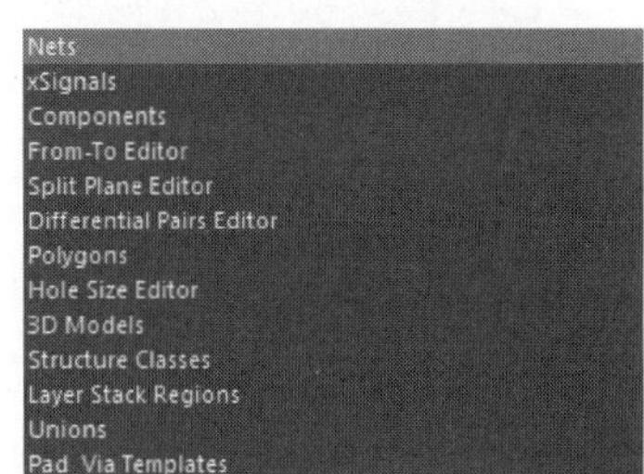

图 7-8　Nets 下拉列表

选中其中的一项（这里以选中 Nets 项为例），此时将在面板下面的各栏中列出该电路板中与 Nets 有关的所有信息。

☑ “Nets（网络）”选项：每个网络类中的单个网络。在“Net Classes（网络类）”列表框中单击某一个网络类，即可在此栏中显示该网络类的所有网络信息。

Note

- ☑ “Components（元件）”选项：自顶向下各栏中显示的对象分别为元件分类、选中的分类中的所有元件以及选中元件的相关信息。
- ☑ “From-To Editor（连接指示线编辑器）”选项：自顶向下各栏中显示的对象分别为信号的输入/输出网络、单个的输入网络和单个的输出网络以及网络的各种显示（如虚线连接输入与输出网络）。
- ☑ “Split Plane Editor（分割中间层编辑器）”选项：自顶向下各栏中显示的对象分别为“Split Plane（分割层）”及“Split Plane（分割层）”的网络信息。需要注意的是，只有当电路板“Layer Stack Manager（层管理）”层的设置中设置了“Internal Plane（内平面）”时，选择该项时才会有内容。
- ☑ “Hole Size Editor（钻孔尺寸编辑器）”选项：自顶向下各列表框中分别为不同类型的选择条件以及焊盘（钻孔）尺寸、数量、所属层等相关信息。
- ☑ “3D Models（3D 模型）”选项：自顶向下各列表框中显示的对象分别为元件分类、选中分类中的所有元件及选中元件的 3D 模型信息。

单击“Nets（网络）”列表框中的某一网络，即可在此列表框中显示该网络中包含的对象信息。如图 7-9 所示为 D0 网络对象的定位显示。

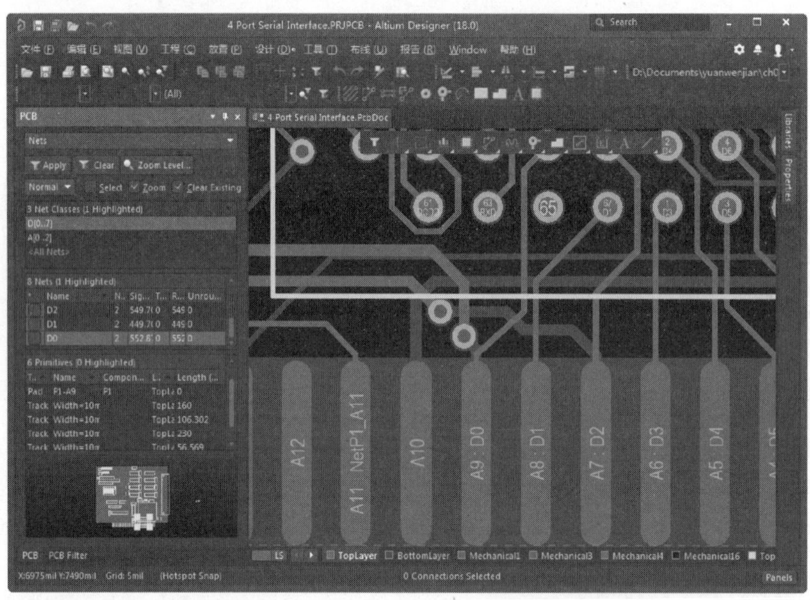

图 7-9　D0 网络的定位显示

双击任意选项中的内容，即可打开该项内容的属性编辑对话框，从中可以对电路板中对象的任何信息进行修改。例如双击网络 D0，弹出属性编辑对话框，如图 7-10 所示。

（2）定位对象效果显示的设置。定位对象时，电路板上的相应显示效果可以通过下面的两个复选框进行设置。

- ☑ “Select（选择）”复选框：在定位对象时是否显示该对象的选中状态（在对象周围出现虚线框时即表示处于选中状态）。
- ☑ “Zoom（缩放）”复选框：在定位对象时是否同时放大该对象。

（3）PCB 袖珍视图窗口。在 PCB 面板的最下面是 PCB 的袖珍视图窗口，如图 7-11 所示。中等的框为电路板，最小的空心边框为此时显示在工作窗口的区域。在该窗口中可以通过鼠标操作对 PCB 进行快速的移动及视图的放大、缩小等操作。

Note

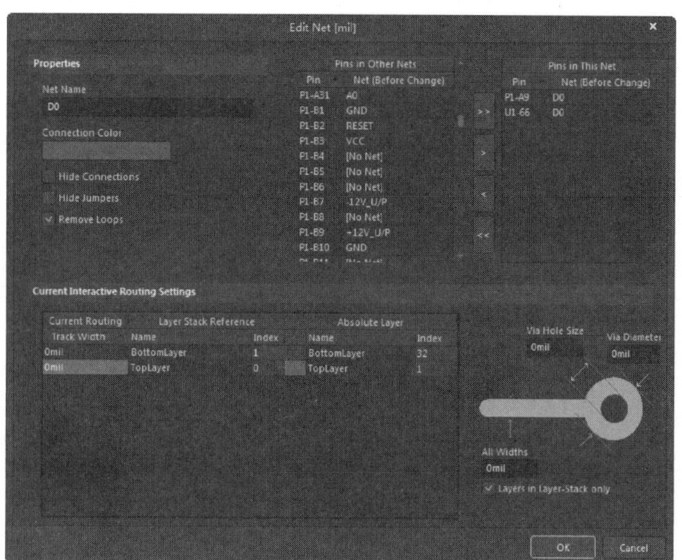

图 7-10　D0 网络属性编辑对话框

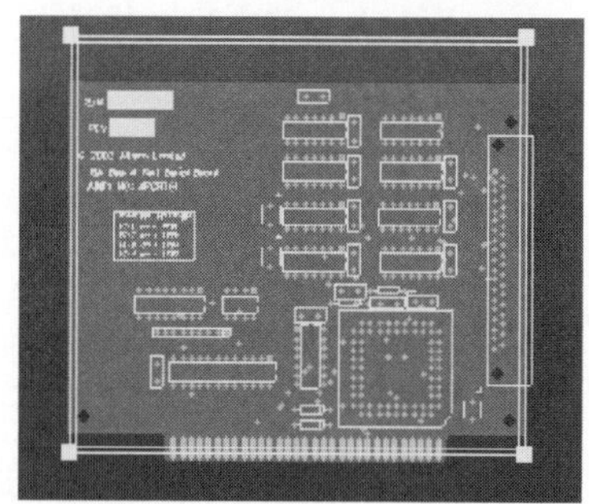

图 7-11　PCB 袖珍视图窗口

（4）PCB 面板的按钮。PCB 面板中有两个按钮，主要用于视图显示的操作。

☑　“Apply（应用）”按钮：单击该按钮，可恢复前一步工作窗口中的显示效果，类似于“撤销”操作。

☑　“Clear Existing（清除）”按钮：单击该按钮，可恢复印制电路板的最初显示效果，即完全显示 PCB 中的所有对象。

☑　“Zoom（缩放）”按钮：单击该按钮，可精确设置显示对象的放大程度。

7.5　PCB 的设计流程

笼统地讲，在进行印制电路板的设计时，我们首先要确定设计方案，并进行局部电路的仿真或实验，完善电路性能。之后根据确定的方案绘制电路原理图，并进行 ERC 检查。最后完成 PCB 的设计，输出设计文件，送交加工制作。设计者在这个过程中尽量按照设计流程进行设计，这样可以避免一些重复的操作，同时也可以防止不必要的错误出现。

PCB 设计的操作步骤如下。

（1）绘制电路原理图。确定选用的元件及其封装形式，完善电路。

（2）规划电路板。全面考虑电路板的功能、部件、元件封装形式、连接器及安装方式等。

Note

（3）设置各项环境参数。

（4）载入网络表和元件封装。搜集所有的元件封装，确保选用的每个元件封装都能在 PCB 库文件中找到，将封装和网络表载入 PCB 文件中。

（5）元件自动布局。设定自动布局规则，使用自动布局功能，将元件进行初步布置。

（6）手工调整布局。手工调整元件布局使其符合 PCB 板的功能需要和元器件电气要求，还要考虑到安装方式、放置安装孔等。

（7）电路板自动布线。合理设定布线规则，使用自动布线功能为 PCB 板自动布线。

（8）手工调整布线。自动布线结果往往不能满足设计要求，还需要做大量的手工调整。

（9）DRC 校验。PCB 板布线完毕，需要经过 DRC 校验无误，否则，根据错误提示进行修改。

（10）文件保存，输出打印。保存、打印各种报表文件及 PCB 制作文件。

（11）加工制作。将 PCB 制作文件送交加工单位。

7.6 电路板物理结构及环境参数设置

对于手动生成的 PCB，在进行 PCB 设计前，首先要对电路板的各种属性进行详细的设置。主要包括板形的设置、PCB 图纸的设置、电路板层的设置、层的显示、颜色的设置、布线框的设置、PCB 系统参数的设置以及 PCB 设计工具栏的设置等。

7.6.1 电路板物理边框的设置

1. 边框线的设置

电路板的物理边界即为 PCB 的实际大小和形状，板形的设置在工作层层面 Mechanical 1 上进行，根据所设计的 PCB 在产品中的位置、空间的大小、形状以及与其他部件的配合来确定 PCB 的外形与尺寸。具体操作步骤如下。

（1）新建一个 PCB 文件，使之处于当前的工作窗口中，如图 7-12 所示。默认的 PCB 图为带有栅格的黑色区域，它包括 13 工作层面。

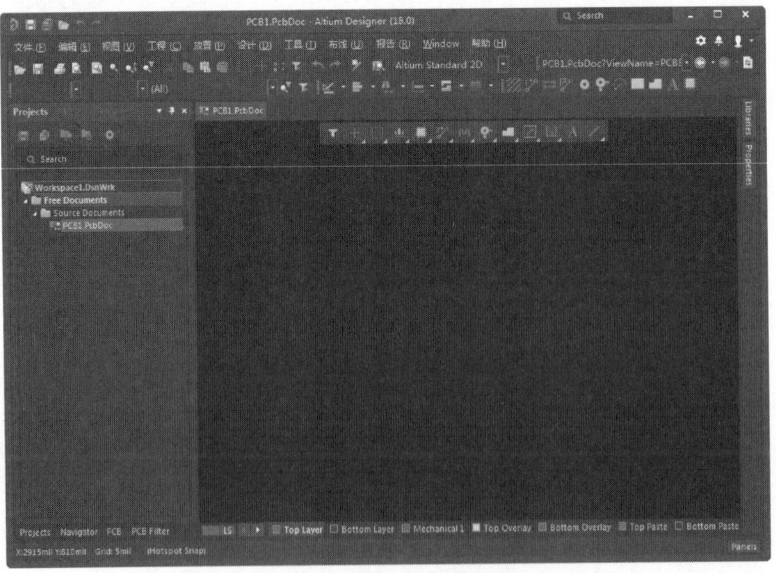

图 7-12　默认的 PCB 图

- ☑ Top Layer（顶层）和 Bottom Layer（底层）：是两个信号层，用于建立电气连接的铜箔层。
- ☑ Mechanical 1（机械层）：用于设置 PCB 与机械加工相关的参数，以及用于 PCB 3D 模型放置与显示。
- ☑ Top Overlay（顶层丝印层）和 Bottom Overlay（底层丝印层）：用于添加电路板的说明文字。
- ☑ Top Paste（顶层锡膏防护层）和 Bottom Paste（底层锡膏防护层）：用于添加露在电路板外的铜箔。
- ☑ Top Solder（顶层阻焊层）和 Bottom Solder（底层阻焊层）：用于添加电路板的绿油覆盖。
- ☑ Drillguide（过孔引导层）：用于显示设置的钻孔信息。
- ☑ Keep-Out Layer（禁止布线层）：用于设立布线范围，该区域内支持系统的自动布局和自动布线功能，而该区域外不能自动布局和布线。
- ☑ Drilldrawing（过孔钻孔层）：用于查看钻孔孔径。
- ☑ Multi-Layer（多层同时显示）：可实现多层叠加显示，用于显示与多个电路板层相关的 PCB 细节。

Note

（2）单击工作窗口下方的“Mechanical 1（机械层）”标签，使该层面处于当前的工作窗口中。

（3）执行“放置”→“线条”命令，光标将变成十字形。将光标移到工作窗口的合适位置，单击即可进行线的放置操作，每单击一次就确定一个固定点。通常将板的形状定义为矩形。但在特殊的情况下，为了满足电路的某种特殊要求，也可以将板形定义为圆形、椭圆形或者不规则的多边形。这些都可以通过“放置”菜单来完成。

（4）当绘制的线组成了一个封闭的边框时，即可结束边框的绘制。右击或者按 Esc 键即可退出该操作，绘制结束后的 PCB 边框如图 7-13 所示。

图 7-13　设置边框后的 PCB 图

（5）设置边框线属性。

双击任一边框线即可打开该线的“Properties（属性）”面板，如图 7-14 所示。

为了确保 PCB 图中边框线为封闭状态，可以在该对话框中对线的起始点和结束点进行设置，使一根线的终点为下一根线的起点。下面介绍其他选项的含义。

- ☑ “Layer（层）”下拉列表框：用于设置该线所在的电路板层。用户在开始画线时可以不选择

Note

“Mechanical 1（机械层）”层，在此处进行工作层的修改也可以实现上述操作所达到的效果，只是这样需要对所有边框线段进行设置，操作起来比较麻烦。

☑ “Net（网络）”下拉列表框：用于设置边框线所在的网络。通常边框线不属于任何网络，即不存在任何电气特性。

☑ “锁定”按钮🔓：单击“Location（位置）”选项组下的按钮，边框线将被锁定，无法对该线进行移动等操作。

按 Enter 键，完成边框线的属性设置。

2. 板形的修改

对边框线进行设置主要是给制板商提供制作板形的依据。用户也可以在设计时直接修改板形，即在工作窗口中直接看到自己所设计的板子的外观形状，然后对板形进行修改。板形的设置与修改主要通过“设计”→“板子形状”子菜单来完成，如图 7-15 所示。

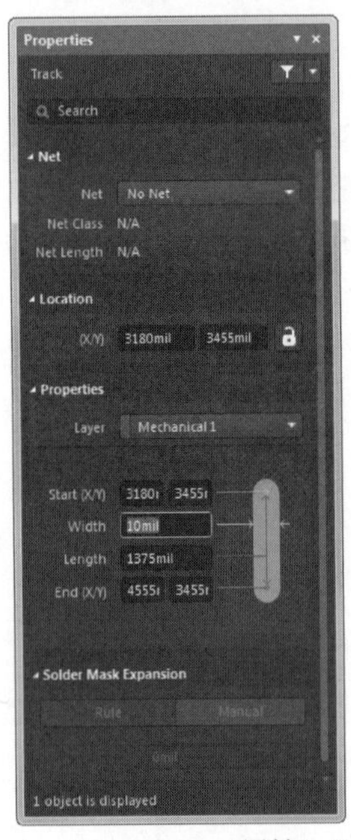

图 7-14 “Properties（属性）”面板

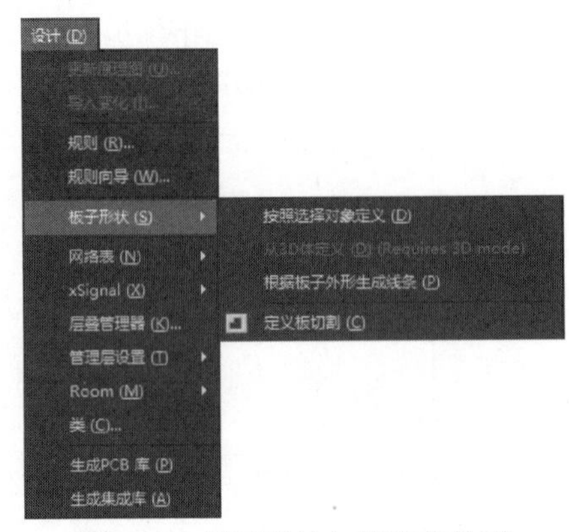

图 7-15 板形设计与修改菜单项

（1）按照选择对象定义。

在机械层或其他层利用线条或圆弧定义一个内嵌的边界，以新建对象为参考重新定义板形。具体操作步骤如下。

① 执行“放置”→“圆弧”命令，在电路板上绘制一个圆，如图 7-16 所示。

② 选中刚才绘制的圆，然后执行“设计”→“板子形状”→“按照选择对象定义”命令，电路板将变成圆形，如图 7-17 所示。

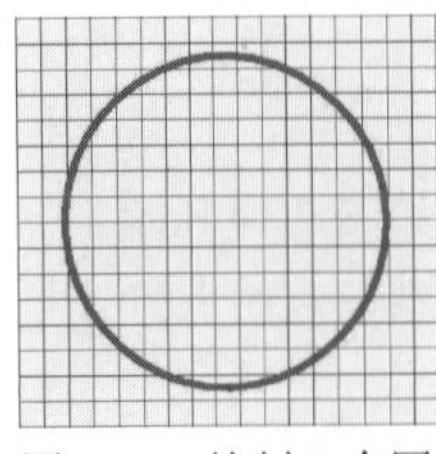

图 7-16 绘制一个圆

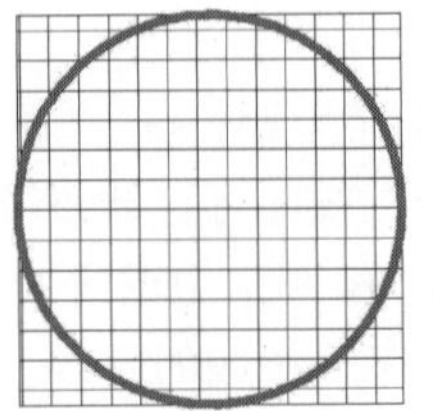

图 7-17 改变后的板形

（2）根据板子外形生成线条。

在机械层或其他层将板子边界转换为线条。具体操作方法为：执行“设计”→“板子形状”→“根据板子外形生成线条”命令，弹出“Line/Arc Primitives From Board Shape（从板外形而来的线/弧原始数据）”对话框，如图 7-18 所示。按照需要设置参数，单击 OK 按钮，退出对话框，板边界自动转换为线条，如图 7-19 所示。

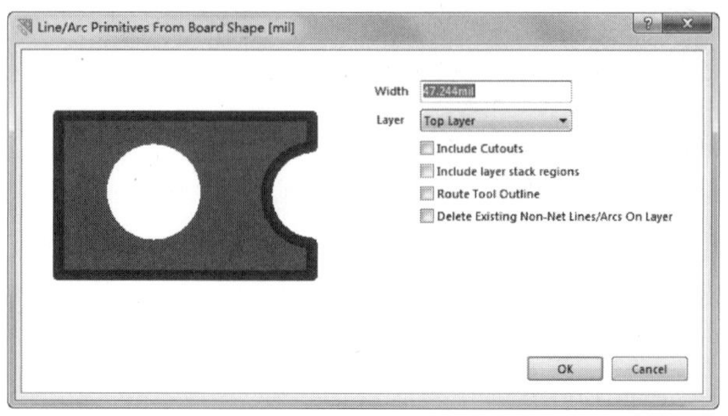

图 7-18　“Line/Arc Primitives From Board Shape（从板外形而来的线/弧原始数据）”对话框

图 7-19　转换边界

7.6.2　电路板图纸的设置

与原理图一样，用户也可以对电路板图纸进行设置，默认的图纸为不可见。大多数 Altium Designer 18 带的例子将板子显示在一个白色的图纸上，与原理图图纸完全相同。图纸大多被画在 Mechanical 16 上，图纸的设置主要有以下两种方法。

（1）通过“Properties（属性）”进行设置，单击右侧“Properties（属性）”按钮，打开“Properties（属性）”面板“Board（板）”属性编辑，如图 7-20 所示。

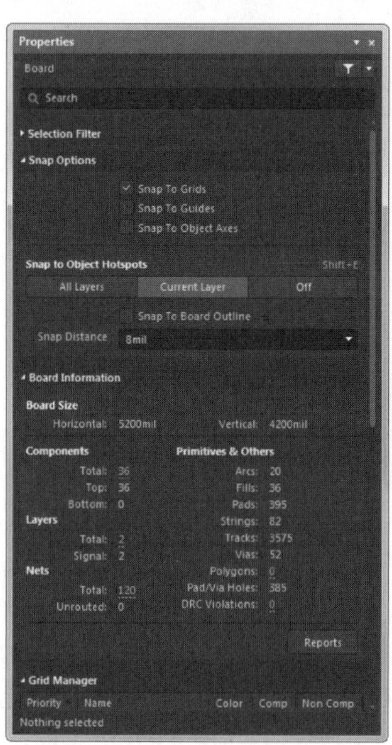

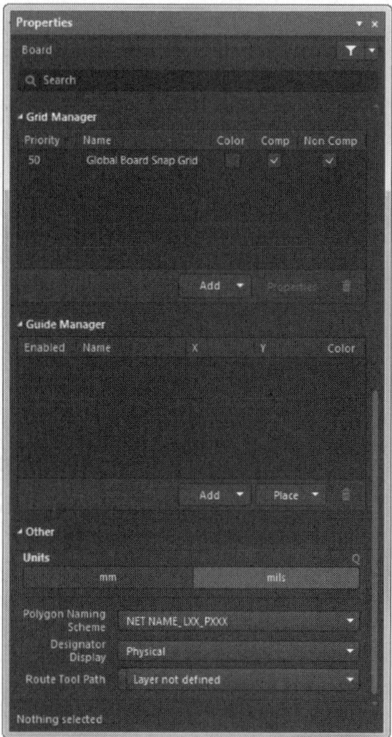

图 7-20　“Board（板）”属性编辑

Note

其中主要选项组的功能如下。

① “Search（搜索）”功能：允许在面板中搜索所需的条目。

② “Selection Filter（选择过滤器）”选项组：设置过滤对象。

也可单击 中的下拉按钮，弹出如图 7-21 所示的对象选择过滤器。

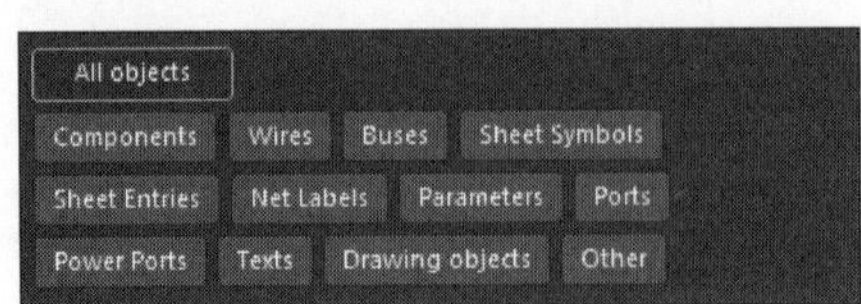

图 7-21　对象选择过滤器

③ “Snap Options（捕捉选项）”选项组：设置图纸是否启用捕获功能。

☑ Snap To Grids：选中该复选框，捕捉到栅格。

☑ Snap To Guides：选中该复选框，捕捉到向导线。

☑ Snap To Object Axes：选中该复选框，捕捉到对象坐标。

④ “Snap to Object Hotspots（捕捉对象热点）”选项组：捕捉的对象热点所在层包括“All Layer（所有层）”“Current Layer（当前层）”“Off（关闭）”。

☑ Snap To Board Outline：选中该复选框，捕捉到电路板外边界。

☑ Snap Distance（栅格范围）：设置值为半径。

⑤ “Board Information（板信息）”选项组：显示 PCB 文件中元件和网络的完整细节信息，图 7-22 显示的部分是未选定对象时。

☑ 汇总了 PCB 上的各类图元，如导线、过孔、焊盘等的数量，报告了电路板的尺寸信息和 DRC 违例数量。

☑ 报告了 PCB 上元件的统计信息，包括元件总数、各层放置数目和元件标号列表。

☑ 列出了电路板的网络统计，包括导入网络总数和网络名称列表，

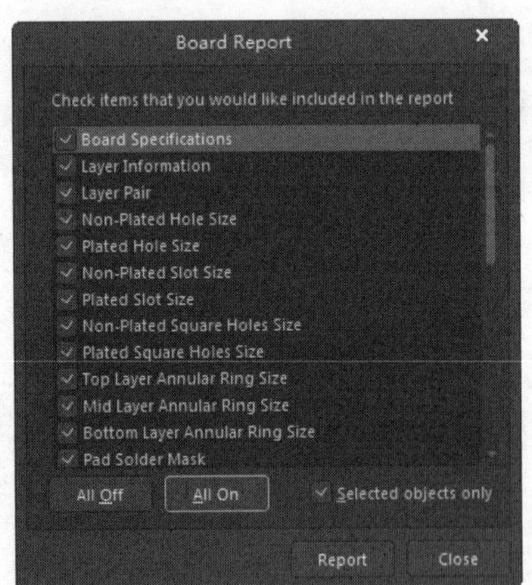

图 7-22　“Board Report（电路板报表）”对话框

单击 Reports 按钮，系统将弹出如图 7-22 所示的“Board Report（电路板报表）”对话框，通过该对话框可以生成 PCB 信息的报表文件，在该对话框的列表框中选择要包含在报表文件中的内容。选中“Selected objects only（只选择对象）”复选框时，单击 All On 按钮全选，选择所有板信息。

报表列表选项设置完毕后，在“Board Report（电路板报表）”对话框中单击 Reports 按钮，系统将生成 Board Information Report 的报表文件，自动在工作区内打开，PCB 信息报表如图 7-23 所示。

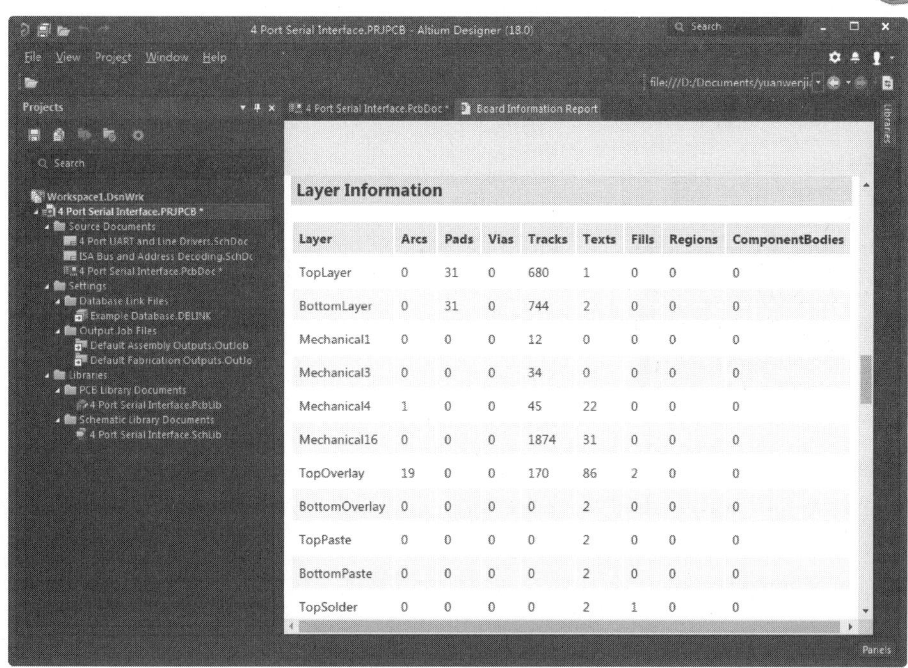

图 7-23 PCB 信息报表

⑥ “Grid Manager（栅格管理器）”选项组：定义捕捉栅格。

☑ 单击 Add 按钮，在弹出的下拉菜单中选择命令，如图 7-24 所示。添加笛卡儿坐标下与极坐标下的栅格，在未选定对象时进行定义。

图 7-24 下拉菜单

☑ 选择添加的栅格参数，激活“Properties（属性）”按钮，单击该按钮，弹出如图 7-25 所示的“Cartesian Grid Editor（笛卡儿栅格编辑器）”对话框，设置栅格间距。

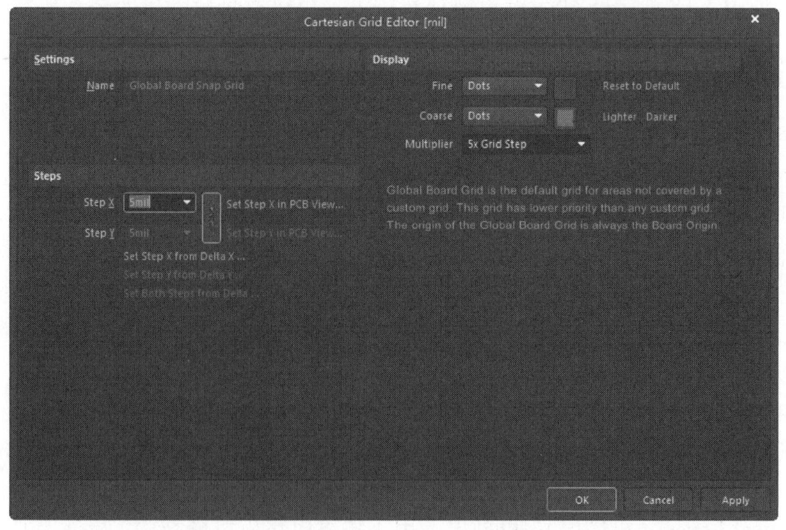

图 7-25 “Cartesian Grid Editor（笛卡儿栅格编辑器）”对话框

☑ 单击“删除”按钮，删除选中的参数。

⑦ “Guide Manager（向导管理器）”选项组：定义电路板的向导线，添加或放置横向、竖向、+45°、−45°和捕捉栅格的相导线，在未选定对象时进行定义。

Note

☑ 单击"Add（添加）"按钮，在弹出的下拉菜单中选择命令，如图 7-26 所示，添加对应的向导线。

☑ 单击"Place（放置）"按钮，在弹出的下拉菜单中选择命令，如图 7-27 所示，放置对应的向导线。

☑ 单击"删除"按钮，删除选中的参数。

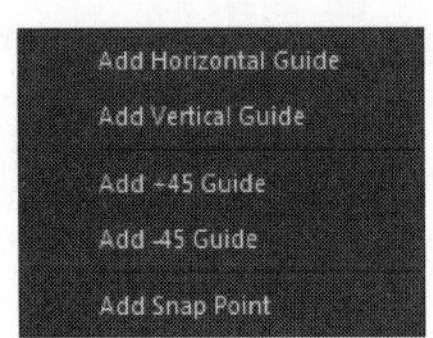

图 7-26　下拉菜单

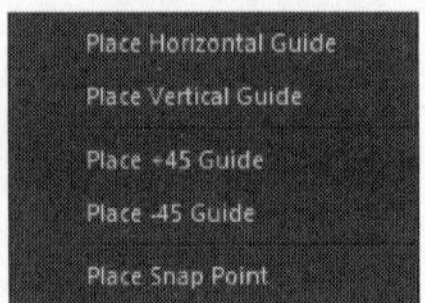

图 7-27　下拉菜单

⑧ "Other（其余的）"选项组：设置其余选项。

☑ "Units（单位）"选项：设置为公制（mm），也可以设置为英制（mils）。一般在绘制和显示时设为 mil。

☑ Polygon Naming Scheme 选项：选择多边形命名格式，包括 4 种，如图 7-28 所示。

图 7-28　下拉列表

☑ Designator Display 选项：标识符显示方式，包括"Phisical（物理的）""Logic（逻辑的）"两种。

☑ Route Tool Path 选项：选择布线所在层，从 Mechanical 2……Mechanical 15 中选择。

（2）执行"视图"→"适合板子"命令，此时图纸被重新定义了尺寸，与导入的 PCB 图纸边界范围正好相匹配。

至此，如果使用 V+S 或 Z+S 快捷键重新观察图纸，可以看见新的页面格式已经启用。

7.6.3　电路板的层面设置

1. 电路板的分层

PCB 一般包括很多层，不同的层包含不同的设计信息。制板商通常将各层分开做，然后经过压制、处理，最后生成各种功能的电路板。

Altium Designer 18 提供了以下 6 种类型的工作层面。

（1）Signal Layers（信号层）：信号层即为铜箔层。主要完成电气连接特性。Altium Designer 18 提供有 32 层信号层，分别为 Top Layer、Mid Layer 1、Mid Layer 2……Mid Layer 30 和 Bottom Layer，各层以不同的颜色显示。

（2）Internal Planes（中间层，也称内部电源与地线层）：内部电源与地线层也属于铜箔层。主要用于建立电源和地网络。Altium Designer 18 提供有 16 层"Internal Planes"，分别为 Internal Layer 1、Internal Layer 2……Internal Layer 16，各层以不同的颜色显示。

（3）Mechanical Layers（机械层）：机械层是用于描述电路板机械结构、标注及加工等说明所使用的层面，不能完成电气连接特性。Altium Designer 18 提供了 16 层机械层，分别为 Mechanical Layer 1、Mechanical Layer 2……Mechanical Layer 16，各层以不同的颜色显示。

（4）Mask Layers（阻焊层）：掩模层主要用于保护铜线，也可以防止零件被焊到不正确的地方。Altium Designer 18 提供了 4 层掩模层，分别为 Top Paste（顶层锡膏防护层）、Bottom Paste（底层锡

膏防护层）、Top Solder（顶层阻焊层）和 Bottom Solder（底层阻焊层），分别用不同的颜色显示出来。

（5）Silkscreen Layers（丝印层）：通常在这上面会印上文字与符号，以标示出各零件在板子上的位置。丝网层也被称作图标面（legend），Altium Designer 18 提供有两层丝印层，分别为 Top Overlay 和 Bottom Overlay。

Note

（6）Other Layers（其他层）：其他层。

☑ Drill Guides（钻孔）和 Drill Drawing（钻孔图）：用于描述钻孔图和钻孔位置。

☑ Keep-Out Layer（禁止布线层）：只有在这里设置了布线框，才能启动系统的自动布局和自动布线功能。

☑ Multi-Layer（多层）：设置更多层，横跨所有的信号板层。

2. 电路板的显示

在界面右下角单击 Panels 按钮，弹出快捷菜单，选择“View Configuration（视图配置）”命令，打开“View Configuration（视图配置）”面板，在“Layer Sets（层设置）”下拉列表中选择“All Layers（所有层）”，即可看到系统提供的所有层，如图 7-29 所示。

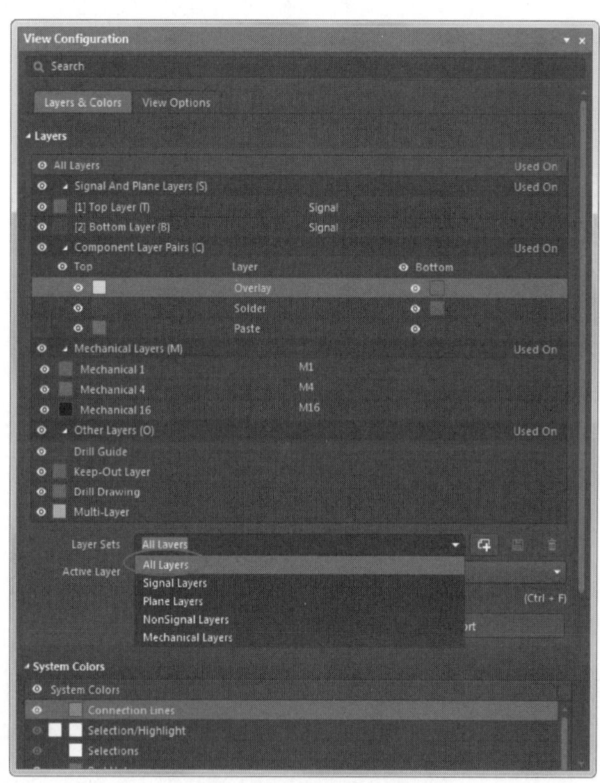

图 7-29　系统所有层的显示

同时还可以选择“Signal Layers（信号层）”、“Plane Layers（平面层）”、“NonSignal Layers（非信号层）”和“Mechanical Layers（机械层）”选项，分别在电路板中单独显示对应的层。

3. 常见的不同层数电路板

（1）Single-Sided Boards（单面板）

在最基本的 PCB 上，元件集中在其中的一面，布线则集中在另一面上，因为布线只出现在其中的一面，所以称这种 PCB 板为单面板。在单面板上通常只有底面即 Bottom Layer 覆上铜箔，元件的管脚焊在该面上，主要完成电气特性的连接。顶层即 Top Layer 是空的，元件安装在这一面，所以又

称为“元件面”。因为单面板在设计线路上有许多严格的限制（因为只有一面，所以布线间不能交叉而必须绕走独自的路径），布通率往往很低，所以只有早期的电路及一些比较简单的电路才使用。

（2）Double-Sided Boards（双面板）

双面板的两面都有布线。不过要用上两面的布线必须在两面之间有适当的电路连接才行。这种电路间的“桥梁”称为过孔（via）。过孔是在 PCB 上充满或涂上金属的小洞，它可以与两面的导线相连接。双层板通常无所谓元件面和焊接面，因为两个面都可以焊接或安装元件，但习惯地可以称“Bottom Layer（底层）”为焊接面，“Top Layer（顶层）”为元件面。因为双面板的面积比单面板大了一倍，而且因为布线可以互相交错（可以绕到另一面），因此它适合用在比单面板复杂的电路上。相对于多层板而言，双面板的制作成本不高，在给定一定面积时通常都能 100%布通，因此一般的印制板都采用双面板。

（3）Multi-Layer Boards（多层板）

常用的多层板有 4 层板、6 层板、8 层板和 10 层板等。简单的 4 层板是在“Top Layer（顶层）”和“Bottom Layer（底层）”的基础上增加了电源层和地线层，这一方面极大程度地解决了电磁干扰问题，提高了系统的可靠性；另一方面可以提高布通率，缩小 PCB 板的面积。6 层板通常是在 4 层板的基础上增加了两个信号层：Mid-Layer 1 和 Mid-Layer 2。8 层板则通常包括一个电源层、两个地线层、5 个信号层（Top Layer、Bottom Layer、Mid-Layer 1、Mid-Layer 2 和 Mid-Layer 3）。

多层板层数的设置是很灵活的，设计者可以根据实际情况进行合理的设置。各种层的设置应尽量满足以下要求。

① 元件层的下面为地线层，它提供器件屏蔽层以及为顶层布线提供参考平面。

② 所有的信号层应尽可能与地平面相邻。

③ 尽量避免两信号层直接相邻。

④ 主电源应尽可能地与其对应地相邻。

⑤ 兼顾层压结构对称。

4. 电路板层数设置

在对电路板进行设计前可以对板的层数及属性进行详细的设置，这里所说的层主要是指 Signal Layers（信号层）、Internal Plane Layers（电源层和地线层）和 Insulation（Substrate）Layers（绝缘层）。

电路板层的具体设置步骤如下。

（1）选择菜单栏中的“设计”→“层叠管理器”命令，系统将弹出“Layer Stack Manager（电路板层堆栈管理）”对话框，如图 7-30 所示。在该对话框中可以增加层、删除层、移动层所处的位置以及对各层的属性进行编辑。

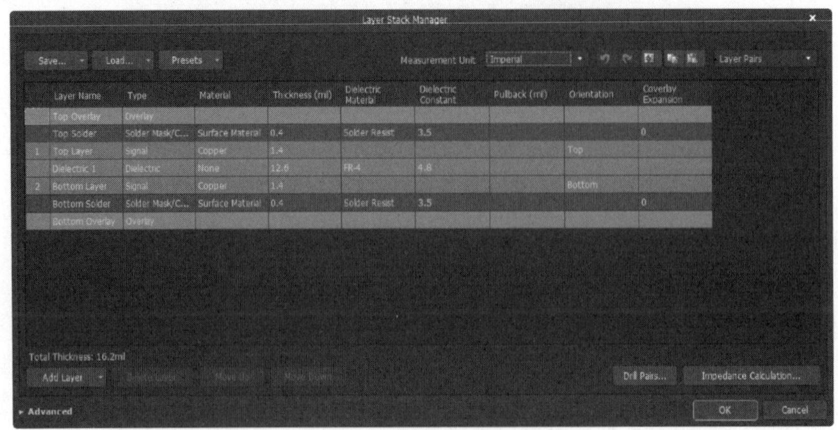

图 7-30 “Layer Stack Manager（层堆栈管理）”对话框

（2）在对话框的中心显示了当前 PCB 图的层结构。默认的设置为双层板，即只包括“Top Layer（顶层）”和“Bottom Layer（底层）”两层，用户可以单击“Add Layer（添加层）”按钮添加信号层、电源层和地线层，单击“Add Internal Plane（添加中间层平面）”按钮添加中间层。选定一层为参考层进行添加时，添加的层将出现在参考层的下面，当选择“Bottom Layer（底层）”时，添加层则出现在底层的上面。

Note

（3）双击某一层的名称可以直接修改该层的属性，对该层的名称及厚度进行设置。

（4）单击 Add Layer 按钮，添加层后，单击 Move Up 按钮或 Move Down 按钮可以改变该层在所有层中的位置。在设计过程的任何时间都可进行添加层的操作。

（5）选中某一层后单击 Delete Layer 按钮即可删除该层。

（6）选中 3D 复选框，对话框中的板层示意图变化如图 7-31 所示。

（7）在该对话框的任意空白处右击即可弹出一个菜单，如图 7-31 所示。此菜单项中的大部分选项也可以通过对话框下方的按钮进行操作。

（8）Presets 下拉菜单项提供了常用不同层数的电路板层数设置，可以直接选择进行快速板层设置，如图 7-32 所示。

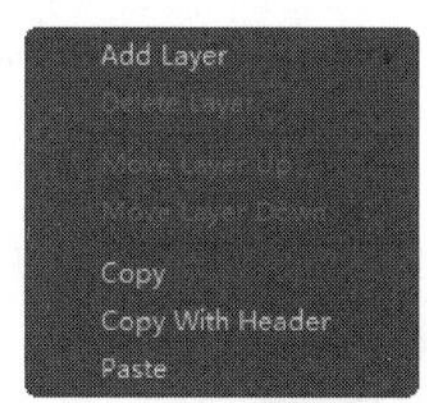

图 7-31　右键菜单

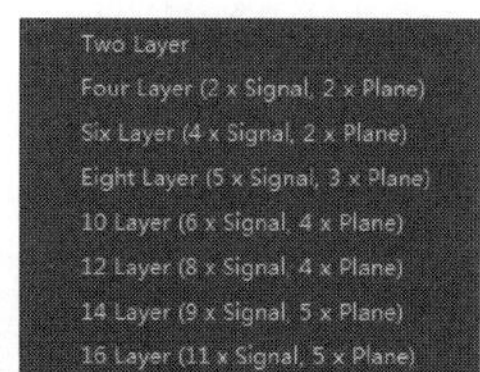

图 7-32　下拉列表

（9）PCB 设计中最多可添加 32 个信号层、26 个电源层和地线层。各层的显示与否可在“View Configuration（视图配置）”面板中进行设置，选中各层中的“显示”按钮即可。

（10）单击 Advanced 按钮，对话框发生变化，增加了电路板堆叠特性的设置，如图 7-33 所示。

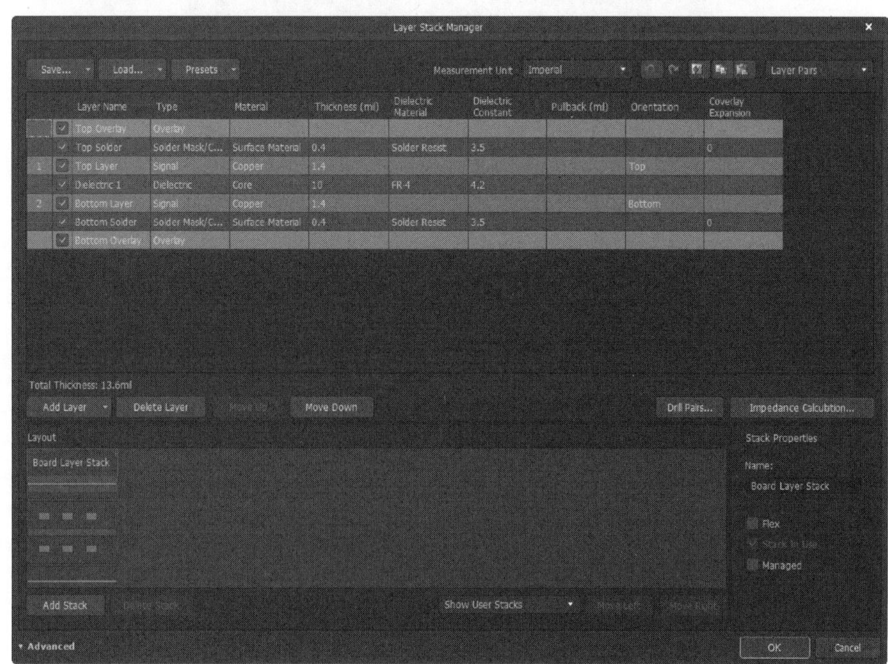

图 7-33　电路板堆叠特性的设置

Note

电路板的层叠结构中不仅包括拥有电气特性的信号层，还包括无电气特性的绝缘层，两种典型的绝缘层主要是指“Core（填充层）”和“Prepreg（塑料层）”。

层的堆叠类型主要是指绝缘层在电路板中的排列顺序，默认的 3 种堆叠类型包括 Layer Pairs（Core 层和 Prepreg 层自上而下间隔排列）、Internal Layer Pairs（Prepreg 层和 Core 层自上而下间隔排列）和 Build-up（顶层和底层为 Core 层，中间全部为 Prepreg 层）。改变层的堆叠类型将会改变 Core 层和 Prepreg 在层栈中的分布，只有在信号完整性分析需要用到盲孔或深埋过孔时才需要进行层的堆叠类型的设置。

（11）Drill Pairs...按钮用于钻孔设置。

（12）Impedance Calculation...按钮用于阻抗计算。

7.6.4 工作层面与颜色设置

PCB 编辑器内显示的各个板层具有不同的颜色，以便于区分。用户可以根据个人习惯进行设置，并且可以决定该层是否在编辑器内显示出来。

1. 打开“View Configuration（视图配置）”面板

在界面右下角单击Panels按钮，弹出快捷菜单，选择“View Configuration（视图配置）”命令，打开“View Configuration（视图配置）”面板，如图 7-34 所示，该面板包括电路板层颜色设置和系统默认设置颜色的显示两部分。

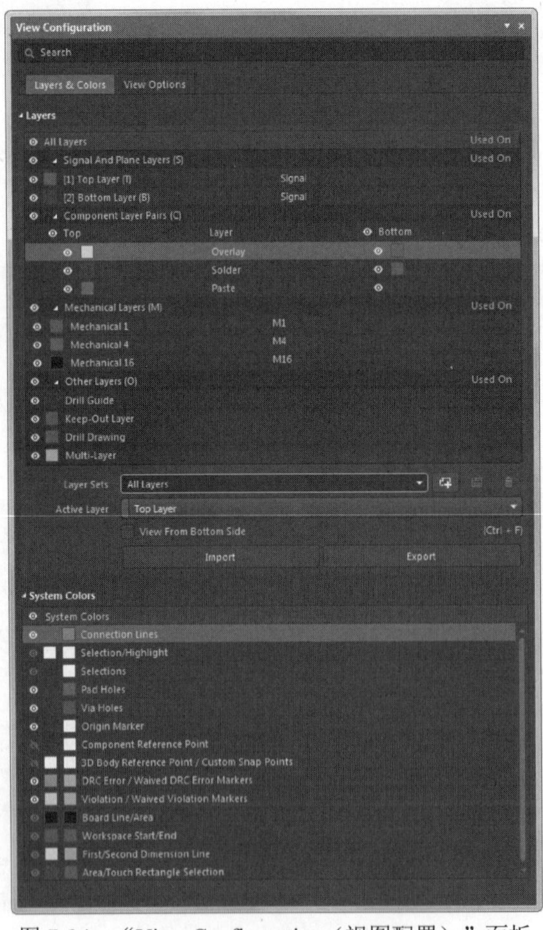

图 7-34 “View Configuration（视图配置）”面板

2. 设置对应层面的显示与颜色

在“Layers（层）”选项组下用于设置对应层面和系统的显示颜色。

（1）“显示”按钮用于决定此层是否在 PCB 编辑器内显示。不同位置的“显示”按钮启用/禁用层不同。

☑ 每个层组中启用或禁用一个层、多个层或所有层，如图 7-35 所示。启用/禁用了全部的 Component Layers。

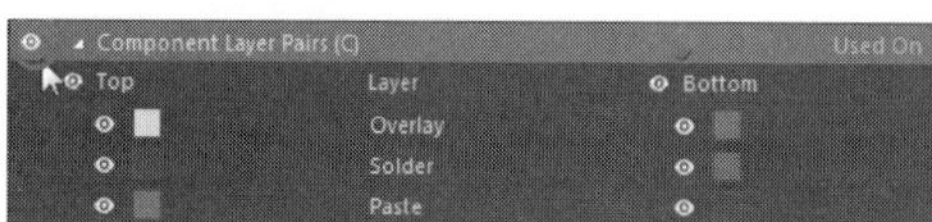

图 7-35　启用/禁用了全部的元件层

☑ 启用/禁用整个层组，如图 7-36 所示，启用/禁用了所有的 Top Layers。

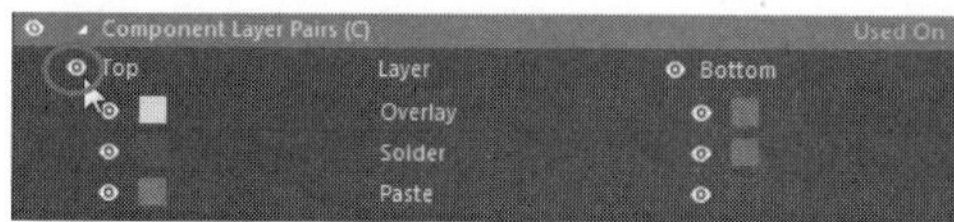

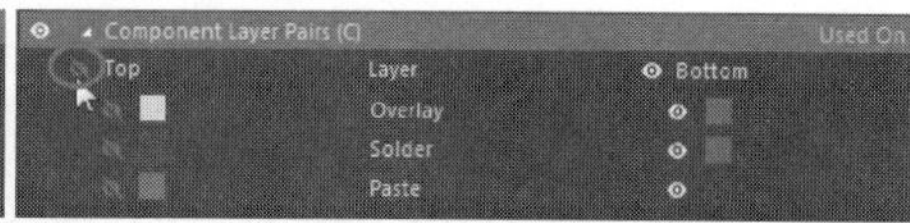

图 7-36　启用/禁用 Top Layers

☑ 启用/禁用每个组中的单个条目，如图 7-37 所示，突出显示的个别条目已禁用。

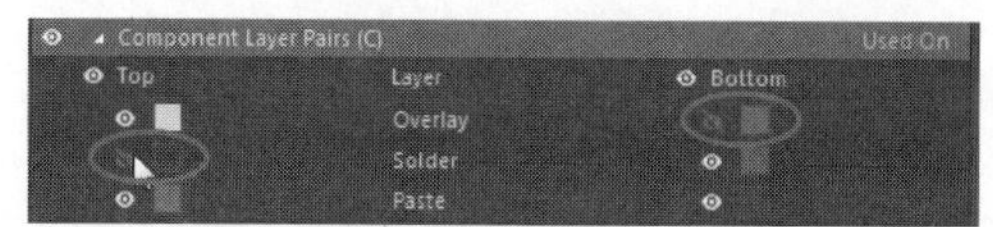

图 7-37　启用/禁用单个条目

（2）如果要修改某层的颜色或系统的颜色，单击其对应的“颜色”栏内的色条，即可在弹出的选择颜色列表中进行修改，如图 7-38 所示。

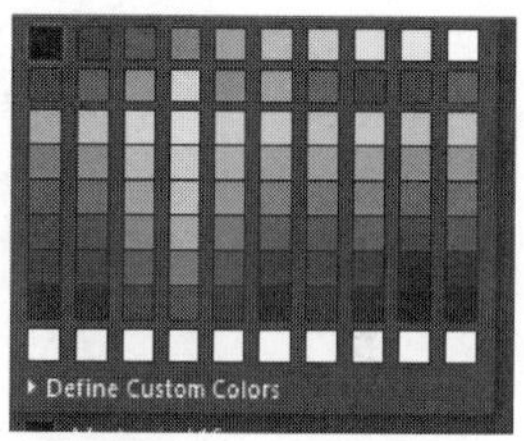

图 7-38　选择颜色列表

（3）在“Layer Sets（层设置）”设置栏中，有“All Layers（所有层）”“Signal Layers（信号层）”“Plane Layers（平面层）”“NonSignal Layers（非信号层）”“Mechanical Layers（机械层）”选项，它们分别对应其上方的信号层、电源层和地线层、机械层。选择“All Layers（所有层）”决定了在板层和颜色面板中显示全部的层面，还是只显示图层堆栈中设置的有效层面。一般地，为使面板简洁明了，默认选择“All Layers（所有层）”，只显示有效层面，对未用层面可以忽略其颜色设置。

单击“Used On（使用的层打开）”按钮，即可选中该层的“显示”按钮，清除其余所有层的选中状态。

3. 显示系统的颜色

在“System Color（系统颜色）”栏中可以对系统的两种类型可视格点的显示或隐藏进行设置，还可以对不同的系统对象进行设置。

7.6.5　PCB 布线框的设置

对布线框进行设置主要为自动布局和自动布线打基础。执行“文件”→“新的”→PCB 命令或通过模板创建的 PCB，此时所创建的文件只有一个默认的板形并无布线框，因此用户如果要使用 Altium Designer 18 系统提供的自动布局和自动布线功能，则需要自己创建一个布线框。

创建布线框的具体步骤如下。

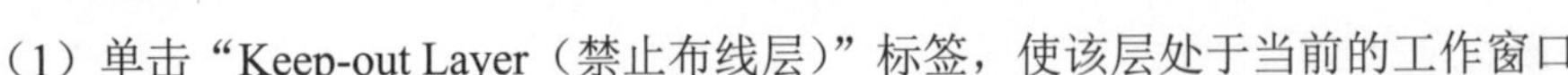

（1）单击“Keep-out Layer（禁止布线层）”标签，使该层处于当前的工作窗口。

（2）执行“放置”→“Keepout（禁止布线）”→“线径”命令（这里使用的“Keepout（禁止布线）”与对象属性编辑面板中的“Keepout（禁止布线）”复选框的作用相同，即表示不属于板内的对象），这时光标变成十字形。移动光标到工作窗口，在禁止布线层上创建一个封闭的多边形。

Note

（3）完成布线框的设置后，右击或者按Esc键即可退出布线框的操作。

布线框设置完毕后，进行自动布局操作时元件自动导入该布线框中。有关自动布局的内容将在后面的章节介绍。

7.6.6 “Preferences（参数选择）”对话框的设置

在“Preferences（参数选择）”对话框中可以对一些与PCB编辑窗口相关的系统参数进行设置。设置后的系统参数将用于这个工程的设计环境，并不随PCB文件的改变而改变。

执行“工具”→“优先选项”命令，即可打开“Preferences（参数选择）”对话框，如图7-39所示。

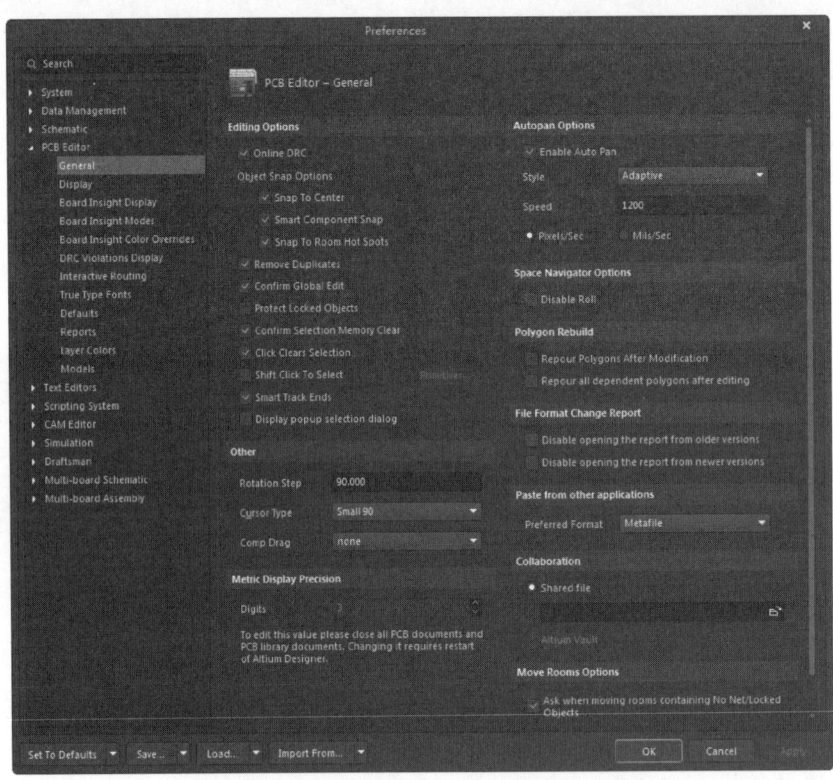

图7-39 “Preferences（参数选择）”对话框

该对话框中主要需要设置的有4个选项卡：“General（常规）”、“Display（显示）”、“Defaults（默认）”和“Layer Colors（层颜色）”。

1. “General（常规）”选项卡

（1）“Editing Options（编辑选项）”选项组

☑ “Online DRC（在线DRC标记）”复选框：选中该复选框时，所有违反PCB设计规则的地方都将被标记出来。取消对该复选框的选中状态时，用户只能通过执行“工具”→“设计规则检查”命令，在“Design Rule Check（设计规则检查）”属性对话框中进行查看。PCB设计规则在PCB Rules & Constraints对话框中定义（执行“设计”→“规则”命令）。

- “Snap To Center（捕捉中心）”复选框：选中该复选框时，鼠标捕获点将自动移到对象的中心。对焊盘或过孔来说，鼠标捕获点将移向焊盘或过孔的中心。对元件来说，光标将移向元件的第一个管脚；对导线来说，鼠标将移向导线的一个顶点。
- “Smart Component Snap（自动元件捕捉）”复选框：选中该复选框，当选中元件时光标将自动移到离单击处最近的焊盘上。取消对该复选框的选中状态，当选中元件时光标将自动移到元件的第一个管脚的焊盘处。
- “Snap To Room Hot Spots（自动捕捉到 Room 热点）”复选框：选中该复选框，当选中元件时光标将自动移到离单击处最近的 Room 热点上。

Note

☑ “Remove Duplicates（移去重复数据）”复选框：选中该复选框，当数据进行输出时将同时产生一个通道，这个通道将检测通过的数据并将重复的数据删除。

☑ “Confirm Global Edit（确认全局编辑）”复选框：选中该复选框，用户在进行全局编辑时系统将弹出一个对话框，提示当前的操作将影响到对象的数量。建议保持对该复选框的选中状态，除非用户对 Altium Designer 18 的全局编辑非常熟悉。

☑ “Protect Locked Objects（保护锁定对象）”复选框：选中该复选框后，当对锁定的对象进行操作时系统将弹出一个对话框询问是否继续此操作。

☑ “Confirm Selection Memory Clear（选择记忆删除确认）”复选框：选中该复选框，当用户删除某个记忆时系统将弹出一个警告的对话框。默认状态下取消对该复选框的选中状态。

☑ “Click Clears Selection（单击清除选择对象）”复选框：通常情况下该复选框保持选中状态。用户单击选中一个对象，然后去选择另一个对象时，上一次选中的对象将恢复未被选中的状态。取消对该复选框的选中状态时，系统将不清除上一次的选中记录。

☑ “Shift Click To Select（按 Shift 键同时单击选中对象）”复选框：选中该复选框时，用户需要按 Shift 键的同时单击所要选择的对象才能选中该对象。通常取消对该复选框的选中状态。

（2）“Other（其他）”选项组

☑ “Rotation Step（旋转角度步长）”文本框：在进行元件的放置时，单击空格键可改变元件的放置角度，通常保持默认的 90° 角设置。

☑ “Cursor Type（鼠标类型）”下拉列表：可选择工作窗口鼠标的类型，有 3 种选择：Large 90、Small 90 和 Small 45。

☑ “Comp Drag（元件拖动）”下拉列表：该项决定了在进行元件的拖动时是否同时拖动与元件相连的布线。选中“Connected Tracks（相连的布线）”项则在拖动元件的同时拖动与之相连的布线，选中“None（无）”项则只拖动元件。

（3）“Metric Display Precision（公制显示精度）”选项组

“Digits（数字精度）”文本框：在文本框中设置数值的数字精度，即小数点后数字的保留位数。值得注意的是，该选项的设置必须在关闭所有 PCB 文件及 PCB Library 文件后才能进行设置，否则，选项显示灰色，无法激活设置。

（4）“Autopan Options（自动移动选项）”选项组

☑ “Enable Auto Pan（使能自动平移）”复选框：选中该复选框，执行任何编辑操作时以及十字准线光标处于活动状态时，将光标移动超出任何文档视图窗口的边缘，将导致文档在相关方向上进行平移。

☑ “Style（类型）”下拉列表：在此项中可以选择视图自动缩放的类型，有如图 7-40 所示的几种选择项。

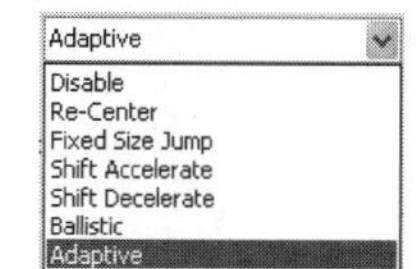

图 7-40　视图的自动缩放类型

Note

☑ “Speed（速度）”文本框：当在 Style 项中选择了“Adaptive（自适应）”时将出现该项。从中可以进行缩放步长的设置，单位有两种：“Pixels/sec（像素/秒）”和“Mils/sec（毫米/秒）”。

（5）“Space Navigator Options（空间导航器选项）”选项组

“Disable Roll（禁用滚动）”复选框：选中此复选框，导航文件过程中，不能滚动图纸。

（6）“Polygon Rebuild（多边形重新铺铜）”选项组

☑ “Repour Polygons After Modification（重新修正铺铜）”复选框：选中此复选框，在铺铜上走线后重新进行铺铜操作时，铺铜将位于走线的上方。

☑ “Repour all dependent polygons after editing（重新编辑所有相关多边形铺铜）”复选框：选中此复选框，在铺铜上走线后重新进行铺铜操作时，铺铜将位于走线的原位置。

（7）“Paste from other applications（粘贴其他应用程式）”选项组

“Preferred Format（首选格式）”下拉列表框：设置粘贴的格式，包括“Metafile（图元文件）”“Text（文本文件）”。

（8）Collaboration（协作）选项组

“Shared file（合作文件）”单选按钮：选中该单选按钮，将选择与当前 PCB 文件协作的文件。

（9）“Move Rooms Options（移动 Room 选项）”选项组

☑ Ask when moving rooms containing No Net/Locked Objects 复选框：选中此复选框，在铺铜上走线后重新进行铺铜操作时，铺铜将位于走线的上方。

2. “Display（显示）”选项卡

“Display（显示）”选项卡如图 7-41 所示。

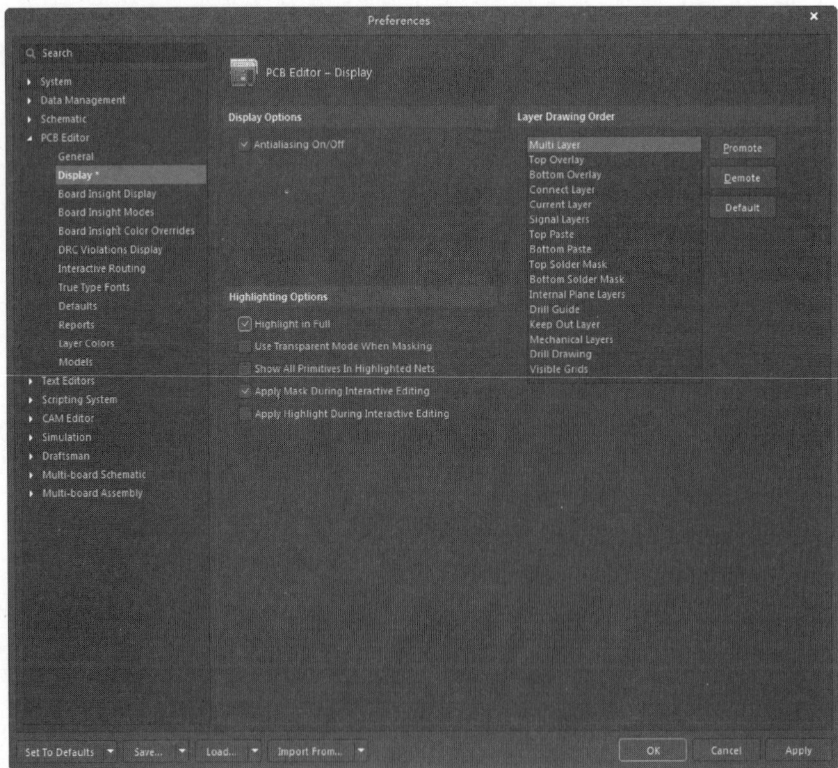

图 7-41　Display 选项卡

（1）“Display Options（显示选项）”选项组

Antialiasing On/Off 复选框：开启或禁用 3D 抗锯齿。

（2）“Highlighting Options（高亮选项）”选项组

☑ “Higlight in Full（完全高亮）”复选框：选中该复选框后，选中的对象将以当前的颜色突出显示出来。取消对该复选框的选中状态时，对象将以当前的颜色被勾勒出来。

☑ “Use Transparent Mode When Masking（当掩模时候使用透明模式）”：选中该复选框，“Mask（掩模）”时会将其余的对象透明化显示。

☑ “Show All Primitives In Highlighted Editing（在高亮的网络上显示全部原始的）”复选框：选中该复选框，在单层模式下系统将显示所有层中的对象（包括隐藏层中的对象），而且当前层被高亮显示出来。取消选中状态后，单层模式下系统只显示当前层中的对象，多层模式下所有层的对象都会在高亮的网格颜色显示出来。

☑ “Apply Mask During Interactive Editing（交互编辑时应用 Mask）”复选框：选中该复选框，用户在交互式编辑模式下可以使用 Mask（掩模功能）。

☑ “Apply Highlight During Interactive Editing（交互编辑时应用高亮）”复选框：选中该复选框，用户在交互式编辑模式下可以使用高亮显示功能，对象的高亮颜色在“视图设置”对话框中设置。

（3）“Layer Drawing Order（图层顺序）”选项组

该选项组用来指定层的顺序。

3. “Defaults（默认）”选项卡

“Defaults（默认）”选项卡用于设置 PCB 设计中用到的各个对象的默认值，如图 7-42 所示。通常，用户不需要改变此选项卡中的内容。

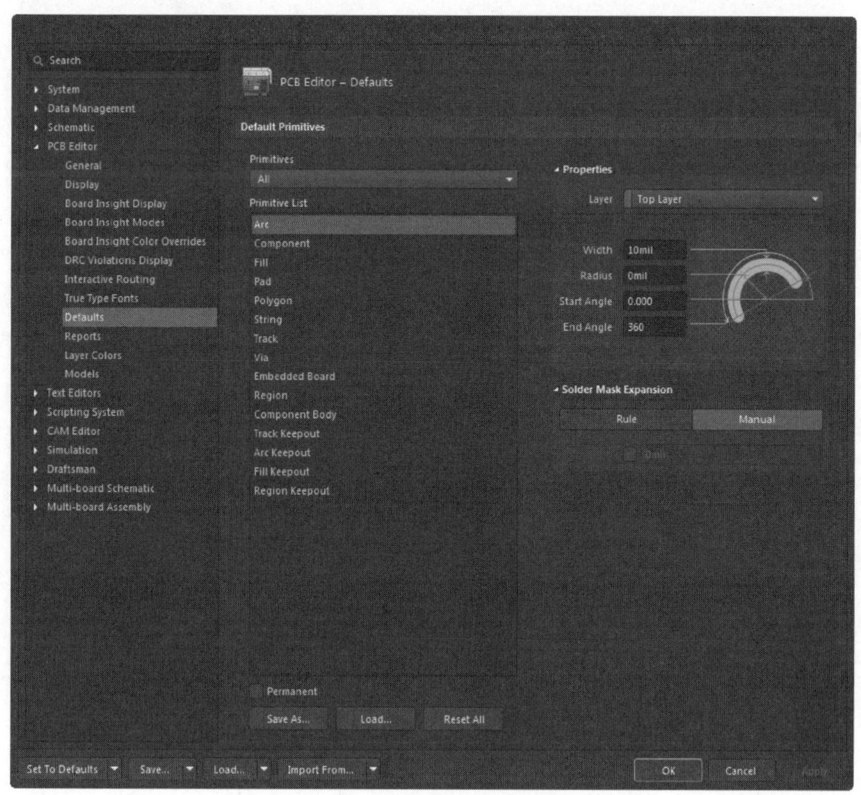

图 7-42　Defaults 选项卡

Note

☑ “Primitives（元件）”下拉列表框：该列表框列出了所有可以编辑的元件总分类。

☑ “Primitive List（元件列表）”列表框：该列表框列出了所有可以编辑的元件对象选项。单击选择其中一项，在右侧“Properties（属性）”选项组中显示相应的属性设置，进行元件属性的修改。例如，双击图元“Arc（弧）”选项，进入坐标属性设置选项组，可以对各项参数的数值进行修改。

☑ “Permanent（永久的）”复选框：在对象放置前按 Tab 键进行对象的属性编辑时，如果选中该复选框，则系统将保持对象的默认属性。例如放置元件 cap 时，如果系统默认的标号为 Designatorl，则第一次放置时两个电容的标号为 Designator1 和 Designator2。退出放置操作进行第二次放置时，放置的电容的标号则为 Designator1 和 Designator2。如果取消对该复选框的选中状态，第二次放置的电容标号为 Designator1 和 Designator2，则进行第二次放置时放置的电容标号就为 Designator3 和 Designator4。

☑ 单击 Load... 按钮，可以将其他的参数配置文件导入，使之成为当前的系统参数值。

☑ 单击 Save As... 按钮，可以将当前各个图元的参数配置*.DFT 的格式保存起来，供以后调用。

☑ 单击 Reset All 按钮，可以将当前选择图元的参数值重置为系统默认值。

4. “Layer Colors（层颜色）”选项卡

“Layer Colors（层颜色）”选项卡用于设置 PCB 设计中可看到系统提供的所有层及层的颜色设置，如图 7-43 所示。

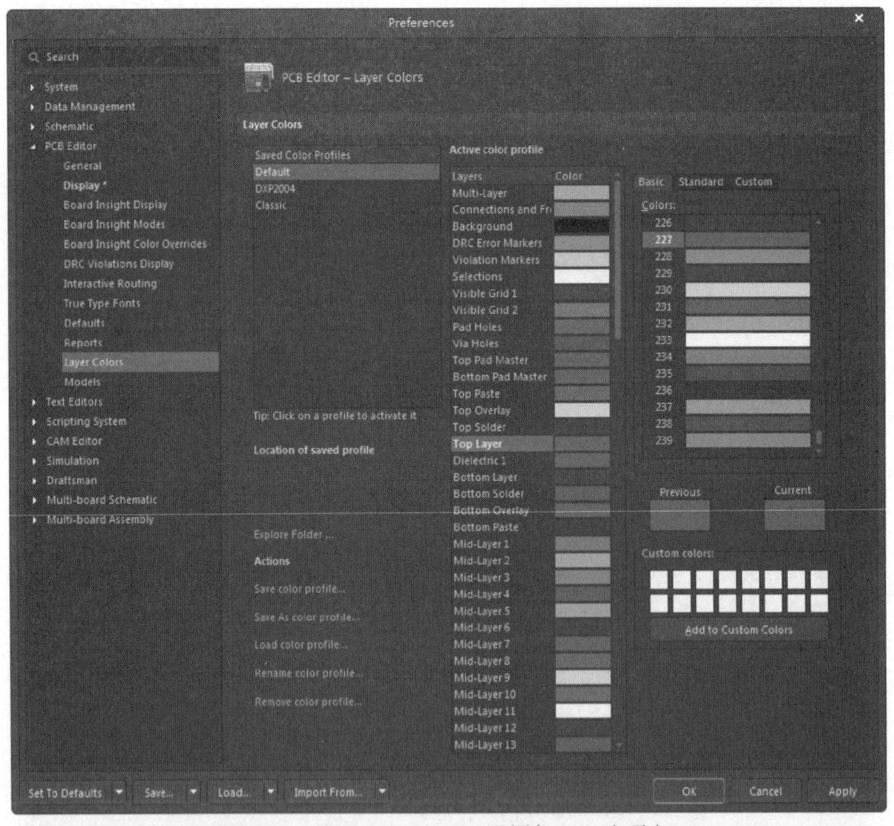

图 7-43 “Layer Colors（层颜色）”选项卡

用户可以自行尝试修改各项参数后观察系统的变化，而不必担心参数修改错误后会导致设计上的障碍。如果想取消自己曾经修改的参数设置，只要单击优先设置对话框左下角的 Set To Defaults 按钮，在

下拉菜单中进行选择，即可将当前页或者所有参数设置恢复到原来的默认值。另外，还可以通过 Save... 按钮将自己的设置保存起来，以后通过 Import From... 按钮导入使用即可。

Note

7.7 在 PCB 文件中导入原理图网络表信息

网络表是原理图与 PCB 图之间的联系纽带，原理图的信息可以通过导入网络表的形式完成与 PCB 之间的同步。在进行网络表的导入之前，需要装载元件的封装库及对同步比较器的比较规则进行设置。

7.7.1 装载元件封装库

由于 Altium Designer 18 采用的是集成的元件库，因此对于多数设计来说，在进行原理图设计的同时便装载了元件的 PCB 封装模型，此时可以省略该项操作。但 Altium Designer 18 同时也支持单独的元件封装库，只要 PCB 文件中有一个元件封装不是在集成的元件库中，用户就需要单独装载该封装所在的元件库。元件封装库的添加与原理图中元件库的添加步骤相同，这里不再介绍。

7.7.2 设置同步比较规则

同步设计是 Protel 系列软件电路绘图最基本的绘图方法，这是一个非常重要的概念。对同步设计概念的最简单的理解就是原理图文件和 PCB 文件在任何情况下保持同步。即不管是先绘制原理图再绘制 PCB，还是原理图和 PCB 同时绘制，最终要保证原理图上元件的电气连接意义必须和 PCB 上的电气连接意义完全相同。同步并不是单纯地同时进行，而是原理图和 PCB 两者之间电气连接意义的完全相同。实现该目的的最终方法是用同步器，这个概念就称为同步设计。

如果说网络报表包含了电路设计的全部电气连接信息，那么 Altium Designer 18 则是通过同步器添加网络报表的电气连接信息来完成原理图与 PCB 图之间的同步更新。同步器的工作原理是检查当前的原理图文件和 PCB 文件，得出它们各自的网络报表并进行比较，比较后得出的不同的网络信息将作为更新信息，然后根据更新信息便可以完成原理图设计与 PCB 设计的同步。同步比较规则的设置决定了生成的更新信息，因此要完成原理图与 PCB 图的同步更新，同步比较规则的设置则至关重要。

执行“工程”→“工程选项”命令进入“Options for PCB Project...（PCB 项目选项）”对话框，然后选择“Comparator（比较器）”选项卡，在该选项卡中可以对同步比较规则进行设置，如图 7-44 所示。

单击 Set To Installation Defaults 按钮将恢复该对话框中原来的设置。

单击 OK 按钮即可完成同步比较规则的设置。

同步器的主要作用是完成原理图与 PCB 图之间的同步更新，但这只是对同步器的狭义上的理解。广义上的同步器可以完成任何两个文档之间的同步更新，可以是两个 PCB 文档之间、网络表文件和 PCB 文件之间，也可以是两个网络表文件之间的同步更新。用户可以在“Differences（不同处）”面板中查看两个文件之间的不同之处。

Note

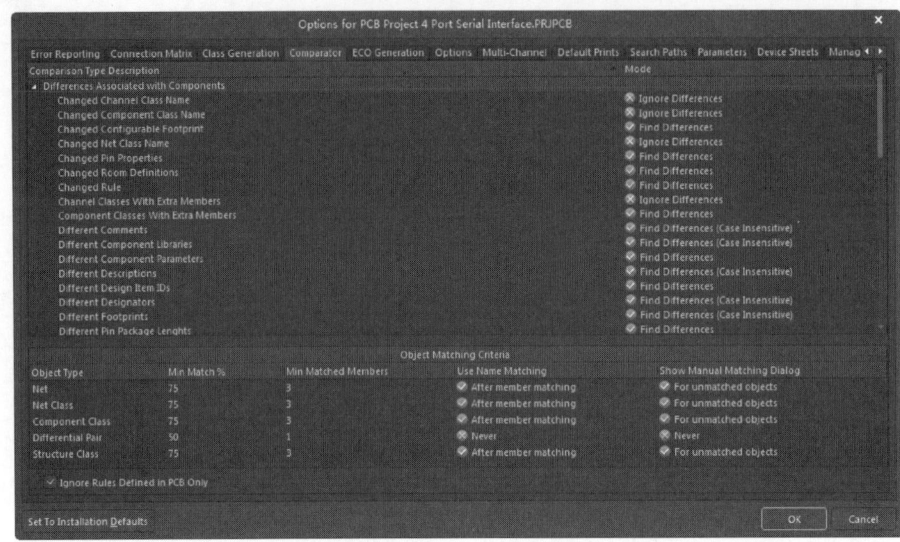

图 7-44 “Options for PCB Project…（PCB 项目选项）”对话框

7.7.3 导入网络报表

完成同步比较规则的设置后即可进行网络表的导入工作。这里将如图 7-45 所示的原理图的网络表导入当前的 PCB1 文件中，该原理图是前面原理图设计时绘制的最小单片机系统，文件名为 MCU Circuit.SchDoc。

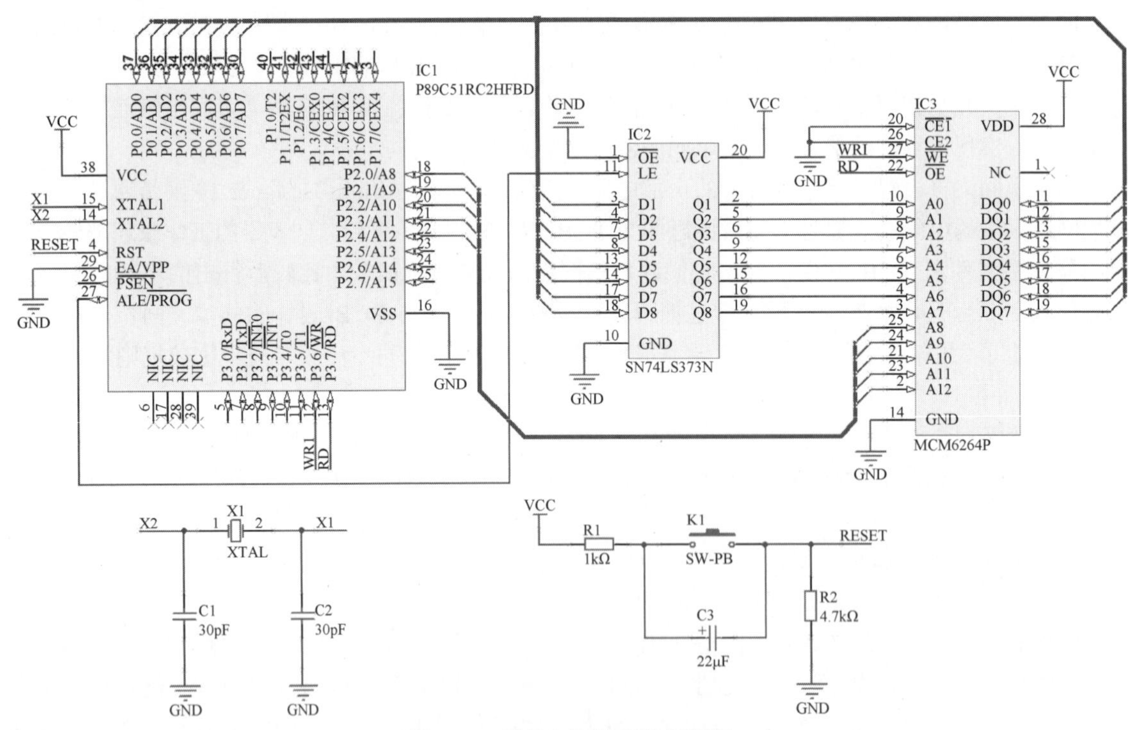

图 7-45 要导入网络表的原理图

（1）打开 MCU Circuit.SchDoc 文件，使之处于当前的工作窗口中，同时应保证 PCB1 文件也处于打开状态。

Note

（2）执行“设计”→“Update PCB Document PCB1.PcbDoc（更新 PCB 文件）”命令，系统将对原理图和 PCB 图的网络报表进行比较并弹出“Engineering Change Order（工程更新操作顺序）”对话框，如图 7-46 所示。

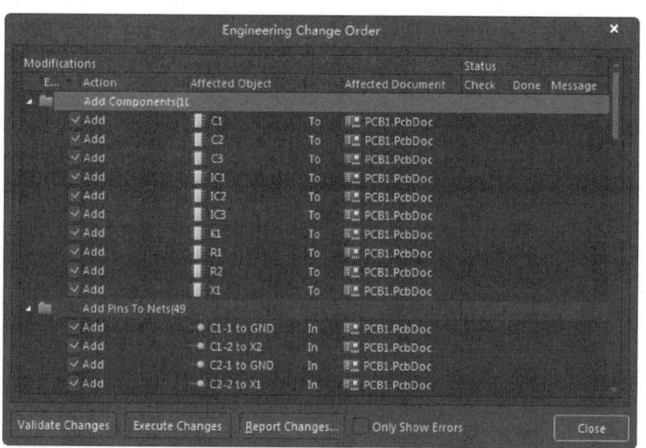

图 7-46　“Engineering Change Order（工程更新操作顺序）”对话框

（3）单击 Validate Changes 按钮，系统将扫描所有的改变，看能否在 PCB 上执行所有的改变。随后在每一项所对应的“Check（检查）”栏中将显示✔标记，如图 7-47 所示。

☑ ✔标记：说明这些改变都是合法的。

☑ ✖标记：说明此改变是不可执行的，需要回到以前的步骤中进行修改，然后重新进行更新。

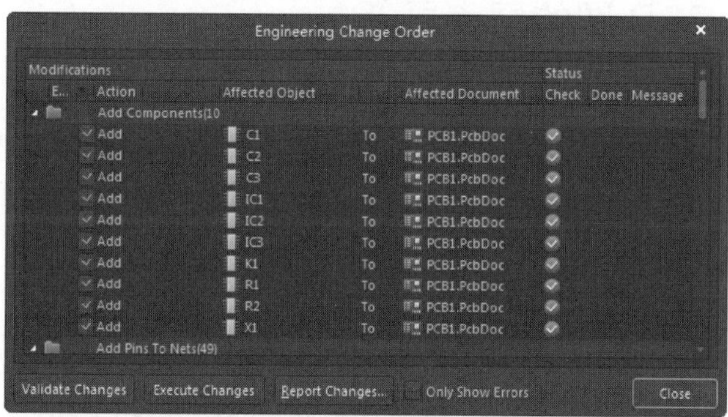

图 7-47　PCB 中能实现的合法改变

（4）进行合法性校验后单击 Execute Changes 按钮，系统将完成网络表的导入，同时在每一项的“Done（完成）”栏中显示✔标记提示导入成功，如图 7-48 所示。

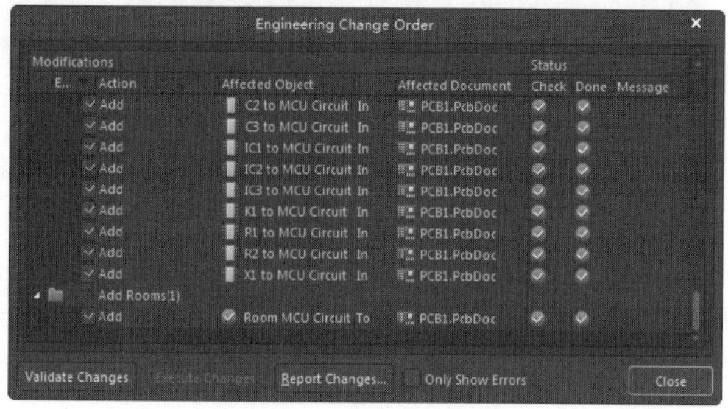

图 7-48　执行变更命令

Note

（5）单击 Close 按钮关闭该对话框，这时可以看到在 PCB 图布线框的右侧出现了导入的所有元件的封装模型，如图 7-49 所示。图中的边框为布线框，各元件之间仍保持着与原理图相同的电气连接特性。

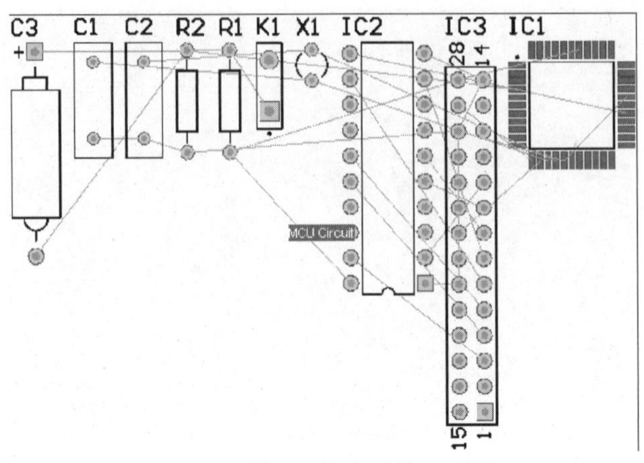

图 7-49　导入网络表后的 PCB 图

用户需要注意的是，导入网络表时，原理图中的元件并不直接导入用户绘制的布线框中，而是位于布线框的外面。通过之后的自动布局操作，系统自动将元件放置在布线框内。当然，用户也可以手工拖动元件到布线框内。

7.7.4　原理图与 PCB 图的同步更新

当第一次进行网络报表的导入时，进行以上的操作即可完成原理图与 PCB 图之间的同步更新。如果导入网络表后又对原理图或者 PCB 图进行了修改，那么要快速完成原理图与 PCB 图设计之间的双向同步更新则可以采用以下的方法实现。

（1）打开 PCB1.PcbDoc 文件，使之处于当前的工作窗口中。

（2）执行“设计”→“Update Schematic in MCU.PrjPcb（更新原理图）”命令，系统将对原理图和 PCB 图的网络报表进行比较，接着弹出一个项目更新对话框，如图 7-50 所示。

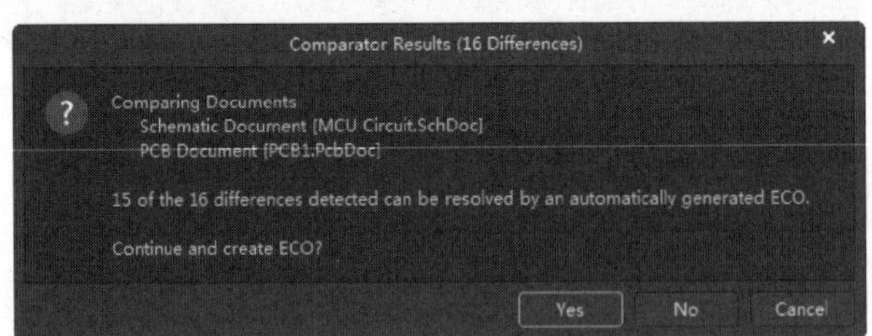

图 7-50　项目更新对话框

（3）单击 Yes 按钮，进入更新信息对话框，如图 7-51 所示。在该对话框中可以查看详细的更新信息。

（4）单击某一更新信息的“Decision（决议）”选项，系统将弹出一个小的对话框，如图 7-52 所示。用户可以选择更新原理图或者更新 PCB 图，也可以进行双向的同步更新。单击“No Update（不更新）”按钮或“Cancel（取消）”按钮可以关闭对话框而不进行任何更新操作。

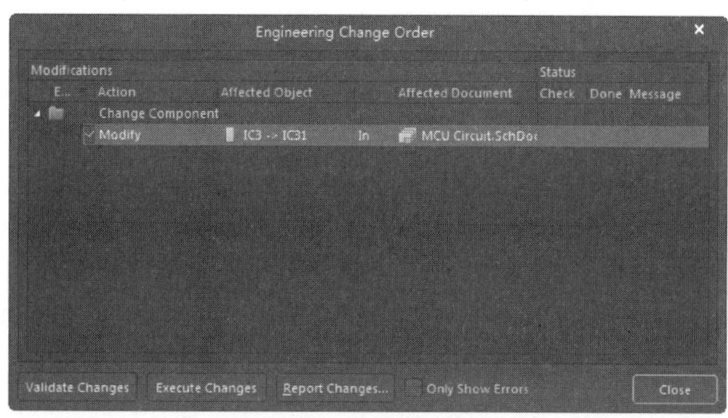

图 7-51　更新信息对话框

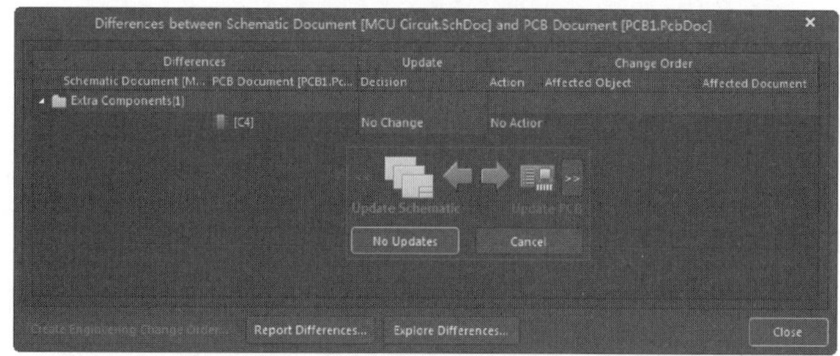

图 7-52　进行同步更新操作

（5）单击“Report Differences（记录不同）”按钮，系统将生成一个表格，从中可以预览原理图与 PCB 图之间的不同之处，同时可以对此表格进行导出或打印等操作。

（6）单击“Explore Differences（查看不同）”按钮，即可打开“Differences（不同）”面板，从中可查看原理图与 PCB 图之间的不同之处，如图 7-53 所示。

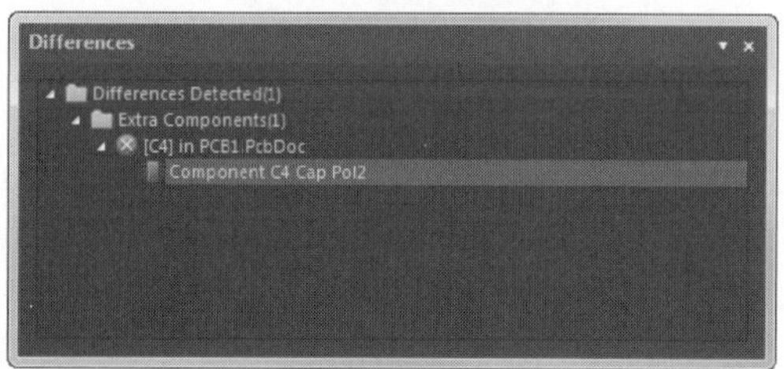

图 7-53　Differences 面板

（7）选择“Update Schematic（更新原理图）”进行原理图的更新，更新后对话框中将显示更新信息，如图 7-54 所示。

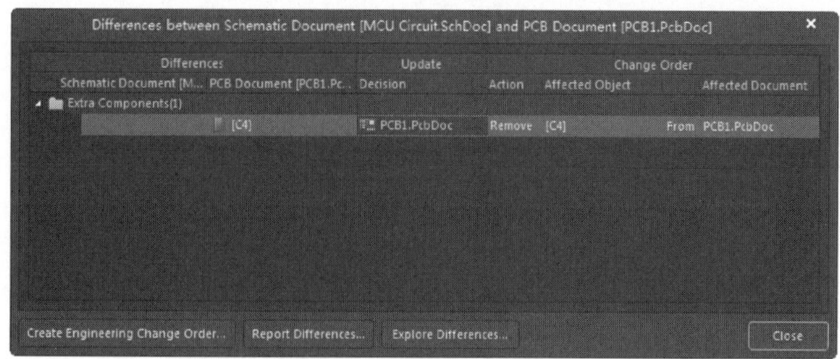

图 7-54　更新信息的显示

（8）单击“Create Engineering Change Order（创建工程更改规则）”按钮，进入“Engineering Change Order（工程更改规则）”对话框，执行更新信息完成原理图与 PCB 图之间的同步设计。

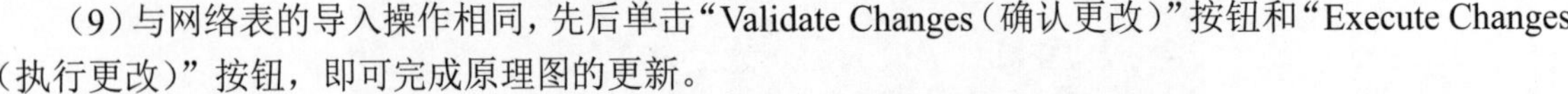

（9）与网络表的导入操作相同，先后单击“Validate Changes（确认更改）”按钮和“Execute Changes（执行更改）”按钮，即可完成原理图的更新。

Note

除了通过执行“设计”→“Update Schematic in MCU.PrjPcb（在项目文件中更新原理图）”命令来完成原理图与 PCB 图之间的同步更新之外，执行“工程”→“显示差异”命令也可以完成同步更新，这里不再赘述。

PCB 的布局设计

在完成网络报表的导入后，元件已经出现在工作窗口中，此时可以开始元件的布局。元件的布局是指将网络报表中的所有元件放置在 PCB 板上，是 PCB 设计的关键一步。好的布局通常是有电气连接的元件管脚比较靠近，这样的布局可以让走线距离短、占用空间比较少，从而整个电路板的导线能够走通，走线的效果也将更好。

电路布局的整体要求是“整齐、美观、对称、元件密度平均”，这样才能让电路板达到最高的利用率，并降低电路板的制作成本。同时设计者在布局时还要考虑电路的机械结构、散热、电磁干扰以及将来布线的方便性等问题。元件的布局有自动布局和交互式布局两种方式，只靠自动布局往往达不到实际的要求，通常需要两者结合才能达到很好的效果。

☑ 元件的自动布局

☑ 元件的手动布局

☑ 3D 效果图

任务驱动&项目案例

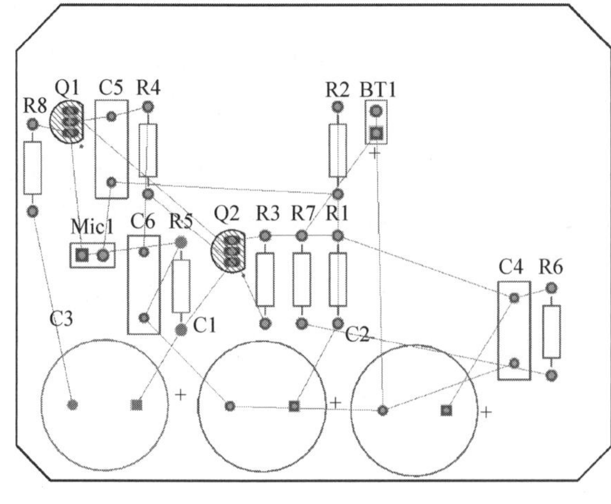

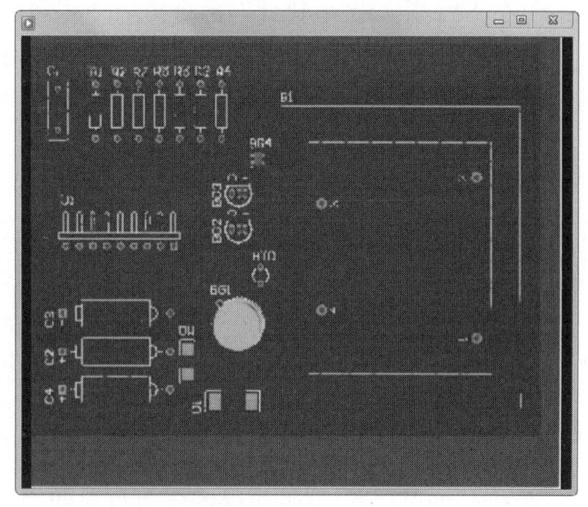

Note

8.1 元件的自动布局

Altium Designer 18 提供了强大的 PCB 自动布局功能，PCB 编辑器根据一套智能的算法可以自动地将元件分开，然后放置到规划好的布局区域内并进行合理的布局。执行“工具”→“器件摆放”命令即可打开与自动布局有关的菜单项，如图 8-1 所示。

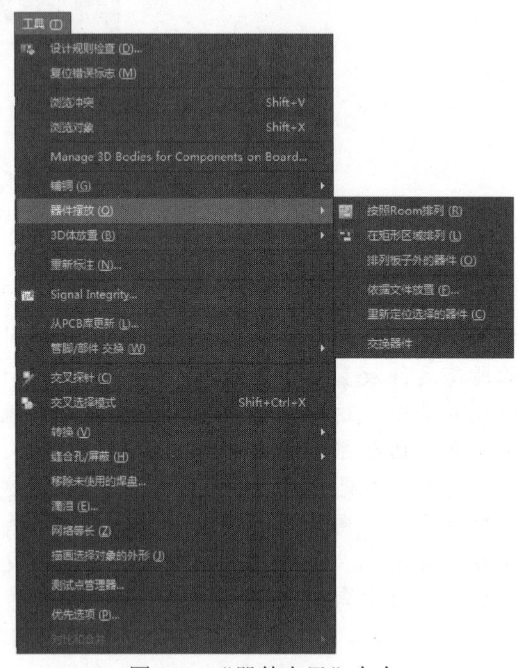

图 8-1 “器件布局”命令

- ☑ “按照 Room 排列（空间内排列）”命令：用于在指定的空间内部排列元件。执行该命令后，光标变为十字形，在要排列元件的空间区域内单击，元件即自动排列到该空间内部。
- ☑ “在矩形区域排列”命令：用于将选中的元件排列到矩形区域内。使用该命令前，需要先将要排列的元件选中。此时光标变为十字形，在要放置元件的区域内单击，确定矩形区域的一角，拖动光标，至矩形区域的另一角后再次单击。确定该矩形区域后，系统会自动将已选择的元件排列到矩形区域中来。
- ☑ “排列板子外的器件”命令：用于将选中的元件排列在 PCB 板的外部。使用该命令前，需要先将要排列的元件选中，系统自动将选择的元件排列到 PCB 范围以外的右下角区域内。
- ☑ “依据文件放置”命令：导入自动布局文件进行布局。
- ☑ “重新定位选择的器件”命令：重新进行自动布局。
- ☑ “交换器件”命令：用于交换选中的元件在 PCB 板的位置。

8.1.1 自动布局约束参数

在自动布局前，首先要设置自动布局的约束参数，合理地设置自动布局参数，可以使自动布局的结果更加完善，也就相对地减少了手工布局的工作量，节省了设计时间。

自动布局的参数设计在“PCB 规则及约束编辑器”对话框中进行。在主菜单中执行“设计”→“规则”命令，打开“PCB Rules and Constraints Editor（PCB 规则及约束编辑器）”对话框，单击规则列表中的“Placement（设置）”节点，逐项对其中的子规则进行参数设置。

（1）Room Definition（Room 定义规则）：在 PCB 板上定义元件布局方面的区域，如图 8-2 所示为该项设置的对话框。在 PCB 板上定义的布局区域有两种：一种是区域中不允许出现元件；另一种则是某些元件一定要在区域中。在该对话框中可以定义这些区域的范围（包括坐标范围和层的范围）和种类。该规则主要用于在线 DRC、批处理 DRC 和 Cluster placer 自动布局的进程中。

☑ “Room Locked（区域锁定）”复选框：选中该复选框，将锁定 Room 类型的区域，以防止在进行自动布局或手动布局时移动该区域。

☑ “Components Locked（元件锁定）”复选框：选中该复选框时，将锁定区域中的元件，以防止在进行自动布局或手动布局时移动该元件。

☑ “Define（定义）”按钮：单击该按钮，光标将变成十字形，移动光标到工作窗口中，单击可以定义 Room 的范围和位置。

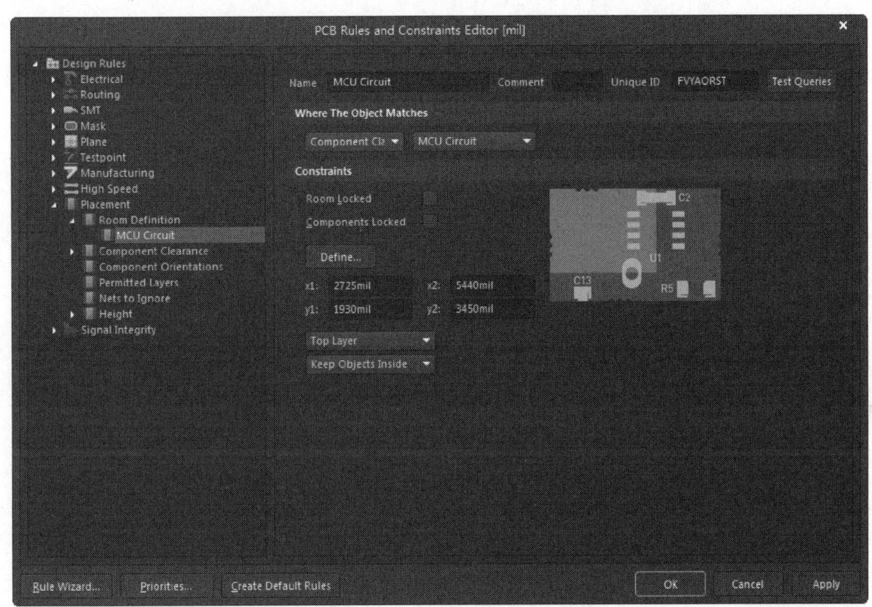

图 8-2　Room Definition 规则设置

☑ x1 和 y1 文本框：显示 Room 最左下角的坐标。

☑ x 2 和 y2 文本框：显示 Room 最右上角的坐标。

☑ 最后两个下拉列表框中列出了该 Room 所在的工作层面和对象与此 Room 的关系。

（2）Component Clearance（元件间距限制规则）：设置元件间距，如图 8-3 所示为该项设置的对话框。在 PCB 板中可以定义元件的间距，该间距可以影响到元件的布局。

☑ “Infinite（无穷大）”单选按钮：用于设定最小水平间距，当元件间距小于该数值时将视为违例。

☑ “Specified（指定）”单选按钮：用于设定最小水平和垂直间距，当元件间距小于这个数值时将视为违例。

（3）Component Orientations（元件布局方向规则）：设置 PCB 板上元件允许的旋转角度，如图 8-4 所示为该项设置的对话框，在该对话框中可以设置 PCB 板上所有元件允许出现的旋转角度。

Note

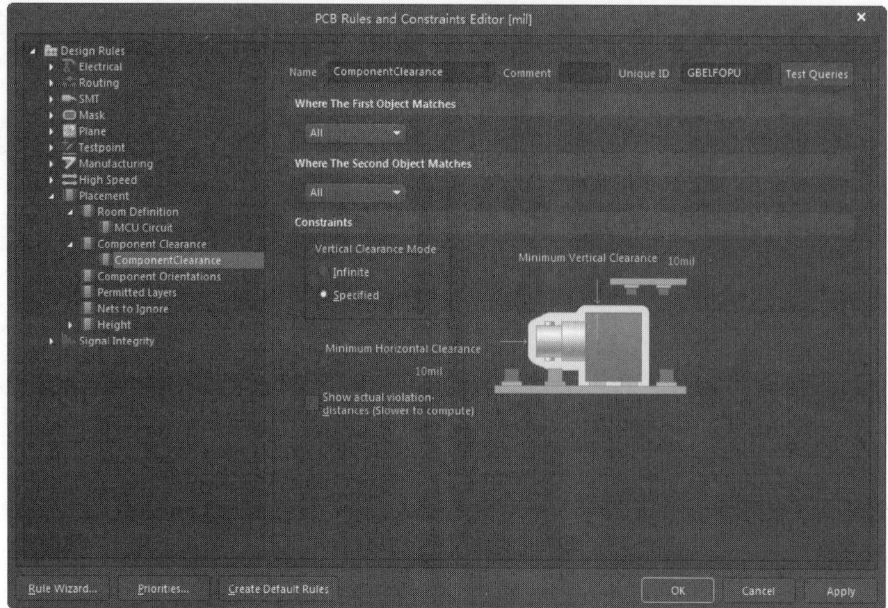

图 8-3　Component Clearance 规则设置

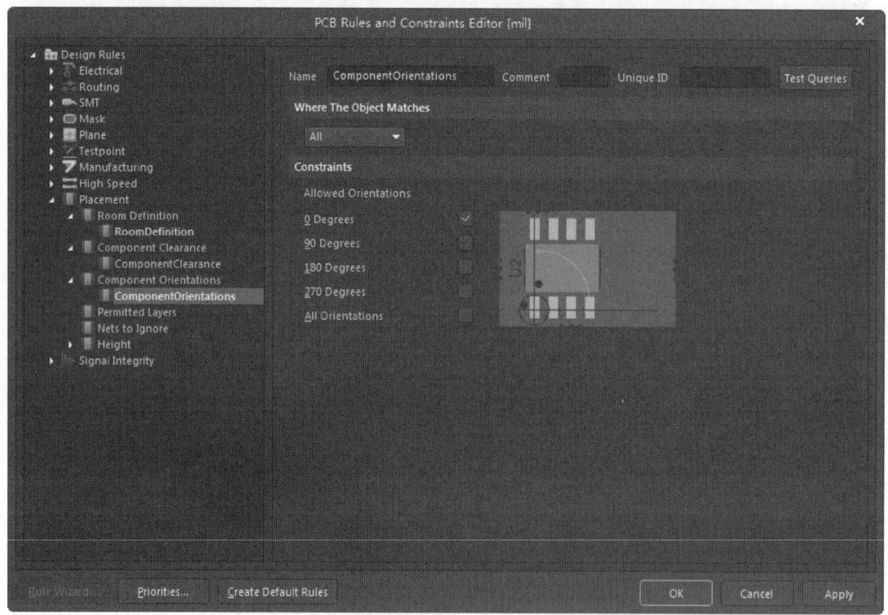

图 8-4　Component Orientations 规则设置

（4）PermittedLayers（电路板工作层面设置规则）：设置 PCB 板上允许摆放元件的层面，如图 8-5 所示为该项设置的对话框。PCB 板上的下面和反面本来都是可以放置元件的，但在特殊情况下可能有一面不能摆放元件，通过设置该规则可以做到这一点。

（5）NetsToIgnore（网络忽略规则）：设置在 Cluster placer 元件自动布局时需要忽略布局的网络，如图 8-6 所示。忽略电源网络将加快自动布局的速度，提高自动布局的质量。如果设计中有大量连接到电源网络的两管脚元件，那么忽略电源网络的布局将把与电源相连的各个元件归类到其他网络中进行布局。

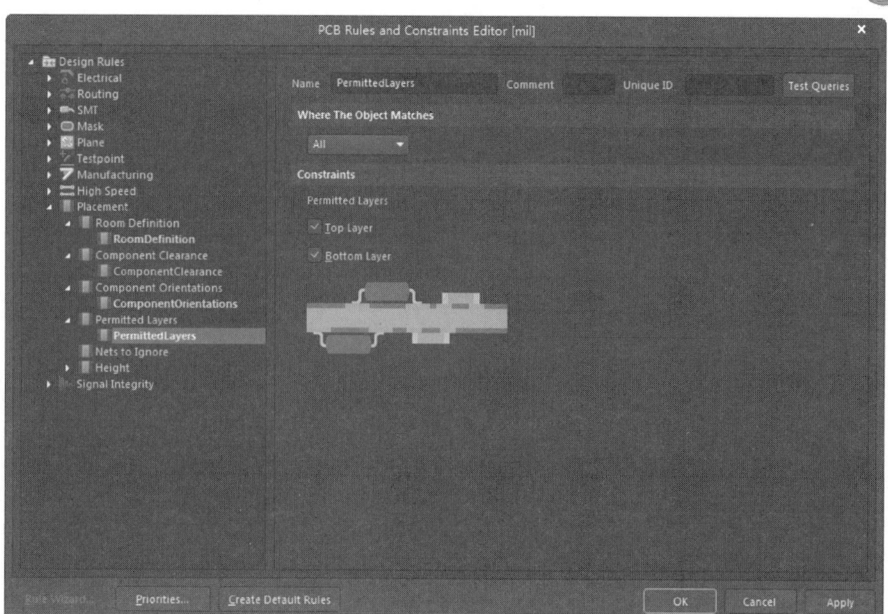

图 8-5　PermittedLayers 规则设置

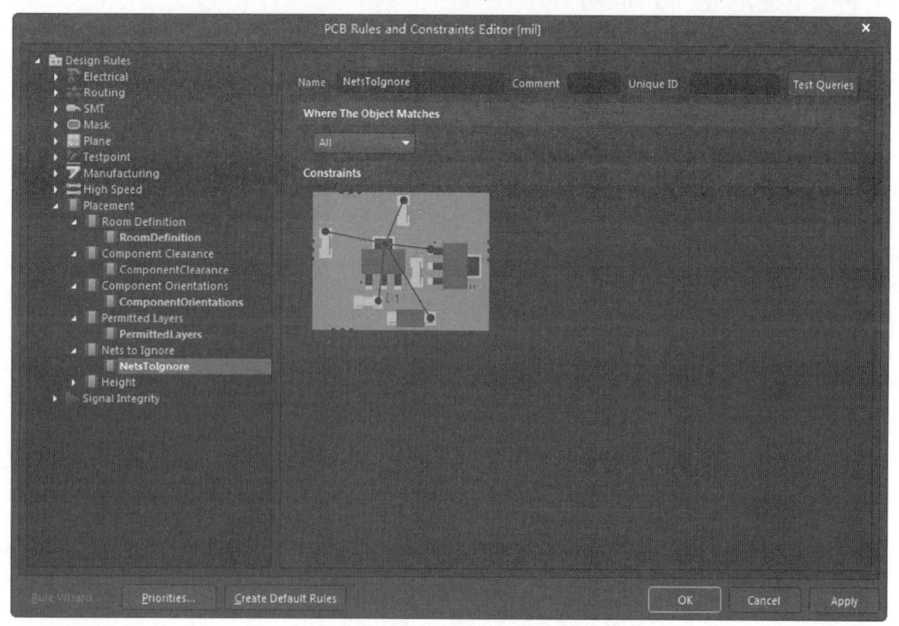

图 8-6　NetsToIgnore 规则设置

（6）Height（高度规则）：定义元件的高度。在一些特殊的电路板进行布局操作时，电路板的某一区域元件的高度要求可能很严格，这时则需要设置此选项规则。如图 8-7 所示，主要有 Minimum（最小高度）、Preferred（首选高度）和 Maximum（最大高度）3 种可选择的设置选项。

元件布局的参数设置完毕后，单击"OK（确定）"按钮，保存规则设置，返回 PCB 编辑环境。接着就可以采用系统提供的自动布局功能进行 PCB 板元件的自动布局。

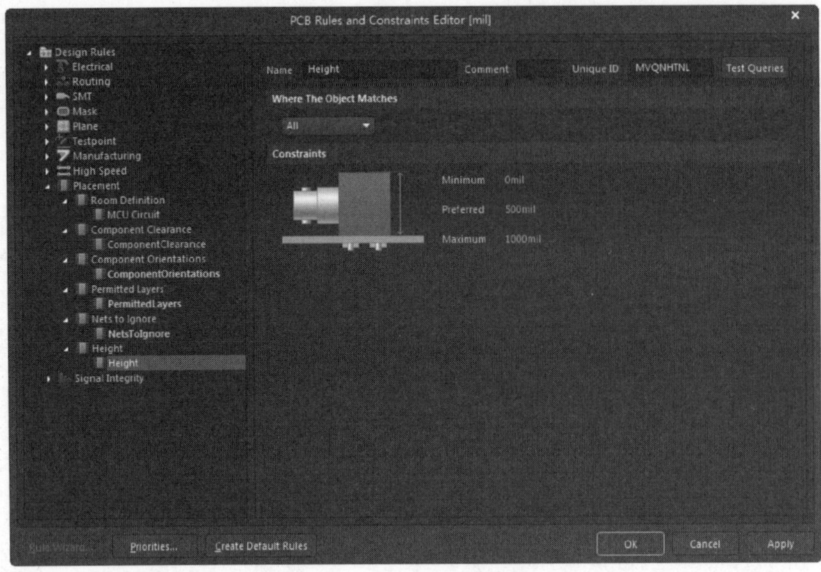

图 8-7　Height 规则设置

8.1.2　元件的矩形区域排列

以如图 8-8 所示的“电脑麦克风电路原理图.SchDoc”为例来介绍元件自动布局的步骤。

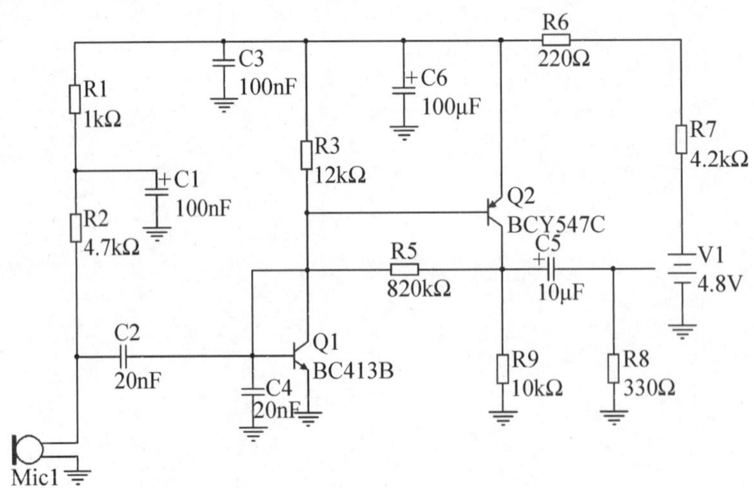

图 8-8　电脑麦克风电路原理图

（1）在已经导入了网络表和元件封装的“电脑麦克风电路原理图”的 PCB 文件 PCB1.PcbDoc 编辑器内，设定好自动布局参数，如图 8-9 所示。

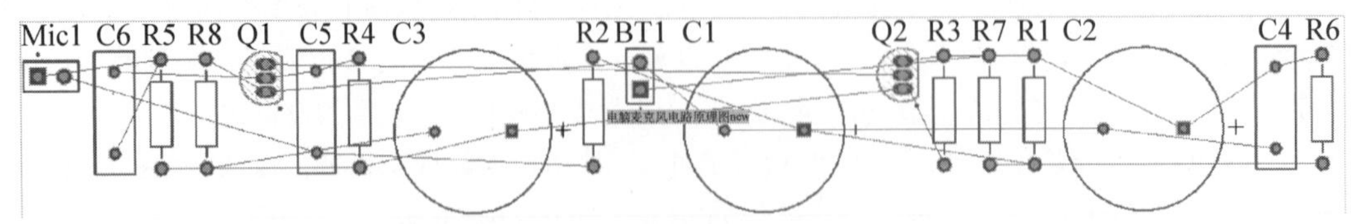

图 8-9　自动布局前的 PCB 图

（2）在“Keep-out Layer（禁止布线层）”设置布线框。

（3）选中要布局的元件，执行“工具”→“器件摆放”→“在矩形区域排列”命令，光标变为十

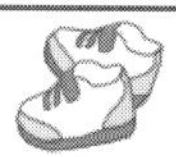

Note

字形，在编辑区绘制矩形区域，即可开始在选择的矩形中自动布局。自动布局需要经过大量的计算，因此需要耗费一定的时间。如图 8-10 所示为最终的自动布局结果。

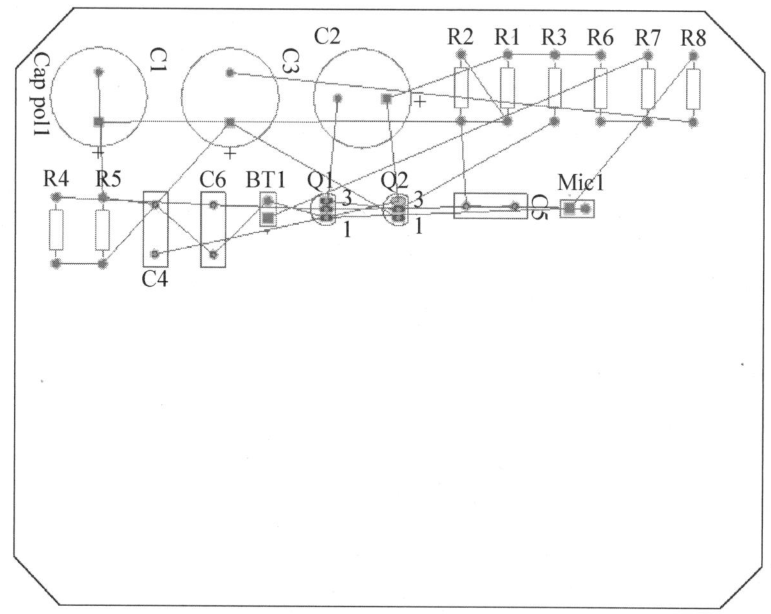

图 8-10　在矩形内自动布局结果

从图 8-10 中可以看出，元件在自动布局后不再是按照种类排列在一起。各种元件将按照自动布局的类型选择，初步地分成若干组分布在 PCB 板中，同一组的元件之间用导线建立连接将更加容易。

自动布局结果并不是完美的，自动布局中有很多不合理的地方，因此还需要对自动布局进行调整。

8.1.3　排列板子外的元件

在大规模的电路设计中，自动布局涉及大量计算，执行起来往往要花费很长的时间，用户可以进行分组布局，为防止元件过多影响排列，可将局部元件排列到板子外，只排列板子内的元件，最后排列板子外的元件。

选中需要排列到外部的元器件，执行“工具”→“器件摆放”→“排列板子外的器件”命令，系统将自动选中元件放置到板子边框外侧，如图 8-11 所示。

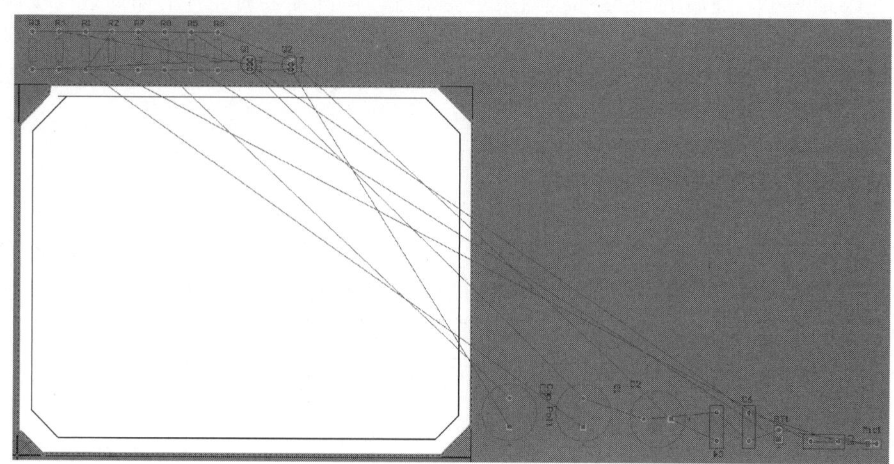

图 8-11　排列元件

Note

8.1.4 导入自动布局文件进行布局

对元件进行布局还可以采用导入自动布局文件来完成，其实质是导入自动布局策略。执行“工具”→“器件摆放”→“依据文件放置”命令，弹出如图 8-12 所示的对话框，从中选择自动布局文件（后缀为.Pik），然后单击打开(O)按钮即可导入此文件进行自动布局。

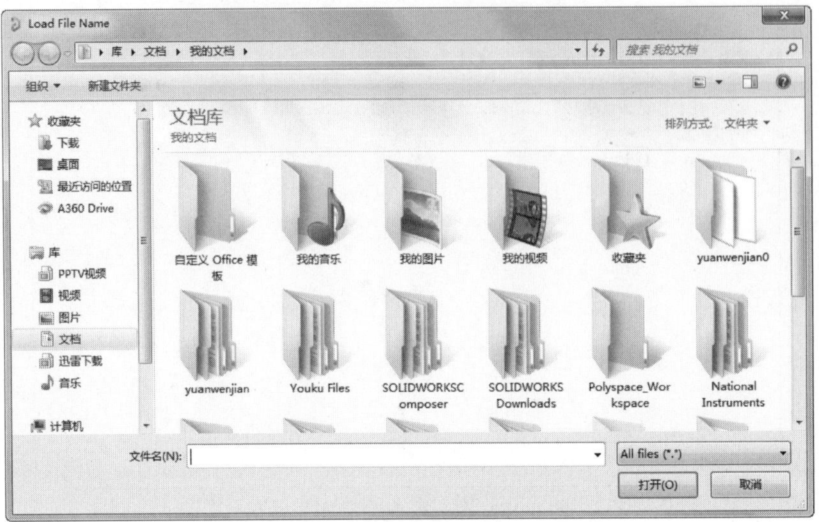

图 8-12　导入自动布局文件

通过导入自动布局文件的方法在常规设计中比较少见，这里导入的并不是每个元件自动布局的位置，而是一种自动布局的策略。

8.2　元件的手动布局

元件的手动布局是指手工设置元件的位置。前面曾经看到过元件自动布局的结果，虽然设置了自动布局的参数，但是自动布局只是对元件进行了初步的摆放，自动布局中元件的摆放并不整齐，需要走线的长度也不是最小，随后的 PCB 布线效果不会很好，因此需要对元件的布局进一步调整。

在 PCB 板上，可以通过对元件的移动来完成手动布局的操作，但是单纯的手动移动不够精细，不能非常整齐地摆放好元件。为此 PCB 编辑器提供了专门的手动布局操作，它们都在“编辑”菜单中“对齐”命令的子级菜单中，该菜单如图 8-13 所示。

8.2.1　元件的对齐操作

元件的对齐操作可以使 PCB 布局更好地满足“整齐、对称”的要求。这样不仅使 PCB 看起来美观，而且也有利于布线操作的进行。对元件未对齐的 PCB 进行布线时会有很多的转折，走线的长度较长，占用的空间也较多，这样会降低板子的布通率，同时也会使 PCB 信号的完整性较差。

☑ “对齐”命令：选择该命令将同时进行水平和垂直方向上的对齐操作。

- 选中要进行对齐操作的多个对象。
- 执行“编辑”→“对齐”→“对齐”命令，弹出如图 8-14 所示的“Align Objects（对齐对象）”对话框。

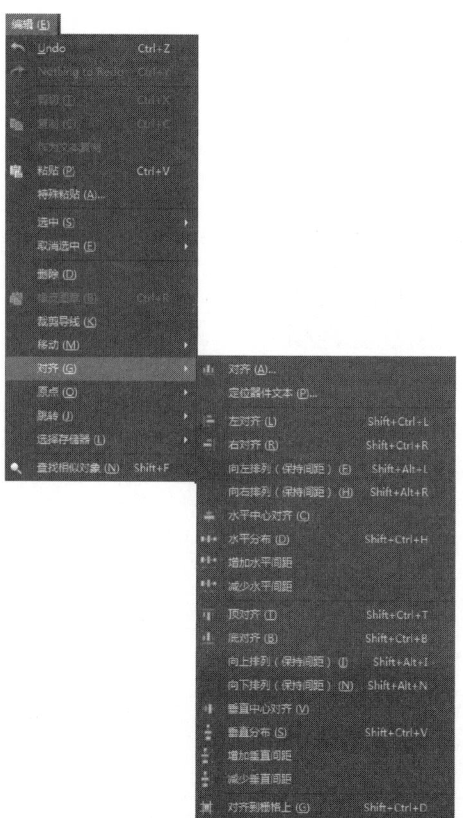

图 8-13　手动布局菜单命令

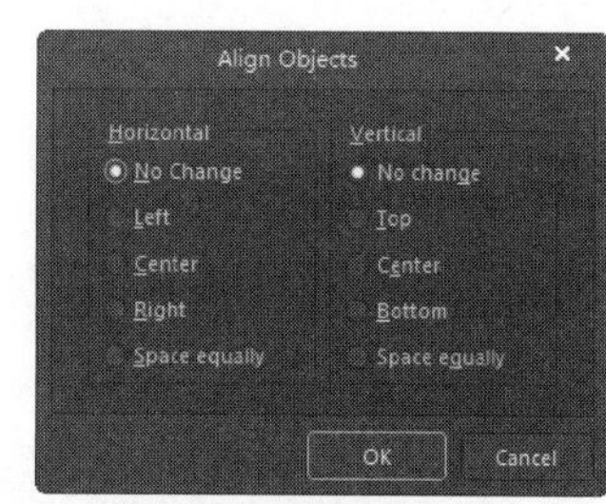

图 8-14　“Align Objects（对齐对象）”对话框

- “Space equally（均匀分布）”单选按钮用于在水平或垂直方向上平均分布各元件。如果所选择的元件出现重叠的现象，对象将被移开当前的格点直到不重叠为止。水平和垂直两个方向设置完毕后，单击“OK（确定）”按钮，即可完成所选元件的对齐排列。

☑ “左对齐”命令：用于使所选的元件按左对齐方式排列。

☑ “右对齐”命令：用于使所选元件按右对齐方式排列。

☑ “水平中心对齐”命令：用于使所选元件按水平居中方式排列。

☑ “顶对齐”命令：用于使所选元件按顶部对齐方式排列。

☑ “底对齐”命令：用于使所选元件按底部对齐方式排列。

☑ “垂直分布”命令：用于使所选元件按垂直居中方式排列。

☑ “对齐到栅格上”命令：用于使所选元件以格点为基准进行排列。

8.2.2　元件说明文字的调整

元件说明文字的调整除了可以手工拖动外，也可以通过菜单项进行。执行“编辑”→“对齐”→“定位器件文本”命令，弹出如图 8-15 所示的“Component Text Position（器件文本位置）”对话框。

在该对话框中，用户可以对元件说明文字（标号和说明内容）的位置进行设置，该菜单项是对所有元件说明文字的全局编辑。每一项都有 9 种不同的摆放位置，选择合适的摆放位置后单击“OK（确定）”按钮，即可完成元件说明文字的自动调整。

Note

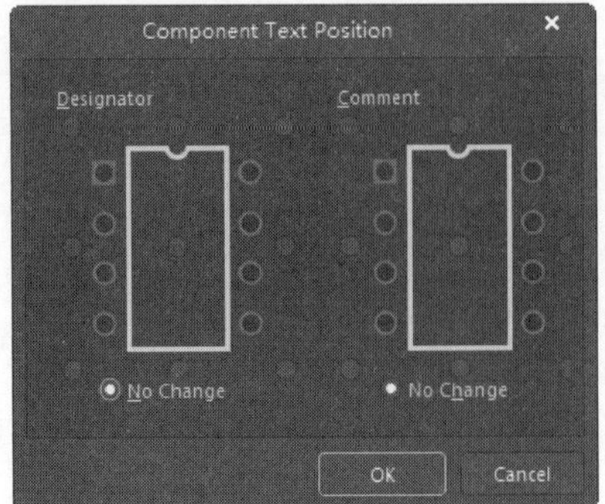

图 8-15 “Component Text Position（器件文本位置）”对话框

8.2.3 元件间距的调整

元件间距的调整主要包括水平和垂直两个方向上间距的调整。

☑ “水平分布”命令：选择该命令，系统将以最左侧和最右侧的元件为基准，元件的 Y 坐标不变，X 坐标上的间距相等。当元件的间距小于安全间距时，系统将以最左侧的元件为基准对元件进行调整，直到各个元件间的距离满足最小安全间距的要求为止。

☑ “增加水平间距”命令：用于增大选中元件水平方向上的间距。在“Properties（属性）”面板的“Grid Manager（栅格管理器）”中选择参数，激活“Properties（属性）”按钮，单击该按钮，弹出如图 8-16 所示的“Cartesian Grid Editor（笛卡儿栅格编辑器）”对话框，输入 Step X 参数增加量。

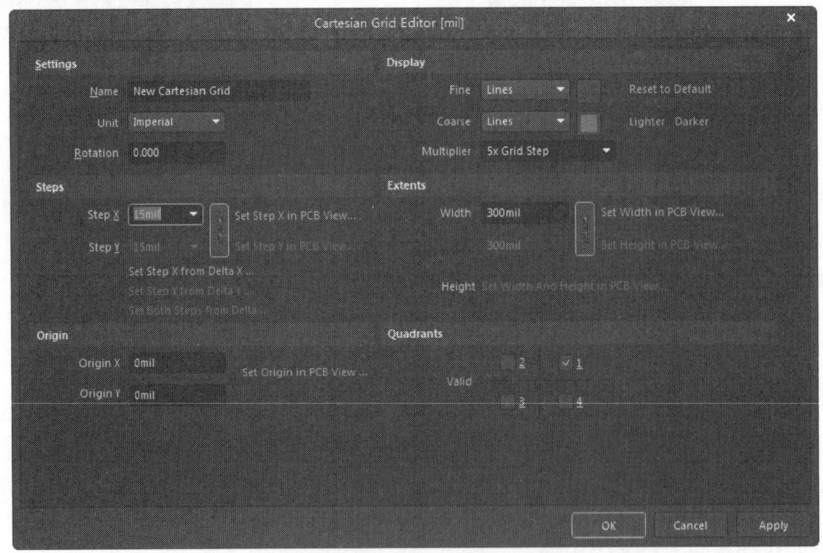

图 8-16 “Cartesian Grid Editor（笛卡儿栅格编辑器）”对话框

☑ “减少水平间距”命令：用于减小选中元件水平方向上的间距。在“Properties（属性）”面板的“Grid Manager（栅格管理器）”中选择参数，激活“Properties（属性）”按钮，单击该按钮，弹出“Cartesian Grid Editor（笛卡儿栅格编辑器）”对话框，输入 Step X 参数减小量。

☑ “垂直分布”命令：选择该命令，系统将以最顶端和最底端的元件为基准，使元件的 X 坐标不变，Y 坐标上的间距相等。当元件的间距小于安全间距时，系统将以最底端的元件为基准对元件进行调整，直到各个元件间的距离满足最小安全间距的要求为止。

☑ “增加垂直间距”命令：用于增大选中元件垂直方向上的间距。在“Properties（属性）”面板的“Grid Manager（栅格管理器）”中选择参数，激活“Properties（属性）”按钮，单击该按钮，弹出“Cartesian Grid Editor（笛卡儿栅格编辑器）”对话框，输入 Step Y 参数增大量。

☑ “减少垂直间距”命令：用于减小选中元件垂直方向上的间距。在“Properties（属性）”面板的“Grid Manager（栅格管理器）”中选择参数，激活“Properties（属性）”按钮，单击该按钮，弹出“Cartesian Grid Editor（笛卡儿栅格编辑器）”对话框，输入 Step Y 参数减小量。

8.2.4 元件手动布局的具体步骤

下面利用元件自动布局的结果，继续进行手动布局调整。自动布局结果如图 8-17 所示。

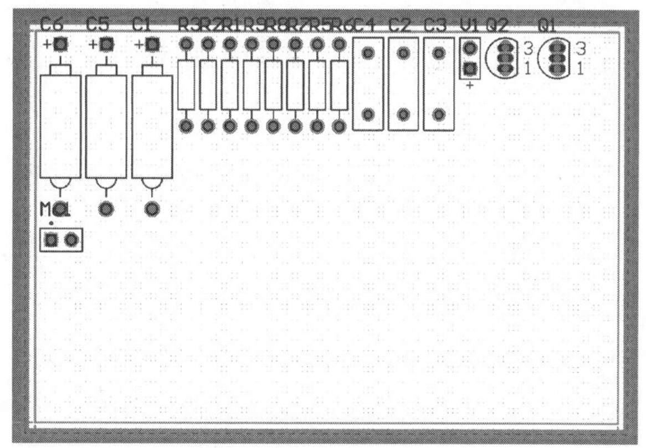

图 8-17　手动排列电容器

（1）选中 4 个电容器，拖动将其移动到 PCB 板的左部重新排列，在拖动过程中按空格键，使其以合适的方向放置。

（2）调整电阻位置，使其按标号并行排列。

由于电阻分布在 PCB 板上的各个区域内，一次调整会很费劲，因此，我们使用查找相似对象命令。

（3）在主菜单中执行“编辑”→“查找相似对象”命令，光标变成十字形，在 PCB 区域内单击选取一个电阻，在弹出的“Find Similar Objects（查找相似对象）”对话框的“Kind（轨迹）”栏中选择“Object kind（对象轨迹）”栏，如图 8-18 所示。

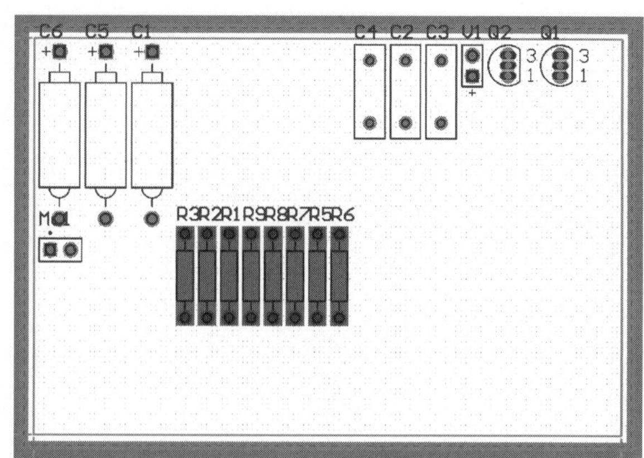

图 8-18　查找所有电阻

（4）单击“Apply（应用）”按钮，再单击“OK（确定）”按钮，退出对话框。此时所有电阻均处于选中状态。

（5）在主菜单中执行“工具”→“器件摆放”→“排列板子外的器件”命令，则所有电阻元件自动排列到 PCB 板外部。

（6）执行“工具”→“器件摆放”→“在矩形区域排列”命令，用十字光标在 PCB 板外部画出一个合适的矩形，此时所有电阻自动排列到该矩形区域内，如图 8-19 所示。

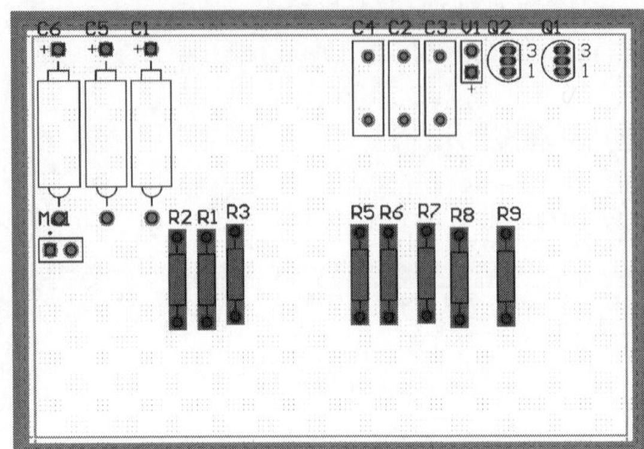

图 8-19　在矩形区内排列电阻

（7）由于标号重叠，为了清晰美观，使用“水平分布”和“增加水平间距”命令，修改电阻元件之间的距离，结果如图 8-20 所示。

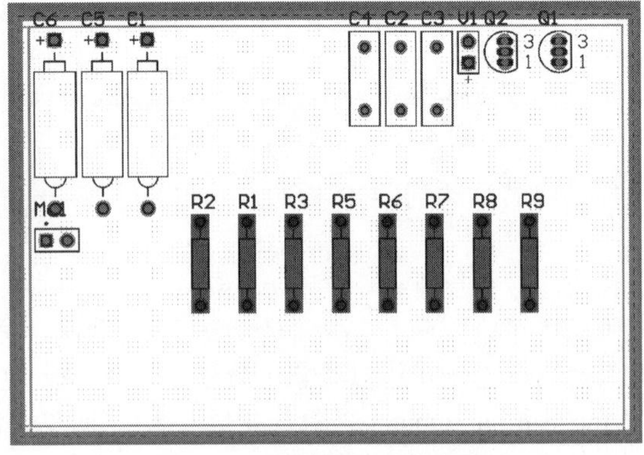

图 8-20　调整电阻元件间距

（8）将排列好的电阻元件拖动到电路板的合适位置。按照同样的方法，对其他元件进行排列。

（9）使用“编辑”→“对齐”→“水平分布”命令，将各组器件排列整齐。

手工调整后的 PCB 板布局如图 8-21 所示。

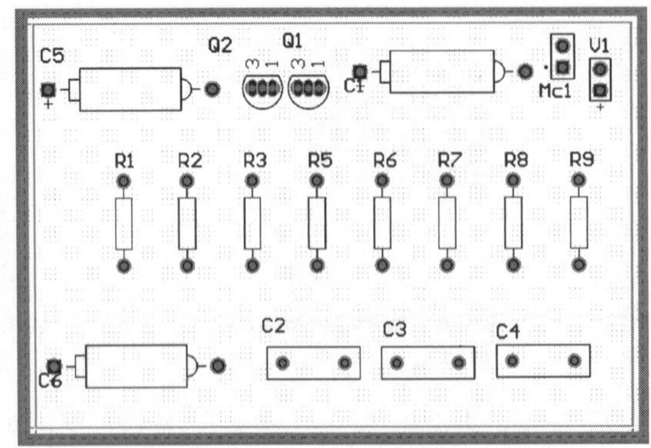

图 8-21　手工布局结果

布局完毕，会发现原来定义的 PCB 形状偏大，需要重新定义 PCB 板形状，这些内容前面已有介绍，这里不再赘述。

8.3　3D 效果图

手动布局完毕后，可以通过 3D 效果图直观地查看视觉效果以检查手动布局是否合理。

8.3.1　三维效果图显示

在 PCB 编辑器内，选择菜单栏中的“视图”→“切换到 3 维模式”命令，系统显示该 PCB 的 3D 效果图，按住 Shift 键显示旋转图标，在方向箭头上按住鼠标右键，即可旋转电路板，如图 8-22 所示。

在 PCB 编辑器内，单击右下角的 Panels 按钮，在弹出的快捷菜单中选择 PCB，打开 PCB 面板，如图 8-23 所示。

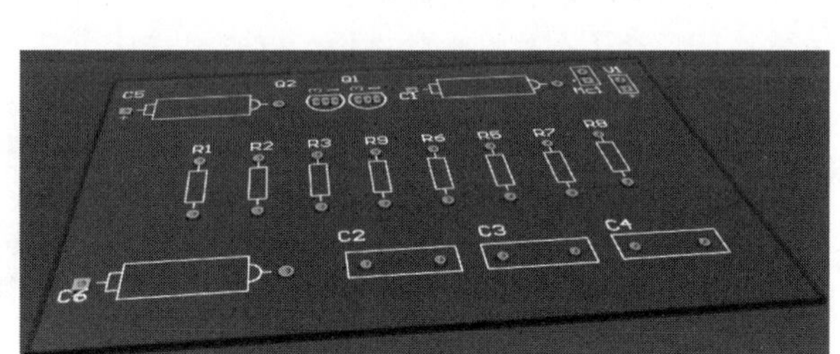

图 8-22　PCB 板 3D 效果图

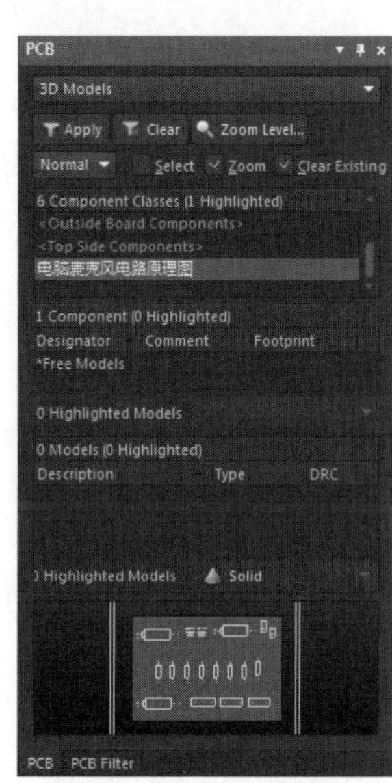

图 8-23　PCB 面板

1. 浏览区域

在 PCB 面板中显示类型为 3D Model，该区域列出了当前 PCB 文件内的所有三维模型。选择其中一个元件以后，此网络呈高亮状态，如图 8-24 所示。

对于高亮网络有 Normal（正常）、Mask（遮挡）和 Dim（变暗）3 种显示方式，用户可通过面板中的下拉列表框进行选择。

☑ Normal（正常）：直接高亮显示用户选择的网络或元件，其他网络及元件的显示方式不变。

☑ Mask（遮挡）：高亮显示用户选择的网络或元件，其他元件和网络以遮挡方式显示（灰色），这种显示方式更为直观。

☑ Dim（变暗）：高亮显示用户选择的网络或元件，其他元件或网络按色阶变暗显示。

Note

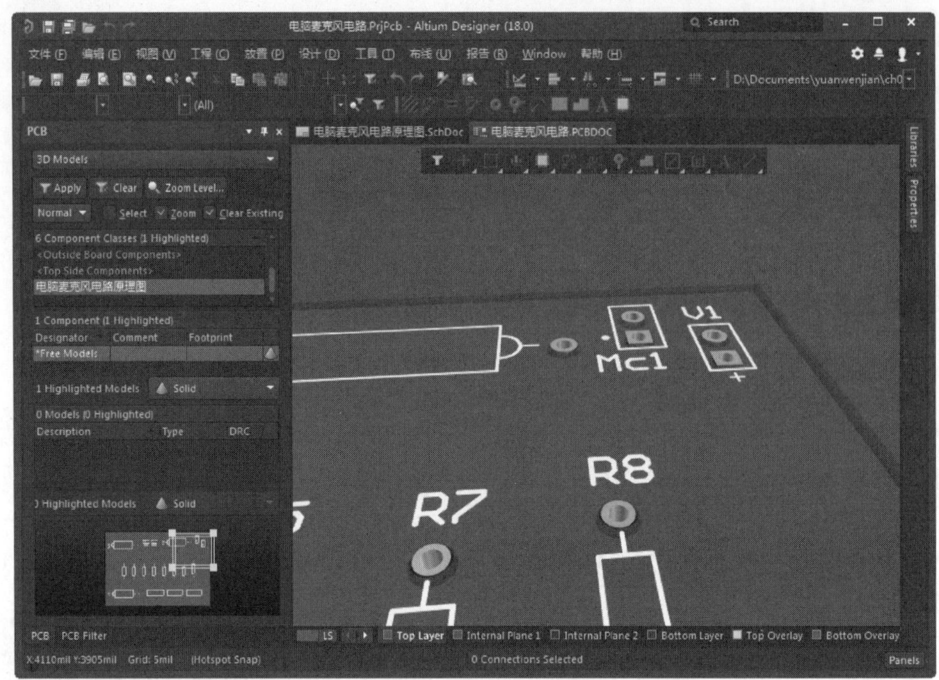

图 8-24　高亮显示元件

对于显示控制，有 3 个控制选项，即 Select（选择）、Zoom（缩放）和 Clear Existing（清除现有的）。

☑　Select（选择）：选中该复选框，在高亮显示的同时选中用户选定的网络或元件。

☑　Zoom（缩放）：选中该复选框，系统会自动将网络或元件所在区域完整地显示在用户可视区域内。如果被选网络或元件在图中所占区域较小，则会放大显示。

☑　Clear Existing（清除现有的）：选中该复选框，系统会自动清除选定的网络或元件。

2. 显示区域

该区域用于控制 3D 效果图中的模型材质的显示方式，如图 8-25 所示。

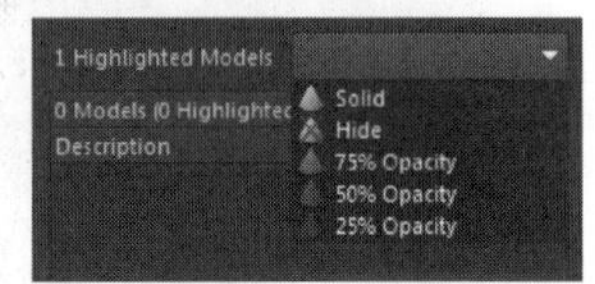

图 8-25　模型材质

3. 预览框区域

将光标移到该区域中以后，单击左键并按住不放，拖动光标，3D 图将跟着移动，以展示不同位置上的效果。

8.3.2　“View Configuration（视图设置）”面板

在 PCB 编辑器内，单击右下角的 Panels 按钮，在弹出的快捷菜单中选择 View Configuration，打开“View Configuration（视图设置）”面板，设置电路板基本环境。

在“View Configuration（视图设置）”面板“View Options（视图选项）”选项卡中，显示三维面板的基本设置。不同情况下面板显示略有不同，这里重点讲解三维模式下的面板参数设置，如图 8-26 所示。

Note

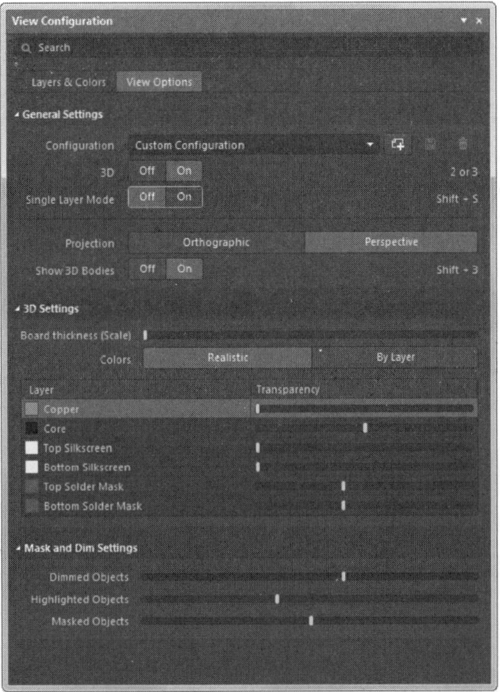

图 8-26　“View Options（视图选项）”选项卡

1. “General Settings（通用设置）”选项组

显示配置和 3D 主体。

☑ Configuration（设置）：包括 11 种三维视图设置模式，默认选择“Custom Configuration（通用设置）”模式，如图 8-27 所示。

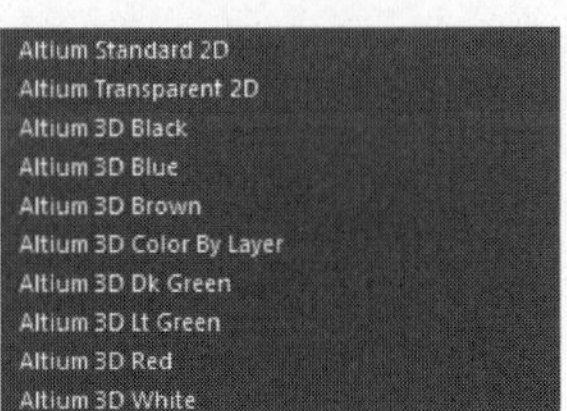

图 8-27　三维视图模式

☑ 3D：控制电路板三维模式打开或关闭，作用同菜单命令“视图”→“切换到 3 维模式”。

☑ Single Layer Mode：控制三维模型中信号层的显示模式，打开与关闭单层模式，如图 8-28 所示。

(a) 打开单层模式

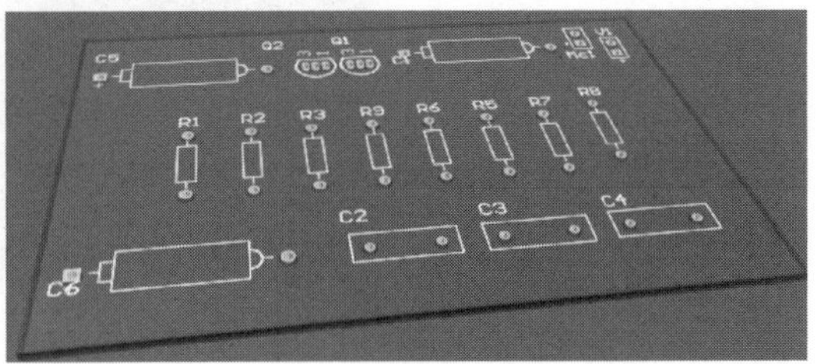

(b) 关闭单层模式

图 8-28　三维视图模式

Note

☑ Projection：投影显示模式，包括 Orthographic（正射投影）和 Perspective（透视投影）。

☑ Show 3D Bodies：控制是否显示元件的三维模型。

2. 3D Settings（三维设置）选项组

☑ Board thickness（Scale）：通过拖动滑块，设置电路板的厚度，按比例显示。

☑ Colors：设置电路板颜色模式，包括 Realistic（逼真）和 By Layer（随层）。

☑ Layer：在列表中设置不同层对应的透明度，通过拖动“Transparency（透明度）”栏下的滑块来设置。

3. “Mask and Dim Settings（屏蔽和调光设置）”选项组

用来控制对象屏蔽、调光和高亮设置。

☑ Dimmed Objects（屏蔽对象）：设置对象屏蔽程度。

☑ Hightlighted Objects（高亮对象）：设置对象高亮程度。

☑ Masked Objects（调光对象）：设置对象调光程度。

4. “Additional Options（附加选项）”选项组

☑ 在“Configuration（设置）”下拉列表中选择 Altium Standard 2D 或执行菜单命令“视图”→“切换到 2 维模式”，切换到 2D 模式，电路板的面板设置如图 8-29 所示。

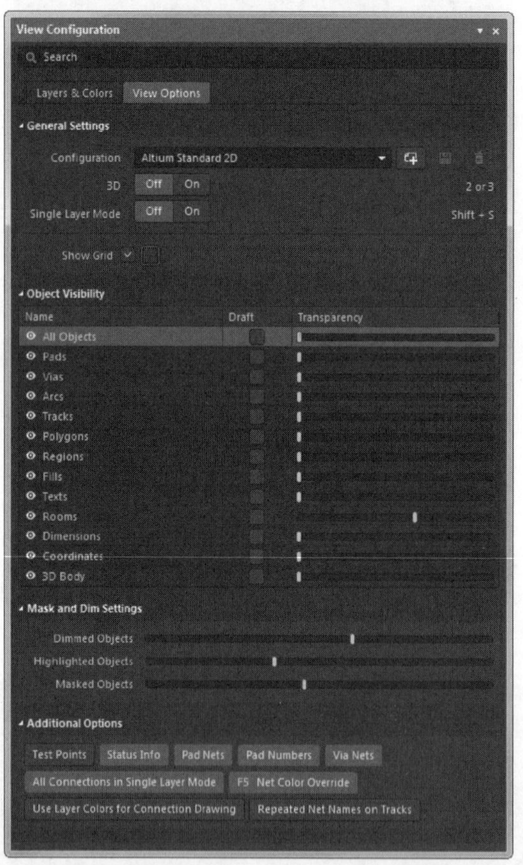

图 8-29　2D 模式下“View Options（视图选项）”选项卡

☑ 添加“Additional Options（附加选项）”选项组，在该区域包括 9 种控件，允许配置各种显示设置，包括 Net Color Override（网络颜色覆盖）。

5. “Object Visibility（对象可视化）”选项组

2D 模式下添加“Object Visibility（对象可视化）”选项组，在该区域设置电路板中不同对象的透明度和是否添加草图。

8.3.3 三维动画制作

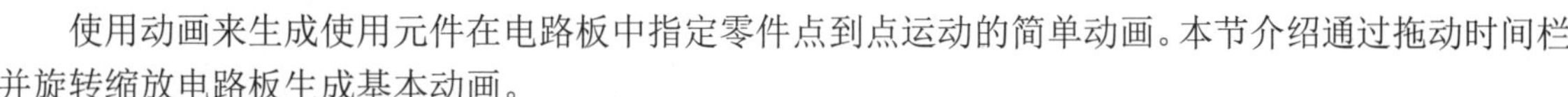

使用动画来生成使用元件在电路板中指定零件点到点运动的简单动画。本节介绍通过拖动时间栏并旋转缩放电路板生成基本动画。

在 PCB 编辑器内，单击右下角的 Panels 按钮，在弹出的快捷菜单中选择“PCB 3D Movie Editor（电路板三维动画编辑器）”命令，打开“PCB 3D Movie Editor（电路板三维动画编辑器）”面板，如图 8-30 所示。

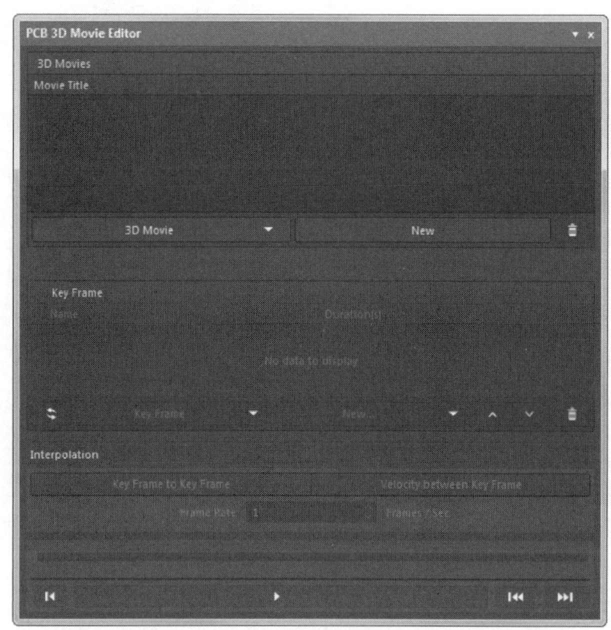

图 8-30 “PCB 3D Movie Editor（电路板三维动画编辑器）”面板

1. “Movie Title（动画标题）”区域

在“3D Movie（三维动画）”按钮下选择“New（新建）”命令或单击“New（新建）”按钮，在该区域创建 PCB 文件的三维模型动画，默认动画名称为 PCB 3D Video。

2. PCB 3D Video 动画区域

在该区域创建动画关键帧。在“Key Frame（关键帧）”按钮下选择“New（新建）”→“Add（添加）”命令或单击“New（新建）”→“Add（添加）”按钮，创建第一个关键帧，电路板如图 8-31 所示。

（1）单击“New（新建）”→“Add（添加）”按钮，继续添加关键帧，将时间设置为 3 秒，按住鼠标中键拖动，在视图中将缩放视图，如图 8-32 所示。

（2）单击“New（新建）”→“Add（添加）”按钮，继续添加关键帧，将时间设置为 3 秒，按住 Shift 键与鼠标右键，在视图中将视图旋转，如图 8-33 所示。

（3）单击工具栏上的 ▶ 键，动画设置，如图 8-34 所示。

Note

图 8-31　电路板默认位置

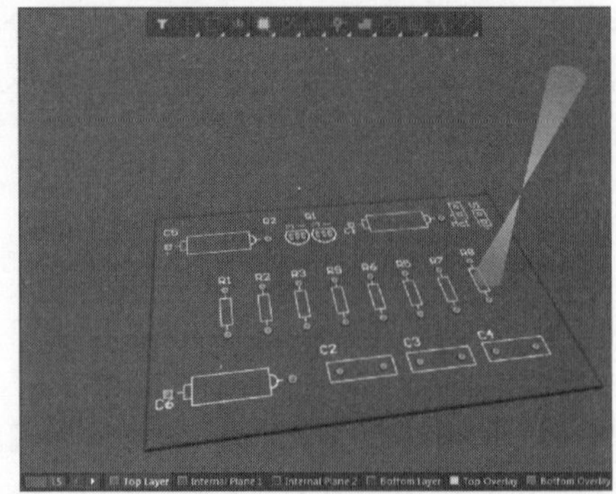

图 8-32　缩放后的视图

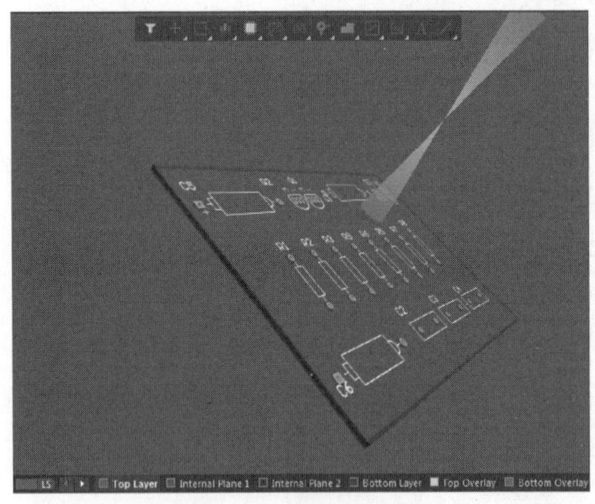

图 8-33　旋转后的视图

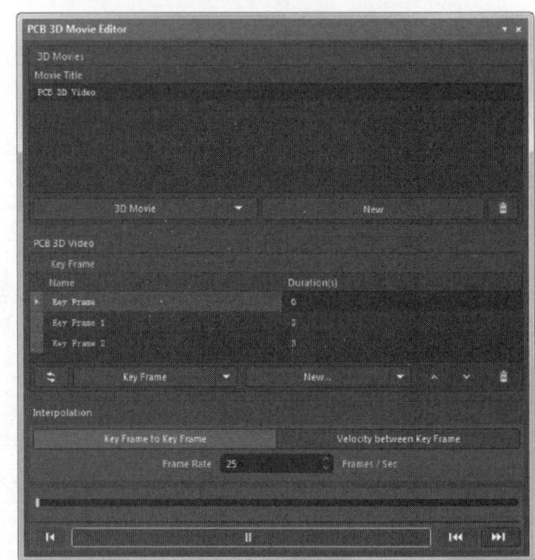

图 8-34　动画设置面板

8.3.4　三维动画输出

选择菜单栏中的“文件”→“新的”→“Output Job 文件”命令，在“Projects（工程）”面板中“Settings（设置）”选项栏下显示输出文件，系统提供的默认名为 Job1.OutJob，如图 8-35 所示。

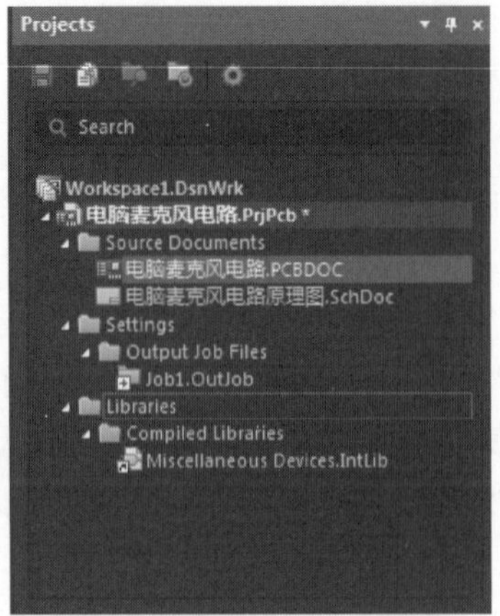

图 8-35　新建输出文件

Note

在右侧工作区打开编辑区，如图 8-36 所示。

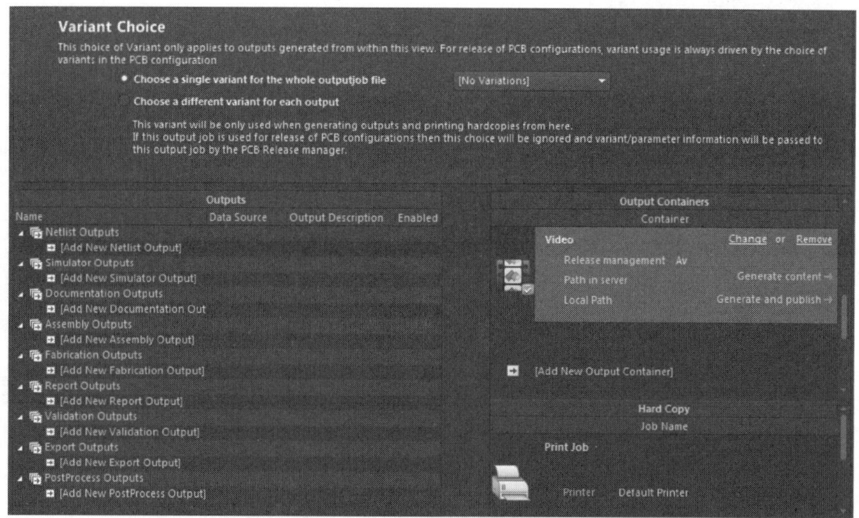

图 8-36 输出文件编辑区

（1）“Variant Choice（变量选择）”选择组：设置输出文件中变量的保存模式。

（2）“Outputs（输出）”选项组：显示不同的输出文件类型。

① 本节介绍加载动画文件，在需要添加的文件类型“Documentation Outputs（文档输出）”下方“Add New Documentation Output（添加新文档输出）”方上单击，弹出快捷菜单，如图 8-37 所示，选择 PCB 3D Video 命令，选择默认的 PCB 文件作为输出文件依据或者重新选择文件。加载的输出文件如图 8-38 所示。

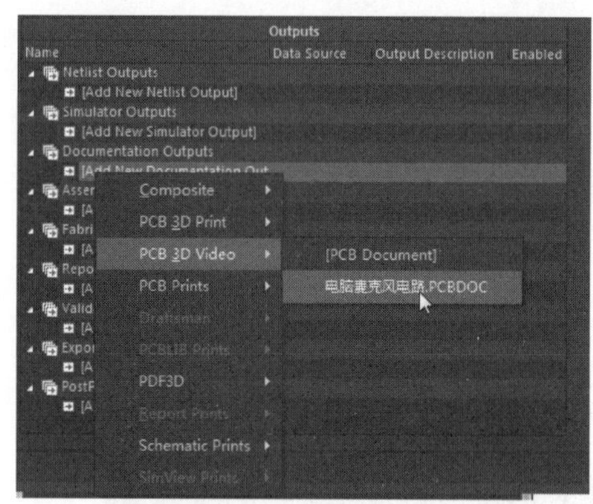

图 8-37 快捷命令

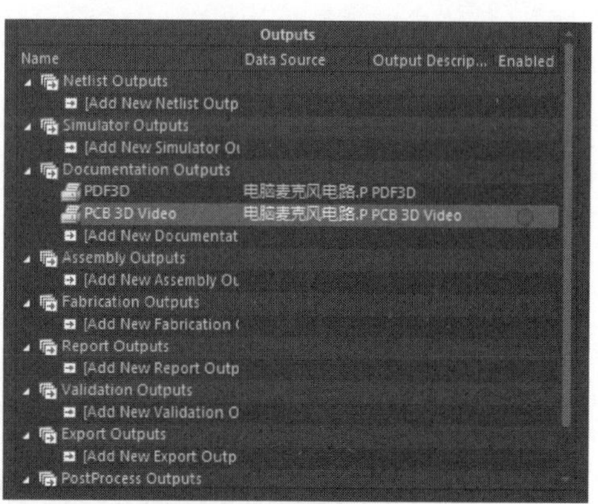

图 8-38 加载动画文件

② 在加载的输出文件上右击，弹出如图 8-39 所示的快捷菜单，选择“配置”命令，弹出如图 8-40 所示的 PCB 3D Video 对话框，单击“OK（确定）”按钮，关闭对话框，默认输出视频配置。

③ 单击 PCB 3D Video 对话框中的“Video Configuration（视图设置）”按钮，弹出如图 8-41 所示的“View Configuration（视图设置）”对话框，用于设置电路板的板层显示与物理材料。

④ 选中添加的文件右侧的单选按钮，建立加载的文件与输出文件容器的联系，如图 8-42 所示。

Note

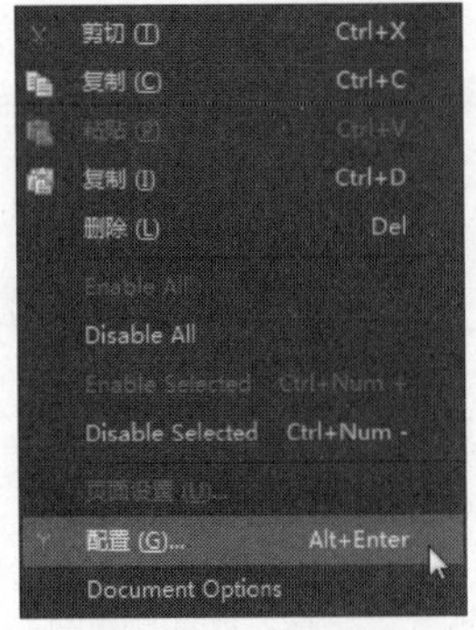

图 8-39　快捷菜单

图 8-40　PCB 3D Video 对话框

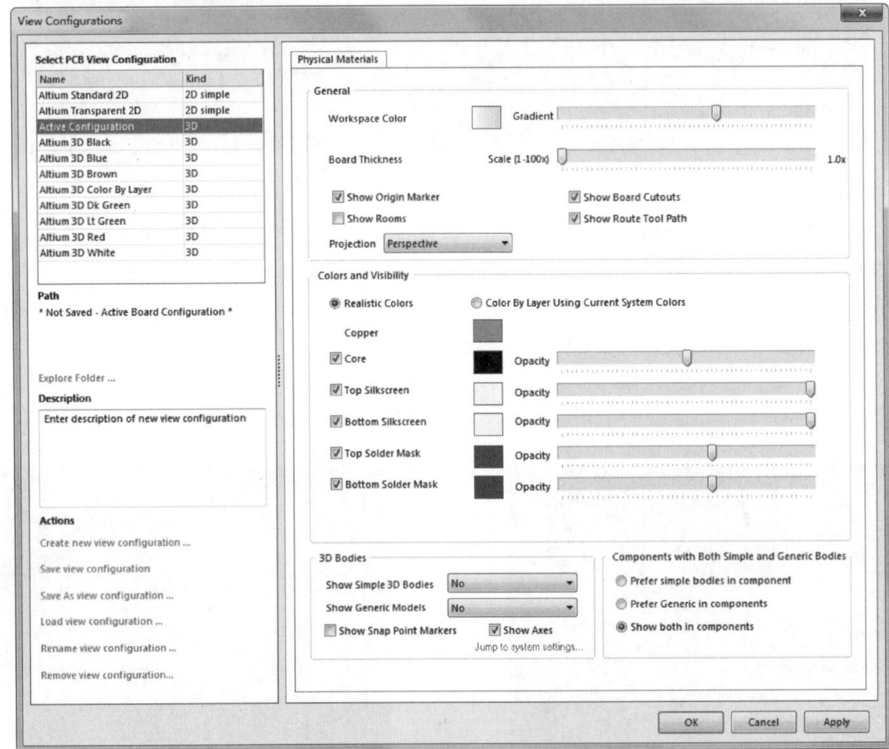

图 8-41　“View Configurations（视图设置）”对话框

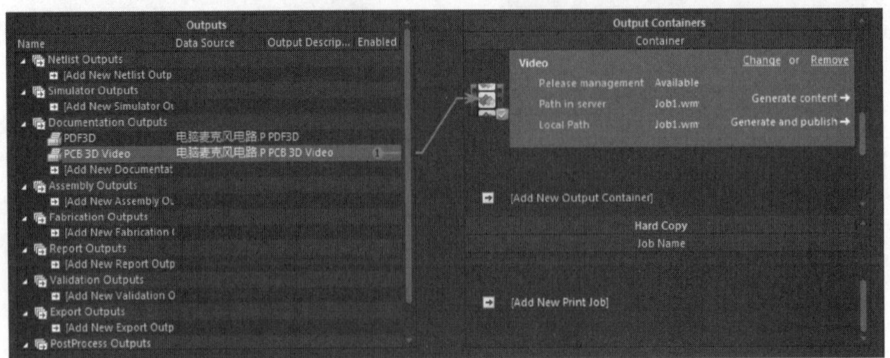

图 8-42　连接加载的文件

（3）“Output Containers（输出容器）”选项组：设置加载的输出文件保存路径。

① 在“Add New Output Container（添加新输出）”选项下单击，弹出如图 8-43 所示的快捷菜单，选择添加的文件类型。

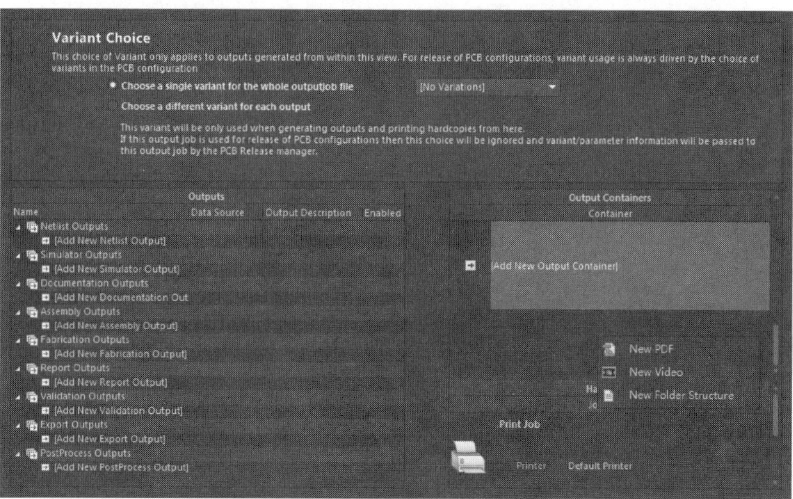

图 8-43　添加输出文件

② 在 Video 选项组中单击“Change（改变）”命令，弹出如图 8-44 所示的“Video settings（视频设置）”对话框，显示预览生成的位置。

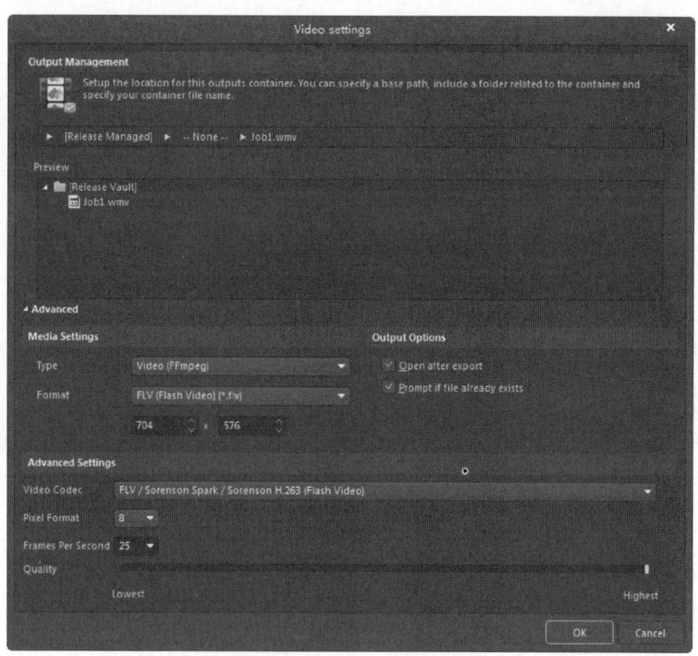

图 8-44　“Video settings（视频设置）”对话框

③ 在“Release Managed（发布管理）”选项组中设置发布的视频生成位置，如图 8-45 所示。

☑ 选中“Release Managed（发布管理）”单选按钮，将发布的视频保存在系统默认路径。

☑ 选中“Manually Managed（手动管理）”单选按钮，手动选择视频保存位置。

☑ 选中“Use relative path（使用相关路径）”复选框，默认发布的视频与 PCB 文件相同路径。

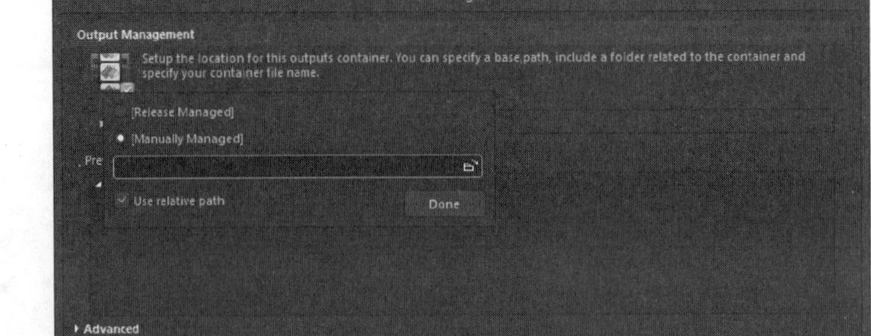

图 8-45　设置发布的视频生成位置

④ 单击“Generate Content（生成目录）”按钮，在文件设置的路径下生成视频，利用播放器打开的视频如图 8-46 所示。

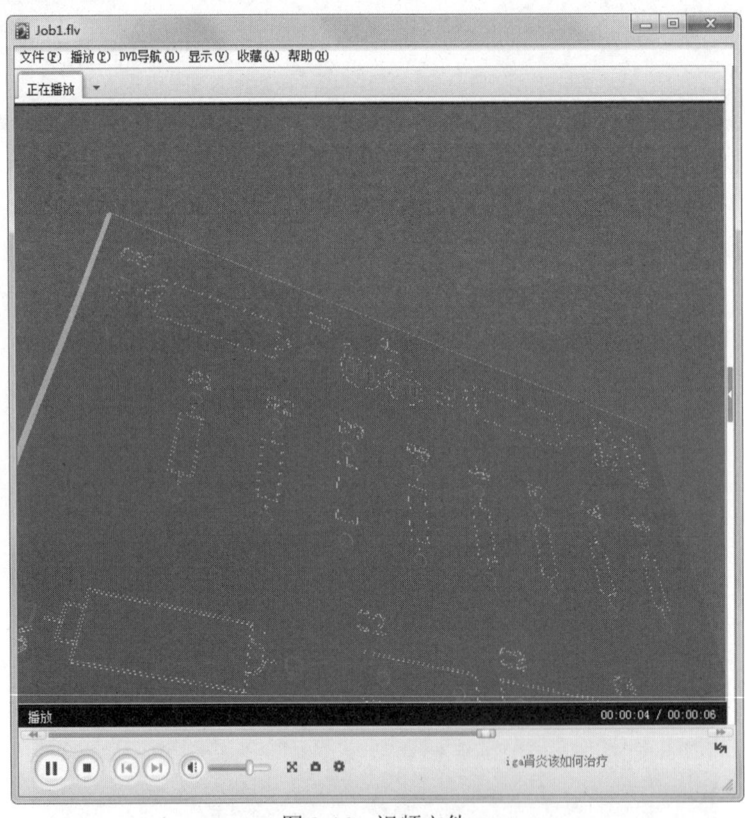

图 8-46　视频文件

8.3.5　三维 PDF 输出

选择菜单栏中的“文件”→“导出”→PDF 3D 命令，弹出如图 8-47 所示的“Export File（输出文件）”对话框，输出电路板的三维模型 PDF 文件。

单击“保存”按钮，弹出 PDF3D 对话框。在该对话框中还可以选择 PDF 文件中显示的视图，进行页面设置，设置输出文件中的对象，如图 8-48 所示，单击 Export 按钮，输出 PDF 文件，如图 8-49 所示。

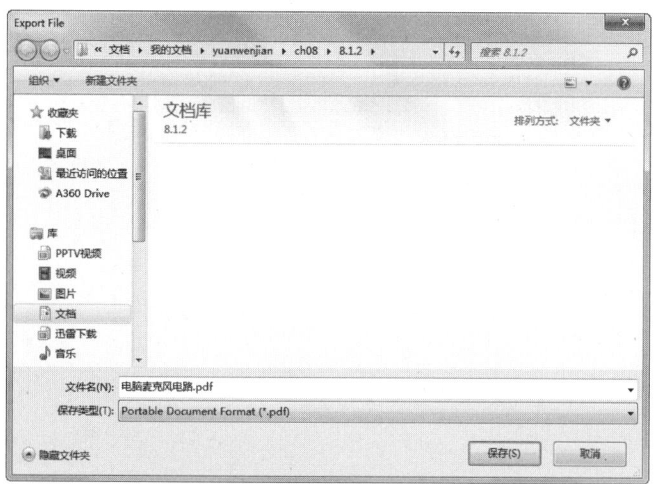

图 8-47　“Export File（输出文件）”对话框

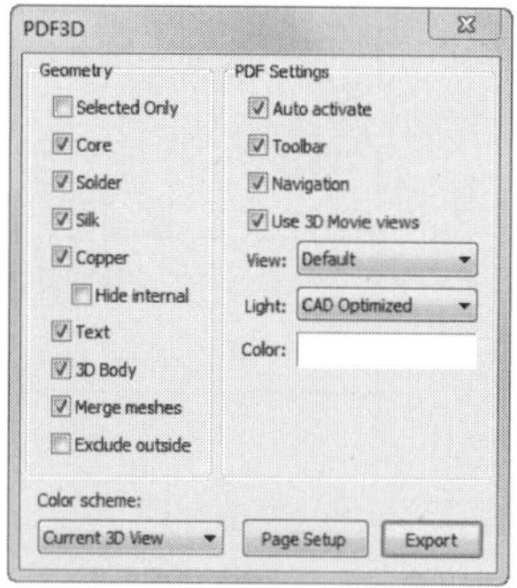

图 8-48　PDF3D 对话框

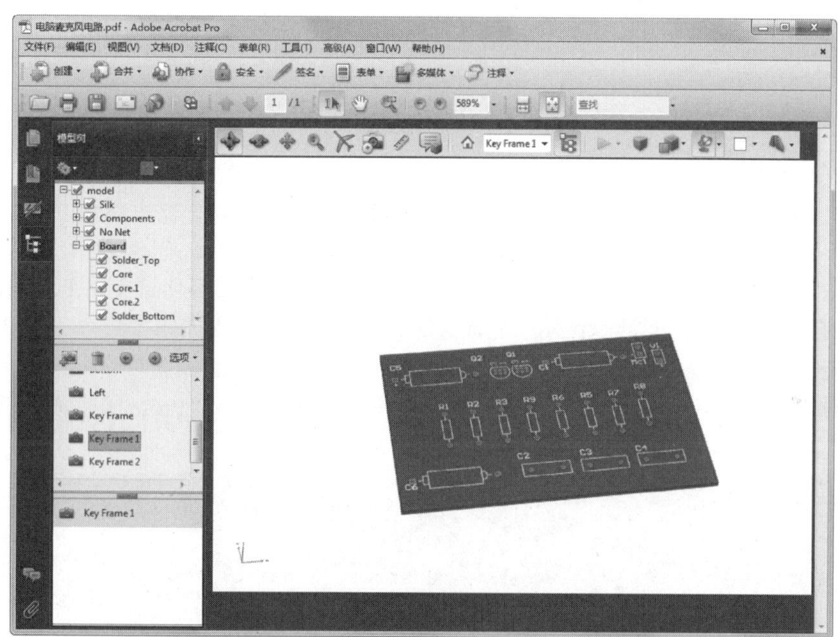

图 8-49　PDF 文件

8.4　操作实例

本节以两个简单实例来介绍 PCB 布局设计。原理图保存在随书配套资源文件夹“…\ch08\8.4”中，用户可以直接使用，也可以自己设计创建。

8.4.1　超声波雾化器电路 PCB 设计

完成如图 8-50 所示超声波雾化器电路的电路板外形尺寸参数规划，实现元件的布局和布线及后期操作，本例主要学习电路板的设计过程。

Note

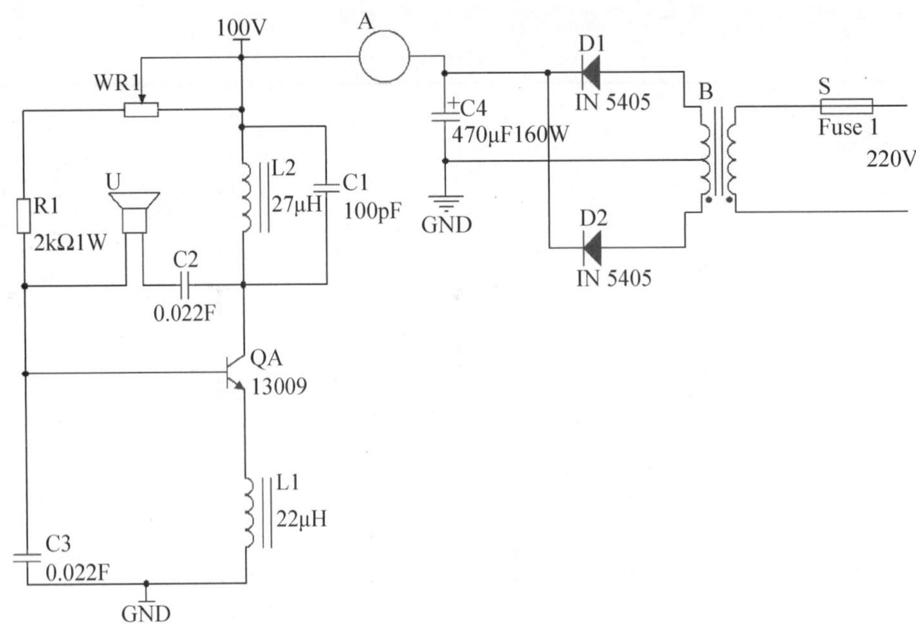

图 8-50 超声波雾化器电路

1. 创建 PCB 文件

（1）执行“文件”→“打开”命令，打开第 3 章绘制的“超声波雾化器电路.PrjPcb”文件。

（2）执行“文件”→“新的”→“PCB（印制电路板文件）”命令，创建 PCB 文件。

（3）执行“文件”→“保存”命令，将新建文件保存为“超声波雾化器电路.PcbDoc”。

（4）单击打开窗口下方的“Keep-out Layer（禁止布线层）”，设置编辑环境。

2. 生成网络报表并导入 PCB 中

（1）在原理图编辑环境中，执行“设计”→“工程的网络表”→“Protel（生成原理图网络表）”命令，生成网络报表，如图 8-51 所示。

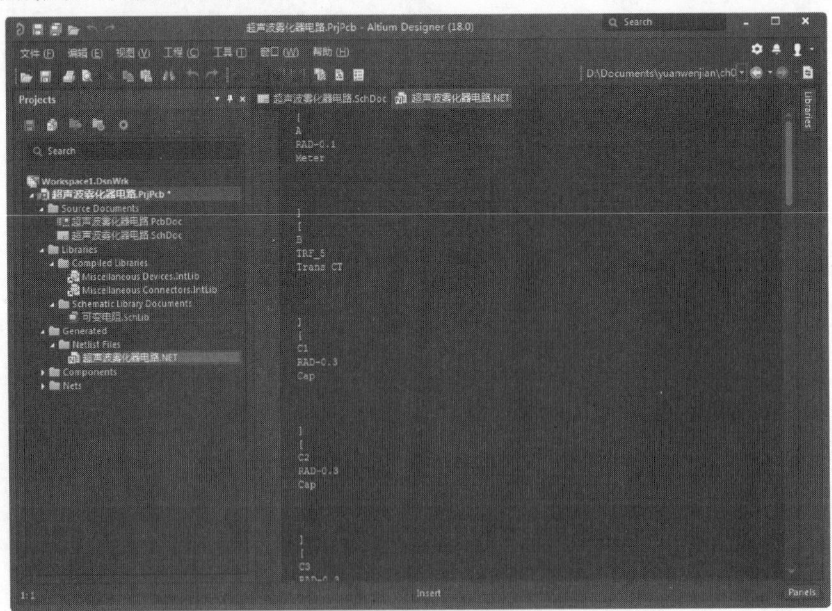

图 8-51 生成网络报表

（2）规划电路板。规划电路板主要是确定电路板的边界，包括电路板的物理边界和电气边界，同时按照最外侧的物理边界，定义电路板大小。

（3）绘制物理边界。指向编辑区下方工作层标签栏的“Mechanical 1（机械层 1）”标签，单击切换到机械层。执行“放置”→“圆弧”→“圆”命令，进入画圆状态，单击确定圆心位置；向外拖动，单击确定半径，再右击一下退出该操作。

（4）绘制电气边界。指向编辑区下方工作层标签栏的“KeepOut Layer（禁止布线层）”标签，单击切换到禁止布线层。执行“放置”→“Keepout（禁止布线）”→“圆”命令，光标显示为十字形，在第一个圆内部绘制略小的圆，绘制方法同上，如图 8-52 所示。

图 8-52　绘制边界

（5）设置电路板形状。选中已绘制的物理边界，然后选择菜单栏中的“设计”→“板子形状”→“按照选择对象定义”命令，选择外侧的物理边界，定义电路板。

（6）执行“设计”→“Update PCB Document 超声波雾化器电路.Pcb Doc”命令，系统弹出“Engineering Change Order（工程更新操作顺序）”对话框，如图 8-53 所示。

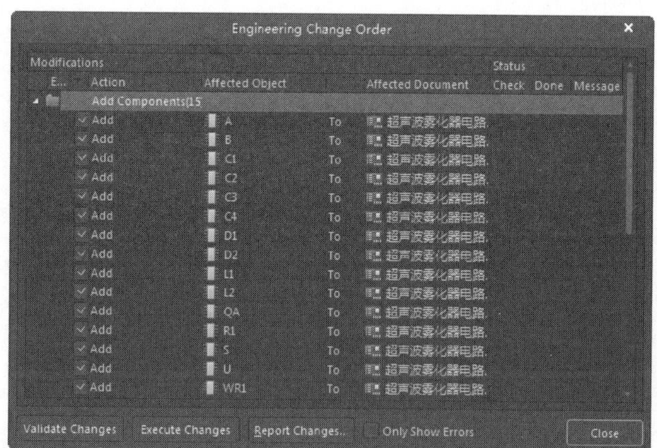

图 8-53　“Engineering Change Order（工程更新操作顺序）”对话框

（7）单击对话框中的“Validate Changes（确认更改）”按钮，检查所有改变是否正确，若所有的项目后面都出现✓标志，则项目转换成功，如图 8-54 所示。

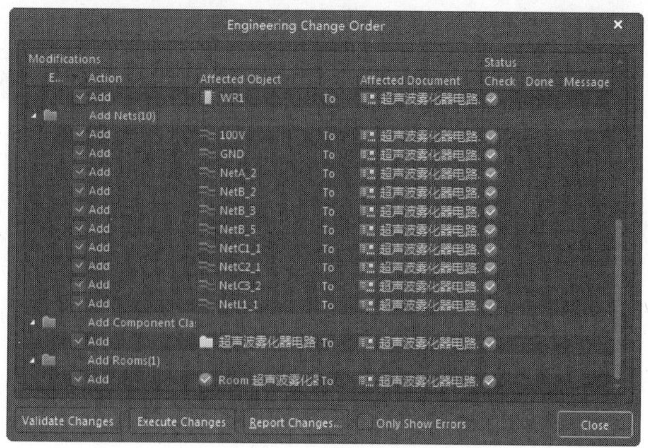

图 8-54　检查封装转换

（8）单击“Execute Changes（执行更改）”按钮，将元器件封装添加到 PCB 文件中，如图 8-55 所示。

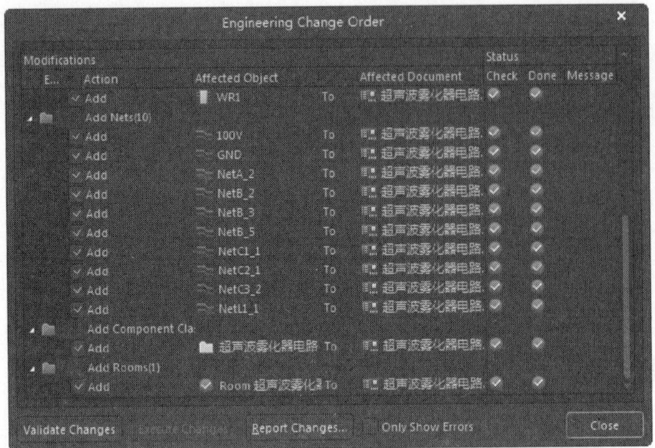

图 8-55　添加元器件封装

（9）完成添加后，单击“Close（关闭）”按钮，关闭对话框。此时，在 PCB 图纸上已经有了元器件的封装，如图 8-56 所示。

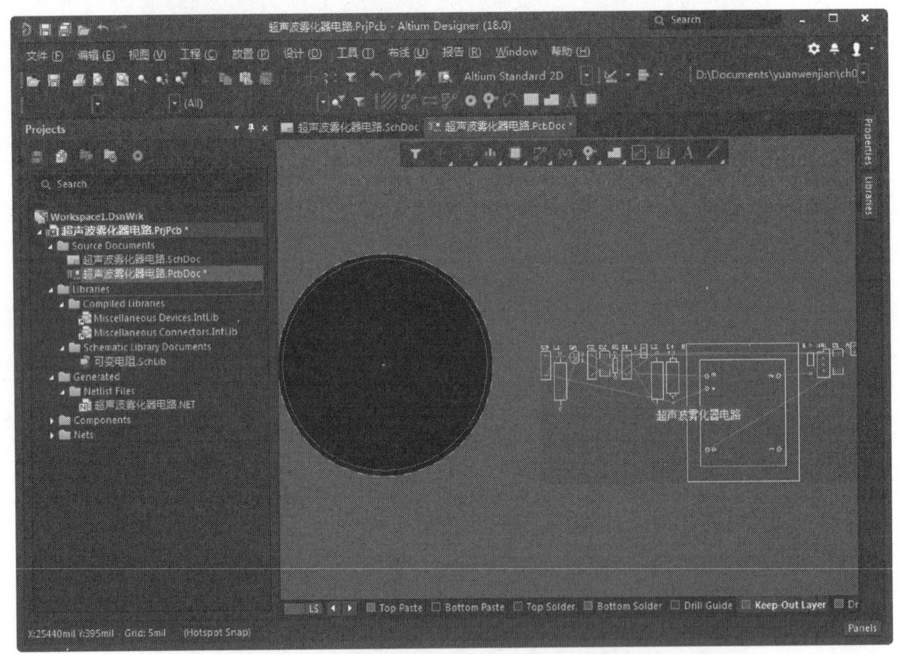

图 8-56　添加元器件封装的 PCB 图

3. 元器件布局

（1）由于本例中元件较少，因此直接进行手工布局，调整后的电路板为方便显示，取消连线网络，选择菜单栏中的“视图”→“连接”→“全部隐藏”命令，PCB 图结果如图 8-57 所示。

（2）执行“视图”→“切换到 3 维模式”命令，系统自动切换到 3D 显示图，按住 Shift 键显示旋转图标，在方向箭头上按住鼠标右键，即可旋转电路板，如图 8-58 所示。

（3）执行“视图”→“板子规划模式”命令，系统显示板设计模式图，如图 8-59 所示。

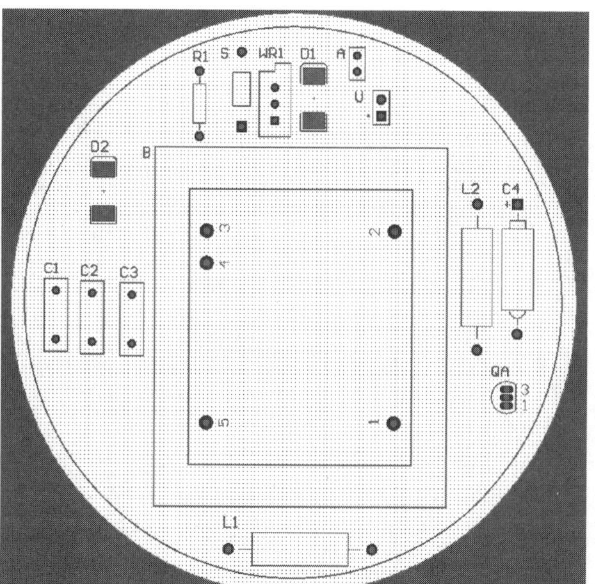

图 8-57　手工调整后结果

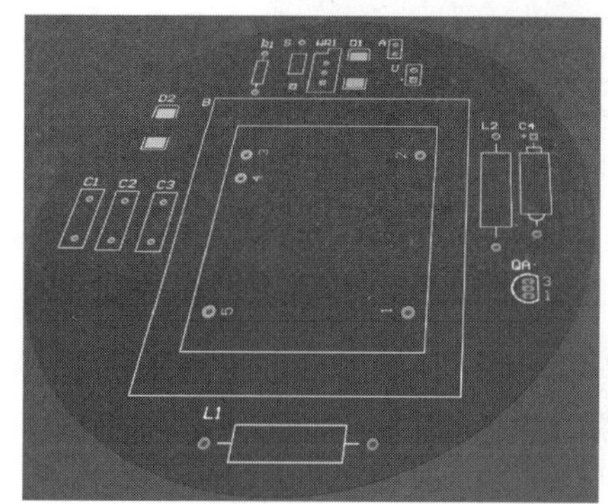

图 8-58　3D 显示图

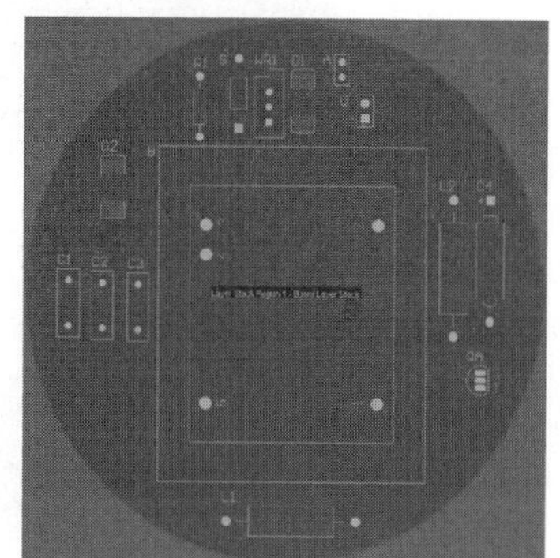

图 8-59　板模式图

（4）执行“视图”→“切换到二维显示”命令，系统自动返回 2D 显示图。

4. 3D 效果图

（1）打开“PCB 3D Movie Editor（电路板三维动画编辑器）”面板，在“3D Movie（三维动画）”按钮下选择“New（新建）”命令，创建 PCB 文件的三维模型动画 PCB 3D Video，创建关键帧，电路板如图 8-60 所示。

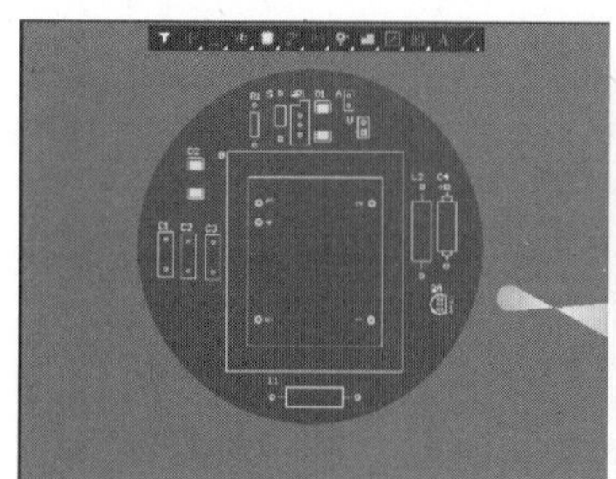

（a）关键帧1位置

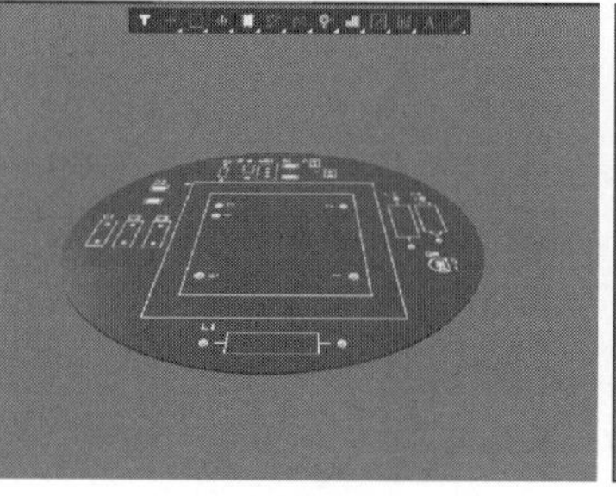

（b）关键帧2位置

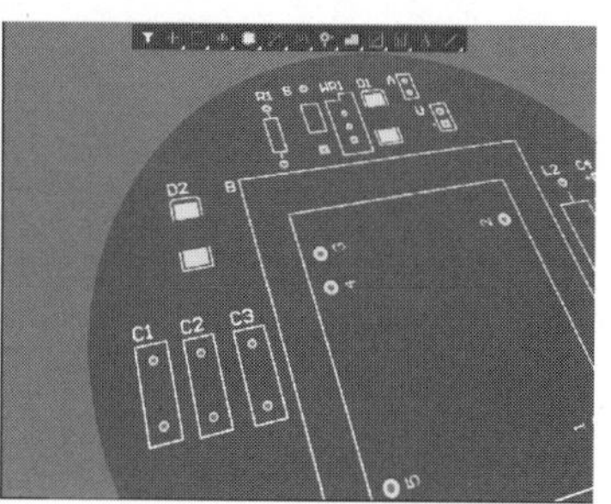

（c）关键帧3位置

图 8-60　电路板位置

Note

（2）动画面板设置如图 8-61 所示，单击工具栏上的键，演示动画。

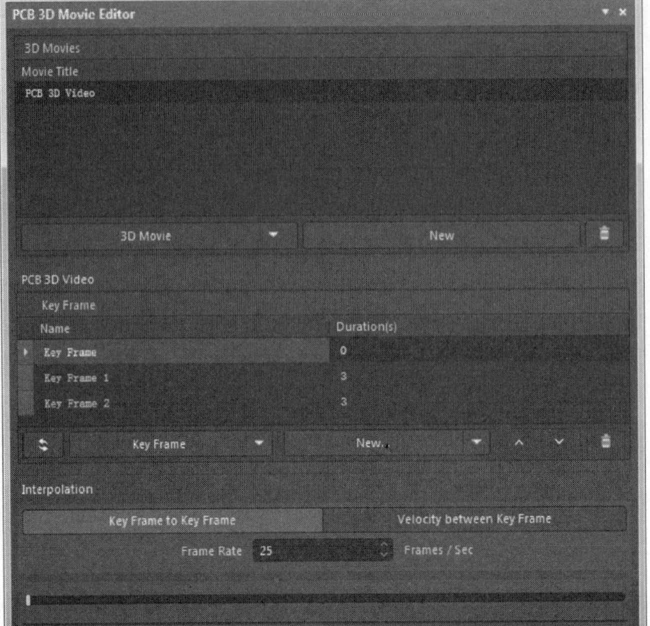

图 8-61　动画设置面板

（3）选择菜单栏中的“文件”→“新的”→“Output Job 文件”命令，在“Projects（工程）”面板中“Settings（设置）”选项栏下显示输出文件 Job1.OutJob，如图 8-62 所示。

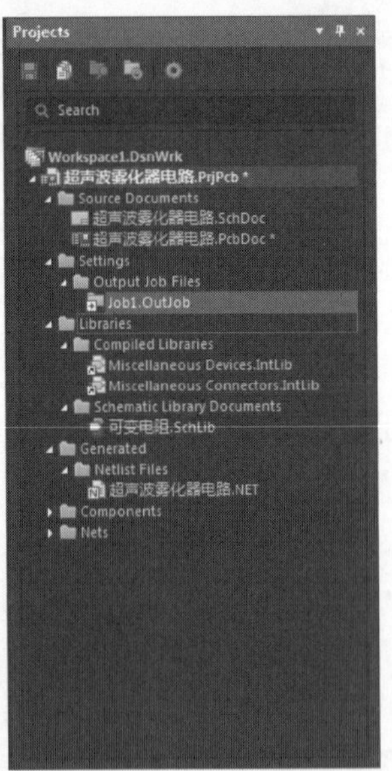

图 8-62　新建输出文件

在“Documentation Outputs（文档输出）”下加载 PDF 文件与视频文件，并创建位置连接，如图 8-63 所示。

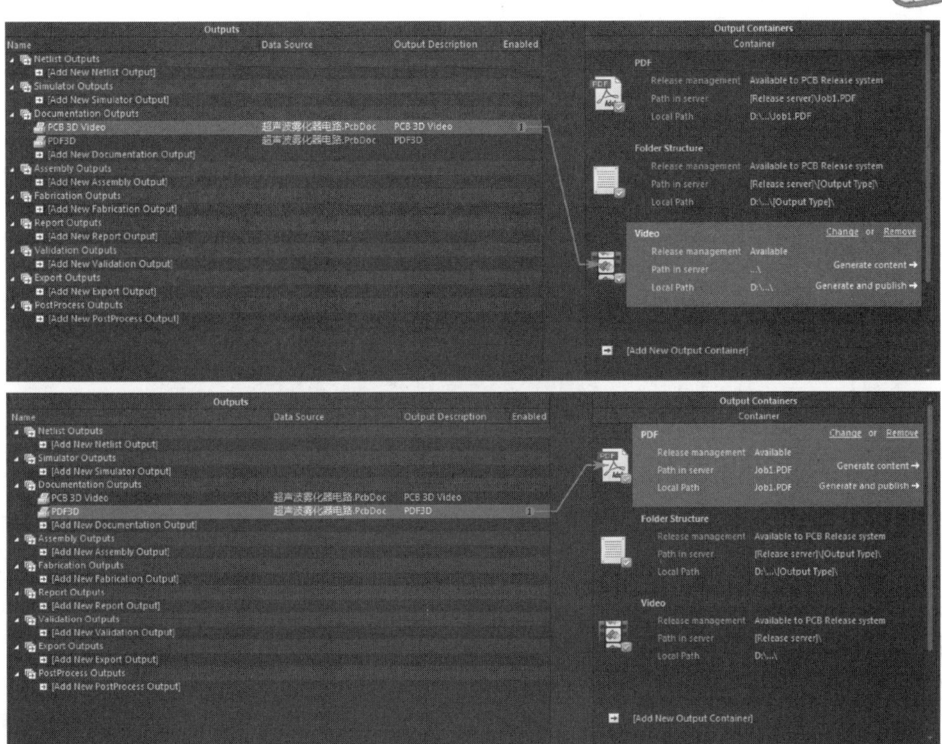

图 8-63　加载动画与 PDF 文件

（4）分别单击 Video、PDF 选项下的“Generate Content（生成目录）”按钮，在文件设置的路径下生成视频与 PDF 文件，利用播放器打开的视频如图 8-64 和图 8-65 所示。

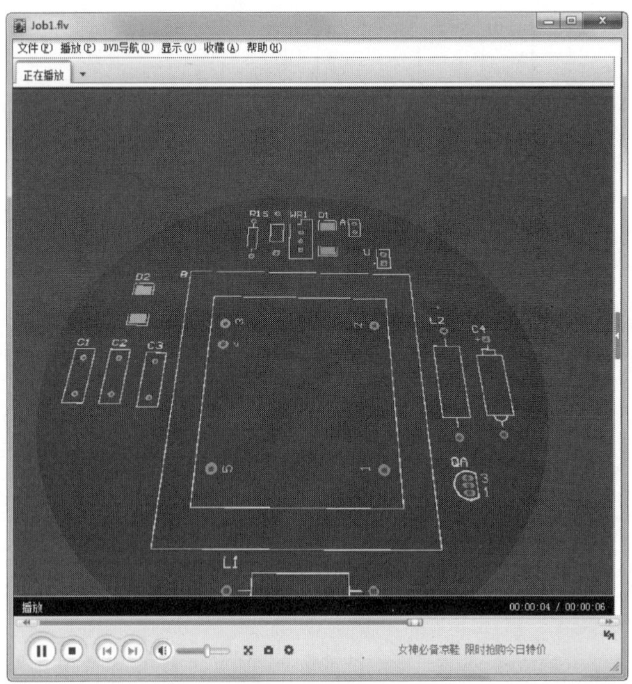

图 8-64　视频文件

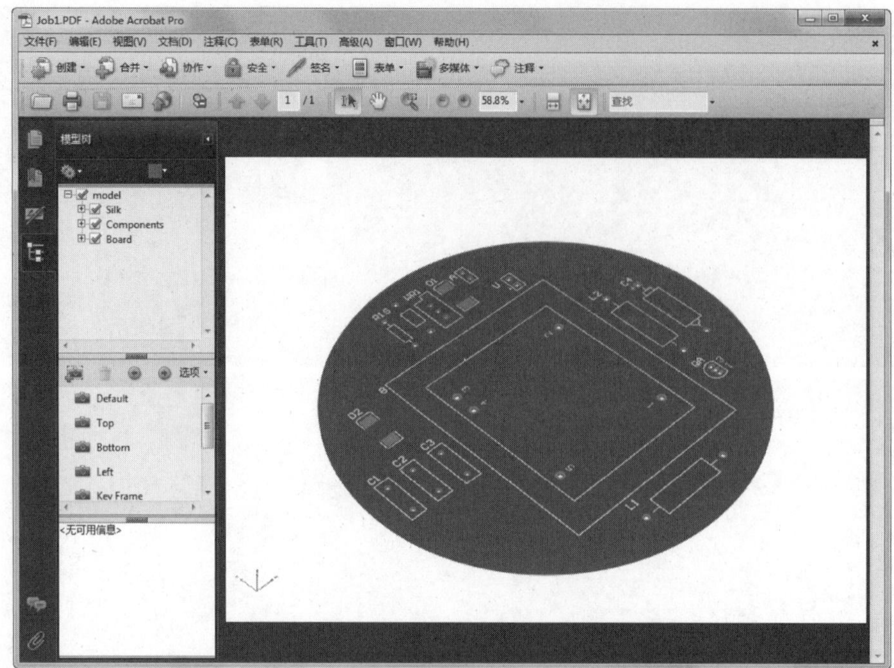

图 8-65　PDF 文件

8.4.2　电饭煲饭熟报知器电路 PCB 设计

完成如图 8-66 所示电饭煲饭熟报知器电路的电路板外形尺寸手动绘制，实现元件的布局和布线，还将学习 PCB 文件报表创建。

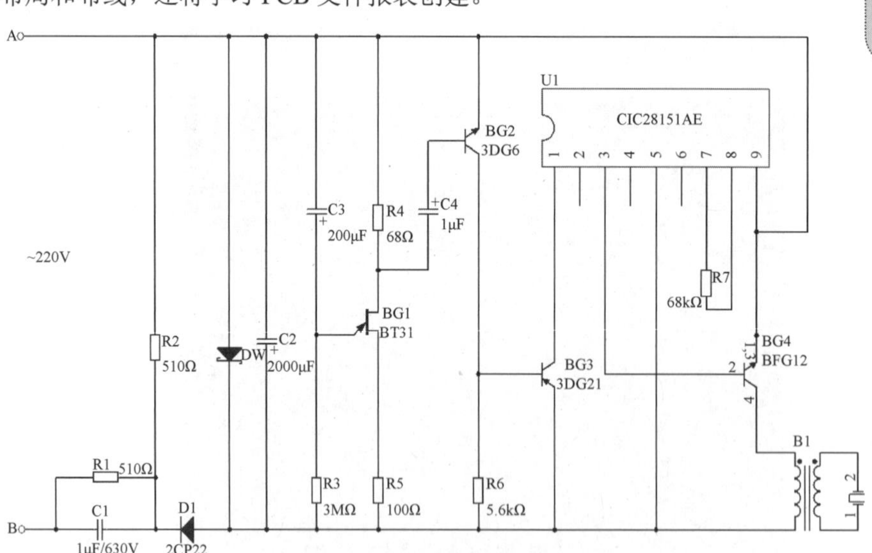

图 8-66　电饭煲饭熟报知器电路

1. 创建 PCB 文件

（1）执行“文件”→“打开”命令，打开第 4 章编译后的“电饭煲饭熟报知器电路.PrjPCB”文件。

Note

（2）执行“文件”→“新的”→“PCB（印制电路板文件）”命令，创建一个 PCB 文件，执行“文件”→“保存”命令，将新建文件保存为“电饭煲饭熟报知器电路.PcbDoc”。

（3）打开“Properties（属性）”面板，如图 8-67 所示。

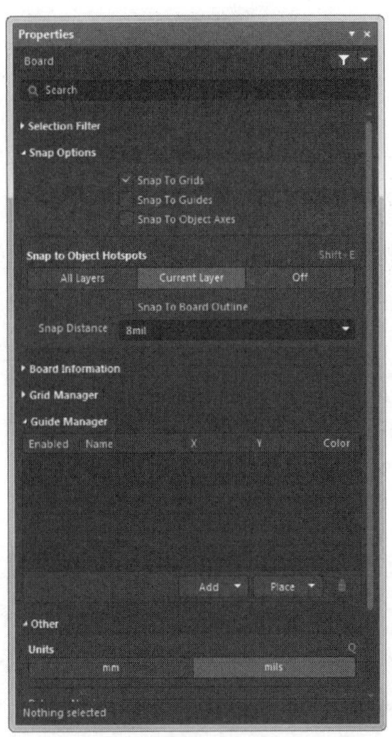

图 8-67　PCB 板选项设置面板

由于原理图文件已生成网络表文件，这里省略报表文件创建步骤。

2. 绘制 PCB 板的物理边界和电气边界

（1）单击编辑区左下方的板层标签的“Mechanical1（机械层 1）”标签，将其设置为当前层。然后执行“放置”→“线条”命令，光标变成十字形，沿 PCB 板边绘制一个矩形闭合区域，即可设定 PCB 板的物理边界。

（2）单击打开窗口下方的“Keep-out Layer（禁止布线层）”，执行“放置”→“Keepout（禁止布线）”→“线径”命令，光标变成十字形，在 PCB 图上物理边界内部绘制出一个封闭的矩形，设定电气边界。设置完成的 PCB 图如图 8-68 所示。

图 8-68　完成边界设置的 PCB 图

（3）打开原理图文件，执行“设计”→“Update PCB Document 电饭煲饭熟报知器电路.PcbDoc（更新电饭煲饭熟报知器电路）”命令，系统弹出“Engineering Change Order（工程更新操作顺序）”对话框，如图 8-69 所示。

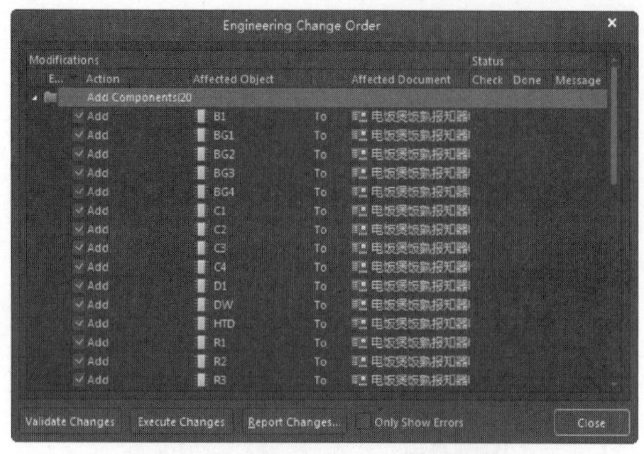

图 8-69 “Engineering Change Order（工程更新操作顺序）”对话框

（4）单击对话框中的“Validate Changes（确认更改）”按钮，如图 8-70 所示。

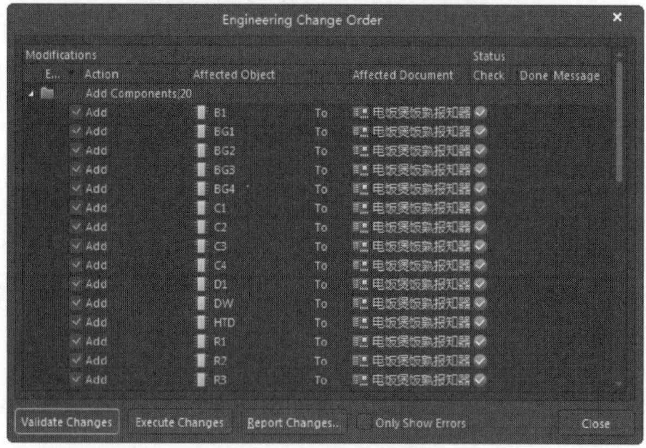

图 8-70 检查封装转换

（5）单击“Execute Changes（执行更改）”按钮，检查所有改变是否正确，若所有的项目后面都出现两个✔标志，则项目转换成功，将元器件封装添加到 PCB 文件中，如图 8-71 所示。

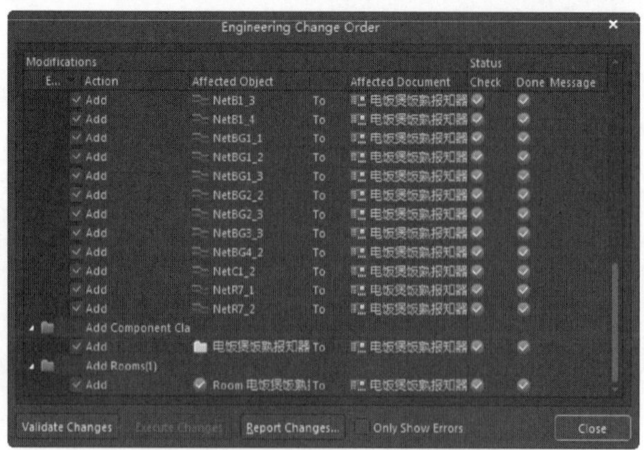

图 8-71 添加元器件封装

（6）完成添加后，单击 Report Changes... 按钮，弹出“Report Preview（报告预览）”对话框，如图 8-72 所示，显示添加的封装。

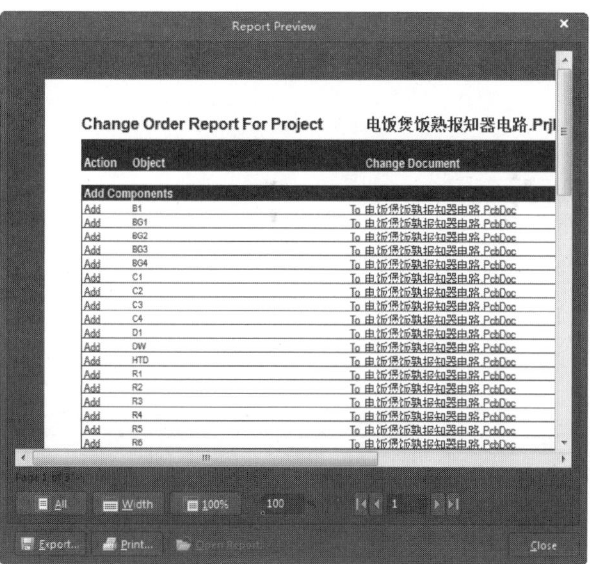

图 8-72　“Report Preview（报告预览）”对话框

（7）单击“Close（关闭）”按钮，关闭对话框。此时，在 PCB 图纸上已经有了元器件的封装，如图 8-73 所示。

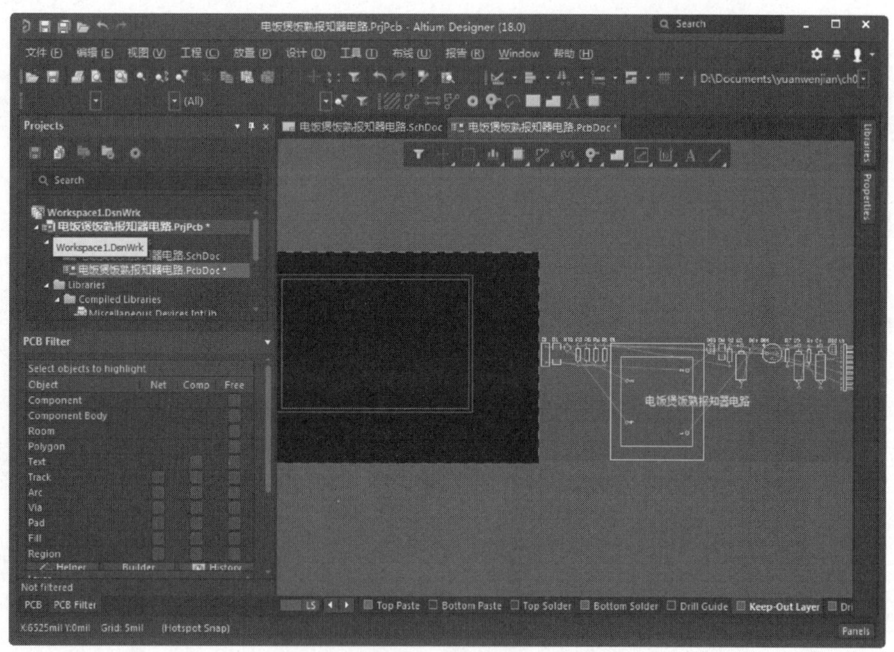

图 8-73　添加元器件封装的 PCB 图

3. 元器件布局

（1）将边界外部封装模型拖动到电气边界内部，并对其进行布局操作和手工调整。调整后的 PCB 图如图 8-74 所示。

Note

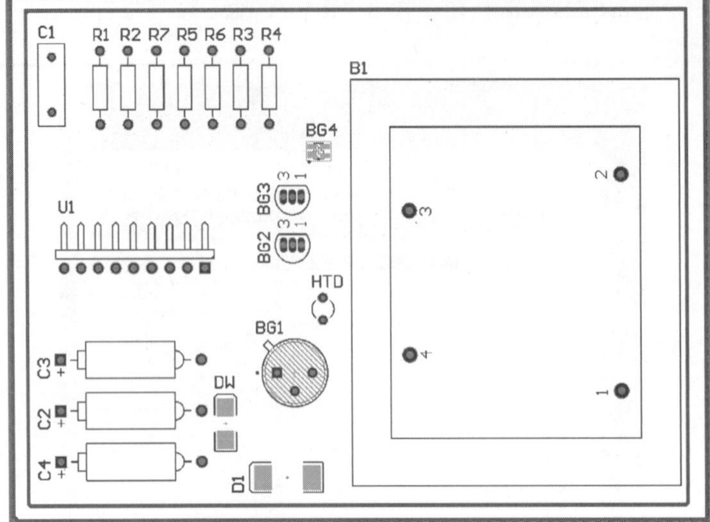

图 8-74　手工调整后的结果

（2）选中已绘制的最外侧物理边界，然后选择菜单栏中的“设计”→“板子形状”→“按照选择对象定义”命令，电路板将以物理边界为板边界。

4. 3D 效果图

（1）执行“视图”→“切换到 3 维模式”命令，系统生成该 PCB 的 3D 效果图，如图 8-75 所示。

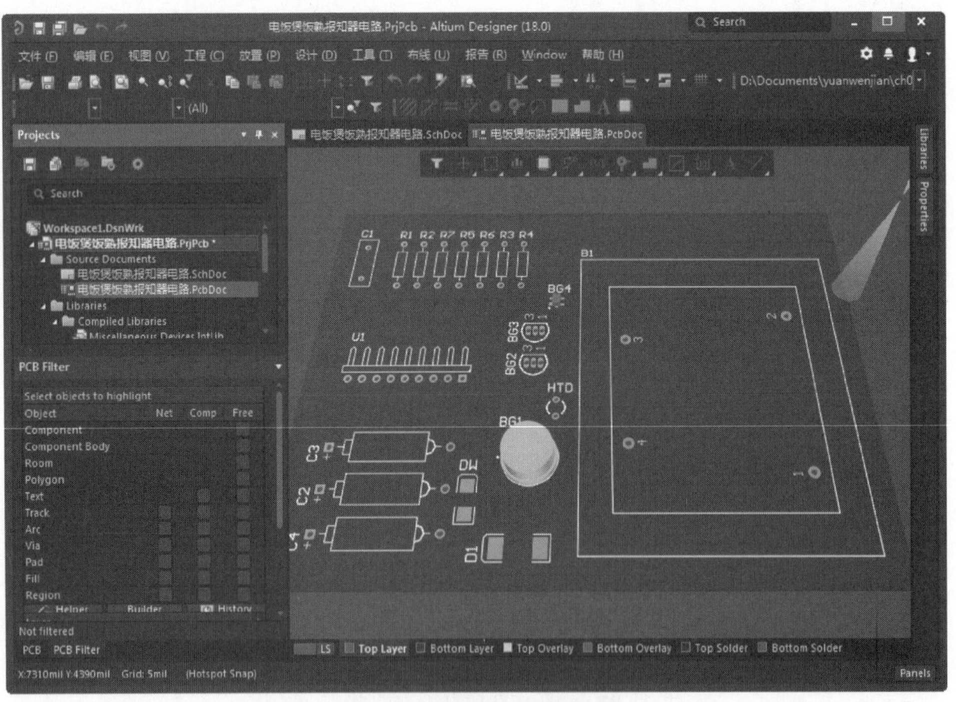

图 8-75　PCB 板 3D 效果图

（2）打开“PCB 3D Movie Editor（电路板三维动画编辑器）”面板，在“3D Movie（三维动画）”按钮下选择“New（新建）”命令，创建 PCB 文件的三维模型动画 PCB 3D Video，创建关键帧，电路板如图 8-76 所示。

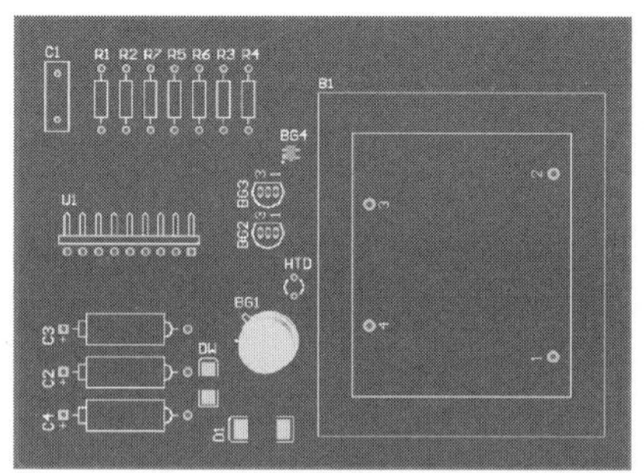

(a) 关键帧1位置

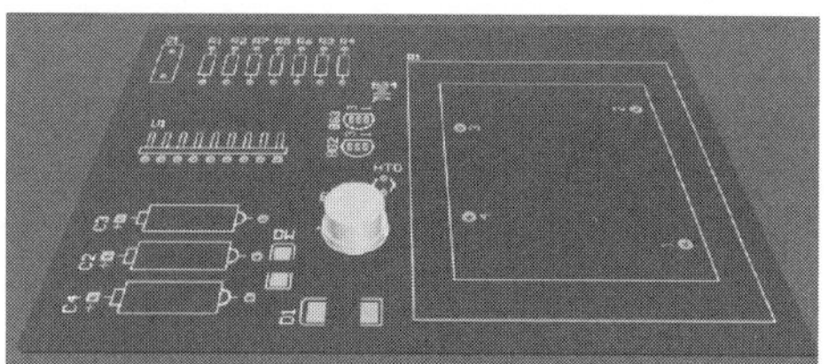

(b) 关键帧2位置

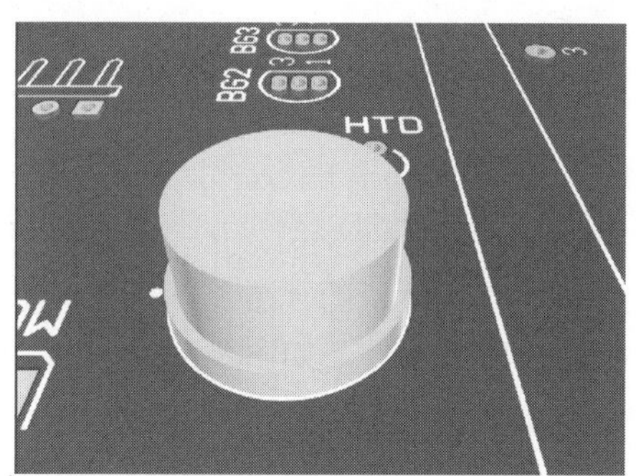

(c) 关键帧3位置

图 8-76 电路板位置

(3) 动画面板设置如图 8-77 所示，单击工具栏上的▶键，演示动画。

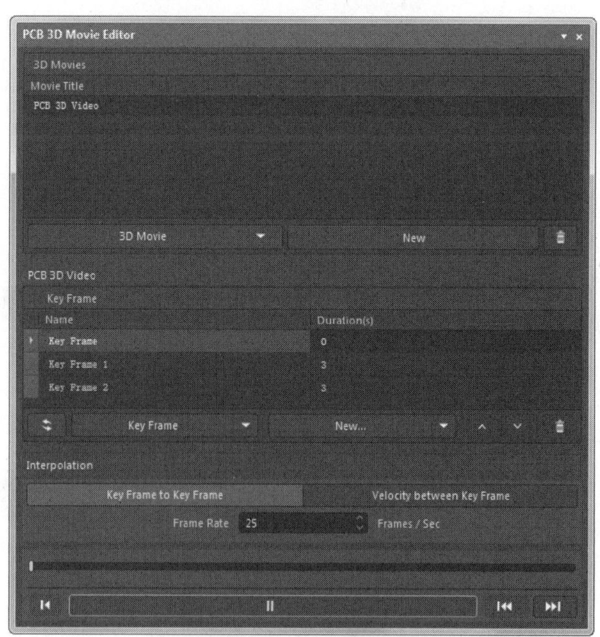

图 8-77 动画设置面板

选择菜单栏中的“文件”→“导出”→PDF 3D 命令，弹出如图 8-78 所示的“Export File（输出文件）”对话框，输出电路板的三维模型 PDF 文件，单击“保存”按钮，弹出 PDF 3D 对话框。

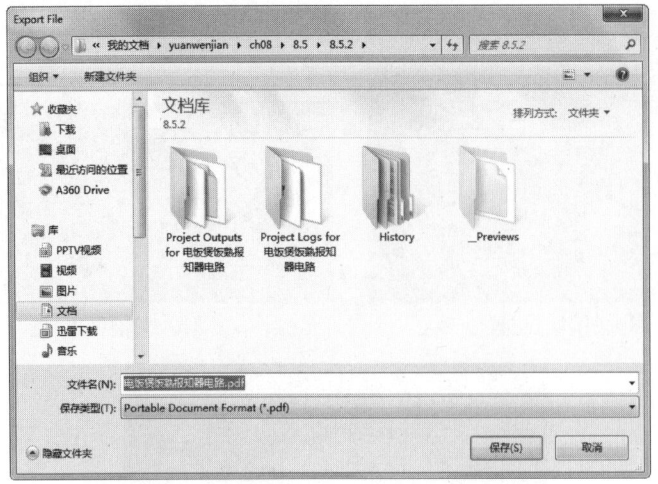

图 8-78　“Export File（输出文件）”对话框

在该对话框中还可以选择 PDF 文件中显示的视图，进行页面设置，设置输出文件中的对象如图 8-79 所示，单击 Export 按钮，输出 PDF 文件，如图 8-80 所示。

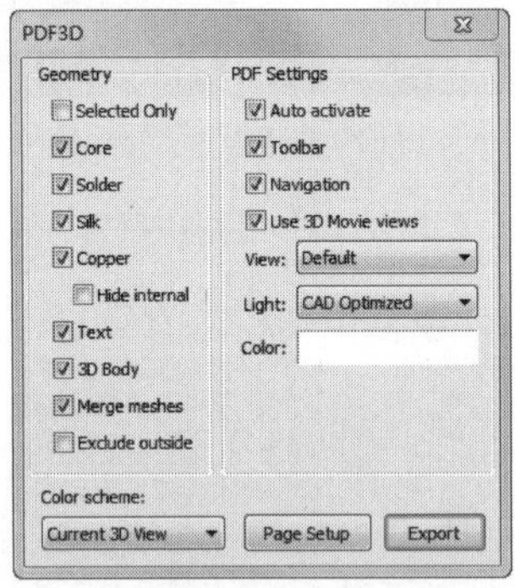

图 8-79　PDF3D 对话框

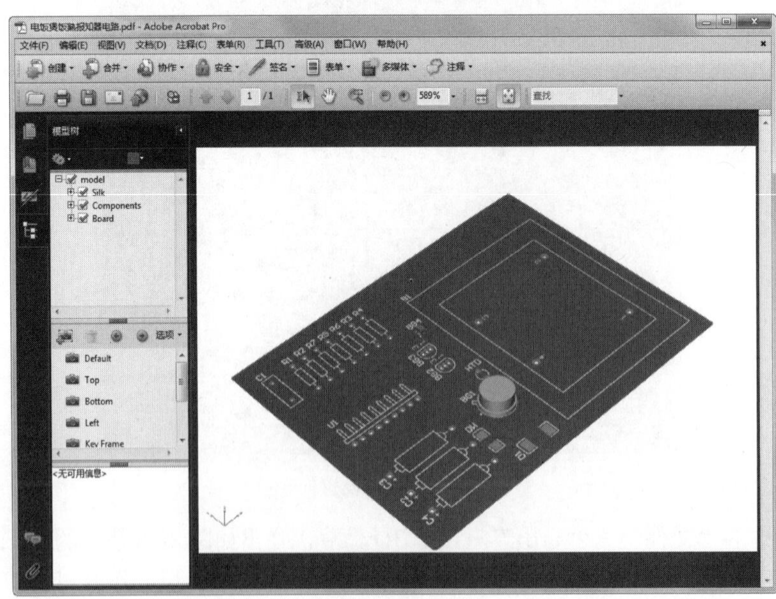

图 8-80　PDF 文件

Note

（4）选择菜单栏中的“文件”→“新的”→“Output Job 文件”命令，在“Projects（工程）”面板中“Settings（设置）”选项栏下保存输出文件“电饭煲饭熟报知器电路.OutJob”。

在“Documentation Outputs（文档输出）”下加载视频文件，并创建位置连接，单击 Video 选项下的“Generate Content（生成目录）”按钮，在文件设置的路径下生成视频文件，利用播放器打开的视频如图 8-81 所示。

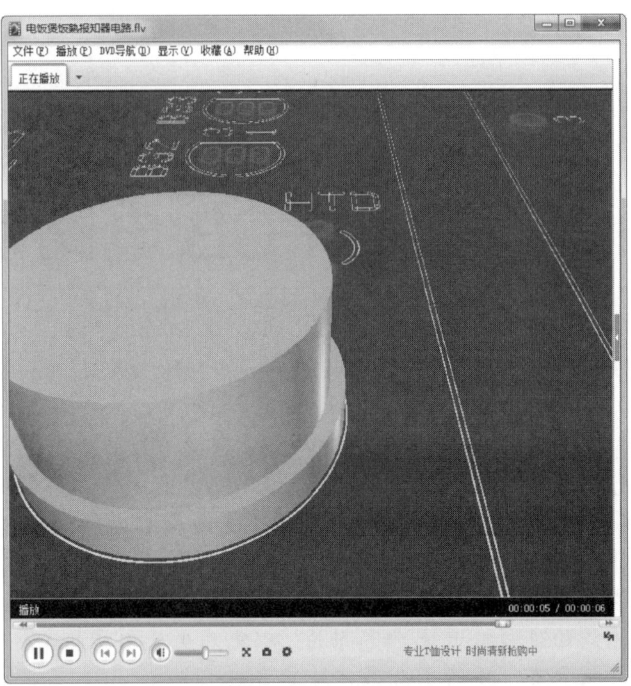

图 8-81　视频文件

第9章 PCB 电路板的布线

在完成电路板的布局工作后，即可开始布线操作。在PCB的设计中，布线是完成产品设计的重要步骤，其要求最高、技术最细、工作量最大。PCB布线可分为单面布线、双面布线及多层布线几种。布线的方式有两种：自动布线及交互式布线。通常自动布线是无法达到电路的实际要求的，因此在自动布线之前，可以用交互式布线方式预先对要求比较严格的线路进行布线。

在PCB板上走线的首要任务就是要在PCB板上走通所有的导线，建立起所有需要的电气连接，这在高密度的PCB设计中很具有挑战性。在能够完成所有走线的前提下，要求布线：走线长度尽量短和直，在这样的走线上电信号完整性较好；走线中尽量少地使用过孔；走线的宽度要尽量宽；输入/输出端的边线应避免相邻平行，以免产生反射干扰，必要时应该加地线隔离；两相邻层间的布线要互相垂直，平行则容易产生耦合。

☑ 电路板的自动布线　　☑ 电路板的手动布线

任务驱动&项目案例

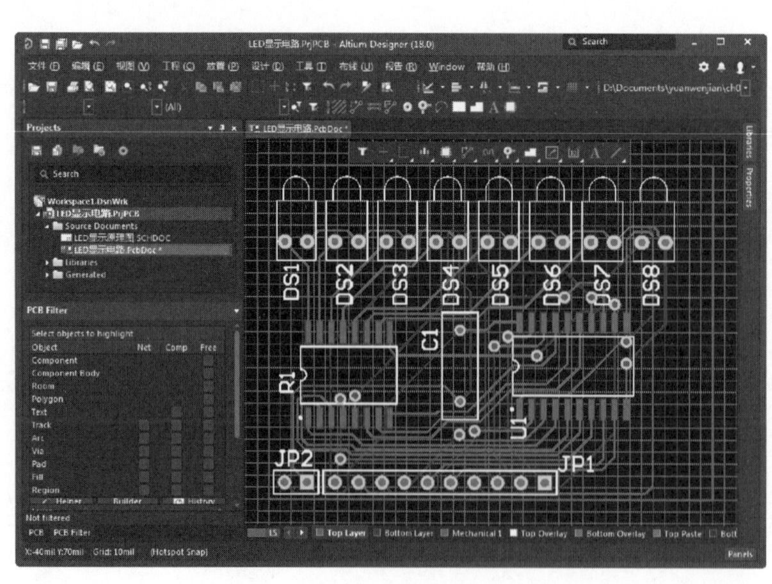

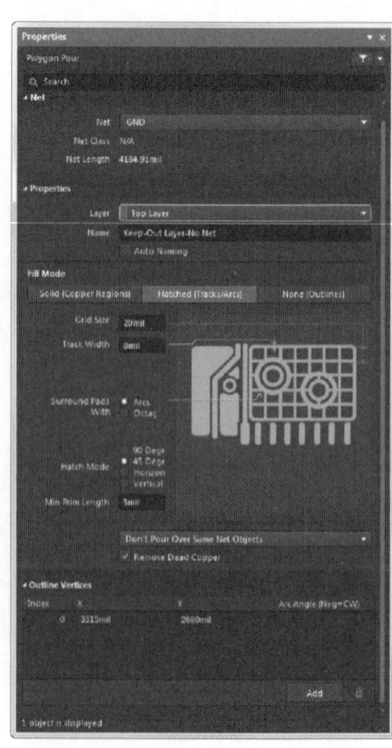

9.1　电路板的自动布线

自动布线是一个优秀的电路设计辅助软件所必须具备的功能之一。对于散热、电磁干扰及高频特性等要求较低的大型电路设计，采用自动布线操作可以大大降低布线的工作量，同时还能减少布线时所产生的遗漏。如果自动布线不能满足实际工程设计的要求，可以通过手动布线进行调整。

9.1.1　设置 PCB 自动布线的规则

Altium Designer 18 在 PCB 电路板编辑器中为用户提供了 10 大类 49 种设计规则，涵盖了元件的电气特性、走线宽度、走线拓扑结构、表面安装焊盘、阻焊层、电源层、测试点、电路板制作、元件布局、信号完整性等设计过程中的方方面面。在进行自动布线之前，首先应对自动布线规则进行详细设置。执行“设计”→“规则”命令，系统将弹出如图 9-1 所示的“PCB Rules and Constraints Editor（PCB 设计规则及约束编辑器）”对话框。

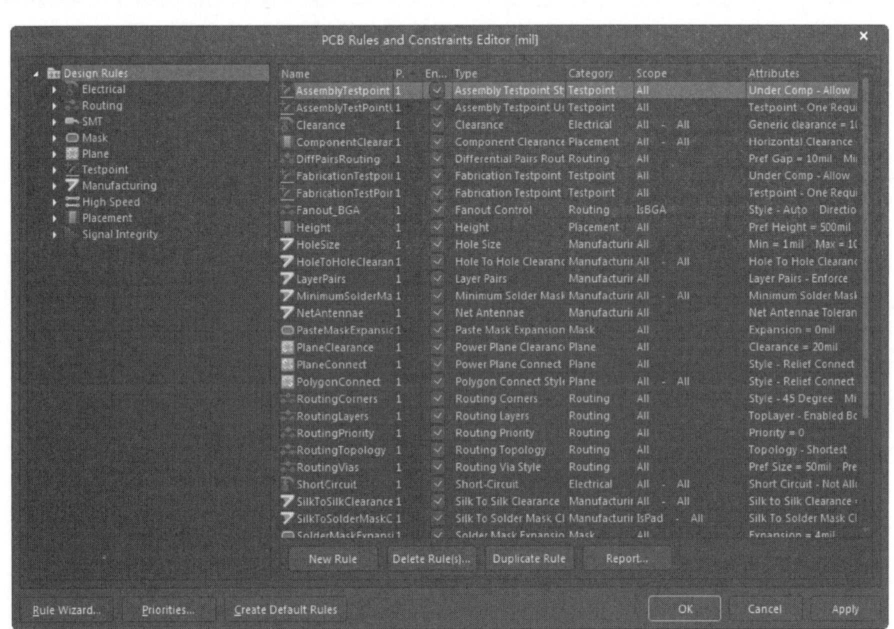

图 9-1　“PCB Rules and Constraints Editor（PCB 设计规则及约束编辑器）”对话框

1. “Electrical（电气规则）”类设置

该类规则主要针对具有电气特性的对象，用于系统的 DRC（电气规则检查）功能。当布线过程中违反电气特性规则（共有 4 种设计规则）时，DRC 检查器将自动报警提示用户。选择“Electrical（电气规则）”选项，对话框右侧将只显示该类的设计规则，如图 9-2 所示。

（1）Clearance（安全间距规则）：单击该选项，对话框右侧将列出该规则的详细信息，如图 9-3 所示。

该规则用于设置具有电气特性的对象之间的距离。在 PCB 板上具有电气特性的对象包括导线、焊盘、过孔和铜箔填充区等，在间距设置中可以设置导线与导线之间、导线与焊盘之间、焊盘与焊盘之间的间距规则，在设置规则时可以选择适用该规则的对象和具体的间距值。

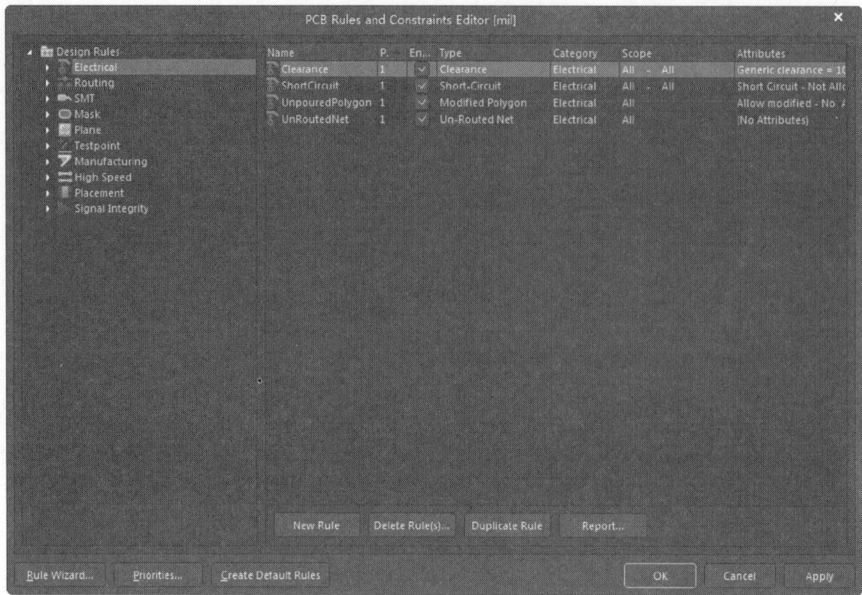

图 9-2　Electrical 选项设置界面

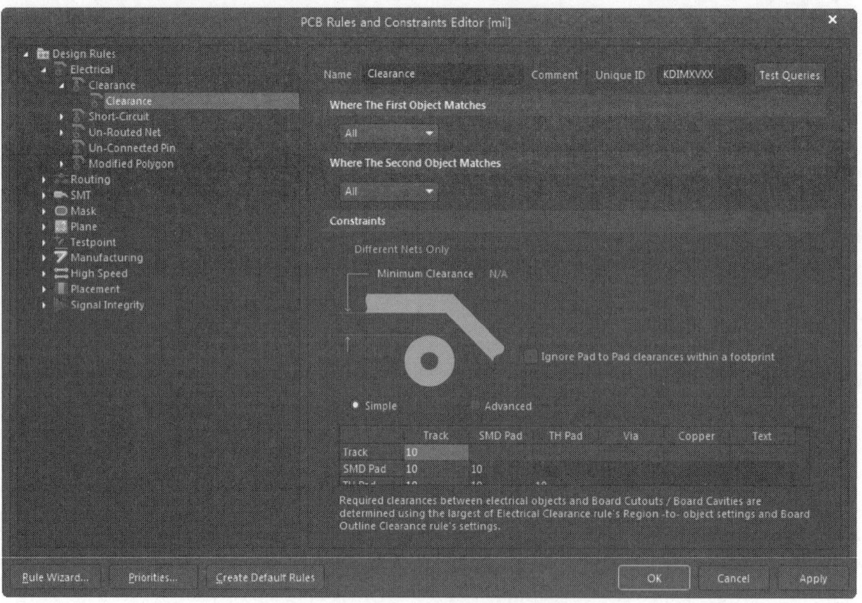

图 9-3　安全间距规则设置界面

其中各选项组的功能如下。

☑　“Where The First Object Matches（优先匹配的对象所处位置）”选项组：用于设置该规则优先应用的对象所处的位置。应用的对象范围为 All（整个网络）、Net（某一个网络）、Net Class（某一网络类）、Layer（某一个工作层）、Net and Layer（指定工作层的某一网络）和 Advanced（高级设置）。选中某一范围后，可以在该选项后的下拉列表框中选择相应的对象，也可以在右侧的“Full Query（全部询问）”选项组中填写相应的对象。通常采用系统的默认设置，即选择“All（所有）”选项。

☑　“Where The Second Object Matches（次优先匹配的对象所处位置）”选项组：用于设置该规则次优先级应用的对象所处的位置。通常采用系统的默认设置，即选择“All（所有）”选项。

☑　“Constraints（约束）”选项组：用于设置进行布线的最小间距。这里采用系统的默认设置。

（2）Short-Circuit（短路规则）：用于设置在 PCB 板上是否可以出现短路，如图 9-4 所示为该项设置示意图，通常情况下是不允许的。设置该规则后，拥有不同网络标号的对象相交时如果违反该规则，系统将报警并拒绝执行该布线操作。

（3）Un-Routed Net（取消布线网络规则）：用于设置在 PCB 板上是否可以出现未连接的网络，如图 9-5 所示为该项设置示意图。

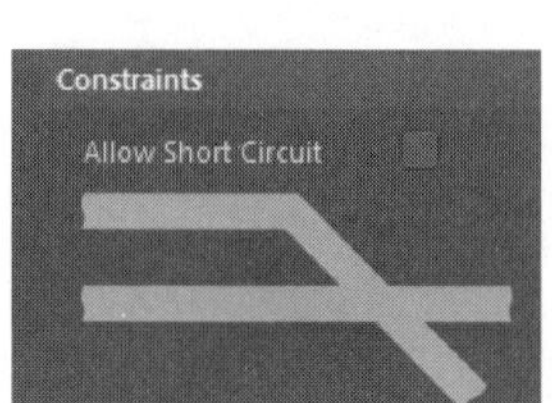

图 9-4　设置短路

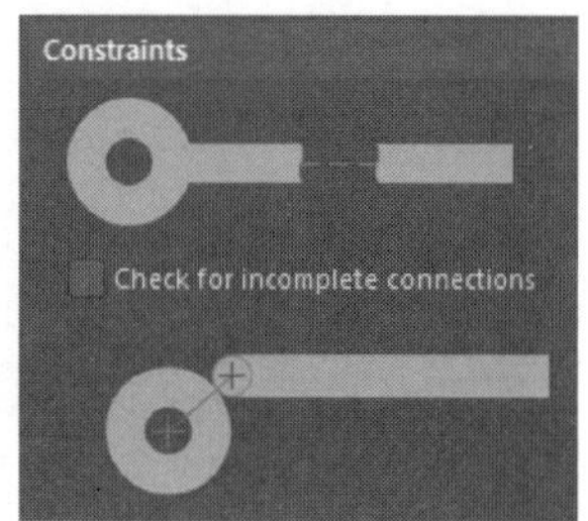

图 9-5　设置未连接网络

（4）Un-Connected Pin（未连接管脚规则）：电路板中存在未布线的管脚时将违反该规则。系统在默认状态下无此规则。

2. “Routing（布线规则）”类设置

该类规则主要用于设置自动布线过程中的布线规则，如布线宽度、布线优先级和布线拓扑结构等。其中包括以下 8 种设计规则，如图 9-6 所示。

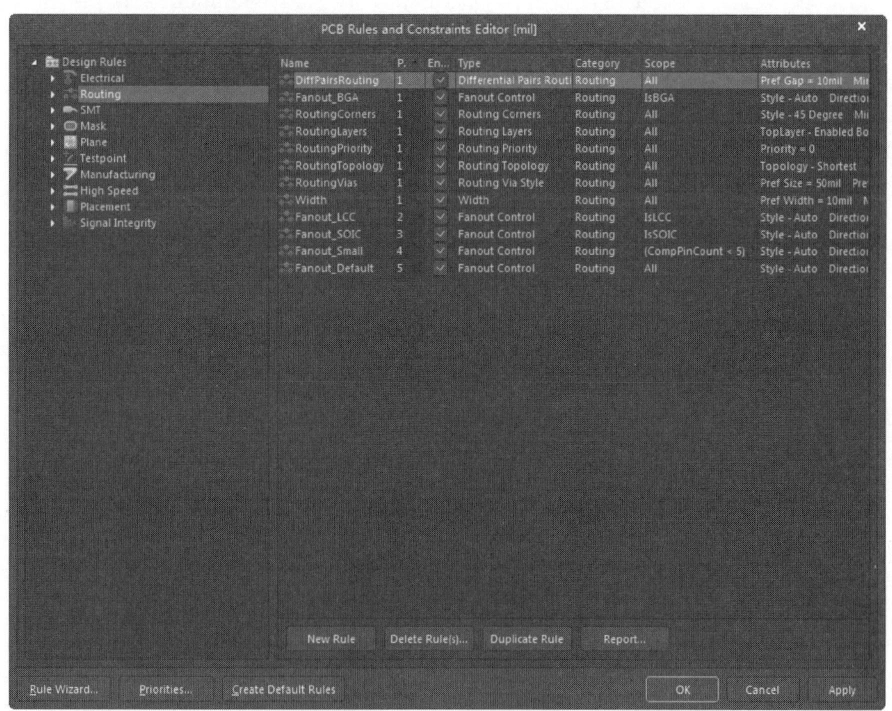

图 9-6　Routing 选项

（1）Width（走线宽度规则）：用于设置走线宽度，如图 9-7 所示为该规则的设置界面。走线宽度是指 PCB 铜膜走线（即俗称的导线）的实际宽度值，包括最大允许值、最小允许值和首选值 3 个选项。

Note

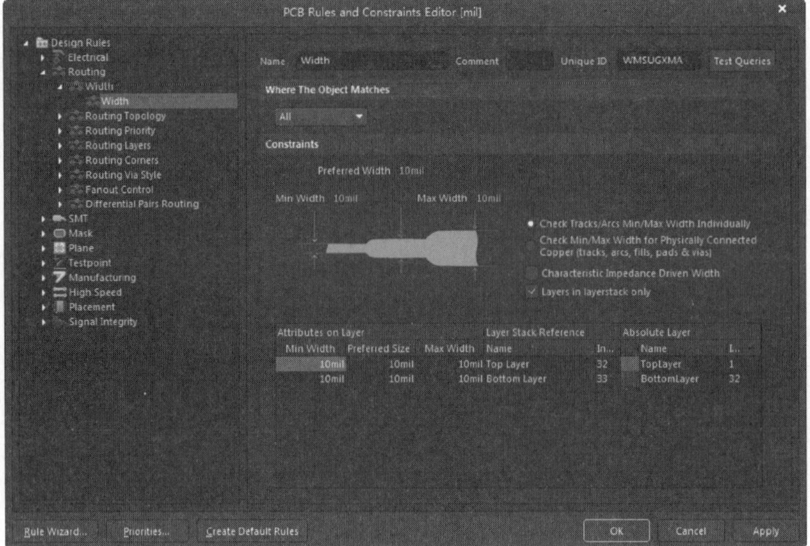

图 9-7　Width 设置界面

☑ “Where The Object Matches（匹配的对象所处位置）”选项组：用于设置布线宽度优先应用对象所处的位置，与 Clearance（安全间距规则）中相关选项功能类似。

☑ “Constraints（约束）”选项组：用于限制走线宽度。选中“Layers in layerstack only（层栈中的层）”复选框，将列出当前层栈中各工作层的布线宽度规则设置；否则将显示所有层的布线宽度规则设置。布线宽度设置分为 Maximum（最大）、Minimum（最小）和 Preferred（首选）3 种，其主要目的是方便在线修改布线宽度。选中“Characteristic Impedance Driven Width（典型阻抗驱动宽度）”复选框时，将显示其驱动阻抗属性，这是高频高速布线过程中很重要的一个布线属性设置。驱动阻抗属性分为 Maximum Impedance（最大阻抗）、Minimum Impedance（最小阻抗）和 Preferred Impedance（首选阻抗）3 种。

（2）Routing Topology（走线拓扑结构规则）：用于选择走线的拓扑结构，如图 9-8 所示为该项设置的示意图。各种拓扑结构如图 9-9 所示。

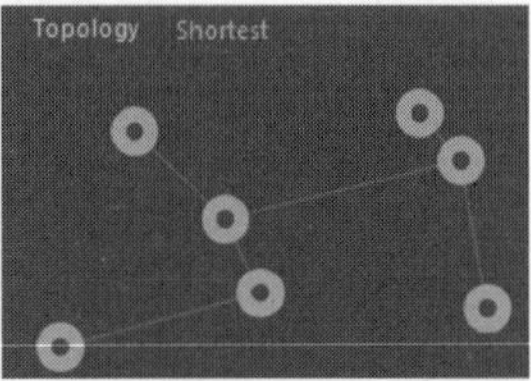

图 9-8　设置走线拓扑结构

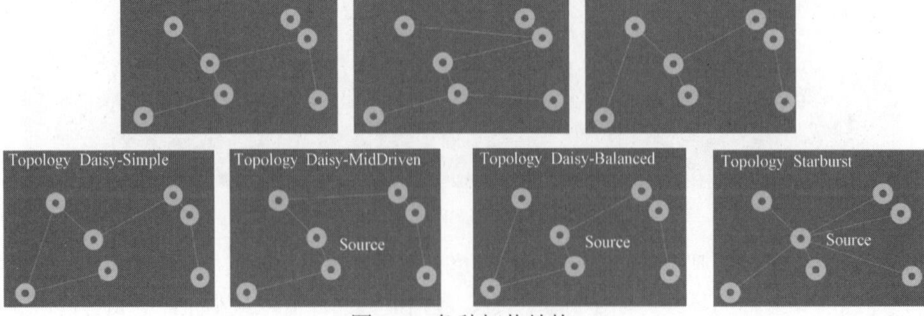

图 9-9　各种拓扑结构

（3）Routing Priority（布线优先级规则）：用于设置布线优先级，如图 9-10 所示为该规则的设置界面，在其中可以对每个网络设置布线优先级。PCB 板上的空间有限，可能有若干根导线需要在同一块区域内布线才能得到最佳的布线效果，通过设置布线的优先级可以决定导线占用空间的先后顺序。设置规则时可以针对单个网络设置优先级。系统提供了 0～100 共 101 种优先级选择，0 表示优先级最低，100 表示优先级最高，默认的布线优先级规则是所有网络布线的优先级为 0。

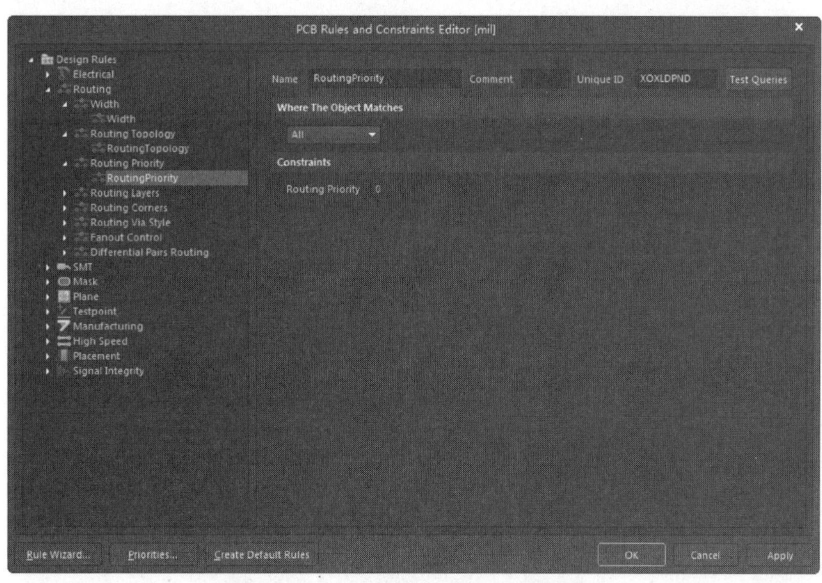

图 9-10　Routing Priority 设置界面

（4）Routing Layers（布线工作层规则）：用于设置布线规则可以约束的工作层，如图 9-11 所示为该规则的设置界面。

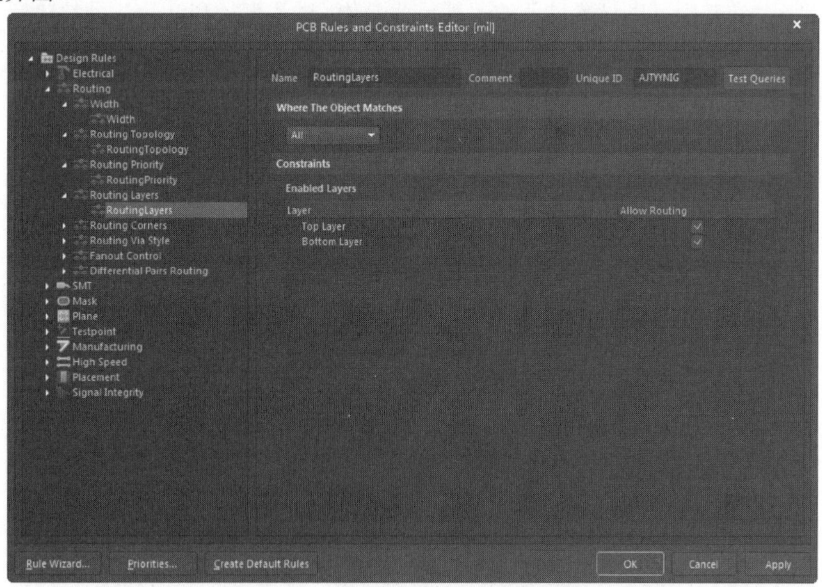

图 9-11　Routing Layers 设置界面

（5）Routing Corners（导线拐角规则）：用于设置导线拐角形式，如图 9-12 所示为该规则的设置界面。PCB 上的导线有 3 种拐角方式，如图 9-13 所示，通常情况下会采用 45° 的拐角形式。设置规则时可以针对每个连接、每个网络甚至整个 PCB 设置导线拐角形式。

Note

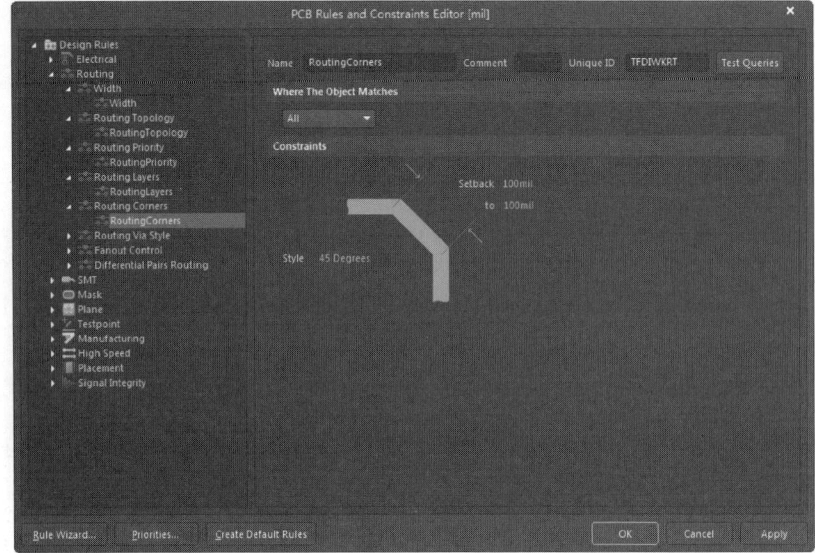

图 9-12　Routing Corners 设置界面

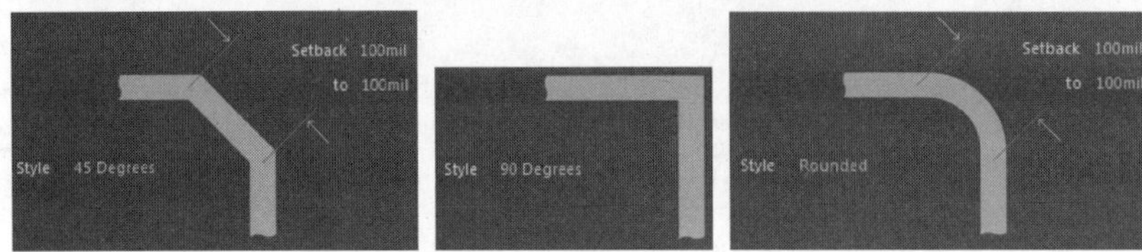

图 9-13　PCB 上导线的 3 种拐角方式

（6）Routing Via Style（布线过孔样式规则）：用于设置布线时所用过孔的样式，如图 9-14 所示为该规则的设置界面，在其中可以设置过孔的各种尺寸参数。过孔直径和钻孔孔径都包括 Maximum（最大）、Minimum（最小）和 Preferred（首选）3 种定义方式。默认的过孔直径为 50mil，过孔孔径为 28mil。在 PCB 的编辑过程中，可以根据不同的元件设置不同的过孔大小，过孔尺寸应该参考实际元件管脚的粗细进行设置。

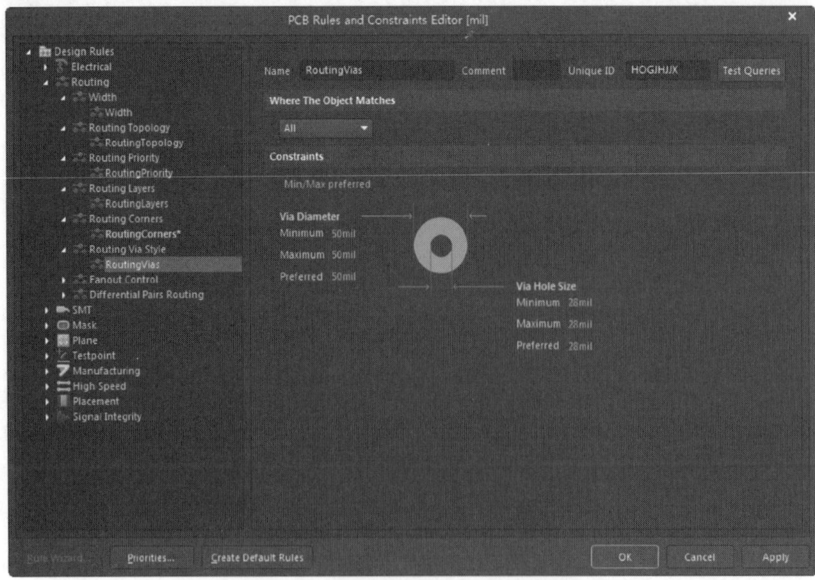

图 9-14　Routing Via Style 设置界面

（7）Fanout Control（扇出控制布线规则）：用于设置走线时的扇出形式，如图 9-15 所示为该规则的设置界面。可以针对每个管脚、每个元件甚至整个 PCB 板设置扇出形式。

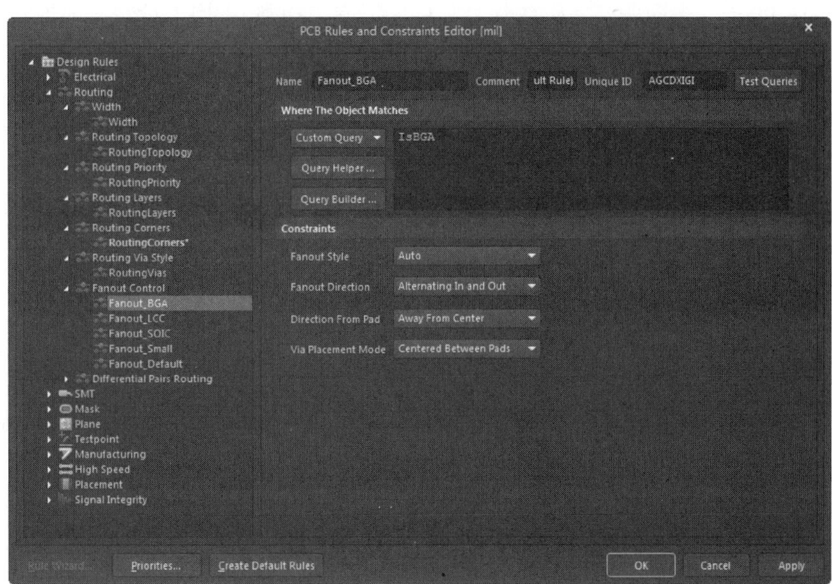

图 9-15　Fanout Control 设置界面

（8）Differential Pairs Routing（差分对布线规则）：用于设置走线对形式，如图 9-16 所示为该规则的设置界面。

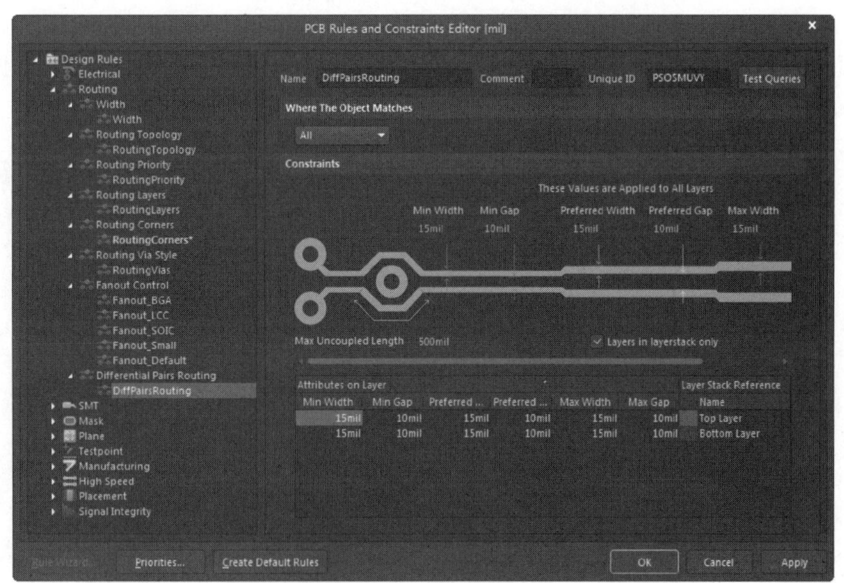

图 9-16　Differential Pairs Routing 设置界面

3.“SMT（表贴封装规则）”类设置

该类规则主要用于设置表面安装型元件的走线规则，其中包括以下 3 种设计规则。

（1）SMD To Corner（表面安装元件的焊盘与导线拐角处最小间距规则）：用于设置表面安装元件的焊盘出现走线拐角时，拐角和焊盘之间的距离，如图 9-17（a）所示。通常，走线时引入拐角会导致电信号的反射，引起信号之间的串扰，因此需要限制从焊盘引出的信号传输线至拐角的距离，以减

小信号串扰。可以针对每个焊盘、每个网络甚至整个 PCB 设置拐角和焊盘之间的距离，默认间距为 0mil。

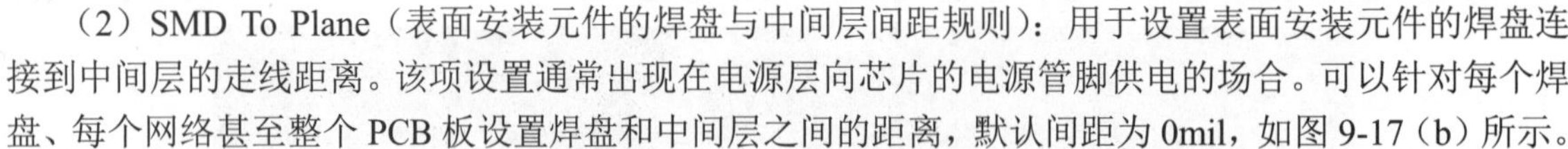

（2）SMD To Plane（表面安装元件的焊盘与中间层间距规则）：用于设置表面安装元件的焊盘连接到中间层的走线距离。该项设置通常出现在电源层向芯片的电源管脚供电的场合。可以针对每个焊盘、每个网络甚至整个 PCB 板设置焊盘和中间层之间的距离，默认间距为 0mil，如图 9-17（b）所示。

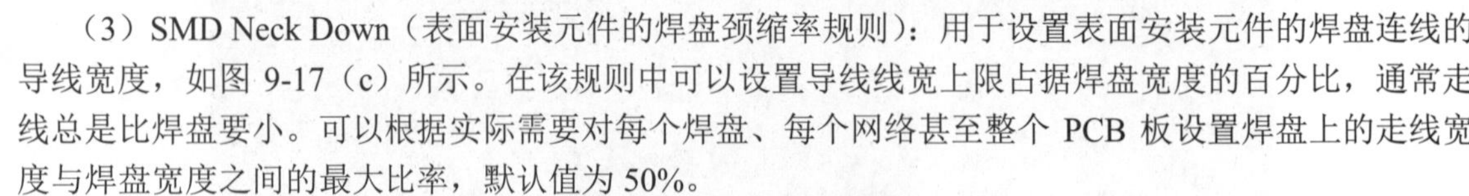

（3）SMD Neck Down（表面安装元件的焊盘颈缩率规则）：用于设置表面安装元件的焊盘连线的导线宽度，如图 9-17（c）所示。在该规则中可以设置导线线宽上限占据焊盘宽度的百分比，通常走线总是比焊盘要小。可以根据实际需要对每个焊盘、每个网络甚至整个 PCB 板设置焊盘上的走线宽度与焊盘宽度之间的最大比率，默认值为 50%。

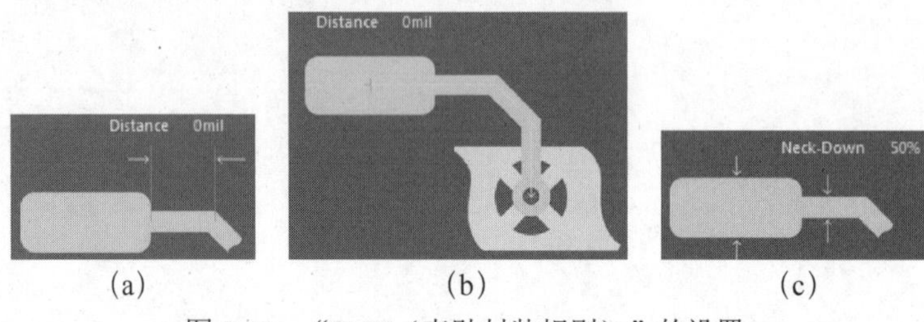

(a) (b) (c)

图 9-17 “SMT（表贴封装规则）”的设置

4. “Mask（阻焊规则）”类设置

该类规则主要用于设置阻焊剂铺设的尺寸，主要用在 Output Generation（输出阶段）进程中。系统提供了 Top Paster（顶层锡膏防护层）、Bottom Paster（底层锡膏防护层）、Top Solder（顶层阻焊层）和 Bottom Solder（底层阻焊层）4 个阻焊层，其中包括以下两种设计规则。

（1）Solder Mask Expansion（阻焊层和焊盘之间的间距规则）：通常，为了焊接的方便，阻焊剂铺设范围与焊盘之间需要预留一定的空间。如图 9-18 所示为该规则的设置界面。可以根据实际需要对每个焊盘、每个网络甚至整个 PCB 板设置该间距，默认距离为 4mil。

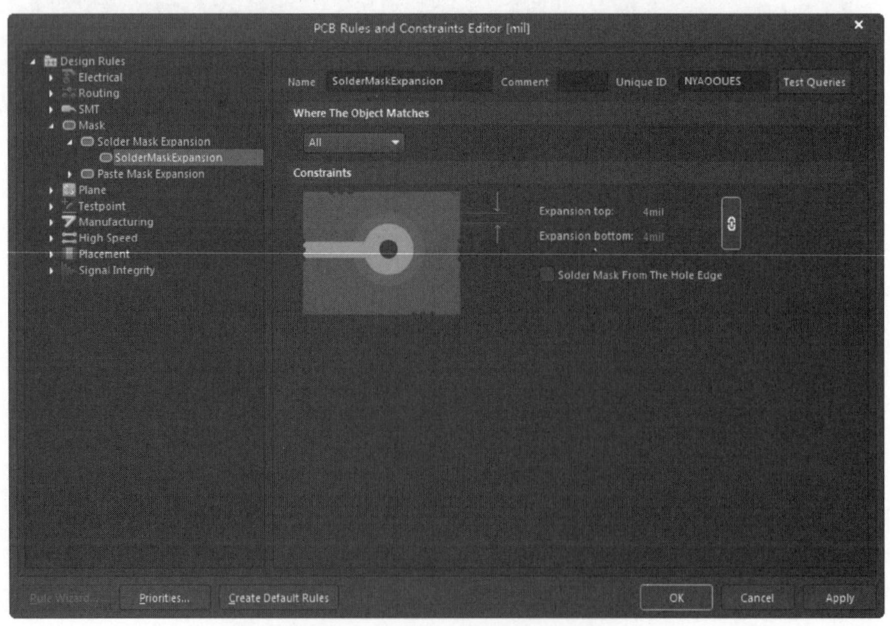

图 9-18 Solder Mask Expansion 设置界面

（2）Paste Mask Expansion（锡膏防护层与焊盘之间的间距规则）：如图 9-19 所示为该规则的设置界面。可以根据实际需要对每个焊盘、每个网络甚至整个 PCB 设置该间距，默认距离为 0mil。

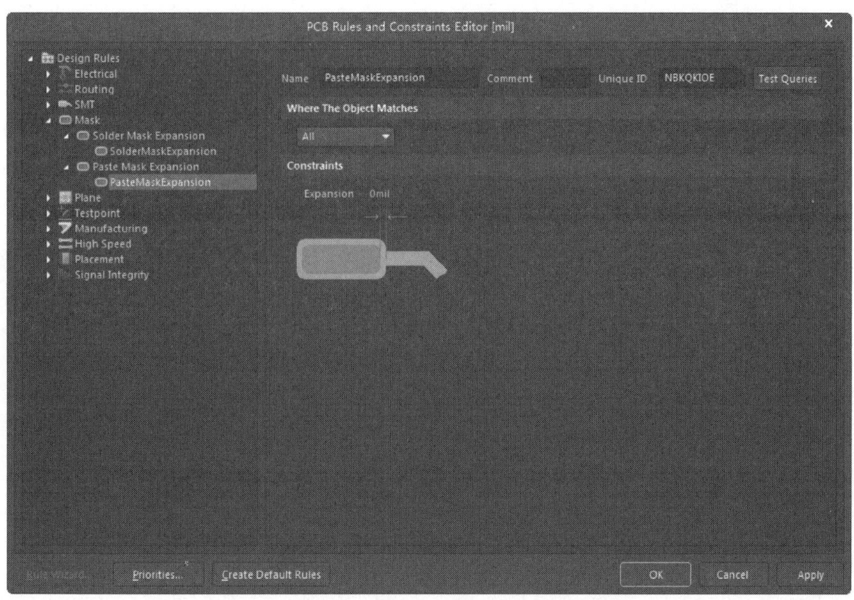

图 9-19　Paste Mask Expansion 设置界面

阻焊层规则也可以在焊盘的属性对话框中进行设置，可以针对不同的焊盘进行单独的设置。在属性对话框中，用户可以选择遵循设计规则中的设置，也可以忽略规则中的设置而采用自定义设置。

5. "Plane（中间层布线规则）"类设置

该类规则主要用于设置中间电源层布线相关的走线规则，其中包括以下 3 种设计规则。

（1）Power Plane Connect Style（电源层连接类型规则）：用于设置电源层的连接形式，如图 9-20 所示为该规则的设置界面，在该界面中可以设置中间层的连接形式和各种连接形式的参数。

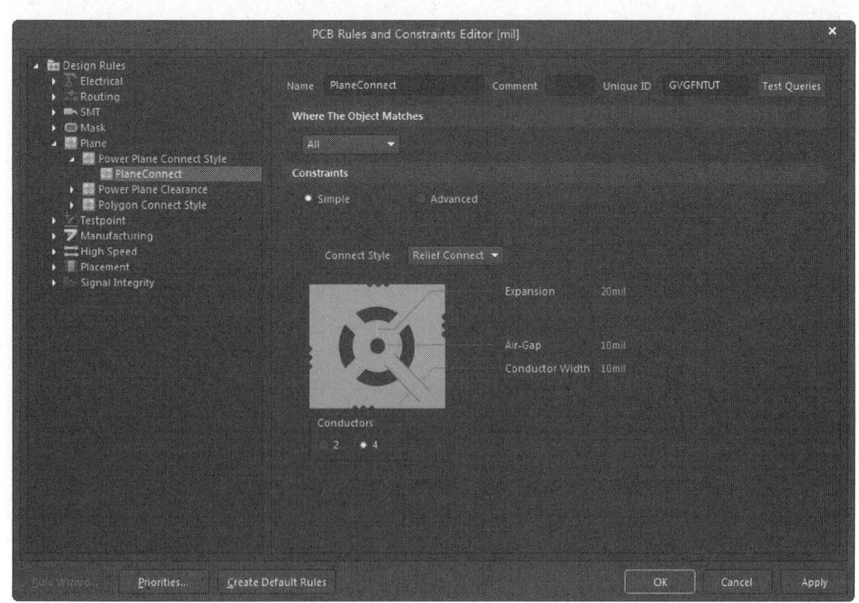

图 9-20　Power Plane Connect Style 设置界面

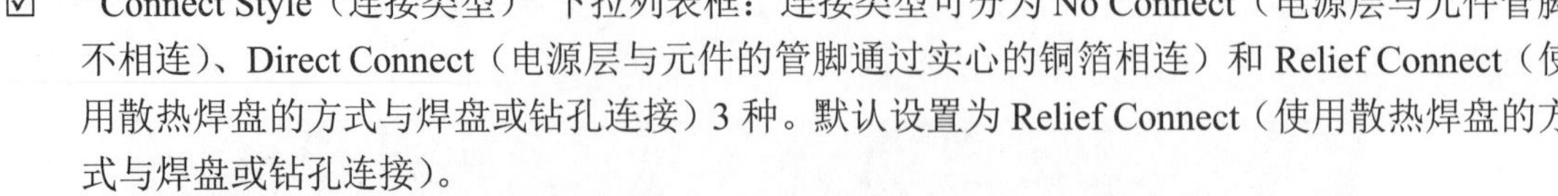

Note

☑ “Connect Style（连接类型）”下拉列表框：连接类型可分为 No Connect（电源层与元件管脚不相连）、Direct Connect（电源层与元件的管脚通过实心的铜箔相连）和 Relief Connect（使用散热焊盘的方式与焊盘或钻孔连接）3 种。默认设置为 Relief Connect（使用散热焊盘的方式与焊盘或钻孔连接）。

☑ “Conductors（导体）”选项组：散热焊盘组成导体的数目，默认值为 4。

☑ “Conductor Width（导体宽度）”选项：散热焊盘组成导体的宽度，默认值为 10mil。

☑ “Air-Gap（空气隙）”选项：散热焊盘钻孔与导体之间的空气间隙宽度，默认值为 10mil。

☑ “Expansion（扩张）”选项：钻孔的边缘与散热导体之间的距离，默认值为 20mil。

（2）Power Plane Clearance（电源层安全间距规则）：用于设置通孔通过电源层时的间距，如图 9-21 所示为该规则的设置示意图，在该示意图中可以设置中间层的连接形式和各种连接形式的参数。通常电源层将占据整个中间层，因此在有通孔（通孔焊盘或者过孔）通过电源层时需要一定的间距。考虑到电源层的电流比较大，这里的间距设置也较大。

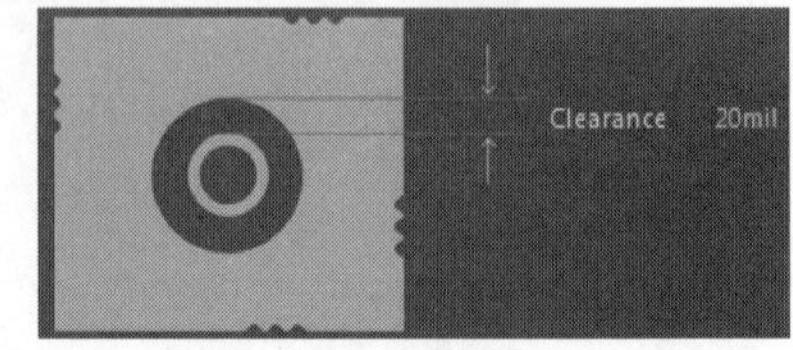

图 9-21　设置电源层安全间距规则

（3）Polygon Connect Style（焊盘与多边形铺铜区域的连接类型规则）：用于描述元件管脚焊盘与多边形铺铜之间的连接类型，如图 9-22 所示为该规则的设置界面。

☑ “Connect Style（连接类型）”下拉列表框：连接类型可分为 No Connect（铺铜与焊盘不相连）、Direct Connect（铺铜与焊盘通过实心的铜箔相连）和 Relief Connect（使用散热焊盘的方式与焊盘或孔连接）3 种。默认设置为 Relief Connect（使用散热焊盘的方式与焊盘或钻孔连接）。

☑ “Conductors（导体）”选项组：散热焊盘组成导体的数目，默认值为 4。

☑ “Conductor Width（导体宽度）”选项：散热焊盘组成导体的宽度，默认值为 10mil。

☑ “Angle（角度）”选项：散热焊盘组成导体的角度，默认值为 90°。

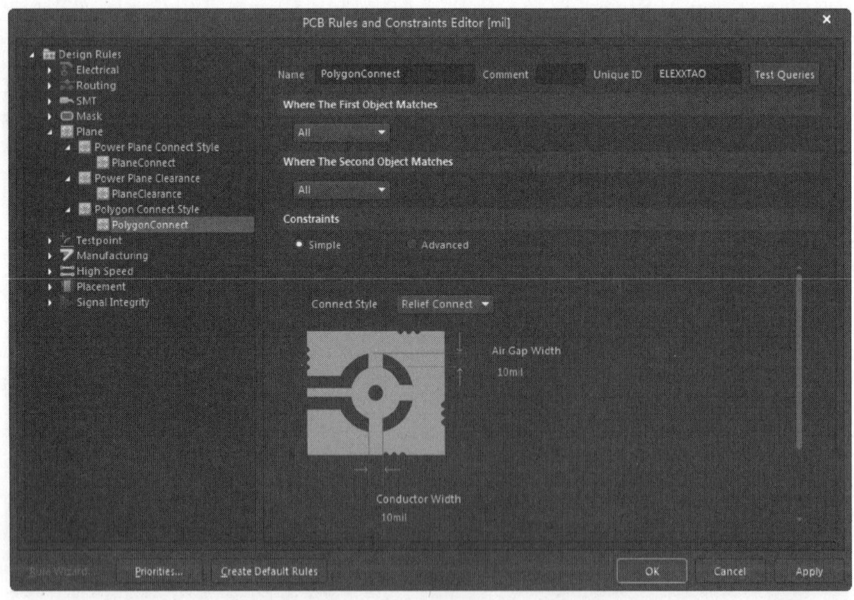

图 9-22　Polygon Connect Style 设置界面

6.“Testpoint（测试点规则）”类设置

该类规则主要用于设置测试点布线规则，其中包括以下两种设计规则。

（1）Fabrication Testpoint Style（装配测试点规则）：用于设置测试点的形式，如图 9-23 所示为该规则的设置界面，在其中可以设置测试点的形式和各种参数。为了方便电路板的调试，在 PCB 板上引入了测试点。测试点连接在某个网络上，形式和过孔类似，在调试过程中可以通过测试点引出电路板上的信号，可以设置测试点的尺寸以及是否允许在元件底部生成测试点等各项选项。

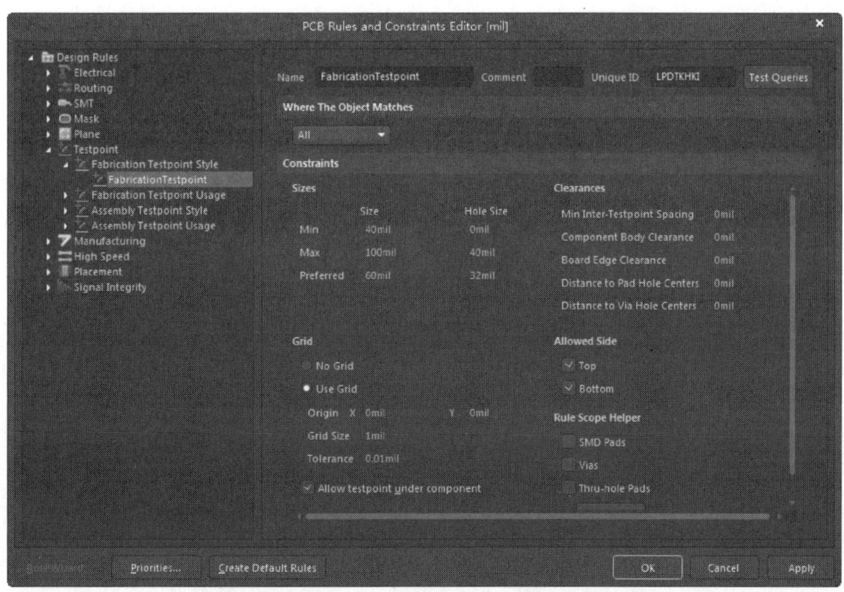

图 9-23　Fabrication Testpoint Style 设置界面

该项规则主要用在自动布线器、在线 DRC 和批处理 DRC、Output Generation（输出阶段）等系统功能模块中，其中在线 DRC 和批处理 DRC 检测该规则中除了首选尺寸和首选钻孔尺寸外的所有属性。自动布线器使用首选尺寸和首选钻孔尺寸属性来定义测试点焊盘的大小。

（2）Fabrication Testpoint Usage（装配测试点使用规则）：用于设置测试点的使用参数，如图 9-24 所示为该规则的设置界面，在其中可以设置是否允许使用测试点和同一网络上是否允许使用多个测试点。

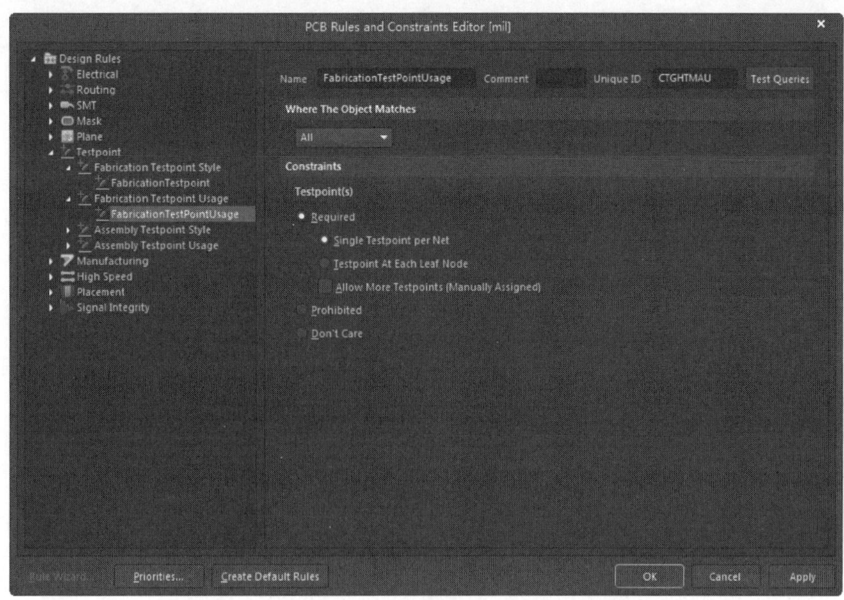

图 9-24　Fabrication Testpoint Usage 设置界面

☑ “Required（必需的）”单选按钮：每个目标网络都使用一个测试点。该项为默认设置。

☑ “Prohibited（阻止）”单选按钮：所有网络都禁止使用测试点。

☑ “Don't Care（不用在意）”单选按钮：每个网络可以使用测试点，也可以不使用测试点。

☑ “Allow More Testpoints(Manually Assigned)（手动分配网络时中允许有多个测试点点）”复选框：选中该复选框后，系统将允许在一个网络上使用多个测试点。默认设置为取消对该复选框的选中。

Note

7. “Manufacturing（生产制造规则）”类设置

该类规则是根据PCB制作工艺来设置有关参数，主要用在在线DRC和批处理DRC执行过程中，其中包括以下几种设计规则。

（1）Minimum Annular Ring（最小环孔限制规则）：用于设置环状图元内外径间距下限，如图9-25所示为该规则的设置界面。在PCB设计时引入的环状图元（如过孔）中，如果内径和外径之间的差很小，在工艺上可能无法制作出来，此时的设计实际上无效。通过该项设置可以检查出所有工艺无法达到的环状物。默认值为10mil。

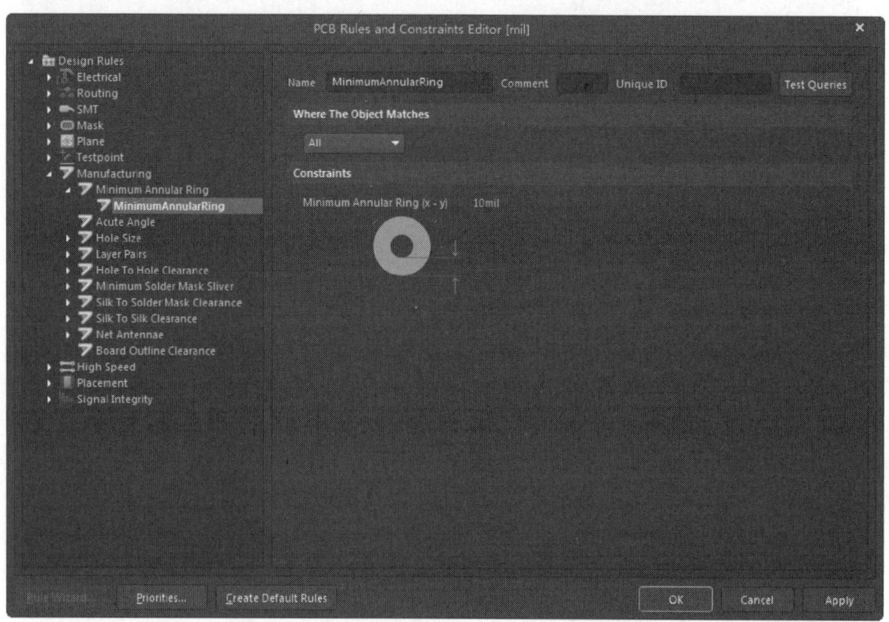

图9-25 Minimum Annular Ring 设置界面

（2）Acute Angle（锐角限制规则）：用于设置锐角走线角度限制，如图9-26所示为该规则的设置界面。在PCB设计时如果没有规定走线角度最小值，则可能出现拐角很小的走线，工艺上可能无法做到这样的拐角，此时的设计实际上无效。通过该项设置可以检查出所有工艺无法达到的锐角走线。默认值为90°。

（3）Hole Size（钻孔尺寸设计规则）：用于设置钻孔孔径的上限和下限，如图9-27所示为该规则的设置界面。与设置环状图元内外径间距下限类似，过小的钻孔孔径可能在工艺上无法制作，从而导致设计无效。通过设置通孔孔径的范围，可以防止PCB设计出现类似错误。

☑ “Measurement Method（度量方法）”选项：度量孔径尺寸的方法有Absolute（绝对值）和Percent（百分数）两种。默认设置为Absolute（绝对值）。

☑ “Minimum（最小值）”选项：设置孔径最小值。Absolute（绝对值）方式的默认值为1mil，Percent（百分数）方式的默认值为20%。

☑ “Maximum（最大值）”选项：设置孔径最大值。Absolute（绝对值）方式的默认值为100mil，Percent（百分数）方式的默认值为80%。

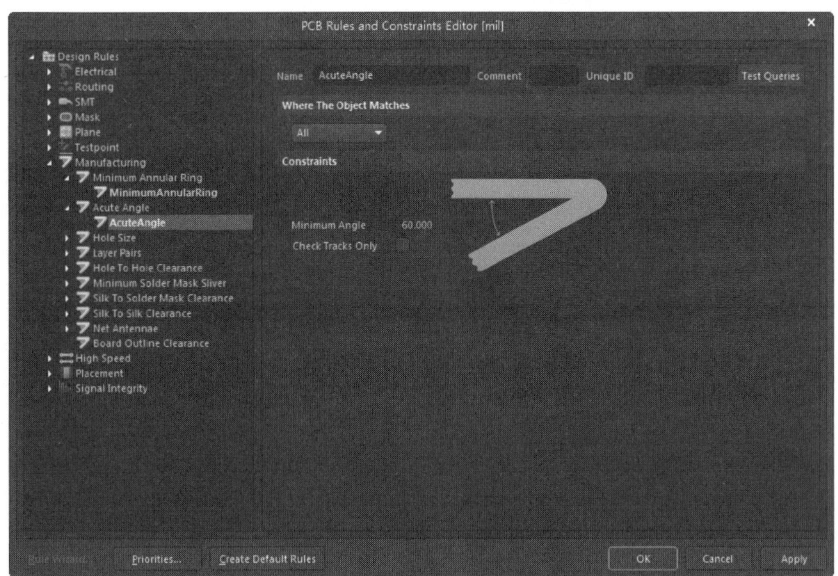

图 9-26　Acute Angle 设置界面

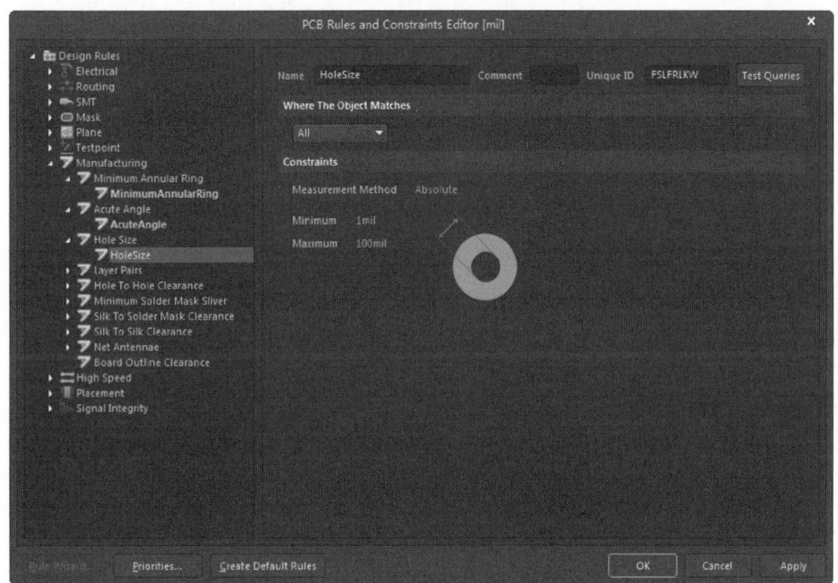

图 9-27　Hole Size 设置界面

（4）Layer Pairs（工作层对设计规则）：用于检查使用的 Layer-pairs（工作层对）是否与当前的 Drill-pairs（钻孔对）匹配。使用的 Layer-pairs（工作层对）是由板上的过孔和焊盘决定的，Layer-pairs（工作层对）是指一个网络的起始层和终止层。该项规则除了应用于在线 DRC 和批处理 DRC 外，还可以应用在交互式布线过程中。“Enforce layer pairs settings（强制执行工作层对规则检查设置）”复选框用于确定是否强制执行此项规则的检查。选中该复选框时，将始终执行该项规则的检查。

8. “High Speed（高速信号相关规则）”类设置

该类工作主要用于设置高速信号线布线规则，其中包括以下 7 种设计规则。

（1）Parallel Segment（平行导线段间距限制规则）：用于设置平行走线间距限制规则，如图 9-28 所示为该规则的设置界面。在 PCB 的高速设计中，为了保证信号传输正确，需要采用差分线对来传输信号，与单根线传输信号相比可以得到更好的效果。在该界面中可以设置差分线对的各项参数，包

Note

括差分线对的层、间距和长度等。

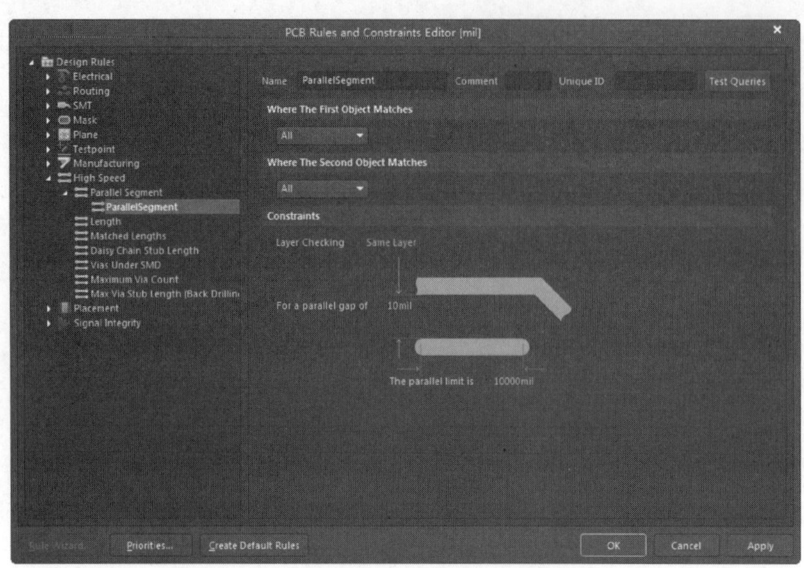

图 9-28　Parallel Segment 设置界面

☑ “Layer Checking（层检查）”选项：用于设置两段平行导线所在的工作层面属性，有 Same Layer（位于同一个工作层）和 Adjacent Layers（位于相邻的工作层）两种选择。默认设置为 Same Layer（位于同一个工作层）。

☑ “For a parallel gap of（平行线间的间隙）”选项：用于设置两段平行导线之间的距离。默认设置为 10mil。

☑ “The parallel limit is（平行线的限制）”选项：用于设置平行导线的最大允许长度（在使用平行走线间距规则时）。默认设置为 10000mil。

（2）Length（网络长度限制规则）：用于设置传输高速信号导线的长度，如图 9-29 所示为该规则的设置界面。在高速 PCB 设计中，为了保证阻抗匹配和信号质量，对走线长度也有一定的要求。在该界面中可以设置走线的下限和上限。

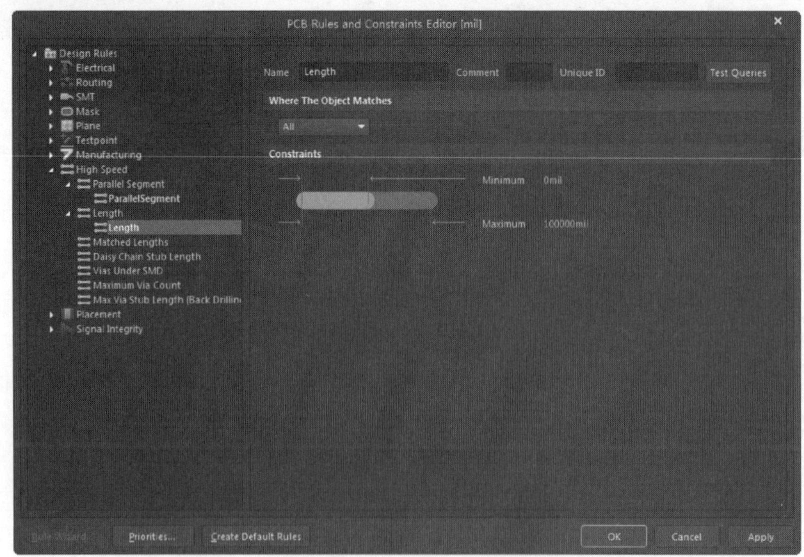

图 9-29　Length 设置界面

Note

（3）Matched Lengths（匹配网络传输导线的长度规则）：用于设置匹配网络传输导线的长度，如图 9-30 所示为该规则的设置界面。在高速 PCB 设计中通常需要对部分网络的导线进行匹配布线，在该界面中可以设置匹配走线的各项参数。

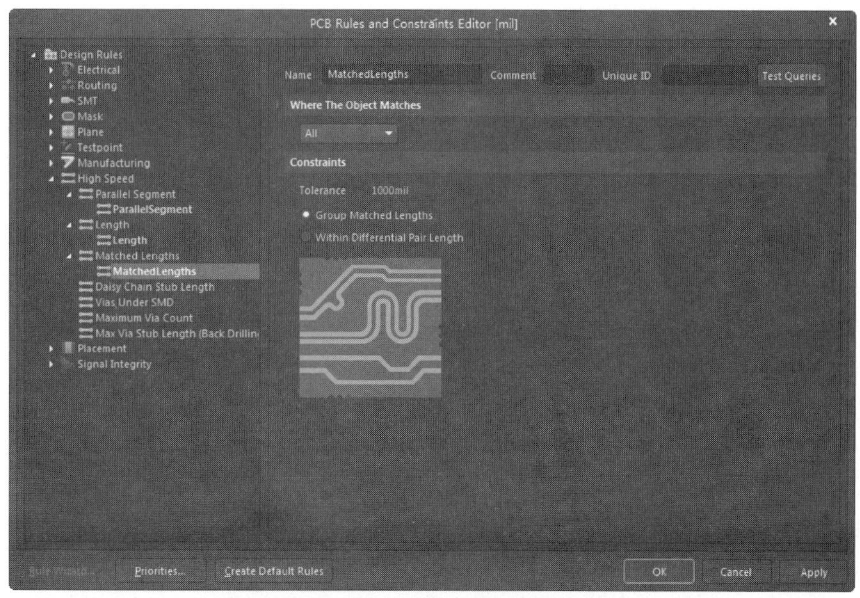

图 9-30　Matched Lengths 设置界面

☑　“Tolerance（公差）”文本框：在高频电路设计中要考虑到传输线的长度问题，传输线太短将产生串扰等传输线效应。该项规则定义了一个传输线长度值，将设计中的走线与此长度进行比较，当出现小于此长度的走线时，执行“工具”→“Equalize Net Lengths（延长网络走线长度）”命令，系统将自动延长走线的长度以满足此处的设置需求。默认设置为 1000mil。

☑　“Style（类型）”选项：可选择的类型有 90 Degrees（90°，为默认设置）、45 Degrees（45°）和 Rounded（圆形）3 种。其中，90 Degrees（90°）类型可添加的走线容量最大，45 Degrees（45°）类型可添加的走线容量最小。

☑　“Gap（间隙）”选项：如图 9-31 所示，默认值为 20mil。

☑　“Amplitude（振幅）”选项：用于定义添加走线的摆动幅度值。默认值为 200mil。

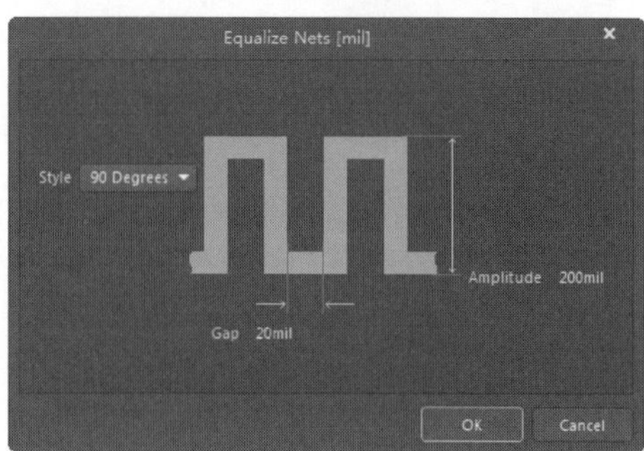

图 9-31　“Gap（间隙）”选项

（4）Daisy Chain Stub Length（菊花状布线主干导线长度限制规则）：用于设置 90° 拐角和焊盘的距离，如图 9-32 所示为该规则的设置示意图。在高速 PCB 设计中，通常情况下为了减少信号的反射是不允许出现 90° 拐角的，在必须有 90° 拐角的场合中将引入焊盘和拐角之间距离的限制。

Note

（5）Vias Under SMD（SMD 焊盘下过孔限制规则）：用于设置表面安装元件焊盘下是否允许出现过孔，如图 9-33 所示为该规则的设置示意图。在 PCB 中需要尽量减少表面安装元件焊盘中引入过孔，在特殊情况下（如中间电源层通过过孔向电源管脚供电）可以引入过孔。

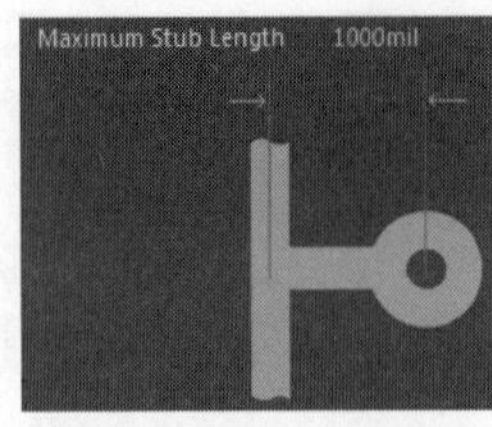

图 9-32　设置菊花状布线主干导线长度限制规则

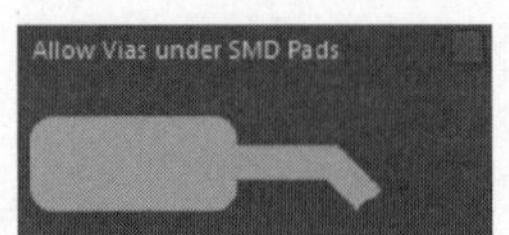

图 9-33　设置 SMD 焊盘下过孔限制规则

（6）Maximum Via Count（最大过孔数量限制规则）：用于设置布线时过孔数量的上限。默认设置为 1000。

（7）Max Via Stub Length(Back Drilling)（最大过孔长度）：用于设置布线时背面钻孔的最大过孔长度。最大值设置为 15mil。

9. “Placement（元件放置规则）”类设置

该类规则用于设置元件布局的规则。在布线时可以引入元件的布局规则，这些规则一般只在对元件布局有严格要求的场合中使用。前面章节已经有详细介绍，这里不再赘述。

10. “Signal Integrity（信号完整性规则）”类设置

该类规则用于设置信号完整性所涉及的各项要求，如对信号上升沿、下降沿等的要求。这里的设置会影响到电路的信号完整性仿真，下面对其进行简单介绍。

☑ Signal Stimulus（激励信号规则）：如图 9-34 所示为该规则的设置示意图。激励信号的类型有 Constant Level（直流）、Single Pulse（单脉冲信号）和 Periodic Pulse（周期性脉冲信号）3 种。还可以设置激励信号初始电平（低电平或高电平）、开始时间、终止时间和周期等。

☑ Overshoot-Falling Edge（信号下降沿的过冲约束规则）：如图 9-35 所示为该项设置示意图。

☑ Overshoot- Rising Edge（信号上升沿的过冲约束规则）：如图 9-36 所示为该项设置示意图。

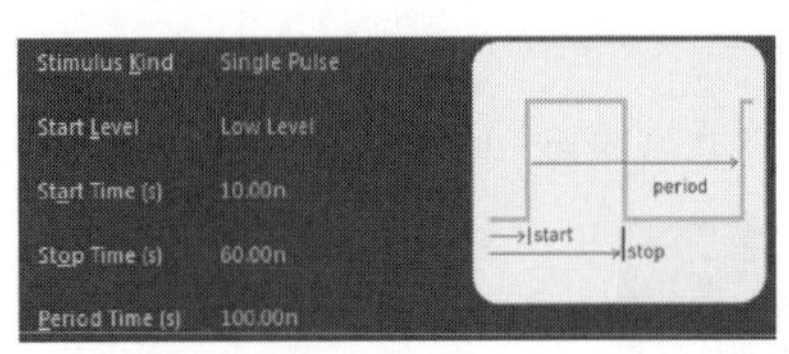

图 9-34　激励信号规则

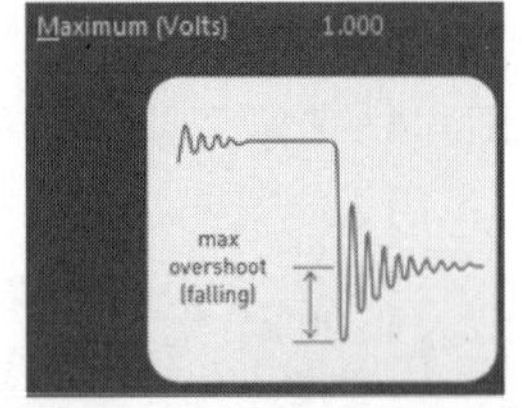

图 9-35　下降沿过冲约束规则

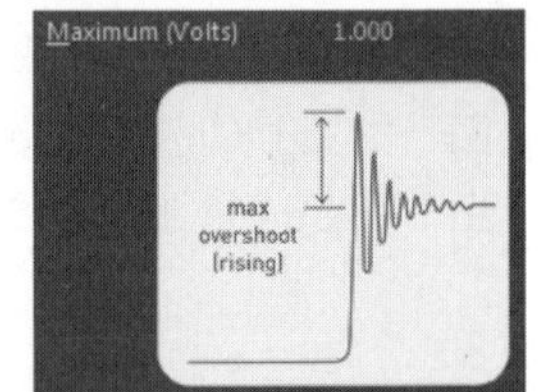

图 9-36　上升沿过冲约束规则

☑ Undershoot-Falling Edge（信号下降沿的反冲约束规则）：如图 9-37 所示为该项设置示意图。

☑ Undershoot-Rising Edge（信号上升沿的反冲约束规则）：如图 9-38 所示为该项设置示意图。

☑ Impedance（阻抗约束规则）：如图 9-39 所示为该规则的设置示意图。

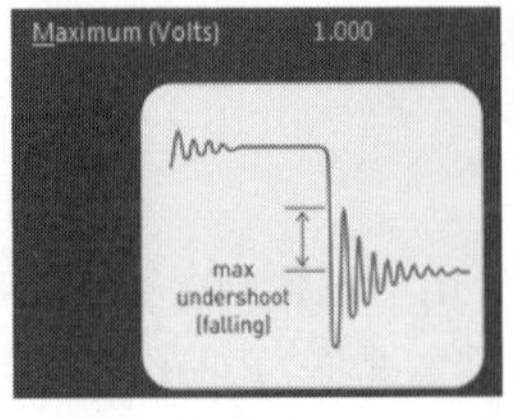

图 9-37　信号下降沿的反冲约束规则

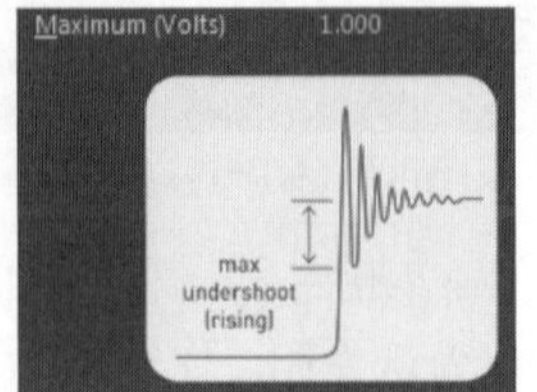

图 9-38　信号上升沿的反冲约束规则

图 9-39　阻抗约束规则

☑ Signal Top Value（信号高电平约束规则）：用于设置高电平最小值。如图 9-40 所示为该项设置示意图。

☑ Signal Base Value（信号基准约束规则）：用于设置低电平最大值。如图 9-41 所示为该项设置示意图。

☑ Flight Time-Rising Edge（上升沿的上升时间约束规则）：如图 9-42 所示为该规则设置示意图。

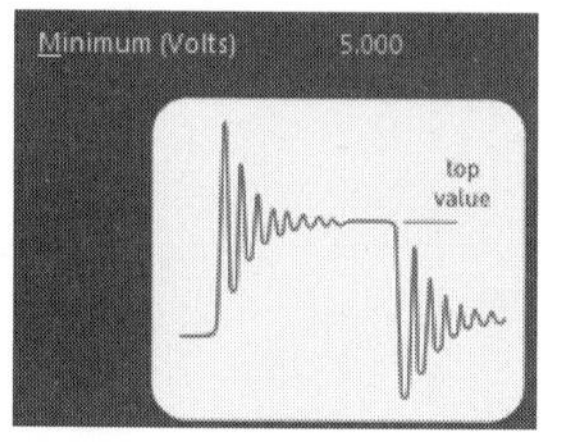

图 9-40 信号高电平约束规则

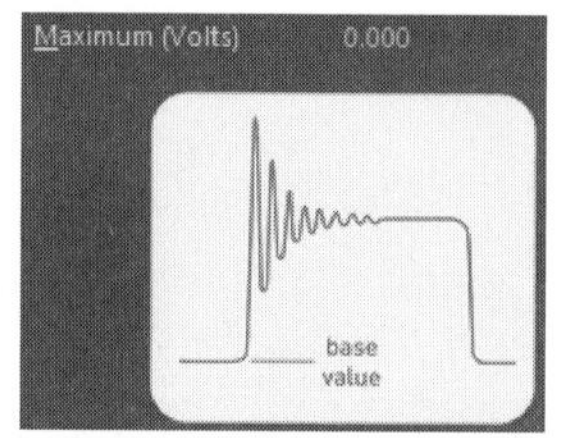

图 9-41 信号基准约束规则

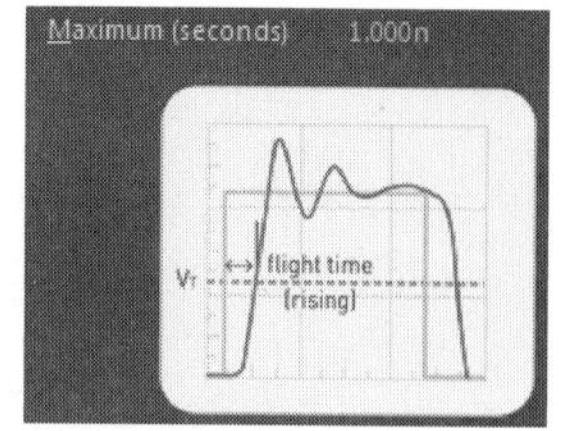

图 9-42 上升沿的上升时间约束规则

☑ Flight Time-Falling Edge（下降沿的下降时间约束规则）：如图 9-43 所示为该规则设置示意图。

☑ Slope-Rising Edge（上升沿斜率约束规则）：如图 9-44 所示为该规则的设置示意图。

☑ Slope-Falling Edge（下降沿斜率约束规则）：如图 9-45 所示为该规则的设置示意图。

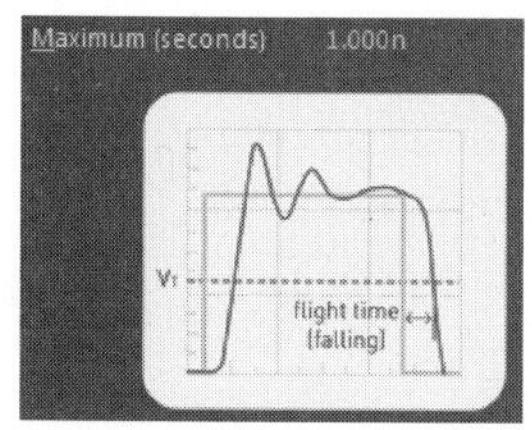

图 9-43 下降沿的下降时间约束规则

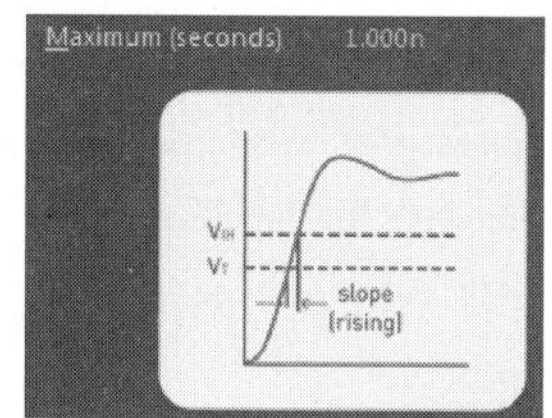

图 9-44 上升沿斜率约束规则

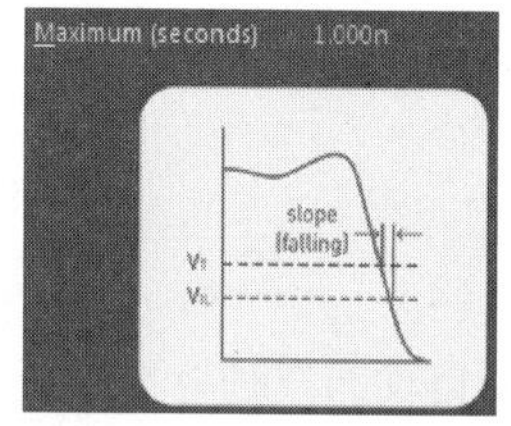

图 9-45 下降沿斜率约束规则

☑ Supply Nets：用于提供网络约束规则。

从以上对 PCB 布线规则的说明可知，Altium Designer 18 对 PCB 布线做了全面规定。这些规定只有一部分运用在元件的自动布线中，而所有规则将运用在 PCB 的 DRC 检测中。在对 PCB 手动布线时可能会违反设定的 DRC 规则，在对 PCB 板进行 DRC 检测时将检测出所有违反这些规则的地方。

9.1.2 设置 PCB 自动布线的策略

设置 PCB 自动布线策略的操作步骤如下。

（1）执行“布线”→“自动布线”→“设置”命令，系统将弹出如图 9-46 所示的“Situs Routing Strategies（布线位置策略）”对话框。在该对话框中可以设置自动布线策略。布线策略是指印制电路板自动布线时所采取的策略，如探索式布线、迷宫式布线、推挤式拓扑布线等。其中，自动布线的布通率依赖于良好的布局。

（2）在“Situs Routing Strategies（布线位置策略）”对话框中列出了默认的 5 种自动布线策略，功能分别如下。对默认的布线策略不允许进行编辑和删除操作。

☑ Cleanup（清除）：用于清除策略。

☑ Default 2 Layer Board（默认双面板）：用于默认的双面板布线策略。

☑ Default 2 Layer With Edge Connectors（默认具有边缘连接器的双面板）：用于默认的具有边缘连接器的双面板布线策略。

☑ Default Multi Layer Board（默认多层板）：用于默认的多层板布线策略。

☑ Via Miser（少用过孔）：用于在多层板中尽量减少使用过孔策略。

Note

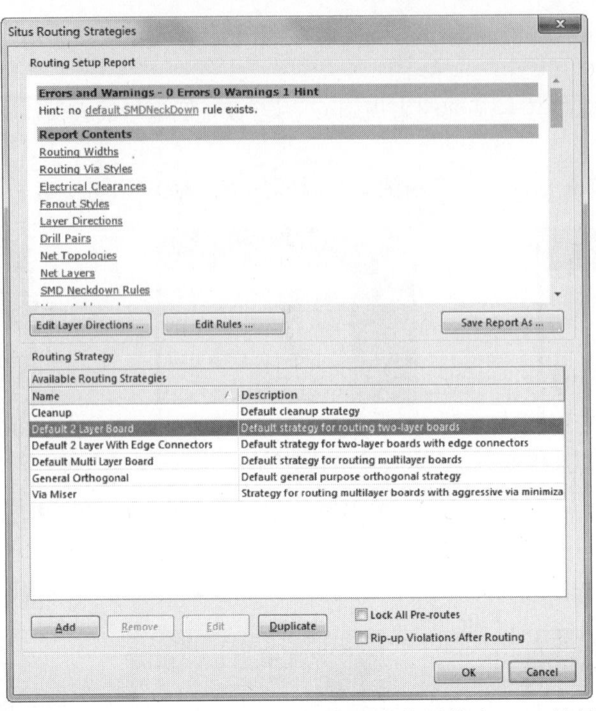

图 9-46 “Situs Routing Strategies（布线位置策略）”对话框

（3）选中“Lock All Pre-routes（锁定所有先前的布线）”复选框后，之前的所有布线将被锁定，重新自动布线时将不改变这部分的布线。

（4）单击“Add（添加）”按钮，系统将弹出如图 9-47 所示的“Situs Strategy Editor（位置策略编辑器）”对话框。在该对话框中可以添加新的布线策略。

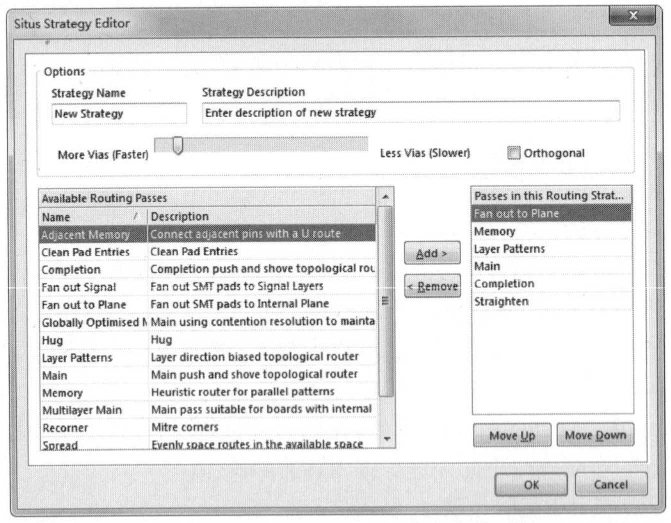

图 9-47 “Situs Strategy Editor（位置策略编辑器）”对话框

（5）在“Strategy Name（策略名称）”文本框中输入添加的新建布线策略的名称，在“Strategy Description（策略描述）”文本框中输入对该布线策略的描述。可以通过拖动文本框下面的滑块来改变此布线策略允许的过孔数目，过孔数目越多，自动布线越快。

（6）选择左边的 PCB 布线策略列表框中的一项，然后单击“Add（添加）”按钮，此布线策略将被

添加到右侧当前的 PCB 布线策略列表框中，作为新创建的布线策略中的一项。如果想要删除右侧列表框中的某一项，则选择该项后单击“Remove（移除）”按钮即可删除。单击“Move Up（上移）”按钮或“Move Down（下移）”按钮可以改变各个布线策略的优先级，位于最上方的布线策略优先级最高。

Altium Designer 18 布线策略列表框中主要有以下几种布线方式。

☑ “Adjacent Memory（相邻的存储器）”布线方式：U 形走线的布线方式。采用这种布线方式时，自动布线器对同一网络中相邻的元件管脚采用 U 形走线方式。

☑ “Clean Pad Entries（清除焊盘走线）”布线方式：清除焊盘冗余走线。采用这种布线方式可以优化 PCB 的自动布线，清除焊盘上多余的走线。

☑ “Completion（完成）”布线方式：竞争的推挤式拓扑布线。采用这种布线方式时，布线器对布线进行推挤操作，以避开不在同一网络中的过孔和焊盘。

☑ “Fan out Signal（扇出信号）”布线方式：表面安装元件的焊盘采用扇出形式连接到信号层。当表面安装元件的焊盘布线跨越不同的工作层时，采用这种布线方式可以先从该焊盘引出一段导线，然后通过过孔与其他的工作层连接。

☑ “Fan out to Plane（扇出平面）”布线方式：表面安装元件的焊盘采用扇出形式连接到电源层和接地网络中。

☑ “Globally Optimized Main（全局主要的最优化）”布线方式：全局最优化拓扑布线方式。

☑ “Hug（环绕）”布线方式：采用这种布线方式时，自动布线器将采取环绕的布线方式。

☑ “Layer Patterns（层样式）”布线方式：采用这种布线方式将决定同一工作层中的布线是否采用布线拓扑结构进行自动布线。

☑ “Main（主要的）”布线方式：主推挤式拓扑驱动布线。采用这种布线方式时，自动布线器对布线进行推挤操作，以避开不在同一网络中的过孔和焊盘。

☑ “Memory（存储器）”布线方式：启发式并行模式布线。采用这种布线方式将对存储器元件上的走线方式进行最佳的评估。对地址线和数据线一般采用有规律的并行走线方式。

☑ “Multilayer Main（主要的多层）”布线方式：多层板拓扑驱动布线方式。

☑ “Spread（伸展）”布线方式：采用这种布线方式时，自动布线器自动使位于两个焊盘之间的走线处于正中间的位置。

☑ “Straighten（伸直）”布线方式：采用这种布线方式时，自动布线器在布线时将尽量走直线。

（7）单击“Situs Routing Strategies（布线位置策略）”对话框中的“Edit Rules（编辑规则）”按钮，对布线规则进行设置。

（8）布线策略设置完毕后单击“OK（确定）”按钮。

9.1.3 电路板自动布线的操作过程

布线规则和布线策略设置完毕后，用户即可进行自动布线操作。自动布线操作主要通过“自动布线”菜单进行。用户不仅可以进行整体布局，也可以对指定的区域、网络及元件进行单独的布线。

1.“全部”命令

该命令用于为全局自动布线，其操作步骤如下。

（1）执行“布线”→“自动布线”→“全部”命令，系统将弹出“Situs Routing Strategies（布线位置策略）”对话框。在该对话框中可以设置自动布线策略。

（2）选择一项布线策略，然后单击“Route All（布线所有）”按钮即可进入自动布线状态。这里选择系统默认的“Default 2 Layer Board（默认双面板）”策略。布线过程中将自动弹出“Messages（信息）”面板，提供自动布线的状态信息，如图 9-48 所示。由最后一条提示信息可知，此次自动布线全部布通。

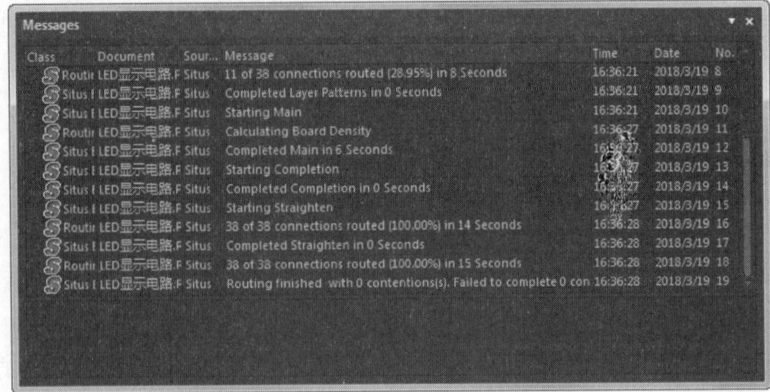

图 9-48　Messages 面板

（3）全局布线后的 PCB 图如图 9-49 所示。

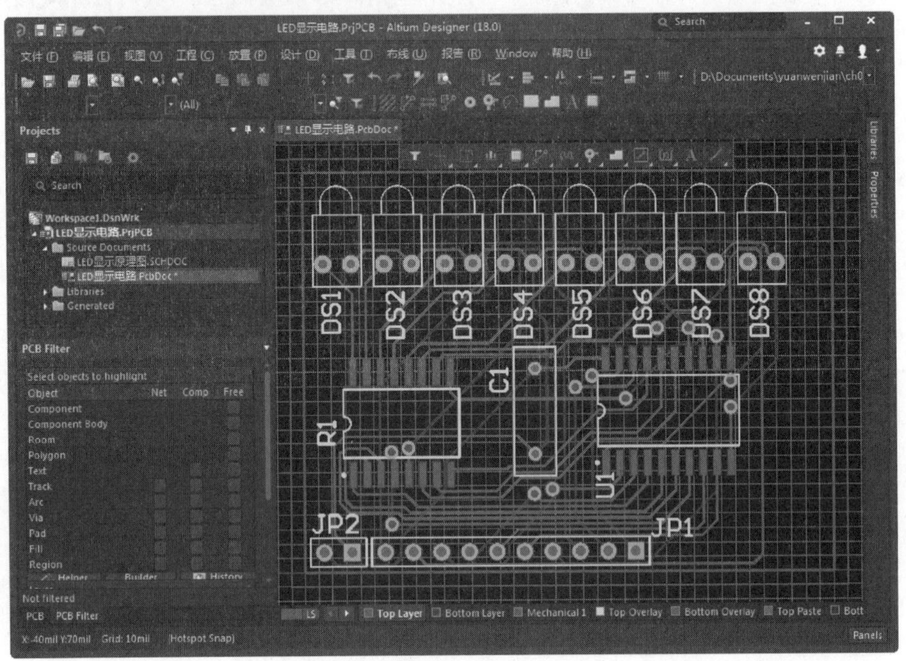

图 9-49　全局布线后的 PCB 图

当器件排列比较密集或者布线规则设置过于严格时，自动布线可能不会完全布通。即使完全布通的 PCB 电路板仍会有部分网络走线不合理，如绕线过多、走线过长等，此时就需要进行手动调整。

2.“网络”命令

该命令用于为指定的网络自动布线，其操作步骤如下。

（1）在规则设置中对该网络布线的线宽进行合理的设置。

（2）执行“布线”→“自动布线”→“网络”命令，此时光标将变成十字形。移动光标到该网络上的任何一个电气连接点（飞线或焊盘处），这里选 C1 管脚 1 的焊盘处。单击，此时系统将自动对该网络进行布线。

（3）此时，光标仍处于布线状态，可以继续对其他的网络进行布线。

（4）右击或者按 Esc 键即可退出该操作。

3.“网络类”命令

该命令用于为指定的网络类自动布线，其操作步骤如下。

（1）“网络类”是多个网络的集合，可以在“Object Class Explorer（对象类浏览器）”对话框中对其进行编辑管理。执行“设计”→“类”命令，系统将弹出如图9-50所示的“Object Class Explorer（对象类浏览器）”对话框。

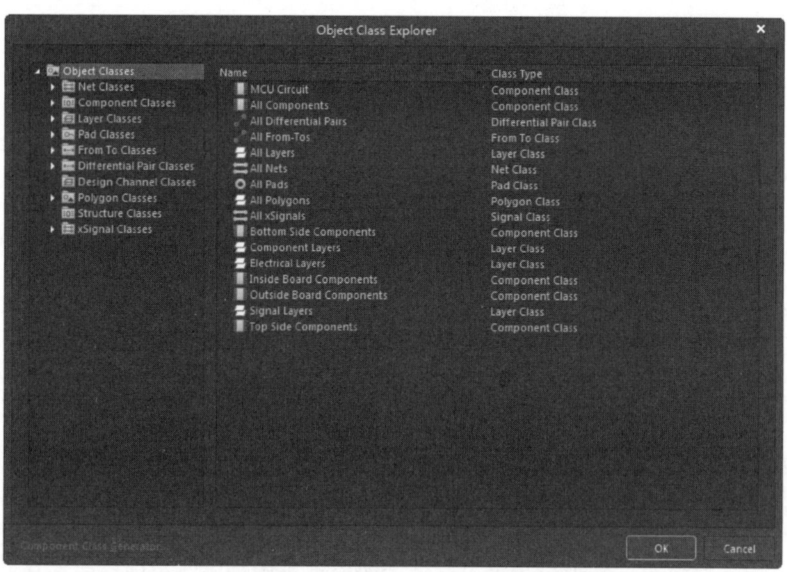

图9-50 “Object Class Explorer（对象类浏览器）”对话框

（2）系统默认存在的网络类为“所有网络”，不能进行编辑修改。用户可以自行定义新的网络类，将不同的相关网络加入某一个定义好的网络类中。

（3）执行“布线”→“自动布线”→“网络类”命令后，如果当前文件中没有自定义的网络类，系统会弹出提示框提示未找到网络类，否则系统会弹出“Choose Objects Class（选择对象类）”对话框，列出当前文件中具有的网络类。在列表中选择要布线的网络类，系统即将该网络类内的所有网络自动布线。

（4）在自动布线过程中，所有布线器的信息和布线状态、结果会在“Messages（信息）”面板中显示出来。

（5）右击或者按Esc键即可退出该操作。

4. “连接”命令

该命令用于为两个存在电气连接的焊盘进行自动布线，其操作步骤如下。

（1）如果对该段布线有特殊的线宽要求，则应该先在布线规则中对该段线宽进行设置。

（2）执行“布线”→“自动布线”→“连接”命令，此时光标将变成十字形。移动光标到工作窗口，单击某两点之间的飞线或其中的一个焊盘，然后选择两点之间的连接，此时系统将自动在这两点之间布线。

（3）此时，光标仍处于布线状态，可以继续对其他的连接进行布线。

（4）右击或者按Esc键即可退出该操作。

5. “区域”命令

该命令用于为完整包含在选定区域内的连接自动布线，其操作步骤如下。

（1）执行“布线”→“自动布线”→“区域”命令，此时光标将变成十字形。

（2）在工作窗口中单击确定矩形布线区域的一个顶点，然后移动光标到合适的位置，再次单击确定该矩形区域的对角顶点。此时，系统将自动对该矩形区域进行布线。

（3）此时，光标仍处于放置矩形状态，可以继续对其他区域进行布线。

（4）右击或者按Esc键即可退出该操作。

Note

6. “Room（空间）”命令

该命令用于为指定Room类型的空间内的连接自动布线，只适用于完全位于Room空间内部的连接，即Room边界线以内的连接，不包括压在边界线上的部分。选择该命令后，光标变为十字形，在PCB工作窗口中单击选取Room空间即可。

7. “元件”命令

该命令用于为指定元件的所有连接自动布线，其操作步骤如下。

（1）执行“布线”→“自动布线”→“元件”命令，此时光标将变成十字形。移动光标到工作窗口，单击某一个元件的焊盘，所有从选定元件的焊盘引出的连接都被自动布线。

（2）此时，光标仍处于布线状态，可以继续对其他元件进行布线。

（3）右击或者按Esc键即可退出该操作。

8. “器件类”命令

该命令用于为指定元件类内所有元件的连接自动布线，其操作步骤如下。

（1）“器件类”是多个元件的集合，可以在“Object Class Explorer（对象类浏览器）”对话框中对其进行编辑管理。执行“设计”→“类”命令，系统将弹出该对话框。

（2）系统默认存在的元件类为All Components（所有元件），不能进行编辑修改。用户可以使用元件类生成器自行建立元件类。另外，在放置Room空间时，包含在其中的元件也会自动生成一个元件类。

（3）执行“布线”→“自动布线”→“器件类”命令后，系统将弹出“Select Objects Class（选择对象类）”对话框。在该对话框中包含当前文件中的元件类别列表。在列表中选择要布线的元件类，系统即将该元件类内所有元件的连接自动布线。

（4）右击或者按Esc键即可退出该操作。

9. “选中对象的连接”命令

该命令用于为所选元件的所有连接自动布线。选择该命令之前，要先选中需布线的元件。

10. “选择对象之间的连接”命令

该命令用于为所选元件之间的连接自动布线。选择该命令之前，要先选中需布线的元件。

11. “扇出”命令

在PCB编辑器中，执行“布线”→“扇出”命令，弹出的子菜单如图9-51所示。采用扇出布线方式可将焊盘连接到其他的网络中。其中各命令的功能分别介绍如下。

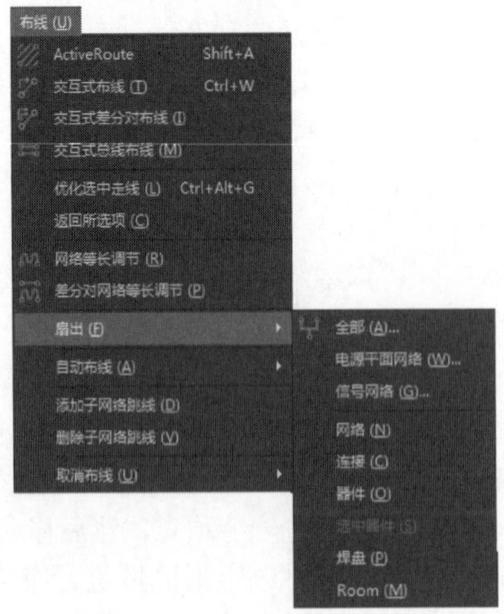

图9-51 “扇出”子菜单

Note

- ☑ 全部：用于对当前 PCB 设计内所有连接到中间电源层或信号层网络的表面安装元件执行扇出操作。
- ☑ 电源平面网络：用于对当前 PCB 设计内所有连接到电源层网络的表面安装元件执行扇出操作。
- ☑ 信号网络：用于对当前 PCB 设计内所有连接到信号层网络的表面安装元件执行扇出操作。
- ☑ 网络：用于为指定网络内的所有表面安装元件的焊盘执行扇出操作。选择该命令后，用十字光标点取指定网络内的焊盘，或者在空白处单击，在弹出的“网络选项”对话框中输入网络标号，系统即可自动为选定网络内的所有表面安装元件的焊盘执行扇出操作。
- ☑ 连接：用于为指定连接内的两个表面安装元件的焊盘执行扇出操作。选择该命令后，用十字光标点取指定连接内的焊盘或者飞线，系统即可自动为选定连接内的表贴焊盘执行扇出操作。
- ☑ 器件：用于为选定的表面安装元件执行扇出操作。选择该命令后，用十字光标点取特定的表贴元件，系统即可自动为选定元件的焊盘执行扇出操作。
- ☑ 选中器件：选择该命令前，先选中要执行扇出操作的元件。选择该命令后，系统自动为选定的元件执行扇出操作。
- ☑ 焊点：用于为指定的焊盘执行扇出操作。
- ☑ Room（空间）：用于为指定的 Room 类型空间内的所有表面安装元件执行扇出操作。选择该命令后，用十字光标点取指定的 Room 空间，系统即可自动为空间内的所有表面安装元件执行扇出操作。

9.2 电路板的手动布线

自动布线会出现一些不合理的布线情况，如有较多的绕线、走线不美观等。此时可以通过手动布线进行修正，对于元件网络较少的 PCB 板也可以完全采用手动布线。下面简单介绍手动布线的一些技巧。

对于手动布线，要靠用户自己规划元件布局和走线路径，而网格是用户在空间和尺寸度量过程中的重要依据。因此，合理地设置网格，会更加方便设计者规划布局和放置导线。用户在设计的不同阶段可根据需要随时调整网格的大小。例如，在元件布局阶段，可将捕捉网格设置得大一点，如 20mil；而在布线阶段捕捉网格要设置得小一点，如 5mil 甚至更小，尤其是在走线密集的区域，视图网格和捕捉网格都应该设置得小一些，以方便观察和走线。

手动布线的规则设置与自动布线前的规则设置基本相同，读者可参考前面章节的介绍，这里不再赘述。

9.2.1 拆除布线

在工作窗口中选中导线后，按 Delete 键即可删除导线，完成拆除布线的操作。但是这样的操作只能逐段地拆除布线，工作量比较大。可以通过“布线”菜单下“取消布线”子菜单中的命令来快速地拆除布线，如图 9-52 所示，其中各命令的功能和用法分别介绍如下。

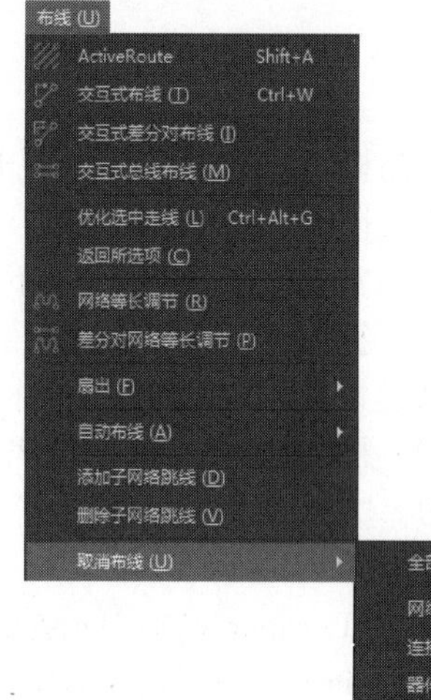

图 9-52 “取消布线”子菜单

- ☑ “全部”命令：用于拆除 PCB 板上的所有导线。执行“布线”→“取消布线”→“全部”命令，即可拆除 PCB 板上的所有导线。

Note

☑ “网络”命令：用于拆除某一个网络上的所有导线。执行“布线”→“取消布线”→“网络”命令，此时光标将变成十字形。移动光标到某根导线上，单击，该导线所属网络的所有导线将被删除，这样就完成了对某个网络的拆线操作。此时，光标仍处于拆除布线状态，可以继续拆除其他网络上的布线。右击或者按 Esc 键即可退出该操作。

☑ “连接”命令：用于拆除某个连接上的导线。执行“布线”→“取消布线”→“连接”命令，此时光标将变成十字形。移动光标到某根导线上，单击，该导线建立的连接将被删除，这样即完成了对该连接的拆除布线操作。此时，光标仍处于拆除布线状态，可以继续拆除其他连接上的布线。右击或者按 Esc 键即可退出该操作。

☑ “器件”命令：用于拆除某个元件上的导线。执行“布线”→“取消布线”→“器件”命令，此时光标将变成十字形。移动光标到某个元件上，单击，该元件所有管脚所在网络的所有导线将被删除，这样即完成了对该元件的拆除布线操作。此时，光标仍处于拆除布线状态，可以继续拆除其他元件上的布线。右击或者按 Esc 键即可退出该操作。

☑ “Room（空间）”命令：用于拆除某个 Room 区域内的导线。

9.2.2 手动布线

1. 手动布线的步骤

手动布线也将遵循自动布线时设置的规则，其操作步骤如下。

（1）执行“放置”→“走线”命令，此时光标将变成十字形。

（2）移动光标到元件的一个焊盘上，单击，放置布线的起点。

手动布线模式主要有任意角度、90° 拐角、90° 弧形拐角、45° 拐角和 45° 弧形拐角 5 种。按 Shift+Space 快捷键即可在 5 种模式间切换，按 Space 键可以在每一种的开始和结束两种模式间切换。

（3）多次单击确定多个不同的控点，完成两个焊盘之间的布线。

2. 手动布线中层的切换

在进行交互式布线时，按*键可以在不同的信号层之间切换，可以完成不同层之间的走线。在不同的层间进行走线时，系统将自动为其添加一个过孔。

不同层间的走线颜色则不同，可以在“视图配置”对话框中进行设置。

9.3 添加安装孔

电路板布线完成之后，可以开始着手添加安装孔。安装孔通常采用过孔形式，并和接地网络连接，以便于后期的调试工作。

添加安装孔的操作步骤如下。

（1）执行“放置”→“过孔”命令，或者单击“布线”工具栏中的（放置过孔）按钮，或按 P+V 快捷键，此时光标将变成十字形，并带有一个过孔图形。

（2）按 Tab 键，系统将弹出如图 9-53 所示的“Properties（属性）”面板。

☑ “Diameter（过孔外径）”选项：这里将过孔作为安装孔使用，因此过孔内径比较大，设置为 100mil。

☑ “Location（过孔的位置）”选项：这里的过孔外径设置为 50mil。

☑ “Properties（过孔的属性设置）”选项：这里的过孔作为安装孔使用，过孔的位置将根据需要确定。通常，安装孔放置在电路板的 4 个角上。

Note

(3) 设置完毕后按 Enter 键，即可放置一个过孔。

(4) 此时，光标仍处于放置过孔状态，可以继续放置其他的过孔。

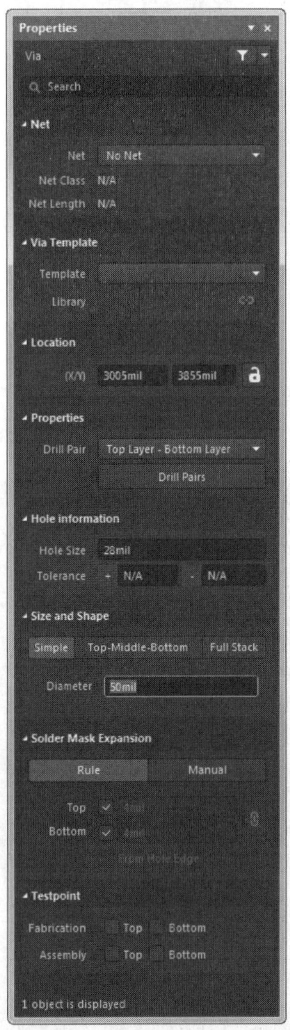

图 9-53 “Properties（属性）” 面板

(5) 右击或者按 Esc 键即可退出该操作。

如图 9-54 所示为放置完安装孔的电路板。

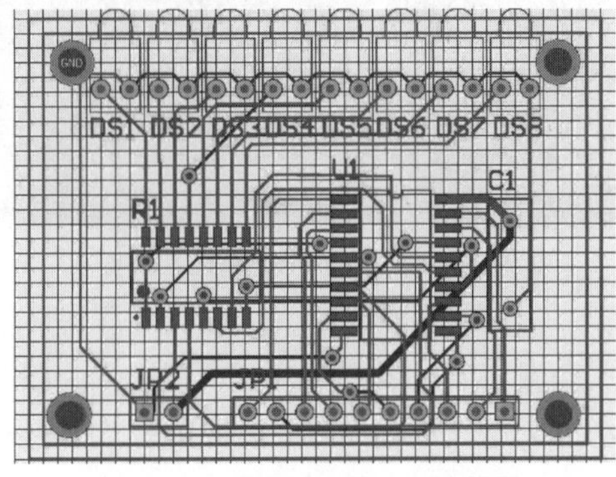

图 9-54 放置完安装孔的电路板

9.4 铺铜和补泪滴

Note

铺铜由一系列的导线组成，可以完成电路板内不规则区域的填充。在绘制 PCB 图时，铺铜主要是指把空余没有走线的部分用导线全部铺满。用铜箔铺满部分区域和电路的一个网络相连，多数情况是和 GND 网络相连。单面电路板铺铜可以提高电路的抗干扰能力，经过铺铜处理后制作的印制板会显得十分美观，同时，通过大电流的导电通路也可以采用铺铜的方法来加大过电流的能力。通常铺铜的安全间距应该在一般导线安全间距的两倍以上。

9.4.1 执行铺铜命令

执行“放置”→“铺铜”命令，或者单击“布线”工具栏中的 (放置多边形平面）按钮，或按 P+G 快捷键，即可执行放置铺铜命令，系统弹出“Properties（属性）”面板，如图 9-55 所示。

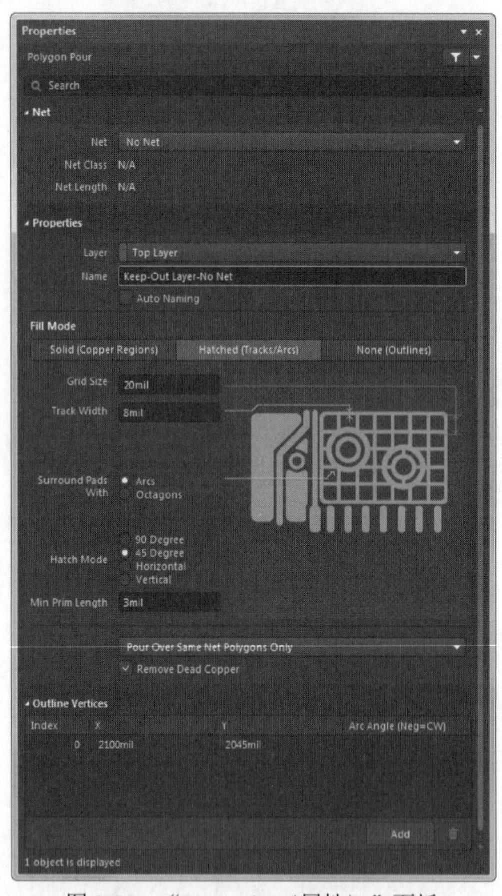

图 9-55 “Properties（属性）”面板

9.4.2 设置铺铜属性

执行铺铜命令之后，或者双击已放置的铺铜，系统将弹出“Properties（属性）”面板。其中各选项组的功能分别介绍如下。

1. "Properties（属性）"选项组

"Layer（层）"下拉列表框：用于设定铺铜所属的工作层。

2. "Fill Mode（填充模式）"选项组

该选项组用于选择铺铜的填充模式，包括3个选项，Solid（Copper Regions）选项，即铺铜区域内为全铜铺设；Hatched（Tracks/Arcs）选项，即向铺铜区域内填入网络状的铺铜；None（Outlines）选项，即只保留铺铜边界，内部无填充。

在面板的中间区域内可以设置铺铜的具体参数，针对不同的填充模式，有不同的设置参数选项。

- ☑ Solid（Copper Regions）选项：即实例选项，用于设置删除孤立区域铺铜的面积限制值，以及删除凹槽的宽度限制值。需要注意的是，当用该方式铺铜后，在Protel99SE软件中不能显示，但可以用"Hatched（Tracks/Arcs）（网络状）"方式铺铜。
- ☑ "Hatched（Tracks/Arcs）（网格状）"选项：即网格状单选按钮，用于设置网格线的宽度、网格的大小、围绕焊盘的形状及网格的类型。
- ☑ "None（Outlines）（无）"选项：即无单选按钮，用于设置铺铜边界导线宽度及围绕焊盘的形状等。

3. "Connect to Net（连接到网络）"下拉列表框

用于选择铺铜连接到的网络。通常连接到GND网络。

- ☑ "Don't Pour Over Same Net Objects（填充不超过相同的网络对象）"选项：用于设置铺铜的内部填充不与同网络的图元及铺铜边界相连。
- ☑ "Pour Over Same Net Polygons Only（填充只超过相同的网络多边形）"选项：用于设置铺铜的内部填充只与铺铜边界线及同网络的焊盘相连。
- ☑ "Pour Over All Same Net Objects（填充超过所有相同的网络对象）"选项：用于设置铺铜的内部填充与铺铜边界线，并与同网络的任何图元相连，如焊盘、过孔、导线等。
- ☑ "Remove Dead Copper（删除孤立的铺铜）"复选框：用于设置是否删除孤立区域的铺铜。孤立区域的铺铜是指没有连接到指定网络元件上的封闭区域内的铺铜，若选中该复选框，则可以将这些区域的铺铜去除。

9.4.3　放置铺铜

下面以PCB1.PcbDoc为例简单介绍放置铺铜的操作步骤。

（1）执行"放置"→"铺铜"命令，或者单击"布线"工具栏中的（放置多边形平面）按钮，或按P+G快捷键，即可执行放置铺铜命令，系统将弹出"Properties（属性）"面板。

（2）选择"Hatched（Tracks/Arcs）（网格状）"选项，Hatch Mode（填充模式）设置为45 Degree，Net（网络）连接到GND，"Layer（层面）"设置为Top Layer（顶层），选中"Remove Dead Copper（删除孤立的铺铜）"复选框，如图9-56所示。

（3）此时光标变成十字形，准备开始铺铜操作。

（4）用光标沿着PCB的"Keep-Out（禁止布线层）"边界线画一个闭合的矩形框。单击确定起点，移动至拐点处单击，直至确定矩形框的4个顶点，右击退出。用户不必手动将矩形框线闭合，系统会自动将起点和终点连接起来构成闭合框线。

（5）系统在框线内部自动生成了Top Layer（顶层）的铺铜。

（6）再次执行铺铜命令，选择"Layer（层）"为"Bottom Layer（底层）"，其他设置相同，为底层铺铜。

Note

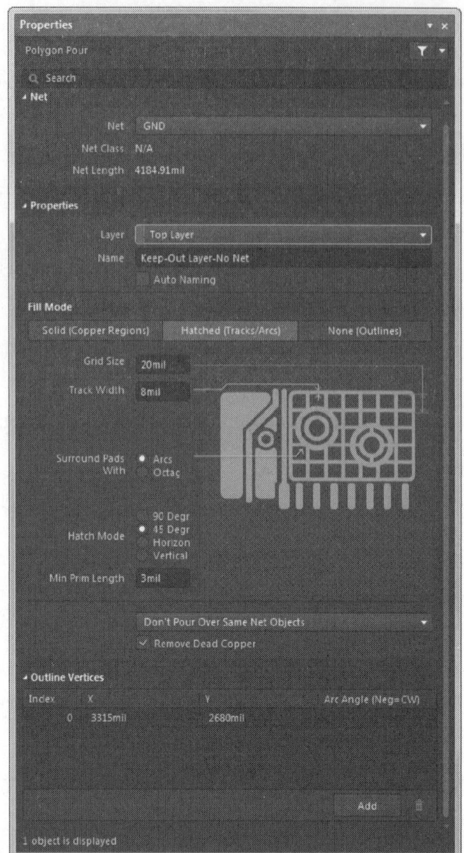

图 9-56 “Properties（属性）”面板

PCB 铺铜效果如图 9-57 所示。

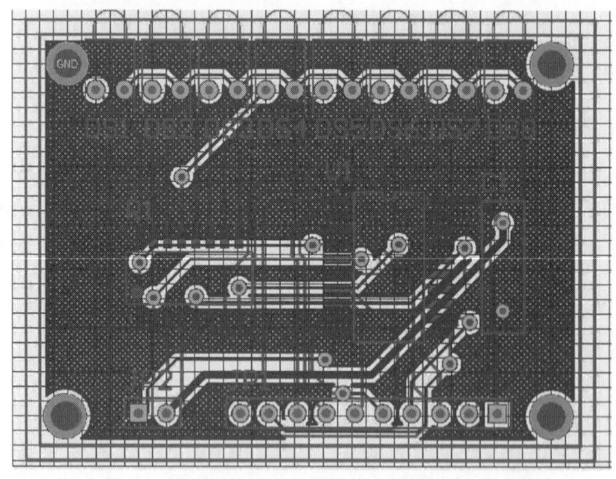

图 9-57 PCB 铺铜效果

9.4.4 补泪滴

在导线和焊盘或者过孔的连接处，通常需要补泪滴，以去除连接处的直角，加大连接面。这样做有两个好处，一是在 PCB 的制作过程中，避免因钻孔定位偏差导致焊盘与导线断裂；二是在安装和使用中，可以避免因用力集中导致连接处断裂。

执行“工具”→“滴泪”[①]命令，或按 T+E 快捷键，即可执行补泪滴命令，系统弹出“Teardrops（泪滴）”对话框，如图 9-58 所示。

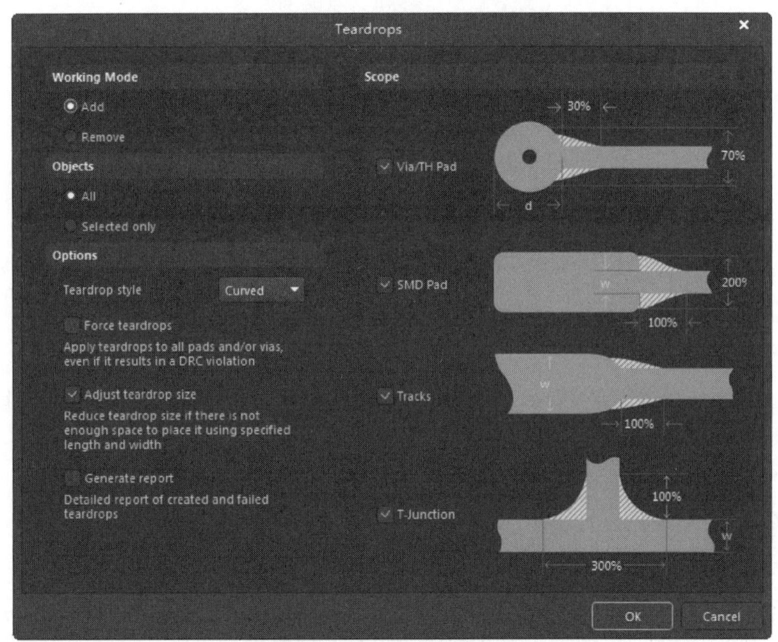

图 9-58 “泪滴”对话框

1. “Working Mode（工作模式）”选项组

☑ “Add（添加）”单选按钮：用于添加泪滴。

☑ “Remove（删除）”单选按钮：用于删除泪滴。

2. “Objects（对象）”选项组

☑ “All（全部）”单选按钮：选中该单选按钮，将对所有的对象添加泪滴。

☑ “Selected only（仅选择对象）”单选按钮：选中该单选按钮，将对选中的对象添加泪滴。

3. “Options（选项）”选项组

☑ “Teardrop style（泪滴类型）”：在该下拉列表中选择“Curved（弧形）”“Line（线）”，表示用不同的形式添加泪滴。

☑ “Force teardrops（强迫泪滴）”复选框：选中该复选框，将强制对所有焊盘或过孔添加泪滴，这样可能导致在 DRC 检测时出现错误信息。取消对此复选框的选中，则对安全间距太小的焊盘不添加泪滴。

☑ “Adjust teardrop size（调整泪滴大小）” 复选框：选中该复选框，进行添加泪滴的操作时自动调整泪滴的大小。

☑ “Generate report（创建报告）”复选框：选中该复选框，进行添加泪滴的操作后将自动生成一个有关添加泪滴操作的报表文件，同时该报表也将在工作窗口显示出来。

设置完毕后单击“OK（确定）”按钮，完成对象的泪滴添加操作。

补泪滴前后焊盘与导线连接的变化如图 9-59 所示。

① 软件汉化，滴泪与泪滴为相同操作。

Note

图 9-59　补泪滴前后焊盘与导线连接的变化

按照此种方法，用户还可以对某一个元件的所有焊盘和过孔，或者某一个特定网络的焊盘和过孔进行补泪滴操作。

9.5　操作实例——超声波雾化器电路印制电路板的布线

本节在 8.4.1 节中电路印制电路板布局的基础上进行布线和铺铜操作的练习，具体的操作步骤如下。

9.5　超声波雾化器电路印制电路板的布线

（1）打开随书附赠资源 yuanwenjian\ch09\9.5 文件夹下的“超声波雾化器电路.PrjPcb”。

（2）在 PCB 编辑器中，执行“设计”→“规则”命令，弹出“PCB Rules and Constraints Editor（PCB 规则及约束编辑器）”对话框，在该对话框中设置自动布线规则。

（3）设置安全间距限制规则。在本例中，将安全间距设置为 10mil，如图 9-60 所示。

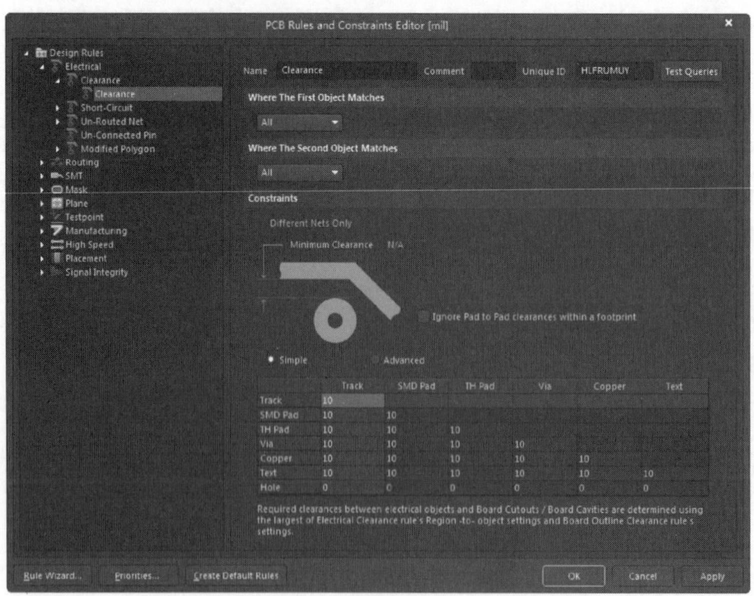

图 9-60　设置安全间距

（4）采用系统默认的短路限制规则与未布线网络限制规则，设置导线宽度设计规则及布线优先级。将 Power 网络导线宽度设置为 25mil，优先级为 1；其余的导线宽度设置为 10mil，优先级为 2，分别如图 9-61 和图 9-62 所示。设置的导线宽度设计规则优先级如图 9-63 所示。

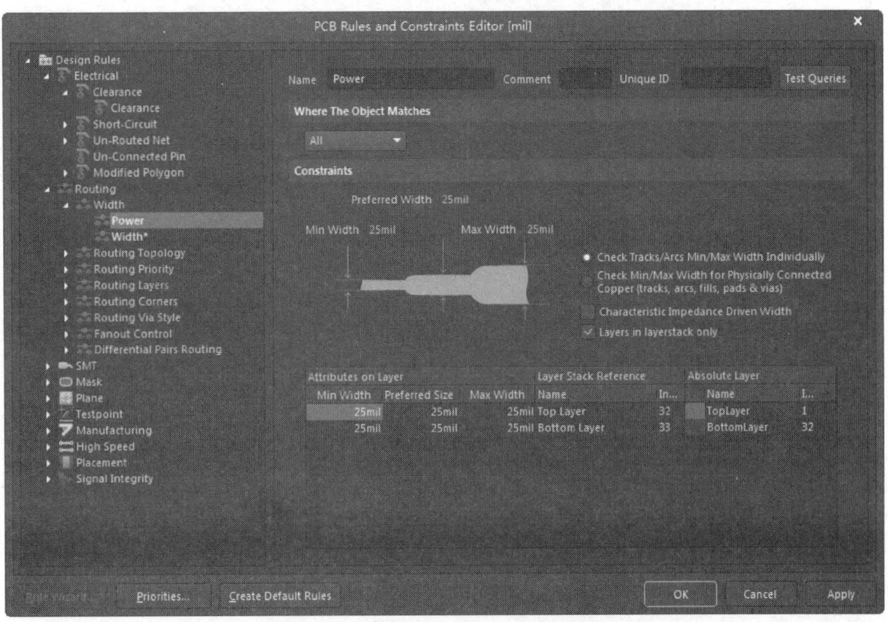

图 9-61　设置电源网络导线宽度规则

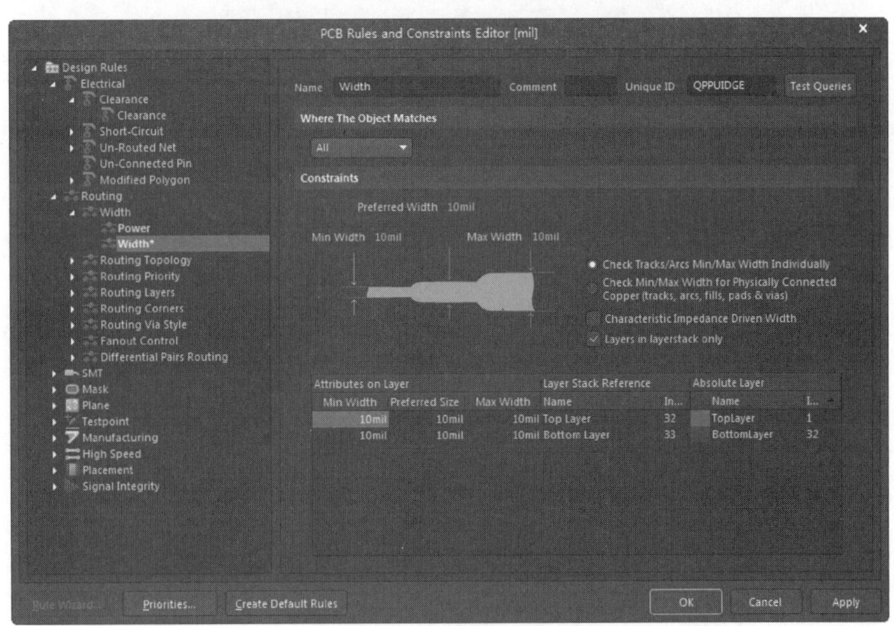

图 9-62　设置其余导线宽度规则

Note

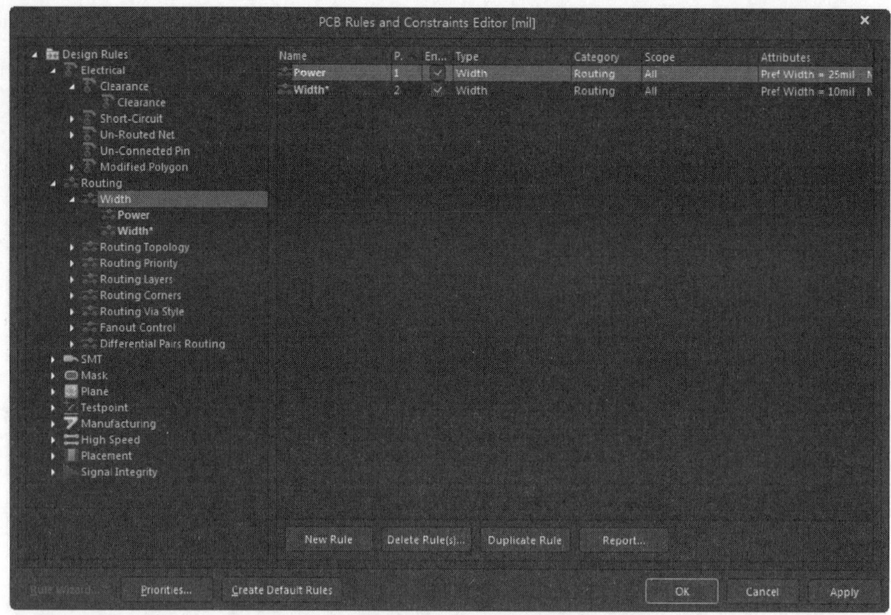

图 9-63　设置导线宽度设计规则优先级

（5）执行“布线”→“自动布线”→“全部”命令，系统弹出“Situs Routing Strategies（布线位置策略）”对话框。在下面的“Routing Strategy（布线策略）”列表框中选择“Default 2 Layer Board（默认双面板）”布线策略，如图 9-64 所示。

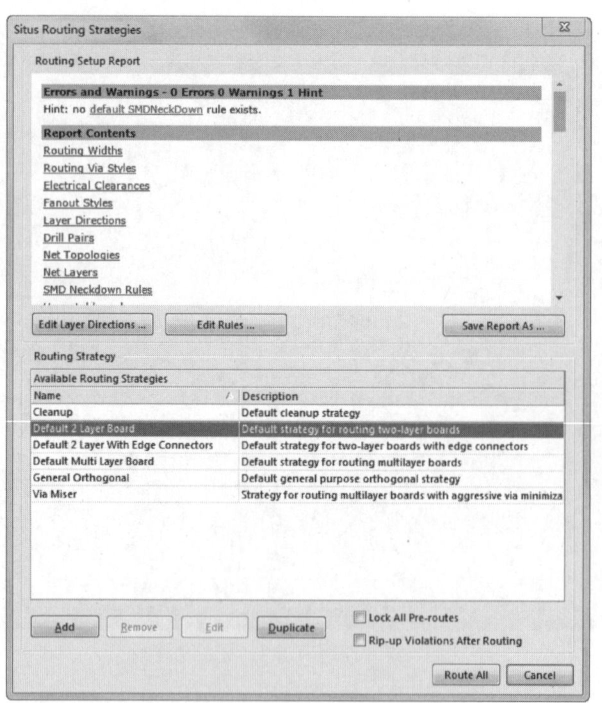

图 9-64　“Situs Routing Strategies（布线位置策略）”对话框

（6）单击“Route All（布线所有）”按钮，执行自动布线命令，系统将对电路板的网络进行布线，结果如图 9-65 所示。

Note

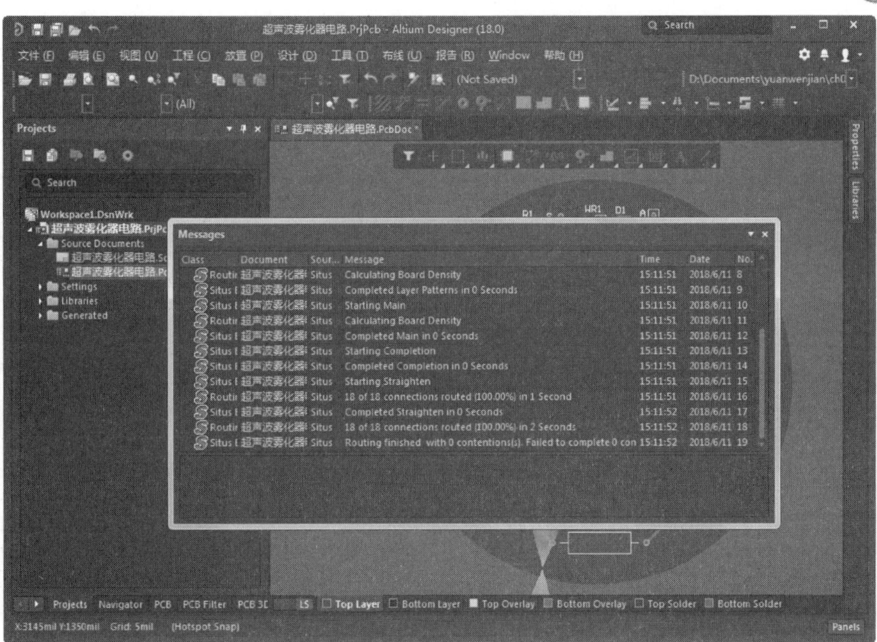

图 9-65　自动布线结果

（7）设置铺铜连接方式。执行“设计”→“规则”命令，弹出“PCB Rules and Constraints Editor（PCB 规则及约束编辑器）”对话框。选择“Plane（中间层布线规则）”→“Polygon Connect Style（焊盘与多边形铺铜区域连接类型规则）”标签，设置铺铜与具有相同网络标号图件的连接方式为“Direct Connect（直接连接）”，如图 9-66 所示。

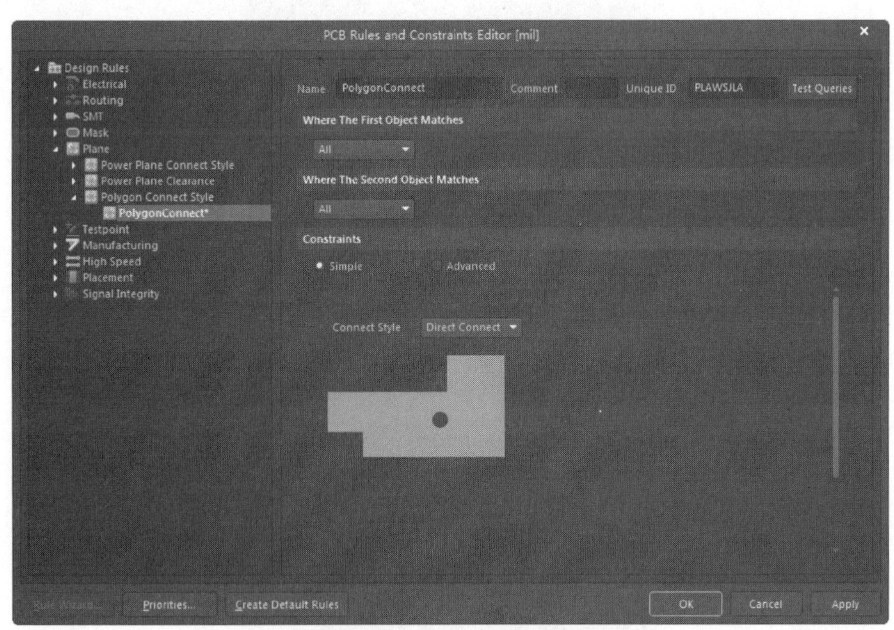

图 9-66　设置铺铜连接方式

（8）设置铺铜与图元之间的安全间距。在“PCB Rules and Constraints Editor（PCB 规则及约束编辑器）”对话框中，选择“Plane（中间层布线规则）”→“Power Plane Clearance（清除平面）”→“PlaneClearance（平面清除）”标签，将安全间距设置为 1mil，如图 9-67 所示。

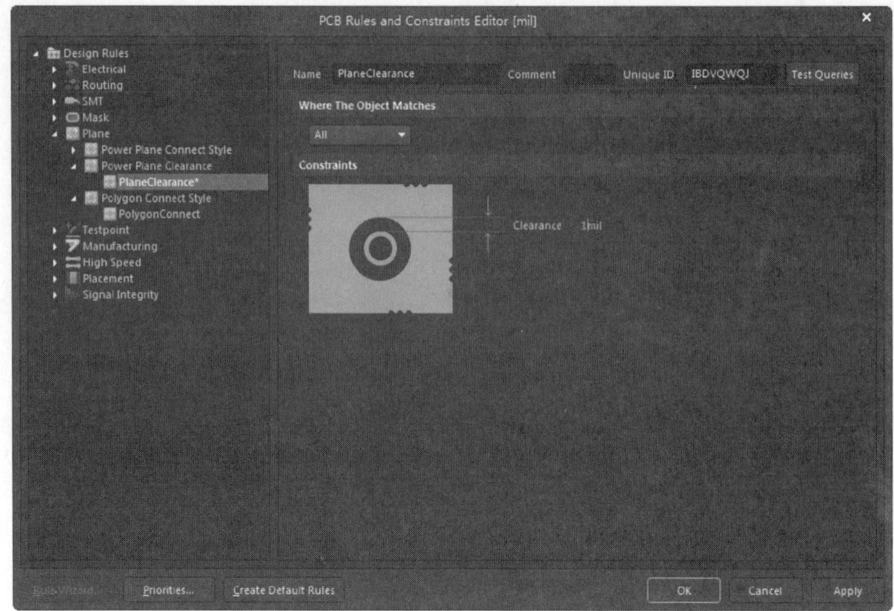

图 9-67　设置铺铜与图元之间的安全间距

（9）铺铜操作。执行“放置”→“铺铜”命令，系统弹出“Properties（属性）”面板。选择“Hatched（Tracks/Arcs）（网格状）”选项，设置“Hatch Mode（填充模式）”为 45°，将多边形填充的网络标号 Net（网络）连接到 GND，其余各项参数设置如图 9-68 所示。

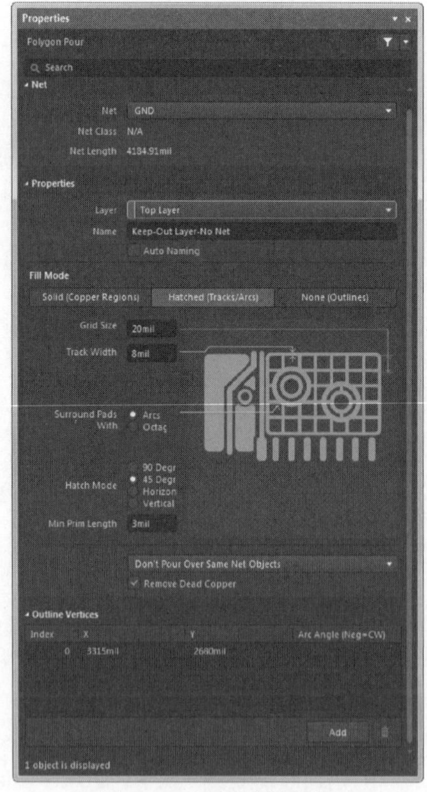

图 9-68　设置铺铜参数

（10）进入绘制铺铜区域的命令状态。移动光标至电路板边缘，沿着电路板的边界绘制一个封闭区域，系统将在该封闭区域内根据有关的设计规则为地线网络铺上铜箔。铺铜结果如图 9-69 所示。

（11）选中电路板最外侧的物理边界，在铜箔上右击选择“铺铜操作”→“重铺修改过的铺铜”命令，重新铺铜，结果如图 9-70 所示。

Note

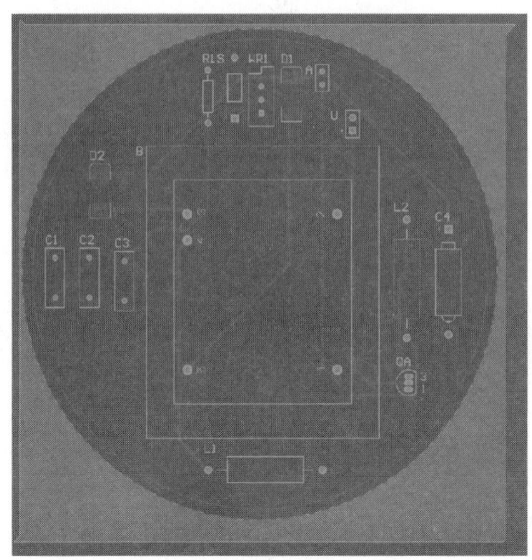

图 9-69　铺铜结果

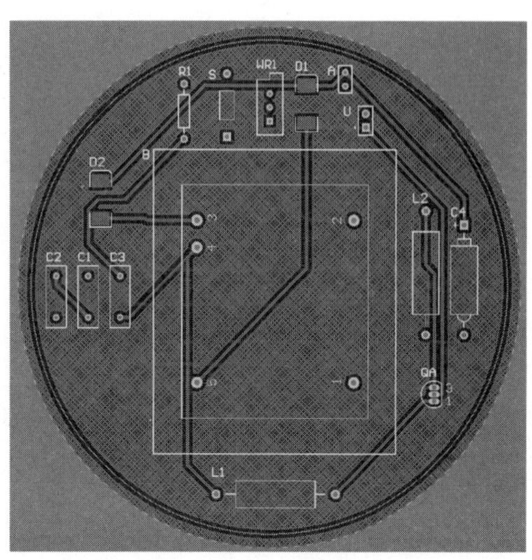

图 9-70　修改后的铺铜结果

电路板的后期制作

在 PCB 设计的最后阶段，我们要通过设计规则检查来进一步确认 PCB 设计的正确性。完成 PCB 项目的设计后，就可以进行各种文件的整理和汇总。本章将介绍不同类型文件的生成和输出操作方法，包括报表文件、PCB 文件和 Gerber 文件等。通过本章内容的学习，会对 Altium Designer 18 形成更加系统的认识。

- ☑ 电路板的测量
- ☑ DRC 检查
- ☑ 电路板的报表输出
- ☑ 电路板的打印输出

任务驱动&项目案例

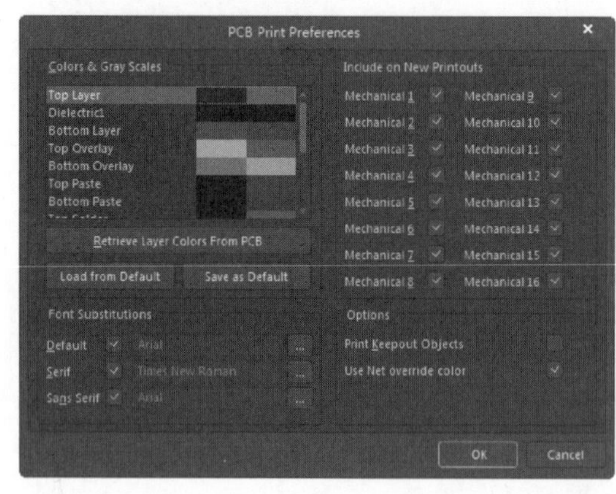

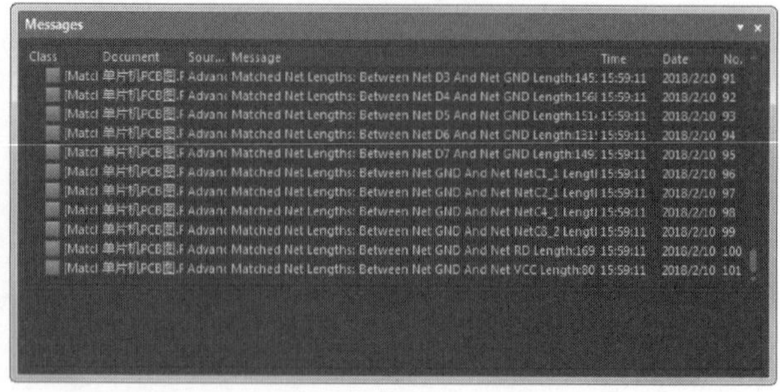

Note

10.1　电路板的测量

Altium Designer 18 提供了电路板上的测量工具，方便设计电路时的检查。测量功能在“报告”菜单中，该菜单如图 10-1 所示。

图 10-1　“报告”菜单

10.1.1　测量电路板上两点间的距离

电路板上两点之间的距离通过“报告”菜单下的“测量距离”命令执行，它测量的是 PCB 板上任意两点的距离。具体操作步骤如下。

（1）执行“报告”→“测量距离”命令，此时光标变成十字形出现在工作窗口中。

（2）移动光标到某个坐标点上，单击确定测量起点。如果光标移动到了某个对象上，则系统将自动捕捉该对象的中心点。

（3）此时光标仍为十字形，重复步骤（2）确定测量终点。此时将弹出如图 10-2 所示的对话框，在该对话框中给出了测量的结果。测量结果包含总距离、X 方向上的距离和 Y 方向上的距离 3 项。

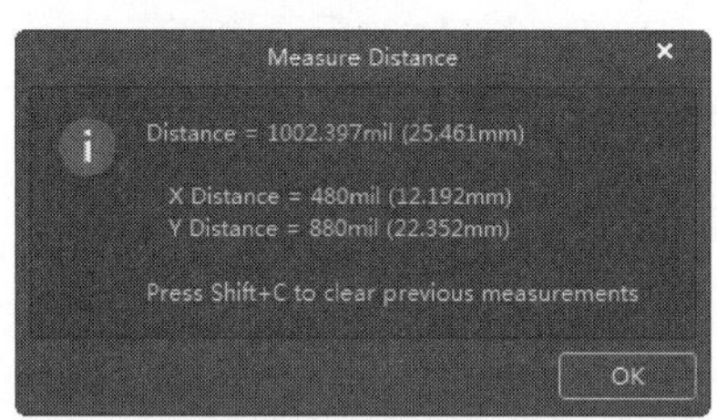

图 10-2　测量结果

（4）此时光标仍为十字状态，重复步骤（2）、步骤（3）可以继续其他测量。

（5）完成测量后，右击或按 Esc 键即可退出该操作。

10.1.2　测量电路板上对象间的距离

下面是专门针对电路板上的对象进行测量，在测量过程中，光标将自动捕捉对象的中心位置。具体操作步骤如下。

（1）执行“报告”→“测量”命令，此时光标变成十字形出现在工作窗口中。

（2）移动光标到某个对象（如焊盘、元件、导线、过孔等）上，单击确定测量的起点。

（3）此时光标仍为十字形，重复步骤（2），确定测量终点。此时将弹出如图 10-3 所示的对话框，在该对话框中给出了对象的层属性、坐标和整个的测量结果。

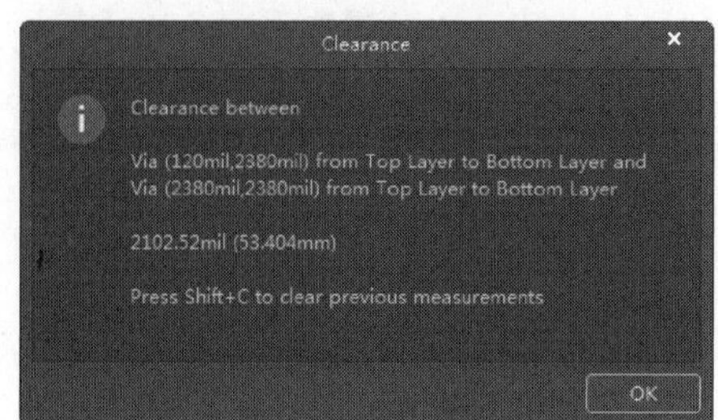

图 10-3　测量结果

（4）此时光标仍为十字状态，重复步骤（2）、步骤（3）可以继续其他测量。

（5）完成测量后，右击或按 Esc 键即可退出该操作。

10.1.3　测量电路板上导线的长度

下面是专门针对电路板上的导线进行测量，在测量过程中将给出选中导线的总长度。具体操作步骤如下。

（1）在工作窗口中选择想要测量的导线。

（2）执行“报告”→“测量选择对象”命令，即可弹出如图 10-4 所示的对话框，在该对话框中给出了测量结果。

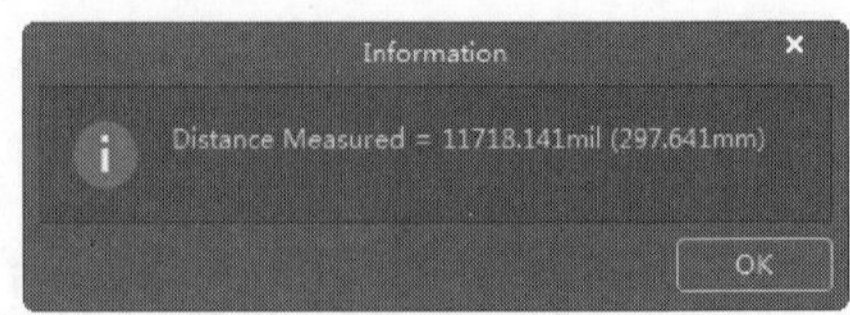

图 10-4　测量结果

在 PCB 板上测量导线长度是一项非常重要的功能，在高速电路板设计中通常会用到它。

10.2　DRC 检查

电路板布线完毕，文件输出之前，还要进行一次完整的设计规则检查。设计规则检查（Design Rule Check，DRC）是采用 Altium 进行 PCB 设计时的重要检查工具，系统会根据用户设计规则的设置，对 PCB 设计的各个方面进行检查校验，如导线宽度、安全距离、元件间距、过孔类型等，DRC 是 PCB 板设计正确性和完整性的重要保证。设计者应灵活运用 DRC，可以保障 PCB 设计的顺利进行和最终生成正确的输出文件。

DRC 的设置和执行是通过“设计规则检查”完成的。在主菜单中执行“工具”→“设计规则检查”命令，弹出如图 10-5 所示的“Design Rule Checker（设计规则检查器）”对话框。对话框的左侧是该检查器的内容列表，右侧是项目具体内容。对话框由两部分内容构成：DRC 报告选项和 DRC 规则列表。

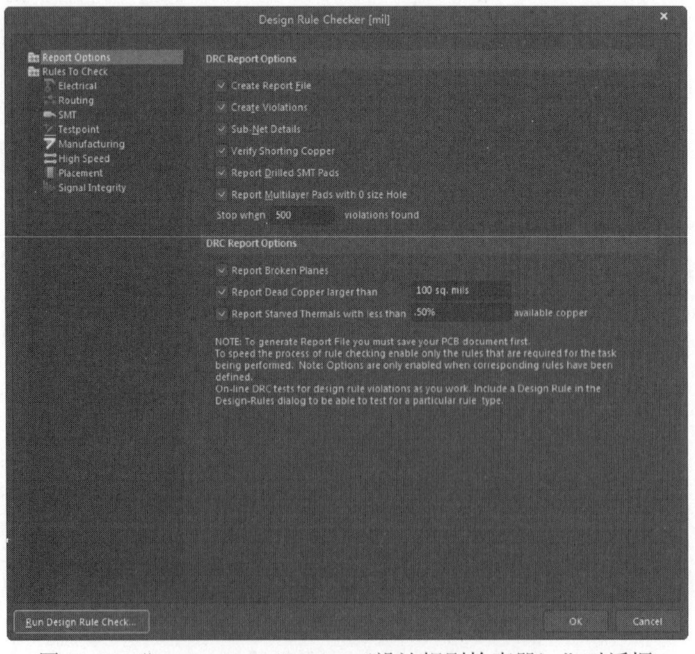

图 10-5　“Design Rule Checker（设计规则检查器）”对话框

1. DRC 报告选项

在对话框左侧列表中单击“Report Options（报表选项）”文件夹目录，即显示 DRC 报告选项的具体内容。这里的选项是对 DRC 报告的内容和方式设置，一般都应保持默认选择状态。

☑ “Create Report File（创建报表文件）”复选框：运行批处理 DRC 后会自动生成报表文件“设计名.DRC”，包含本次 DRC 运行中使用的规则、违例数量和细节描述。

☑ “Create Violations（创建违例）”复选框：能在违例对象和违例消息之间直接建立链接，使用户可以直接通过“Messages（信息）”面板中的违例消息进行错误定位，找到违例对象。

☑ “Sub-Net Details（子网络详细描述）”复选框：对网络连接关系进行检查并生成报告。

☑ “Verify Shorting Copper（检验短路铜）”复选框：对铺铜或非网络连接造成的短路进行检查。

2. DRC 规则列表

在对话框左侧列表中单击“Rules To Check（检查规则）”文件夹目录，即可显示所有的可进行检查的设计规则，其中，包括了 PCB 制作中常见的规则、高速电路板设计规则，如图 10-6 所示。例如线宽设定、引线间距、过孔大小、网络拓扑结构、元器件安全距离、高速电路设计的引线长度、等距引线等，可以根据规则的名称进行具体设置。在规则栏内，“Online（在线）”和“Batch（批处理）”两个栏用来控制是否在在线 DRC 和批处理 DRC 中执行该规则检查。

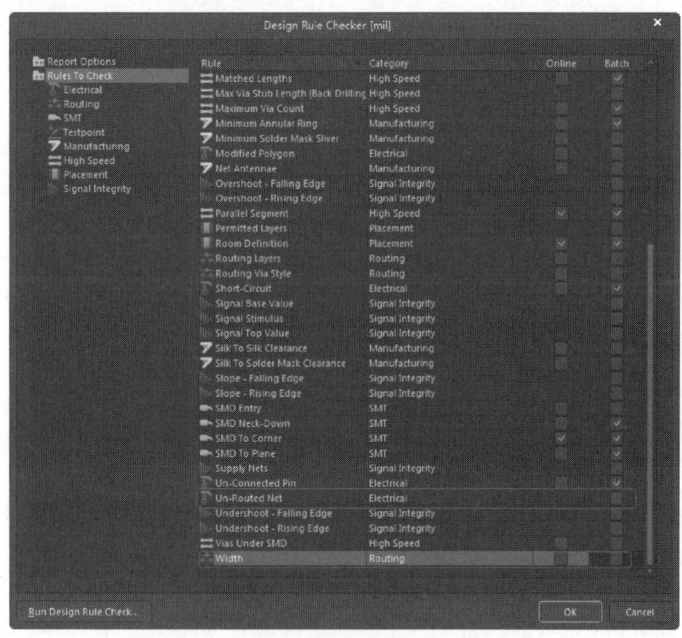

图 10-6　设计规则检查器规则列表

单击“Run Design Rule Check（运行设计规则检查）”按钮，即运行批处理 DRC。

10.2.1　在线 DRC 和批处理 DRC

DRC 分成两种类型：在线 DRC 和批处理 DRC。

在线 DRC 在后台运行，设计者在设计过程中，系统随时进行规则检查，对违反规则的对象做出警示或自动限制违规操作的执行。在“PCB Editor-General（PCB 编辑器-常规）”选项卡中可以设

Note

置是否选择在线 DRC，如图 10-7 所示。

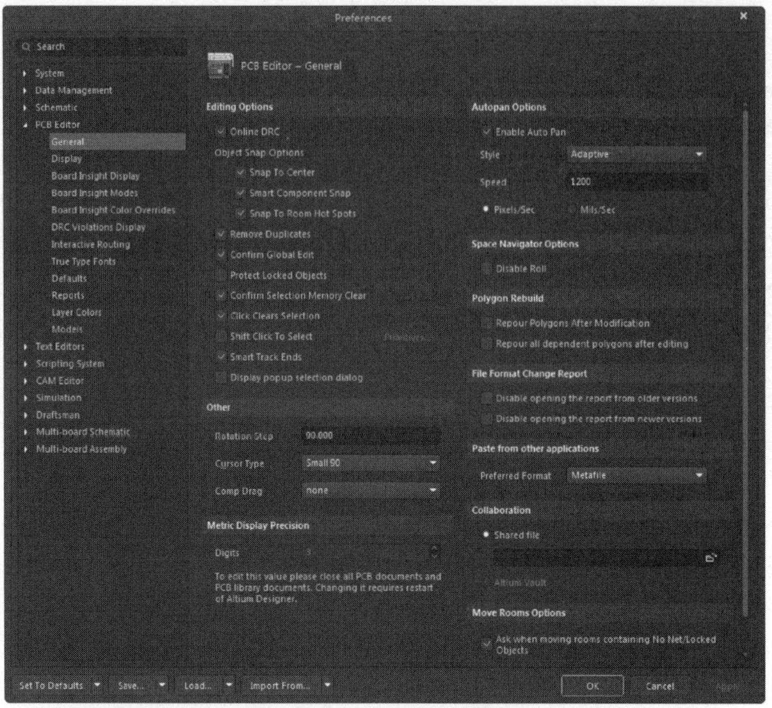

图 10-7 “PCB Editor-General（PCB 编辑器-常规）”选项卡

批处理 DRC 使得用户可以在设计过程中任何时候手动运行一次规则检查。在图 10-6 的列表中可以看到，不同的规则有着不同的 DRC 运行方式。有的规则只用于在线 DRC，有的只用于批处理 DRC，当然，大部分的规则都是可以在两种检查方式下运行的。

需要注意的是，在不同阶段运行批处理 DRC，对其规则选项要进行不同的选择。例如，在未布线阶段，如果要运行批处理 DRC，就要将部分布线规则禁止；否则，会导致过多的错误提示而使 DRC 失去意义。在 PCB 设计结束时，也要运行一次批处理 DRC，这时就要选中所有 PCB 相关的设计规则，使规则检查尽量全面。

10.2.2 对未布线的 PCB 文件执行批处理 DRC

在 PCB 文件“单片机 PCB 图.PcbDoc”未布线的情况下，运行批处理 DRC。要适当配置 DRC 选项，得到有参考价值的错误列表。

（1）在主菜单中执行“工具”→“设计规则检查”命令。

（2）系统弹出“Design Rule Checker（设计规则检查器）”对话框，暂不进行规则适用和禁止的设置，就使用系统的默认设置。单击“Run Design Rule Check（运行设计规则检查）”按钮，运行批处理 DRC。

（3）系统执行批处理 DRC，运行结果在“Messages（信息）”面板中显示出来，如图 10-8 所示。系统产生了多项 DRC 警告，其中大部分是未布线警告，这是因为我们未在 DRC 运行之前禁止该规则的检查。显然，这种 DRC 警告信息对我们并没有帮助，反而使信息提示栏变得杂乱。

图 10-8 批处理 DRC 得到的违规列表

（4）再次执行“工具”→“设计规则检查”命令，重新配置 DRC 规则。在“Design Rule Checker（设计规则检查器）”对话框中，单击左侧列表中的“Rules To Check（检查规则）”选项。

（5）在如图 10-6 所示的规则列表中，禁止其中部分规则的“Batch（批处理）”选项。禁止项包括 Un-Routed Net（未布线网络）和 Width（宽度）。

（6）单击“Run Design Rule Check（运行设计规则检查）”按钮，运行批处理 DRC。

（7）系统再次执行批处理 DRC，运行结果在 Messages 面板中显示出来，如图 10-9 所示。可见重新配置检查规则后，批处理 DRC 检查得到了 0 项 DRC 违规。检查原理图确定这些管脚连接的正确性。

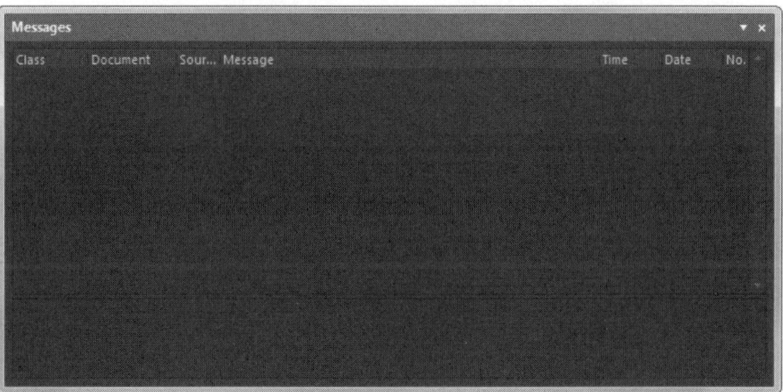

图 10-9 批处理 DRC 得到的违规列表

10.2.3 对已布线完毕的 PCB 文件执行批处理 DRC

对布线完毕的 PCB 文件“单片机 PCB 图.PcbDoc”再次运行 DRC。尽量检查所有涉及的设计规则。

（1）在主菜单中执行“工具”→“设计规则检查”命令。

（2）系统弹出“Design Rule Checker（设计规则检查器）”对话框，单击左侧列表中的“Rules To Check（检查规则）”选项，配置检查规则。

（3）在如图 10-6 所示的规则列表中，将部分“Batch（批处理）”选项被禁止的规则选中，允许其进行该规则检查。选择项必须包括 Clearance（安全间距）、Width（宽度）、Short-Circuit（短路）、Un-Routed Net（未布线网络）和 Component Clearance（元件安全间距）等项，其他项使用系统默认设置即可。

（4）单击“Run Design Rule Check（运行设计规则检查）”按钮，运行批处理 DRC。

（5）系统执行批处理 DRC，运行结果在 Messages 面板中显示出来。对于批处理 DRC 中检查到的违规项，可以通过错误定位进行修改，这里不再赘述。

Note

10.3 电路板的报表输出

PCB 绘制完毕，可以利用 Altium Designer 18 提供丰富的报表功能，生成一系列的报表文件。这些报表文件有着不同的功能和用途，为 PCB 设计的后期制作、元件采购、文件交流等提供了方便。在生成各种报表之前，首先要确保生成报表的文件已经被打开并置为当前文件。

10.3.1 PCB 图的网络表文件

前面介绍的 PCB 设计，采用的是从原理图生成网络表的方式，这也是大多数 PCB 设计的方法。但是，有时设计者直接调入元件封装绘制 PCB 图，没有采用网络表，或者在 PCB 图绘制过程中，连接关系有所调整，这时 PCB 的真正网络逻辑和原理图的网络表有所差异。那么，我们可以从 PCB 图中生成一份网络表文件。

下面通过从 PCB 文件“单片机 PCB 图.PcbDoc”中生成网络表来详细介绍 PCB 图网络表文件生成的具体步骤。

（1）在 PCB 编辑器主菜单中执行“设计”→“网络表”→“从连接的铜皮生成网络表”命令，系统弹出确认对话框，如图 10-10 所示。

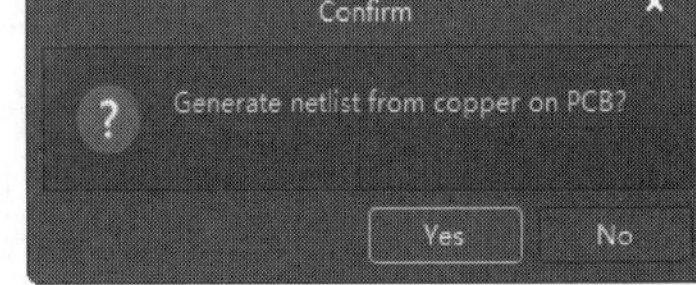

图 10-10 从 PCB 生成网络表文件

（2）单击“Yes（是）”按钮确认，系统生成名为“Generated by 设计名.Net”的网络表文件，如图 10-11 所示。

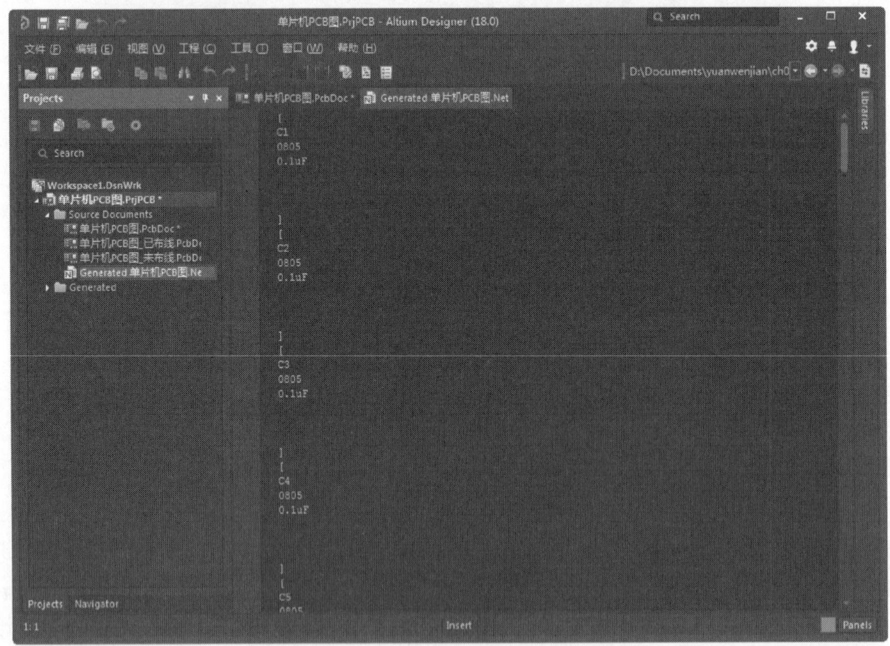

图 10-11 由 PCB 文件生成网络表

网络表可以根据我们的需要进行修改，修改后的网络表可再次载入，以验证 PCB 板的正确性。

10.3.2　PCB 板信息报表

PCB 板信息报表对 PCB 板的元件网络和一般细节信息进行汇总报告。单击右侧“Properties（属性）”按钮，打开“Properties（属性）”面板“Board（板）”属性编辑，在“Board Information（板信息）”选项组中显示 PCB 文件中元件和网络的完整细节信息，选定对象时显示的部分如图 10-12 所示。

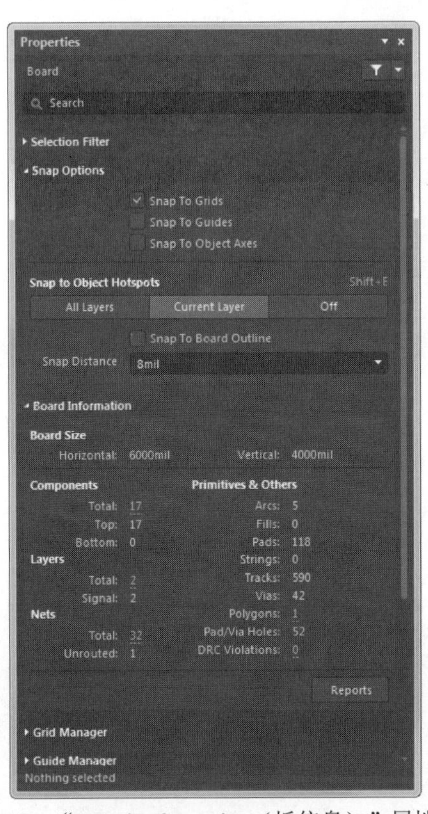

图 10-12　“Board Information（板信息）”属性编辑

☑ 汇总了 PCB 上的各类图元，如导线、过孔、焊盘等的数量，报告了电路板的尺寸信息和 DRC 违例数量。

☑ 报告了 PCB 上元件的统计信息，包括元件总数、各层放置数目和元件标号列表。

☑ 列出了电路板的网络统计，包括导入网络总数和网络名称列表，

单击“Reports（报告）”按钮，系统将弹出如图 10-13 所示的“Board Report（电路板报表）”对话框，通过该对话框可以生成 PCB 信息的报表文件，在该对话框的列表框中选择要包含在报表文件中的内容。选中“Selected objects only（只选择对象）”复选框时，报告中只列出当前电路板中已经处于选择状态下的图元信息。

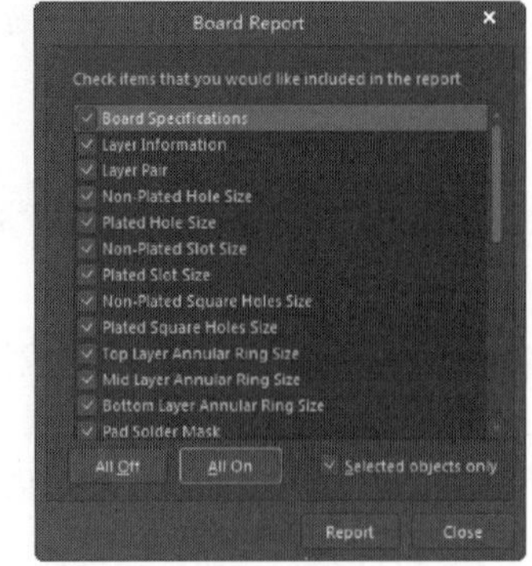

图 10-13　“Board Report（电路板报表）”对话框

在“Board Report（电路板报表）”对话框中单击“Report（报表）”按钮，系统将生成 Board Information Report 的报表文件，自动在工作区内打开，PCB 信息报表如图 10-14 所示。

Note

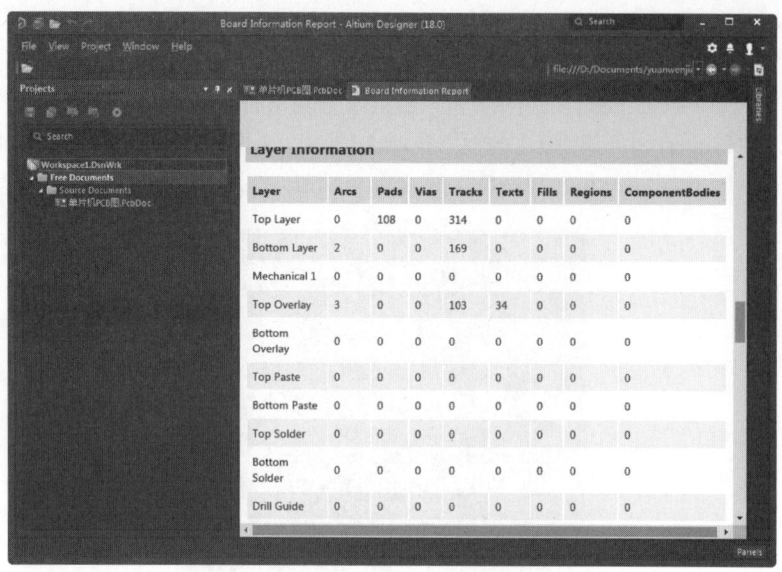

图 10-14　PCB 信息报表

10.3.3　元件报表

执行“报告”→“Bill of Materials（元件清单）”命令，系统弹出相应的元件报表对话框，如图 10-15 所示。

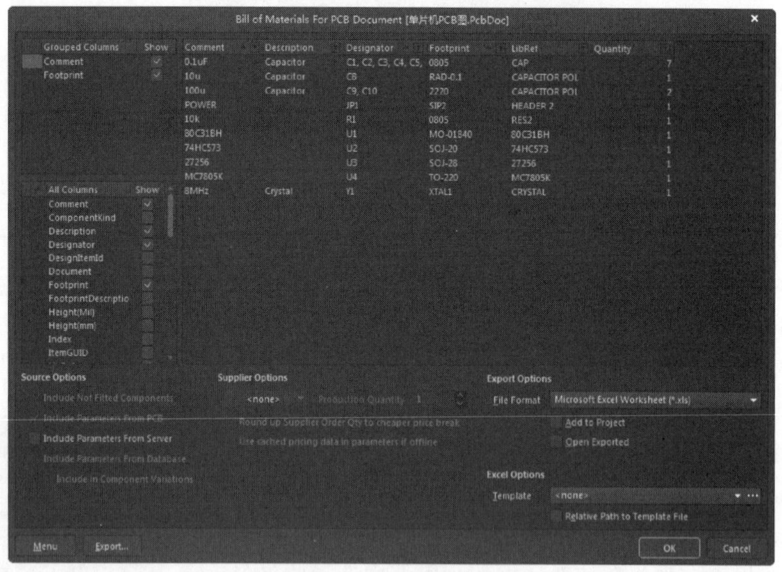

图 10-15　元件报表对话框

在该对话框中，可以对要创建的元件报表进行选项设置。左边有两个列表框，它们的含义不同。

（1）“Grouped Columns（聚合纵队）”列表框：用于设置元件的归类标准。可以将“All Columns（所有纵队）”中的某一属性信息拖到该列表框中，则系统将以该属性信息为标准，对元件进行归类，显示在元件清单中。

（2）“All Columns（所有纵队）”列表框：列出了系统提供的所有元件属性信息，如 Description（元件描述信息）和 Component Kind（元件类型）等。对于需要查看的有用信息，选中右侧与之对应

的复选框，即可在元件清单中显示出来。在图 10-15 中，使用了系统的默认设置，即只选中 Comment（注释）、Description（描述）、Designator（指示）、Footprint（管脚）、LibRef（库编号）和 Quantity（数量）6 个复选框。

要生成并保存报告文件，单击对话框中的“Export（输出）”按钮，弹出 Export For 对话框。选择保存类型和保存路径，保存文件即可。

Note

10.3.4　网络表状态报表

该报表列出了当前 PCB 文件中的所有网络，并说明了它们所在的层面和网络中导线的总长度。在主菜单中执行“报告”→“网络表状态”命令，即生成名为“设计名.REP”的网络表状态报表，其格式如图 10-16 所示。

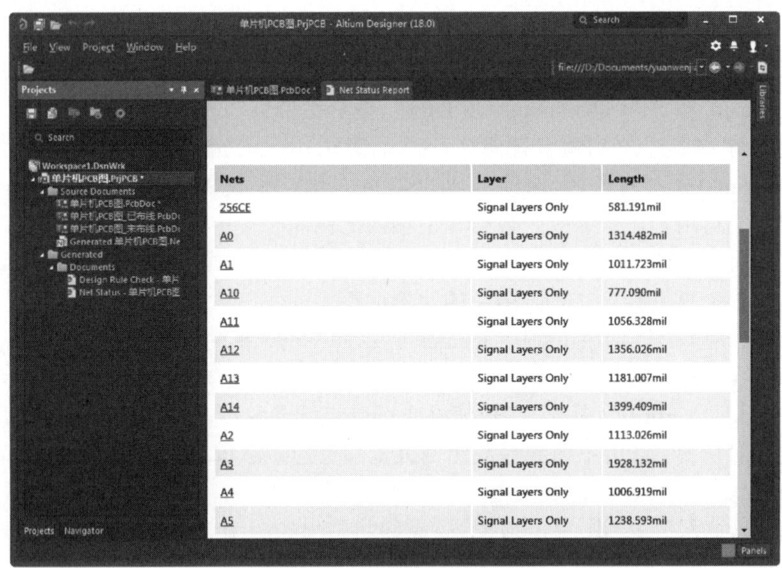

图 10-16　网络表状态报表

10.4　电路板的打印输出

PCB 设计完毕，即可将其源文件、制作文件和各种报表文件按需要进行存档、打印、输出等。例如，将 PCB 文件打印作为焊接装配指导，将元器件报表打印作为采购清单，生成胶片文件送交加工单位进行 PCB 加工，当然也可直接将 PCB 文件交给加工单位用以加工 PCB。

10.4.1　打印 PCB 文件

利用 PCB 编辑器的文件打印功能，可以将 PCB 文件不同层面上的图元按一定比例打印输出，用以校验和存档。

1. 页面设置

PCB 文件在打印之前，要根据需要进行页面设定，其操作方式与 Word 文档中的页面设置非常相似。

在主菜单中执行“文件”→“页面设置”命令，弹出“Composite Properties（复合页面属性设置）”对话框，如图 10-17 所示。

Note

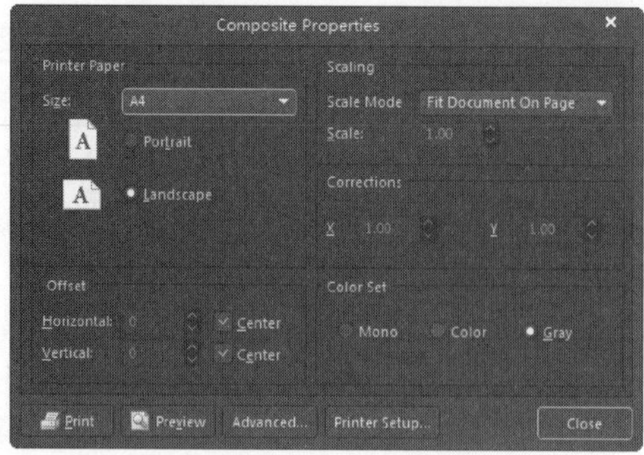

图 10-17　页面设置

该对话框中主要选项的作用如下。

☑ “Printer Paper（打印纸）”选项组：用于设置打印纸的尺寸和打印方向。

☑ “Scaling（缩放比例）”选项组：用于设定打印内容与打印纸的匹配方法。系统提供了两种缩放匹配模式，即“Fit Document On Page（适合文档页面）”和“Select Print（选择打印）”。前者将打印内容缩放到适合图纸大小，后者由用户设定打印缩放的比例因子。如果选择“Select Print（选择打印）”选项，则“Scale（比例）”文本框和“Corrections（修正）”选项组都将变为可用，在“缩放”数值框中输入比例因子设定图形的缩放比例，输入“1.0”时，将按实际大小打印 PCB 图形；“Corrections（修正）”选项组可以在“Scale（比例）”文本框参数的基础上再进行 X、Y 方向上的比例调整。

☑ “Offset（页边）”选项组：选中“Center（中心）”复选框时，打印图形将位于打印纸张中心，上、下边距和左、右边距分别对称。取消对“Center（中心）”复选框的选中后，在“Horizontal（水平）”和“Vertical（垂直）”数值框中可以进行参数设置，改变页边距，即改变图形在图纸上的相对位置。选用不同的缩放比例因子和页边距参数产生的打印效果，可以通过打印预览来观察。

☑ “Advanced（高级）”按钮：单击该按钮，系统将弹出如图 10-18 所示的“PCB Printout Properties（PCB 图层打印输出属性）”对话框，在该对话框中设置要打印的工作层及其打印方式。

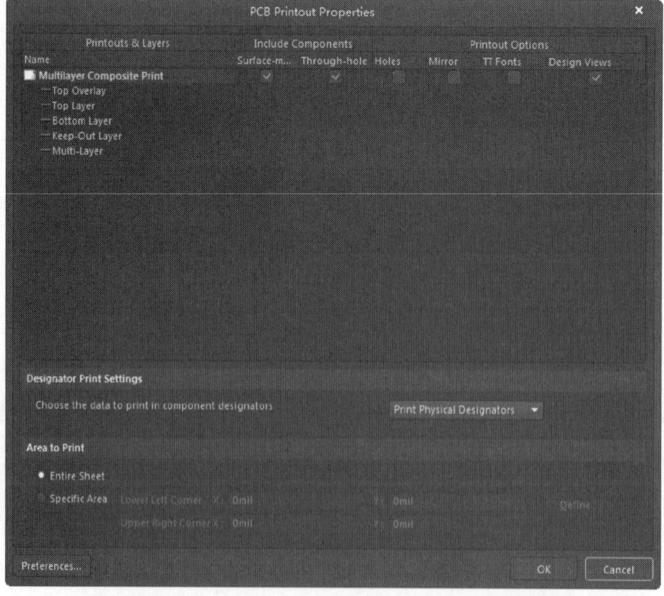

图 10-18　“PCB Printout Properties（PCB 图层打印输出属性）”对话框

2. 打印输出属性

（1）在图 10-18 所示的对话框中，双击“Multilayer Composite Print（多层复合打印）”前的页面图标，进入“Printout Properties（打印输出属性）”对话框，如图 10-19 所示。在该对话框的“Later（层）”选项组中列出的层即为将要打印的层面，系统默认列出所有图元的层面。通过底部的编辑按钮对打印层面进行添加、删除操作。

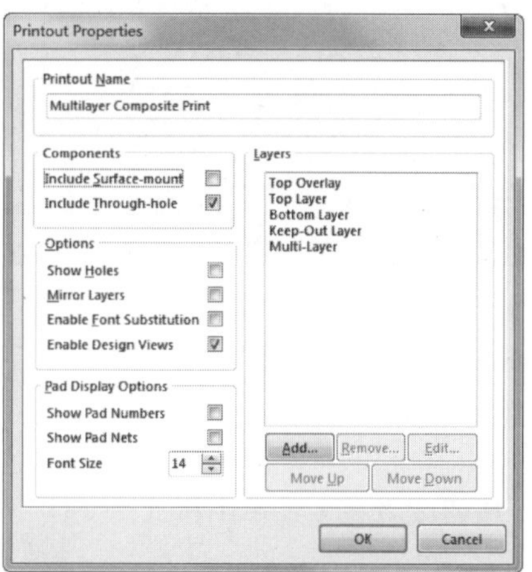

图 10-19　“Printout Properties（打印输出属性）”对话框

（2）单击“Printout Properties（打印输出属性）”对话框中的“Add（添加）”按钮或“Edit（编辑）”按钮，系统将弹出“Layer Properties（工作层属性）”对话框，如图 10-20 所示，在该对话框中进行图层属性的设置。在各个图元的选择框中提供了 3 种类型的打印方案：Full（全部）、Draft（草图）和 Hide（隐藏）。“Full（全部）”即打印该类图元全部图形画面，“Draft（草图）”只打印该类图元的外形轮廓，“Hide（隐藏）”则隐藏该类图元，不打印。

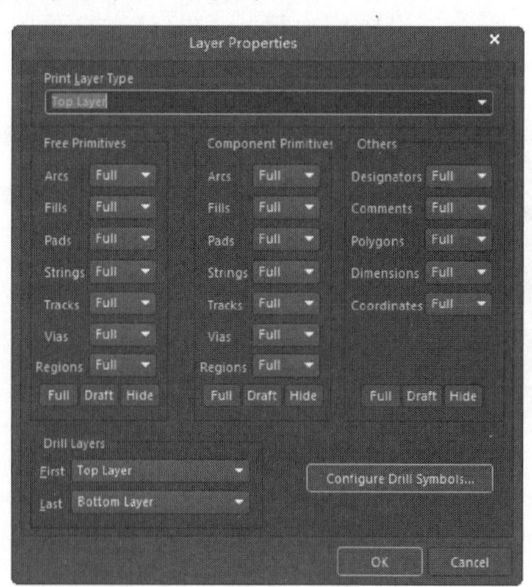

图 10-20　“Layer Properties（工作层属性）”对话框

（3）设置好“Printout Properties（打印输出属性）”对话框和“Layer Properties（工作层属性）”对话框的内容后，单击“OK（确定）”按钮，回到“PCB Printout Properties（PCB 图层打印输出属性）”对话框。单击“Preferences（参数）”按钮，进入“PCB Print Preferences（打印设置）”对话框，如图 10-21 所示。在这里，用户可以分别设定黑白打印和彩色打印时各个图层的打印灰度和色彩。单击图层列表中各个图层的灰度条或彩色条，即可调整灰度和色彩。

Note

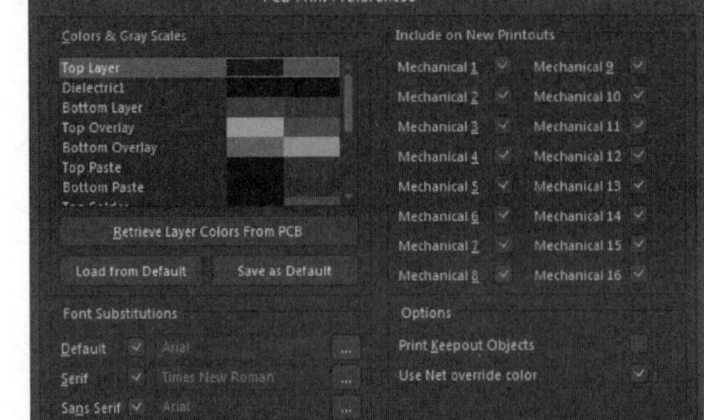

图 10-21 “PCB Print Preferences（打印设置）”对话框

（4）设置好“PCB Print Preferences（打印设置）”对话框内容后，即完成 PCB 打印的页面设置。单击 OK 按钮，回到 PCB 工作区页面。

3. 打印

单击工具栏中的（打印）按钮或者在主菜单中执行“文件”→“打印”命令，即可打印设置好的 PCB 文件。

10.4.2 打印报表文件

打印报表文件的操作更加简单一些。进入各个报表文件之后，同样先进行页面设定，且报表文件的“高级”属性设置也相对简单。“Advanced Text Print Properties（高级文本打印属性）”对话框如图 10-22 所示。

选中“Use Specific Font（使用特殊字体）”复选框，即可单击“Change（更改）”按钮重新设置使用的字体和大小，如图 10-23 所示。设置好页面后，即可进行预览和打印。其操作与 PCB 文件打印相同，这里不再赘述。

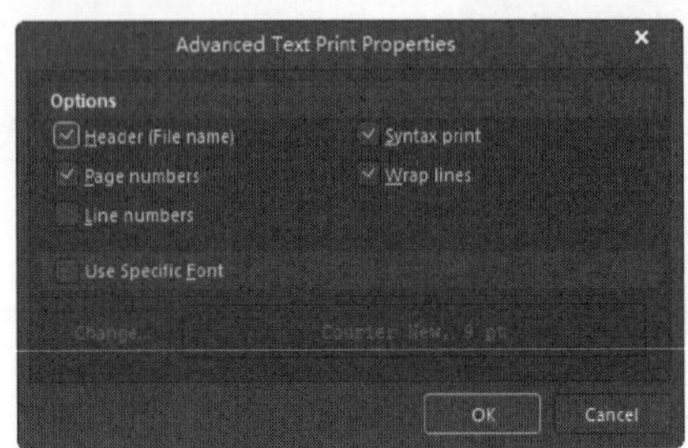

图 10-22 “Advanced Text Print Properties（高级文本打印属性）”对话框

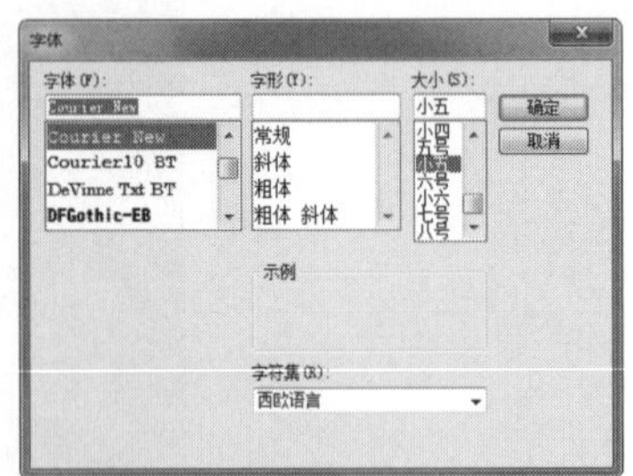

图 10-23 重新设置字体

10.4.3 生成 Gerber 文件

Gerber 文件是一种符合 EIA 标准，用来把 PCB 电路板图中的布线数据转换为胶片的光绘数据，可以被光绘图机处理的文件格式。PCB 生产厂商用这种文件来进行 PCB 制作。各种 PCB 设计软件都支持生成 Gerber 文件的功能，一般可以把 PCB 文件直接交给 PCB 生产厂商，厂商会将其转换成 Gerber 格式。而有经验的 PCB 设计者通常会将 PCB 文件按自己的要求生成 Gerber 文件，交给 PCB 厂商制作，确保 PCB 制作出来的效果符合个人定制的设计需要。

在 PCB 编辑器的主菜单中执行"文件"→"制造输出"→"Gerber Files（Gerber 文件）"命令，系统弹出"Gerber Setup（Gerber 设置）"对话框，如图 10-24 所示。

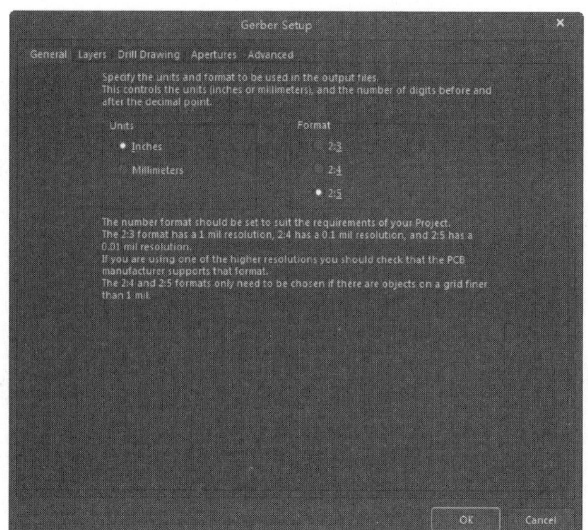

图 10-24　"Gerber Setup（Gerber 设置）"对话框

该对话框中包含了如下选项卡。

1. "General（通用）"选项卡

用于指定在输出 Gerber 文件中使用的单位和格式。如图 10-24 所示，"Format（格式）"栏中 2:3、2:4、2:5 代表了文件中使用的不同数据精度，其中 2:3 表示数据含 2 位整数、3 位小数。相应地，另外两个分别表示数据中含有 4 位和 5 位小数。设计者根据自己在设计中用到的单位精度进行选择。精度越高，对 PCB 制造设备的要求也就越高。

2. "Layers（层）"选项卡

用于设定需要生成 Gerber 文件的层面，如图 10-25 所示。在左侧列表中选择要生成 Gerber 文件的层面，如果要对某一层进行镜像，选中相应的"Mirror（反射）"复选框，在右侧列表中选择要加载到各个 Gerber 层的机械层尺寸信息。"Include unconnected mid-layer pads（包括未连接的中间层焊盘）"复选框被选中时，则在 Gerber 中绘出未连接的中间层的焊盘。

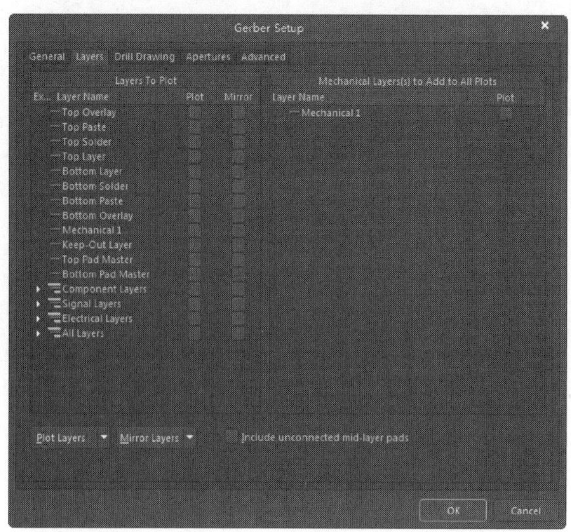

图 10-25　光绘文件"Layers（层）"选项卡

3. “Drill Drawing（钻孔图层）”选项卡

该选项卡内对钻孔统计图和钻孔导向图绘制的层进行设置，并选择是否进行“Mirror Plots（反射区）”，选择采用的钻孔统计图标注符号的类型，如图 10-26 所示。

Note

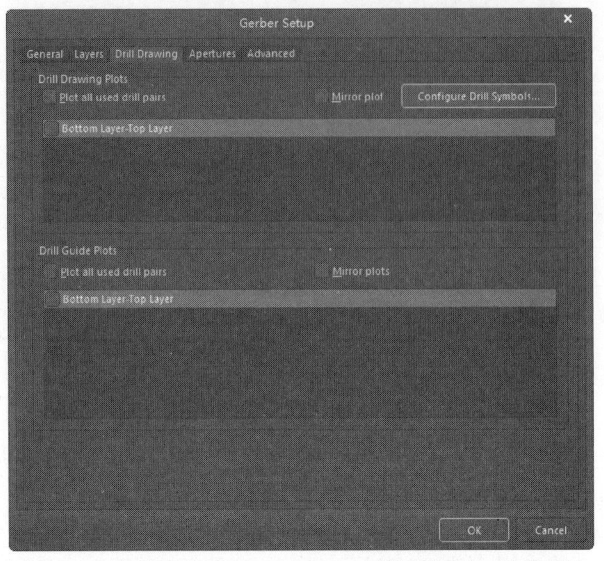

图 10-26　光绘文件“Drill Drawing（钻孔图层）”选项卡

4. “Apertures（光圈）”选项卡

用于设置生成 Gerber 文件时建立光圈的选项，如图 10-27 所示。系统默认选中“Embedded apertures（RS274X）（嵌入的孔径（RS274X））”复选框，即生成 Gerber 文件时自动建立光圈。如果取消选中该复选框，则右侧的光圈表将可以使用，设计者可以自行加载合适的光圈表。

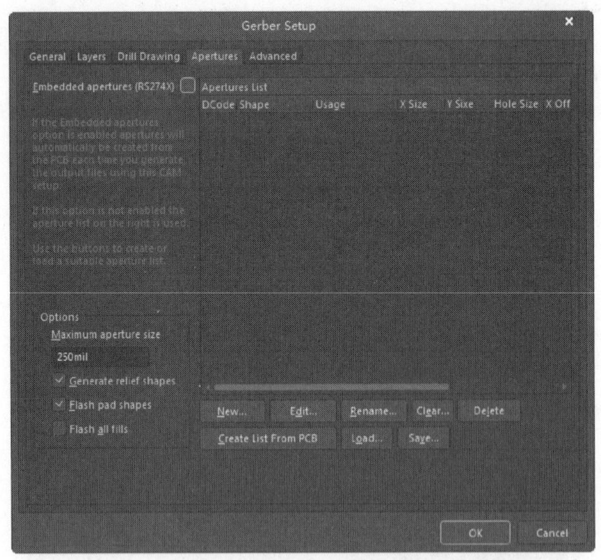

图 10-27　光绘文件“Apertures（光圈）”选项卡

“Apertures（光圈）”的设定决定了 Gerber 文件的不同格式，一般有两种：RS274D 和 RX274X，其主要区别如下。

☑　RS274D 包含 XY 坐标数据，但不包含 D 码文件，需要用户给出相应的 D 码文件。

Note

☑　RS274X 包含 XY 坐标数据，也包含 D 码文件，不需要用户给出 D 码文件。

D 码文件为 ASCII 文本格式文件，文件的内容包含了 D 码的尺寸、形状和曝光方式。建议用户选择使用 RS274X 方式，除非有特殊的要求。

5. “Advanced（高级）”选项卡

设置与光绘胶片相关的各个选项，如图 10-28 所示。在该选项卡中设置胶片尺寸及边框大小、零字符格式、光圈匹配容许误差、板层在胶片上的位置、制造文件的生成模式和绘图器类型等。

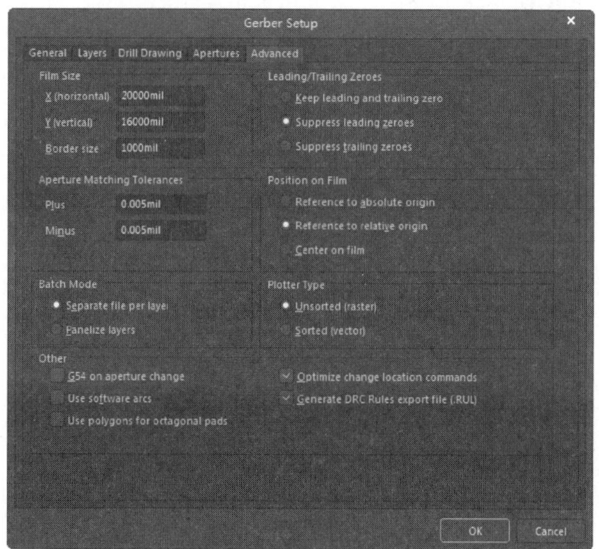

图 10-28　光绘文件“Advanced（高级）”选项卡

在“Gerber Setup（Gerber 设置）”对话框中设置好各参数后，单击 OK 按钮，系统将按照设置自动生成各个图层的 Gerber 文件，并加入“Projects（项目）”面板中该项目的 Generated（生成）文件夹中。同时，系统启动 CAMtastic 编辑器，将所有生成的 Gerber 文件集成为 CAMtasticl.CAM 文件，并自动打开。在这里，可以进行 PCB 制作版图的校验、修正、编辑等工作。

Altium Designer 18 系统针对不同 PCB 层生成的 Gerber 文件对应着不同的扩展名，如表 10-1 所示。

表 10-1　Gerber 文件的扩展名

PCB 层面	Gerber 文件扩展名	PCB 层面	Gerber 文件扩展名
Top Overlay	.GTO	Top Paste Mask	.GTP
Bottom Overlay	.GBO	Bottom Paste Mask	.GBP
Top Layer	.GTL	Drill Drawing	.GDD
Bottom Layer	.GBL	Drill Drawing Top to Mid1, Mid2 to Mid3 etc	.GD1,.GD2 etc
Mid Layer1,2 etc	.G1,.G2 etc	Drill Guide	.GDG
PowerPlane1,2 etc	.GP1,.GP2 etc	Drill Guide Top to Mid1, Mid2 to Mid3 etc	.GG1,.GG2 etc
Mechanical Layer1,2 etc	.GM1,.GM2 etc	Pad Master Top	.GPT
Top Solder Mask	.GTS	Pad Master Bottom	.GPB
Bottom Solder Mask	.GBS	Keep-out Layer	.GKO

10.5 操作实例

10.5.1 电路板信息及网络状态报表

利用图 10-29 所示的 PCB 电路板图，完成电路板信息报表。电路板信息报表的作用在于给用户提供一个电路板的完整信息。通过电路板信息报表，了解电路板尺寸、电路板上的焊点、导孔的数量及电路板上的元器件标号。而通过网络状态可以了解电路板中每条网络的长度。

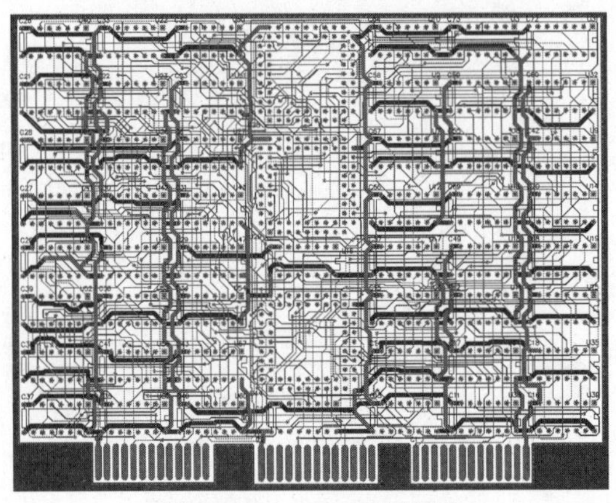

图 10-29 PCB 电路板图

具体操作步骤如下。

（1）单击右侧“Properties（属性）”按钮，打开“Properties（属性）”面板“Board（板）”属性编辑，在“Board Information（板信息）”选项组下显示 PCB 文件中元件和网络的完整细节信息，如图 10-30 所示。

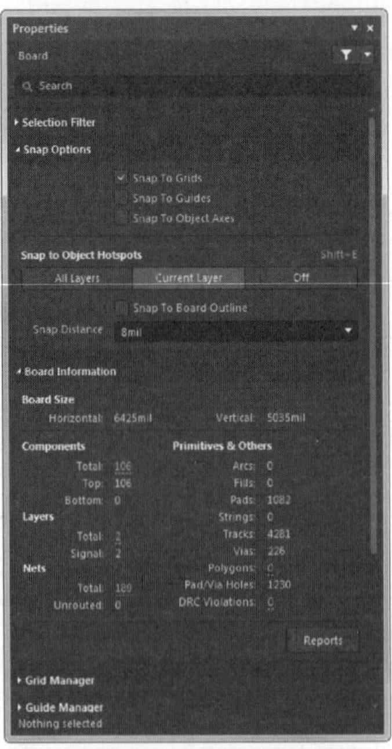

图 10-30 “Board Information（板信息）”属性编辑

（2）单击“Reports（报告）”按钮，系统将弹出如图 10-31 所示的“Board Report（电路板报表）”对话框，选中“Selected objects only（只选择对象）”复选框时，单击“Report（报表）”按钮，系统将生成 Board Information Report 的报表文件，自动在工作区内打开，PCB 信息报表如图 10-32 所示。

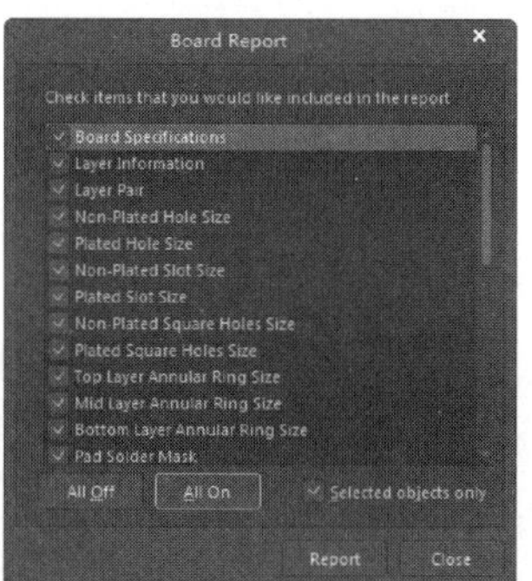

图 10-31　“Board Report（电路板报表）”对话框

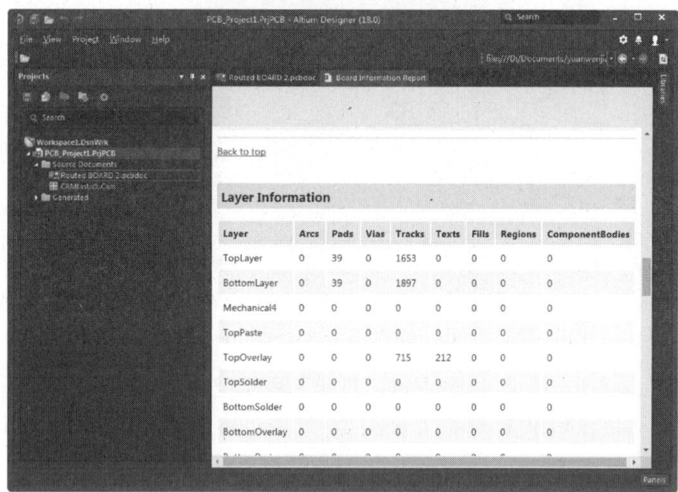

图 10-32　PCB 信息报表

（3）执行“报告”→“网络表状态”命令，生成以.REP 为后缀的网络状态报表，如图 10-33 所示。

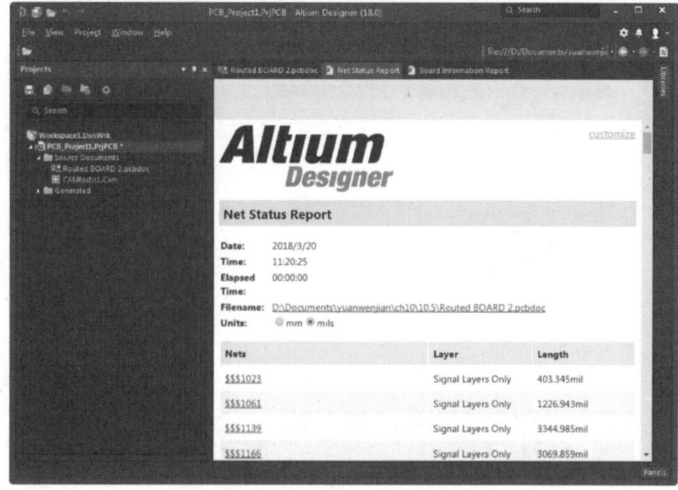

图 10-33　网络状态报表

10.5.2 电路板元件清单

利用如图 10-29 所示的 PCB 电路板图，生成电路板元件清单。元件清单是设计完成后首先要输出的一种报表，它将项目中使用的所有元件的有关信息进行统计输出，并且可以输出多种文件格式。通过对本例的学习，读者可掌握和熟悉根据所设计的 PCB 电路板图生成各种格式的元件清单报表方法。

具体操作步骤如下：

（1）打开 PCB 文件，执行"报告"→"Bill of Materials（元件清单）"命令，弹出如图 10-34 所示"Bill of Materials For PCB Document（PCB 原件清单）"对话框。

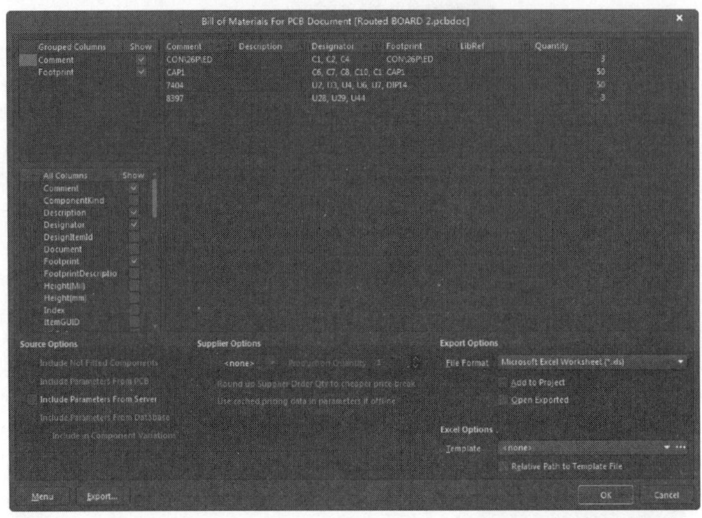

图 10-34 "Bill of Materials For PCB Document（PCB 原件清单）"对话框

（2）在"All Columns（所有纵队）"列表框中列出了系统提供的所有元件属性信息，如"Description（元件描述信息）"和"Component Kind（元件类型）"等。本例选中 Description（描述）、Designator（指示）、Footprint（管脚）、LibRef（库编号）和 Quantity（数量）复选框。

（3）单击"Menu（菜单）"按钮，在弹出的菜单中选择"Report（报表）"命令，系统将弹出如图 10-35 所示的"Report Preview（报表预览）"对话框。

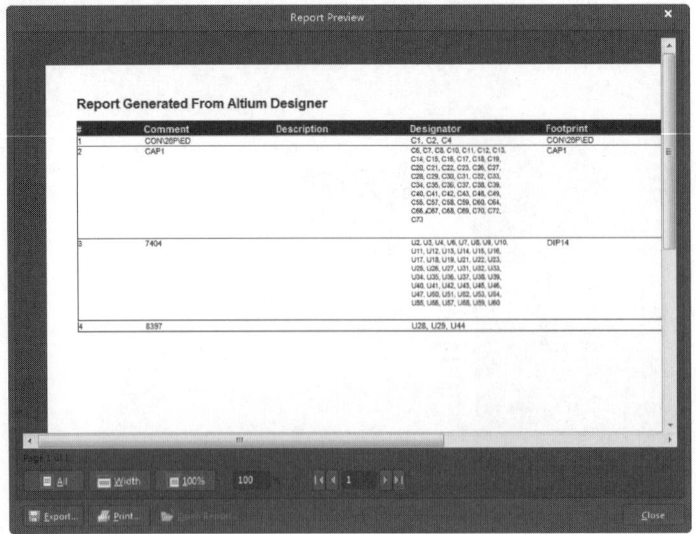

图 10-35 "Report Preview（报表预览）"对话框

Note

(4) 单击“Export（输出）”按钮，弹出如图 10-36 所示的“Export Report From Project（从项目中输出报表）”对话框，将报告导出为一个其他文件格式后保存。

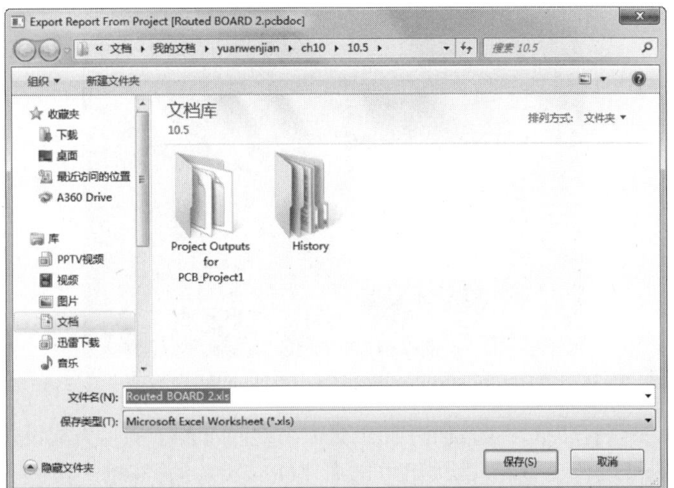

图 10-36　“Export Report From Project（从项目中输出报表）”对话框

(5) 默认文件名，选择文件保存类型为.xls，单击“保存”按钮返回到“Report Preview（报表预览）”对话框。

(6) 单击“Open Report（打开报表）”按钮，打开报表文件，如图 10-37 所示。

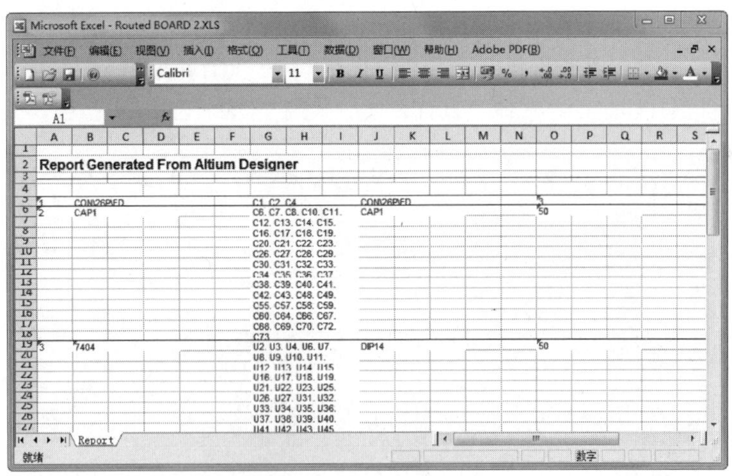

图 10-37　打开报表文件

(7) 单击“Print（打印）”按钮，打印元件清单。

10.5.3　PCB 图纸打印输出

利用如图 10-29 所示的 PCB 电路板图，完成图纸打印输出。通过对本例的学习，读者可掌握和熟悉 PCB 电路板图纸打印输出的方法和步骤。在进行打印机设置时，要完成打印机的类型设置、纸张大小的设置、电路图纸的设置。系统提供了分层打印和叠层打印两种打印模式，观察两种输出方式的不同。

具体操作步骤如下。

Note

（1）打开 PCB 文件，执行“文件”→“页面设置”命令，弹出如图 10-38 所示的“Composite Properties（复合页面属性设置）”对话框。

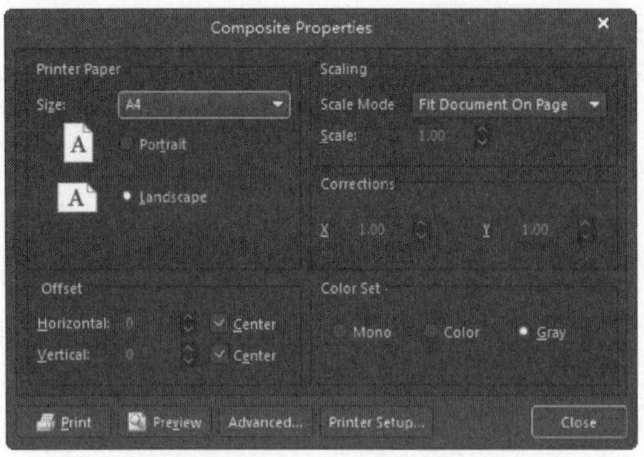

图 10-38　“Composite Properties（复合页面属性设置）”对话框

（2）在“Printer Paper（打印纸）”选项组中将纸张大小设置为 A4，打印方式设置为 Landscape（横放）。

（3）在“Color Set（颜色设置）”选项组中选中“Gray（灰的）”单选按钮。

（4）在“Scaling（缩放比例）”下拉列表框中选择“Fit Document On Page（适合文档页面）”选项。

（5）单击“Advanced（高级）”按钮，弹出如图 10-39 所示的“PCB Printout Properties（PCB 图层打印输出属性）”对话框。在该对话框中，显示了图 10-29 中 PCB 电路板图所用到的工作层。右击图 10-39 中需要的工作层，在弹出的快捷菜单中选择相应的命令，如图 10-40 所示，即可在进行打印时添加或者删除一个板层。

（6）在如图 10-39 所示的“PCB Printout Properties（PCB 图层打印输出属性）”对话框中，单击“Preferences（参数）”按钮，系统将弹出如图 10-41 所示的“PCB Print Preferences（打印设置）”对话框，在该对话框中设置打印颜色、字体，设置完毕后单击“OK（确定）”按钮，关闭对话框。

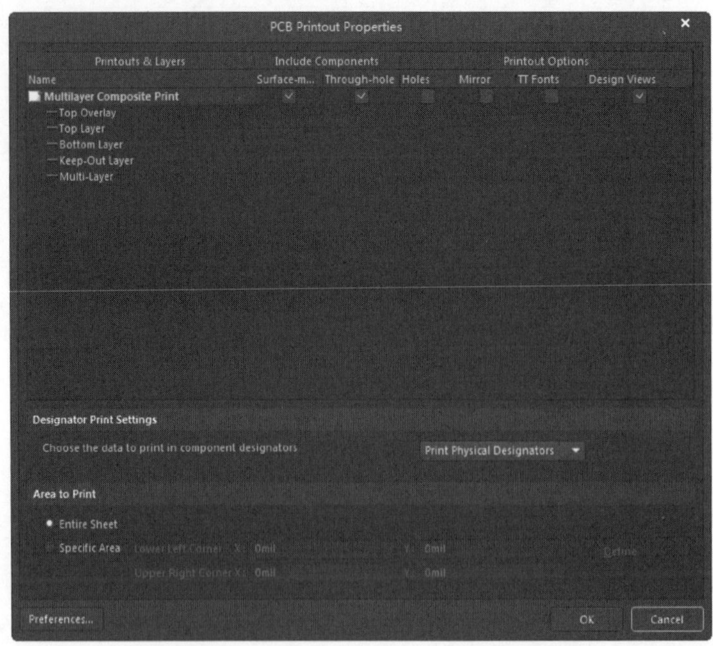

图 10-39　“PCB Printout Properties（PCB 图层打印输出属性）”对话框

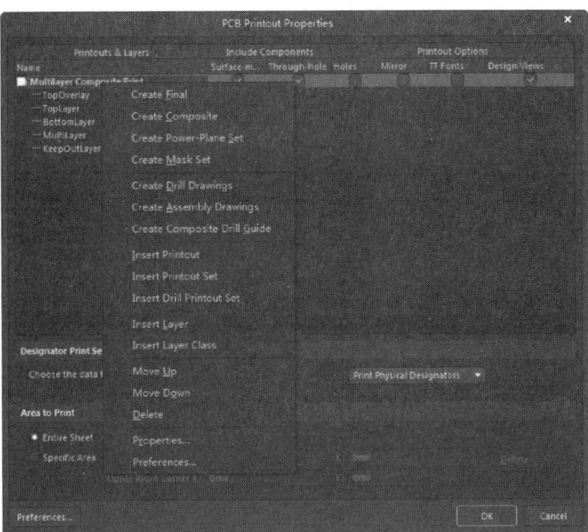

图 10-40　快捷菜单

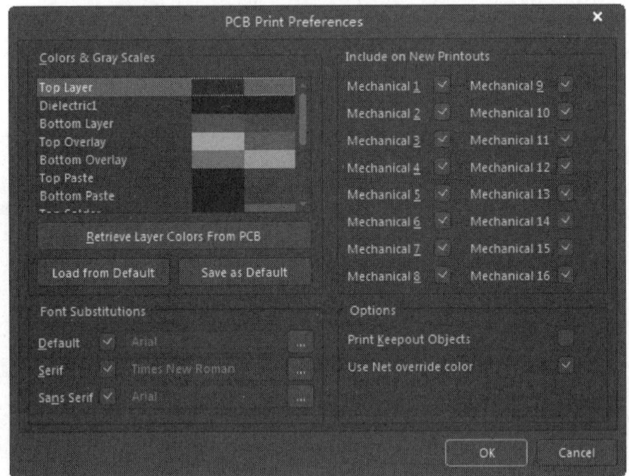

图 10-41　“PCB Print Preferences（打印设置）”对话框

（7）在如图 10-38 所示的“Composite Properties（复合页面属性设置）”对话框中，单击“Preview（预览）”按钮，可以预览打印效果，如图 10-42 所示。

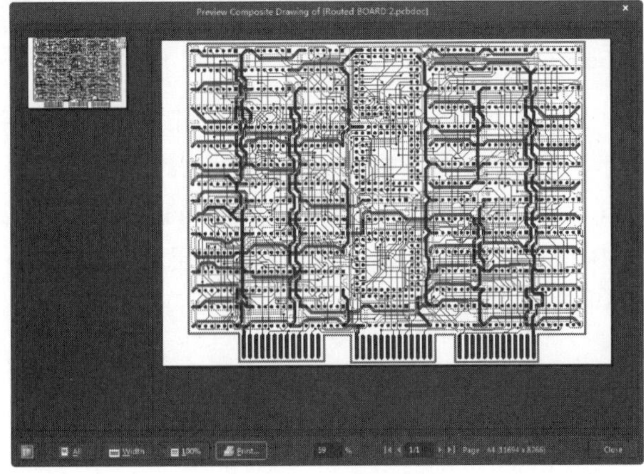

图 10-42　打印预览

（8）设置完毕后，单击“Print（打印）”按钮，开始打印。

10.5.4 生产加工文件输出

PCB 设计的目的是向 PCB 生产过程提供相关的数据文件，因此，PCB 设计的最后一步就是产生 PCB 加工文件。

利用如图 10-29 所示的 PCB 电路板图，完成生产加工文件。需要完成 PCB 加工文件、信号布线层的数据输出、丝印层的数据输出、阻焊层的数据输出、助焊层的数据输出和钻孔数据的输出。通过对本例的学习，读者可掌握生产加工文件的输出，为生产部门实现 PCB 的生产加工提供文件。

具体操作步骤如下：

（1）打开 PCB 文件。执行“文件”→“制造输出”→“Gerber Files（Gerber 文件）”命令，系统将弹出如图 10-43 所示的“Gerber Setup（Gerber 设置）”对话框。

（2）在“General（通用）”选项卡的“Units（单位）”选项组中选中“Inches（英寸）”单选按钮，在“Format（格式）”选项组中选中“2:3”单选按钮，如图 10-43 所示。

（3）选择“Layers（层）”选项卡，如图 10-44 所示，在该选项卡中选择输出的层，一次选中需要输出的所有层。

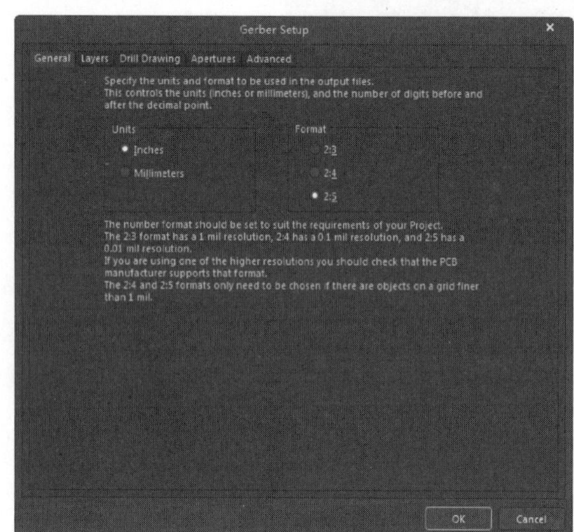

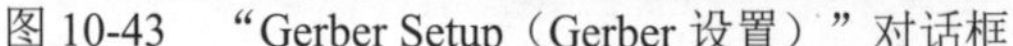

图 10-43 “Gerber Setup（Gerber 设置）”对话框

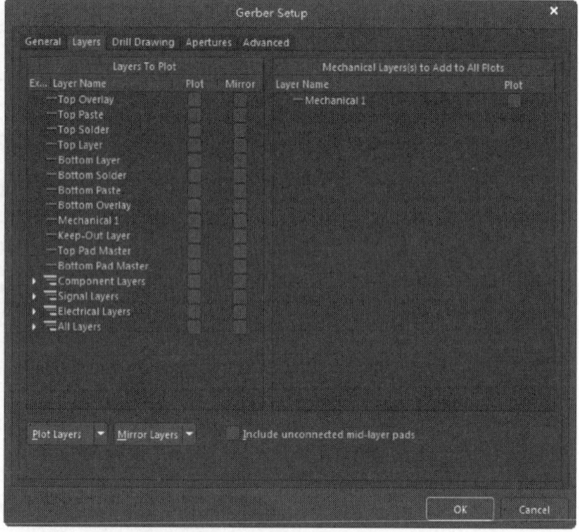

图 10-44 “Layers（层）”选项卡

（4）在“Layers（层）”选项卡中，单击“Layers To Plot（画线层）”按钮，选择“Used on（使用到）”选项，如图 10-45 所示，选择输出顶层布线层。

（5）选择“Drill Drawing（钻孔图层）”选项卡，如图 10-46 所示。在“Drill Drawing Plots（钻孔绘图）”选项组中选中“BottomLayer-TopLayer（底层-顶层）”复选框，单击该选项组右侧的 Configure Drill Symbols... 按钮，在弹出的对话框中选中“Symbol（绘图符号）”单选按钮，将“Symbol Size（孔径大小）”设置为 50mil。

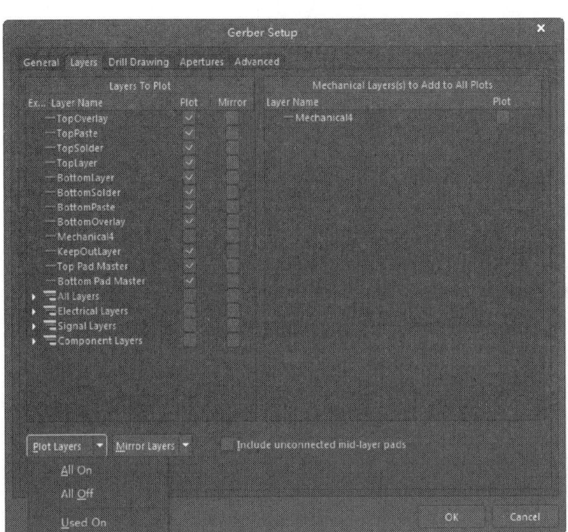

图 10-45　选择输出顶层布线层

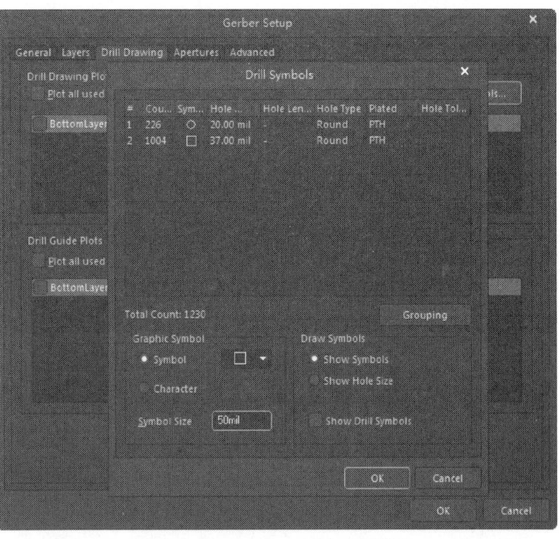

图 10-46　“Drill Drawing（钻孔图层）”选项卡

（6）选择“Apertures（光圈）”选项卡，取消选中“Embedded aperture（RS274X）（嵌入的孔径（RS274X））”复选框，如图 10-47 所示。系统将在输出加工数据时自动产生 D 码文件。

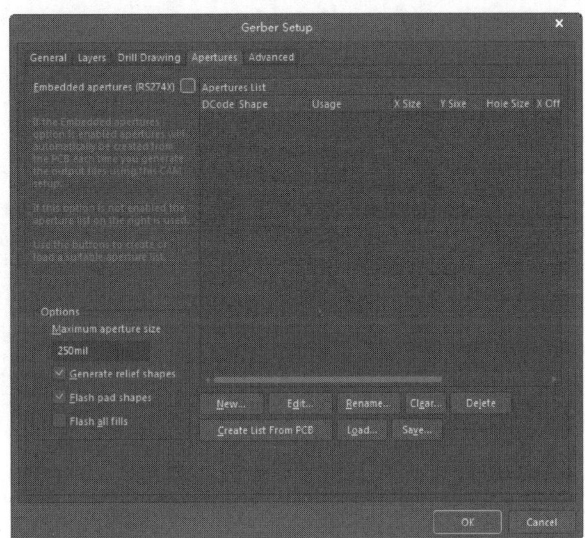

图 10-47　“Apertures（光圈）”选项卡

（7）选择“Advanced（高级）”选项卡，采用系统默认设置，如图 10-48 所示。

（8）单击 OK 按钮，得到系统输出的 Gerber 文件。同时系统输出各层的 Gerber 和钻孔文件，共 13 个，如图 10-49 所示。

（9）打开钻孔文件，执行“文件”→“导出”→“Gerber（Gerber 文件）”命令，系统将弹出如图 10-50 所示的“Export Gerber（输出 Gerber）”对话框。

（10）单击 RS-274-X 按钮，再单击 Settings... 按钮，系统将弹出如图 10-51 所示的“Gerber Export Settings（Gerber 文件输出设置）”对话框。

（11）在“Gerber Export Settings（Gerber 文件输出设置）”对话框中采用系统的默认设置，单击 OK 按钮。在 Export Gerber 对话框中，还可以对需要输出的 Gerber 文件进行选择，单击 OK 按钮，系统将输出所有选中的 Gerber 文件。

Note

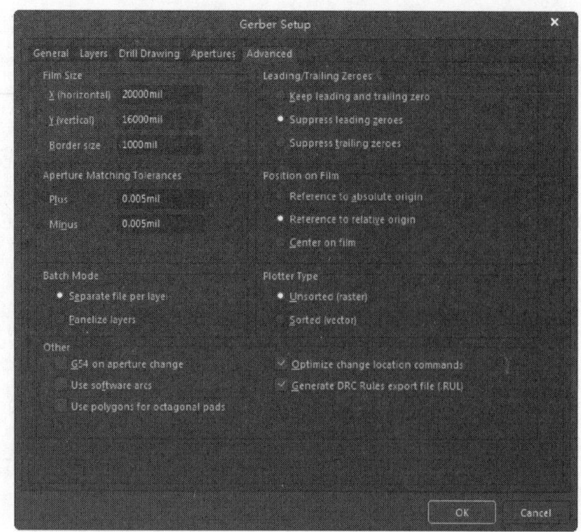

图 10-48 “Advanced（高级）”选项卡

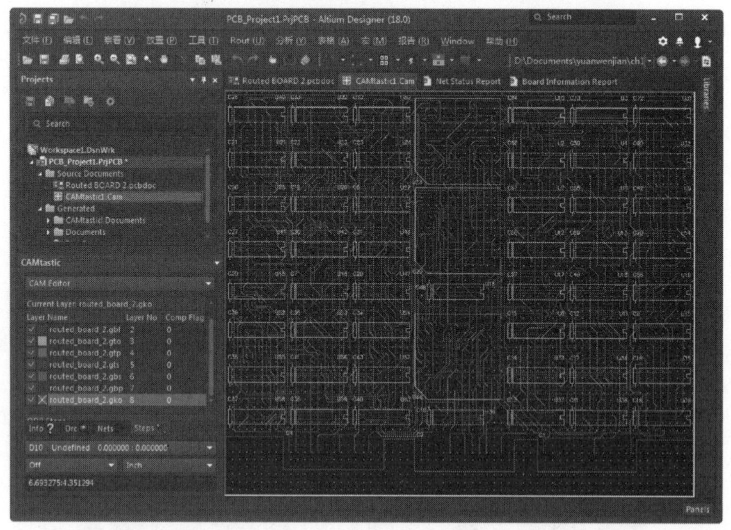

图 10-49 生成钻孔文件

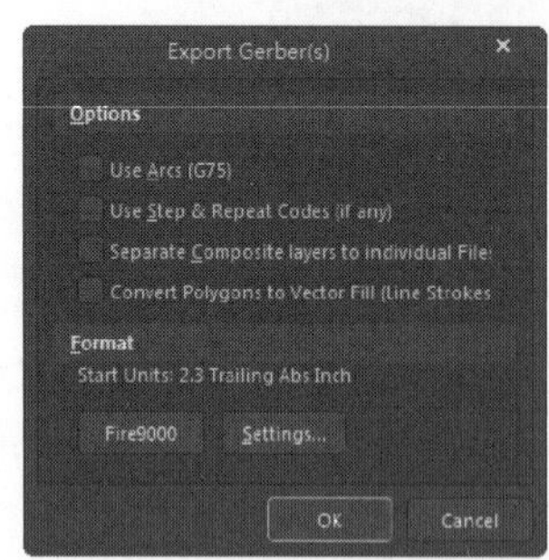

图 10-50 “Export Gerber（输出 Gerber）”对话框

图 10-51 “Gerber Export Settings（Gerber 文件输出设置）”对话框

（12）在 PCB 编辑器中，执行“文件”→“制造输出”→“NC Drill Files（输出无电气连接的钻孔图形文件）”命令，输出无电气连接钻孔图形文件，这里不再赘述。

创建元件库及元件封装

虽然 Altium Designer 18 为我们提供了丰富的元件封装库资源，但是，在实际的电路设计中，由于电子元器件技术的不断更新，有些特定的元件封装仍需我们自行制作。另外，根据工程项目的需要，建立基于该项目的元件封装库，有利于我们在以后的设计中更加方便快速地调入元件封装，管理工程文件。

本章将对元件库的创建及元件封装进行详细介绍，并学习如何管理自己的元件封装库，从而更好地为设计服务。

☑ 创建原理图元件库

☑ 元件封装

☑ 创建 PCB 元件库

任务驱动&项目案例

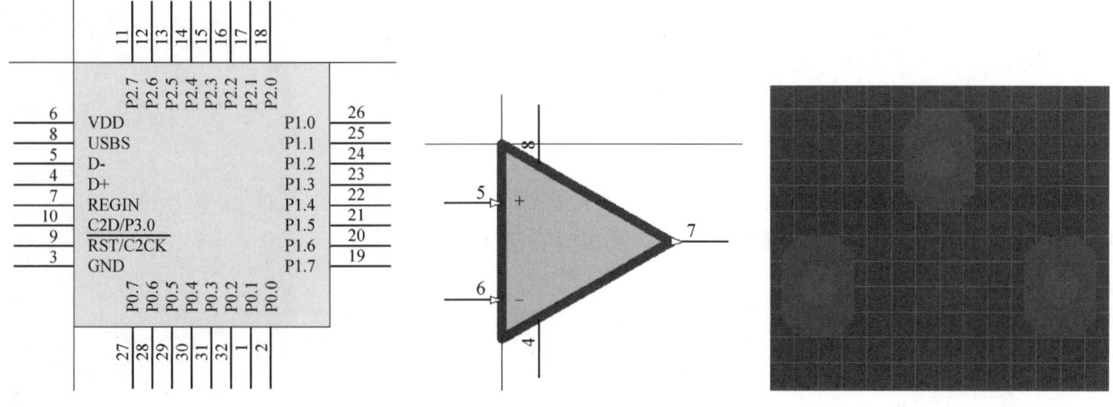

11.1 创建原理图元件库

Note

首先介绍制作原理图元件库的方法。打开或新建一个原理图库文件，即可进入原理图库文件编辑器，如图 11-1 所示。

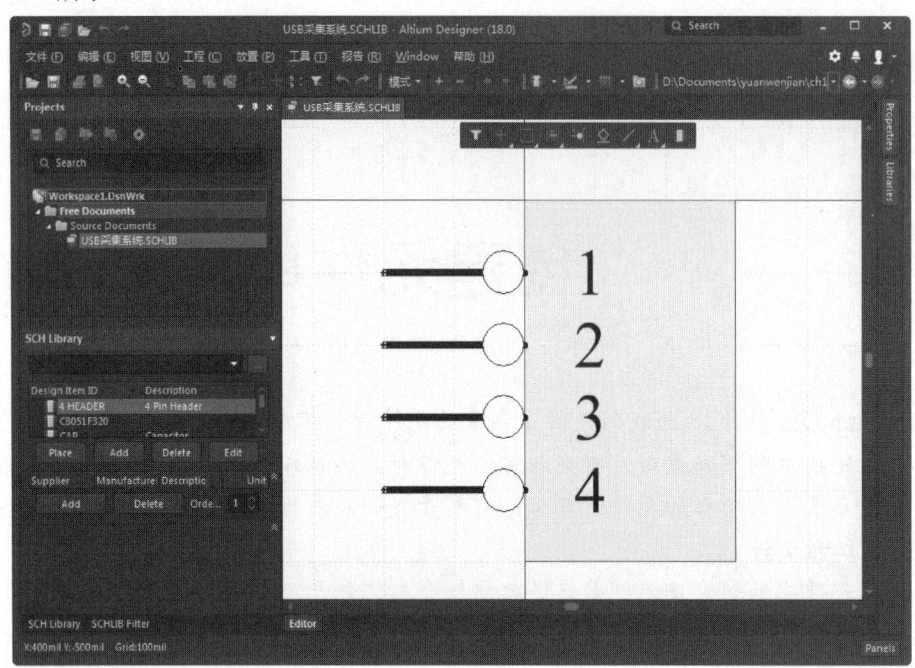

图 11-1 原理图库文件编辑器

11.1.1 元件库面板

进入原理图库文件编辑器之后，单击工作面板标签栏中的“SCH Library（SCH 元件库）”，即可显示“SCH Library（SCH 元件库）”面板。原理图库文件面板是原理图库文件编辑环境中的专用面板，几乎包含了用户创建的库文件的所有信息，用来对库文件进行编辑管理，如图 11-2 所示。

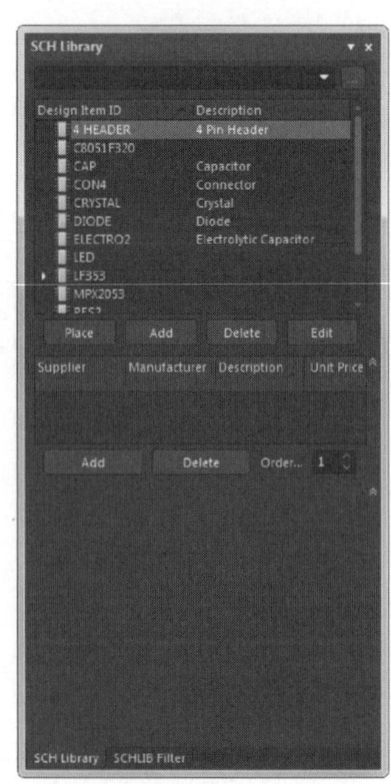

图 11-2 原理图库文件面板

1. “Components（元件）”栏

在原理图库文件面板上部的元件栏列出了当前所打开的原理图库文件中的所有库元件，包括原理图符号名称及相应的描述等。其中各按钮的功能如下。

☑ Place 按钮：将选定的元件放置到当前原理图中。

☑ Add 按钮：在该库文件中添加一个元件。

☑ Delete 按钮：删除选定的元件。

☑ Edit 按钮：编辑选定元件的属性。

2. “Supply Links（供应商连接）”栏

在该栏中可以为同一个库元件的供应商显示具体信息。例如，有

些库元件的功能、封装和管脚形式完全相同，但由于产自不同的厂商，其元件型号并不完全一致。对于这样的库元件，没有必要再单独创建一个原理图符号，只需要为已经创建的其中一个库元件的原理图符号添加一个或多个别名即可。其中按钮功能如下。

☑ Add 按钮：为选定元件添加一个供应商。
☑ Delete 按钮：删除选定的供应商。
☑ “Order（顺序）”按钮：显示元件的供应商书顺序。

11.1.2　工具栏

对于原理图库文件编辑环境中的主菜单栏及标准工具栏，由于功能和使用方法与原理图编辑环境中基本一致，在此不再赘述。我们主要对实用工具中的原理图符号绘制工具栏、IEEE 符号工具栏及模式工具栏进行简要介绍，具体的使用操作在后面再逐步了解。

1. 原理图符号绘制工具栏

单击“应用工具”工具栏中的“实用工具”按钮，则会弹出相应的原理图符号绘制工具栏，如图 11-3 所示，其中各个按钮的功能与“放置”级联菜单中的各项命令具有对应关系。

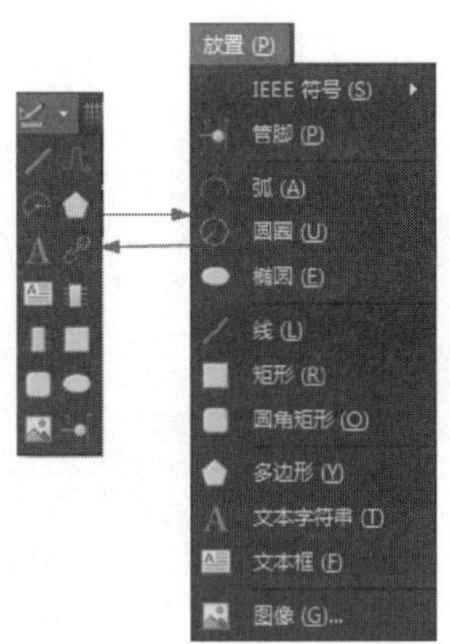

图 11-3　原理图符号绘制工具

其中各个工具功能说明如下。

☑ ：用于绘制直线。
☑ ：用于绘制贝塞尔曲线。
☑ ：用于绘制圆弧线。
☑ ：用于绘制多边形。
☑ ：用于添加说明文字。
☑ ：用于放置超链接。
☑ ：用于放置文本框。
☑ ：用于绘制矩形。
☑ ：用于在当前库文件中添加一个元件。
☑ ：用于在当前元件中添加一个元件子功能单元。
☑ ：用于绘制圆角矩形。
☑ ：用于绘制椭圆。
☑ ：用于插入图片。

☑ ：用于放置管脚。

这些工具与原理图编辑器中的工具十分相似，这里不再进行详细介绍。

2. “模式”工具栏

图 11-4 “模式”工具栏

“模式”工具栏用来控制当前元件的显示模式，如图 11-4 所示。

☑ “模式”：单击该按钮，可以为当前元件选择一种显示模式，系统默认为“Normal（正常）”。

☑ ：单击该按钮，可以为当前元件添加一种显示模式。

☑ ：单击该按钮，可以删除元件的当前显示模式。

☑ ：单击该按钮，可以切换到前一种显示模式。

☑ ：单击该按钮，可以切换到后一种显示模式。

3. “IEEE 符号”工具栏

单击“实用工具”工具栏中的图标，则会弹出相应的 IEEE 符号工具栏，如图 11-5 所示，是符合 IEEE 标准的一些图形符号。同样，该工具栏中的各个符号与“放置”→“IEEE Symbols（IEEE 符号）”级联菜单中的各项命令具有对应关系。

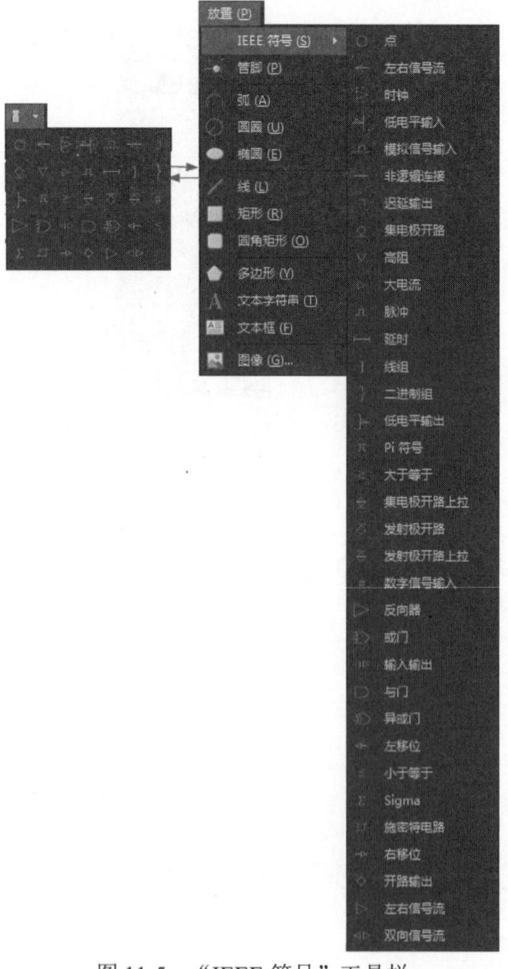

图 11-5 “IEEE 符号”工具栏

其中各个工具功能说明如下。

☑ ○：点状符号。
☑ ：左向信号流。
☑ ：时钟符号。
☑ ：低电平输入有效符号。
☑ ：模拟信号输入符号。
☑ ：非逻辑连接符号。
☑ ¬：延迟输出符号。
☑ ：集电极开路符号。
☑ ▽：高阻符号。
☑ ▷：大电流输出符号。
☑ ⎍：脉冲符号。
☑ ⊢⊣：延时符号。
☑]：线组符号。
☑ }：二进制总线符号。
☑ ：低态有效输出符号。
☑ ：π 形符号。
☑ ≥：大于等于符号。
☑ ：集电极开路上拉符号。
☑ ：发射极开路符号。
☑ ：发射极开路上拉符号。
☑ #：数字信号输入符号。
☑ ▷：反向器符号。
☑ ：或门符号。
☑ ：具有输入/输出符号。
☑ D：与门符号。
☑ ：异或门符号。
☑ ：左移符号。
☑ ≤：小于等于符号。
☑ Σ：求和符号。
☑ ：施密特触发输入特性符号。
☑ ：右移符号。
☑ ◇：开路输出符号。
☑ ▷：左右信号流量符号。
☑ ◁▷：双向信号流量符号。

11.1.3　设置库编辑器工作区参数

在原理图库文件的编辑环境中，打开如图 11-6 所示的“Properties（属性）”面板，可以根据需要设置相应的参数。

图 11-6　“Properties（属性）”面板

该面板与原理图编辑环境中的“Properties（属性）”面板的内容相似，所以这里只介绍其中个别选项的含义，其他选项用户可以参考原理图编辑环境中的“Properties（属性）”面板进行设置。

☑ “Visible Grid（可见栅格）”复选框：用于设置显示可见栅格的大小。

☑ “Snap Grid（捕捉栅格）”选项组：用于设置显示捕捉栅格的大小。

☑ “Sheet Border（原理图边界）”复选框：用于输入原理图边界是否显示及显示颜色。

☑ “Sheet Color（原理图颜色）”复选框：用于输入原理图中管脚与元件的颜色及是否显示。

另外，执行“工具”→“原理图优先选项”命令，则弹出如图 11-7 所示的对话框，可以对其他的一些有关选项进行设置，设置方法与原理图编辑环境中完全相同，这里不再赘述。

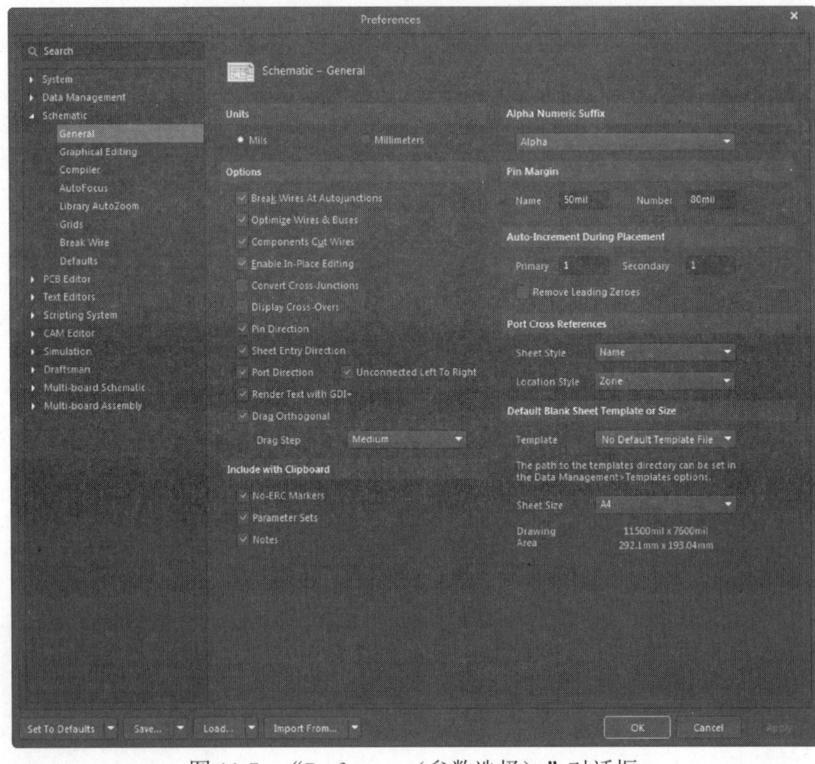

图 11-7　“Preference（参数选择）”对话框

11.1.4　绘制库元件

下面以绘制美国 Cygnal 公司的一款 USB 微控制器芯片 C8051F320 为例，详细介绍原理图符号的绘制过程。

1. 绘制库元件的原理图符号

（1）执行“File（文件）”→“新的”→“Library（库）”→“原理图库”命令，启动原理图库文件编辑器，并创建一个新的原理图库文件，命名为 NewLib.SchLib，如图 11-8 所示。

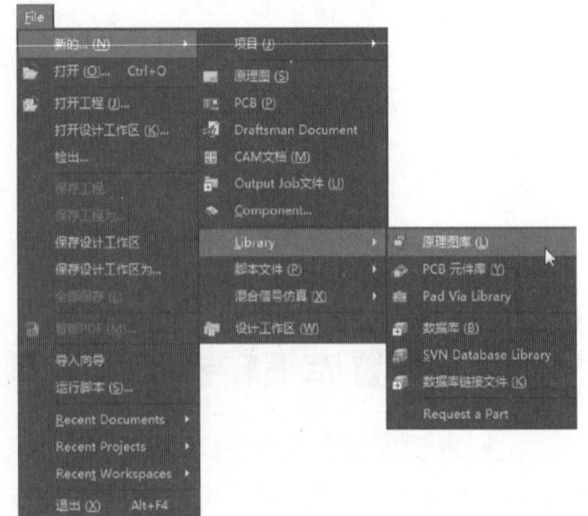

图 11-8　创建原理图库文件

（2）在界面右下角单击 Panels 按钮，弹出快捷菜单，选择“Properties（属性）”命令，打开“Properties（属性）”面板，并自动固定在右侧边界上，在弹出的面板中进行工作区参数设置。

（3）为新建的库文件原理图符号命名。

在创建了一个新的原理图库文件的同时，系统已自动为该库添加了一个默认原理图符号名为 Component-1 的库文件，打开“SCH Library（SCH 元件库）”面板可以看到。通过下面两种方法，可以为该库文件重新命名。

Note

① 单击“应用工具”工具栏中的“实用工具”按钮下拉菜单中的（创建器件）按钮，则弹出原理图符号名称对话框，可以在该对话框中输入自己要绘制的库文件名称。

② 在“SCH Library（SCH 元件库）”面板上，直接单击原理图符号名称栏下面的 Add 按钮，也会弹出同样的原理图符号名称对话框。

在这里输入 C8051F320，单击 OK 按钮关闭对话框。

（4）单击“应用工具”工具栏中的“实用工具”按钮下拉菜单中的（放置矩形）按钮，则光标变成十字形，并附有一个矩形符号。

（5）两次单击鼠标左键，在编辑窗口的第四象限内绘制一个矩形。

矩形用来作为库元件的原理图符号外形，其大小应根据要绘制的库元件管脚数的多少来决定。由于使用的 C8051F320 采用 32 管脚 LQFP 封装形式，所以应画成正方形，并画得大一些，以便于管脚的放置，管脚放置完毕后可以再调整为合适的尺寸。

2. 放置管脚

（1）单击“应用工具”工具栏中的“实用工具”按钮下拉菜单中的（放置管脚）按钮，光标变成十字形，并附有一个管脚符号。

（2）移动该管脚到矩形边框处，单击完成放置，如图 11-9 所示。

图 11-9　放置元件的管脚

（3）在放置管脚时按 Tab 键，或者双击已放置的管脚，系统弹出如图 11-10 所示的元件管脚属性面板，在该对话框中可以完成管脚的各项属性设置。

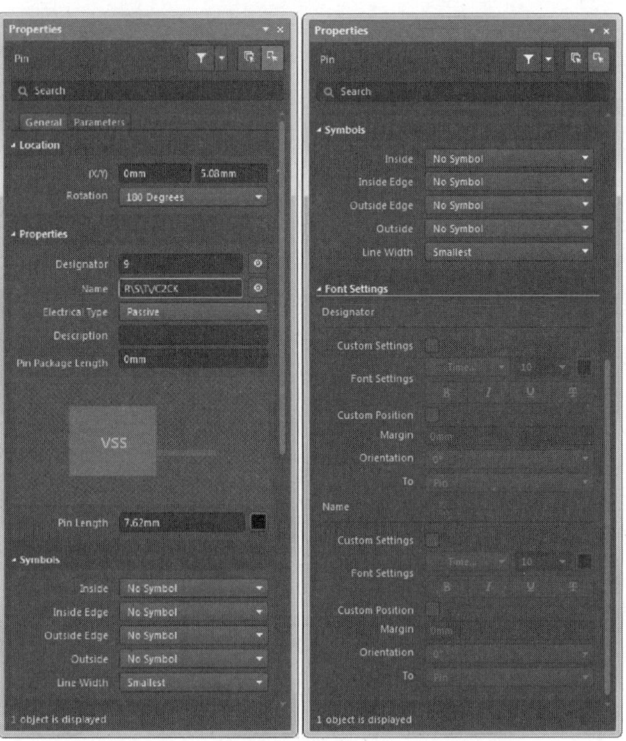

图 11-10　“Properties（属性）”面板

放置管脚时，一定要保证具有电气特性的一端，即带有“×”号的一端朝外，这可以通过在放置管脚时按空格键旋转来实现。

Note

“Properties（属性）”面板中各项属性含义如下。

（1）“Location（位置）”选项组

Rotation（旋转）：用于设置端口放置的角度，有 0 Degrees、90 Degrees、180 Degrees、270 Degrees 4 种选择。

（2）“Properties（属性）”选项组

☑ “Designator（指定管脚标号）”文本框：用于设置库元件管脚的编号，应该与实际的管脚编号相对应，这里输入 9。

☑ “Name（名称）”文本框：用于设置库元件管脚的名称。例如，把该管脚设定为第 9 管脚。由于 C8051F320 的第 9 管脚是元件的复位管脚，低电平有效，同时也是 C2 调试接口的时钟信号输入管脚。另外，在原理图“Preferences（参数选择）”对话框中“Graphical Editing（图形编辑）”标签页中，已经选中了“Single ‘\’ Negation（简单\否定）”复选框，因此在这里输入名称为“R\S\T\/C2CK”，并选中右侧的“可见”按钮。

☑ “Electrical Type（电气类型）”下拉列表框：用于设置库元件管脚的电气特性。有 Input（输入）、IO（输入输出）、Output（输出）、OpenCollector（打开集流器）、Passive（中性的）、Hiz（高阻型）、Emitter（发射器）和 Power（激励）8 个选项。在这里，我们选择“Passive（中性的）”选项，表示不设置电气特性。

☑ “Description（描述）”文本框：用于填写库元件管脚的特性描述。

☑ “Pin Package Length（管脚包长度）”文本框：用于填写库元件管脚封装长度。

☑ “Pin Length（管脚长度）”文本框：用于填写库元件管脚的长度。

（3）“Symbols（管脚符号）”选项组

根据管脚的功能及电气特性为该管脚设置不同的 IEEE 符号，作为读图时的参考。可放置在原理图符号的 Inside（内部）、Inside Edge（内部边沿）、Outside Edge（外部边沿）或 Outside（外部）等不同位置，设置 Line Width（线宽），没有任何电气意义。

（4）“Font Settings（字体设置）”选项组

设置元件的“Designator（指定管脚标号）”和“Name（名称）”字体的通用设置与通用位置参数设置。

（5）“Parameters（参数）”选项卡

用于设置库元件的 VHDL 参数。

设置完毕后，按 Enter 键，关闭对话框，设置好属性的管脚如图 11-11 所示。

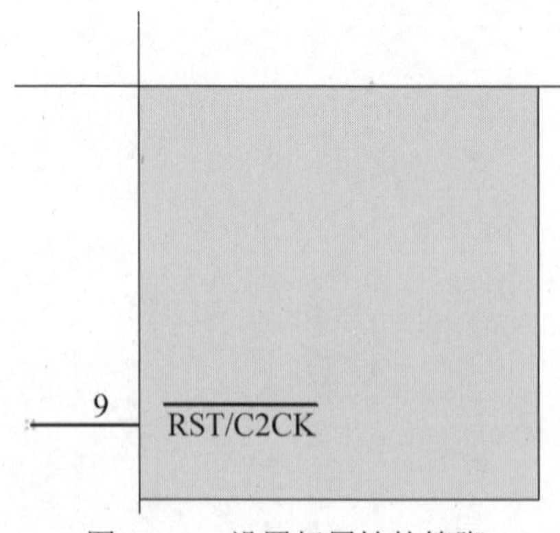

图 11-11　设置好属性的管脚

按照同样的操作，或者使用队列粘贴功能，完成其余 31 个管脚的放置，并设置好相应的属性，如图 11-12 所示。

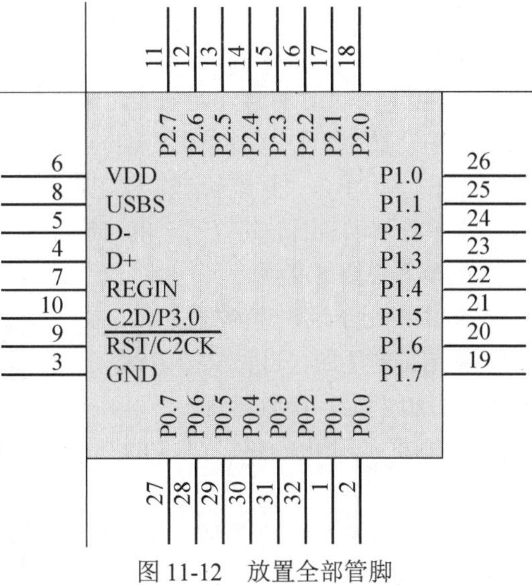

图 11-12　放置全部管脚

3. 编辑元件属性

双击“SCH Library（SCH 元件库）”面板原理图符号名称栏中的库元件名称 C8051F320，则系统弹出如图 11-13 所示的“Properties（属性）”面板。

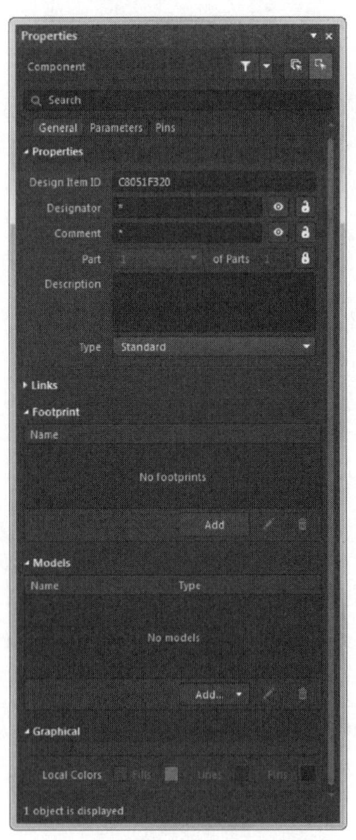

图 11-13　库元件属性设置面板

在该对话框中可以对自己所创建的库元件进行特性描述，以及其他属性参数设置，主要设置如下几项。

（1）“Properties（属性）”选项组

☑ “Design Item ID（设计项目标识）”文本框：库元件名称。

☑ “Designator（符号）”文本框：库元件标号，即把该元件放置到原理图文件中时，系统最初默认显示的元件标号。这里设置为“U?”，并单击右侧的（可见）按钮，则放置该元件时，序号“U?”会显示在原理图上。单击“锁定管脚”按钮，所有的管脚将和库元件成为一个整体，不能在原理图上单独移动管脚。建议用户单击该按钮，这样对电路原理图的绘制和编辑会有很大好处，以减少不必要的麻烦。

☑ “Comment（元件）”文本框：用于说明库元件型号。这里设置为C8051F320，并单击右侧的（可见）按钮，则放置该元件时，C8051F320会显示在原理图上。

☑ “Description”（描述）”文本框：用于描述库元件功能。这里输入USB MCU。

☑ “Type（类型）”下拉列表框：库元件符号类型，可以选择设置。这里采用系统默认设置“Standard（标准）”。

（2）“Link（元件库线路）”选项组

库元件在系统中的标识符。这里输入C8051F320。

（3）“Footprint（封装）”选项组

单击“Add（添加）”按钮，可以为该库元件添加PCB封装模型。

（4）“Models（模式）”选项组

单击“Add（添加）”按钮，可以为该库元件添加PCB封装模型之外的模型，如信号完整性模型、仿真模型、PCB 3D模型等。

（5）“Graphical（图形）”选项组

用于设置图形中线的颜色、填充颜色和管脚颜色。

（6）“Pins（管脚）”选项卡

系统将弹出如图11-14所示的选项卡，在该面板中可以对该元件所有管脚进行一次性的编辑设置。

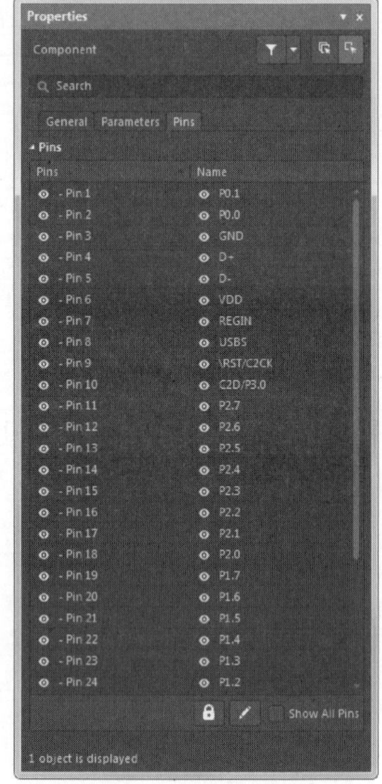

图11-14　设置所有管脚

“Show All Pins（在原理图中显示全部管脚）”复选框：选中该复选框后，在原理图上会显示该元件的全部管脚。

4. 放置文本

（1）执行“放置”→“文本字符串”命令，或者单击原理图符号绘制工具栏中的放置文本字符串按钮A（放置文本字符串），光标变成十字形，并带有一个文本字符串。

（2）移动光标到原理图符号中心位置处，此时按Tab键或者双击字符串，则系统会弹出“Properties（属性）”面板，在“Text（文本）”中输入SILICON，如图11-15所示。

至此，我们完整地绘制了库元件C8051F320的原理图符号，如图11-16所示。这样，在绘制电路原理图时，只需要将该元件所在的库文件打开，即可随时取用该元件。

Note

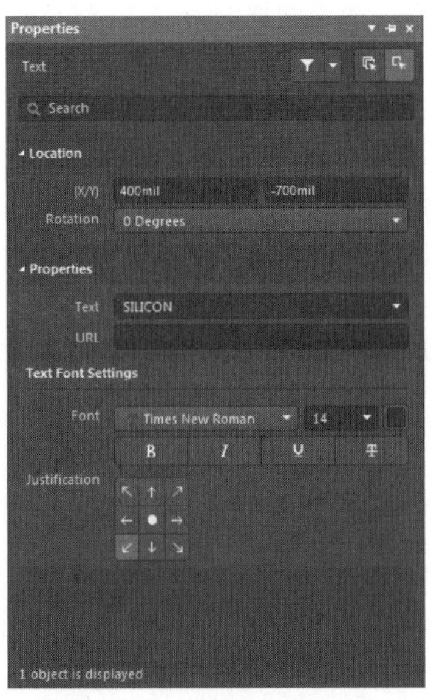

图 11-15　添加文本标注

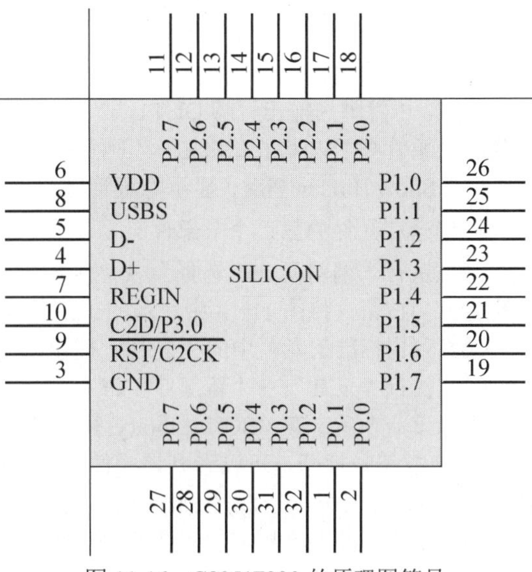

图 11-16　C8051F320 的原理图符号

11.1.5　绘制含有子部件的库元件

下面利用相应的库元件管理命令来绘制一个含有子部件的库元件 LF353。

LF353 是美国 TI 公司所生产的双电源 JFET 输入的双运算放大器，在高速积分、采样保持等电路设计中常常用到，采用 8 管脚的 DIP 封装形式。

1. 绘制库元件的第一个子部件

（1）执行“文件”→“新的”→“Library（元件库）”→“原理图库”命令，启动原理图库文件编辑器，并创建一个新的原理图库文件，命名为 NewLib.SchLib。

（2）单击“Properties（属性）”面板，在弹出的面板中进行工作区参数设置。

（3）为新建的库文件原理图符号命名。

在创建了一个新的原理图库文件的同时，系统已自动为该库添加了一个默认原理图符号名为 Component-1 的库文件，打开“SCH Library（SCH 元件库）”面板可以看到。通过下面两种方法，可以为该库文件重新命名。

① 单击“应用工具”工具栏中的“实用工具”按钮下拉菜单中的（创建器件）按钮，则弹出如图 11-17 所示的原理图符号名称对话框，可以在该对话框中输入自己要绘制的库文件名称。

② 在“SCH Library（SCH 元件库）”面板上直接单击原理图符号名称栏下面的“Add（添加）”按钮，也会弹出同样的原理图符号名称对话框。

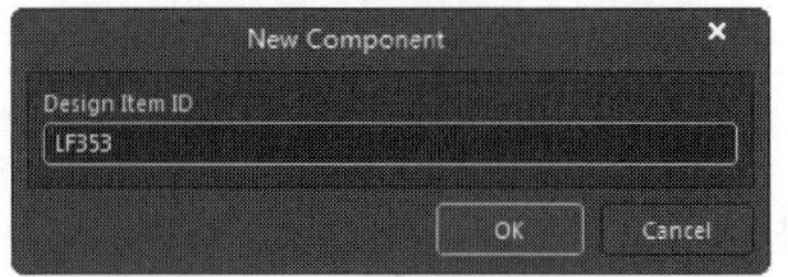

图 11-17　原理图符号名称对话框

在这里输入 LF353，单击“OK（确定）”按钮，关闭对话框。

（4）单击“应用工具”工具栏中的“实用工具”按钮下拉菜单中的（放置多边形）按钮，则光标变成十字形，以编辑窗口的原点为基准，绘制一个三角形的运算放大器符号。

2. 放置管脚

（1）单击“应用工具”工具栏中的“实用工具”按钮下拉菜单中的（放置管脚）按钮，则光标变成十字形，并附有一个管脚符号。

（2）移动该管脚到多边形边框处，单击鼠标左键完成放置。使用同样的方法放置管脚 1、2、3、4、8 在三角形符号上，并设置好每个管脚的相应属性，如图 11-18 所示。这样就完成了一个运算放大器原理图符号的绘制。

其中，1 管脚为输出管脚 OUT1，2、3 管脚为输入管脚“IN1（－）、IN1（＋）”，8、4 管脚则为公共的电源管脚“VCC＋、VCC－”。对这两个电源管脚的属性可以设置为“隐藏”，这样，执行“视图”→“Show Hidden Pins（显示隐藏管脚）”命令，可以切换进行显示查看或隐藏。

3. 创建库元件的第二个子部件

（1）执行“编辑”→“选择”→“区域内部”命令，或者单击标准工具栏中的▢（选择区域内部的对象）按钮，将图 11-18 中所示的子部件原理图符号选中。

（2）单击标准工具栏中的“复制”按钮，复制选中的子部件原理图符号。

（3）执行“工具”→“新部件”命令。

执行该命令后，在“SCH Library（SCH 元件库）”面板上库元件 LF353 的名称前多了一个⊞符号，单击⊞符号打开，可以看到该元件中有两个子部件，刚才绘制的子部件原理图符号系统已经命名为 Part A，还有一个子部件 Part B 是新创建的。

（4）单击标准工具栏中的“粘贴”按钮，将复制的子部件原理图符号粘贴在 Part B 中，并改变管脚序号：7 管脚为输出管脚 OUT2，6、5 管脚为输入管脚“IN2（－）、IN2（＋）”，8、4 管脚仍为公共的电源管脚“VCC＋、VCC－”，如图 11-19 所示。

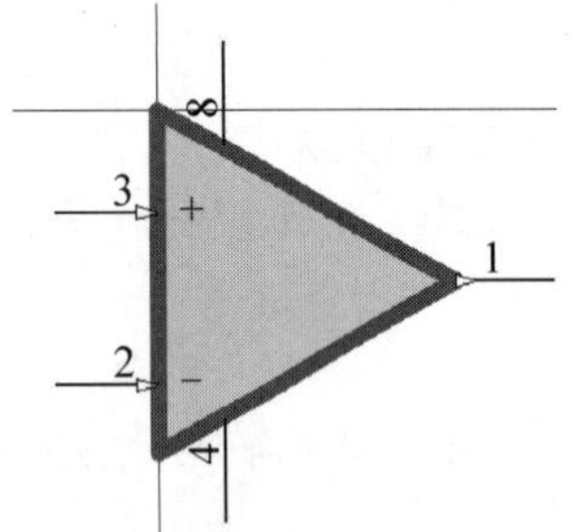

图 11-18　绘制元件的第一个子部件

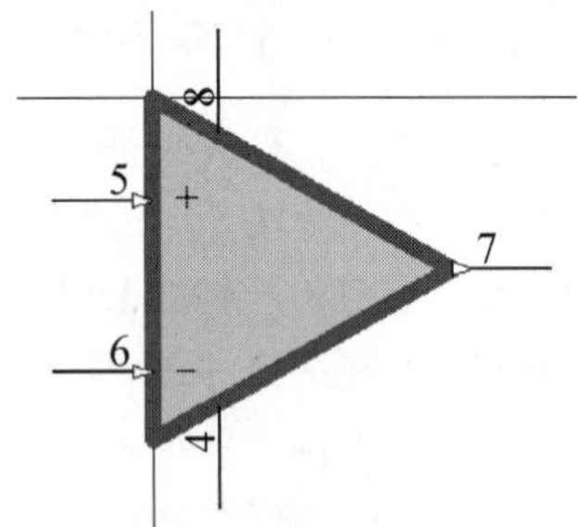

图 11-19　绘制元件的第二个子部件

这样，一个含有两个子部件的库元件即建立好。使用同样的方法，可以创建含有多于两个子部件的库元件。

11.2　创建 PCB 元件库及封装

电子元器件种类繁多，相应地，其封装形式也可谓五花八门。所谓封装，是指安装半导体集成电路芯片用的外壳，它不仅起着安放、固定、密封、保护芯片和增强电热性能的作用，而且还是沟通芯片内部世界与外部电路的桥梁。

11.2.1　封装概述

芯片的封装在 PCB 板上通常表现为一组焊盘、丝印层上的边框及芯片的说明文字。焊盘是封装中最重要的组成部分，用于连接芯片的管脚，并通过印制板上的导线连接印制板上的其他焊盘，进一步连接焊盘所对应的芯片管脚，完成电路板的功能。在封装中，每个焊盘都有唯一的标号，以区别于封装中的其他焊盘。丝印层上的边框和说明文字主要起指示作用，指明焊盘组所对应的芯片，方便印

制板的焊接。焊盘的形状和排列是封装的关键组成部分，确保焊盘的形状和排列正确才能正确地建立一个封装。对于安装有特殊要求的封装，边框也需要绝对正确。

Altium Designer 18 提供了强大的封装绘制功能，能够绘制各种各样的新出现封装。考虑到芯片的管脚排列通常是规则的，多种芯片可能有同一种封装形式，Altium Designer 18 提供了封装库管理功能，绘制好的封装可以方便地保存和引用。

Note

11.2.2　常用封装介绍

总体上讲，根据元件采用安装技术的不同，可分为插入式封装技术（Through Hole Technology，THT）和表贴式封装技术（Surface Mounted Technology，SMT）。

插入式封装元件安装时，元件安置在板子的一面，将管脚穿过 PCB 板焊接在另一面上。插入式元件需要占用较大的空间，并且要为每只管脚钻一个孔，所以它们的管脚会占据两面的空间，而且焊点也比较大。但从另一方面来说，插入式元件与 PCB 连接较好，机械性能好。例如，排线的插座、接口板插槽等类似的界面都需要一定的耐压能力，因此，通常采用 THT 封装技术。

表贴式封装的元件，管脚焊盘与元件在同一面。表贴元件一般比插入式元件体积要小，而且不必为焊盘钻孔，甚至还能在 PCB 板的两面都焊上元件。因此，与使用插入式元件的 PCB 比起来，使用表贴元件的 PCB 板上元件布局要密集很多，体积也就小很多。此外，表贴封装元件也比插入式元件要便宜一些，所以现今的 PCB 上广泛采用表贴元件。

元件封装可以大致分为以下几种类型。

☑ BGA（Ball Grid Array）：球栅阵列封装。因其封装材料和尺寸的不同还细分成不同的 BGA 封装，如陶瓷球栅阵列封装 CBGA、小型球栅阵列封装 μBGA 等。

☑ PGA（Pin Grid Array）：插针栅格阵列封装技术。这种技术封装的芯片内外有多个方阵形的插针，每个方阵形插针沿芯片的四周间隔一定距离排列，根据管脚数目的多少，可以围成 2～5 圈。安装时，将芯片插入专门的 PGA 插座。该技术一般用于插拔操作比较频繁的场合之下，如个人计算机 CPU。

☑ QFP（Quad Flat Package）：方形扁平封装，为当前芯片使用较多的一种封装形式。

☑ PLCC（Plastic Leaded Chip Carrier）：有引线塑料芯片载体。

☑ DIP（Dual In-line Package）：双列直插封装。

☑ SIP（Single In-line Package）：单列直插封装。

☑ SOP（Small Out-line Package）：小外形封装。

☑ SOJ（Small Out-line J-Leaded Package）：J 形管脚小外形封装。

☑ CSP（Chip Scale Package）：芯片级封装，较新的封装形式，常用于内存条中。在 CSP 的封装方式中，芯片是通过一个个锡球焊接在 PCB 板上，由于焊点和 PCB 板的接触面积较大，所以内存芯片在运行中所产生的热量可以很容易地传导到 PCB 板上并散发出去。另外，CSP 封装芯片采用中心管脚形式，有效地缩短了信号的传导距离，其衰减随之减少，芯片的抗干扰、抗噪性能也能得到大幅提升。

☑ Flip-Chip：倒装焊芯片，也称为覆晶式组装技术，是一种将 IC 与基板相互连接的先进封装技术。在封装过程中，IC 会被翻覆过来，让 IC 上面的焊点与基板的接合点相互连接。由于成本与制造因素，使用 Flip-Chip 接合的产品通常根据 I/O 数多少分为两种形式，即低 I/O 数的 FCOB（Flip Chip on Board）封装和高 I/O 数的 FCIP（Flip Chip in Package）封装。Flip-Chip 技术应用的基板包括陶瓷、硅芯片、高分子基层板及玻璃等，其应用范围包括计算机、PCMCIA 卡、军事设备、个人通信产品、钟表及液晶显示器等。

☑ COB（Chip on Board）：板上芯片封装。即芯片被绑定在 PCB 上，这是一种现在比较流行的生产方式。COB 模块的生产成本比 SMT 低，并且还可以减小模块体积。

11.2.3 新建封装的界面介绍

Note

进入 PCB 库文件编辑环境的步骤如下。

1. 新建一个 PCB 库文件

执行“File（文件）”→“新的”→“Library（库）”→“PCB 元件库”命令，如图 11-20 所示。即可打开 PCB 库编辑环境，并新建一个空白 PCB 库文件 PcbLib1.PcbLib。

图 11-20 新建 PCB 库文件

2. 保存并更改 PCB 库文件

保存并更改该 PCB 库文件名称，这里改名为 NewPcbLib. PcbLib，可以看到在“Projects（工程）”面板的 PCB 库文件管理夹中出现了所需要的 PCB 库文件，随后双击该文件即可进入库文件编辑器，如图 11-21 所示。

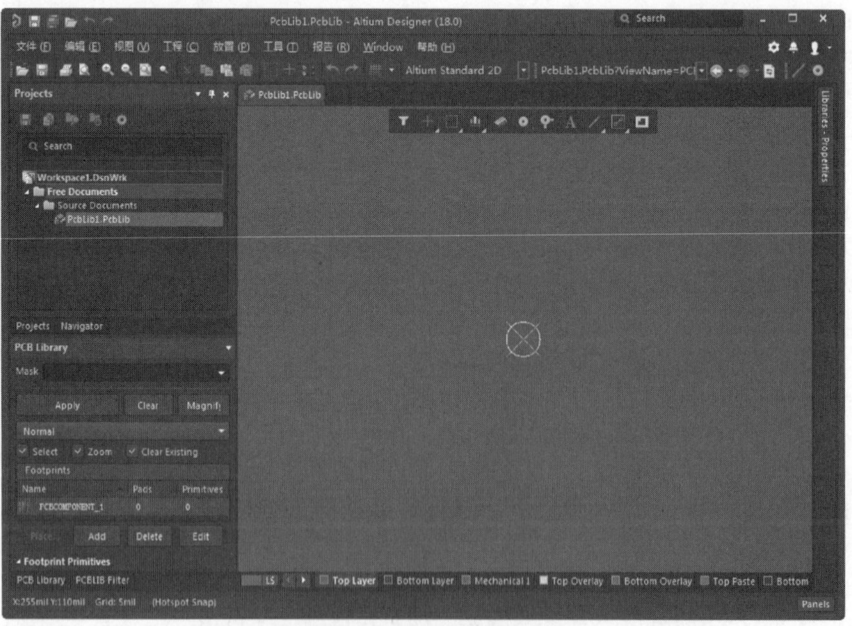

图 11-21 PCB 库编辑器

Note

PCB 库编辑器的设置和 PCB 编辑器基本相同，只是主菜单中少了“设计”和“布线”命令。工具栏中也减少了相应的工具按钮。另外，在这两个编辑器中可用的控制面板也有所不同。在 PCB 库编辑器中独有的“PCB Library（PCB 元件库）”面板，提供了对封装库内元件封装同一编辑、管理的接口。

“PCB Library（PCB 元件库）”面板如图 11-22 所示，该面板共分成 4 个区域：“Mask（屏蔽）”“Footprints（元件）”“Footprint Primitives（元件的图元）”“Other（缩略图显示框）”。

“Mask（屏蔽）”栏对该库文件内的所有元件封装进行查询，并根据屏蔽栏内容将符合条件的元件封装列出。

“Footprints（元件）”栏列出该库文件中所有符合屏蔽栏条件的元件封装名称，并注明其焊盘数、图元数等基本属性。单击元件列表内的元件封装名，工作区内显示该封装，即可进行编辑操作。双击元件列表内的元件封装名，工作区内显示该封装，并且弹出如图 11-23 所示的“PCB Library Footprint（PCB 元件库元件）”对话框，在该对话框内修改元件封装的名称和高度。高度是供 PCB 3D 仿真时用的。

在元件列表中右击，弹出的快捷菜单如图 11-24 所示。通过该菜单可以进行元件库的各种编辑操作。

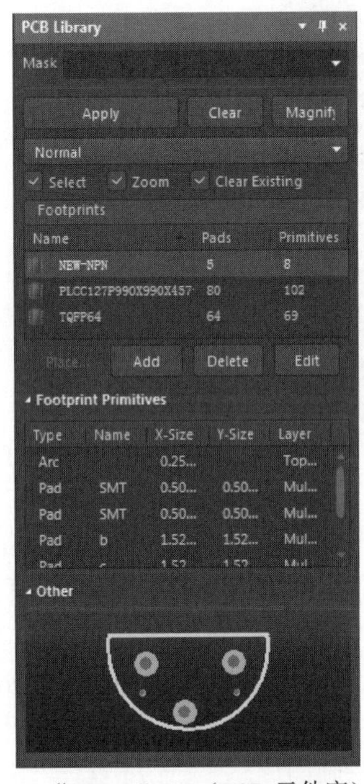

图 11-22　“PCB Library（PCB 元件库）”面板

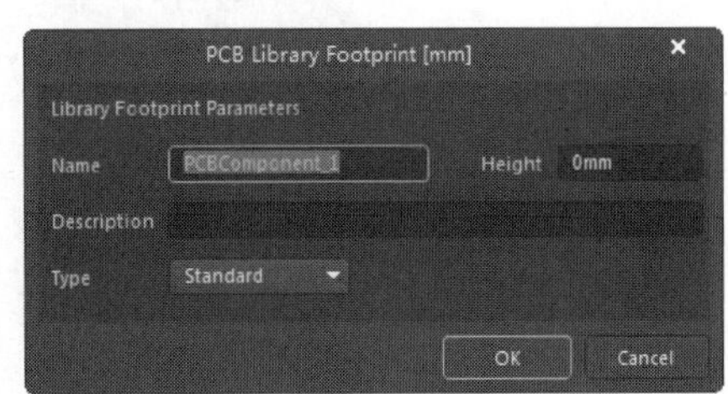

图 11-23　“PCB Library Footprint（PCB 元件库元件）”对话框

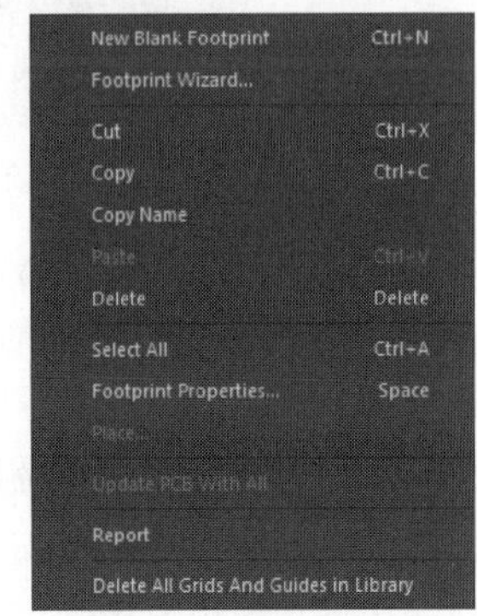

图 11-24　元件列表快捷菜单

11.2.4　PCB 库编辑器环境设置

进入 PCB 库编辑器后，同样需要根据要绘制的元件封装类型对编辑器环境进行相应的设置。PCB 库编辑环境设置包括器件库选项、板层和颜色、层叠管理、参数选择。

1. 器件库选项设置

打开“Properties（属性）”面板，如图 11-25 所示。在此面板中对器件库选项参数进行设置。

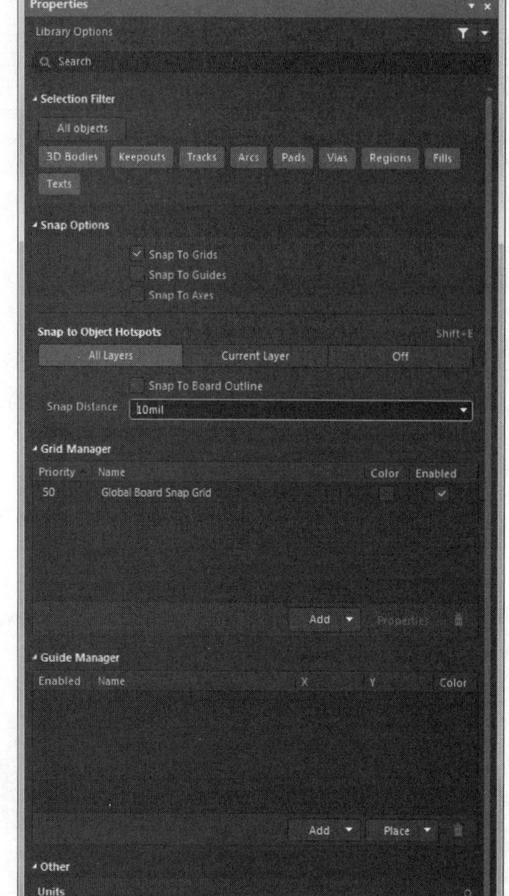

图 11-25　器件库选项设置

☑ “Selection Filter（选择过滤器）”选项组：用于显示对象选择过滤器。单击 All objects 按钮，表示在原理图中选择对象时选中所有类别的对象，也可单独选择其中的选项，还可全部选中。

☑ “Snap Options（捕获选项）”选项组：用于捕捉设置。包括 3 个复选板框，“Snap To Grids（是否显示捕捉栅格）”“Snap To Guides（是否显示捕捉向导）”“Snap To Axes（是否显示捕捉坐标）”，激活捕捉功能可以精确定位对象的放置，精确地绘制图形。

☑ “Snap to Object Hotspots（捕捉到对象热点）”选项组：用于设置捕捉对象。对于捕捉对象所在层有 3 个选项：“All Layers（所有层）”“Current Layer（当前层）”“Off（关闭）”。选中“Snap To Board Outline（捕捉到电路板轮廓）”复选框，则添加板轮廓到捕捉对象中。同时还可设置“Snap Distance（捕捉距离）”参数值。

☑ “Grid Manager（栅格管理器）”选项组：设置图纸中显示的栅格颜色与是否显示。单击“Properties（属性）”按钮，弹出“Cartesian Grid Editor（笛卡儿网格编辑器）”对话框，用于设置添加的栅格类型中栅格的线型，间隔等参数，如图 11-26 所示。

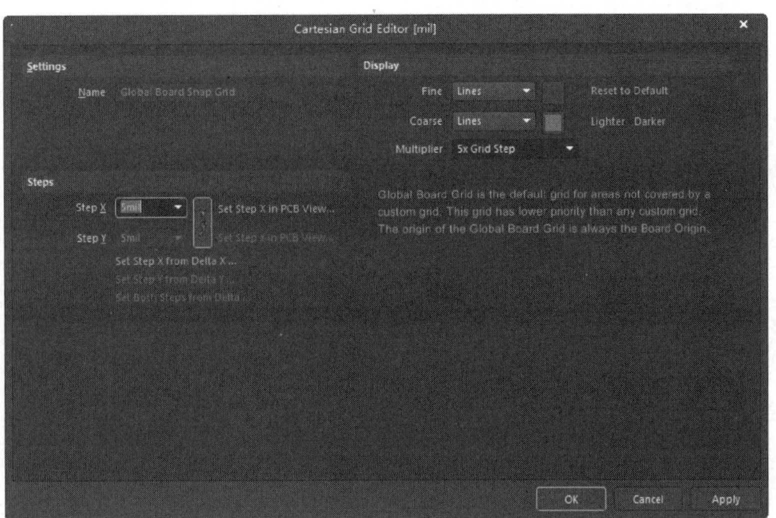

图 11-26 “Cartesian Grid Editor（笛卡儿网格编辑器）”对话框

图纸中常用的栅格包括下面 3 种。

- “Snap Grid（捕获栅格）”选项组：捕获格点。该格点决定了光标捕获的格点间距，X 与 Y 的值可以不同。这里设置为 10mil。
- “Electrical Grid（电气栅格）”选项组：电气捕获格点。电气捕获格点的数值应小于“Snap Grid（捕获栅格）”的数值，只有这样才能较好地完成电气捕获功能。
- “Visible Grid（可视栅格）”选项组：可视格点。这里 Grid 1 设置为 10mil，Grid 2 设置为 100mil。

☑ “Guide Manager（向导管理器）”选项组：用于设置 PCB 图纸的 X、Y 坐标和长、宽。

☑ “Units（度量单位）”选项组：用于设置 PCB 板的单位。“Route Tool Path（布线工具路径）”选项中选择布线所在层，如图 11-27 所示。

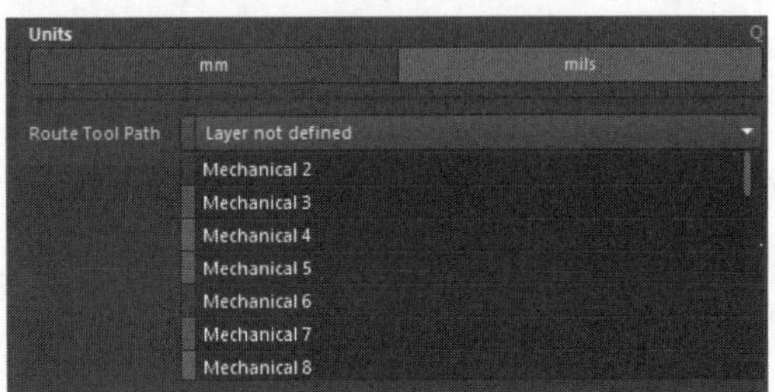

图 11-27 选择布线层

2. 板层和颜色设置

单击菜单栏中的“工具”→“优先选项”命令，或者在工作区右击，在弹出的快捷菜单中选择“优先选项”命令，系统将弹出 “Preferences（参数选择）”对话框，选择“Layer Colors（电路板层颜色）”选项，如图 11-28 所示。

3. 层叠管理设置

在主菜单中执行“设计”→“层叠管理器”命令，或者在工作区右击，在弹出的快捷菜单中选择 Layer Stack Manager 命令，即可打开“Layer Stack Manager（层叠管理器）”对话框，如图 11-29 所示。

Note

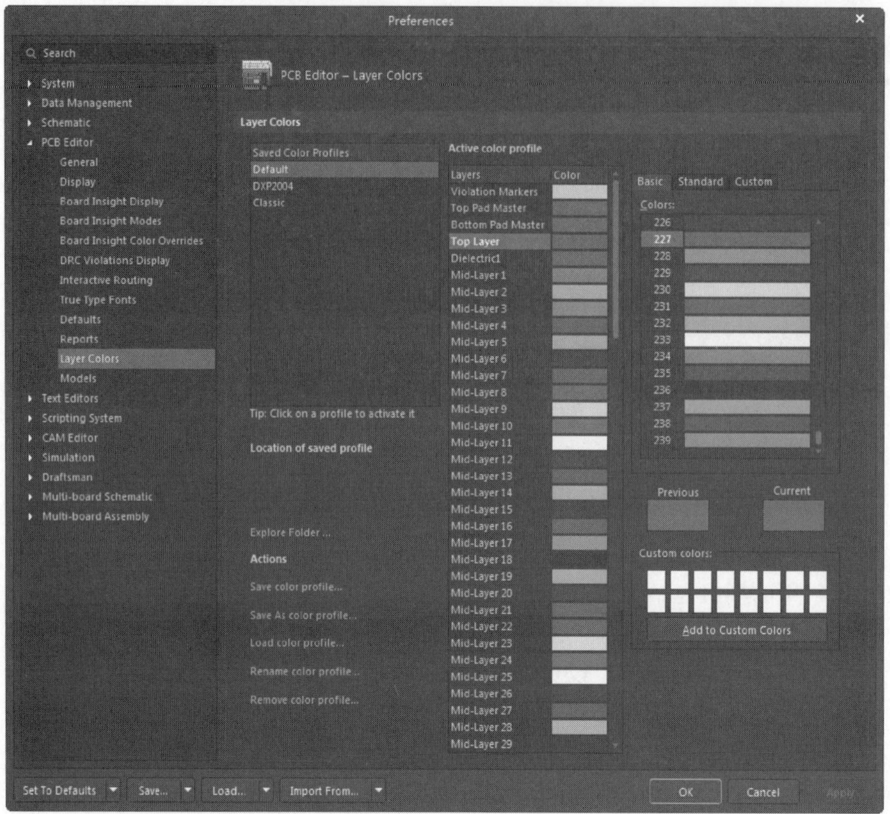

图 11-28 “Layer Colors（电路板层颜色）”选项

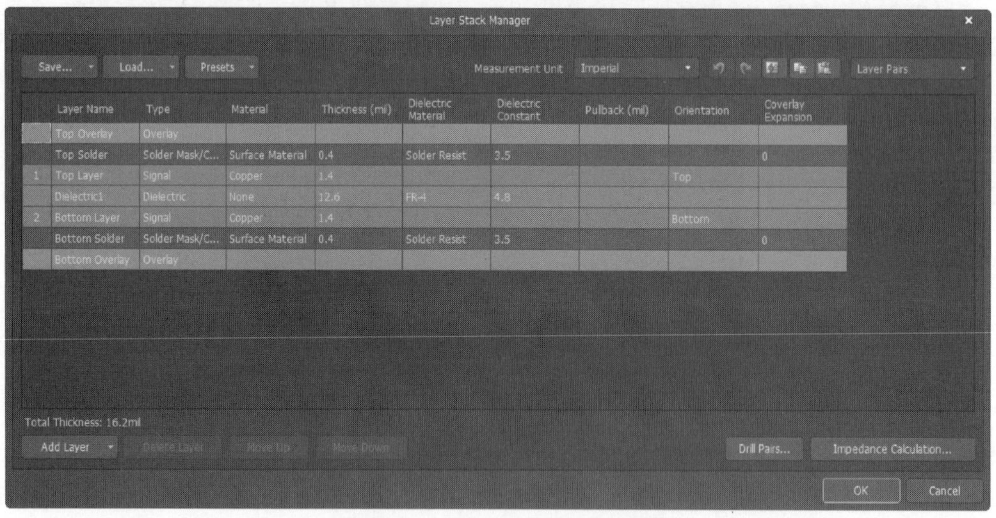

图 11-29 “Layer Stack Manager（层叠管理器）”对话框

4. 参数选择设置

在主菜单中执行“工具”→“优先选项”命令，或者在工作区右击，在弹出的快捷菜单中选择“选项”→“优先选项”命令，即可打开“Preferences（参数选择）”对话框，如图 11-30 所示。

Note

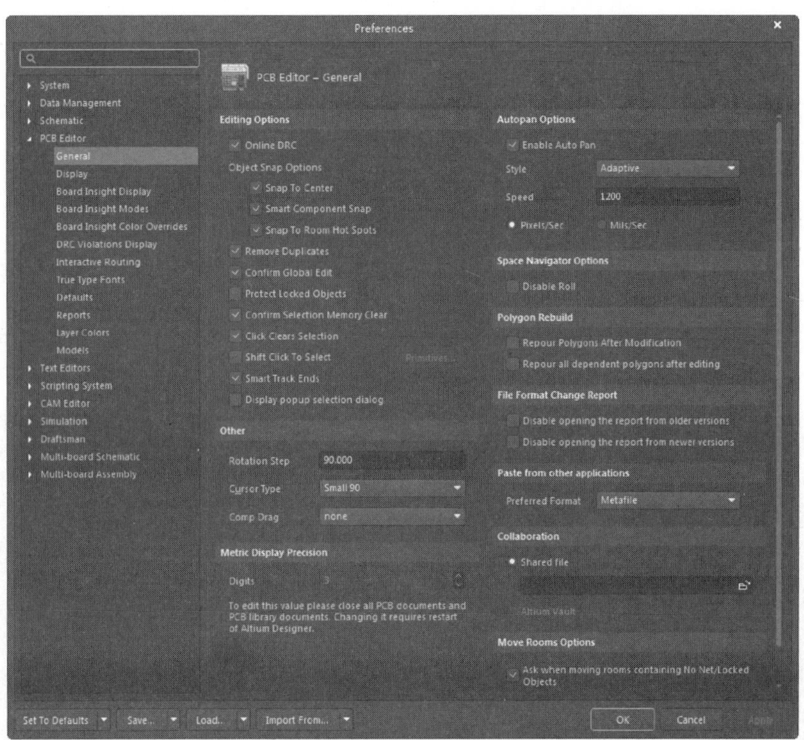

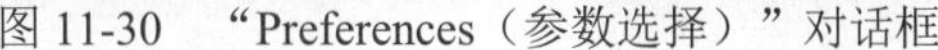
图 11-30　“Preferences（参数选择）”对话框

至此，环境设置完毕。

11.2.5　用 PCB 向导创建 PCB 元件规则封装

下面用 PCB 元件向导来创建元件封装。PCB 元件向导通过一系列对话框来让用户输入参数，最后根据这些参数自动创建一个封装。这里要创建的封装尺寸信息如下：外形轮廓（矩形）为 10mm×10mm，管脚数为 16×4，管脚宽度为 0.22mm，管脚长度为 1mm，管脚间距为 0.5mm，管脚外围轮廓为 12mm×12mm。

具体操作步骤如下。

（1）执行“工具”→“元器件向导”命令，系统弹出元件封装向导对话框，如图 11-31 所示。

（2）单击“Next（下一步）”按钮，进入元件封装模式选择界面，如图 11-32 所示。在模式类表中列出了各种封装模式。

图 11-31　元件封装向导首页

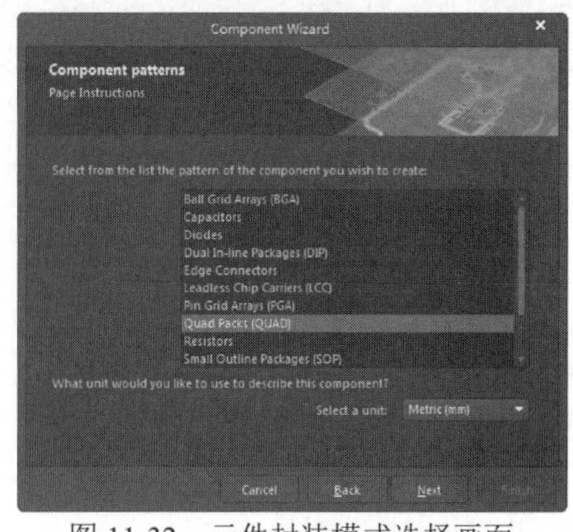

图 11-32　元件封装模式选择画面

Note

这里选择 Quad Packs（QUAD）封装模式。另外，在下面的选择单位栏中选择公制单位 Metric（mm）。

（3）单击“Next（下一步）”按钮，进入焊盘尺寸设定界面，如图 11-33 所示。在这里输入焊盘的尺寸值，长为 1mm，宽为 0.22mm。

（4）单击“Next（下一步）”按钮，进入焊盘形状设定界面，如图 11-34 所示。在这里使用默认设置，令第一脚为圆形，其余脚为方形，以便于区分。

（5）单击“Next（下一步）”按钮，进入轮廓宽度设置界面，如图 11-35 所示。这里使用默认设置“0.2mm”。

（6）单击“Next（下一步）”按钮，进入焊盘间距设置界面，如图 11-36 所示。在这里将焊盘间距设置为“0.5mm”，根据计算，将行列间距均设置为“1.75mm”。

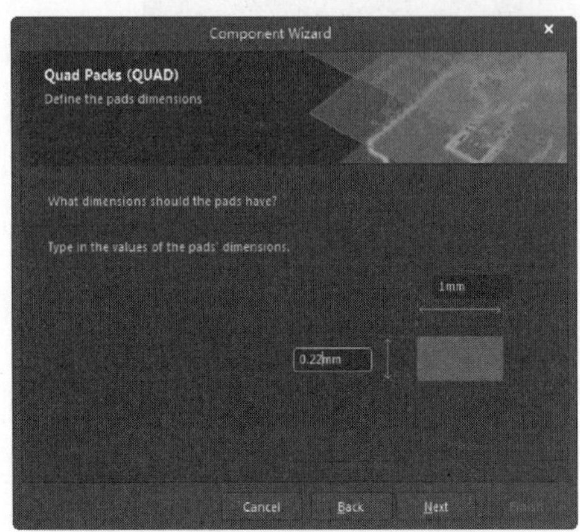

图 11-33　焊盘尺寸设置

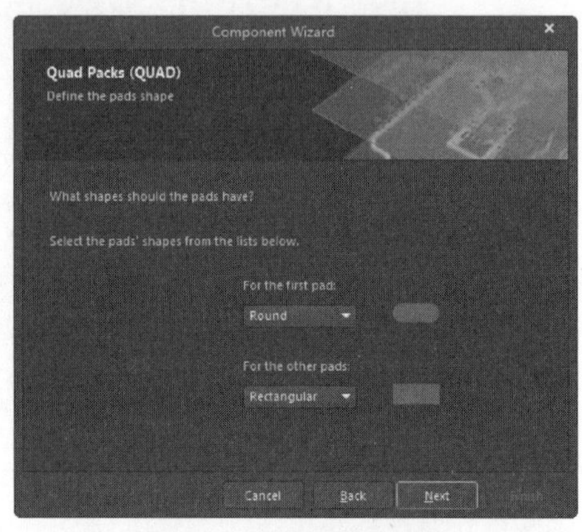

图 11-34　焊盘形状设置

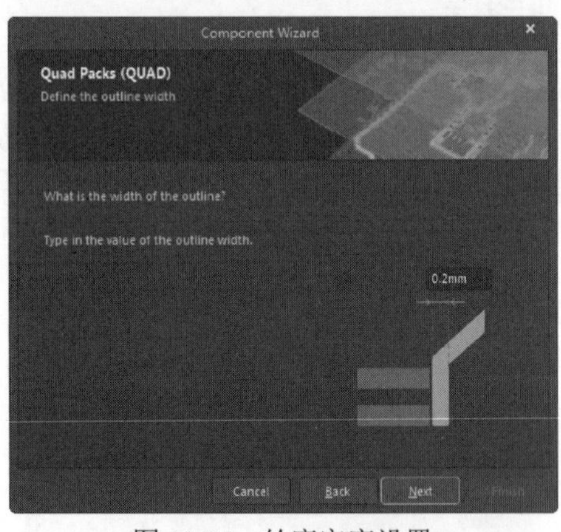

图 11-35　轮廓宽度设置

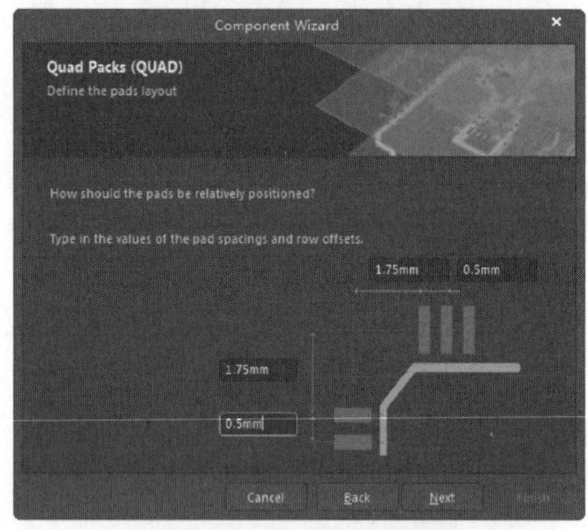

图 11-36　焊盘间距设置

（7）单击“Next（下一步）”按钮，进入焊盘起始位置和命名方向设置画面，如图 11-37 所示。选中单选按钮开关可以确定焊盘起始位置，单击箭头可以改变焊盘命名方向。采用默认设置，将第一个焊盘设置在封装左上角，命名方向为逆时针方向。

（8）单击“Next（下一步）”按钮，进入焊盘数目设置界面，如图 11-38 所示。将 X、Y 方向的焊盘数目均设置为 16。

（9）单击“Next（下一步）”按钮，进入封装命名界面，如图 11-39 所示。将封装命名为 TQFP64。

（10）单击“Next（下一步）”按钮，进入封装制作完成界面，如图 11-40 所示。单击“Finish（完成）”按钮，退出封装向导。

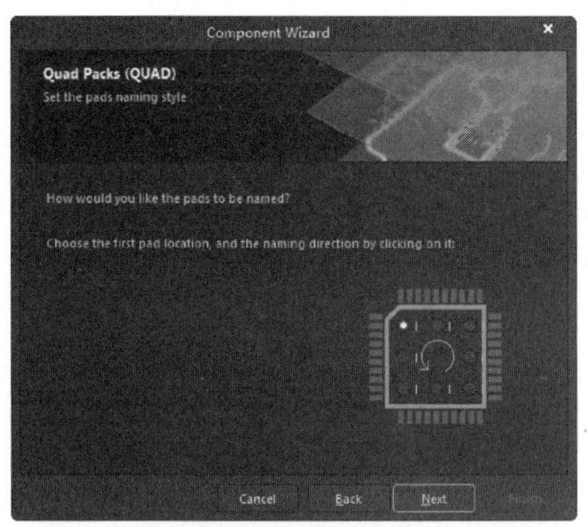

图 11-37　焊盘起始位置和命名方向设置

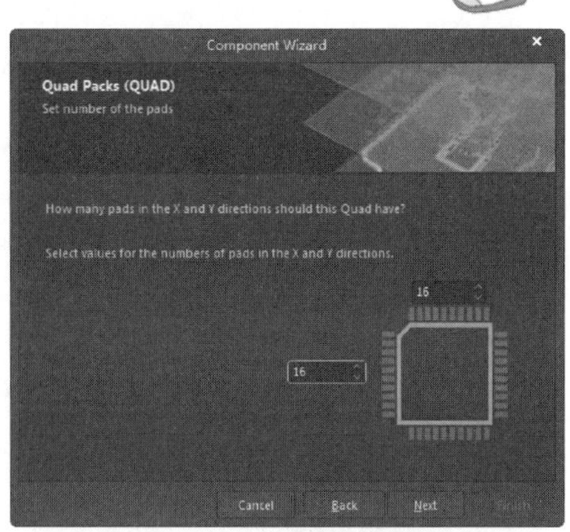

图 11-38　焊盘数目设置

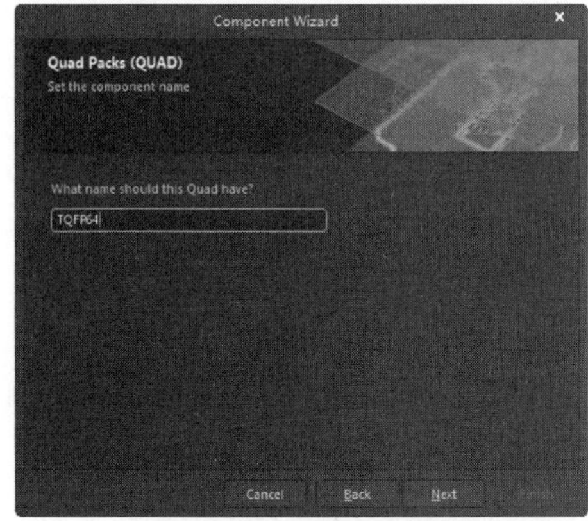

图 11-39　封装命名设置

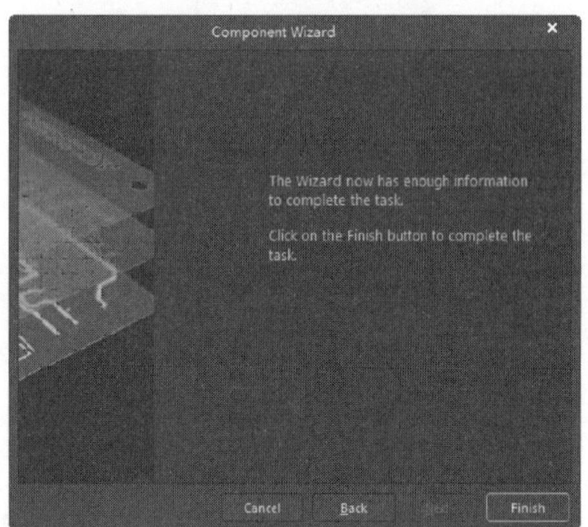

图 11-40　封装制作完成

至此，TQFP64 的封装制作完成，工作区内显示出封装图形，如图 11-41 所示。

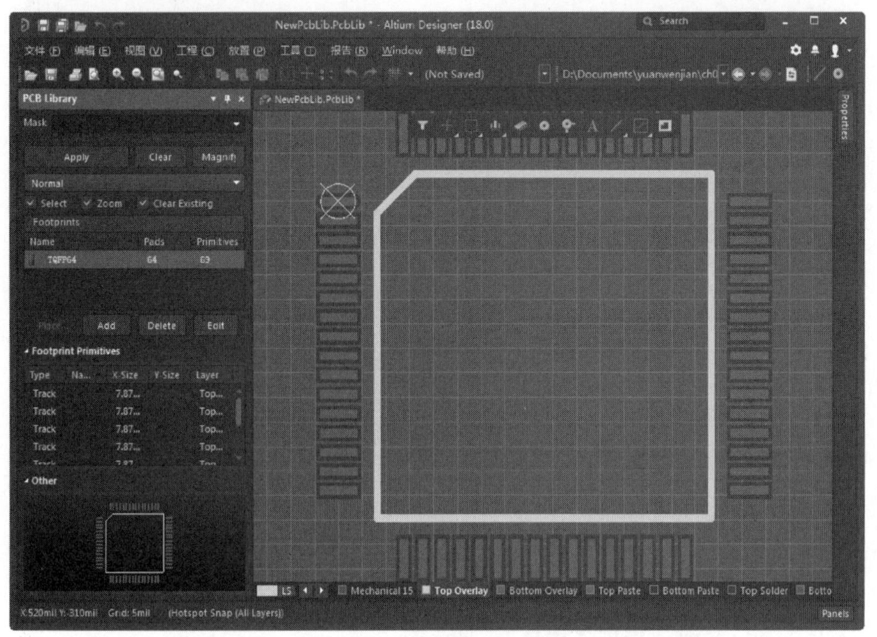

图 11-41　使用 PCB 封装向导制作的 TQFP64 封装

11.2.6 用 PCB 元件向导创建 3D 元件封装

Note

（1）执行“工具”→“IPC Compliant Footprint Wizard（IPC 兼容封装向导）”命令，系统将弹出如图 11-42 所示的“IPC Compliant Footprint Wizard（IPC 兼容封装向导）”对话框。

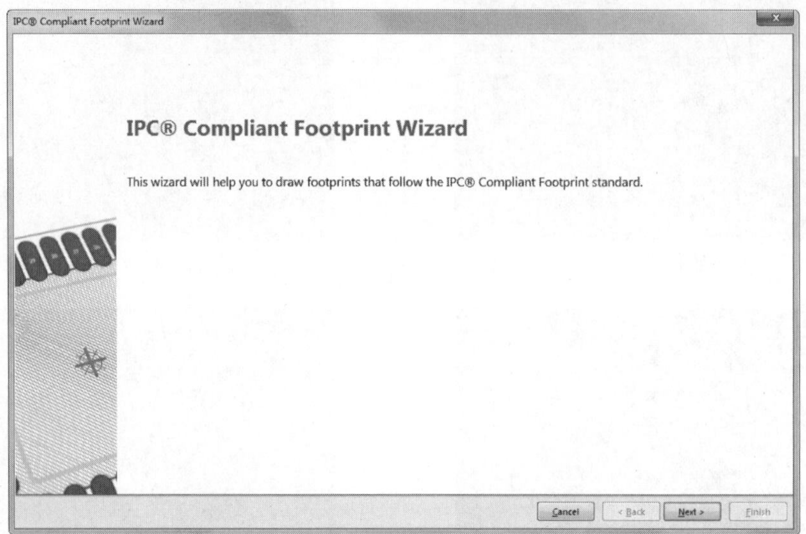

图 11-42　“IPC Compliant Footprint Wizard（IPC 兼容封装向导）”对话框

（2）单击“Next（下一步）”按钮，进入元件封装类型选择界面。在类型表中列出了各种封装类型，如图 11-43 所示，这里选择 PLCC 封装模式。

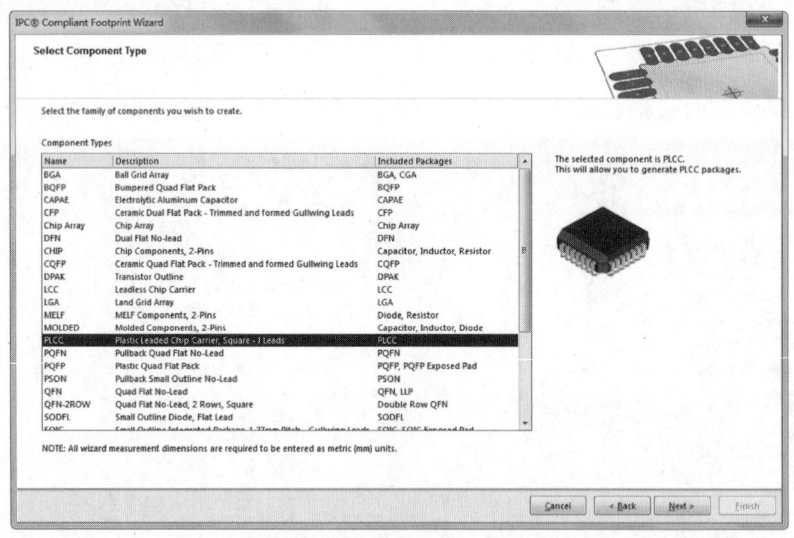

图 11-43　元件封装类型选择界面

（3）单击“Next（下一步）”按钮，进入 IPC 模型外形总体尺寸设定界面。选择默认参数，如图 11-44 所示。

（4）单击“Next（下一步）”按钮，进入管脚尺寸设定界面，如图 11-45 所示。在这里使用默认设置。

（5）单击“Next（下一步）”按钮，进入 IPC 模型底部轮廓设置界面，如图 11-46 所示。这里默认选中“Use calculated values（使用估计值）”复选框。

Note

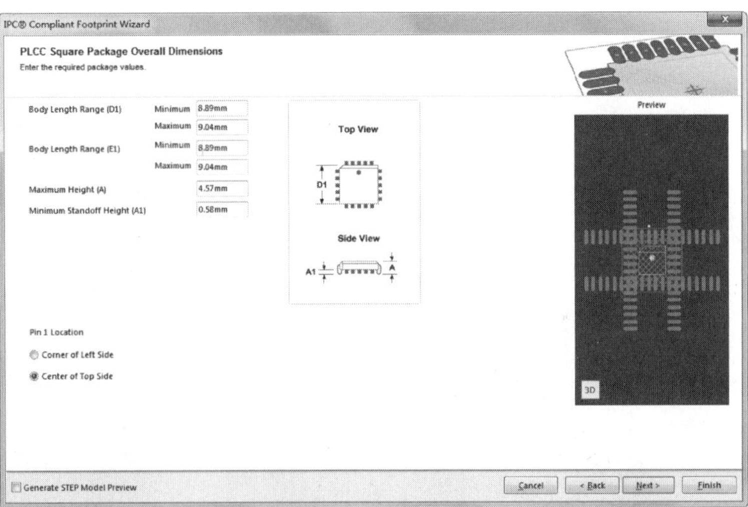

图 11-44　尺寸设定界面

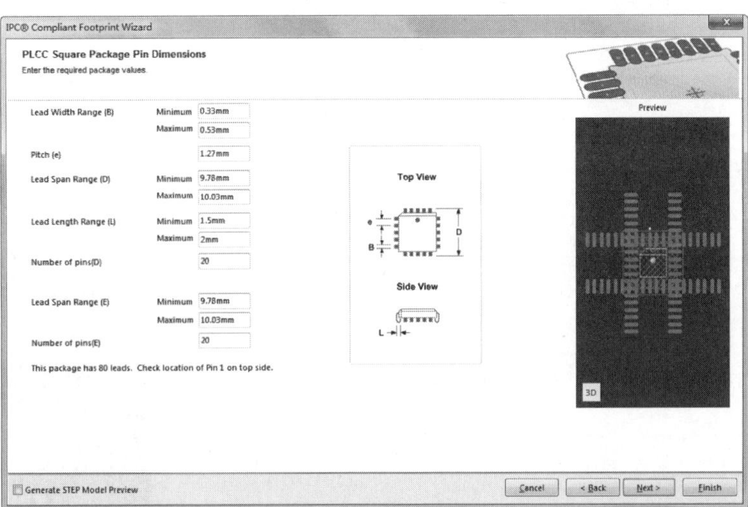

图 11-45　管脚设定界面

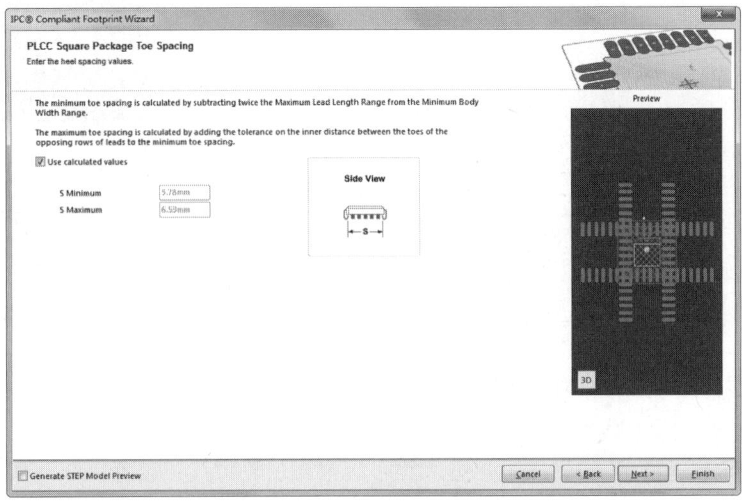

图 11-46　轮廓宽度设置界面

Note

（6）单击“Next（下一步）”按钮，进入IPC模型焊接片设置界面，同样使用默认值，如图11-47所示。

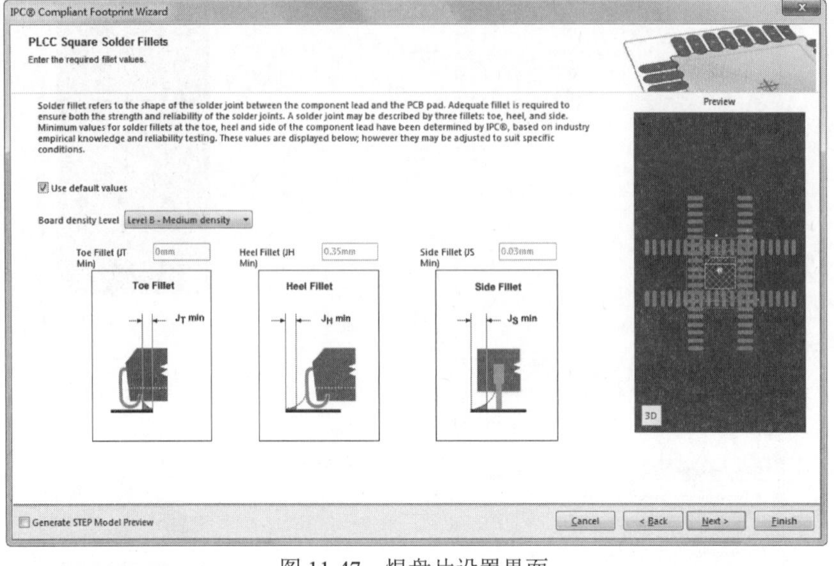

图11-47　焊盘片设置界面

（7）单击“Next（下一步）”按钮，进入焊盘间距设置界面。在这里对焊盘间距使用默认值，如图11-48所示。

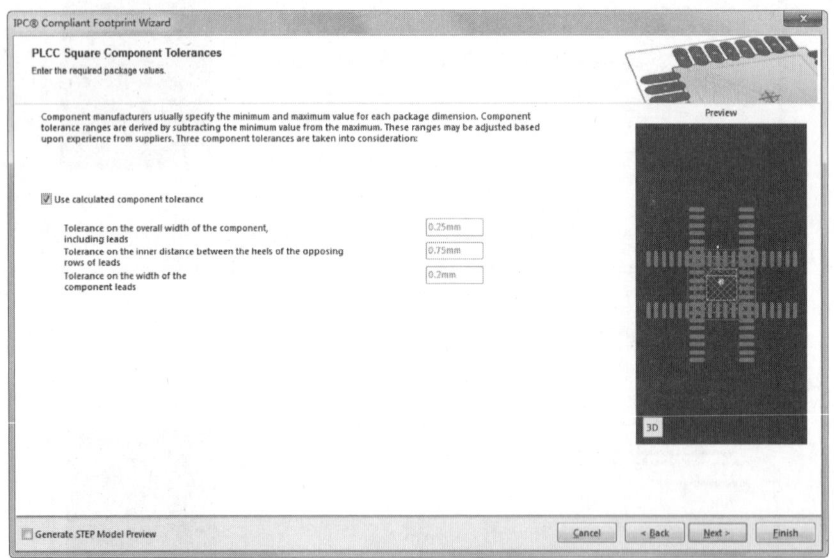

图11-48　焊盘间距设置界面

（8）单击“Next（下一步）”按钮，进入元件公差设置界面。在这里对元件公差使用默认值，如图11-49所示。

（9）单击“Next（下一步）”按钮，进入焊盘位置和类型设置界面，如图11-50所示。单击单选框可以确定焊盘位置，采用默认设置。

（10）单击“Next（下一步）”按钮，进入丝印层中封装轮廓尺寸设置界面，如图11-51所示。

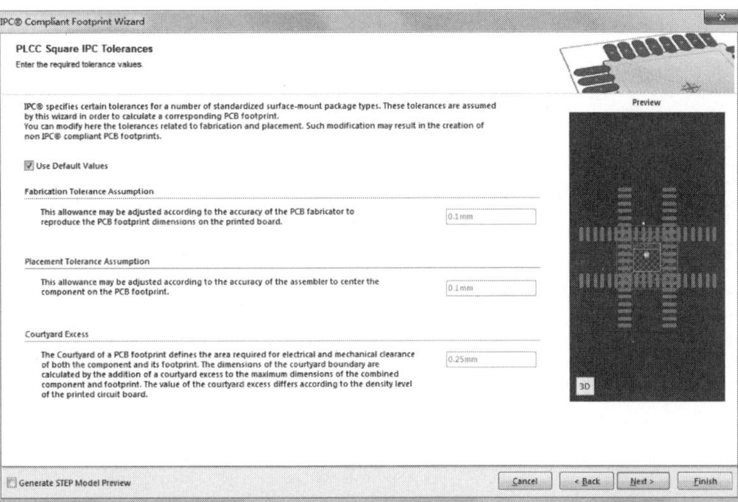

图 11-49　元件公差设置界面

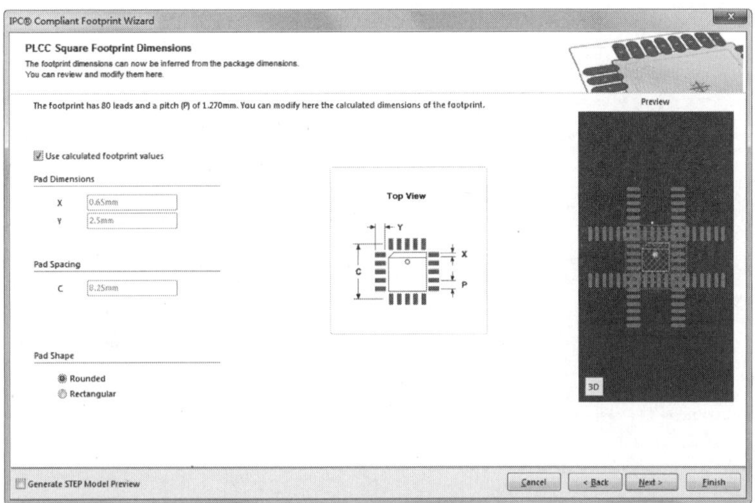

图 11-50　焊盘位置和类型设置界面

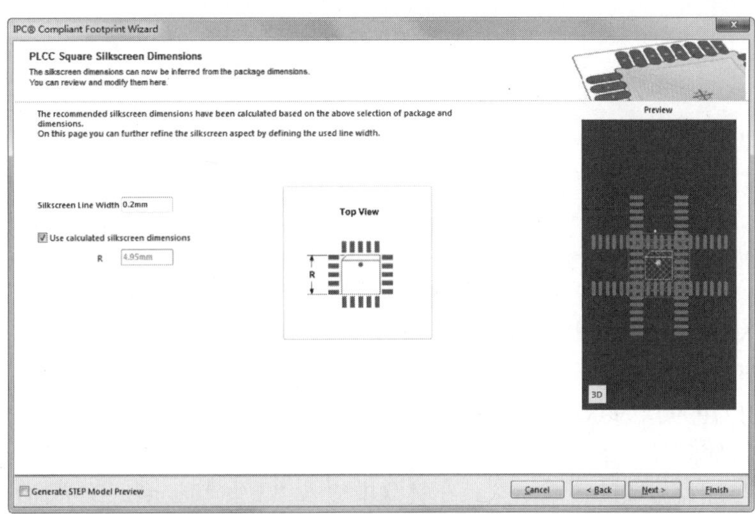

图 11-51　元件轮廓设置界面

Note

（11）单击“Next（下一步）”按钮，进入封装命名界面。取消选中“Use suggested values（使用建议值）”复选框，则可自定义命名元件，这里默认使用系统自定义名称 PLCC127P990X990X457-80N，如图 11-52 所示。

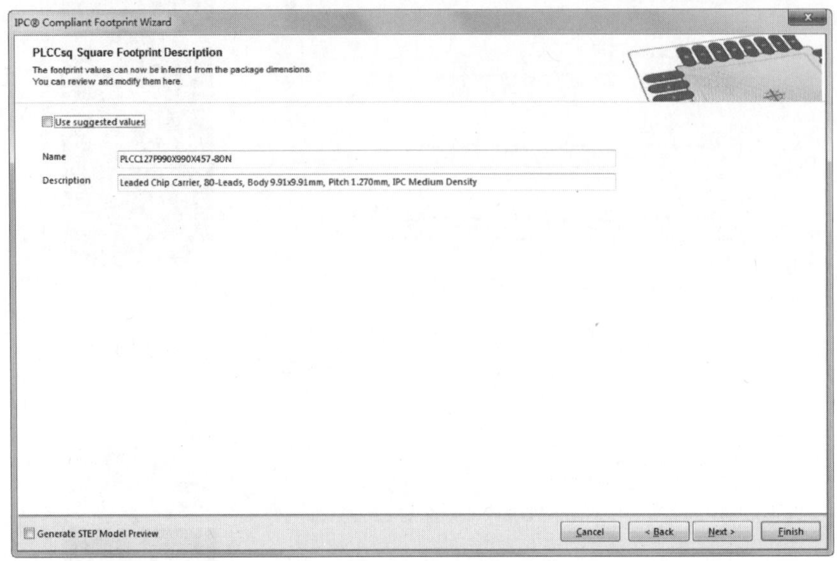

图 11-52　封装命名界面

（12）单击“Next（下一步）”按钮，进入封装路径设置界面，如图 11-53 所示。

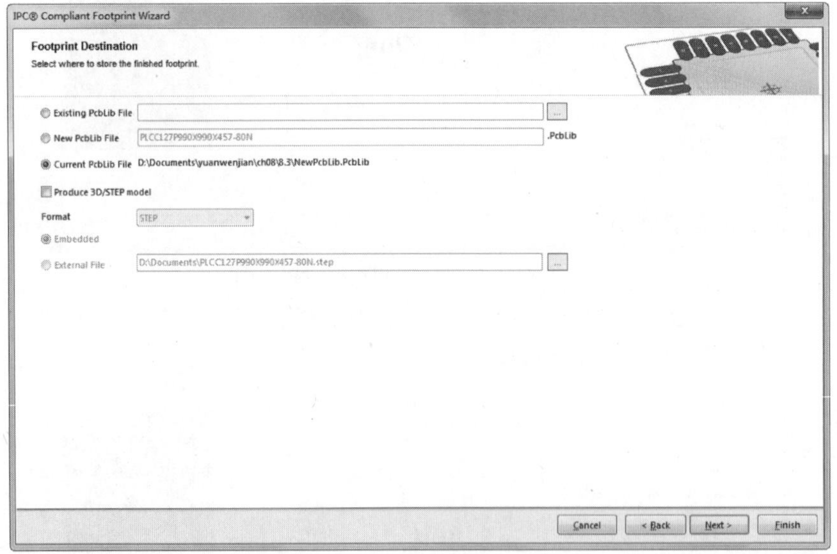

图 11-53　设置封装路径

（13）单击“Next（下一步）”按钮，进入封装路径制作完成界面，如图 11-54 所示。单击“Finish（完成）”按钮，退出封装向导。

至此，PLCC127P990X990X457-80N 制作完成，工作区内显示的封装图形如图 11-55 所示。

与使用“元器件向导”命令创建的封装符号相比，IPC 模型不单单是线条与焊盘组成的平面符号，而是实体与焊盘组成的三维模型。在键盘中输入“3”，切换到三维界面，显示如图 11-56 所示的 IPC 模型。

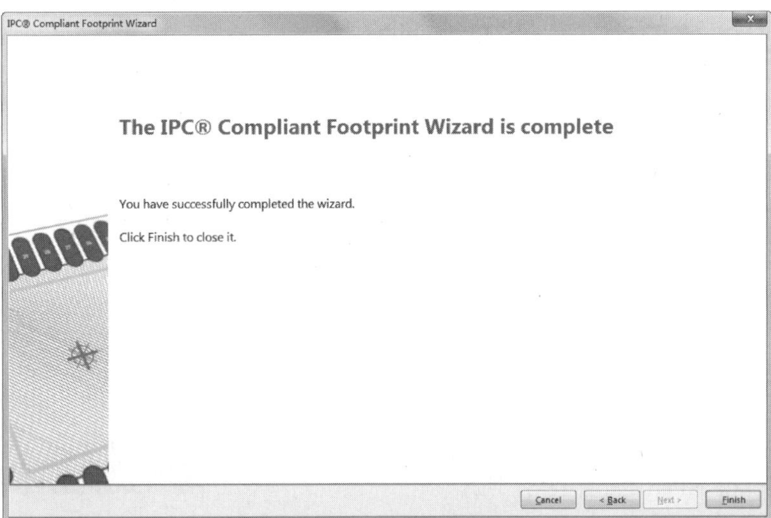

图 11-54　封装制作完成界面

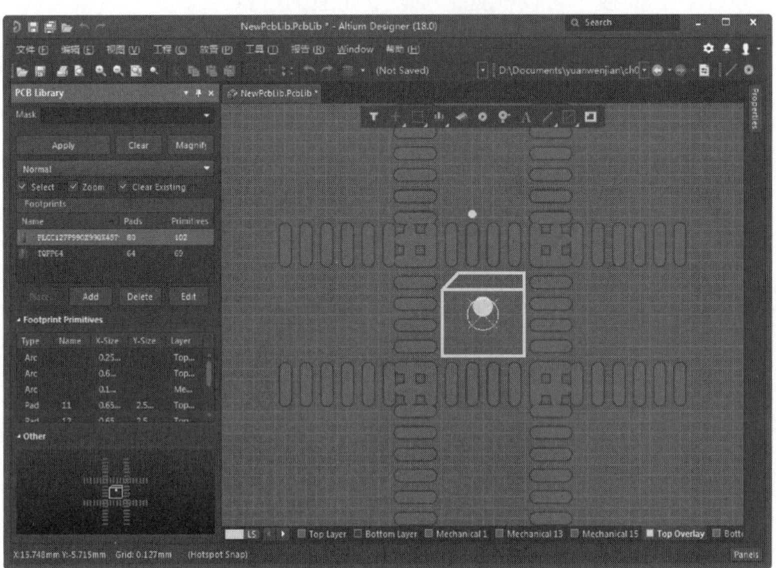

图 11-55　制作完成的封装图形

图 11-56　显示三维 IPC 模型

Note

11.2.7 手工创建 PCB 元件不规则封装

某些电子元件的管脚非常特殊，或者遇到了一个最新的电子元件，那么用 PCB 元件向导将无法创建新的封装。这时，可以根据该元件的实际参数手工创建管脚封装。用手工创建元件管脚封装，需要用直线或曲线来表示元件的外形轮廓，然后添加焊盘来形成管脚连接。元件封装的参数可以放置在 PCB 板的任意图层上，但元件的轮廓只能放置在顶端覆盖层上，焊盘则只能放在信号层上。当在 PCB 文件上放置元件时，元件管脚封装的各个部分将分别放置到预先定义的图层上。

下面详细介绍如何手工制作 PCB 库元件。

（1）创建新的空元件文档。打开 PCB 元件库 NewPcbLib.PcbLib，执行“工具”→“器件库选项”命令，这时在“PCB Library（PCB 元件库）”操作界面的元件框中会出现一个新的 PCBCOMPONENT_1 空文件并双击，在弹出的命名对话框中将元件名称改为 New-NPN，如图 11-57 所示。

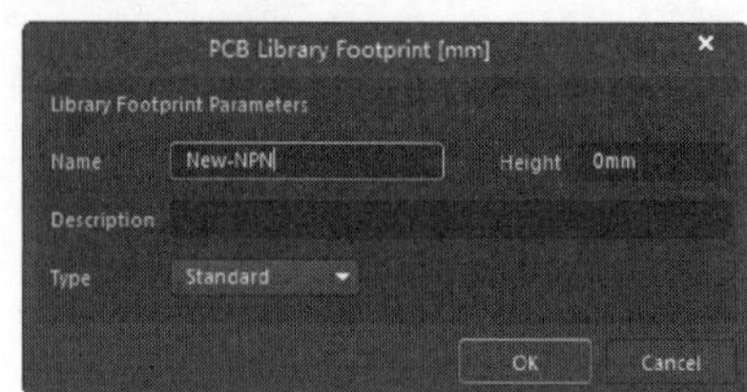

图 11-57　重新命名元件

（2）编辑工作环境设置。单击 Panels→“Properties（属性）”面板，如图 11-58 所示，在面板中可以根据需要设置相应的参数。

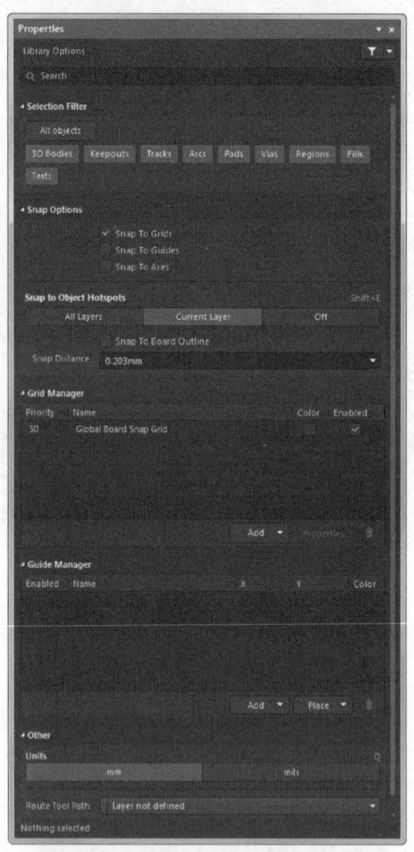

图 11-58　“Properties（属性）”面板

（3）工作区颜色设置。颜色设置由自己来把握，这里不再详细叙述。

（4）“Preferences（参数选择）”属性设置。执行“工具”→“优先选项”命令，或者在工作区右击，在弹出的快捷菜单中选择“优先选项”命令，即可打开“Preferences（参数选择）”对话框，如图 11-59 所示。

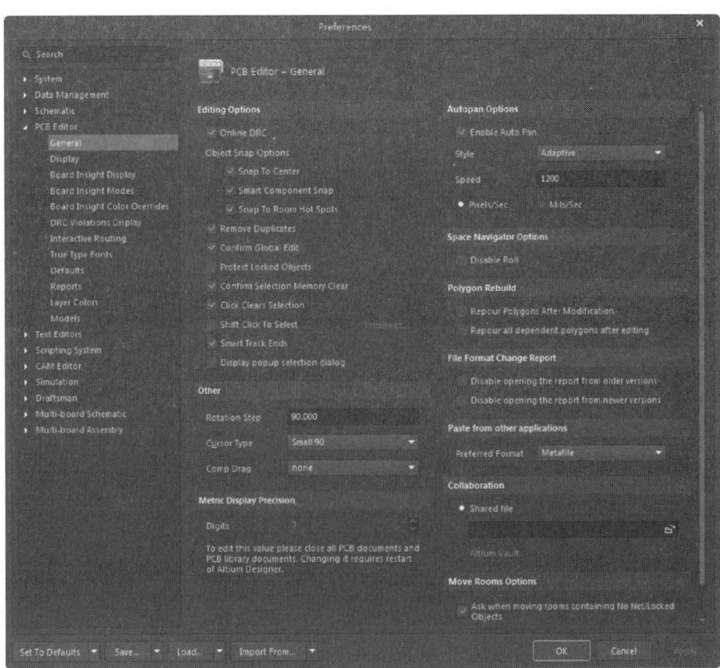

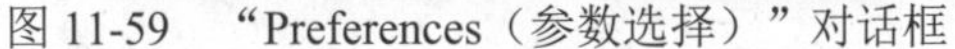

图 11-59　“Preferences（参数选择）”对话框

单击“OK（确定）”按钮，退出对话框。在工作区的坐标原点则出现一个原点标志。

（5）放置焊盘。在“Top-Layer（顶层）”层执行“放置”→“焊盘”命令，鼠标箭头上悬浮一个十字光标和一个焊盘，移动鼠标左键确定焊盘的位置。按照同样的方法放置另外两个焊盘。

（6）编辑焊盘属性。双击焊盘即可进入设置焊盘属性面板，如图 11-60 所示。在“Designator（指示符）”文本框中的管脚名称分别为 b、c、e，设置完毕后的焊盘如图 11-61 所示。

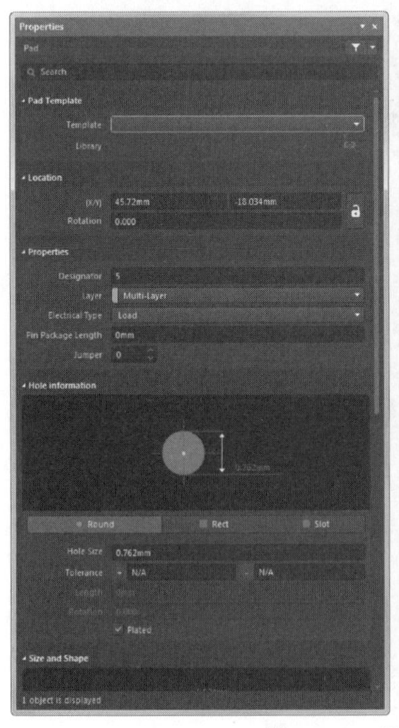

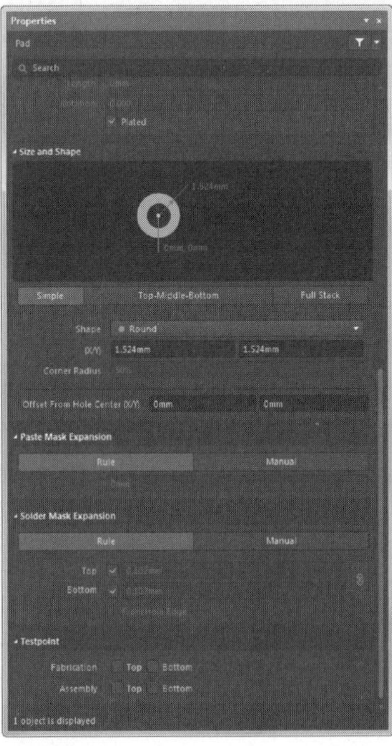

图 11-60　设置焊盘属性

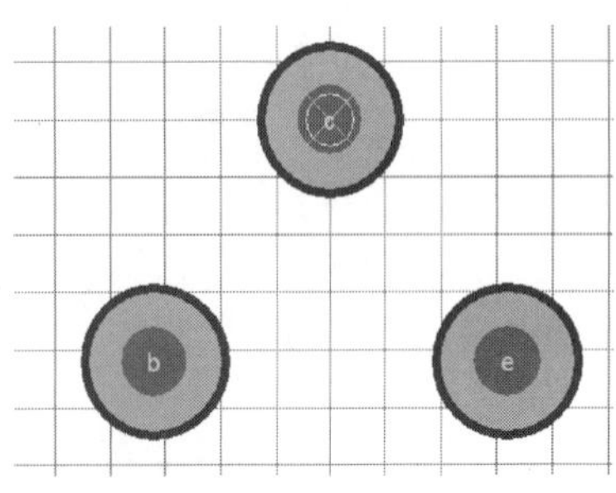

图 11-61　设置完毕后的焊盘

Note

（7）放置3D体。

① 执行“放置”→“3D元件体”命令，弹出如图11-62所示的“3D Body（3D体）”面板，在“3D Model Type（3D模型类型）”选项组下选择“Generic（通用3D模型）”选项，在“Source（3D模型资源）”选项组下选择“Embed Model（嵌入模型）”选项，单击“Choose（选择）”按钮，弹出“打开”对话框，选择“*.step”文件，单击“打开”按钮，如图11-63所示，加载该模型，在“3D体”对话框中显示加载结果，如图11-64所示。

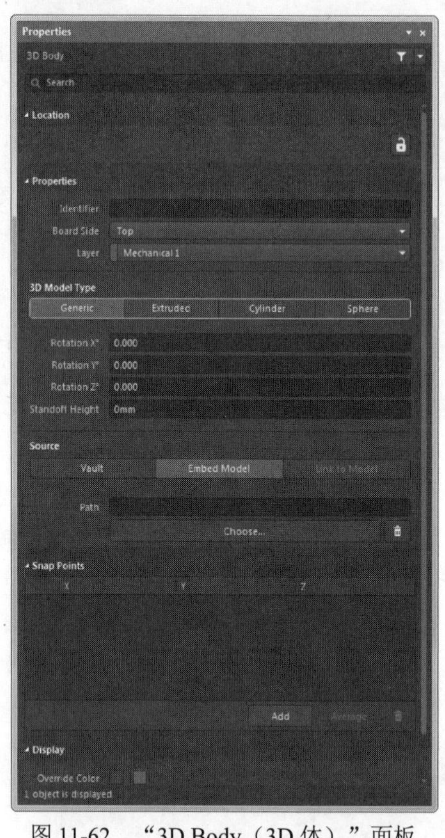

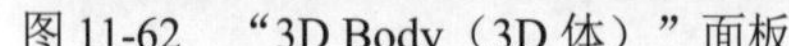

图11-62 “3D Body（3D体）”面板

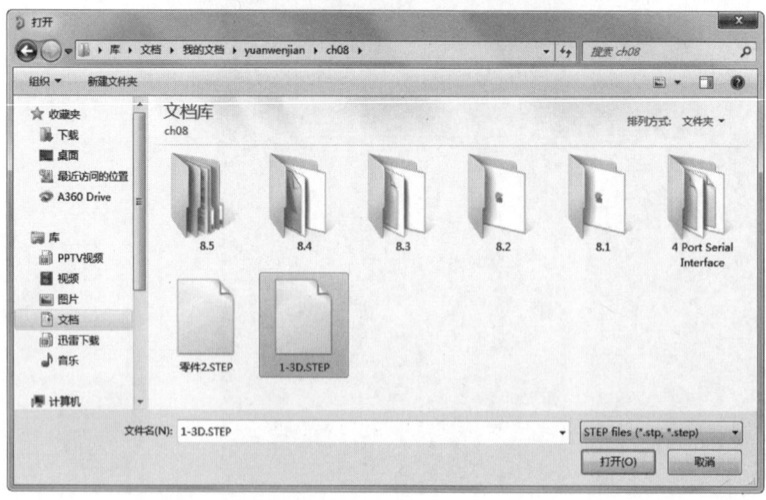

图11-63 “打开”对话框

Note

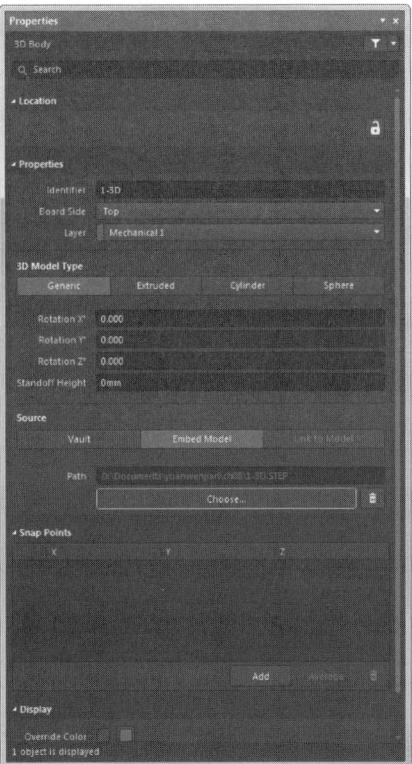

图 11-64　模型加载

② 按 Enter 键，鼠标变为十字形，同时附着模型符号，在编辑区单击将放置模型，结果如图 11-65 所示。

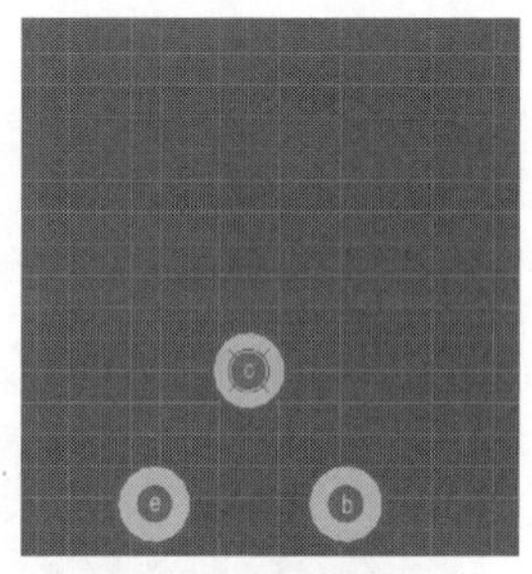

图 11-65　放置 3D 体

③ 在键盘中输入“3”，切换到三维界面，按住 Shift+右键，可旋转视图中的对象，将模型旋转到适当位置，如图 11-66 所示。

（8）设置水平位置。

① 执行“工具”→“3D 体放置”→“从顶点添加捕捉点”命令，在 3D 体上单击，捕捉基准点，如图 11-67 所示，添加基准线，如图 11-68 所示。

图 11-66　显示 3D 体三维模型

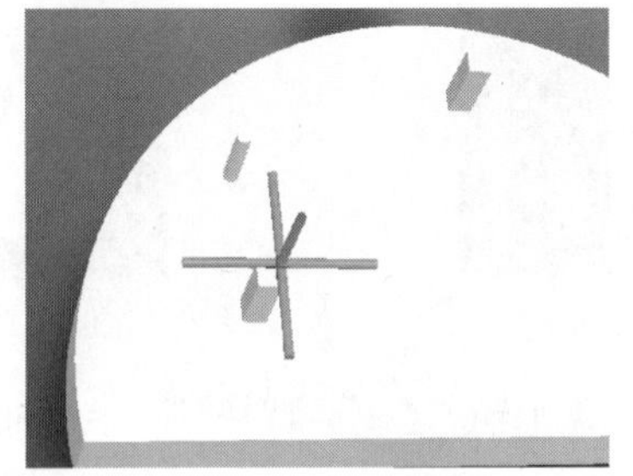

图 11-67　选择基准

图 11-68　添加基准线

② 完成基准线的添加后，在键盘中输入“2”，切换到二维界面，将焊盘放置到基准线中，如图 11-69 所示。

③ 在键盘中输入“3”，切换到三维界面，显示三维模型中焊盘水平移动的位置，如图 11-70 所示。

Note

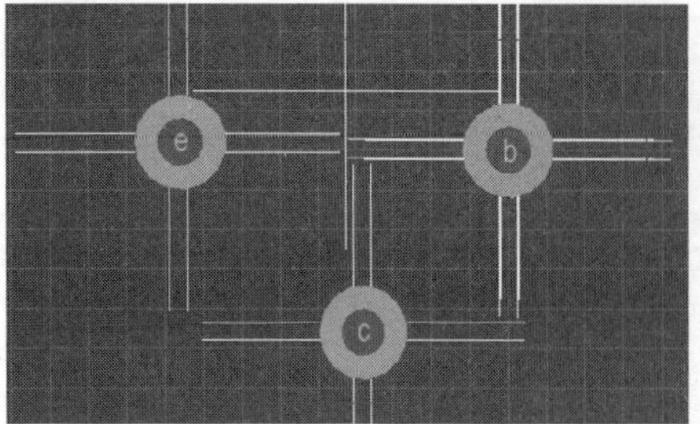

图 11-69　定位焊盘位置

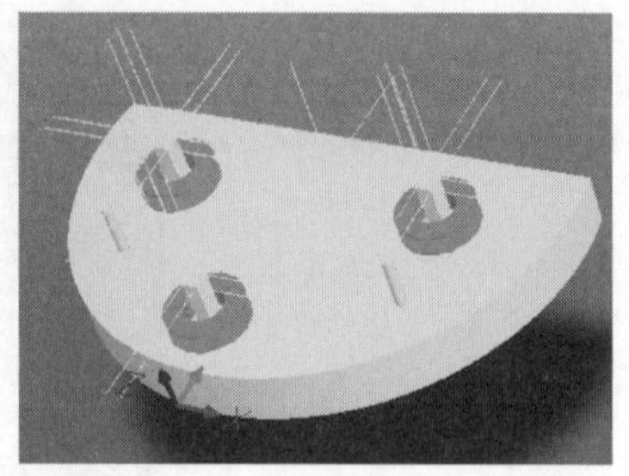

图 11-70　显示焊盘水平位置

（9）设置垂直位置。

① 执行“工具”→“3D 体放置”→“设置 3D 体高度”命令，开始设置焊盘垂直位置。单击 3D 体中对应的焊盘孔，弹出“Choose Height Above Board Bottom Surface（选择板表面高度）”对话框，默认选中“Board Surface（板表面）”单选按钮，如图 11-71 所示，单击“OK（确定）”按钮，关闭该对话框，焊盘自动放置到焊盘孔上表面，结果如图 11-72 所示。

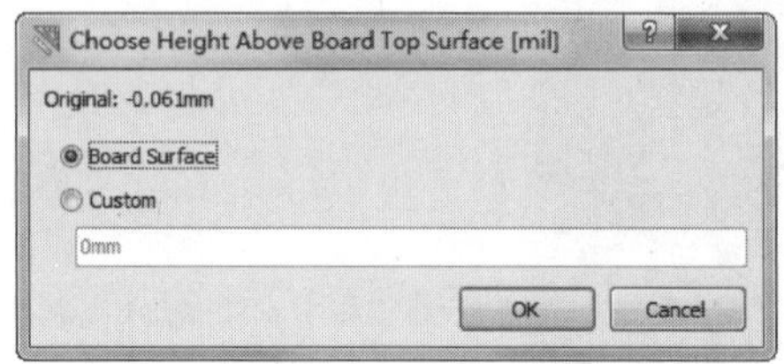

图 11-71　“Choose Height Above Board Bottom Surface（选择板表面高度）”对话框

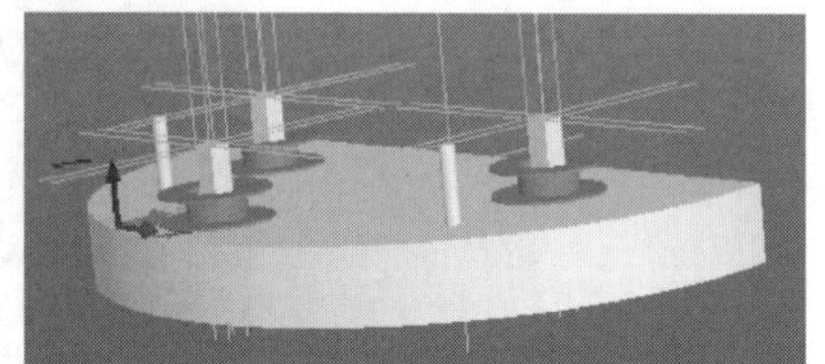

图 11-72　设置焊盘垂直位置

② 执行“工具”→“3D 体放置”→“删除捕捉点”命令，依次单击设置的捕捉点，删除所有基准线，结果如图 11-73 所示。

（10）放置定位孔。

① 执行“工具”→“3D 体放置”→“从顶点添加捕捉点”命令，在 3D 体上单击，捕捉基准点，添加定位孔基准线，如图 11-74 所示。

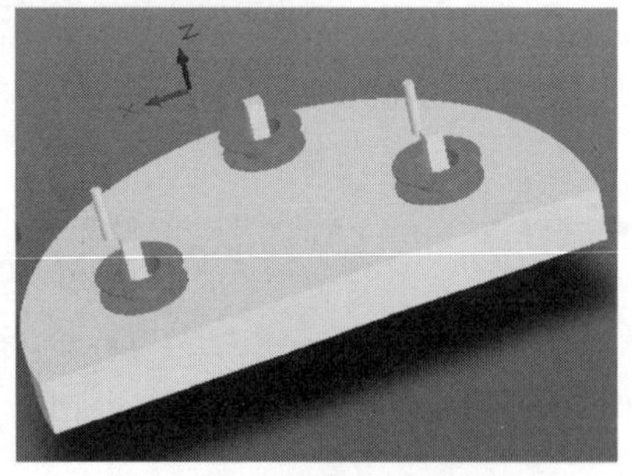

图 11-73　删除定位基准线

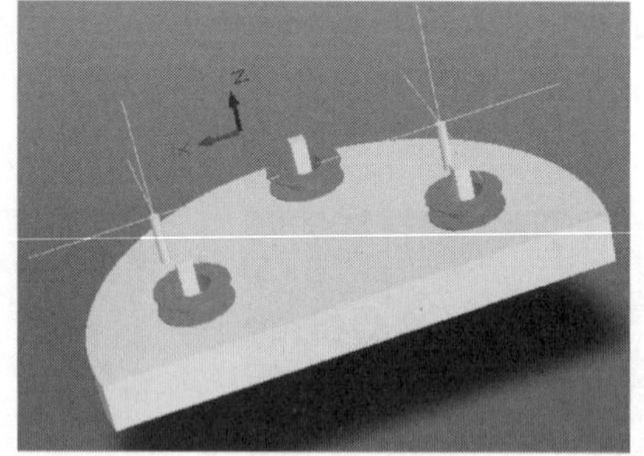

图 11-74　放置定位线

② 完成基准线的添加后，在键盘中输入“2”，切换到二维界面，执行菜单栏中的“放置”→“焊盘”命令，放置定位孔，按 Tab 键，弹出属性设置面板，设置定位孔参数，如图 11-75 所示。

③ 完成设置，将焊盘放置到基准线中，若放置的定位孔捕捉到基准点，则在放置焊盘中心显示八边形图案，如图 11-76 所示。

④ 在键盘中输入“3”，切换到三维界面，显示定位孔放置结果，如图 11-77 所示。

图 11-75　设置定位孔属性

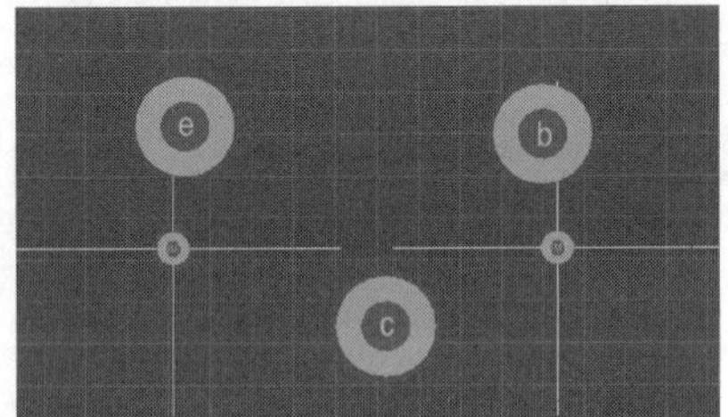

图 11-76　放置定位孔

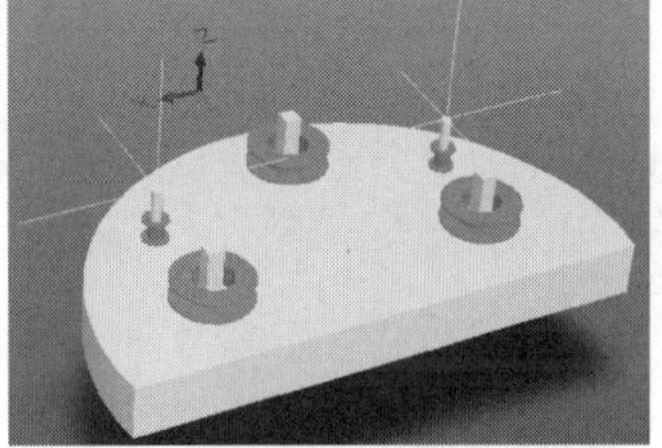

图 11-77　放置定位孔三维模型

⑤ 执行“工具”→“3D 体放置”→“删除捕捉点”命令，依次单击设置的捕捉点，删除所有基准线，结果如图 11-78 所示。

提示： 焊盘放置完毕后，需要绘制元件的轮廓线。所谓元件轮廓线，就是该元件封装在电路板上占用的空间尺寸。轮廓线的线状和大小取决于实际元件的形状和大小，通常需要测量实际元件。

（11）绘制元件轮廓。

执行“工具”→“3D 体放置”→“从顶点添加捕捉点”命令，在 3D 体上单击，捕捉模型上关键点，如图 11-79 所示。

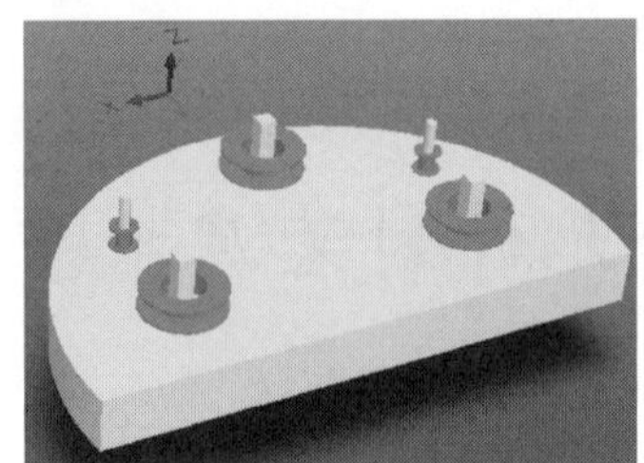

图 11-78　删除定位基准线

图 11-79　捕捉模型关键点

Note

（12）绘制一段直线。单击工作区窗口下方标签栏中的“Top Overlay（顶层覆盖）”选项，将活动层设置为顶层丝印层。执行菜单栏中的“放置”→“走线”命令，光标变为十字形，单击关键点确定直线的起点，移动光标拉出一条直线，用光标将直线拉到关键点位置，单击确定直线终点。右击或者按Esc键退出该操作，结果如图11-80所示。

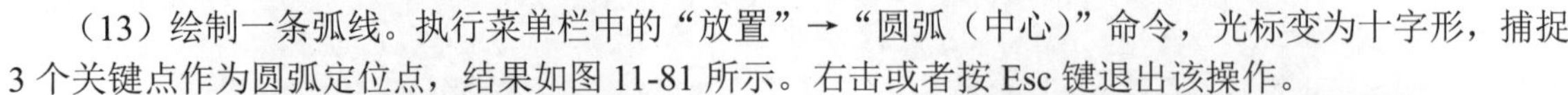

（13）绘制一条弧线。执行菜单栏中的“放置”→“圆弧（中心）”命令，光标变为十字形，捕捉3个关键点作为圆弧定位点，结果如图11-81所示。右击或者按Esc键退出该操作。

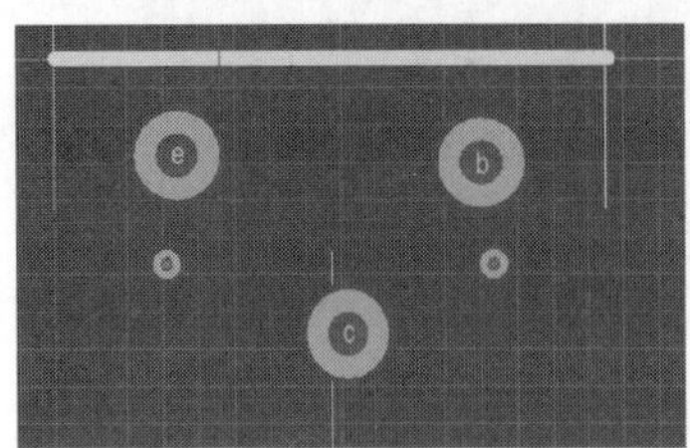

图11-80　绘制一段直线

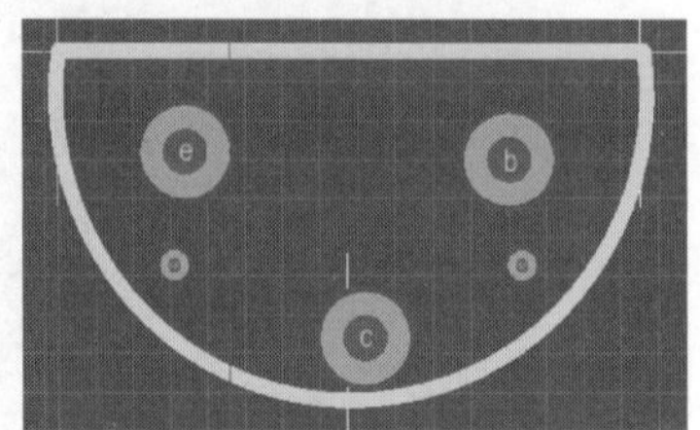

图11-81　绘制一条弧线

（14）设置元件参考点。

在“编辑”下拉菜单中的“设置参考”菜单下有3个选项，分别为“1脚”“中心”“定位”，用户可以自己选择合适的元件参考点。

在键盘中输入“3”，切换到三维界面。执行“工具”→“3D体放置”→“删除捕捉点”命令，依次单击设置的捕捉点，删除所有基准线。

至此，手动创建的PCB元件封装制作完成，如图11-82所示。

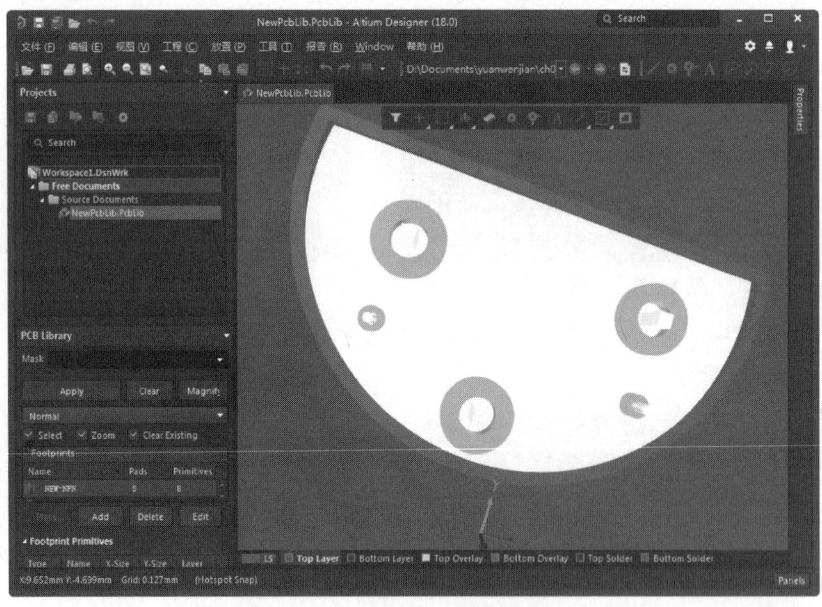

图11-82　New-NPN的封装图形

11.3　元件封装检错和元件封装库报表

在“报告”菜单中提供了元件封装和元件库封装的一系列报表，通过报表可以了解某个元件封装的信息，对元件封装进行自动检查，也可以了解整个元件库的信息。此外，为了检查绘制好的封装，

菜单中提供了测量功能。“报告”菜单如图 11-83 所示。

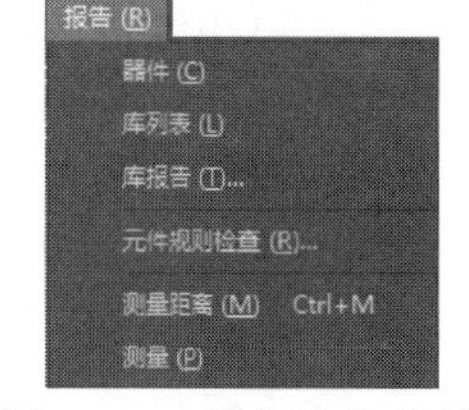

图 11-83　“报告”菜单

1. 元件封装中的测量

为了检查元件封装绘制是否正确，在封装设计系统中提供了与 PCB 设计中一样的测量功能。对元件封装的测量和在 PCB 上的测量相同，这里不再重复。

在“PCB Library（PCB 库）”面板的元件封装列表中选择一个元件后，执行“报告”→“器件”命令，系统将自动生成该元件符号的信息报表，工作窗口中将自动打开生成的报表，以便用户马上查看报表。如图 11-84 所示为查看元件封装信息时的界面。

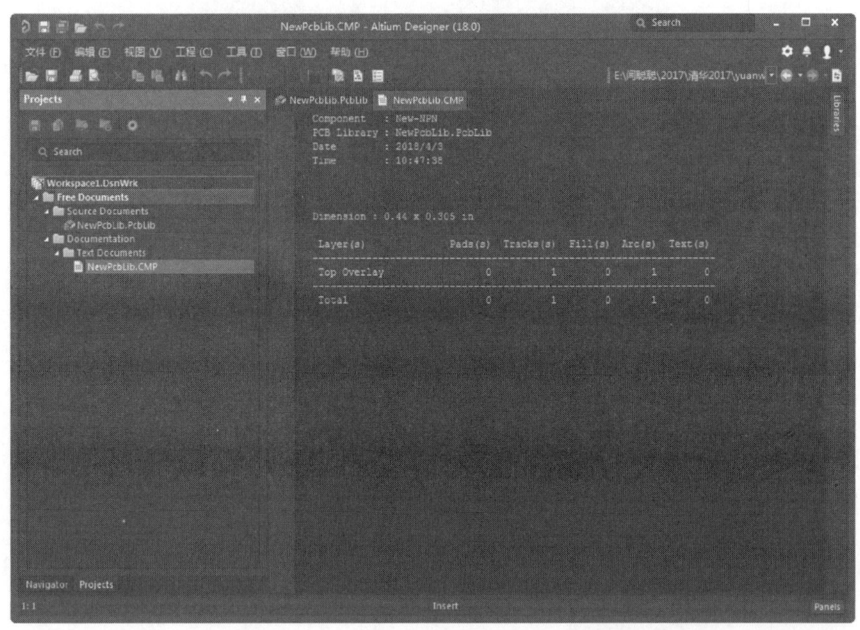

图 11-84　查看元件封装信息时的界面

如图 11-84 所示，在列表中给出了元件名称、所在的元件库、创建日期和时间，并给出了元件封装中的各个组成部分的详细信息。

2. 元件封装错误信息报表

Altium Designer 18 提供了元件封装错误的自动检测功能。执行“报告”→“元件规则检查”命令，系统将弹出如图 11-85 所示的对话框，在该对话框中可以设置元件符号错误检查的规则。

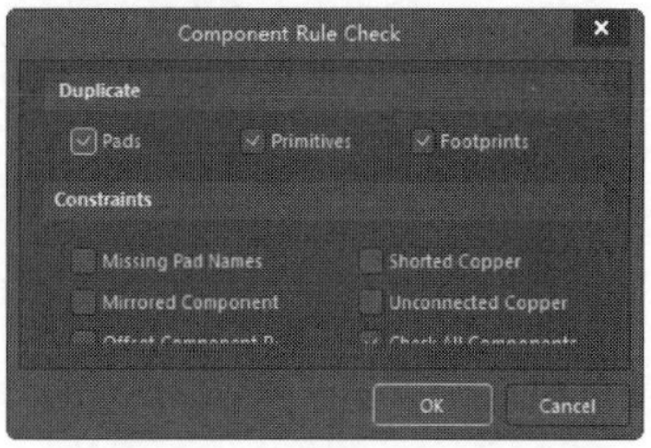

图 11-85　元件封装检查规则设置对话框

各项规则的意义如下。

（1）“Duplicate（重复）”选项组。

☑　“Pads（焊盘）”复选框：用于检查元件封装中是否有重名的焊盘。

☑　“Primitives（原始的）”复选框：用于检查元件封装中是否有重名的边框。

☑　“Footprints（封装）”复选框：用于检查元件封装库中是否有重名的封装。

（2）“Constraints（约束）”选项组。

☑　“Missing Pad Names（丢失焊盘名）”复选框：用于检查元件封装中是否缺少焊盘名称。

☑　“Mirrored Component（镜像的元件）”复选框：用于检查元件封装库中是否有镜像的元件封装。

☑ “Offset Component（元件参考点偏移量）”复选框：用于检查元件封装中元件参考点是否偏离元件实体。

☑ “Shorted Copper（短接铜）”复选框：用于检查元件封装中是否存在导线短路。

☑ “Unconnected Copper（非相连铜）”复选框：用于检查元件封装中是否存在未连接铜箔。

☑ “Check All Components（检查所有元件）”复选框：用于确定是否检查元件封装库中的所有封装。

保持默认设置，单击 OK 按钮将自动生成如图 11-86 所示的元件符号错误信息报表。

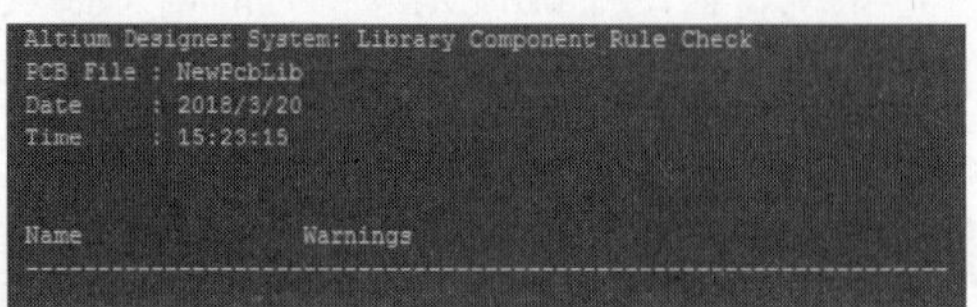

```
Altium Designer System: Library Component Rule Check
PCB File : NewPcbLib
Date     : 2018/3/20
Time     : 15:23:15


Name              Warnings
------------------------------------------------------------
```

图 11-86　元件符号错误信息报表

可见，绘制的所有元件封装没有错误。

3. 元件封装库信息报表

执行“报告”→“库报告”命令，系统将生成元件封装库信息报表。这里对创建的 NewPcbLib.PcbLib 元件封装库进行分析，得出如图 11-87 所示的报表。

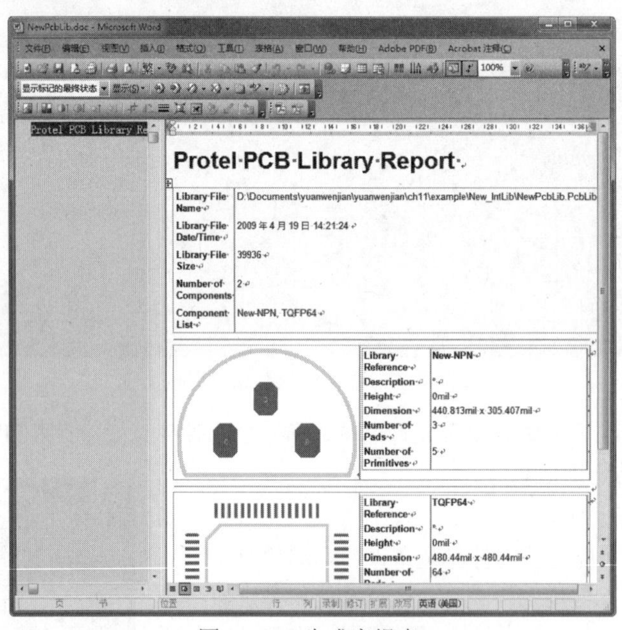

Protel PCB Library Report

Library File Name	D:\Documents\yuanwenjian\yuanwenjian\ch11\example\New_IntLib\NewPcbLib.PcbLib
Library File Date/Time	2009 年 4 月 19 日 14:21:24
Library File Size	39936
Number of Components	2
Component List	New-NPN, TQFP64

Library Reference	New-NPN
Description	*
Height	0mil
Dimension	440.813mil x 305.407mil
Number of Pads	3
Number of Primitives	5

Library Reference	TQFP64
Description	*
Height	0mil
Dimension	480.44mil x 480.44mil
Number of Pads	64

图 11-87　生成库报表

在报表中列出了封装库所有的封装名称和对它们的命名。

11.4　操作实例

系统自带的库文件包含大多数的元件芯片，满足对部分电路图的应用，即使名称略有不同，也可利用相同外形的元件进行替代。但少数情况下，在一个项目的电路原理图中，所用到的元件由于性能、类型等诸多特性，可能无法在库文件中找到类似的元件。

因此，在系统提供的若干个集成库文件外，也需要用户自己建立的原理图元件库文件，以满足用户的要求。

下面简单介绍音乐集成芯片的绘制及报告检查。

11.4.1　绘制音乐集成芯片

音乐集成芯片的绘制与一般的数字芯片的绘制不一样，它的外形不是简单的矩形，而是直线与圆弧围成的闭合图形。具体绘制步骤如下。

（1）创建一个新原理图库文件。

执行“文件”→“新的”→“Library（库）”→“原理图库”命令，系统会在“Projects（工程）”面板中创建一个默认名为 SchLib1.SchLib 的原理图库文件，同时进入原理图库文件编辑环境。

（2）保存并重新命名原理图库文件。

执行“文件”→“保存”命令或单击主工具栏中的“保存”按钮，弹出保存文件对话框。将该原理图库文件重新命名为 My integrated.SchLib，并保存在指定位置。保存后返回到原理图库文件编辑环境中，如图 11-88 所示。

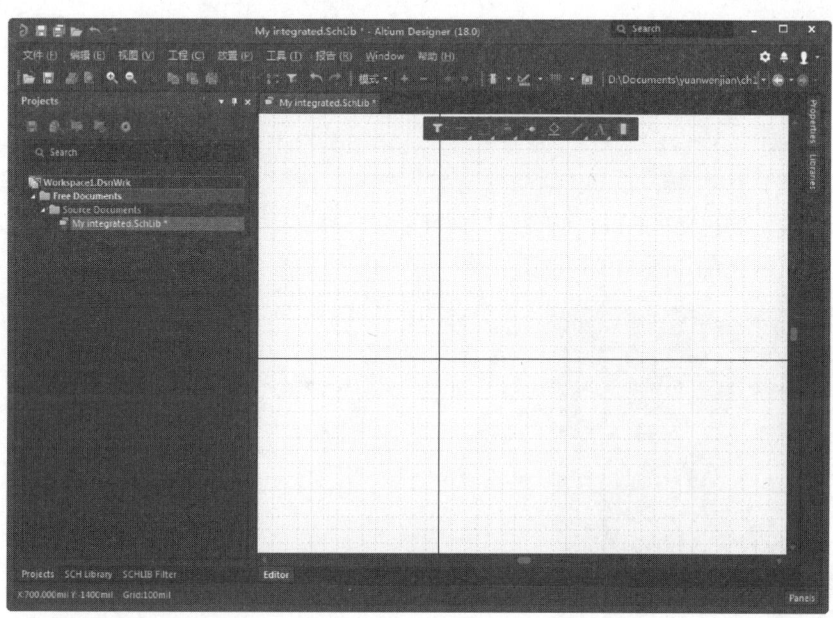

图 11-88　新建原理图库文件

（3）绘制变压器。

① 从“SCH Library（原理图库）”面板的元件列表中选择元件，然后单击“Edit（编辑）”按钮，弹出“Component（元件）”属性面板，在“Design Item ID（设计项目地址）”栏输入新元件名称为 CIC2815AE，在“Designator（标识符）”文本框中输入预置的元件序号前缀（在此为“U?”），如图 11-89 所示。

② 执行“放置”→“弧”命令或在原理图的空白区域右击，在弹出的快捷菜单中选择“放置”→“弧”命令，启动绘制圆弧命令。此时，光标变成十字形，在编辑区绘制出一个半圆，双击圆弧，弹出“Arc（弧）”属性面板，修改“Start Angle（起始角度）”“End Angle（终止角度）”“Color（颜色）”，如图 11-90 所示。

③ 完成的半圆如图 11-91 所示。

Note

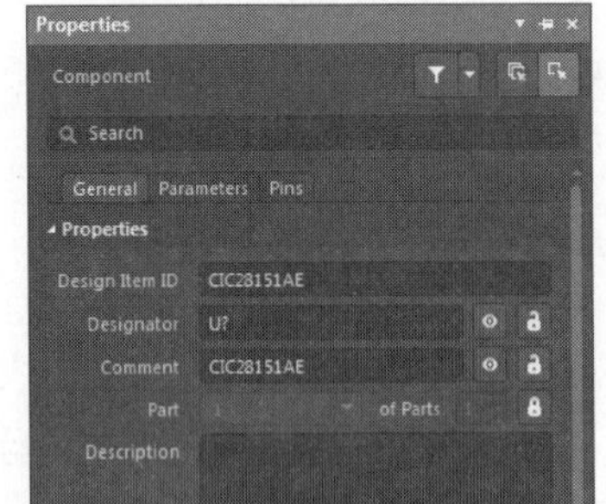

图 11-89 “Component（元件）”属性面板

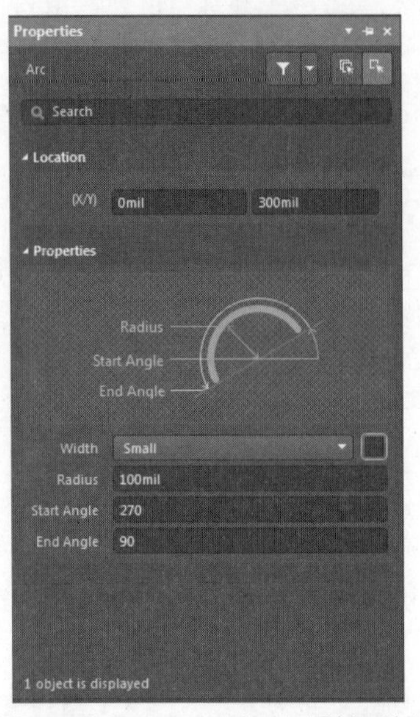

图 11-90 “Arc（弧）”属性面板

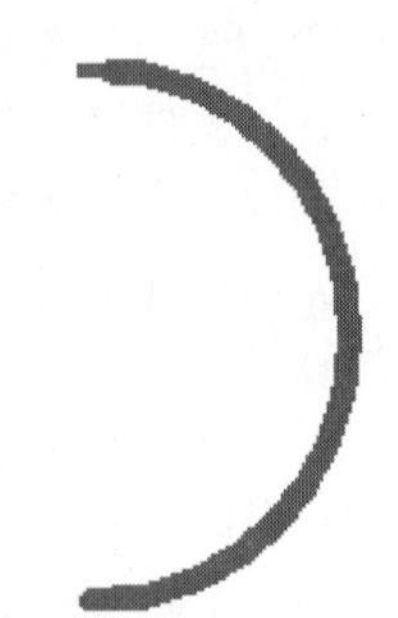

图 11-91 绘制一个半圆

④ 执行“放置”→“线”命令，或者单击“应用工具”工具栏中的“实用工具”按钮下拉菜单中的“放置线”按钮，启动绘制直线命令。此时，光标变成十字形，在编辑区绘制出一个闭合区域，双击直线，弹出“Polyline（直线）”属性面板，修改颜色选项，如图 11-92 所示。

完成的元件符号轮廓如图 11-93 所示。

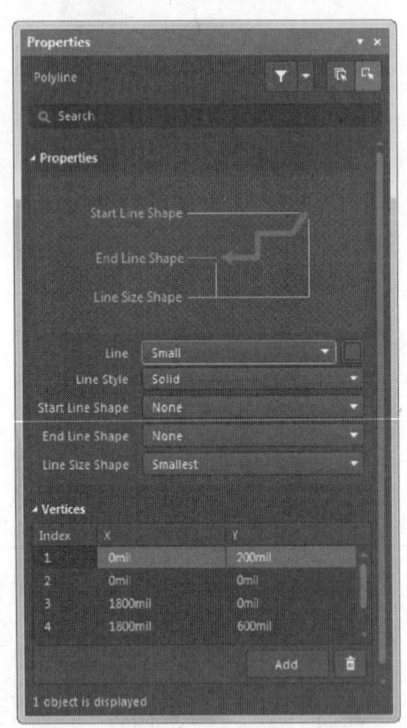

图 11-92 “Polyline（直线）”属性面板

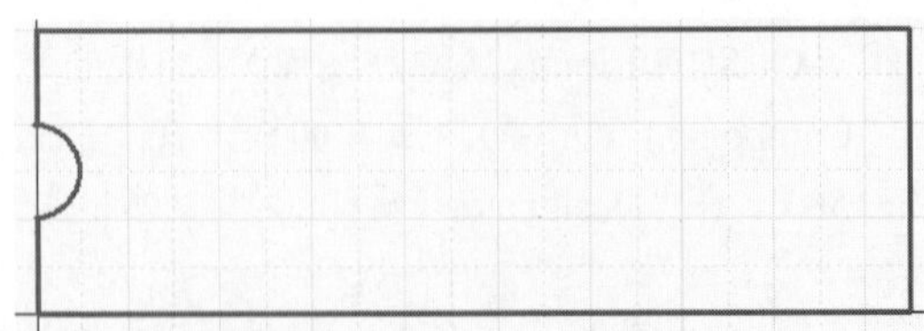

图 11-93 芯片轮廓

⑤ 执行“放置”→“管脚”命令，或者单击绘图工具栏中的按钮，启动绘制管脚命令，弹出带十字形管脚图标，按住 Tab 键，弹出“Pin（管脚）”属性面板，“Designator（编号）”栏文本框后面的“不可见”按钮表示隐藏管脚编号与名称，如图 11-94 所示，完成管脚属性设置。

⑥ 依次在芯片上放置管脚，管脚上的名称序号依次递加，绘制结果如图 11-95 所示。

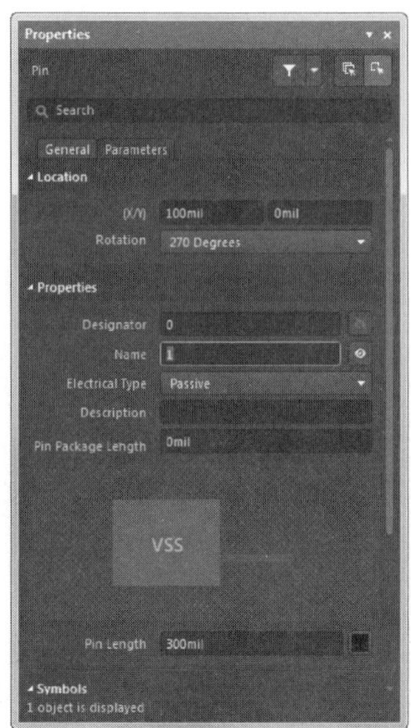

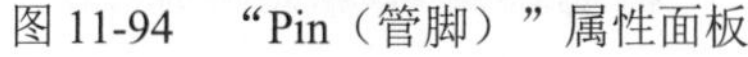

图 11-94　“Pin（管脚）”属性面板

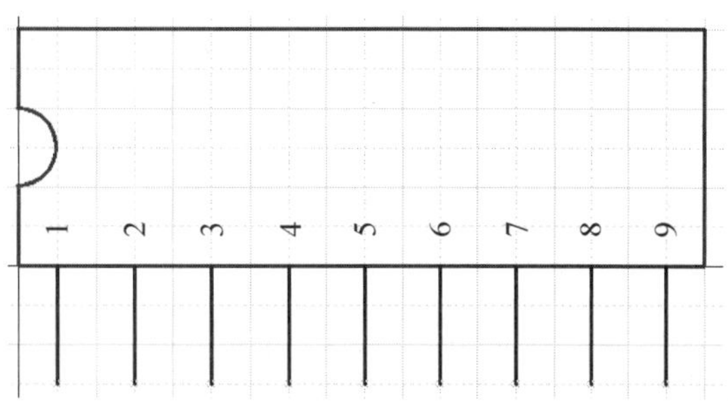

图 11-95　完成绘制的芯片符号

⑦ 执行“放置”→“文本字符串”命令，或单击“应用工具”工具栏中的“实用工具”按钮下拉菜单中的（放置文本字符串）按钮，显示浮动的文本图标，按 Tab 键，弹出“Text（标注）”属性面板，在“Properties（属性）”选项组的“Text（文本）”文本框中输入 CIC28151AE，如图 11-96 所示。最终得到如图 11-97 所示的原理图。

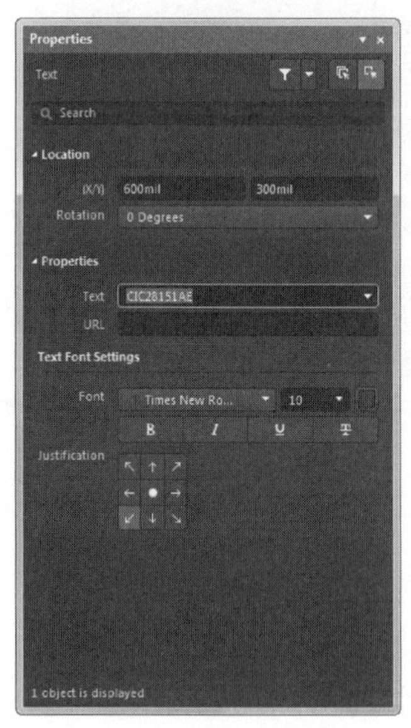

图 11-96　设置文本标注

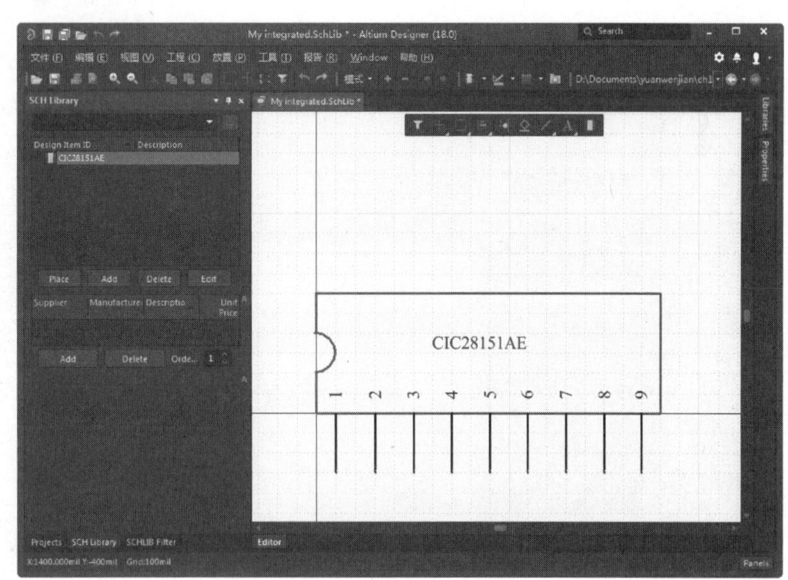

图 11-97　绘制完成的芯片符号

（4）编辑元件属性。

① 单击属性面板“Footprint（封装）”选项组下的“Add（添加）”按钮，系统将弹出如图 11-98 所示的“PCB Model（PCB 模型）”对话框。

② 单击“Browse（浏览）”按钮，弹出“Browse Libraries（浏览库）”对话框，如图 11-99 所示。

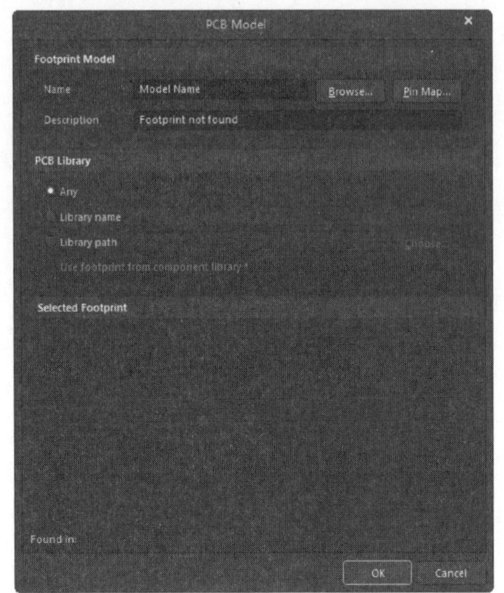

图 11-98　“PCB Model（PCB 模型）”对话框

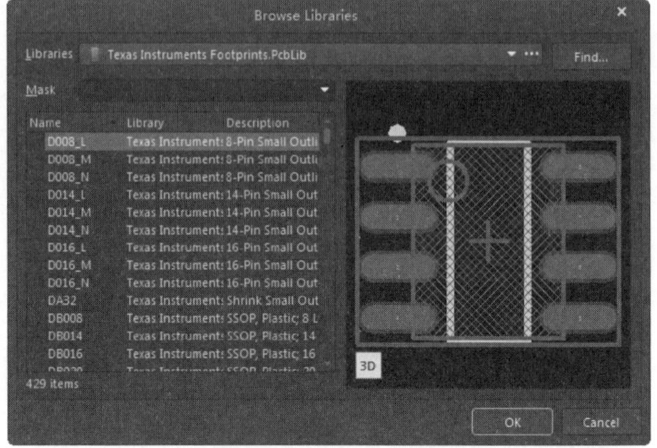

图 11-99　“Browse Libraries（浏览库）”对话框

③ 在“Browse Libraries（浏览库）”对话框中选择 Miscellaneous Connector.IntLib，此时选择的封装为 HDR1X9H，如图 11-100 所示，单击“OK（确定）”按钮。“PCB Model（PCB 模型）”对话框如图 11-101 所示。

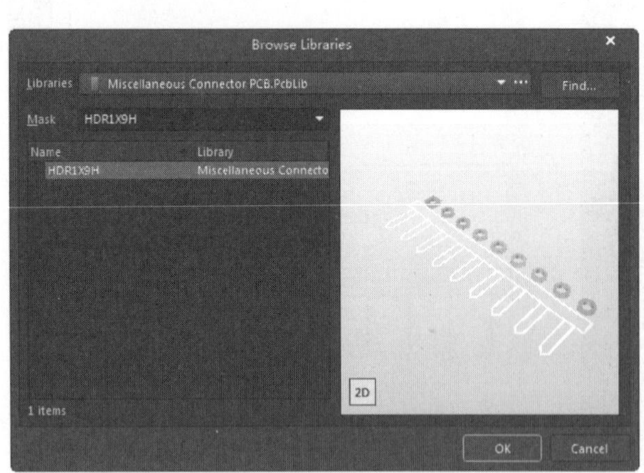

图 11-100　“Browse Libraries（浏览库）”对话框

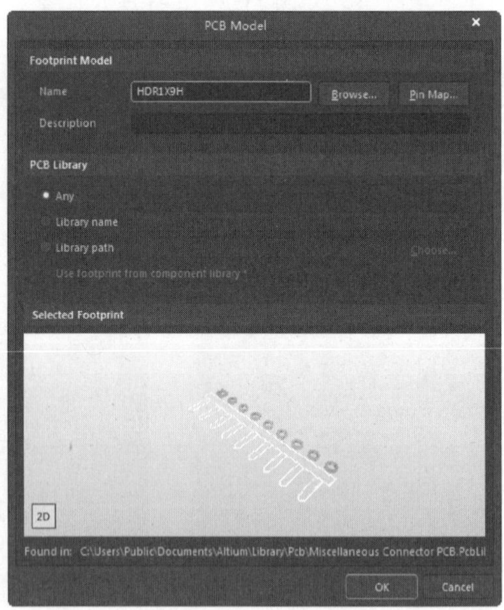

图 11-101　“PCB Model（PCB 模型）”对话框

④ 单击“OK（确定）”按钮，退出对话框，完成属性设置，最终绘制结果如图 11-102 所示。

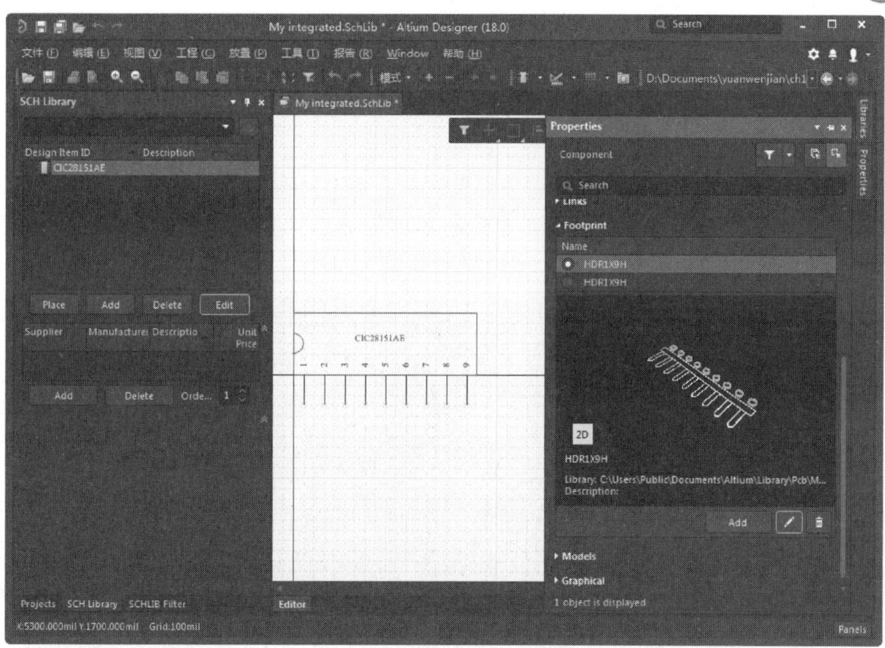

图 11-102　封装添加结果

11.4.2　元器件报表

绘制完成音乐集成芯片以后，通过生成元器件报表，检查元器件的属性及其各管脚的配置情况。

（1）在“SCH Library（SCH 库）”面板原理图符号名称栏中选择需要生成元器件报表的库元器件。

（2）执行“报告”→“器件”命令，系统将自动生成该库元器件的报表 My integrated.cmp，如图 11-103 所示。

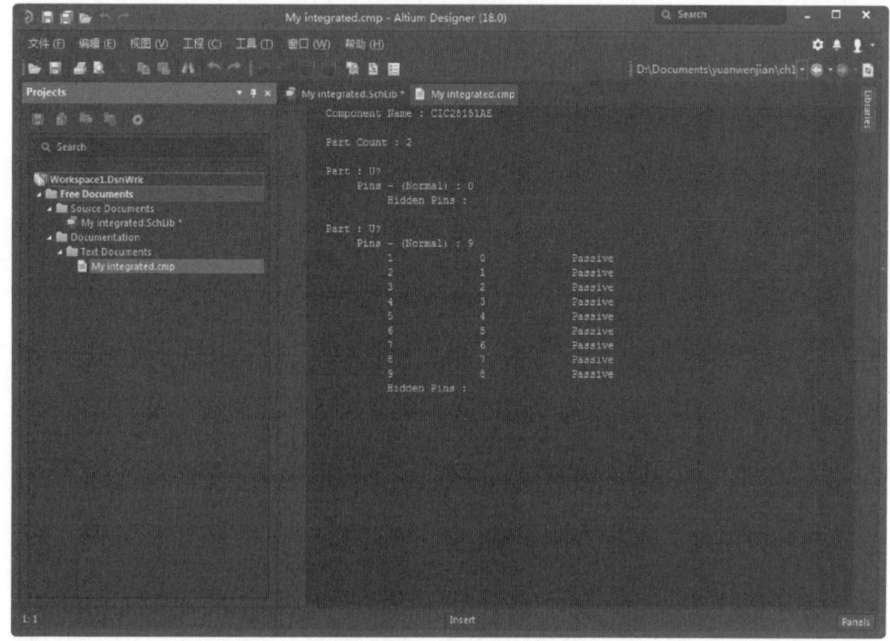

图 11-103　元器件报表

11.4.3　元件库报表

绘制完成变压器以后，除了检查元件的属性及其各管脚的配置情况，还利用“库列表”命令列出了当前元件库中的所有元器件名称。

Note

（1）在“Projects（工程）”面板上选中原理图库文件 My integrated.SchLib。

（2）执行“报告”→“库列表”命令，系统将自动生成该元件库的报表，以“.rep”“.csv”为后缀，分别如图 11-104 和图 11-105 所示。

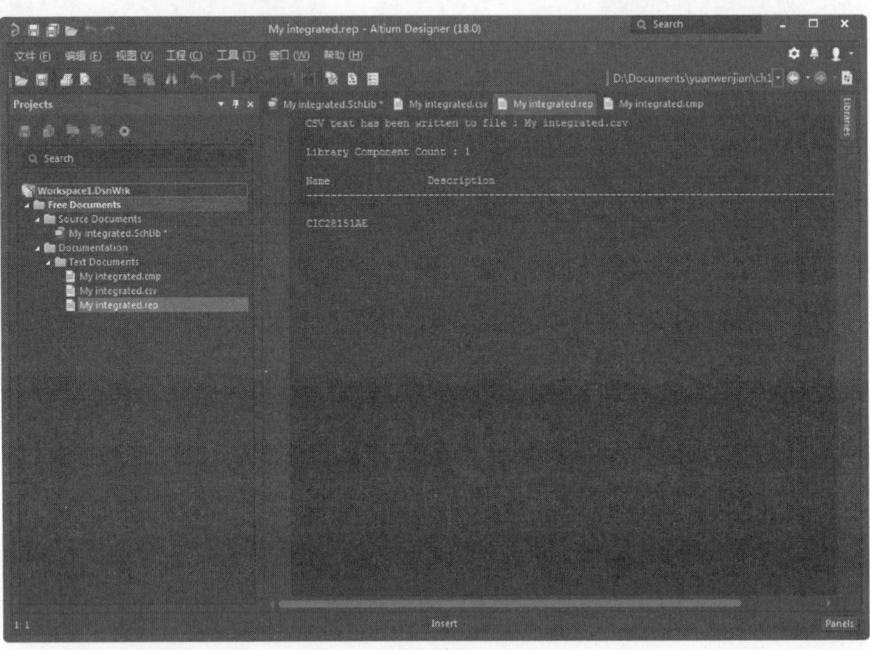

图 11-104　元件库报表 1

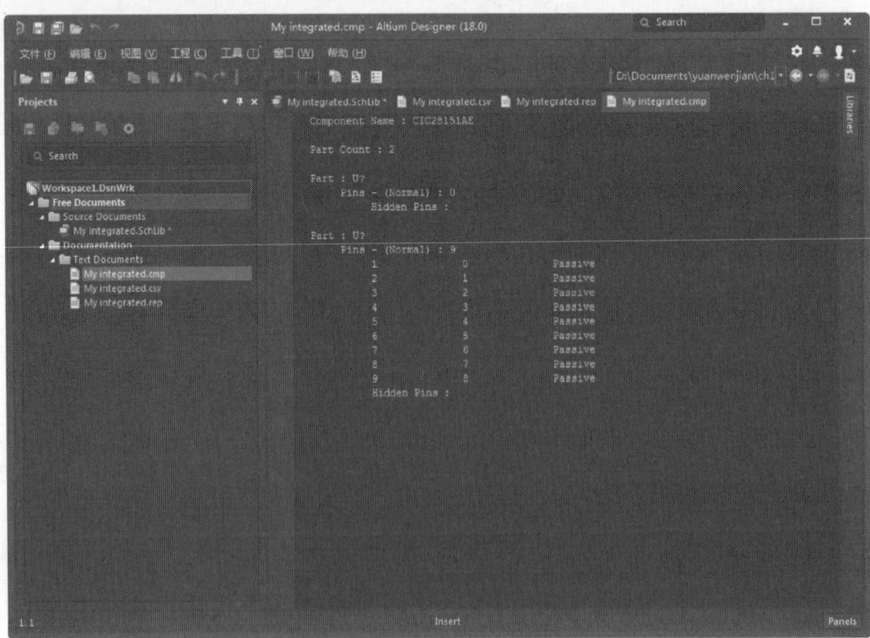

图 11-105　元件库报表 2

11.4.4　元件规则检查报表

对原理图的报告检查只是罗列器件信息是不够的，还需要检查元件库中的元件是否有错，并罗列原因。

（1）返回 My integrated 库文件编辑环境，在 SCH Library 面板中设置原理图符号名称为 CIC28151AE。

（2）执行“报告”→“器件规则检查”命令，弹出元件库规则检查设置对话框，选中所有复选框，如图 11-106 所示。

（3）设置完成后，单击 OK 按钮，关闭元件规则检查设置对话框，系统将自动生成该元件的规则检查报表，如图 11-107 所示。该报表是一个后缀名为“.ERR”的文本文件。

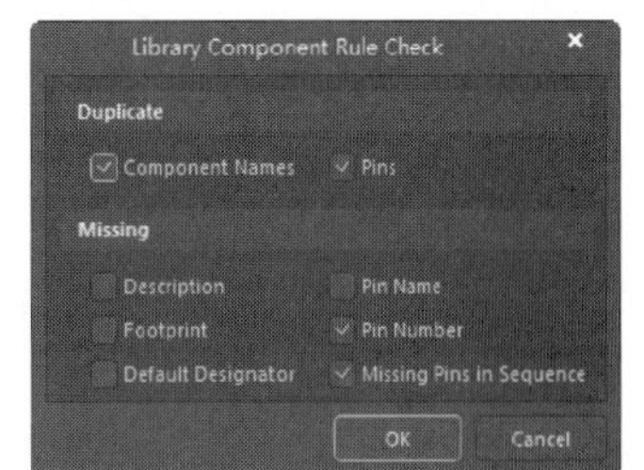

图 11-106　元件规则检查设置对话框

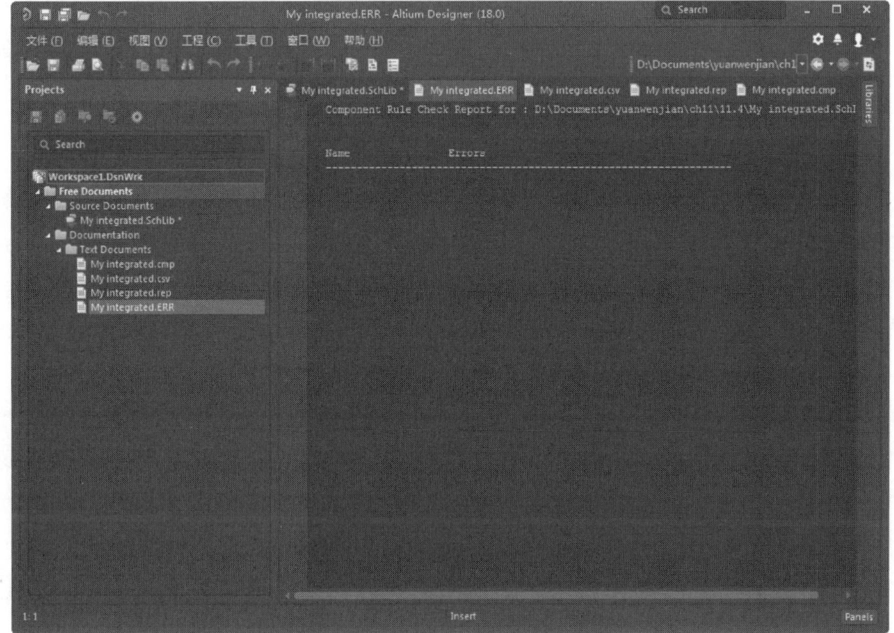

图 11-107　元件规则检查报表

电路仿真系统

随着电子技术的飞速发展和新型电子元器件的不断涌现，电子电路变得越来越复杂，因而在电路设计时出现缺陷和错误在所难免。为了让设计者在设计电路时就能准确地分析电路的工作状况，及时发现其中的设计缺陷，然后予以改进，Altium Designer 18 提供了一个较为完善的电路仿真组件，可以根据设计的原理图进行电路仿真，并根据输出信号的状态调整电路的设计，从而极大地减少不必要的设计失误，提高电路设计的工作效率。

所谓电路仿真，就是用户直接利用EDA软件自身所提供的功能和环境，对所设计电路的实际运行情况进行模拟的一个过程。如果在制作PCB印制板之前，能够进行原理图的仿真，明确把握系统的性能指标并据此对各项参数进行适当的调整，将能节省大量的人力和物力。由于整个过程是在计算机上运行的，所以操作相当简便，免去了构建实际电路系统的不便，设计者只需要输入不同的参数，就能得到不同情况下电路系统的性能，而且仿真结果真实、直观，便于用户查看和比较。

- ☑ 电路仿真的基本概念
- ☑ 电路仿真的基本方法
- ☑ 仿真分析的参数设置

任务驱动&项目案例

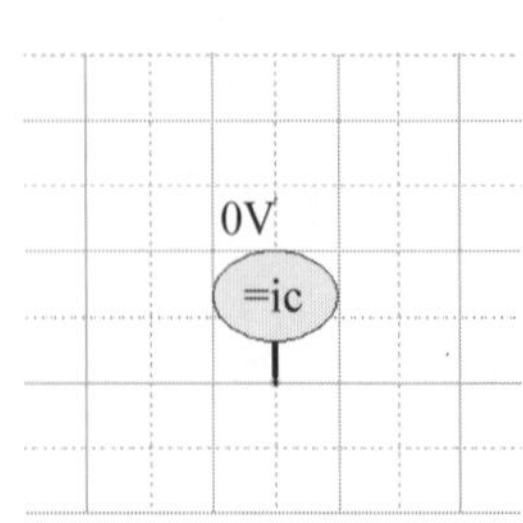

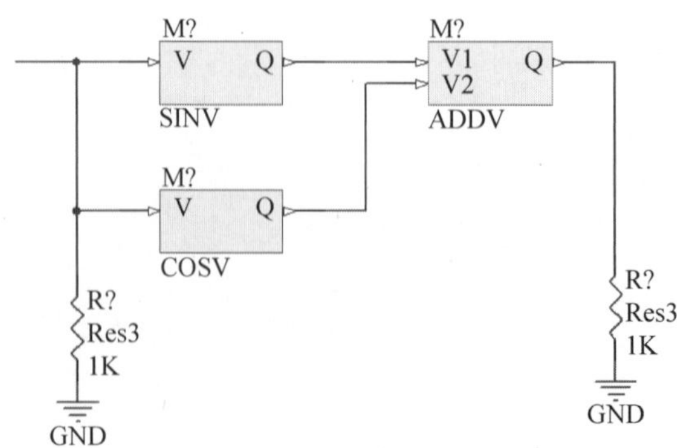

12.1 电路仿真的基本概念

在具有仿真功能的 EDA 软件出现之前，设计者为了对自己所设计的电路进行验证，一般是使用面板来搭建实际的电路系统，之后对一些关键的电路节点进行逐点测试，通过观察示波器上的测试波形来判断相应的电路部分是否达到了设计要求。如果没有达到，则需要对元器件进行更换，有时甚至要调整电路结构，重建电路系统，然后再进行测试，直到达到设计要求为止。整个过程冗长而烦琐，工作量非常大。

使用软件进行电路仿真，则是把上述过程全部搬到了计算机中。同样要搭建电路系统（绘制电路仿真原理图）、测试电路节点（执行仿真命令），而且同样需要查看相应节点（中间节点和输出节点）处的电压或电流波形，依此做出判断并进行调整。只是这一切都将在软件仿真环境中进行，过程轻松，操作方便，只需要借助于一些仿真工具和仿真操作即可快速完成。

仿真中涉及的几个基本概念如下。

（1）仿真元器件。用户进行电路仿真时使用的元器件，要求具有仿真属性。

（2）仿真原理图。用户根据具体电路的设计要求，使用原理图编辑器及具有仿真属性的元器件所绘制而成的电路原理图。

（3）仿真激励源。用于模拟实际电路中的激励信号。

（4）节点网络标签。对电路中要测试的多个节点，应该分别放置一个有意义的网络标签名，便于明确查看每一节点的仿真结果（电压或电流波形）。

（5）仿真方式。仿真方式有多种，不同的仿真方式下相应有不同的参数设定，用户应根据具体的电路要求来选择设置仿真方式。

（6）仿真结果。仿真结果一般是以波形的形式给出，不仅仅局限于电压信号，每个元件的电流及功耗波形都可以在仿真结果中观察到。

12.2 放置电源及仿真激励源

Altium Designer 18 提供了多种电源和仿真激励源，存放在 Simulation Sources.Intlib 集成库中，供用户选择。在使用时，均被默认为理想的激励源，即电压源的内阻为 0，而电流源的内阻为无穷大。

仿真激励源就是仿真时输入仿真电路中的测试信号，观察这些测试信号通过仿真电路后的输出波形，可以判断仿真电路中的参数设置是否合理。

常用的电源与仿真激励源有如下几种。

1. 直流电压/电流源

直流电压源 VSRC 与直流电流源 ISRC 分别用来为仿真电路提供一个不变的电压信号或不变的电流信号，符号形式如图 12-1 所示。

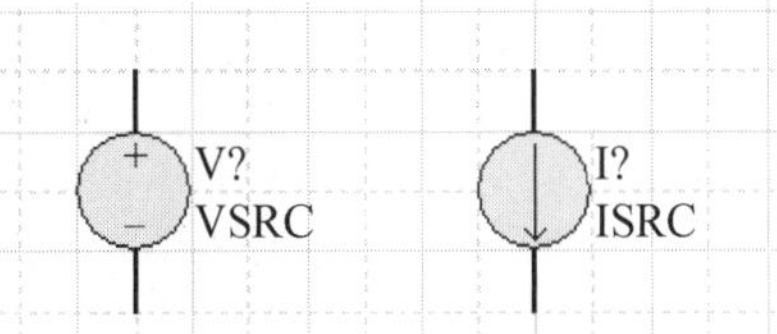

图 12-1 直流电压/电流源符号

这两种电源通常在仿真电路上电时，或者需要为仿真电路输入一个阶跃激励信号时使用，以便用户观测电路中某一节点的瞬态响应波形。

需要设置的仿真参数是相同的，双击新添加的仿真直流电压源，打开“Properties（属性）”面板，设置其属性参数，如图 12-2 所示。

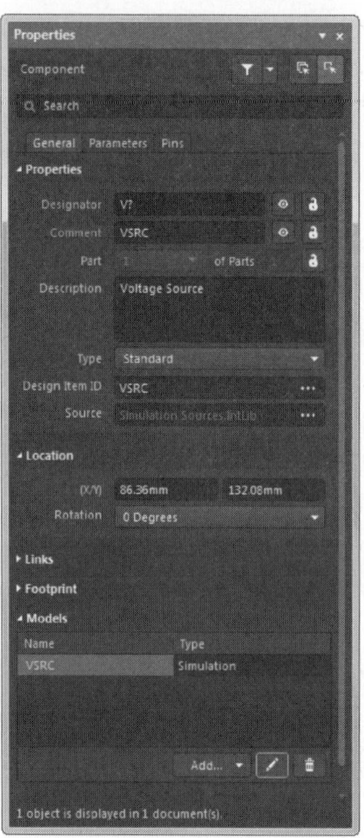

图 12-2　属性设置面板

图 12-2 所示的面板在“Models（模型）”栏中，双击“Simulation（仿真）”属性，即可弹出 Sim Model-Voltage Source/DC Source 对话框，通过该对话框可以查看并修改仿真模型，如图 12-3 所示。

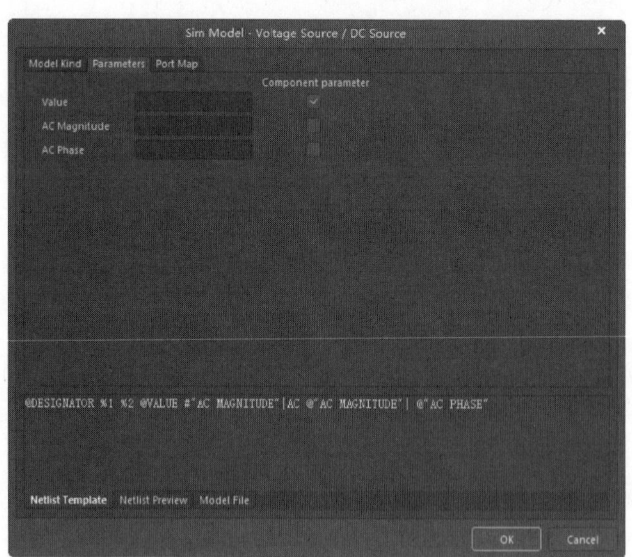

图 12-3　Sim Model-Voltage Source/DC Source 对话框

在“Parameters（参数）”选项卡中，各项参数的具体含义如下。

☑　Value（值）：用于设置 Res Semi 半导体电阻的阻值。

☑　AC Magnitude（交流幅度）：交流小信号分析的电压幅度。

☑　AC Phase（交流相位）：交流小信号分析的相位值。

2. 正弦信号激励源

正弦信号激励源包括正弦电压源 VSIN 与正弦电流源 ISIN，用来为仿真电路提供正弦激励信号，符号形式如图 12-4 所示，需要设置的仿真参数是相同的，如图 12-5 所示。

图 12-4　正弦电压/电流源符号

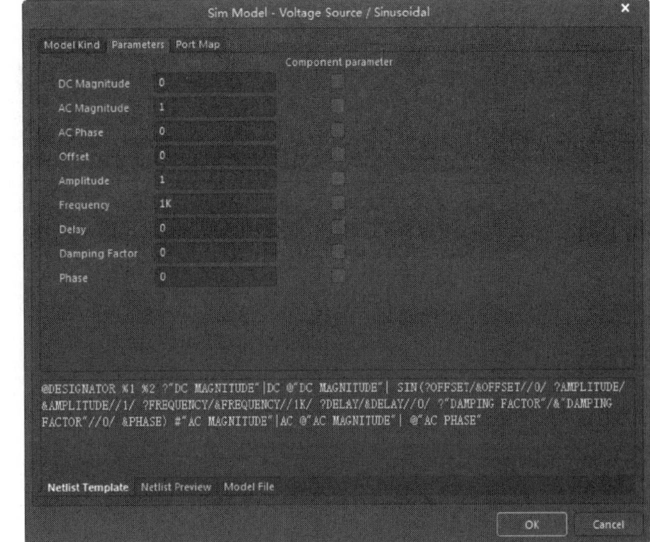

图 12-5　正弦信号激励源的仿真参数

在“Parameters（参数）”选项卡中，各项参数的具体含义如下。

☑ DC Magnitude：正弦信号的直流参数，通常设置为“0”。

☑ AC Magnitude：交流小信号分析的电压值，通常设置为“1V”，如果不进行交流小信号分析，可以设置为任意值。

☑ AC Phase（交流相位）：交流小信号分析的电压初始相位值，通常设置为“0”。

☑ Offset：正弦波信号上叠加的直流分量，即幅值偏移量。

☑ Amplitude：正弦波信号的幅值设置。

☑ Frequency：正弦波信号的频率设置。

☑ Delay：正弦波信号初始的延迟时间设置。

☑ Damping Factor：正弦波信号的阻尼因子设置，影响正弦波信号幅值的变化。设置为正值时，正弦波的幅值将随时间的增长而衰减。设置为负值时，正弦波的幅值则随时间的增长而增长。若设置为“0”，则意味着正弦波的幅值不随时间而变化。

☑ Phase：正弦波信号的初始相位设置。

3. 周期脉冲源

周期脉冲源包括脉冲电压激励源 VPULSE 与脉冲电流激励源 IPULSE，可以为仿真电路提供周期性的连续脉冲激励，其中脉冲电压激励源 VPULSE 在电路的瞬态特性分析中用得比较多。两种激励源的符号形式如图 12-6 所示，相应要设置的仿真参数也是相同的，如图 12-7 所示。

在“Parameters（参数）”选项卡中，各项参数的具体含义如下。

☑ DC Magnitude：脉冲信号的直流参数，通常设置为“0”。

☑ AC Magnitude：交流小信号分析的电压值，通常设置为“1V”，如果不进行交流小信号分析，可以设置为任意值。

☑ AC Phase：交流小信号分析的电压初始相位值，通常设置为“0”。

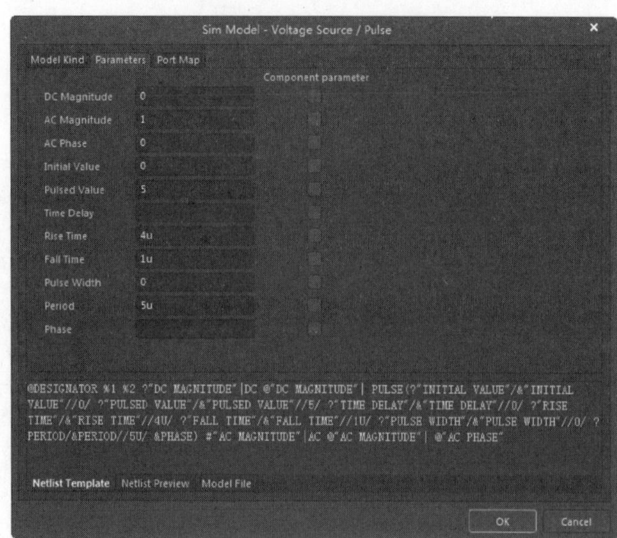

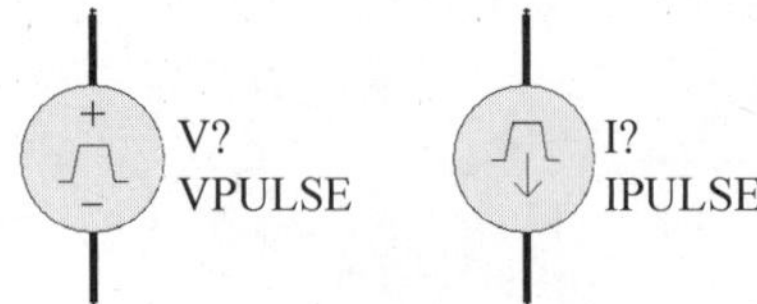

图 12-6　脉冲电压/电流源符号

图 12-7　周期脉冲源的仿真参数

☑　Initial Value：脉冲信号的初始电压值设置。

☑　Pulsed Value：脉冲信号的电压幅值设置。

☑　Time Delay：初始时刻的延迟时间设置。

☑　Rise Time：脉冲信号的上升时间设置。

☑　Fall Time：脉冲信号的下降时间设置。

☑　Pulse Width：脉冲信号的高电平宽度设置。

☑　Period：脉冲信号的周期设置。

☑　Phase：脉冲信号的初始相位设置。

4. 分段线性激励源

分段线性激励源所提供的激励信号是由若干条相连的直线组成，是一种不规则的信号激励源，包括分段线性电压源 VPWL 与分段线性电流源 IPWL 两种，符号形式如图 12-8 所示。这两种分段线性激励源的仿真参数设置是相同的，如图 12-9 所示。

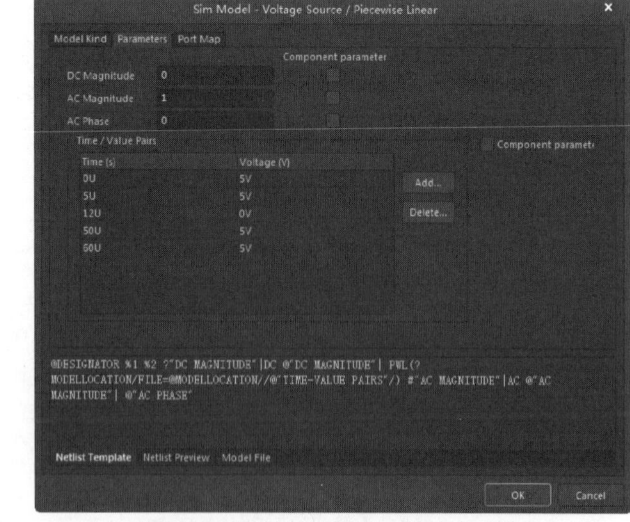

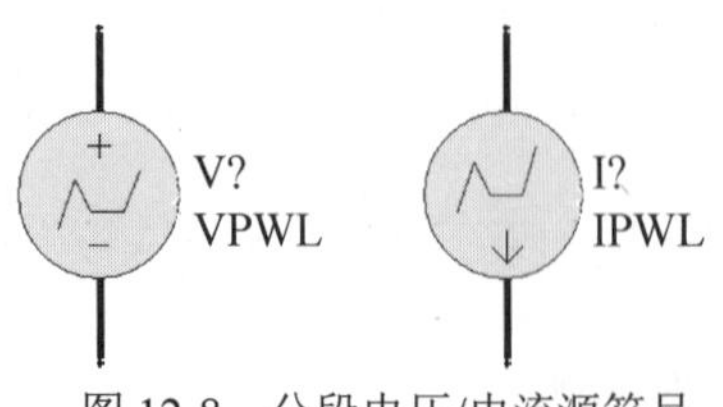

图 12-8　分段电压/电流源符号

图 12-9　分段线性激励源的仿真参数

在“Parameters（参数）”选项卡中，各项参数的具体含义如下。

☑ DC Magnitude：分段线性电压信号的直流参数，通常设置为“0”。

☑ AC Magnitude：交流小信号分析的电压值，通常设置为“1V”，如果不进行交流小信号分析，可以设置为任意值。

☑ AC Phase：交流小信号分析的电压初始相位值，通常设置为“0”。

☑ Time/Value Pairs：分段线性电压信号在分段点处的时间值及电压值设置。其中时间为横坐标，电压为纵坐标，如图 12-9 所示，共有 5 个分段点。单击一次右侧的 Add... 按钮，可以添加一个分段点，而单击一次 Delete... 按钮，则可以删除一个分段点。

5. 指数激励源

指数激励源包括指数电压激励源 VEXP 与指数电流激励源 IEXP，用来为仿真电路提供带有指数上升沿或下降沿的脉冲激励信号，通常用于高频电路的仿真分析，符号形式如图 12-10 所示。两者所产生的波形形式是一样的，相应的仿真参数设置也相同，如图 12-11 所示。

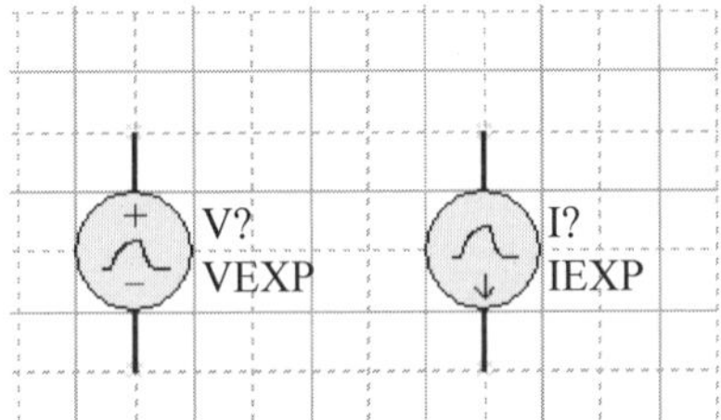

图 12-10　指数电压/电流源符号

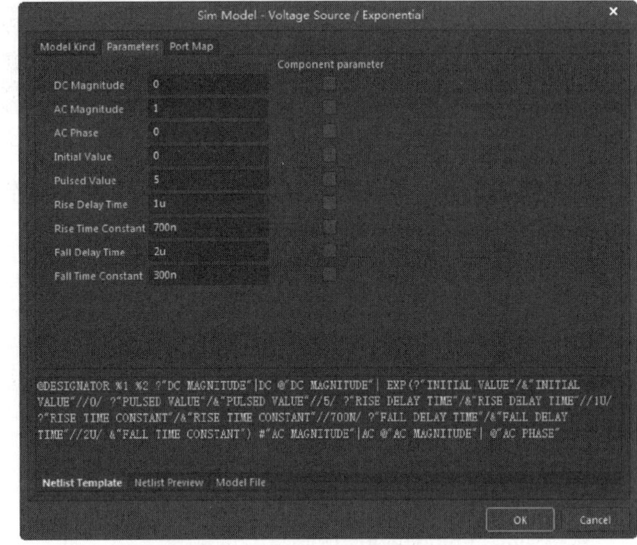

图 12-11　指数激励源的仿真参数

在“Parameters（参数）”选项卡中，各项参数的具体含义如下。

☑ DC Magnitude：分段线性电压信号的直流参数，通常设置为“0”。

☑ AC Magnitude：交流小信号分析的电压值，通常设置为“1V”，如果不进行交流小信号分析，可以设置为任意值。

☑ AC Phase：交流小信号分析的电压初始相位值，通常设置为“0”。

☑ Initial Value：指数电压信号的初始电压值。

☑ Pulsed Value：指数电压信号的跳变电压值。

☑ Rise Delay Time：指数电压信号的上升延迟时间。

☑ Rise Time Constant：指数电压信号的上升时间。

☑ Fall Delay Time：指数电压信号的下降延迟时间。

☑ Fall Time Constant：指数电压信号的下降时间。

6. 单频调频激励源

单频调频激励源用来为仿真电路提供一个单频调频的激励波形，包括单频调频电压源 VSFFM 与单频调频电流源 ISFFM 两种，符号形式如图 12-12 所示，相应需要设置的仿真参数如图 12-13 所示。

Note

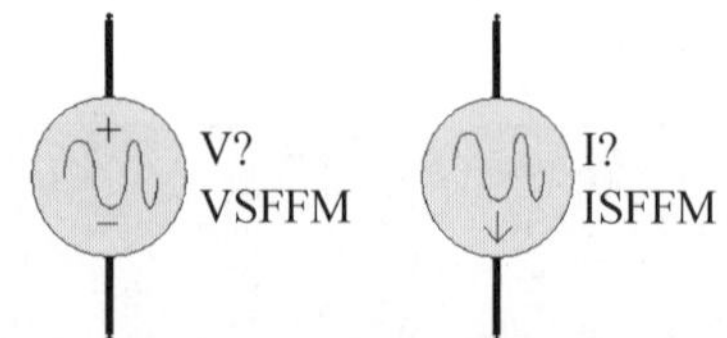

图 12-12　单频调频电压/电流源符号

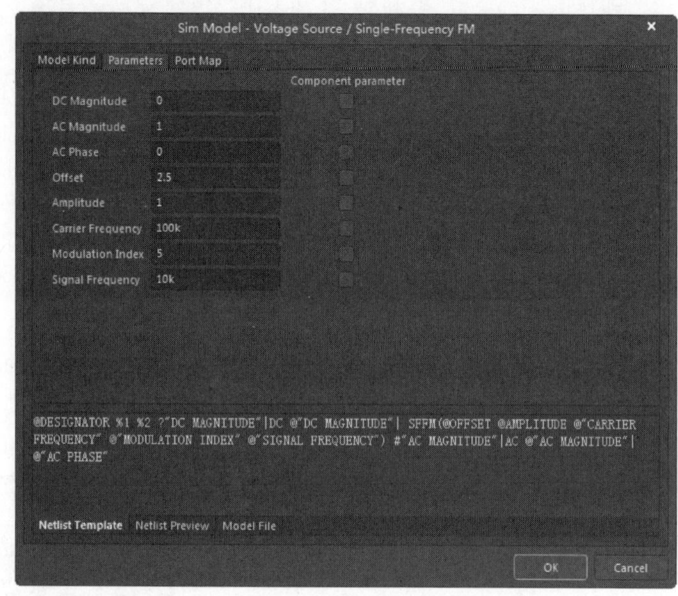

图 12-13　单频调频激励源的仿真参数

在“Parameters（参数）”选项卡中，各项参数的具体含义如下。

☑ DC Magnitude：分段线性电压信号的直流参数，通常设置为“0”。

☑ AC Magnitude：交流小信号分析的电压值，通常设置为“1V”，如果不进行交流小信号分析，可以设置为任意值。

☑ AC Phase：交流小信号分析的电压初始相位值，通常设置为“0”。

☑ Offset：调频电压信号上叠加的直流分量，即幅值偏移量。

☑ Amplitude：调频电压信号的载波幅值。

☑ Carrier Frequency：调频电压信号的载波频率。

☑ Modulation Index：调频电压信号的调制系数。

☑ Signal Frequency：调制信号的频率。

根据以上的参数设置，输出的调频信号表达式为：

$$V(t)=V_o+V_A\times\sin[2\pi F_c t+M\sin(2\pi F_s t)]$$

其中，V_o=Offest，V_A=Amplitude，F_c=Carrier Frequency，F_s=Signal Frequency。

这里介绍了几种常用的仿真激励源及仿真参数的设置。此外，在 Altium Designer 18 中还有线性受控源、非线性受控源等，在此不再一一赘述，用户可以参照前面所讲述的内容，自己练习使用其他的仿真激励源并进行有关仿真参数的设置。

12.3　仿真分析的参数设置

在电路仿真中，选择合适的仿真方式并对相应的参数进行合理的设置，是仿真能够正确运行并能获得良好的仿真效果的关键保证。

一般来说，仿真方式的设置包含两部分：一是各种仿真方式都需要的通用参数设置，二是具体的仿真方式所需要的特定参数设置，二者缺一不可。

在原理图编辑环境中，执行“设计”→“仿真”→“Mixed Sim（混合仿真）”命令，则系统弹出如图 12-14 所示的分析设置对话框。

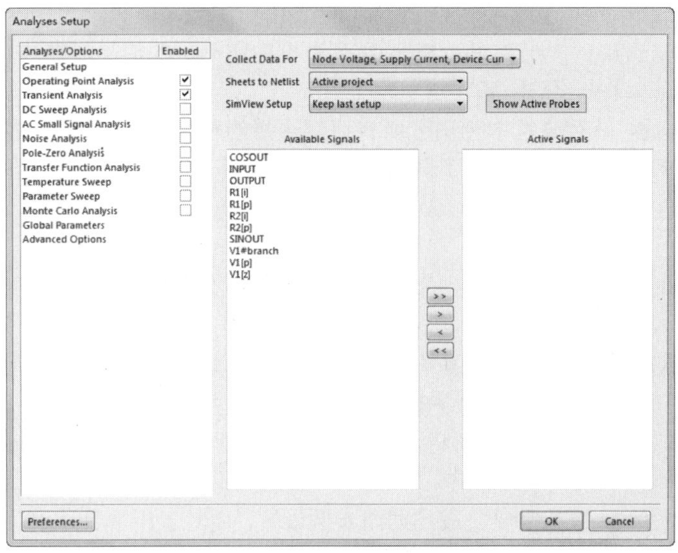

图 12-14　分析设置对话框

在该对话框左侧的“Analyses/Options（分析/选项）”选项卡中列出了若干选项供用户选择，包括各种具体的仿真方式，对话框的右侧则用来显示与选项相对应的具体设置内容。系统的默认选项为“General Setup（通用设置）”，即仿真方式的通用参数设置，如图 12-14 所示。

12.3.1　通用参数的设置

通用参数的具体设置内容有以下几项。

（1）Collect Data For（为了收集数据）：该下拉列表框用于设置仿真程序需要计算的数据类型。

☑　Node Voltage and Supply Current：将保存每个节点电压和每个电源电流的数据。

☑　Node Voltage, Supply and Device Current：将保存每个节点电压、每个电源和器件电流的数据。

☑　Node Voltage, Supply Current, Device Current and Power：将保存每个节点电压、每个电源电流以及每个器件的电源和电流的数据。

☑　Node Voltage, Supply Current and Subcircuit VARs：将保存每个节点电压、来自每个电源的电流源以及子电路变量中匹配的电压/电流的数据。

☑　Active Signals/Probe（积极信号/探针）：仅保存在 Active Signals 中列出的信号分析结果。由于仿真程序在计算上述这些数据时要占用很长的时间，因此，在进行电路仿真时，应该尽可能地少设置需要计算的数据，只需要观测电路中节点的一些关键信号波形即可。

在右侧的“Collect Data For（为了收集数据）”下拉列表框中可以看到系统提供了几种需要计算的数据组合，用户可以根据具体仿真的要求加以选择，系统默认为“Nude Voltage, Supply Current, Device Current any Power”。

一般来说，应设置为“Active Signals（积极的信号）”，这样一方面可以灵活选择所要观测的信号，另一方面也减少了仿真的计算量，提高了效率。

（2）Sheets to Netlist（网表薄片）：该下拉列表框用于设置仿真程序作用的范围。

☑　Active sheet：当前的电路仿真原理图。

☑　Active project：当前的整个项目。

Note

（3）SimView Setup（仿真视图设置）：该下拉列表框用于设置仿真结果的显示内容。

☑ Keep last setup：按照上次仿真操作的设置在仿真结果图中显示信号波形，忽略 Active Signals 列表框中所列出的信号。

☑ Show active signals：按照 Active Signals 列表框中所列出的信号，在仿真结果图中进行显示。

一般应设置为 Show active signals。

（4）Available Signals：该列表框中列出了所有可供选择的观测信号，具体内容随着 Collect Data For 下拉列表框的设置变化而变化，即对于不同的数据组合，可以观测的信号是不同的。

（5）Active Signals（积极的信号）：该列表框中列出了仿真程序运行结束后，能够立刻在仿真结果图中显示的信号。

在“Active Signals（积极的信号）”列表框中选中某个需要显示的信号后，如选择 IN，单击 > 按钮，可以将该信号加入“Active Signals（积极的信号）”列表框中，以便在仿真结果图中显示。单击 < 按钮，则可以将“Active Signals（积极的信号）”列表框中某个不需要显示的信号移回“Available Signals（有用的信号）”列表框中。或者单击 >> 按钮，直接将全部可用的信号加入“Active Signals（积极的信号）”列表框中。单击 << 按钮，则将全部活动信号移回“Available Signals（有用的信号）”列表框中。

上面讲述的是在仿真运行前需要完成的通用参数设置，而对于用户具体选用的仿真方式，还需要进行一些特定参数的设定。

12.3.2 仿真方式的具体参数设置

在 Altium Designer 18 系统中，共提供了 12 种仿真方式。

☑ 工作点分析（Operating Point Analysis）。
☑ 瞬态特性分析（Transient Analysis）。
☑ 直流传输特性分析（DC Sweep Analysis）。
☑ 交流小信号分析（AC Small Signal Analysis）。
☑ 噪声分析（Noise Analysis）。
☑ 零-极点分析（Pole-Zero Analysis）。
☑ 传递函数分析（Transfer Function Analysis）。
☑ 温度扫描（Temperature Sweep）。
☑ 参数扫描（Parameter Sweep）。
☑ 蒙特卡罗分析（Monte Carlo Analysis）。
☑ 全局参数分析（Global Parameters）。
☑ 高级选项（Advanced Options）。

下面分别介绍各种仿真方式的功能特点及参数设置，由于全局参数分析（Global Parameters）中未设定参数，所以不做介绍。

12.3.3 Operating Point Analysis（工作点分析）

所谓工作点分析，就是静态工作点分析，这种方式是在分析放大电路时提出来的。当放大器的输入信号短路时，放大器就处在无信号输入状态，即静态。若静态工作点选择不合适，则输出波形会失真，因此设置合适的静态工作点是放大电路正常工作的前提。

在该分析方式中，所有的电容都将被看作开路，所有的电感都被看作短路，之后计算各个节点的对地电压，以及流过每一元器件的电流。由于方式比较固定，因此，不需要用户再进行特定参数的设

置，使用该方式时只需要选中即可运行，如图 12-15 所示。

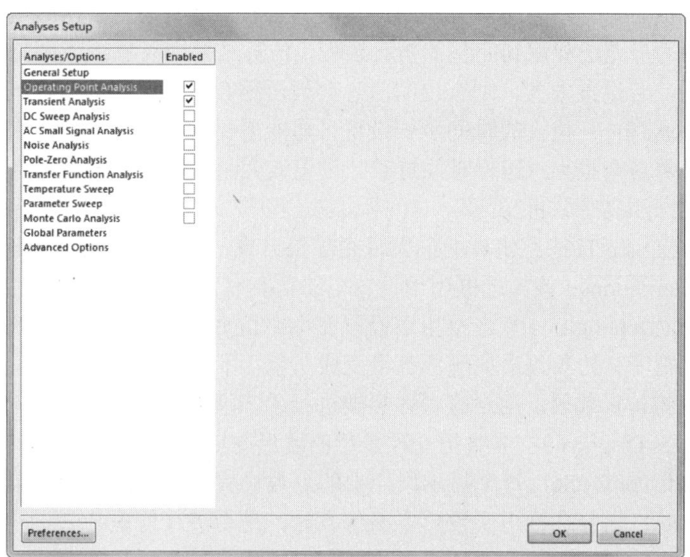

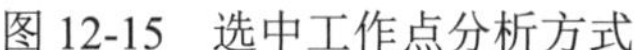

图 12-15　选中工作点分析方式

一般来说，在进行瞬态特性分析和交流小信号分析时，仿真程序都会先执行工作点分析，以确定电路中非线件元件的线性化参数初始值。因此，通常情况下应选中该复选框。

12.3.4　Transient Analysis（瞬态特性分析）

瞬态特性分析是电路仿真中经常使用的仿真方式。瞬态特性分析是一种时域仿真分析方式，通常是从时间零开始，到用户规定的终止时间结束，在一个类似示波器的窗口中显示出观测信号的时域变化波形。

在分析设置对话框中选中 Transient Analysis 复选框，相应的参数设置如图 12-16 所示。各参数的含义如下。

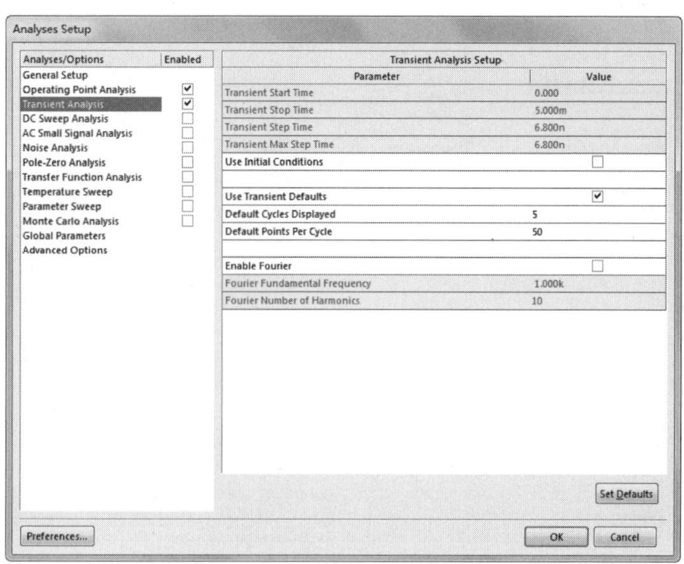

图 12-16　瞬态特性分析的仿真参数

Note

- ☑ Transient Start Time：瞬态仿真分析的起始时间设置，通常设置为“0”。
- ☑ Transient Stop Time：瞬态仿真分析的终止时间设置，需要根据具体的电路来调整设置。若设置太小，则用户无法观测到完整的仿真过程，仿真结果中只显示一部分波形，不能作为仿真分析的依据。若设置太大，则有用的信息会被压缩在一小段区间内，同样不利于分析。
- ☑ Transient Step Time：仿真的时间步长设置，同样需要根据具体的电路来调整。设置太小，仿真程序的计算量会很大，运行时间过长。设置太大，则仿真结果粗糙，无法真切地反映信号的细微变化，不利于分析。
- ☑ Transient Max Step Time：仿真的最大时间步长设置，通常设置为与时间步长值相同。
- ☑ Use Initial Conditions：该复选框用于设置电路仿真时，是否使用初始设置条件，一般应选中。
- ☑ Use Transient Defaults：该复选框用于设置在电路仿真时，是否采用系统的默认设置。若选中该复选框，则所有的参数选项颜色都将变成灰色，不再允许用户修改设置。通常情况下，为了获得较好的仿真效果，用户应对各参数进行手工调整配置，不应该选中该复选框。
- ☑ Default Cycles Displayed：电路仿真时显示的波形周期数设置。
- ☑ Default Points Per Cycle：每个显示周期中的点数设置，其数值多少决定了曲线的光滑程度。
- ☑ Enable Fourier：该复选框用于设置电路仿真时，是否进行傅里叶分析。
- ☑ Fourier Fundamental Frequency：傅里叶分析中的基波频率设置。
- ☑ Fourier Number of Harmonics：傅里叶分析中的谐波次数设置，通常使用系统默认值“10”即可。
- ☑ Set Defaults按钮：单击该按钮，可以将所有参数恢复为默认值。

12.3.5 DC Sweep Analysis（直流传输特性分析）

直流传输特性分析是指在一定的范围内，通过改变输入信号源的电压值，对节点进行静态工作点的分析。根据所获得的一系列直流传输特性曲线，可以确定输入信号、输出信号的最大范围及噪声容限等。

该仿真分析方式可以同时对两个节点的输入信号进行扫描分析，但计算量会相当大。在分析设定对话框中选中 DC Sweep Analysis 复选框后，相应的参数如图 12-17 所示。各参数的具体含义如下。

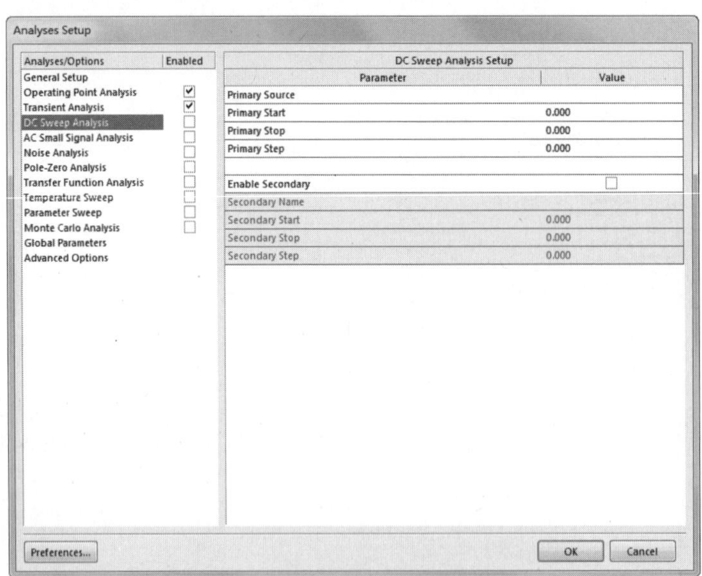

图 12-17　直流传输特性分析的仿真参数

- ☑ Primary Source：用来设置直流传输特性分析的第一个输入激励源。选中该项后，其右边会出现一个下拉列表框，供用户选择输入激励源。
- ☑ Primary Start：激励源信号幅值的初始值设置。
- ☑ Primary Stop：激励源信号幅值的终止值设置。
- ☑ Primary Step：激励源信号幅值变化的步长设置，用于在扫描范围内指定主电源的增量值，通常可以设置为幅值的 1%或 2%。
- ☑ Enable Secondary：用于选择是否设置进行直流传输特性分析的第二个输入激励源。选中该复选框后，即可对第二个输入激励源的相关参数进行设置，设置内容及方式与前面相同。

12.3.6 AC Small Signal Analysis（交流小信号分析）

交流小信号分析主要用于分析仿真电路的频率响应特性，即输出信号随输入信号的频率变化而变化的情况，借助于该仿真分析方式，可以得到电路的幅频特性和相频特性。

在分析设定对话框中选中 AC Small Signal Analysis 复选框后，相应的参数如图 12-18 所示。各参数的含义如下。

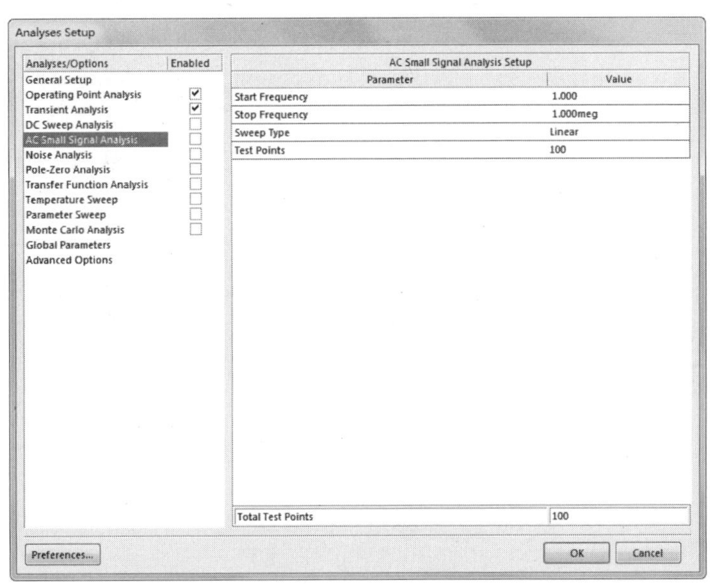

图 12-18 交流小信号分析的仿真参数

- ☑ Start Frequency：交流小信号分析的起始频率设置。
- ☑ Stop Frequency：交流小信号分析的终止频率设置。
- ☑ Sweep Type：扫描方式设置，有 3 种选择。
  - Linear：扫描频率采用线性变化的方式，在扫描过程中，下一个频率值由当前值加上一个常量而得到，适用于带宽较窄的情况。
  - Decade：扫描频率采用 10 倍频变化的方式进行对数扫描，下一个频率值由当前值乘以 10 而得到，适用于带宽特别宽的情况。
  - Octave：扫描频率以倍频程变化的方式进行对数扫描，下一个频率值由当前值乘以一个大于 1 的常数而得到，适用于带宽较宽的情况。
- ☑ Test Points：交流小信号分析的测试点数目设置。
- ☑ Total Test Points：交流小信号分析的总测试点数目设置，通常使用系统的默认值即可。

12.3.7 Noise Analysis（噪声分析）

噪声分析一般是和交流小信号分析一起进行的。在实际的电路中，由于各种因素的影响，总是会存在各种各样的噪声，这些噪声分布在很宽的频带内，每个元件对于不同频段上的噪声敏感程度是不同的。

Note

在噪声分析时，电容、电感和受控源应被视为无噪声的元器件。对交流小信号分析中的每个频率，电路中的每个噪声源（电阻或者运放）的噪声电平都会被计算出来，它们对输出节点的贡献通过将各均方值相加而得到。

电路设计中，使用 Altium Designer 18 仿真程序，可以测量和分析以下几种噪声。

（1）输出噪声：在某个特定的输出节点处测量得到的噪声。

（2）输入噪声：在输入节点处测量得到的噪声。

（3）器件噪声：每个器件对输出噪声的贡献。输出噪声的大小就是所有产生噪声的器件噪声的叠加。

在分析设置对话框中选中 Noise Analysis 复选框后，相应的参数如图 12-19 所示。各参数的含义如下。

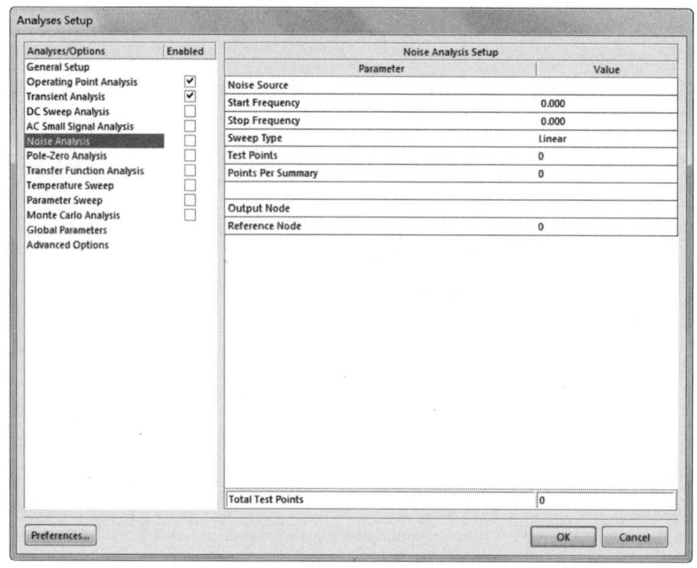

图 12-19 噪声分析的仿真参数

- ☑ Noise Source：选择一个用于计算噪声的参考信号源。选中该项后，其右边会出现一个下拉列表框，供用户进行选择。
- ☑ Start Frequency：扫描起始频率设置。
- ☑ Stop Frequency：扫描终止频率设置。
- ☑ Sweep Type：扫描方式设置，与交流小信号分析中的扫描方式选择设置相同。
- ☑ Test Points：噪声分析的测试点数目设置。
- ☑ Points Per Summary：用于指定计算噪声的范围。如果输入“0”，标识只计算输入和输出噪声。如果输入“1”，标识同时计算各个器件噪声。
- ☑ Output Node：噪声分析的输出节点设置。选中该项后，其右边会出现一个下拉列表框，供用户选择需要的噪声输出节点，如 IN 和 OUT 等。

☑ Reference Node：噪声分析的参考节点设置。通常设置为“0”，表示以接地点作为参考点。

☑ Total Test Points：噪声分析的总测试点数目设置。

12.3.8　Pole-Zero Analysis（零-极点分析）

零-极点分析主要用于对电路系统转移函数的零-极点位置进行描述。根据零-极点位置与系统性能的对应关系，用户可以据此对系统性能进行相关的分析。

在分析设置对话框中选中 Pole-Zero Analysis 复选框后，相应的参数如图 12-20 所示。各参数的含义如下。

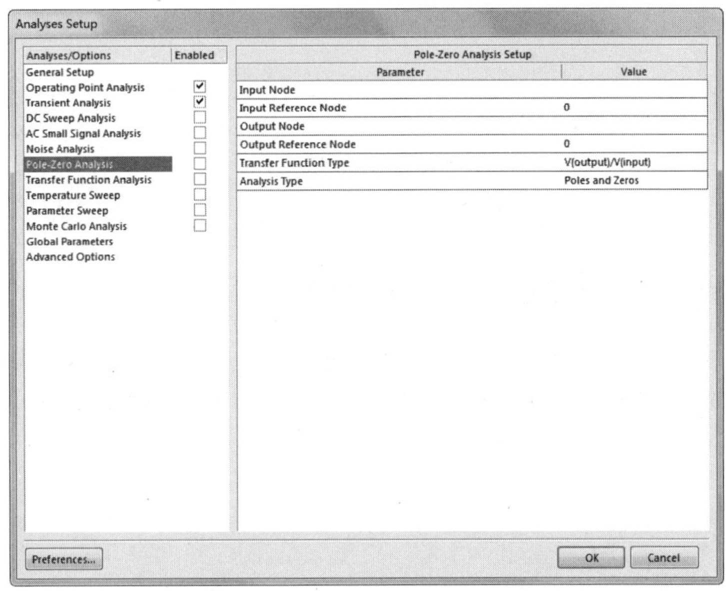

图 12-20　零-极点分析的仿真参数

☑ Input Node：输入节点选择设置。

☑ Input Reference Node：输入参考节点选择设置，通常设置为“0”。

☑ Output Node：输出节点选择设置。

☑ Output Reference Node：输出参考节点选择设置，通常设置为“0”。

☑ Transfer Function Type：转移函数类型设置，有两种选择，分别是 V（output）/V（input）（电压数值比）或者 V（output）/I（input）（阻抗函数）。

☑ Analysis Type：分析类型设置，有 3 种选择，分别是 Poles Only（只分析极点）、Zeros Only（只分析零点）和 Poles and Zeros（零-极点分析）。

12.3.9　Transfer Function Analysis（传递函数分析）

传递函数分析主要用于计算电路的直流输入/输出阻抗。在分析设定对话框中选中 Transfer Function Analysis 复选框后，相应的参数如图 12-21 所示。各参数的含义如下。

☑ Source Name：设置参考的输入信号源。

☑ Reference Node：设置参考节点。

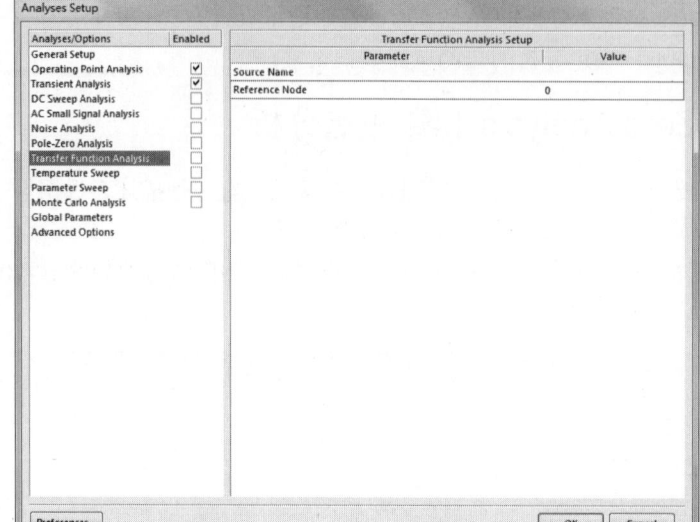

图 12-21 传递函数分析的仿真参数

12.3.10 Temperature Sweep（温度扫描）

温度扫描是指在一定的温度范围内，通过对电路的参数进行各种仿真分析，如瞬态特性分析、交流小信号分析、直流传输特性分析和传递函数分析等，从而确定电路的温度漂移等性能指标。

在分析设定对话框中选中 Temperature Sweep 复选框后，相应的参数如图 12-22 所示。各参数的含义如下。

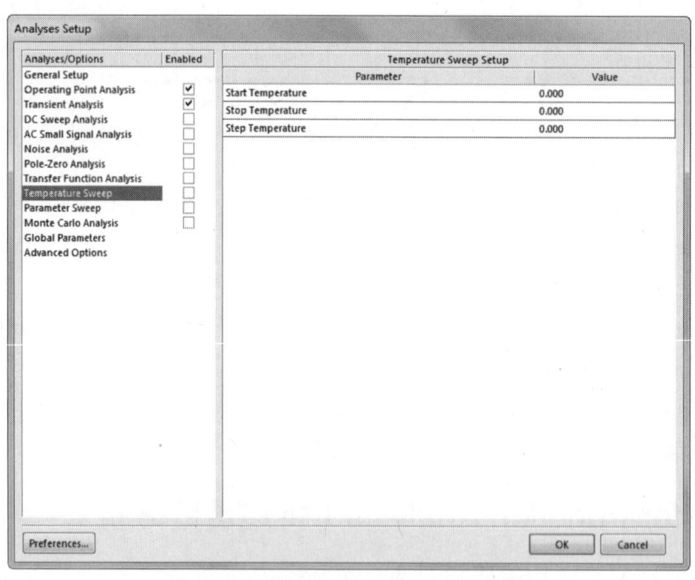

图 12-22 温度扫描分析的仿真参数

☑ Start Temperature：扫描起始温度设置。

☑ Stop Temperature：扫描终止温度设置。

☑ Step Temperature：扫描步长设置。

需要注意的是，温度扫描分析不能单独运行，应该在运行工作点分析、交流小信号分析、直流传

输特性分析、噪声分析、瞬态特性分析及传递函数分析中的一种或几种仿真方式时方可进行。

仿真时，如果仅选择了温度扫描的分析方式，则系统会弹出如图 12-23 所示的提示框，提示用户应在分析设定对话框中选择与温度扫描相配合的仿真方式，之后方可进行仿真。

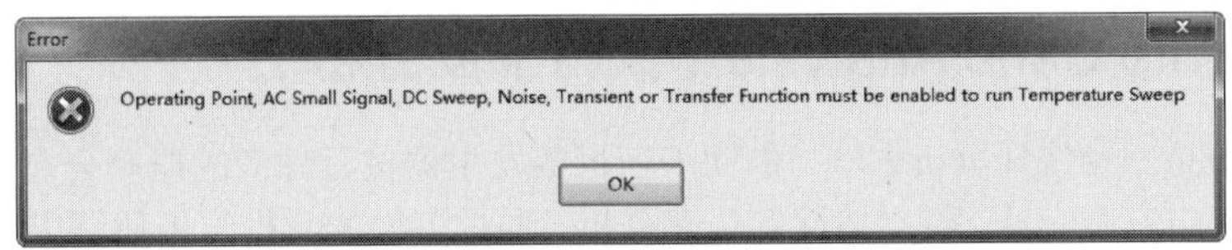

图 12-23　与温度扫描相配合的仿真方式选择提示框

12.3.11　Parameter Sweep（参数扫描）

参数扫描分析主要用于研究电路中某一元件的参数发生变化时对整个电路性能的影响，借助于该仿真方式，用户可以确定某些关键元器件的最优化参数值，以获得最佳的电路性能。该分析方式与前面的温度扫描分析类似，只有与其他的仿真方式中的一种或几种同时运行时才有意义。

在分析设置对话框中选中 Parameter Sweep 复选框后，相应的参数如图 12-24 所示。

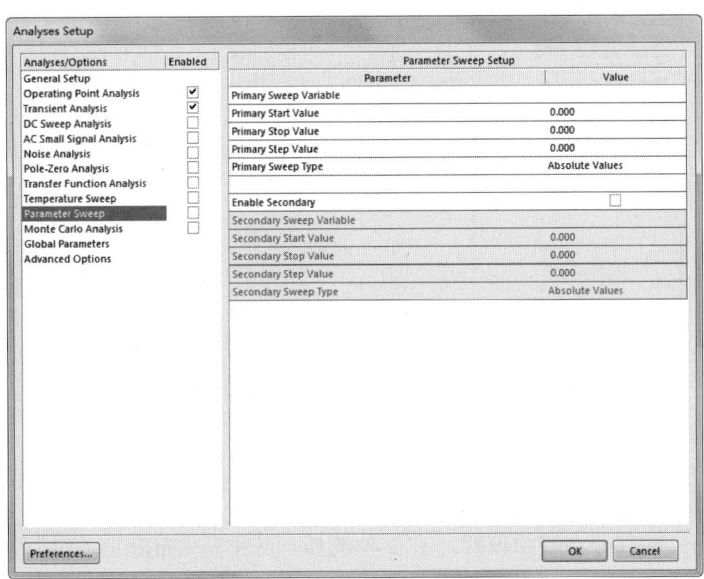

图 12-24　参数扫描分析的仿真参数

由图 12-24 可知，用户可以同时选择仿真原理图中的两个元器件进行参数扫描分析，各项参数的含义如下。

☑ Primary Sweep Variable：第一个进行参数扫描的元器件设置。选中该项后，其右边会出现一个下拉列表框，列出了仿真电路图中可以进行参数扫描的所有元器件，供用户选择。

☑ Primary Start Value：进行参数扫描的元件初始值设置。

☑ Primary Stop Value：进行参数扫描的元件终止值设置。

☑ Primary Step Value：扫描变化的步长设置。

☑ Primary Sweep Type：参数扫描的扫描方式设置，有两种选择，分别是 Absolute Values（按照绝对值的变化计算）和 Relative Values（按照相对值的变化计算），一般选择 Absolute Values 选项。

☑ Enable Secondary：用于选择是否设置进行参数扫描分析的第二个元器件。选中该复选框后，即可对第二个元器件的相关参数进行设置，设置的内容及方式都与前面完全相同，这里不再赘述。

同时对两个元器件进行参数扫描，其过程并不是相互独立的，即在第一个元器件参数保持不变的情况下，第二个元器件将对所有的参数扫描一遍。之后，第一个元器件的值每变化一步，第二个元器件都将再次对所有的参数扫描一遍，这样持续进行，仿真计算量相当大，一般应单独进行。

12.3.12 Monte Carlo Analysis（蒙特卡罗分析）

蒙特卡罗分析是一种统计分析方法，借助于随机数发生器按元件值的概率分布来选择元件，然后对电路进行直流、交流小信号、瞬态特性等仿真分析。通过多次的分析结果估算出电路性能的统计分布规律，从而可以对电路生产时的成品率及成本等进行预测。

在分析设置对话框中选中 Monte Carlo Analysis 复选框之后，系统出现相应的参数，如图 12-25 所示。各项参数的含义如下。

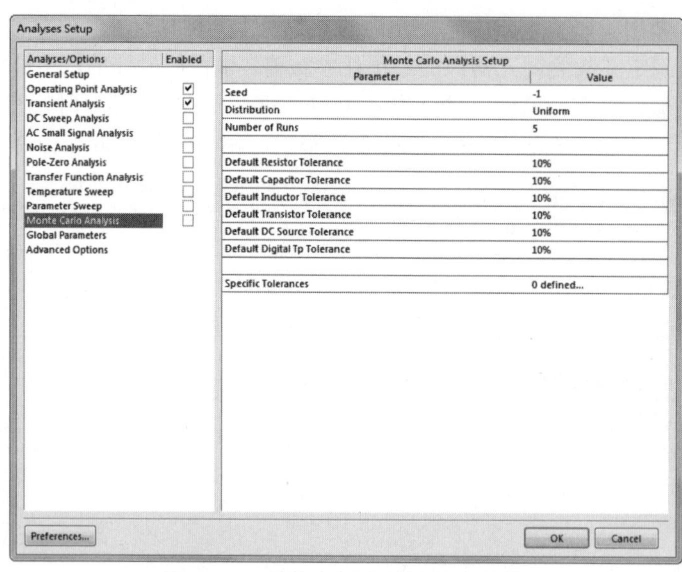

图 12-25　蒙特卡罗分析的仿真参数

☑ Seed：这是一个在仿真过程中随机产生的值，如果用随机数的不同序列来执行一个仿真，就需要改变该值，其默认设置值为“−1”。

☑ Distribution：元件分布规律设置，有 3 种选择，分别是 Uniform（均匀分布）、Gaussian（高斯分布）和 Worst Case（最坏情况分布）。

☑ Number of Runs：仿真运行次数设置，系统默认为“5”。

☑ Default Resistor Tolerance：电阻容差设置，默认为“10%”。用户可以单击更改，输入值可以是绝对值，也可以是百分比，但含义不同。如一个电阻的标称值为“1K”，若用户输入的电阻容差为“15”，则表示该电阻将在 985 至 1015Ω 之间变化。若输入为“15%”，则表示该电阻的变化范围为 850～1150Ω。

☑ Default Capacitor Tolerance：电容容差设置，默认设置值为“10%”，同样可以单击进行更改。

☑ Default Inductor Tolerance：电感容差设置，默认为“10%”。

☑ Default Transistor Tolerance：晶体管容差设置，默认为“10%”。

☑ Default DC Source Tolerance：直流电源容差设置，默认为“10%”。

☑ Default Digital Tp Tolerance：数字器件的传播延迟容差设置，默认为“10%”。该容差用于设定随机数发生器产生数值的区间。

☑ Specific Tolerances：特定器件的单独容差设置。

12.3.13　Advanced Options（高级选项）

Note

在分析设置对话框中选中 Advanced Options 复选框之后，可设置仿真的高级参数，如图 12-26 所示。下方的选项主要提供了设置 Spice 变量值、仿真器和仿真参考网络的综合方法。在实际设置时，这些参数建议最好使用默认值。

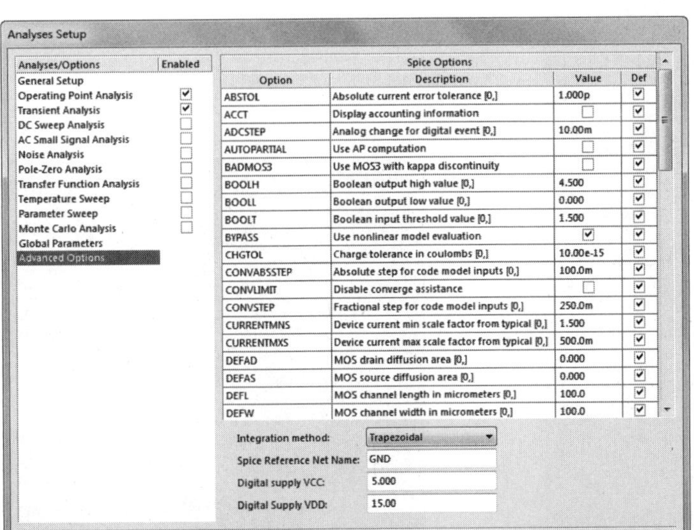

图 12-26　高级选项的参数设置

12.4　特殊仿真元器件的参数设置

在仿真过程中，有时还会用到一些专用于仿真的特殊元器件，它们存放在系统提供的 Simulation Sourees.IntLib 集成库中，这里做一个简单的介绍。

12.4.1　节点电压初值

节点电压初值“.IC”主要用于为电路中的某一节点提供电压初值，与电容中的 Intial Voltage 参数的作用类似。设置方法很简单，只要把该元件放在需要设置电压初值的节点上，通过设置该元件的仿真参数即可为相应的节点提供电压初值，如图 12-27 所示。

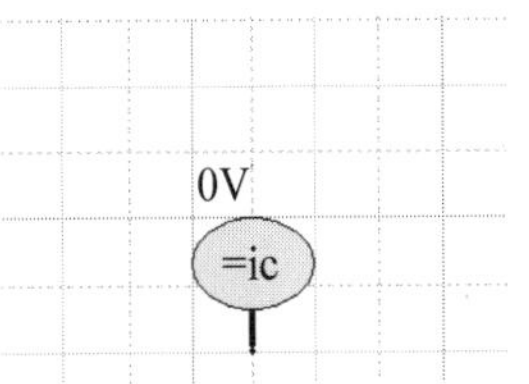

图 12-27　放置的“.IC”元件

需要设置的“.IC”元件仿真参数只有一个，即节点的电压初值。双击节点电压初值元件，系统弹出如图 12-28 所示的“Component（元件）”属性面板。

选中“Models（模型）”栏“Type（类型）”列中的“Simulation（仿真）”选项，单击编辑按钮，系统弹出如图 12-29 所示的“.IC”元件仿真参数设置对话框。

Note

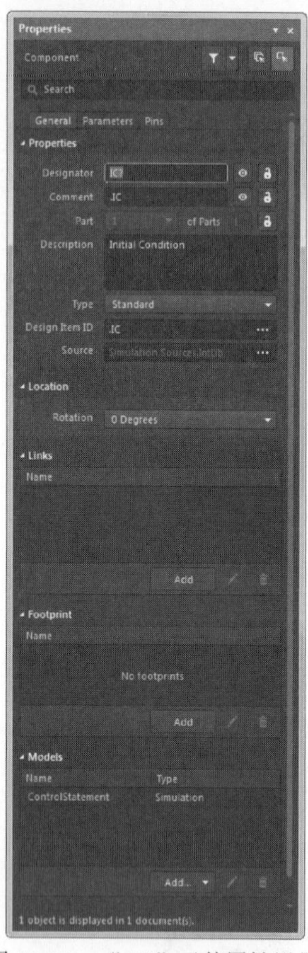

图 12-28 ".IC"元件属性设置

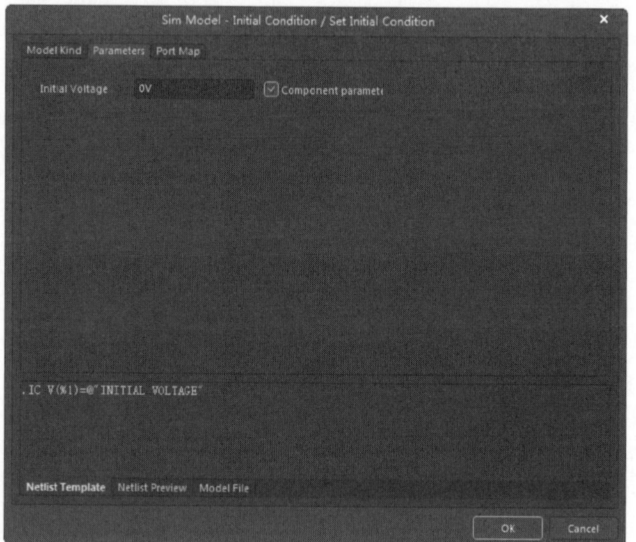

图 12-29 ".IC"元件仿真参数设置

在"Parameters（参数）"选项卡中，只有一项仿真参数 Intial Voltage，用于设定相应节点的电压初值，这里设置为"0V"。设置了有关参数后的".IC"元件如图 12-30 所示。

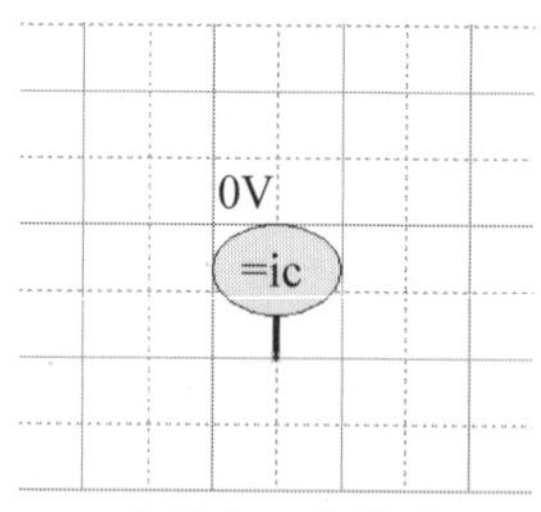

图 12-30 设置完参数的".IC"元件

使用".IC"元件为电路中的一些节点设置电压初值后，用户采用瞬态特性分析的仿真方式时，若选中 Use Intial Conditions 复选框，则仿真程序将直接使用".IC"元件所设置的初始值作为瞬态特性分析的初始条件。

当电路中有储能元件（如电容）时，如果在电容两端设置了电压初始值，而同时在与该电容连接的导线上也放置了".IC"元件，并设置了参数值，那么此时进行瞬态特性分析时，系统将使用电容两端的电压初始值，而不会使用".IC"元件的设置值，即一般元器件的优先级高于".IC"元件。

12.4.2　节点电压

在对双稳态或单稳态电路进行瞬态特性分析时，节点电压“.NS”用来设定某个节点的电压预收敛值。如果仿真程序计算出该节点的电压值小于预设的收敛值，则去掉“.NS”元件所设置的收敛值，继续计算，直到算出真正的收敛值为止，即“.NS”元件是求节点电压收敛值的一个辅助手段。

设置方法很简单，只要把该元件放在需要设置电压预收敛值的节点上，通过设置该元件的仿真参数即可为相应的节点设置电压预收敛值，如图 12-31 所示。

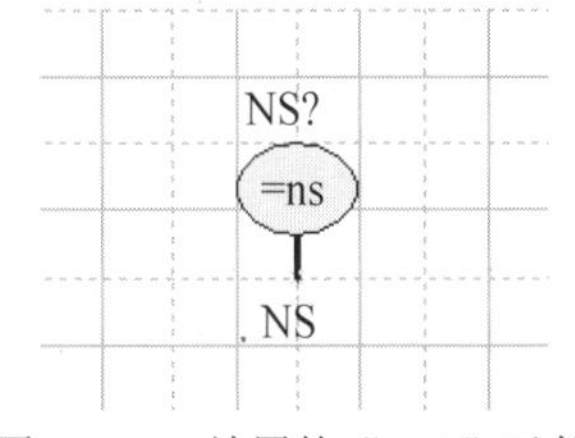

图 12-31　放置的“.NS”元件

需要设置的“.NS”元件仿真参数只有一个，即节点的电压预收敛值。双击节点电压元件，系统弹出如图 12-32 所示的“Component（元件）”属性面板。

选中“Models（模型）”栏“Type（类型）”列中的“Simulation（仿真）”选项，单击编辑按钮，系统弹出如图 12-33 所示的“.NS”元件仿真参数设置对话框。

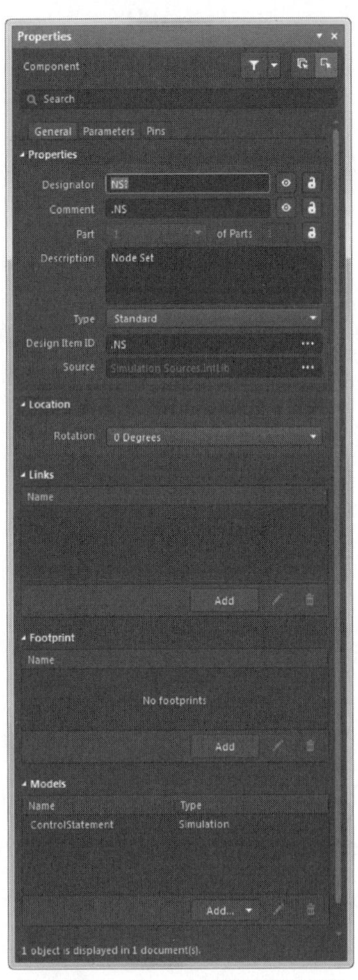

图 12-32　“.NS”元件属性设置

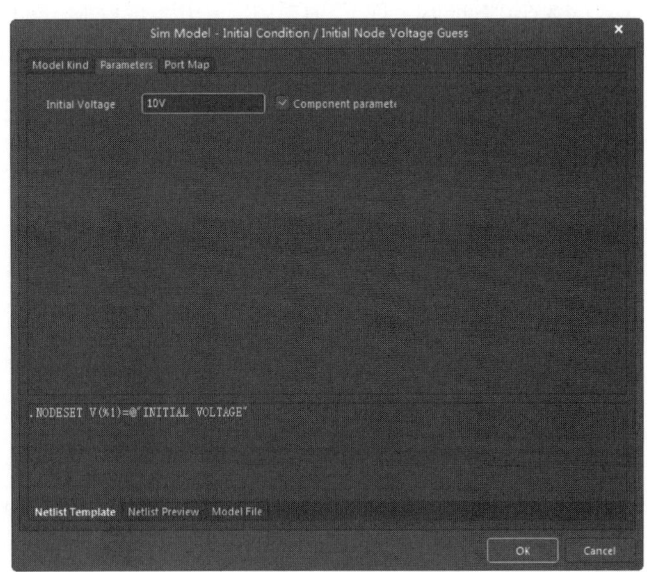

图 12-33　“.NS”元件仿真参数设置

在“Parameters（参数）”选项卡中，只有一项仿真参数 Intial Voltage，用于设定相应节点的电压预收敛值，这里设置为“10V”。设置了有关参数后的“.NS”元件如图 12-34 所示。

若在电路的某一节点处，同时放置了“.IC”元件与“.NS”元件，则仿真时“.IC”元件的设置优先级将高于“.NS”元件。

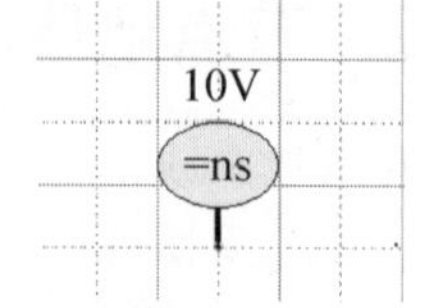

图 12-34　设置完参数的“.NS”元件

Note

12.4.3　仿真数学函数

在 Altium Designer 18 的仿真器中还提供了若干仿真数学函数，它们同样作为一种特殊的仿真元器件，可以放置在电路仿真原理图中使用。主要用于对仿真原理图中的两个节点信号进行各种合成运算，以达到一定的仿真目的，包括节点电压的加、减、乘、除，以及支路电流的加、减、乘、除等运算，也可以用于对一个节点信号进行各种变换，如正弦变换、余弦变换和双曲线变换等。

仿真数学函数存放在 Simulation Math Function.IntLib 中，只需要把相应的函数功能模块放到仿真原理图中需要进行信号处理的地方即可，仿真参数不需要用户自行设置。

如图 12-35 所示，是对两个节点电压信号进行相加运算的仿真数学函数 ADDV。

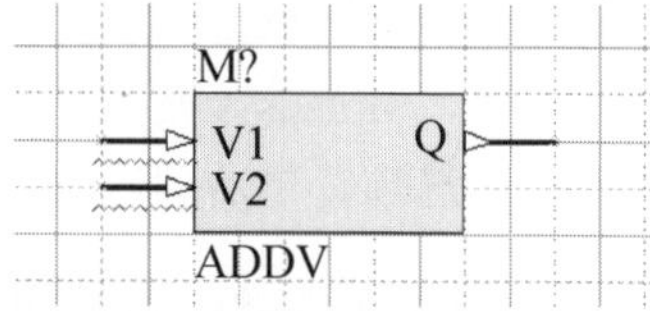

图 12-35　仿真数学函数 ADDV

12.4.4　使用仿真数学函数输出

下面设计使用相关的仿真数学函数，对某一输入信号进行正弦变换和余弦变换，然后叠加输出。

（1）新建一个原理图文件，另存为“仿真数学函数.SchDoc”。

（2）在系统提供的集成库中，选择 Simulation Sources.IntLib 和 Simulation Math Function.IntLib 进行加载。

（3）在“Library（库）”面板中，打开集成库 Simulation Math Function.IntLib，选择正弦变换函数 SINV、余弦变换函数 COSV 及电压相加函数 ADDV，将其分别放置到原理图中，如图 12-36 所示。

（4）在“Library（库）”面板中，打开集成库 Miscellaneous Devices.IntLib，选择元件 Res3，在原理图中放置两个接地电阻，并完成相应的电气连接，如图 12-37 所示。

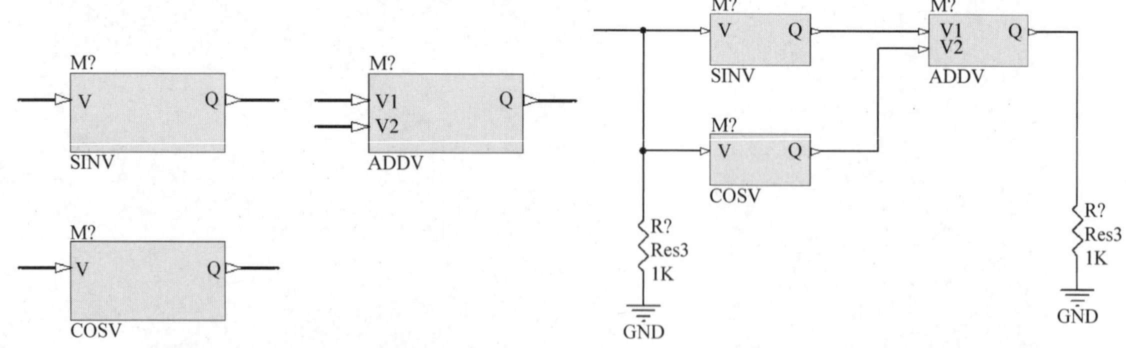

图 12-36　放置数学函数　　　　图 12-37　放置接地电阻并连接

（5）双击电阻，系统弹出属性设置对话框，相应的电阻值设置为“1k”。

提示： 电阻单位为 Ω，在原理图进行仿真分析中不识别 Ω 符号，添加该符号后进行仿真则弹出错误报告，因此原理图需要进行仿真操作时电阻参数值不添加 Ω 符号，其余原理图添加 Ω 符号。

（6）双击每个仿真数学函数进行参数设置，在弹出的“Component（元件）”属性面板中只需设置标识符，如图 12-38 所示。

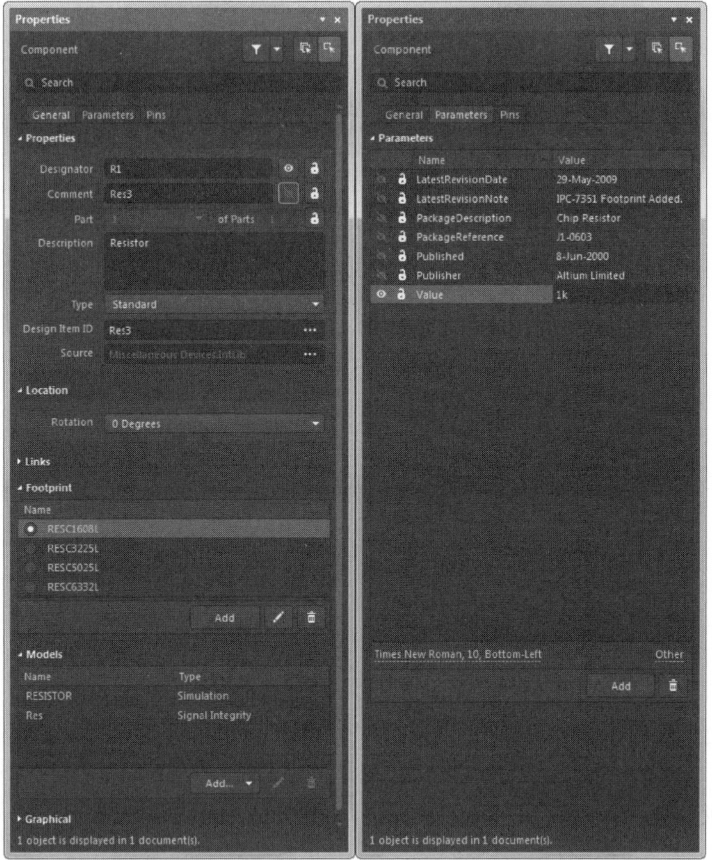

图 12-38　“Component（元件）”属性面板

设置好的原理图如图 12-39 所示。

（7）在“Library（库）”面板中，打开集成库 Simulation Sources.IntLib，找到正弦电压源 VSIN，放置在仿真原理图中，并进行接地连接，如图 12-40 所示。

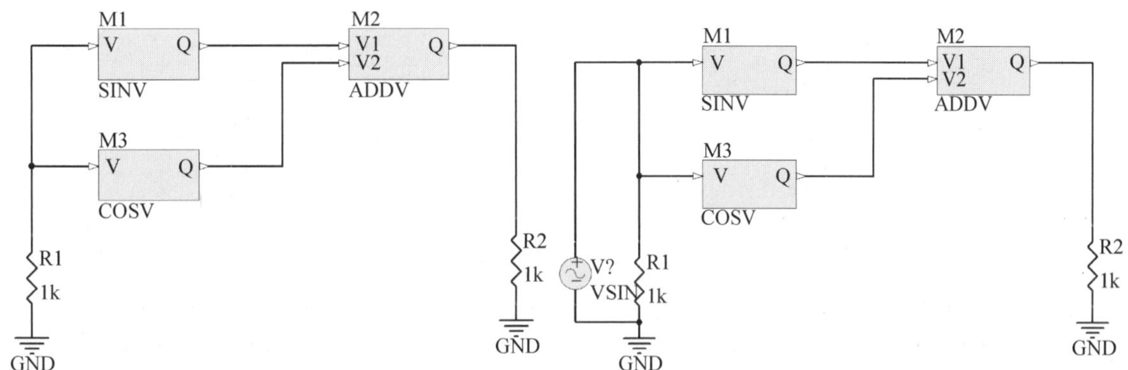

图 12-39　设置好的原理图　　图 12-40　放置正弦电压源并连接

（8）双击正弦电压源，弹出相应的属性面板，设置其基本参数及仿真参数，如图 12-41 所示。标识符输入为 V1，其他各项仿真参数均采用系统的默认值。

Note

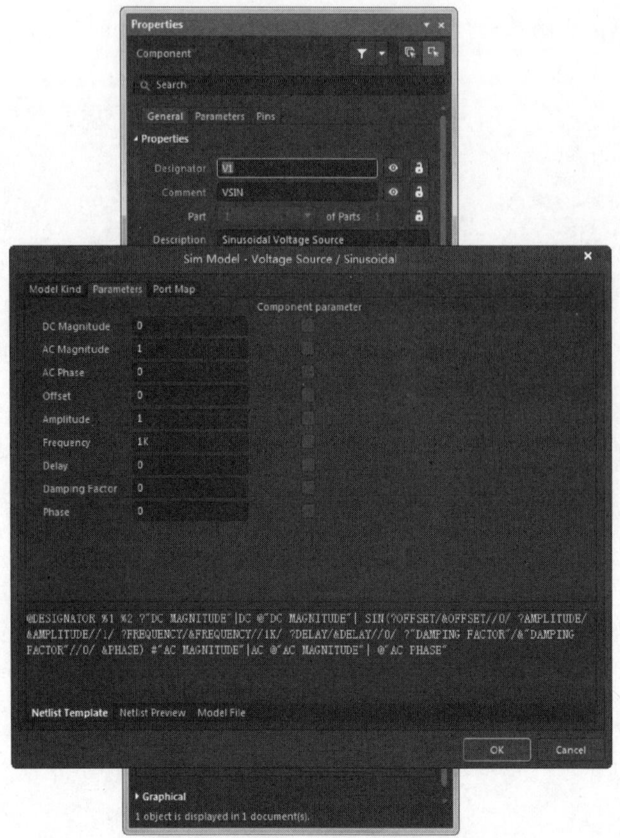

图 12-41　设置正弦电压源的参数

（9）单击“OK（确定）”按钮，得到的仿真原理图如图 12-42 所示。

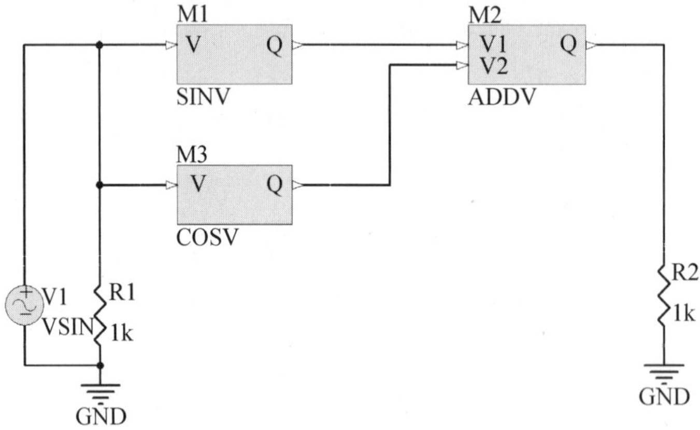

图 12-42　仿真原理图

（10）在原理图中需要观测信号的位置添加网络标签。在这里需要观测的信号有 4 个，即输入信号、经过正弦变换后的信号、经过余弦变换后的信号及叠加后输出的信号。因此，在相应的位置处放置 4 个网络标签，分别是 INPUT、SINOUT、COSOUT 和 OUTPUT，如图 12-43 所示。

（11）执行“设计”→“仿真”→“Mixed Sim（混合仿真）”命令，在系统弹出的“Analyses Setup（分析设置）”对话框中设置常规参数，详细设置如图 12-44 所示。

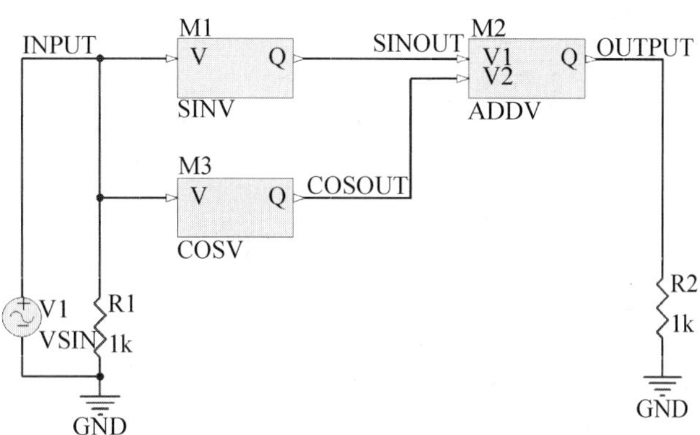

图 12-43 添加网络标签

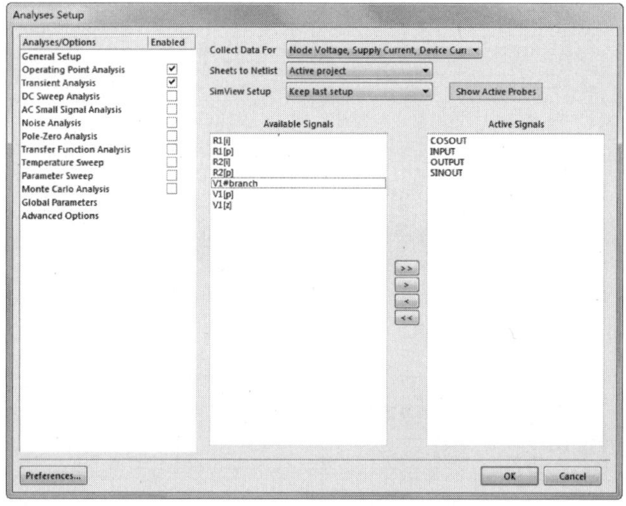

图 12-44 Analyses Setup 对话框

（12）完成通用参数的设置后，在“Analyses/Options（分析/选项）”列表框中，选中“Operating Point Analysis（工作点分析）”和“Transient Analysis（瞬态特性分析）”复选框。“Transient Analysis（瞬态特性分析）”选项中各项参数的设置如图 12-45 所示。

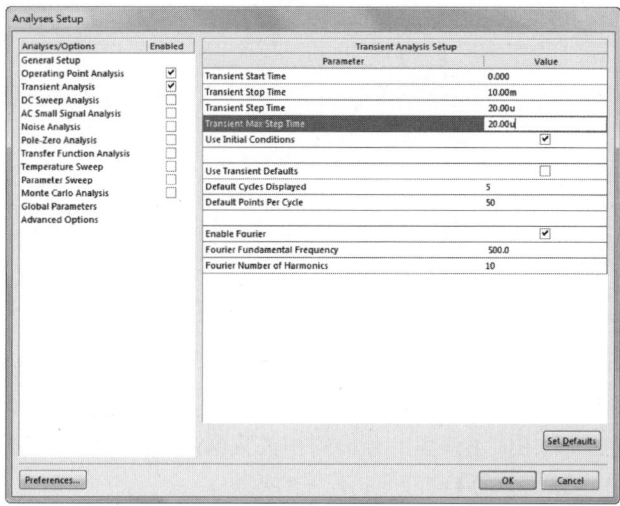

图 12-45 Transient Analysis 选项的参数设置

Note

（13）设置完毕后，单击“OK（确定）”按钮，系统进行电路仿真。瞬态仿真分析和傅里叶分析的仿真结果分别如图 12-46 和图 12-47 所示。

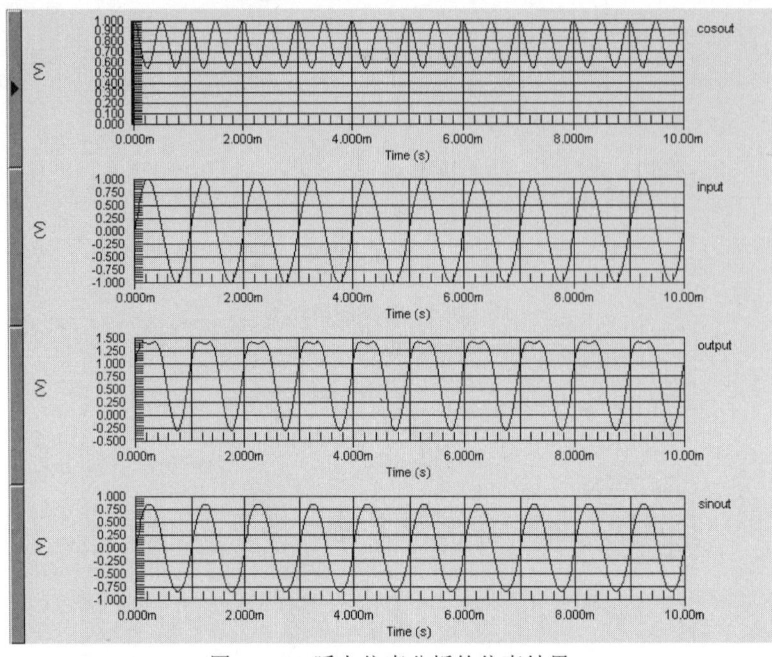

图 12-46　瞬态仿真分析的仿真结果

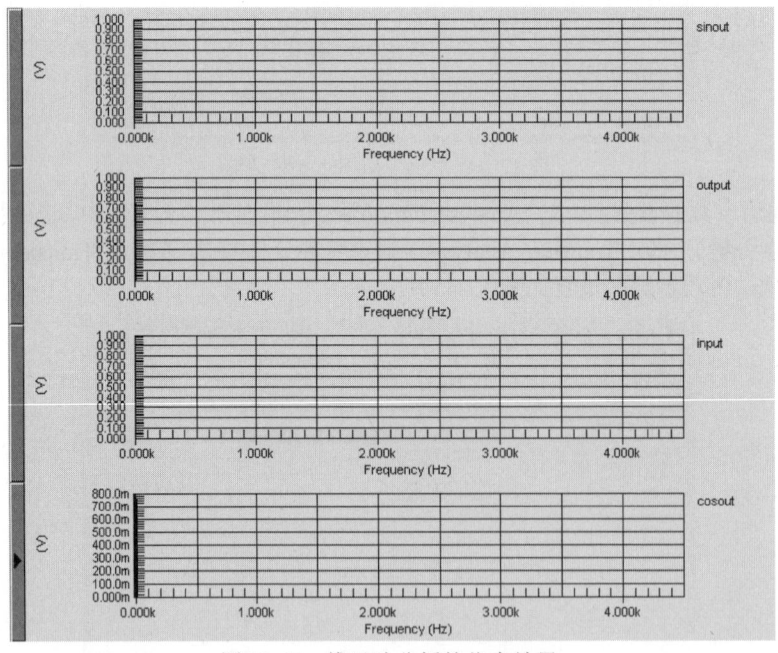

图 12-47　傅里叶分析的仿真结果

在图 12-46 和图 12-47 中分别显示了所要观测的 4 个信号的时域波形及频谱组成。在给出波形的同时，系统还为所观测的节点生成了傅里叶分析的相关数据，保存在后缀名为“.sim”的文件中，如图 12-48 所示为该文件中与输出信号 OUTPUT 有关的数据。

Note

图 12-48 表明了直流分量为 0V，同时给出了基波和 2～9 次谐波的幅度、相位值，以及归一化的幅度、相位值等。

傅里叶变换分析以基频为步长进行，因此基频越小，得到的频谱信息就越多。但是基频的设定有下限限制，并不能无限小，其所对应的周期一定要小于或等于仿真的终止时间。

Circuit: PCB_Project_1
Date:　周一一月11 8:39:19 2016

Fourier analysis for @v1[p]:
No. Harmonics: 10, THD: 5.12059E006 %, Gridsize: 200, Interpolation Degree: 1

Harmonic	Frequency	Magnitude	Phase	Norm. Mag	Norm. Phase
0	0.00000E+000	4.99995E-004	0.00000E+000	0.00000E+000	0.00000E+000
1	5.00000E+002	9.70727E-009	-8.82000E+001	1.00000E+000	0.00000E+000
2	1.00000E+003	9.70727E-009	-8.64000E+001	1.00000E+000	1.80000E+000
3	1.50000E+003	9.70727E-009	-8.46000E+001	1.00000E+000	3.60000E+000
4	2.00000E+003	4.97070E-004	-9.00004E+001	5.12059E+004	-1.80042E+000
5	2.50000E+003	9.70727E-009	-8.10000E+001	1.00000E+000	7.20000E+000
6	3.00000E+003	9.70727E-009	-7.92000E+001	1.00000E+000	9.00000E+000
7	3.50000E+003	9.70727E-009	-7.74000E+001	1.00000E+000	1.08000E+001
8	4.00000E+003	9.70727E-009	-7.56000E+001	1.00000E+000	1.26000E+001
9	4.50000E+003	9.70727E-009	-7.38000E+001	1.00000E+000	1.44000E+001

图 12-48　输出信号的傅里叶分析数据

12.5　电路仿真的基本方法

电路仿真的基本方法介绍如下。

（1）启动 Altium Designer 18，打开如图 12-49 所示的电路原理图。

（2）在电路原理图编辑环境中，激活“Projects（工程）”面板，右击面板中的电路原理图，在弹出的快捷菜单中选择“Compile Document（编译文件）”命令，如图 12-50 所示。选择该命令后，将自动检查原理图文件是否有错，如有错误则应该予以纠正。

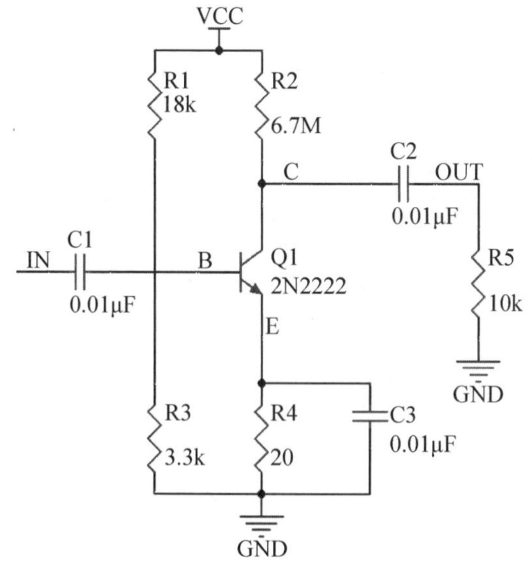

图 12-49　待分析的电路原理图

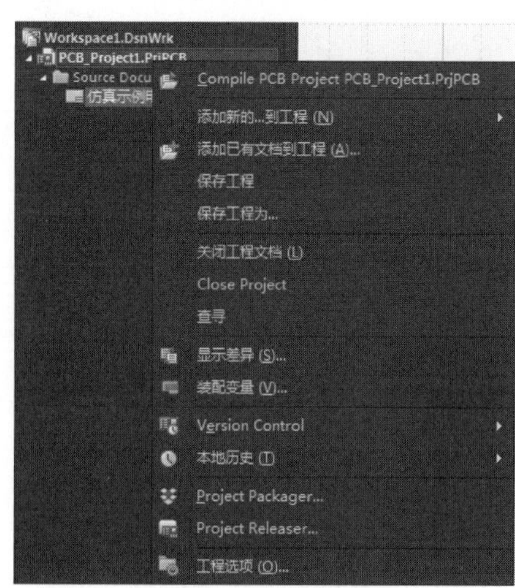

图 12-50　快捷菜单

Note

（3）激活“Library（库）”面板，单击其中的“Libraries（库）”按钮，系统将弹出“Availiable Libraries（可用库）”对话框。

（4）单击“Add Library（添加库）”按钮，在弹出的“打开”对话框中选择 Altium Designer 18 安装目录“\Library\Simulation”中所有的仿真库，如图 12-51 所示。

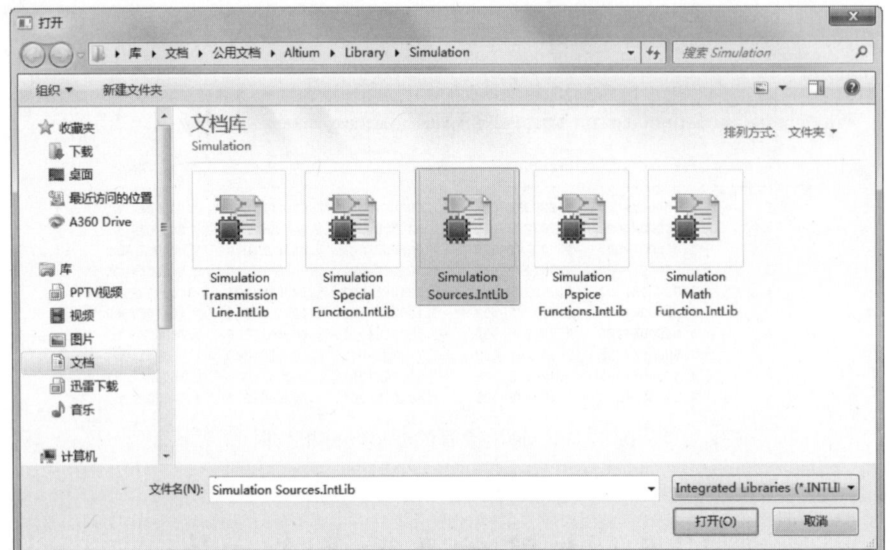

图 12-51　选择仿真库

（5）单击“打开”按钮，完成仿真库的添加。

（6）在“Library（库）”面板中选择 Simulation Sources.IntLib 集成库，该仿真库包含了各种仿真电源和激励源。选择名为 VSIN 的激励源，然后将其拖曳到原理图编辑区中，如图 12-52 所示。

选择放置导线工具，将激励源和电路连接起来，并接上电源地，如图 12-53 所示。

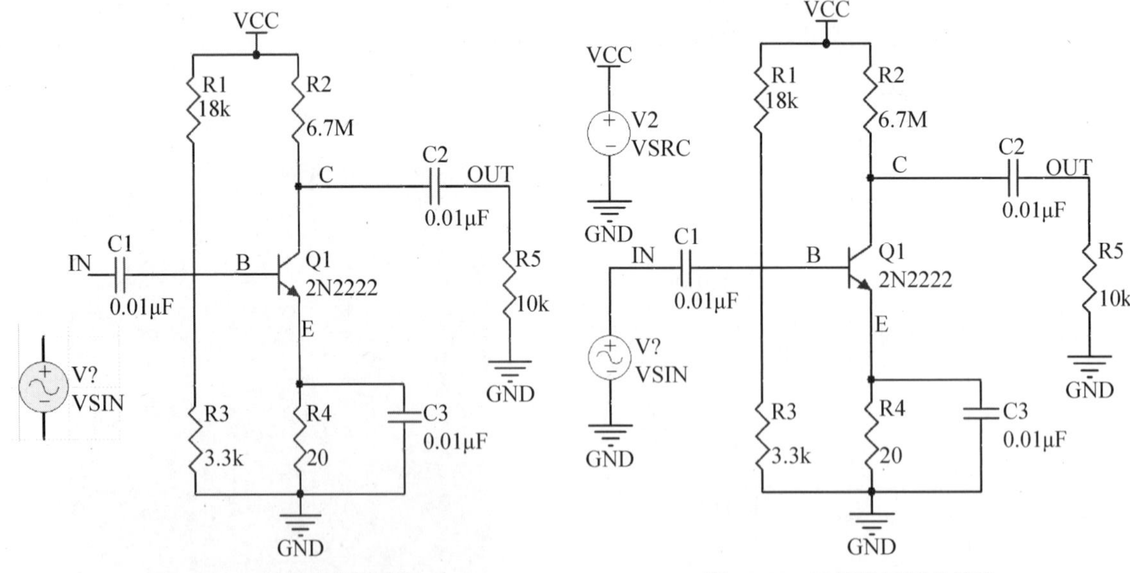

图 12-52　添加仿真激励源　　　　图 12-53　连接激励源并接地

（7）双击新添加的仿真激励源，在弹出的“Component（元件）”属性面板中设置其属性参数，如图 12-54 所示。

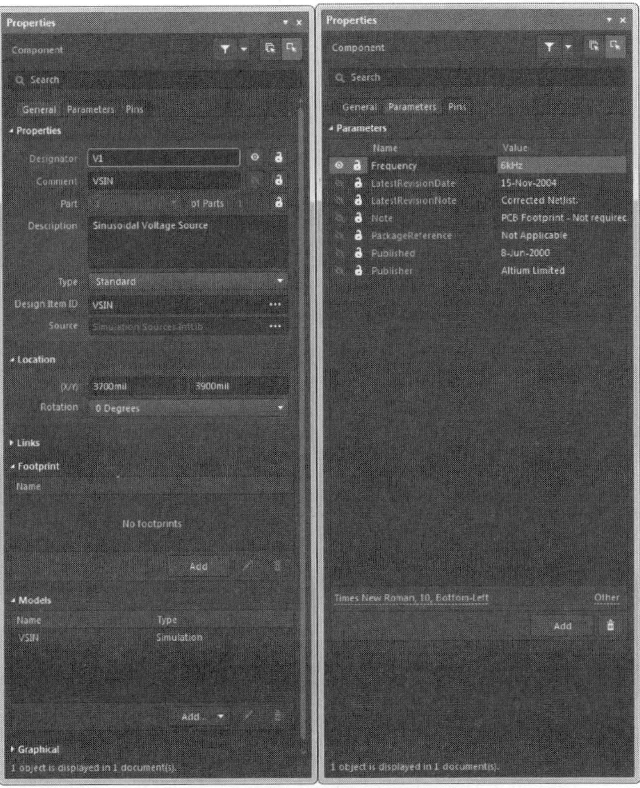

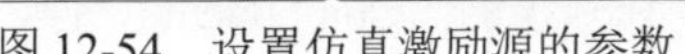

图 12-54　设置仿真激励源的参数

（8）在“Component（元件）”属性面板中，双击“Models（模型）”选项组中“Type（类型）”列下的“Simulation（仿真）”选项，弹出如图 12-55 所示的“Sim Model-Voltage Source/Sinusoidal（仿真模型-电压源/正弦曲线）”对话框。通过该对话框可以查看并修改仿真模型。

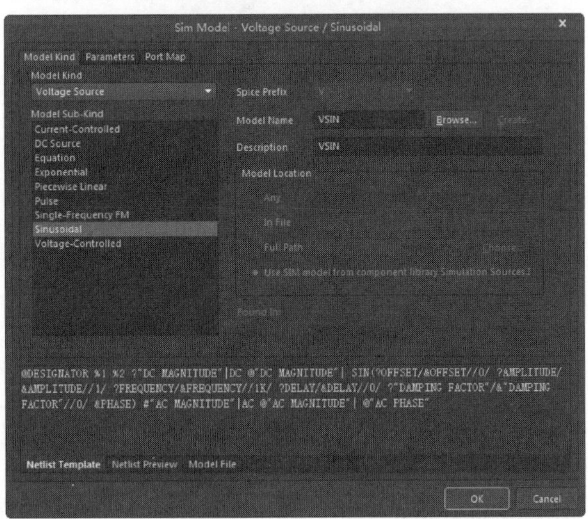

图 12-55　“Sim Model-Voltage Source/Sinusoidal（仿真模型-电压源/正弦曲线）”对话框

（9）选择“Model Kind（模型种类）”选项卡，可查看器件的仿真模型种类。

（10）选择“Port Map（端口图）”选项卡，可显示当前器件的原理图管脚和仿真模型管脚之间的映射关系，并进行修改。

Note

（11）对于仿真电源或激励源，也需要设置其参数。在“Sim Model-Voltage Source/Sinusoidal（仿真模型-电压源/正弦曲线）”对话框中选择“Parameters（参数）”选项卡，如图 12-56 所示，按照电路的实际需求设置相应参数。

（12）设置完毕后，单击“OK（确定）”按钮，返回到电路原理图编辑环境。

（13）采用相同的方法，再添加一个仿真电源，如图 12-57 所示。

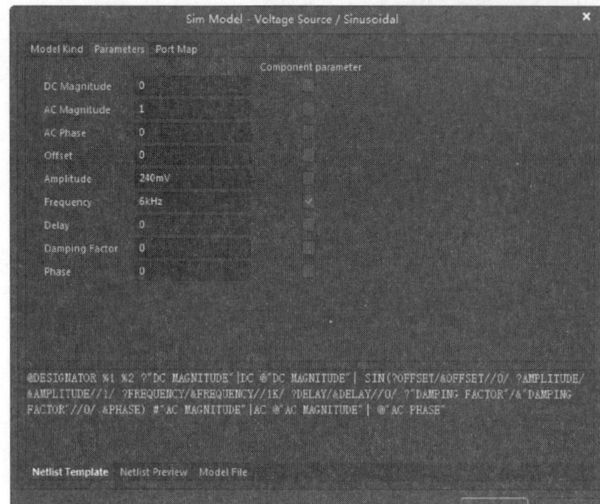

图 12-56 “Parameters（参数）”选项卡

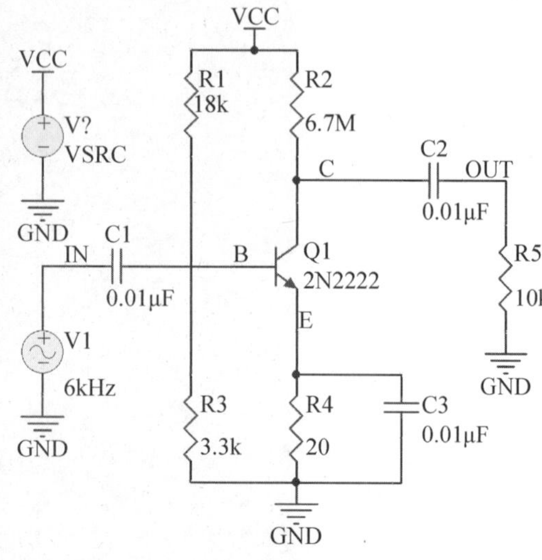

图 12-57 添加仿真电源

（14）双击已添加的仿真电源，在弹出的“Component（元件）”属性面板中设置其属性参数。在其中双击“Model（模型）”选项组中“Type（类型）”列下的“Simulation（仿真）”选项，在弹出的“Sim Model-Voltage Source/DC Source（仿真模型-电压源/直流电源）”对话框中设置仿真模型参数，如图 12-58 所示。

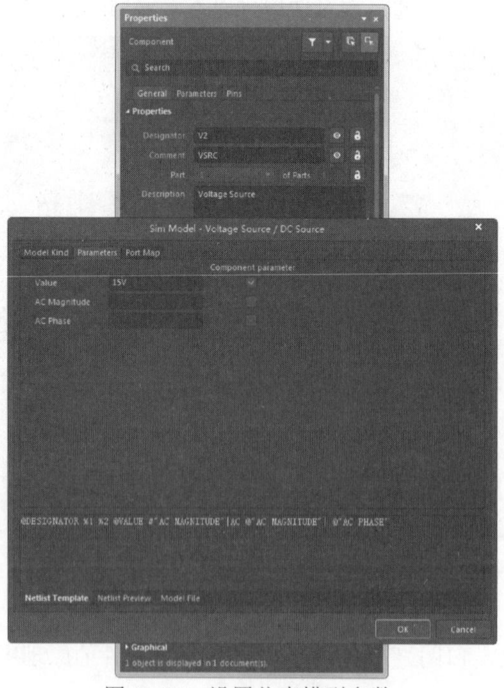

图 12-58 设置仿真模型参数

（15）设置完毕后，单击“OK（确定）”按钮，返回到原理图编辑环境。

（16）执行“工程”→“Compile PCB Project（编译文件）”命令，编译当前的原理图，编译无误后分别保存原理图文件和项目文件。

（17）执行“设计”→“仿真”→“Mixed Sim（混合仿真）”命令，系统将弹出“Analyses Setup（仿真分析设置）”对话框。在左侧的列表框中选择“General Setup（常规设置）”选项，在右侧设置需要观察的节点，即要获得的仿真波形，如图 12-59 所示。

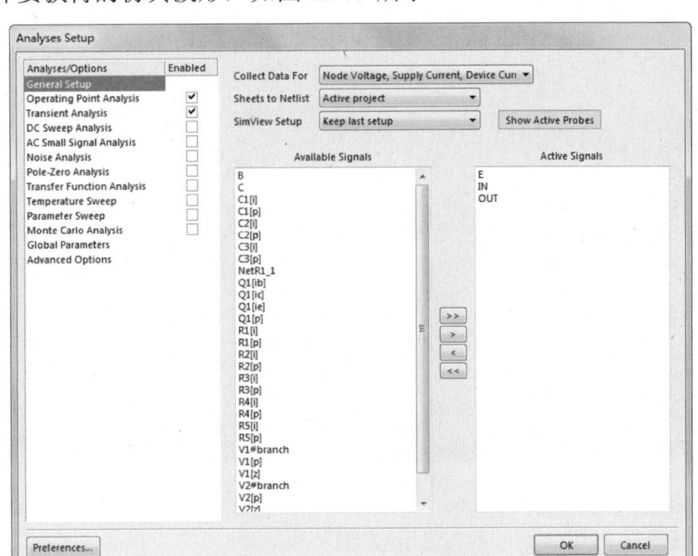

图 12-59　设置需要观察的节点

（18）选择合适的分析方法并设置相应的参数。按如图 12-60 所示设置“Transient Analysis（瞬态特性分析）”选项。

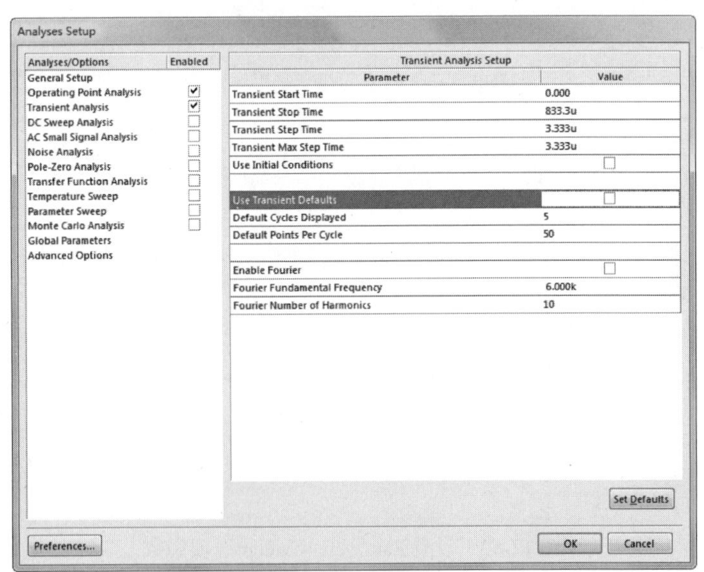

图 12-60　设置 Transient Analysis 选项参数

（19）设置完毕后，单击“OK（确定）”按钮，得到如图 12-61 所示的仿真波形。

Note

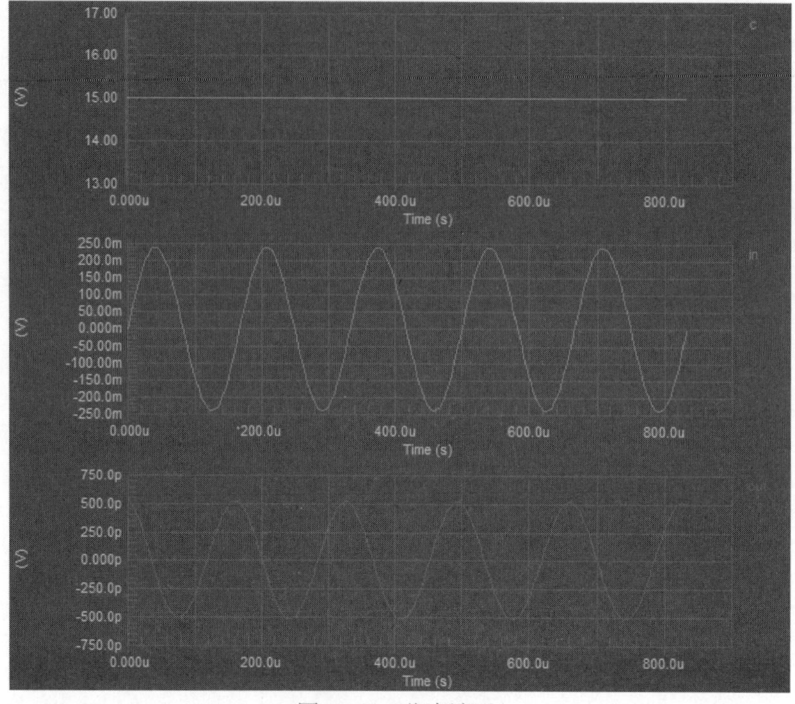

图 12-61 仿真波形

（20）保存仿真波形图，然后返回到原理图编辑环境。

（21）执行“设计”→“仿真”→“Mixed Sim（混合仿真）”命令，系统将弹出“Analyses Setup（分析设置）”对话框。选择“Parameter Sweep（参数扫描）”选项，设置需要扫描的元件及参数的初始值、终止值和步长等，如图 12-62 所示。

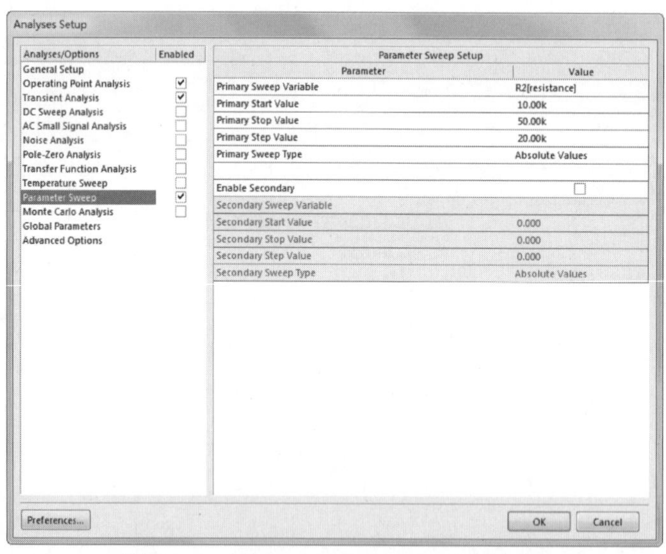

图 12-62 设置 Parameter Sweep 选项参数

（22）设置完毕后，单击“OK（确定）”按钮，得到如图 12-63 所示的仿真波形与图 12-64 所示的静态工作点分析结果。

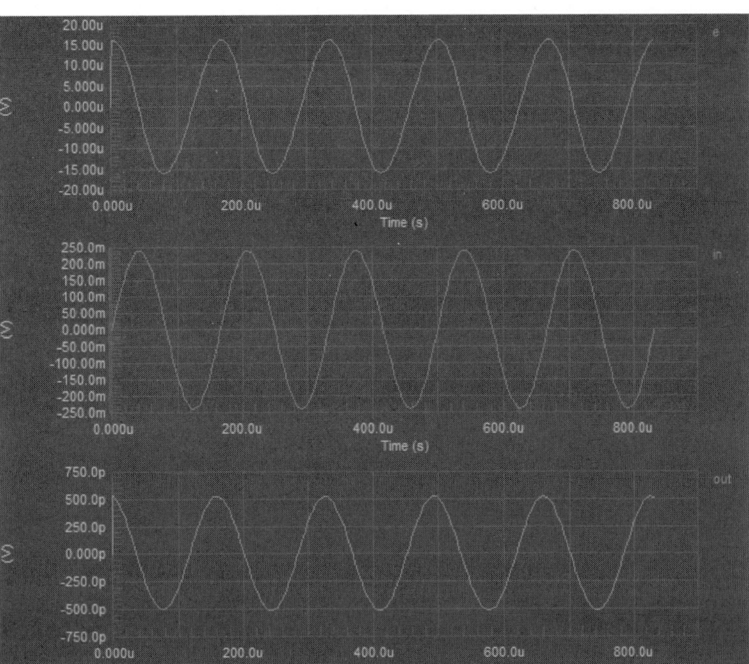

图 12-63　仿真波形

e	423.1pV
in	0.000 V
out	0.000 V

图 12-64　静态工作点分析结果

（23）选中 OUT 波形所在的图表，在“Sim Data（仿真数据）”面板的“Source Data（数据源）”中双击 out_p1、out_p2、out_p3，将其导入 OUT 图表中，如图 12-65 所示。

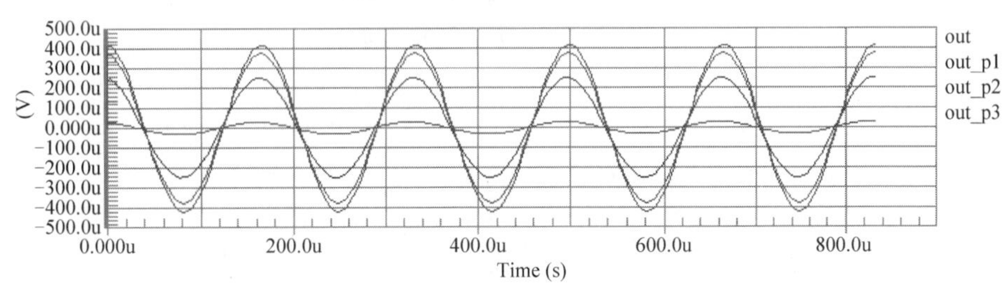

图 12-65　导入数据源

（24）还可以修改仿真模型参数，保存后再次进行仿真。

扫码看视频

12.6.1　保险丝电路仿真

12.6　操 作 实 例

12.6.1　保险丝电路仿真

本例要求打开如图 12-66 所示仿真电路原理图，同时完成周期脉冲源的设置及仿真方式的设置，实现瞬态特性、特性分析和工作点分析，最终将波形结果输出。

具体操作步骤如下。

（1）执行“文件”→“打开”命令，打开项目文件 Fuse.PRJPCB，同时在左侧项目面板中双击打开原理图文件 fuse.schdoc，为工程添加仿真模型库，完成电路原理图的设计。

（2）设置元件的参数。双击周期脉冲源 VPULSE 元件，系统将弹出元件属性面板，按照设计要求设置元件参数，如图 12-67 所示。

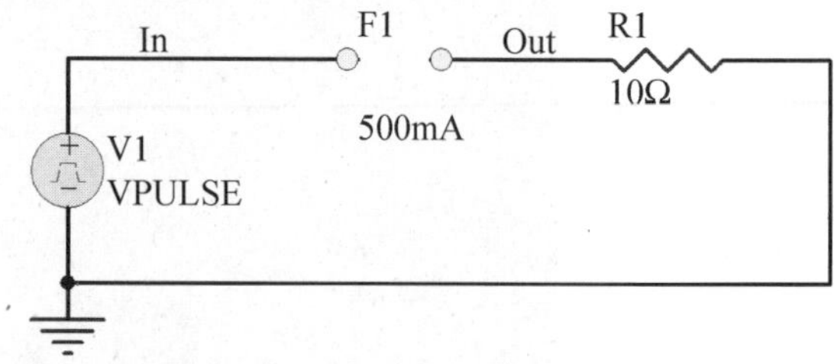

图 12-66　保险丝电路仿真电路

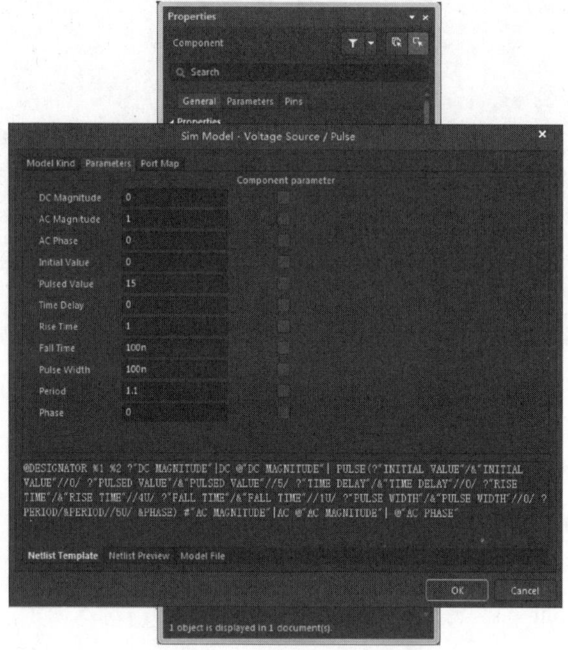

图 12-67　设置周期脉冲源

（3）执行“设计”→“仿真”→“Mixed Sim（混合仿真）”命令，系统将弹出“Analyses Setup（分析设置）”对话框。如图 12-68 所示选择工作点分析和瞬态特性分析，并选择观察信号 IN 和 OUT。

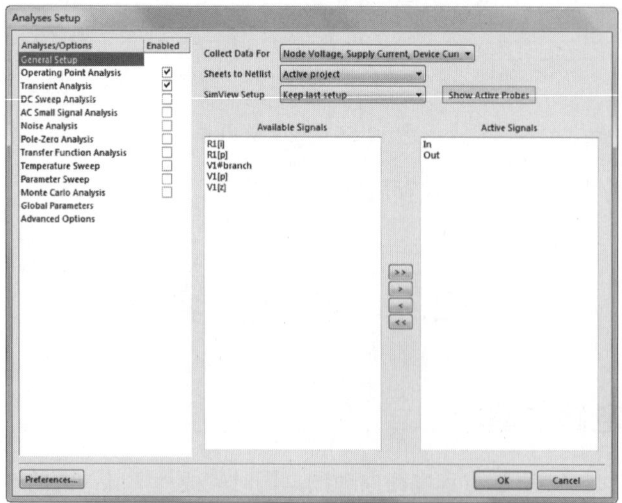

图 12-68　Analyses Setup 对话框

（4）选中“Analyses/Options（分析/选项）”列表框中的“Transient Analysis（瞬态特性分析）”复选框，设置选项参数如图 12-69 所示。

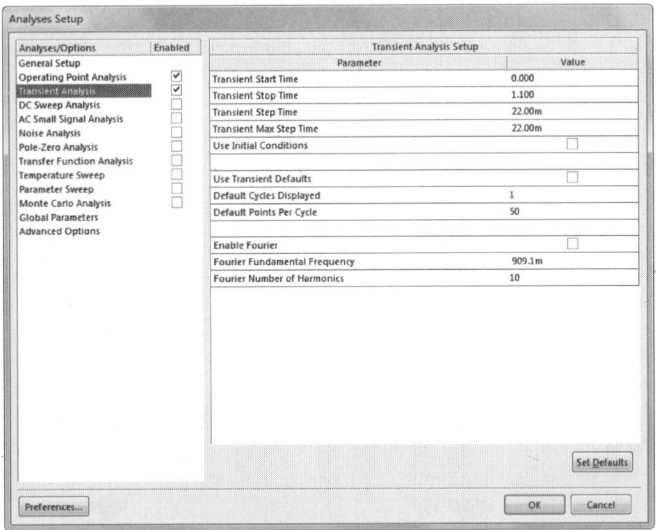

图 12-69　设置 Transient Analysis 选项参数

（5）设置完毕后，单击“OK（确定）”按钮进行仿真。系统先后进行工作点分析和瞬态特性分析，其结果分别如图 12-70 和图 12-71 所示。

图 12-70　工作点分析结果

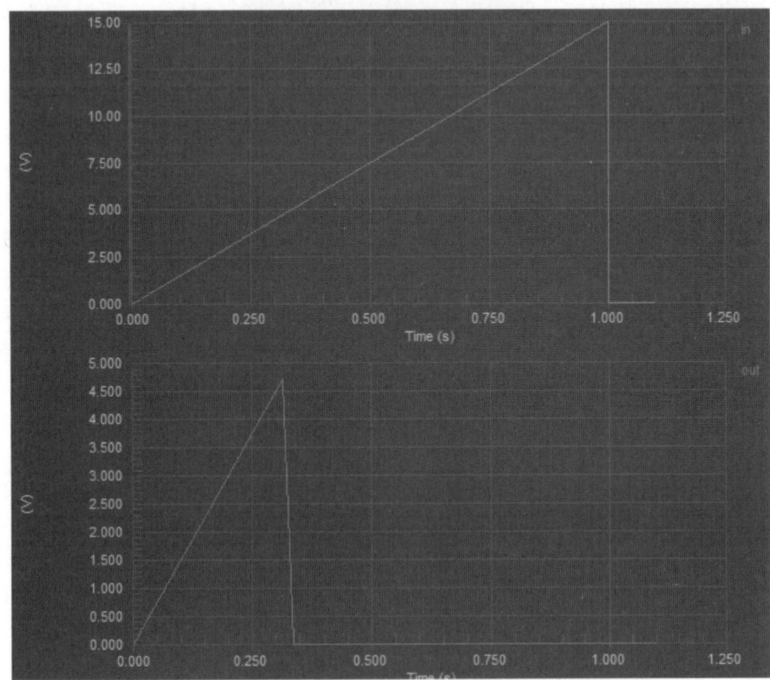

图 12-71　瞬态特性分析结果

Note

12.6.2 集电极耦合多谐振荡器电路仿真

本例要求打开如图 12-72 所示仿真电路原理图的绘制，同时完成节点电压、直流电压源的设置及仿真方式的设置。实现瞬态特性、直流工作点分析，最终将波形结果输出。

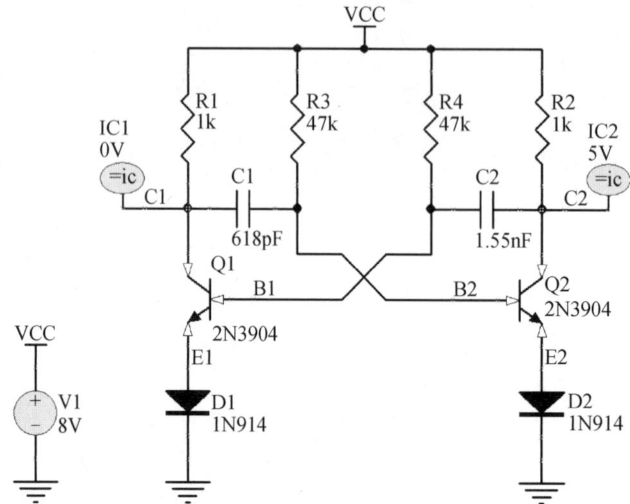

图 12-72　集电极耦合多谐振荡器仿真电路

具体操作步骤如下。

（1）执行“文件”→“新的”→“项目”→“PCB 工程”命令，建立新工程，并保存名称为 Collector Coupled Astable Multivibrator. PRJPCB。为新工程添加仿真模型库，完成电路原理图的设计。

（2）设置元件的参数。双击该元件，系统将弹出元件属性对话框，按照设计要求设置元件参数。放置正弦信号源 VIN。

（3）执行“设计”→“仿真”→“Mixed Sim（混合仿真）”命令，系统将弹出“Analyses Setup（分析设置）”对话框，如图 12-73 所示。选择工作点分析和瞬态特性分析，并选择观察信号 B1、B2、C1、C2，如图 12-74 所示。

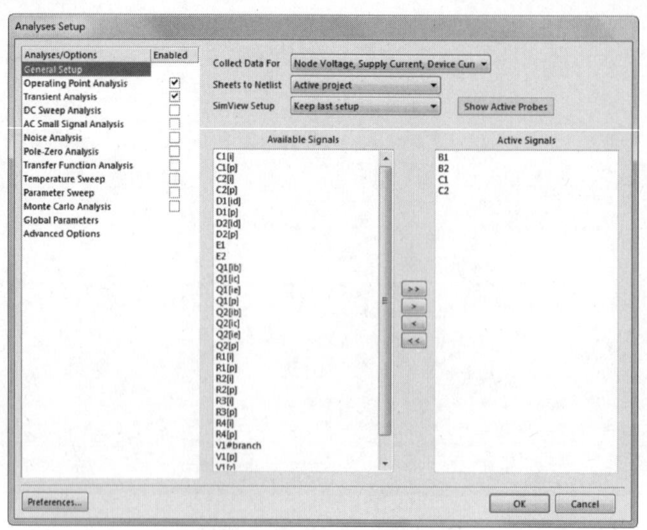

图 12-73　“Analyses Setup（分析设置）”对话框

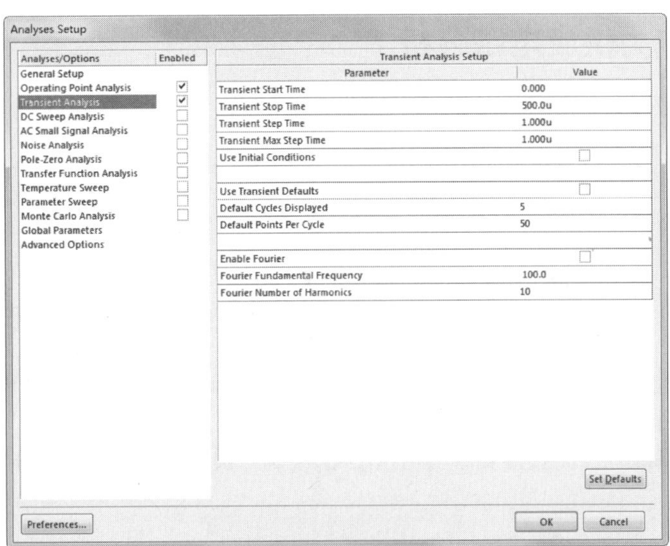

图 12-74　Transient Analysis 选项参数设置

（4）设置好相关参数后，单击“OK（确定）”按钮进行仿真。系统先后进行工作点分析和瞬态特性分析，其结果分别如图 12-75 和图 12-76 所示。

图 12-75　工作点分析结果

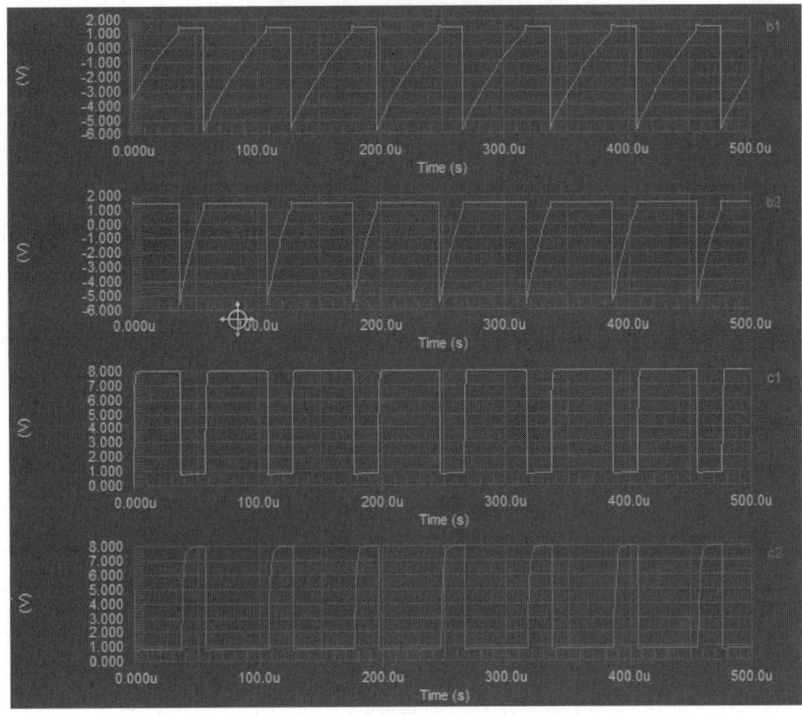

图 12-76　瞬态特性分析结果

Note

12.6.3 基本电力供应电路分析

扫码看视频

12.6.3 基本电力供应电路分析

本例要求完成如图 12-77 所示仿真电路原理图的绘制，同时完成电路的特性分析。具体操作步骤如下。

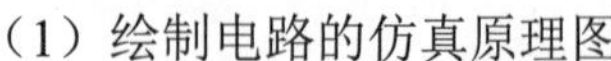

（1）绘制电路的仿真原理图

① 创建新项目文件和电路原理图文件。执行“文件”→“新的”→“项目”→“PCB 工程”命令，创建一个新项目文件，并输入名称为 Basic Power Supply.PRJPCB。执行“文件”→“新的”→“原理图”命令，创建原理图文件，并保存更名为 Basic Power Supply.schdoc，进入到原理图编辑环境中。

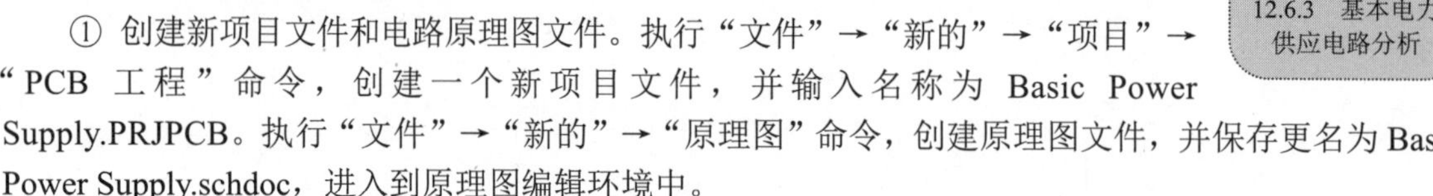

② 加载电路仿真原理图的元器件库。加载 MiscellaneousDevices.IntLib 和 Simulation Sources. IntLib 两个集成库及系统自带的 1N4002.mdl 文件。

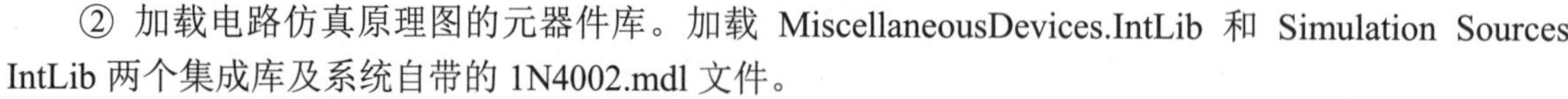

③ 绘制电路仿真原理图。按照第 2 章中所讲的绘制一般原理图的方法绘制出电路仿真原理图，如图 12-78 所示。

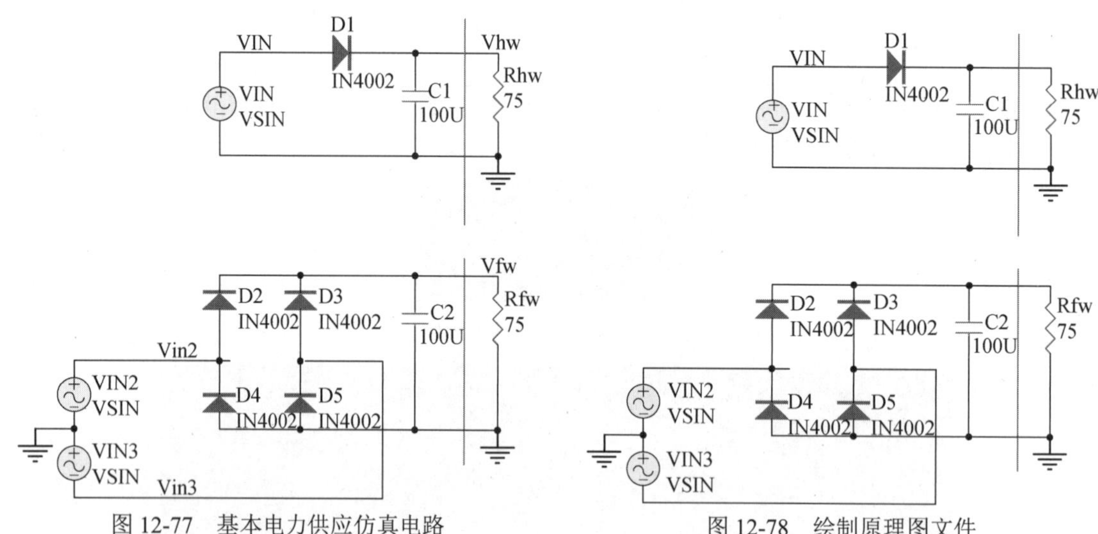

图 12-77　基本电力供应仿真电路　　图 12-78　绘制原理图文件

④ 添加仿真测试点。在仿真原理图中添加了仿真测试点，VIN、VIN2、VIN3 表示正弦电压信号，Vhw、Vfw 分别表示通过电阻 Rhw、Rfw 的输入信号，如图 12-77 所示。

（2）设置仿真激励源

① 设置正弦电压源的仿真参数。在电路仿真原理图中双击某一电压源，弹出该电压源的属性设置面板，在“Models（模型）”选项组中双击“Simulation（仿真）”属性，弹出仿真属性对话框，在该对话框的“Amplitude（幅值）”文本框中输入幅值为“10”，如图 12-79 所示。

② 采用同样的方法为其他电压源设置仿真参数。

③ 其余元件在本例中不需要设置仿真参数。

（3）设置仿真模式

执行“设计”→“仿真”→“Mixed Sim（混合仿真）”命令，弹出仿真分析对话框，如图 12-80 所示。在本例中需要设置“General Setup（常规设置）”选项卡和“Transient Analysis（瞬态特性分析）”选项卡。

① 通用参数设置。通用参数的设置如图 12-80 所示。

② 瞬态分析仿真参数设置。瞬态分析仿真参数的设置如图 12-81 所示。

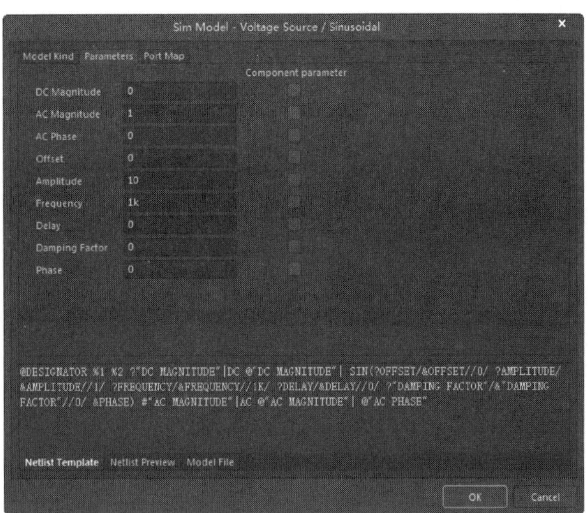

图 12-79　仿真属性对话框

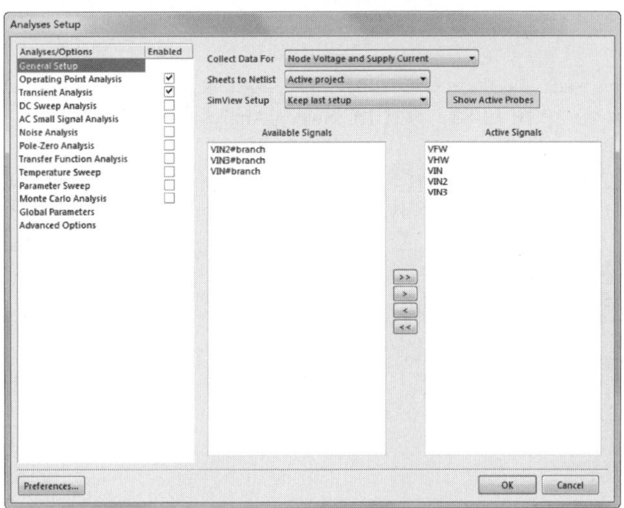

图 12-80　通用参数设置

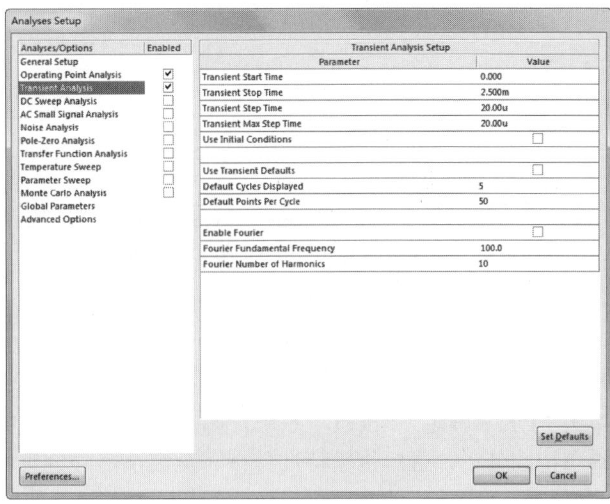

图 12-81　瞬态分析仿真参数设置

③ 选中“Analyses/Options（分析/选项）”列表框中的“DC Sweep Analysis（直流传输特性分析）”复选框，设置“DC Sweep Analysis（直流传输特性分析）”选项参数，如图 12-82 所示。

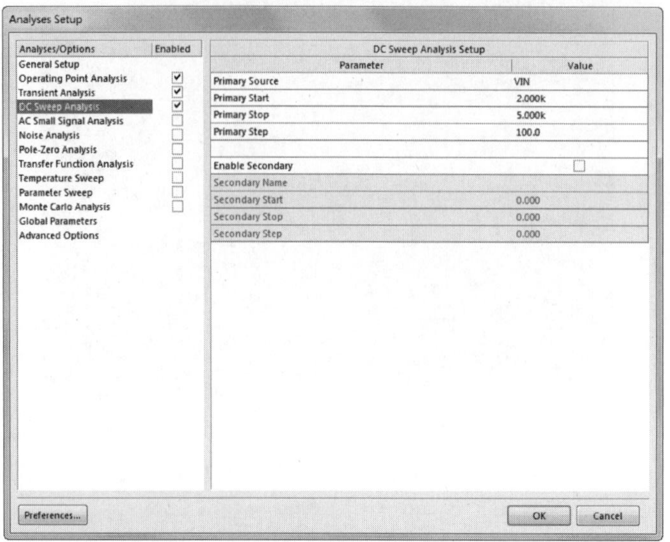

图 12-82　设置 DC Sweep Analysis 选项参数

④ 选中“Analyses/Options（分析/选项）”列表框中的“AC Small Signal Analysis（交流小信号分析）”复选框，设置“AC Small Signal Analysis（交流小信号分析）”选项参数，如图 12-83 所示。

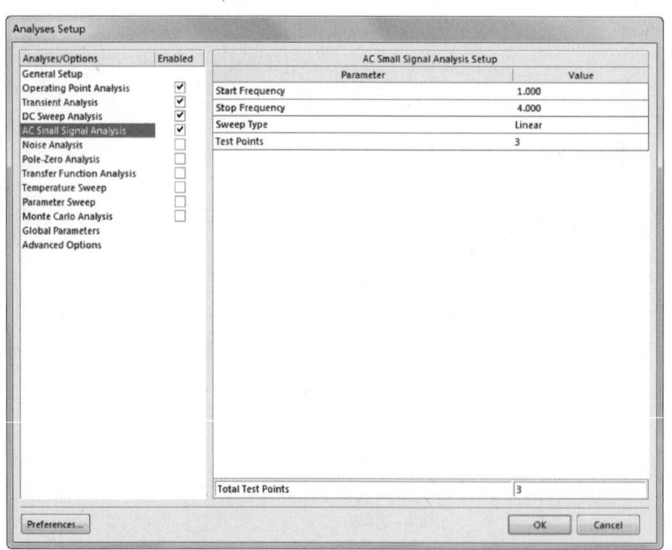

图 12-83　设置 AC Small Signal Analysis 选项参数

⑤ 选中“Analyses/Options（分析/选项）”列表框中的“Noise Analysis（噪声分析）”复选框，设置“Noise Analysis（噪声分析）”选项参数，如图 12-84 所示。

（4）执行仿真

参数设置完成后，单击“OK（确定）”按钮，系统开始执行电路仿真，如图 12-85～图 12-89 所示分别为工作点分析、瞬态特性分析、直流传输特性分析、交流小信号分析和噪声分析的仿真结果。

Note

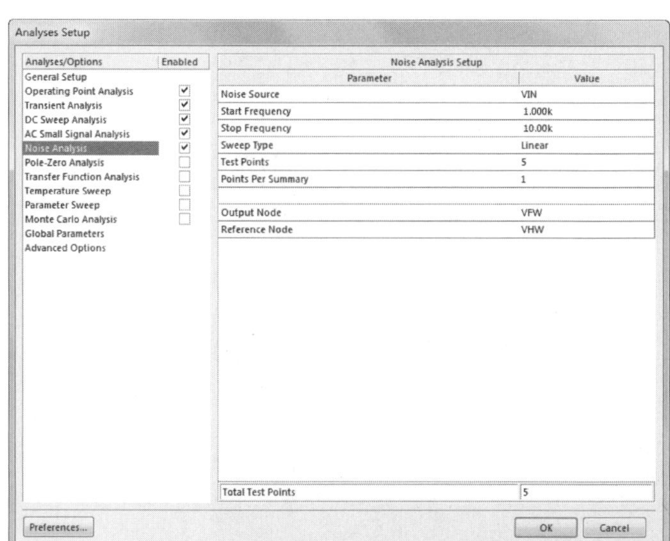

图 12-84　设置 Noise Analysis 选项参数

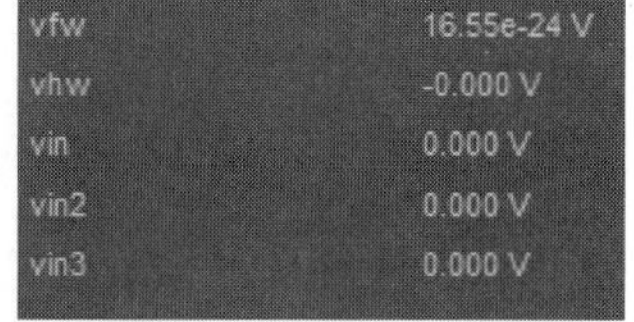

图 12-85　工作点分析仿真结果

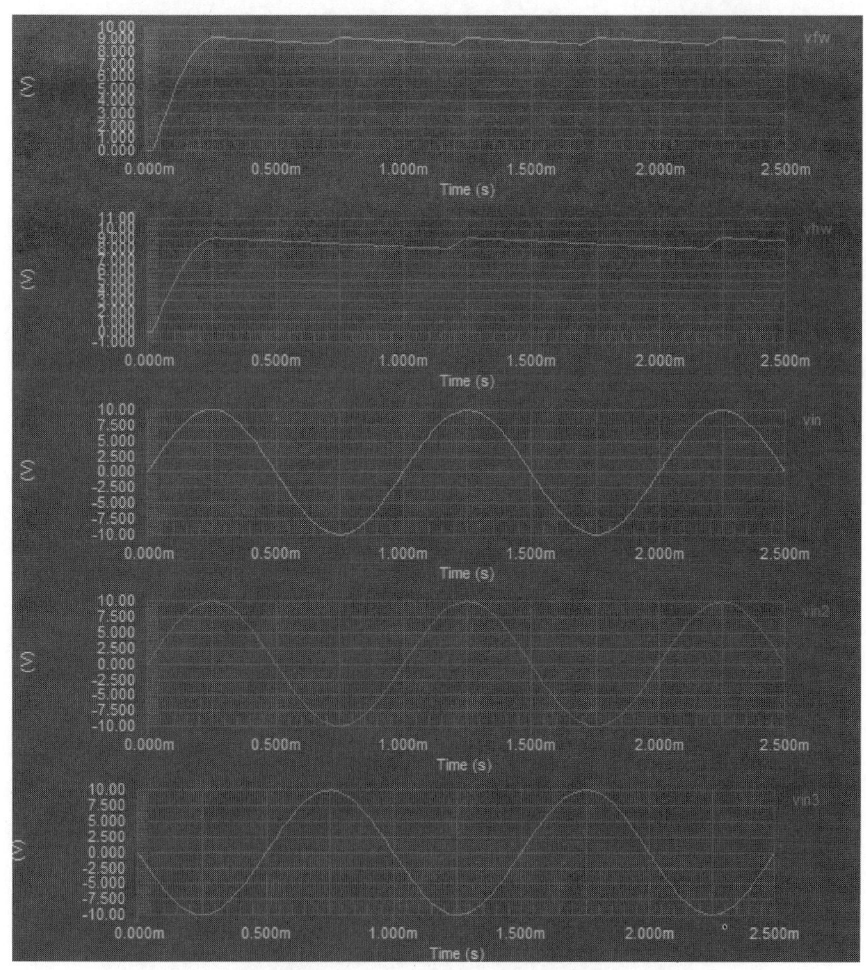

图 12-86　瞬态特性分析仿真结果

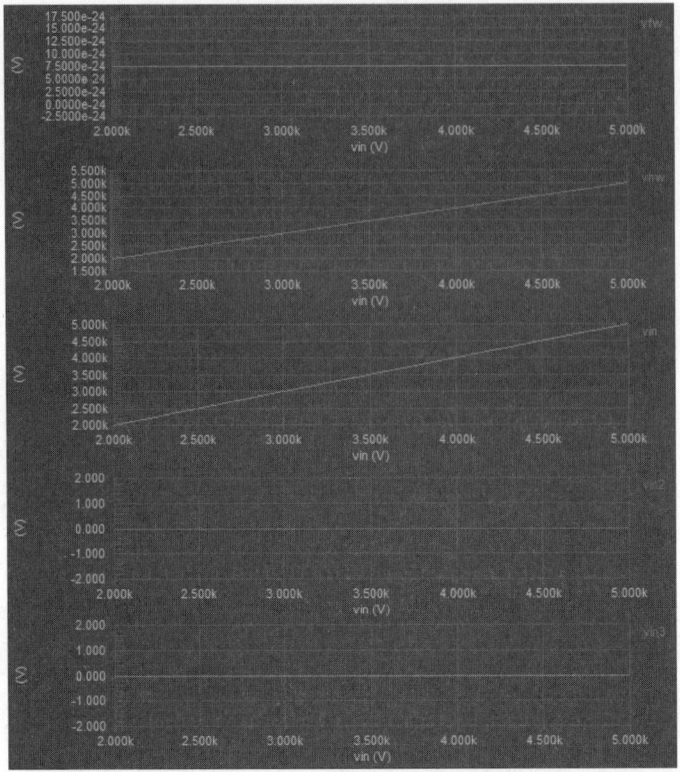

图 12-87　直流传输特分析仿真结果

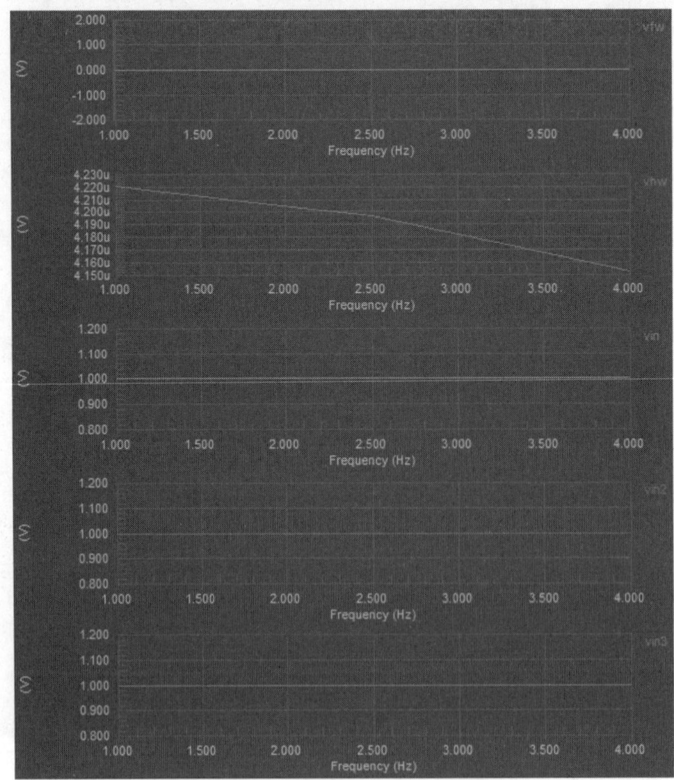

图 12-88　交流小信号分析仿真结果

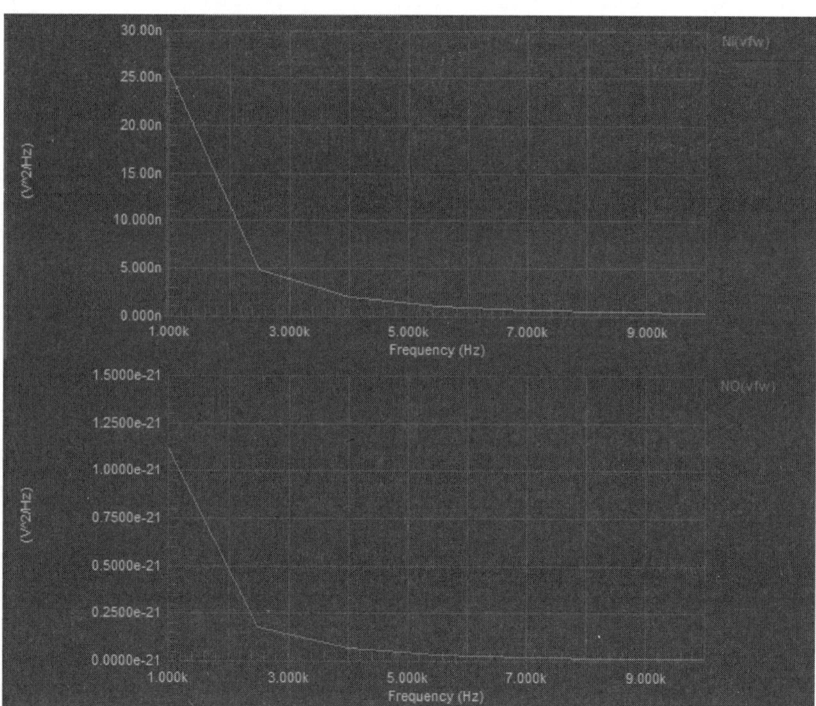

图 12-89　噪声分析仿真结果

信号完整性分析

随着新工艺、新器件的迅猛发展，高速器件在电路设计中的应用已日趋广泛。在这种高速电路系统中，数据的传送速率、时钟的工作频率都相当高，而且由于功能的复杂多样，电路密集度也相当大。因此，设计的重点将与低速电路设计时截然不同，不再仅仅是元器件的合理放置与导线的正确连接，还应该对信号的完整性（Signal Integrity，SI）问题给予充分的考虑，否则，即使原理正确，系统可能也无法正常工作。

信号完整性分析是重要的高速PCB板级和系统级分析与设计的手段，在硬件电路设计中发挥着越来越重要的作用。Altium Designer 18 提供了具有较强功能的信号完整性分析器，以及实用的SI专用工具，使Altium Designer 18用户能够在软件上就能模拟出整个电路板各个网络的工作情况，同时还提供了多种补偿方案，帮助用户进一步优化自己的电路设计。

☑ 信号完整性分析的概念

☑ 信号完整性分析器设置

☑ 信号完整性分析规则设置

任务驱动&项目案例

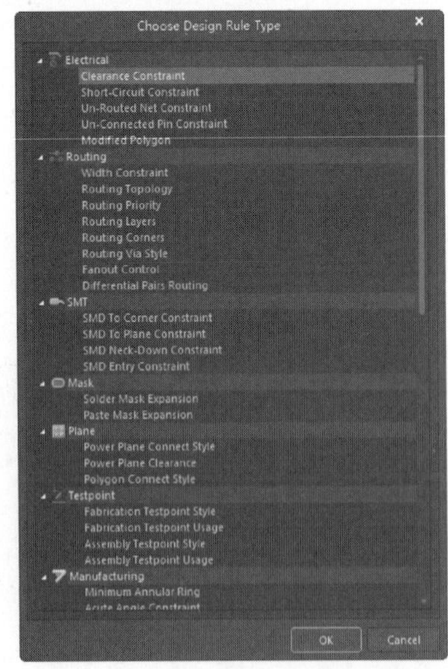

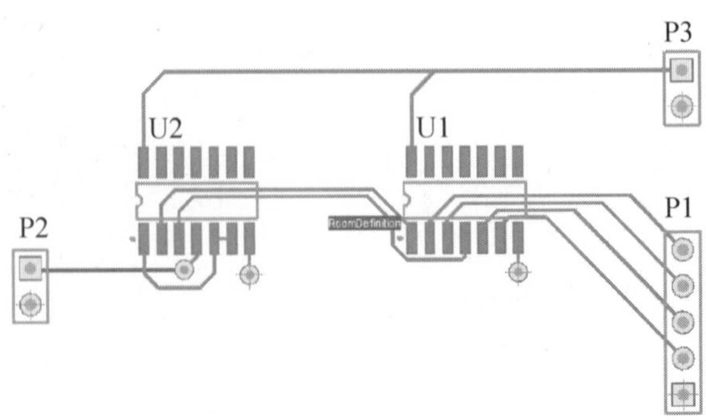

13.1 信号完整性分析概述

Note

13.1.1 信号完整性分析的概念

所谓信号完整性，顾名思义，就是指信号通过信号线传输后仍能保持完整，即仍能保持其正确的功能而未受到损伤的一种特性。具体来说，是指信号在电路中以正确的时序和电压做出响应的能力。当电路中的信号能够以正确的时序、要求的持续时间和电压幅度进行传送，并到达输出端时，说明该电路具有良好的信号完整性，而当信号不能正常响应时，就出现了信号完整性问题。

我们知道，一个数字系统能否正确工作，其关键在于信号定时是否准确，而信号定时与信号在传输线上的传输延迟，以及信号波形的损坏程度等有着密切的关系。差的信号完整性不是由某一个单一因素导致，而是由板级设计中的多种因素共同引起的。仿真证实：集成电路的切换速度过高，端接元件的布设不正确，电路的互连不合理等都会引发信号完整性问题。

常见的信号完整性问题主要有如下几种。

1. Transmission Delay（传输延迟）

传输延迟表明数据或时钟信号没有在规定的时间内以一定的持续时间和幅度到达接收端。信号延迟是由驱动过载、走线过长的传输线效应引起的，传输线上的等效电容、电感会对信号的数字切换产生延时，影响集成电路的建立时间和保持时间。集成电路只能按照规定的时序来接收数据，延时足够长会导致集成电路无法正确判断数据，则电路将工作不正常甚至完全不能工作。

在高频电路设计中，信号的传输延迟是一个无法完全避免的问题，为此引入了一个延迟容限的概念，即在保证电路能够正常工作的前提下，所允许的信号最大时序变化量。

2. Crosstalk（串扰）

串扰是没有电气连接的信号线之间的感应电压和感应电流所导致的电磁耦合。这种耦合会使信号线起着天线的作用，其容性耦合会引发耦合电流，感性耦合会引发耦合电压，并且随着时钟速率的升高和设计尺寸的缩小而加大。这是由于信号线上有交变的信号电流通过时，会产生交变的磁场，处于该磁场中的其他信号线会感应出信号电压。

印制电路板层的参数、信号线的间距、驱动端和接收端的电气特性及信号线的端接方式等都对串扰有一定的影响。

3. Reflection（反射）

反射就是传输线上的回波，信号功率的一部分经传输线传给负载，另一部分则向源端反射。在高速设计中，可以把导线等效为传输线，而不再是集总参数电路中的导线，如果阻抗匹配（源端阻抗、传输线阻抗与负载阻抗相等），则反射不会发生；反之，若负载阻抗与传输线阻抗失配就会导致接收端的反射。

布线的某些几何形状、不适当的端接、经过连接器的传输及电源平面不连续等因素均会导致信号的反射。由于反射，会导致传送信号出现严重的过冲（Overshoot）或下冲（Undershoot）现象，致使波形变形、逻辑混乱。

4. Ground Bounce（接地反弹）

接地反弹是指由于电路中较大的电流涌动而在电源与接地平面间产生大量噪声的现象。如大量芯片同步切换时，会产生一个较大的瞬态电流从芯片与电源平面间流过，芯片封装与电源间的寄生电感、电容和电阻会引发电源噪声，使得零电位平面上产生较大的电压波动（可能高达 2V），足以造成其他

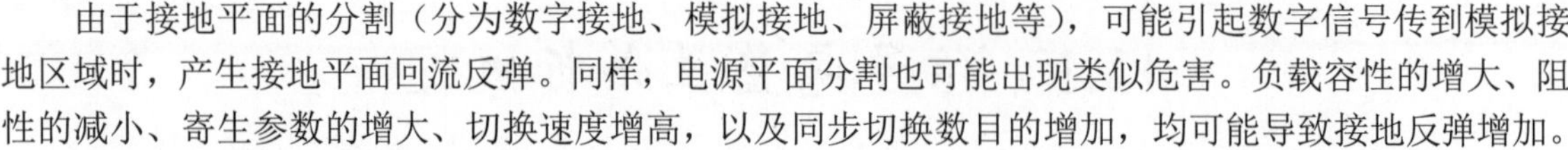

元器件误动作。

由于接地平面的分割（分为数字接地、模拟接地、屏蔽接地等），可能引起数字信号传到模拟接地区域时，产生接地平面回流反弹。同样，电源平面分割也可能出现类似危害。负载容性的增大、阻性的减小、寄生参数的增大、切换速度增高，以及同步切换数目的增加，均可能导致接地反弹增加。

Note

除此之外，在高频电路的设计中还存在有其他一些与电路功能本身无关的信号完整性问题，如电路板上的网络阻抗、电磁兼容性等。

因此，在实际制作 PCB 印制板之前进行信号完整性分析，以提高设计的可靠性，降低设计成本，也是非常重要和必要的。

13.1.2 信号完整性分析工具

Altium Designer 18 包含一个高级信号完整性仿真器，能分析 PCB 设计并检查设计参数，测试过冲、下冲、线路阻抗和信号斜率。如果 PCB 上任何一个设计要求（由 DRC 指定的）有问题，即可对 PCB 进行反射或串扰分析，以确定问题所在。

Altium Designer 18 的信号完整性分析和 PCB 设计过程是无缝连接，该模块提供了极其精确的板级分析。能检查整板的串扰、过冲、下冲、上升时间、下降时间和线路阻抗等问题。在印制电路板制造前，用最小的代价来解决高速电路设计带来的问题和 EMC/EMI （电磁兼容性/电磁抗干扰）等问题。

Altium Designer 18 的信号完整性分析模块的设计特性如下。

☑ 设置简单，可以像在 PCB 编辑器中定义设计规则一样定义设计参数。
☑ 通过运行 DRC，可以快速定位不符合设计需求的网络。
☑ 无须特殊的经验，可以从 PCB 中直接进行信号完整性分析。
☑ 提供快速的反射和串扰分析。
☑ 利用 I/O 缓冲器宏模型，无须额外的 SPICE 或模拟仿真知识。
☑ 信号完整性分析的结果采用示波器形式显示。
☑ 采用成熟的传输线特性计算和并发仿真算法。
☑ 用电阻和电容参数值对不同的终止策略进行假设分析，并可对逻辑块进行快速替换。
☑ 提供 IC 模型库，包括校验模型。
☑ 宏模型逼近使得仿真更快、更精确。
☑ 自动模型连接。
☑ 支持 I/O 缓冲器模型的 IBIS2 工业标准子集。
☑ 利用信号完整性宏模型可以快速地自定义模型。

13.2 信号完整性分析规则设置

Altium Designer 18 中包含许多信号完整性分析的规则，这些规则用于在 PCB 设计中检测一些潜在的信号完整性问题。

在 Altium Designer 18 的 PCB 编辑环境中，执行“设计”→“规则”命令，系统将弹出如图 13-1 所示的 PCB 设计规则设置对话框。在该对话框中单击 Design Rules 前面的⊞按钮，选择其中的 Signal Integrity 规则设置选项，即可看到如图 13-1 所示的各种信号完整性分析的选项，可以根据设计工作的要求选择所需的规则进行设置。

Note

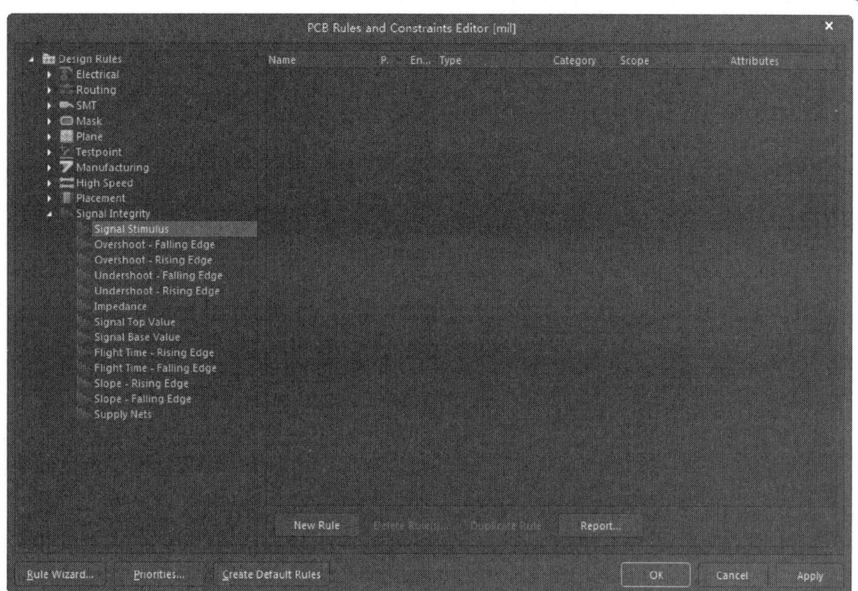

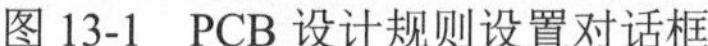

图 13-1　PCB 设计规则设置对话框

在 PCB 设计规则设置对话框中列出了 Altium Designer 18 提供的所有设计规则，但是这仅仅是列出可以使用的规则，要想在 DRC 校验时真正使用这些规则，还需要在第一次使用时把该规则作为新规则添加到实际使用的规则库中。

在需要使用的规则上右击，弹出快捷菜单，在该菜单中选择“New Rule（新规则）”命令，即可把该规则添加到实际使用的规则库中。如果需要多次用到该规则，可以为它建立多个新的规则，并用不同的名称加以区别。

要想在实际使用的规则库中删除某个规则，可以选中该规则并在右键快捷菜单中选择“删除规则”命令，即可从实际使用的规则库中删除该规则。

在右键快捷菜单中选择“Export Rules（输出规则）”命令，可以把选中的规则从实际使用的规则库中导出；在右键快捷菜单中选择“Import Rules（输入规则）”命令，系统弹出如图 13-2 所示的 PCB 设计规则库，可以从设计规则库中导入所需的规则；在右键快捷菜单中选择“Report（报告）”命令，则可以为该规则建立相应的报告文件，并可以打印输出。

在 Altium Designer 18 中包含 13 条信号完整性分析的规则，下面分别进行介绍。

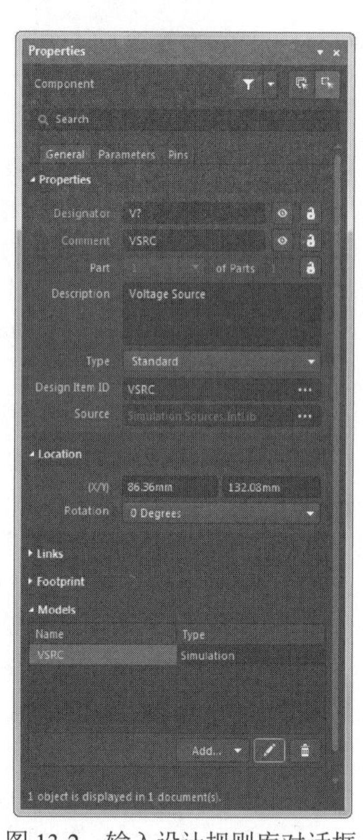

图 13-2　输入设计规则库对话框

1. Signal Stimulus（激励信号规则）

在 Signal Integrity 上右击，在弹出的快捷菜单中选择“New Rule（新规则）”命令，生成 Signal Stimulus 激励信号规则选项，单击该规则，则出现如图 13-3 所示的激励信号规则设置对话框，可以在该对话框中设置激励信号的各项参数。

Note

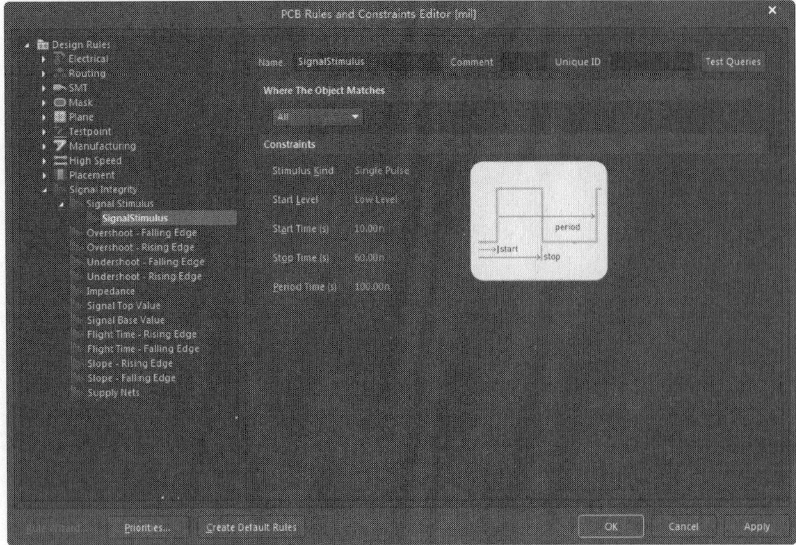

图 13-3　Signal Stimulus 规则设置对话框

（1）“Name（名称）”文本框：参数名称，用来为该规则设立一个便于理解的名字，在 DRC 校验中，当电路板布线违反该规则时，即将以该参数名称显示此错误。

（2）“Comment（注释）”文本框：该规则的注释说明。

（3）“Unique ID（唯一 ID）”文本框：为该参数提供的一个随机的 ID 号。

（4）“Where The Object Matches（优先匹配对象的位置）”选项组：第一类对象的设置范围，用来设置激励信号规则所适用的范围，共有 6 个选项。

① All（所有）：规则在指定的 PCB 印制电路板上都有效。

② Net（网络）：规则在指定的电气网络中有效。

③ Net Class（网络类）：规则在指定的网络类中有效。

④ Layer（层）：规则在指定的某一电路板层上有效。

⑤ Net and Layer（网络和层）：规则在指定的网络和指定的电路板层上有效。

⑥ Custom Query（高级的查询）：高级设置选项，选中该单选按钮后，可以单击其右边的“查询构建器”按钮，自行设计规则使用范围。

（5）“Constraints（约束）”选项组：用于设置激励信号规则。共有 5 个选项，其含义如下。

☑ Stimulus Kind（激励类型）：设置激励信号的种类，包括 3 个选项，即“Constant Level（固定电平）”表示激励信号为某个常数电平；“Single Pulse（单脉冲）”表示激励信号为单脉冲信号；“Periodic Pulse（周期脉冲）”表示激励信号为周期性脉冲信号。

☑ Start Level（开始级别）：设置激励信号的初始电平，仅对“Single Pulse（单脉冲）”和“Periodic Pulse（周期脉冲）”有效，设置初始电平为低电平选择“Low Level（低电平）”，设置初始电平为高电平选择“High Level（高电平）”。

☑ Start Time（开始时间）：设置激励信号高电平脉宽的起始时间。

☑ Stop Time（停止时间）：设置激励信号高电平脉宽的终止时间。

☑ Period Time（时间周期）：设置激励信号的周期。

设置激励信号的时间参数，在输入数值的同时，要注意添加时间单位，以免设置出错。

2. Overshoot-Falling Edge（信号过冲的下降沿规则）

信号过冲的下降沿定义了信号下降边沿允许的最大过冲值，也即信号下降沿上低于信号基值的最大阻尼振荡，系统默认单位是伏特，如图 13-4 所示。

3. Overshoot-Rising Edge（信号过冲的上升沿规则）

信号过冲的上升沿与信号过冲的下降沿相对应，它定义了信号上升边沿允许的最大过冲值，也即信号上升沿上高于信号上位值的最大阻尼振荡，系统默认单位是伏特，如图 13-5 所示。

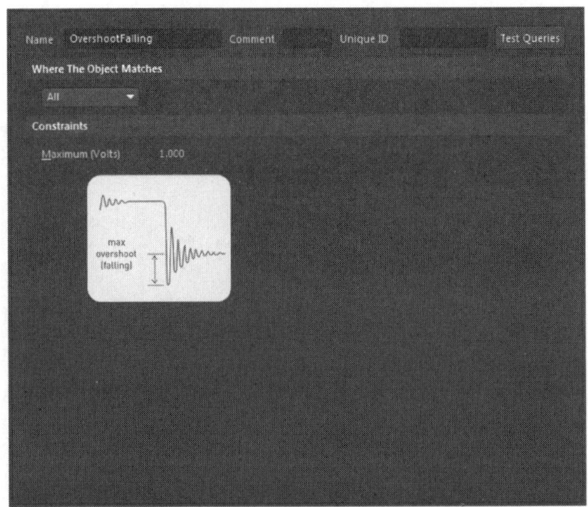

图 13-4　Overshoot-Falling Edge 规则设置对话框

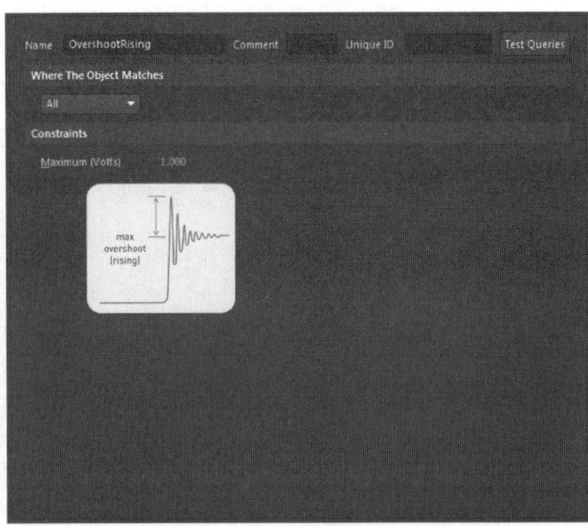

图 13-5　Overshoot- Rising Edge 规则设置对话框

4. Undershoot-Falling Edge（信号下冲的下降沿规则）

信号下冲与信号过冲略有区别。信号下冲的下降沿定义了信号下降边沿允许的最大下冲值，也即信号下降沿上高于信号基值的阻尼振荡，系统默认单位是伏特，如图 13-6 所示。

5. Undershoot-Rising Edge（信号下冲的上升沿规则）

信号下冲的上升沿与信号下冲的下降沿相对应，它定义了信号上升边沿允许的最大下冲值，也即信号上升沿上低于信号上位值的阻尼振荡，系统默认单位是伏特，如图 13-7 所示。

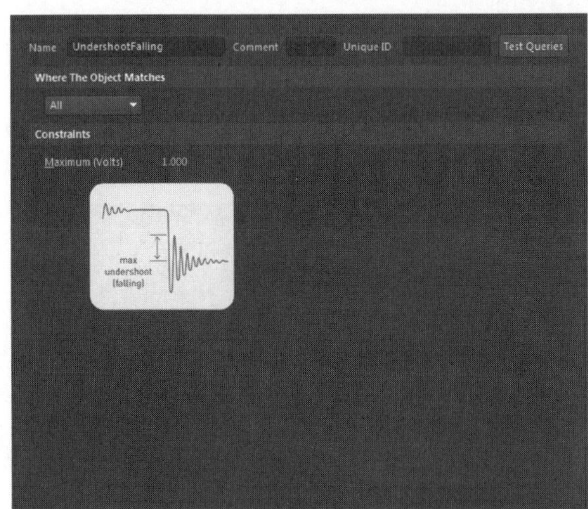

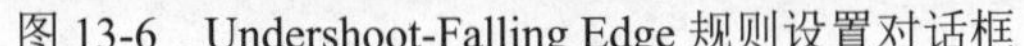

图 13-6　Undershoot-Falling Edge 规则设置对话框

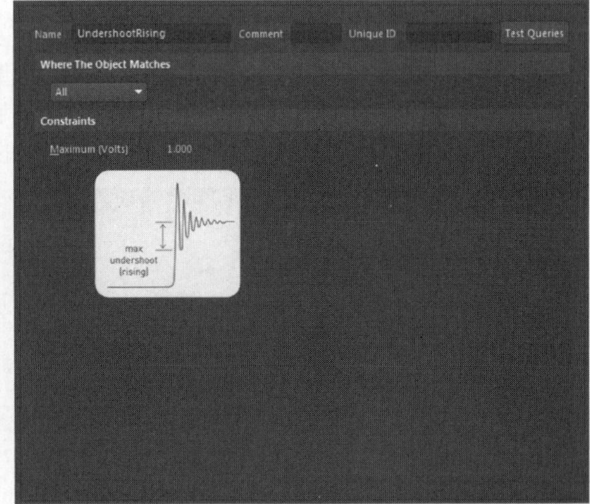

图 13-7　Undershoot-Rising Edge 规则设置对话框

6. Impedance（阻抗约束规则）

阻抗约束定义了电路板上所允许的电阻的最大值和最小值，系统默认单位是欧姆。电阻值与阻抗和导体的几何外观以及电导率，导体外的绝缘层材料以及电路板的几何物理分布，也即导体间在 Z 平面域的距离相关。上述绝缘层材料包括板的基本材料、多层间的绝缘层以及焊接材料等。

Note

7. Signal Top Value（信号高电平规则）

信号高电平定义了线路上信号在高电平状态下所允许的最小稳定电压值，也就是信号上位值的最小电压，系统默认单位是伏特，如图 13-8 所示。

8. Signal Base Value（信号基值规则）

信号基值与信号高电平相对应，它定义了线路上信号在低电平状态下所允许的最大稳定电压值，也就是信号的最大基值，系统默认单位是伏特，如图 13-9 所示。

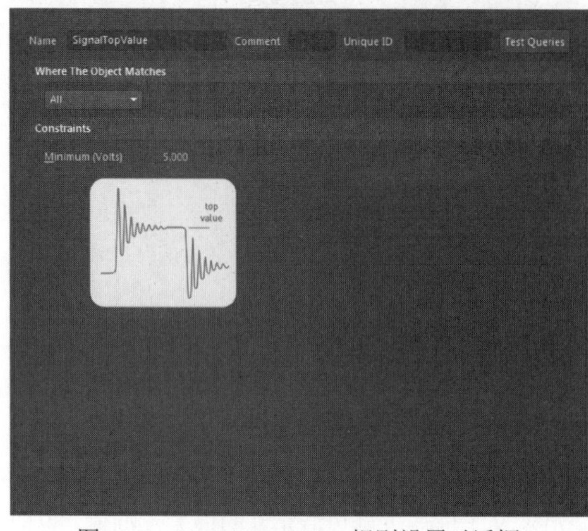

图 13-8　Signal Top Value 规则设置对话框

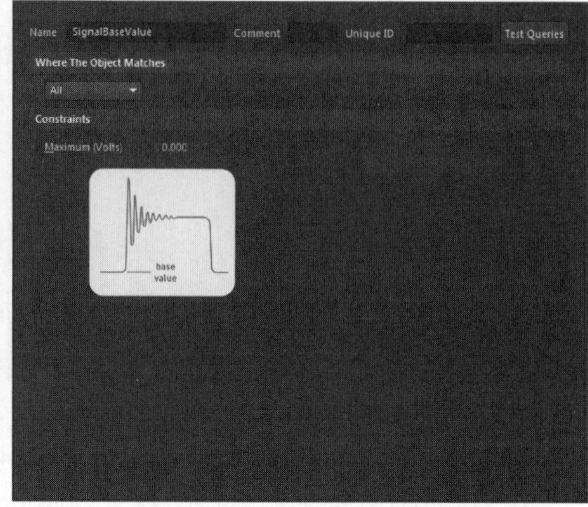

图 13-9　Signal Base Value 规则设置对话框

9. Flight Time–Rising Edge（飞升时间的上升沿规则）

飞升时间的上升沿定义了信号上升边沿允许的最大飞行时间，也就是信号上升边沿到达信号设定值的 50%时所需的时间，系统默认单位是秒，如图 13-10 所示。

10. Flight Time–Falling Edge（飞升时间的下降沿规则）

飞升时间的下降沿是相互连接的结构的输入信号延迟，它是实际的输入电压到门限电压之间的时间，小于这个时间将驱动一个基准负载，该负载直接与输出相连接。

飞升时间的下降沿与飞升时间的上升沿相对应，它定义了信号下降边沿允许的最大飞行时间，也就是信号下降边沿到达信号设定值的 50%时所需的时间，系统默认单位是秒，如图 13-11 所示。

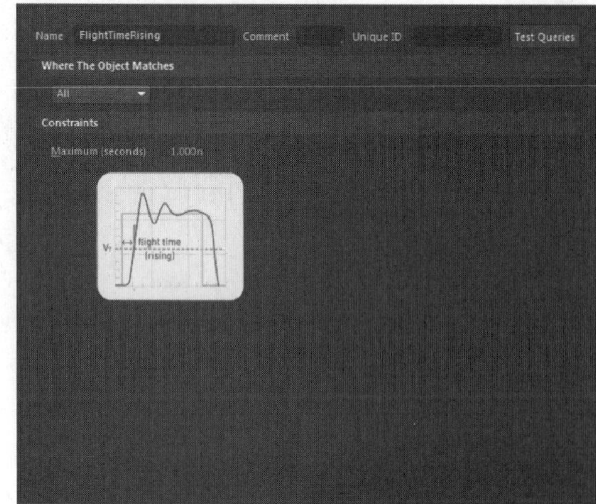

图 13-10　Flight Time-Rising Edge 规则设置对话框

图 13-11　Flight Time-Falling Edge 规则设置对话框

Note

11. Slope-Rising Edge（上升边沿斜率规则）

上升边沿斜率定义了信号从门限电压上升到一个有效的高电平时所允许的最大时间，系统默认单位是秒，如图 13-12 所示。

12. Slope-Falling Edge（下降边沿斜率规则）

下降边沿斜率与上升边沿斜率相对应，它定义了信号从门限电压下降到一个有效的低电平时所允许的最大时间，系统默认单位是秒，如图 13-13 所示。

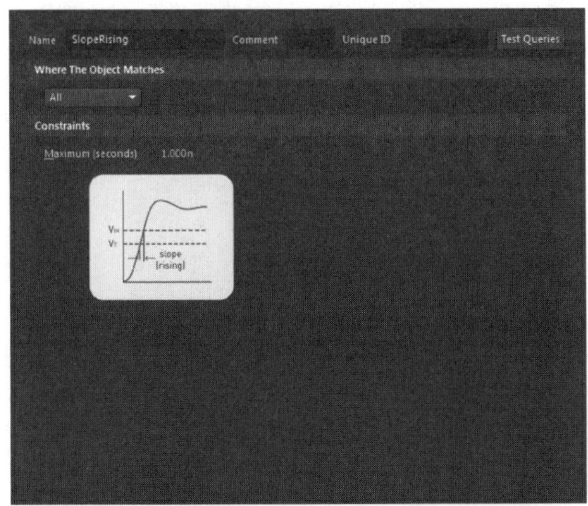

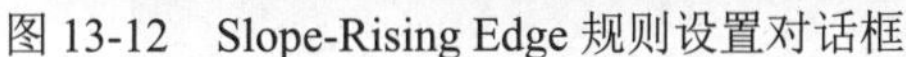

图 13-12　Slope-Rising Edge 规则设置对话框

图 13-13　Slope-Falling Edge 规则设置对话框

13. Supply Nets（电源网络规则）

电源网络定义了电路板上的电源网络标号。信号完整性分析器需要了解电源网络标号的名称和电压位。

在设置好完整性分析的各项规则后，在工程文件中，打开某个 PCB 设计文件，系统即可根据信号完整性的规则设置进行 PCB 印制电路板的板级信号完整性分析。

13.3　设定元件的信号完整性模型

与第 12 章的电路原理图仿真过程类似，使用 Altium Designer 18 进行信号完整性分析也建立在模型基础之上，这种模型则称为 Signal Integrity 模型，简称 SI 模型。

与封装模型、仿真模型一样，SI 模型也是元件的一种外在表现形式，很多元件的 SI 模型与相应的原理图符号、封装模型、仿真模型一起，被系统存放在集成库文件中。因此，同设定仿真模型类似，也需要对元件的 SI 模型进行设定。

元件的 SI 模型可以在信号完整性分析之前设定，也可以在信号完整性分析的过程中进行设定。

13.3.1　在信号完整性分析之前设定元件的 SI 模型

在 Altium Designer 18 中提供了若干种可以设定 SI 模型的元件类型，如 IC（集成电路）、Resistor（电阻类元件）、Canacitor（电容类元件）、Connector（连接器类元件）、Diode（二极管类元件）以及 BJT（双极性三极管类元件）等，对于不同类型的元件，其设定方法是不同的。

Note

单个的无源器件，如电阻、电容等，设定比较简单。

1. 无源元件的 SI 模型设定

（1）在电路原理图中，双击所放置的某一无源元器件，打开相应的元件属性对话框。这里打开前面章节的原理图文件，双击一个电阻。

（2）在元件属性面板“General（通用）”选项卡中，双击“Models（模型）”栏下方的 Add... 下拉按钮，选择“Signal Integrity（信号完整性）”选项，如图 13-14 所示。

（3）系统弹出如图 13-15 所示的信号完整性模型设定框。在设定框中，只需要在“Type（类型）”下拉列表框中选中相应的类型，然后在下面的“Value（值）”文本框中输入适当的阻容值即可。

若在“Model（模型）”选项组的类型中元件的“Signal Integrity（信号完整性）”模型已经存在，双击后，系统同样弹出如图 13-15 所示的对话框。

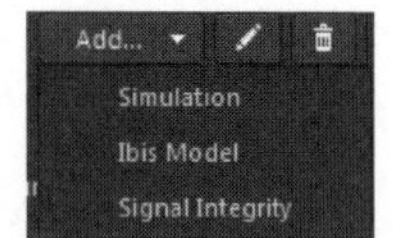

图 13-14　添加模型

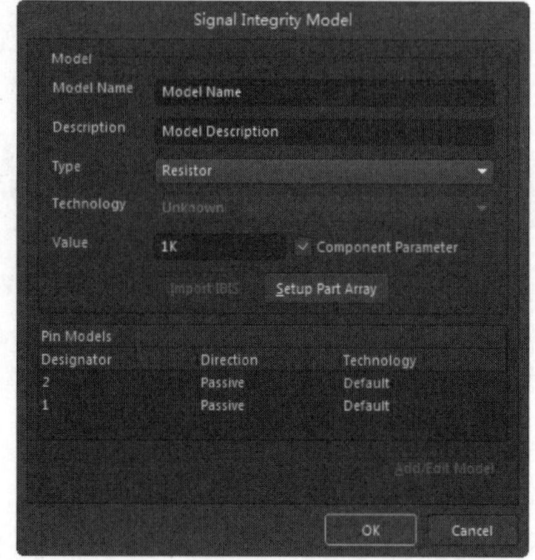

图 13-15　Signal Integrity Model 设定对话框

（4）单击 OK 按钮，即可完成该无源器件的 SI 模型设定。

对于 IC 类的元器件，其 SI 模型的设定同样是在信号完整性模型设定框中完成。一般来说，只需要设定其技术特性即可，如 CMOS、TTL 等。但是在一些特殊的应用中，为了更为准确地描述管脚的电气特性，还需要进行一些额外的设定。

在信号完整性模型设定框的 Pin Models 列表框中，列出了元器件的所有管脚，在这些管脚中，电源性质的管脚是不可编辑的。而对于其他管脚，则可以直接用后面的下拉列表框完成简单功能的编辑。例如，在图 13-16 中，将某一 IC 类元器件的某一输入管脚的技术特性，即工艺类型设定为 AS（Advanced Schottky Logic，高级肖特基晶体管逻辑）。

2. 新建一个管脚模型

（1）单击信号完整性设定对话框中的 Add/Edit Model 按钮，系统会打开相应的管脚模型编辑器，如图 13-17 所示。

（2）单击 OK 按钮，返回信号完整性模型设定框，可以看到添加了一个新的输入管脚模型供用户选择。

（3）为了简化设定 SI 模型的操作，以及保证输入的正确性，对于 IC 类元器件，一些公司提供了现成的管脚模型供用户选择使用，这就是 IBIS（Input/Output Buffer Information Specification，输入/输出缓冲器信息规范）文件，扩展名为.ibs。

（4）使用 IBIS 文件的方法很简单，在 IC 类元器件的信号完整性模型设定框中，单击 Import IBIS 按钮，打开已下载的 IBIS 文件即可。

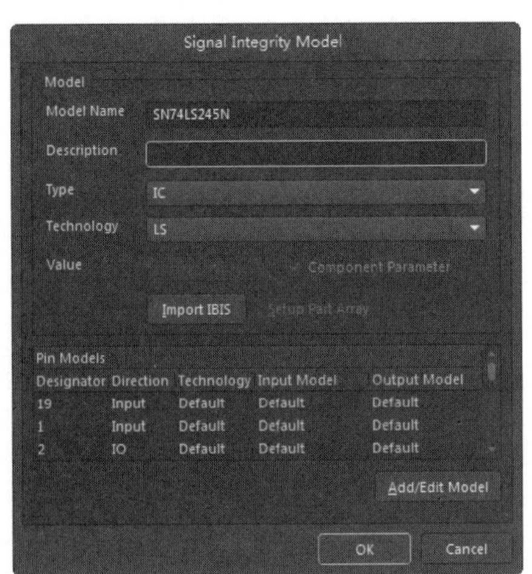

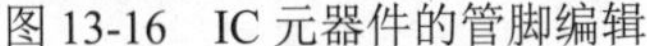
图 13-16 IC 元器件的管脚编辑

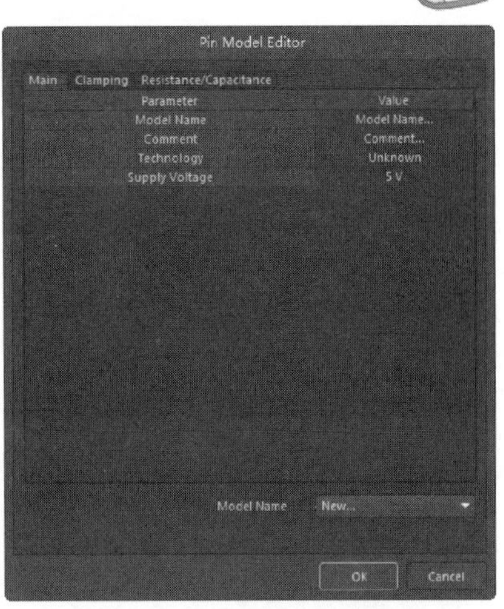

图 13-17 管脚模型编辑器

（5）对元件的 SI 模型设定之后，执行“设计”→“Update PCB Document（更新 PCB 文件）”命令，即可完成相应 PCB 文件的同步更新。

13.3.2 在信号完整性分析过程中设定元件的 SI 模型

具体操作步骤如下。

（1）打开一个要进行信号完整性分析的项目，这里打开一个简单的设计项目 SY.PrjPCB，打开 SY.PcbDoc，如图 13-18 所示。

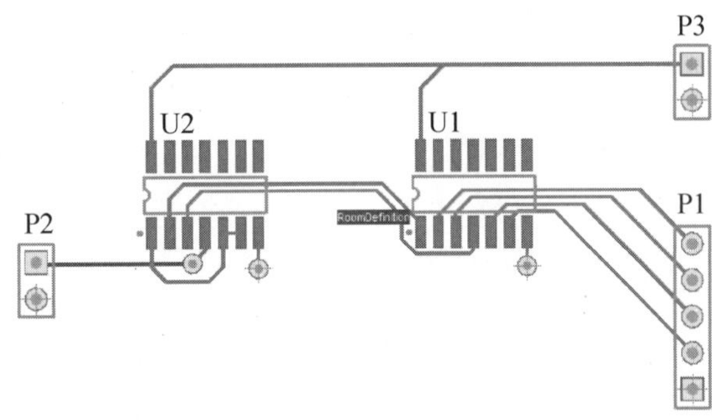

图 13-18 打开的项目文件

（2）执行“工具”→“Signal Integrity（信号完整性）”命令后，系统开始运行信号完整性分析器，弹出如图 13-19 所示的信号完整性分析器，其具体设置在 13.4 节将详细介绍。

（3）单击 Model Assignments... 按钮后，系统会打开 SI 模型参数设定对话框，显示所有元件的 SI 模型设定情况，供用户参考或修改，如图 13-20 所示。

显示框中左边第 1 列显示的是已经为元件选定的 SI 模型的类型，用户可以根据实际的情况，对不合适的模型类型直接单击进行更改。

对于 IC 类型的元件，即集成电路，在对应的 Value/Type 列中显示了其工艺类型，该项参数对信号完整性分析的结果有着较大的影响。

在 Status 列中显示了当前模型的状态。实际上，在执行 Tools→Signal Integrity 命令，开始运行信号完整性分析器时，系统已经为一些没有设定 SI 模型的元件添加了模型，这里的状态信息就表示了这些自动加入的模型的可信程度，供用户参考。状态信息一般有如下几种。

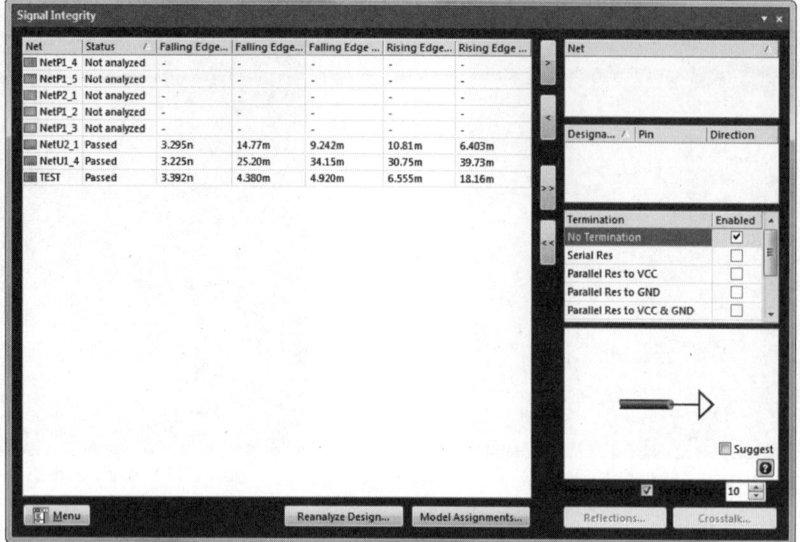

图 13-19　信号完整性分析器

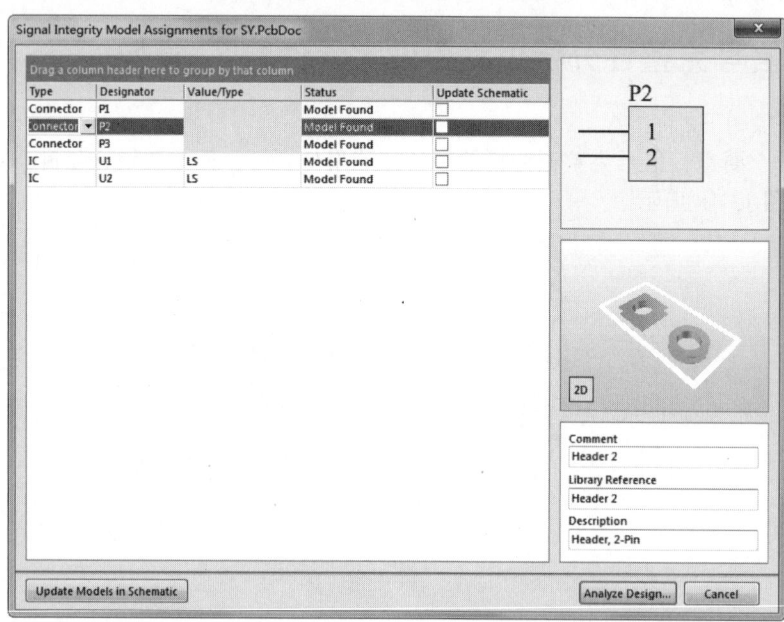

图 13-20　元件的 SI 模型设定对话框

① Model Found（找到模型）：已经找到元件的 SI 模型。

② High Confidence（高可信度）：自动加入的模型是高度可信的。

③ Medium Confidence（中等可信度）：自动加入的模型可信度为中等。

④ Low Confidence（低可信度）：自动加入的模型可信度较低。

⑤ No Match（不匹配）：没有合适的 SI 模型类型。

⑥ User Modified（用修改的）：用户已修改元件的 SI 模型。

⑦ Model Saved（保存模型）：原理图中的对应元件已经保存了与 SI 模型相关的信息。

在显示框中完成了需要的设定以后，这个结果应该保存到原理图源文件中，以便下次使用。选中要保存元件后面的复选框后，单击 Update Models in Schematic 按钮，即可完成 PCB 与原理图中 SI 模型的同步更新保存。保存了的模型状态信息均显示为 Model Saved。

13.4　信号完整性分析器设置

在对信号完整性分析的有关规则，以及元件的 SI 模型设定有了初步了解以后，下面来看一下如何进行基本的信号完整性分析，在这种分析中，所涉及的一种重要工具就是信号完整性分析器。

信号完整性分析可以分为两大步进行：第一步是对所有可能需要进行分析的网络进行一次初步的分析，从中可以了解到哪些网络的信号完整性最差；第二步是筛选出一些信号进行进一步的分析，这两步的具体实现都是在信号完整性分析器中进行的。

Altium Designer 18 提供了一个高级的信号完整性分析器，能精确地模拟分析已布好线的 PCB，可以测试网络阻抗、下冲、过冲、信号斜率等，其设置方式与 PCB 设计规则一样容易实现。

首先启动信号完整性分析器。

打开某个项目的某个 PCB 文件，执行“工具”→“Signal Integrity（信号完整性）”命令，系统开始运行信号完整性分析器。

信号完整性分析器的界面主要由以下几部分组成，如图 13-21 所示。

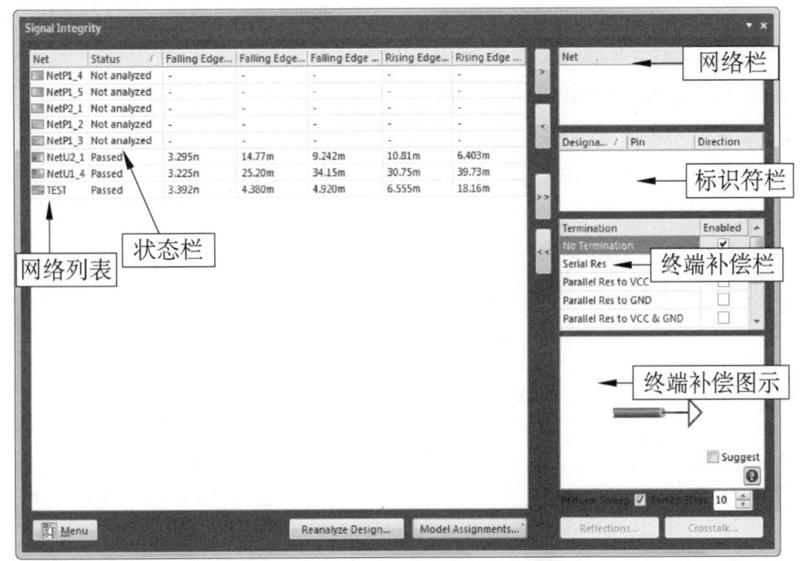

图 13-21　信号完整性分析器界面

1. Net（网络列表）栏

网络列表中列出了 PCB 文件中所有可能需要进行分析的网络。在分析之前，可以选中需要进一步分析的网络，单击 > 按钮添加到右边的 Net 栏中。

2. Status（状态）栏

用来显示相应网络进行信号完整性分析后的状态，有 3 种可能。

☑　Passed：表示通过，没有问题。

☑　Not analyzed：表明由于某种原因导致对该信号的分析无法进行。

☑　Failed：分析失败。

3. Designator（标识符）栏

显示 Net 栏中所选中网络的连接元件管脚及信号的方向。

Note

4. Termination（终端补偿）栏

在 Altium Designer 18 中，对 PCB 板进行信号完整性分析时，还需要对线路上的信号进行终端补偿的测试，目的是测试传输线中信号的反射与串扰，以便使 PCB 印制板中的线路信号达到最优。

在 Termination 栏中，系统提供了 8 种信号终端补偿方式，相应的图示则显示在下面的图示栏中。

（1）No Termination（无终端补偿）

该补偿方式如图 13-22 所示，即直接进行信号传输，对终端不进行补偿，是系统的默认方式。

（2）Serial Res（串阻补偿）

该方式如图 13-23 所示，即在点对点的连接方式中直接串入一个电阻，以减少外来电压波形的幅值，合适的串阻补偿将使得信号正确终止，消除接收器的过冲现象。

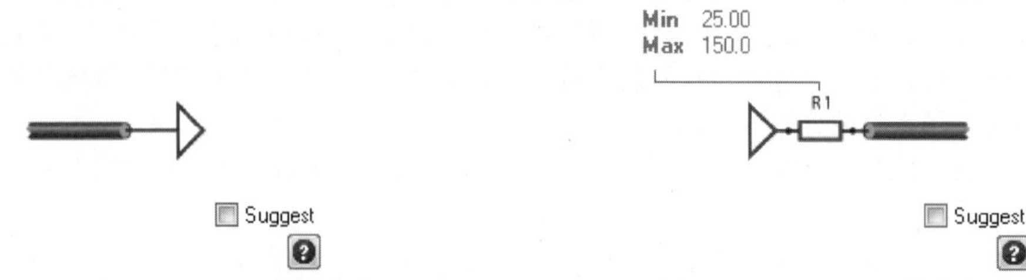

图 13-22　No Termination 补偿方式　　图 13-23　Serial Res 补偿方式

（3）Parallel Res to VCC（电源 VCC 端并阻补偿）

在电源 VCC 输入端并联的电阻是和传输线阻抗相匹配，对于线路的信号反射，这是一种比较好的补偿方式，如图 13-24 所示。只是由于该电阻上会有电流流过，因此，将增加电源的消耗，导致低电平阈值的升高，该阈值会根据电阻值的变化而变化，有可能会超出在数据区定义的操作条件。

（4）Parallel Res to GND（接地 GND 端并阻补偿）

该方式如图 13-25 所示，在接地输入端并联的电阻是和传输线阻抗相匹配的，与电源 VCC 端并阻补偿方式类似，这也是终止线路信号反射的一种比较好的方法。同样，由于有电流流过，会导致高电平阈值的降低。

图 13-24　Parallel Res to VCC 补偿方式　　图 13-25　Parallel Res to GND 补偿方式

（5）Parallel Res to VCC & GND（电源端与地端同时并阻补偿）

该方式如图 13-26 所示，将电源端并阻补偿与接地端并阻补偿结合起来使用，适用于 TTL 总线系统，而对于 CMOS 总线系统则一般不建议使用。

由于该方式相当于在电源与地之间直接接入了一个电阻，流过的电流将比较大，因此，对于两电阻的阻值分配应折中选择，以防电流过大。

（6）Parallel Cap to GND（地端并联电容补偿）

该方式如图 13-27 所示，即在接收输入端对地并联一个电容，可以减少信号噪声。该补偿方式是制作 PCB 印制板时最常用的方式，能够有效地消除铜膜导线在走线的拐弯处所引起的波形畸变。最大的缺点是，波形的上升沿或下降沿会变得太平坦，导致上升时间和下降时间的增加。

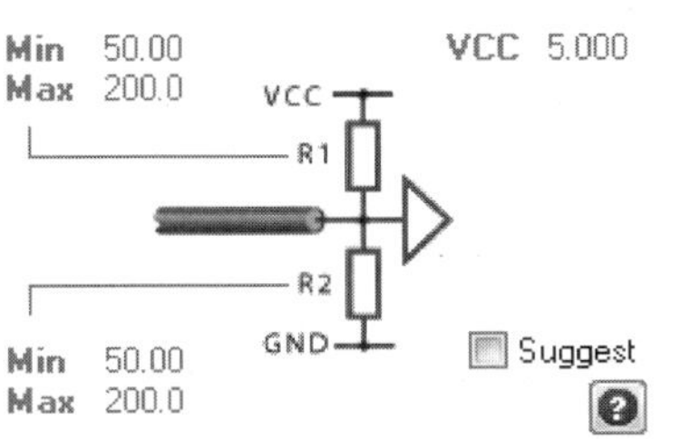

图 13-26　Parallel Res to VCC & GND 补偿方式

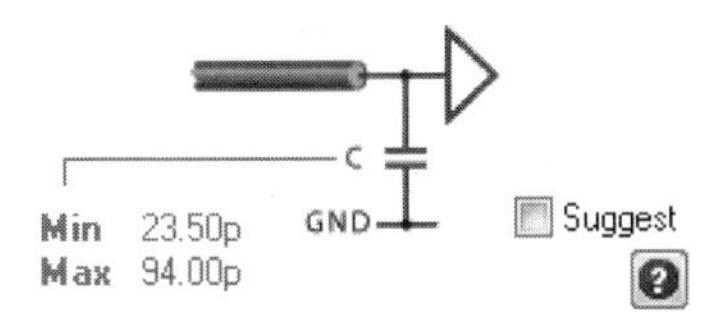

图 13-27　Parallel Cap to GND 补偿方式

（7）Res and Cap to GND（地端并阻、并容补偿）

该方式如图 13-28 所示，即在接收输入端对地并联一个电容和一个电阻，与地端仅并联电容的补偿效果基本一样，只不过在终结网络中不再有直流电流流过，而且与地端仅并联电阻的补偿方式相比，能够使得线路信号的边沿比较平坦。

在大多数情况下，当时间常数 RC 大约为延迟时间的 4 倍时，这种补偿方式可以使传输线上的信号被充分终止。

（8）Parallel Schottky Diode（并联肖特基二极管补偿）

该方式如图 13-29 所示，在传输线终结的电源和地端并联肖特基二极管可以减少接收端信号的过冲值和下冲值。大多数标准逻辑集成电路的输入电路都采用了这种补偿方式。

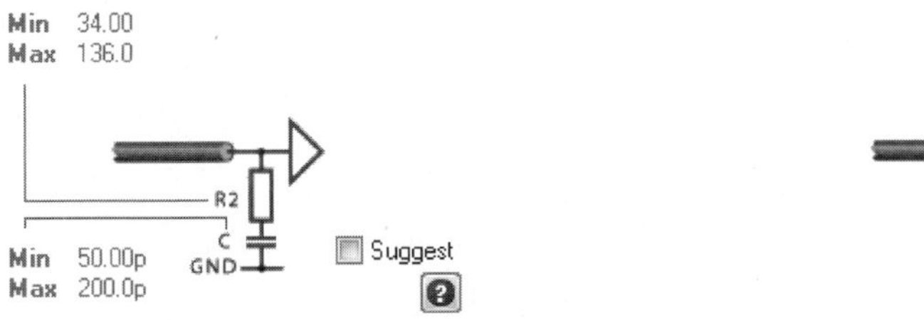

图 13-28　Res and Cap to GND 补偿方式

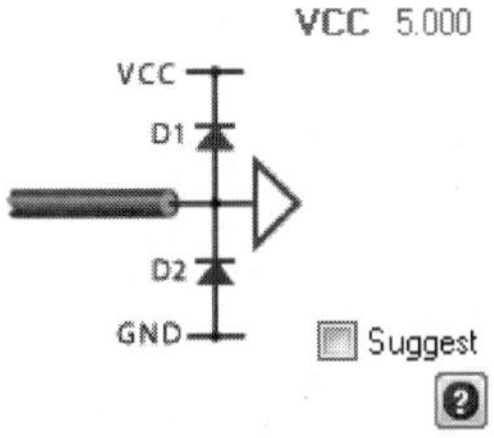

图 13-29　Parallel Schottky Diode 补偿方式

5. Perform Sweep（执行扫描）复选框

若选中该复选框，则信号分析时会按照用户所设置的参数范围，对整个系统的信号完整性进行扫描，类似于电路原理图仿真中的参数扫描方式。扫描步数可以在后面进行设置，一般应选中该复选框，扫描步数采用系统默认值即可。

6. Menu 按钮

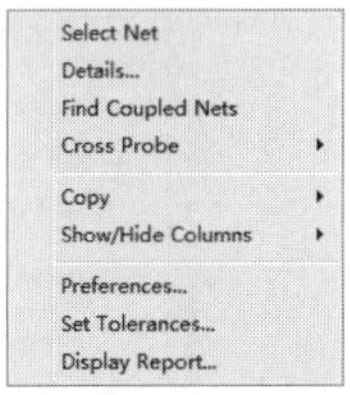

单击该按钮，则系统会弹出如图 13-30 所示的菜单命令。

图 13-30　菜单命令

☑ Select Net（选择网络）：选择该命令，系统会将选中的网络添加到右侧的网络栏内。

☑ Details（详细资料）：选择该命令，系统会打开如图 13-31 所示的窗口，用来显示在网络列表中所选中的网络详细情况，包括元件个数、导线个数，以及根据所设定的分析规则得出的各项参数等。

☑ Find Coupled Nets（找到关联网络）：选择该命令，可以查找所有与选中的网络有关联的网络，并高亮显示。

☑ Cross Probe（通过探查）：包括两个子命令，即 To Schematic（到原理图）和 To PCB（到 PCB），分别用于在原理图中或者在 PCB 文件中查找所选中的网络。

☑ Copy（复制）：复制所选中的网络，包括两个子命令，即 Select（选择）和 All（所有），分别用于复制选中的网络和选中所有。

☑ Show/Hide Columns（显示/隐藏纵队）：该命令用于在网络列表栏中显示或者隐藏一些纵向栏，纵向栏的内容如图 13-32 所示。

Note

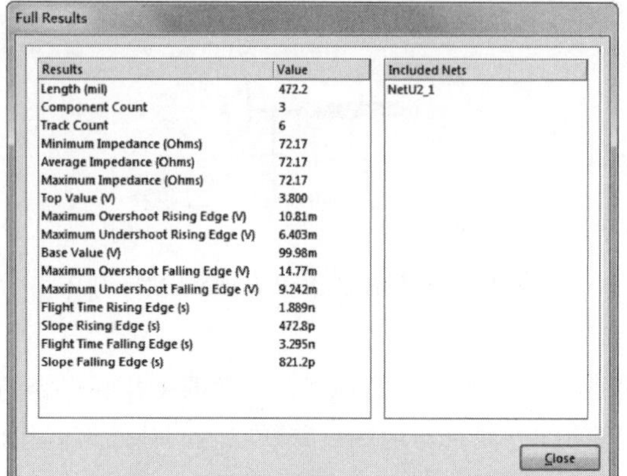

图 13-31　所选中网络的全部分析结果

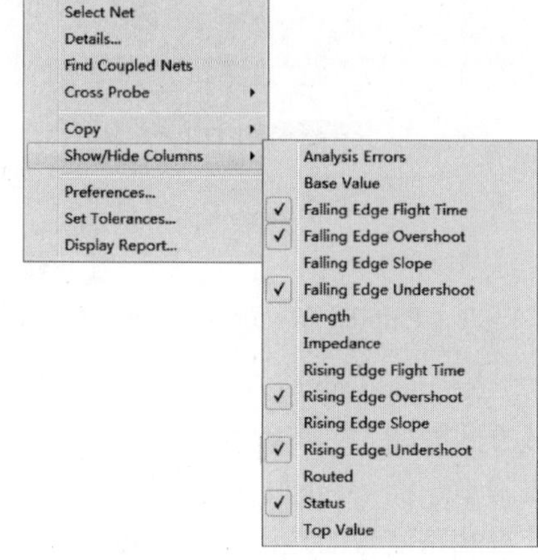

图 13-32　Show/Hide Columns 栏

☑　Preferences（参数）：选择该命令，用户可以在弹出的信号完整性优先选项对话框中设置信号完整性分析的相关选项，如图 13-33 所示。

该对话框中有若干选项卡，不同的选项卡中设置内容是不同的。在信号完整性分析中，用到的主要是“Configuration（配置）”选项卡，用于设置信号完整性分析的时间及步长。

☑　Set Tolerances（设置公差）：选择该命令后，系统会弹出如图 13-34 所示的设置屏蔽分析公差对话框。

Tolerance（公差）被用于限定一个误差范围，代表了允许信号变形的最大值和最小值。将实际信号的误差值与这个范围相比较，即可以查看信号的误差是否合乎要求。

对于显示状态为 Failed 的信号，其主要原因就是信号超出了误差限定的范围。因此，在做进一步分析之前，应先检查一下公差限定是否太过严格。

☑　Display Report（显示报表）：显示信号完整性分析报表。

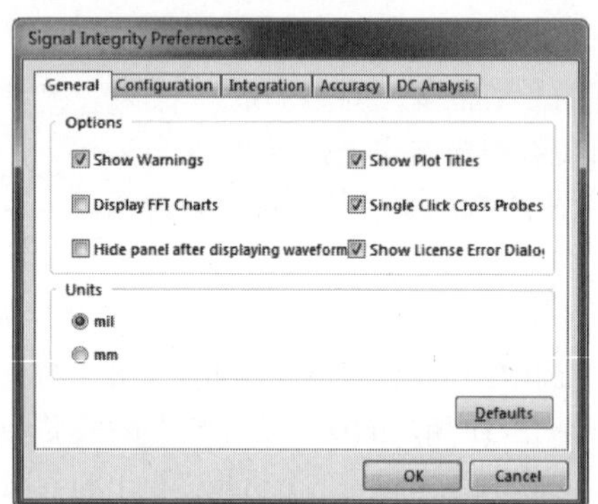

图 13-33　Signal Integrity Preferences 对话框

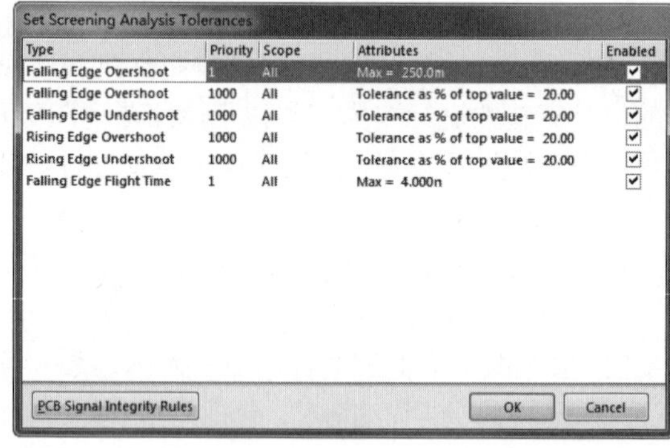

图 13-34　Set Screening Analysis Tolerances 对话框

开关稳压电路图设计实例

开关稳压电路利用基本反馈方式维持输出电压不变，输入的交流电压变化时，反馈线圈电压及控制端电流变化，内部电路进行反馈补偿以维持电压稳定。本章将详细讲解开关稳压电路图设计过程。

☑ 电路板设计流程　　　　☑ 开关稳压电路图设计实例

任务驱动&项目案例

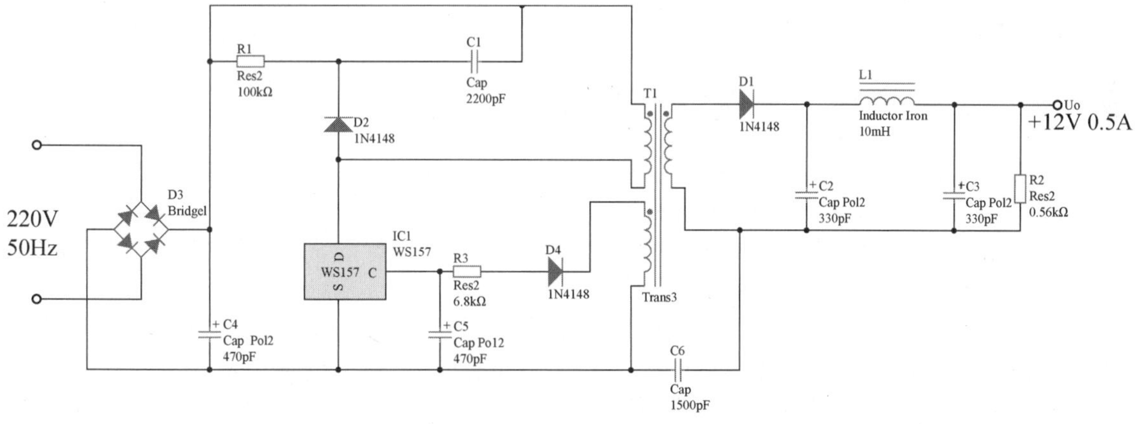

14.1　电路板设计流程

Note

作为本书的综合实例，在进行具体操作之前，再重点强调一下设计流程，希望读者可以严格遵守，从而达到事半功倍的效果。

14.1.1　电路板设计的一般步骤

（1）设计电路原理图，即利用 Altium Designer 18 的 Advanced Schematic（原理图设计系统）绘制一张电路原理图。

（2）生成网络表。网络表是电路原理图设计与印制电路板设计之间的一座桥梁。网络表可以从电路原理图中获得，也可以从印制电路板中提取。

（3）设计印制电路板。在这个过程中，要借助 Altium Designer 18 提供的强大功能完成电路板的版面设计和高难度的布线工作。

14.1.2　电路原理图设计的一般步骤

电路原理图是整个电路设计的基础，它决定了后续工作是否能够顺利进展。一般而言，电路原理图的设计包括如下几个部分。

（1）设计电路图图纸大小及其版面。

（2）在图纸上放置需要设计的元器件。

（3）对所放置的元件进行布局布线。

（4）对布局布线后的元器件进行调整。

（5）保存文档并打印输出。

14.1.3　印制电路板设计的一般步骤

（1）规划电路板。在绘制印制电路板之前，用户要对电路板有一个初步的规划，这是一项极其重要的工作，目的是为了确定电路板设计的框架。

（2）设置电路板参数。包括元器件的布置参数、层参数和布线参数等。一般来说，这些参数用其默认值即可，有些参数在设置过一次后，几乎无须修改。

（3）导入网络表及元器件封装。网络表是电路板自动布线的灵魂，也是电路原理图设计系统与印制电路板设计系统的接口。只有装入网络表之后，才可能完成电路板的自动布线。

（4）元件布局。规划好电路板并装入网络表之后，用户可以让程序自动装入元器件，并自动将它们布置在电路板边框内。Altium Designer 18 也支持手工布局，只有合理布局元器件，才能进行下一步的布线工作。

（5）自动布线。Altium Designer 18 采用的是世界上最先进的无网络、基于形状的对角自动布线技术。只要相关参数设置得当，且具有合理的元器件布局，自动布线的成功率几乎是 100%。

（6）手工调整。自动布线结束后，往往存在令人不满意的地方，这时就需要进行手工调整。

（7）保存及输出文件。完成电路板的布线后，需要保存电路线路图文件，然后利用各种图形输出设备，如打印机或绘图仪等，输出电路板的布线图。

14.2　开关稳压电路图设计

本章介绍如何设计一个开关稳压电路，涉及的知识点有原理图元件的制作、封装形式选择等。绘制完原理图后，需要对原理图编译，以对原理图进行查错、修改等。

14.2.1　设计准备

（1）设计说明

电源信号需要进行反馈处理，在电路设计时一般采用稳压电源芯片，如图 14-1 所示。

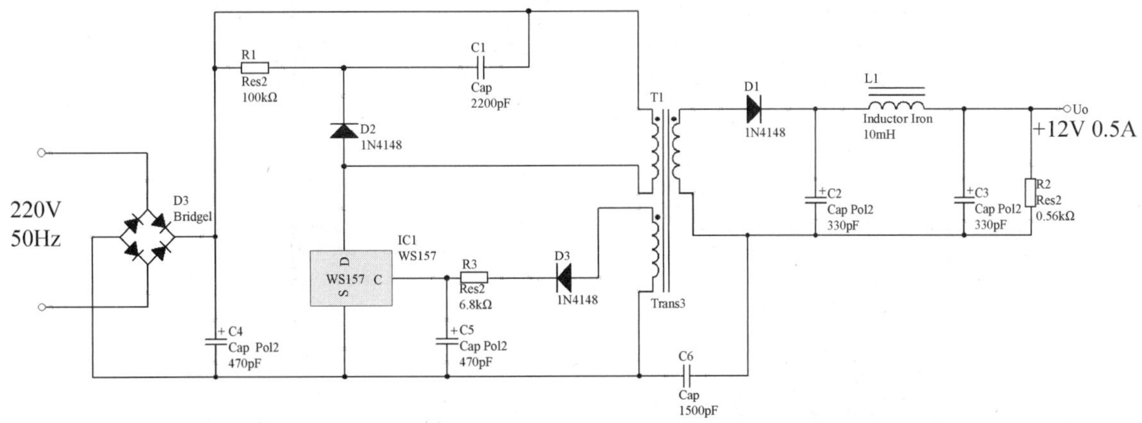

图 14-1　开关稳压电路原理图

该电路为 12V 开关电源电路，当输入的交流电压在 110～260V 范围变化时，Uo 减小，反馈线圈电压及控制端电流也随之降低，而芯片内部产生的误差电压 Ur 增大时，PWM 比较器输出的脉冲占空比 D 增大，经过 MOSFET 和降压式输出电路使得 Uo 增大，最终能维持输出电压不变，反之亦然。

（2）创建工程文件

① 执行“文件”→“新的”→“项目”→“Project（项目）”命令，弹出“New Project（新建工程）”对话框，建立一个新的 PCB 项目。

默认选择 PCB Project 选项及“Default（默认）”选项，在“Name（名称）”文本框中输入文件名称“开关稳压电路”，在“Location（路径）”文本框中选择文件路径。在该对话框中显示工程文件类型，如图 14-2 所示。

完成设置后，单击 OK 按钮，关闭该对话框，打开“Project（工程）”面板，在面板中出现了新建的工程类型。

② 执行“文件”→“新的”→“原理图”命令，新建一个原理图文件。

③ 执行“文件”→“另存为”命令，将新建的原理图文件保存到目录文件夹下，并命名它为“开关稳压电路.SchDoc”，创建的工程文件结构如图 14-3 所示。

Note

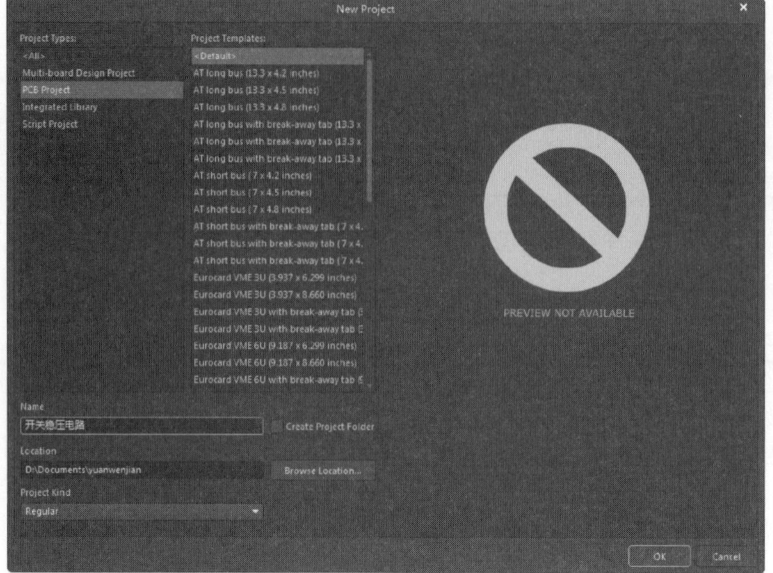

图 14-2　New Project 对话框

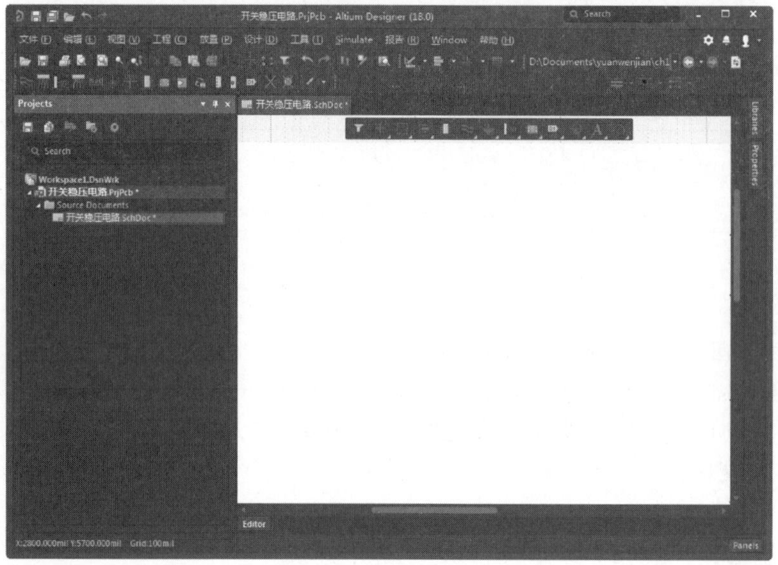

图 14-3　创建工程文件

14.2.2　原理图输入

原理图输入是电路设计的第一步，从本章开始的电路图都是比较复杂的电路图，读者在输入时要细心检查。只有输入了正确的原理图，才是后面步骤进行的保障。

（1）放置元件

电路包含二极管 1N4148、芯片 WS157，二极管 1N4148 在 FSC Discrete Diode.IntLib 中，其他的电阻、电容元件在 Miscellaneous Devices.IntLib 元件库中可以找到。由于 WS157 在系统中找不到其他元件库，需要对该元件进行编辑。

① 执行“文件”→“新的”→“Libraries（库）”→“原理图库”命令，新建库文件。执行“文件”→“另存为”命令，保存新建库文件到目录文件夹下，并命名为 AD.SchLib。

② 打开库文件 AD.SchLib，进入原理图元件库编辑界面。原理图元件库编辑界面与原理图编辑界面差别很大，如图 14-4 所示。

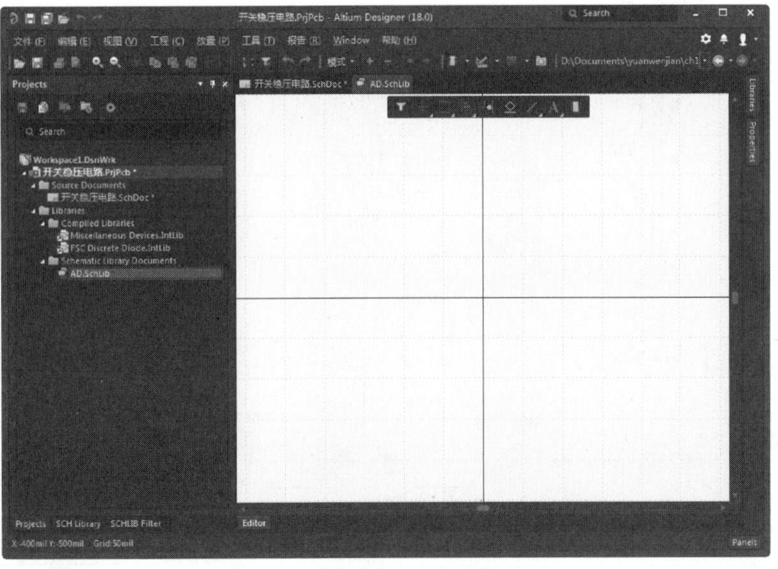

图 14-4　原理图元件库编辑界面

③ 从“SCH Library（原理图库）”面板里元件列表中选择元件，然后单击“Editor（编辑）”按钮，弹出“Component（元件）”属性面板，将“Design Item ID（设计项目地址）”和“Comment（元件）”文本框设置为 WS157，在“Designator（标识符）”栏输入预置的元件序号前缀（在此为“IC?”），如图 14-5 所示。

④ 设置好元件属性后，开始编辑元件。首先绘制元件体，然后添加管脚，最后添加元件封装 PK03。编辑好的元件如图 14-6 所示。添加元件封装如图 14-7 所示。

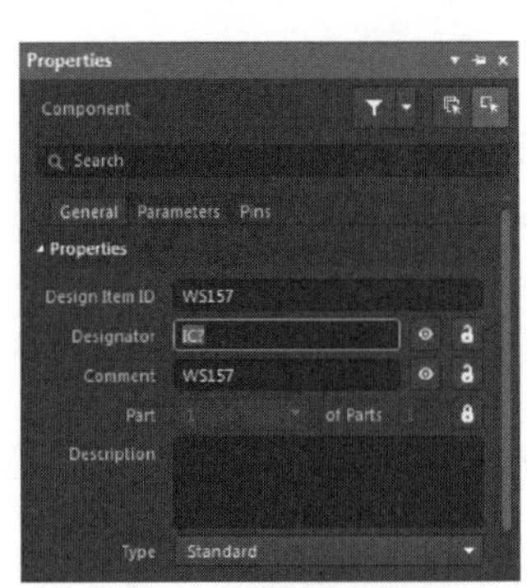

图 14-5　设置元件属性

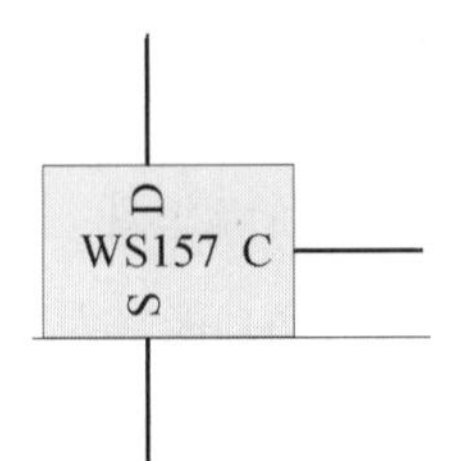

图 14-6　编辑好的元件

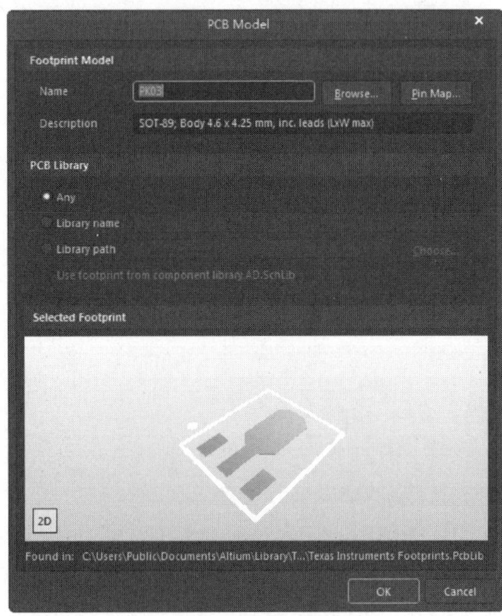

图 14-7　添加元件封装

将编辑好的元件放入原理图中。放置元件后的原理图如图 14-8 所示。

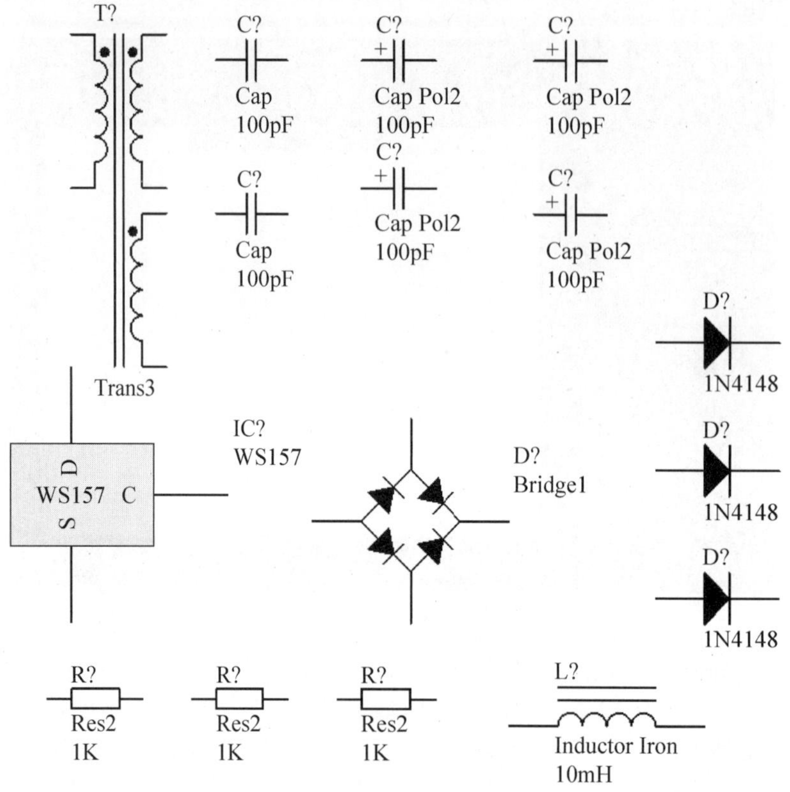

图 14-8 放置元件后的原理图

（2）手工布局

放置元件后进行手工布局，将全部元器件合理地布置到原理图上，如图 14-9 所示。

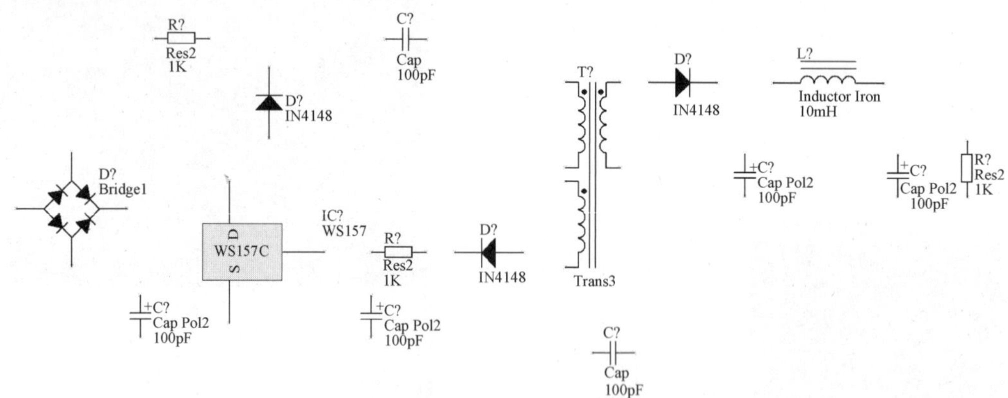

图 14-9 手工布局后的原理图

① 在 Altium Designer 18 中，可以用元件自动编号的功能来为元件进行编号，执行“工具”→“标注”→“原理图标注”命令，打开如图 14-10 所示的“Annotate（注释）”对话框。

② 在 “Annotate（注释）”对话框的“Order of Processing（编号顺序）”选项组中可以设置元件编号的方式和分类的方式，共有 4 种编号的方式可供选择，在下拉列表框中选择一种编号方式，则会在左边显示该编号方式的效果，如图 14-11 所示。

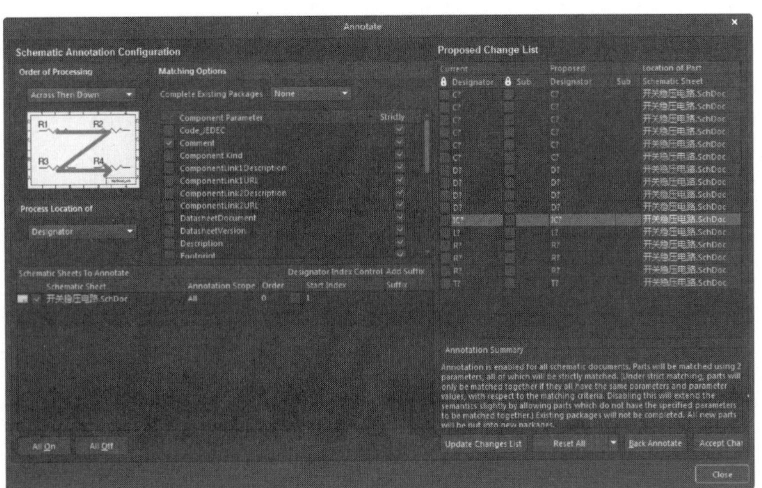

图 14-10 “Annotate（注释）”对话框

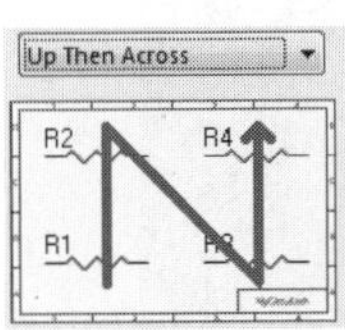

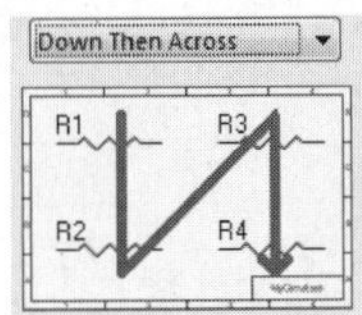

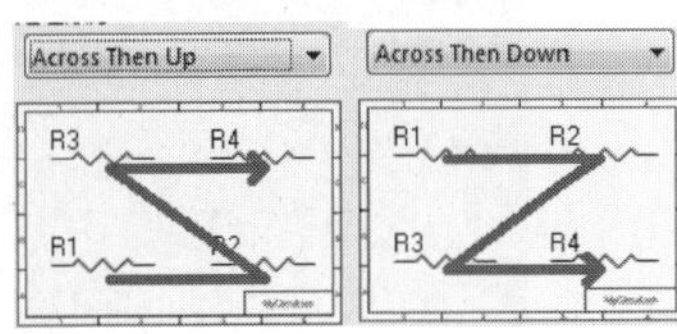

图 14-11　元件的编号方式

③ 在“Matching Options（匹配选项）”选项组中可以设置元件组合的依据，依据可以不止一个，选中列表框中的复选框，即可以选择元件的组合依据。

④ 在“Schematic Sheets To Annotate（原理图页面注释）”列表框中选择需要进行自动编号的原理图，在本例中，由于只有一幅原理图，即不用选择，但是如果一个设置工程中有多个原理图或者有层次原理图，那么在列表框中将列出所有的原理图，需要从中挑选要进行自动编号的原理图文件。在对话框的右侧，列出了原理图中所有需要编号的元件。完成设置后，单击 Update Changes List 按钮，弹出如图 14-12 所示的信息对话框，单击 OK 按钮，这时在“Annotate（注释）”对话框中可以看到所有的元件已经被编号，如图 14-13 所示。

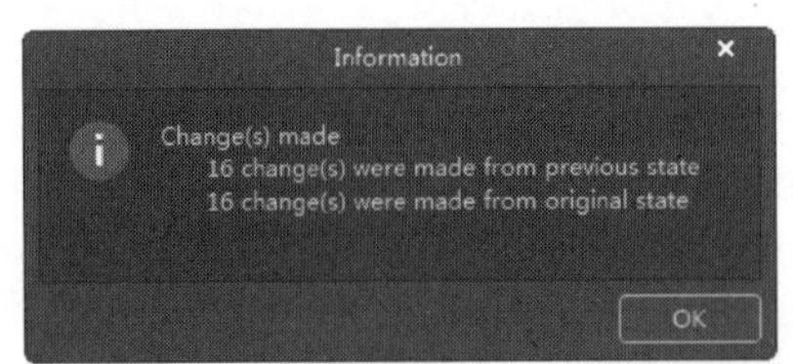

图 14-12　Information 对话框

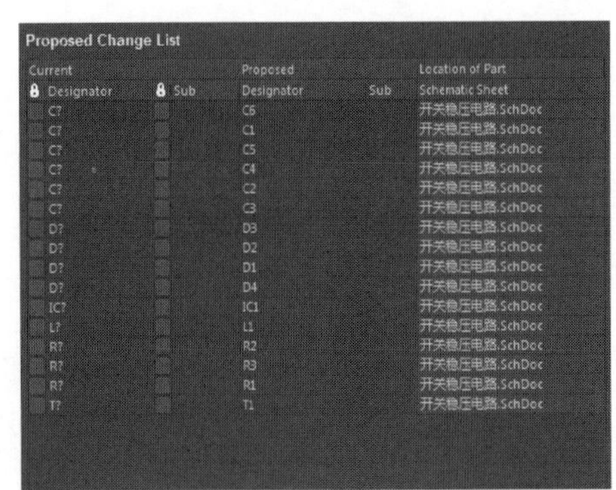

图 14-13　元件已编号

⑤ 如果对编号不满意，可以取消编号，单击 Reset All 按钮即可将此次编号操作取消，然后经过重新设置后再进行编号。如果对编号结果满意，则单击 Accept Changes (Create ECO) 按钮，打开“Engineering Change Order（执行更改顺序）”对话框，在该对话框中单击 Validate Changes 按钮进行编号合法性检查，在“Status（状态）”栏的“Check（检测）”目录下显示的对钩表示编号是合法的，如图 14-14 所示。

⑥ 单击 Execute Changes 按钮将编号添加到原理图中，如图 14-15 所示，原理图中添加的结果如图 14-16 所示。

Note

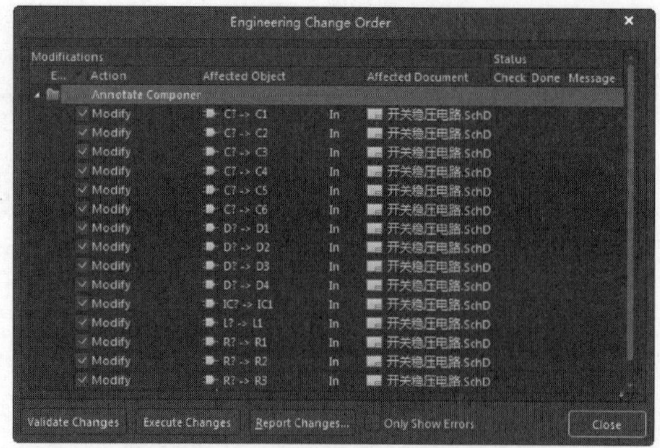

图 14-14　进行编号合法性检查

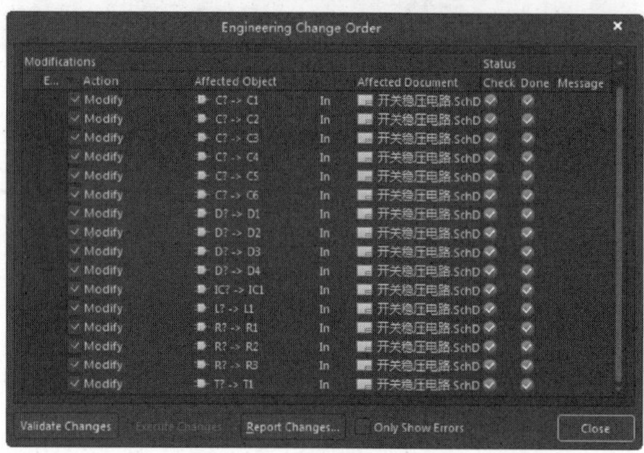

图 14-15　确认更改编号

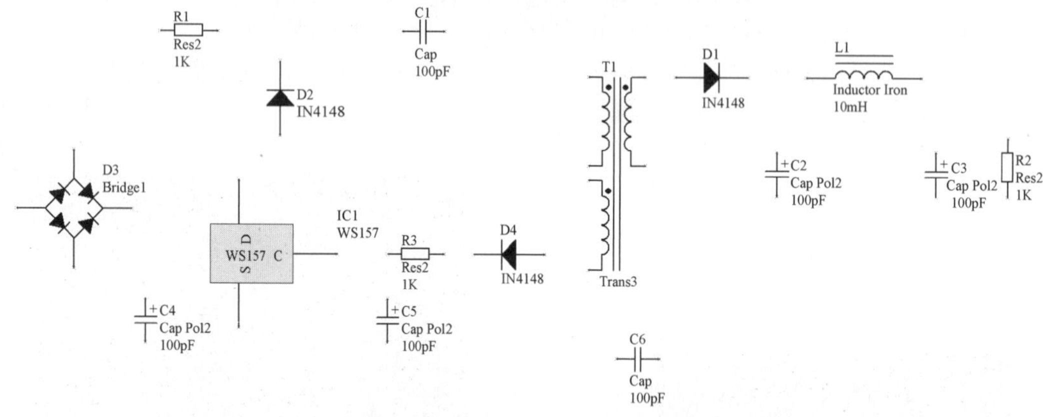

图 14-16　将编号添加到原理图中

注意： 在进行元件编号之前，如果有的元件本身已经有了编号，那么需要将它们的编号全部变成“U?”或者“R?”的状态，这时只单击 Reset All 按钮，即可以将原有的编号全部去掉。

（3）连接线路

① 单击“布线”工具栏中的“放置线”按钮，完成连线。同时修改元件属性，结果如图 14-17 所示。

② 单击“布线”工具栏中的（GND 端口）按钮，按住 Tab 键，弹出如图 14-18 所示的“Power Port（电源端口）”属性面板，修改“Style（风格）”为“Circle（圆形）”，在“Name（电源名称）”文本框中输入 Uo，在信号线上放置电源端口，得到完整的开关稳压电路，如图 14-19 所示。

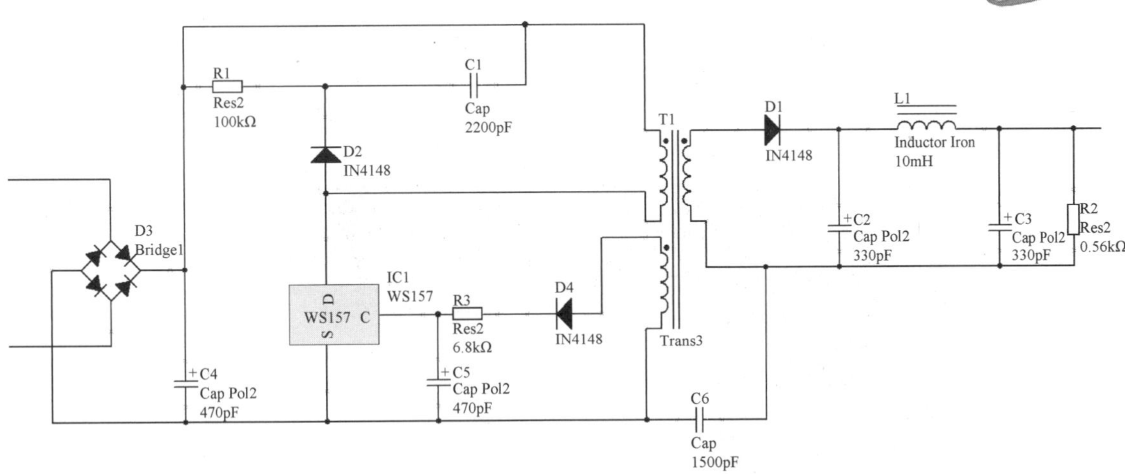

图 14-17　连接电路

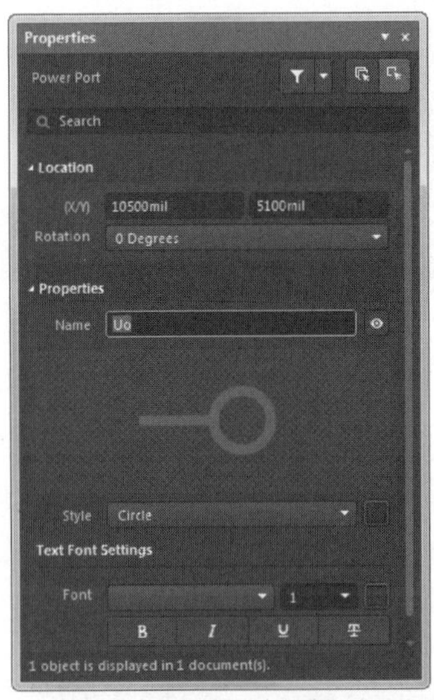

图 14-18　“Power Port（电源端口）”属性面板

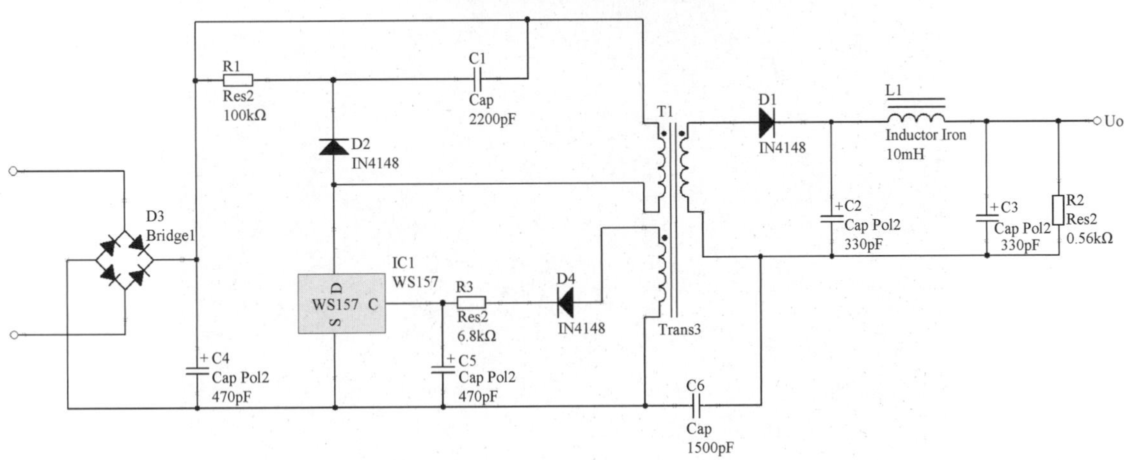

图 14-19　添加电源端口

③ 执行“放置”→“文本字符串”命令，或者单击快捷工具栏中的A（放置文本字符串）按钮，光标变成十字形，并有一个Text文本跟随光标，这时按Tab键，打开“Properties（属性）”面板，在其中的Text文本框中输入文本的内容，然后设置文本的字体和颜色，如图14-20所示。这时有一个红色的220V文本跟随光标，移动光标到目标位置单击即可将文本放置在原理图上。

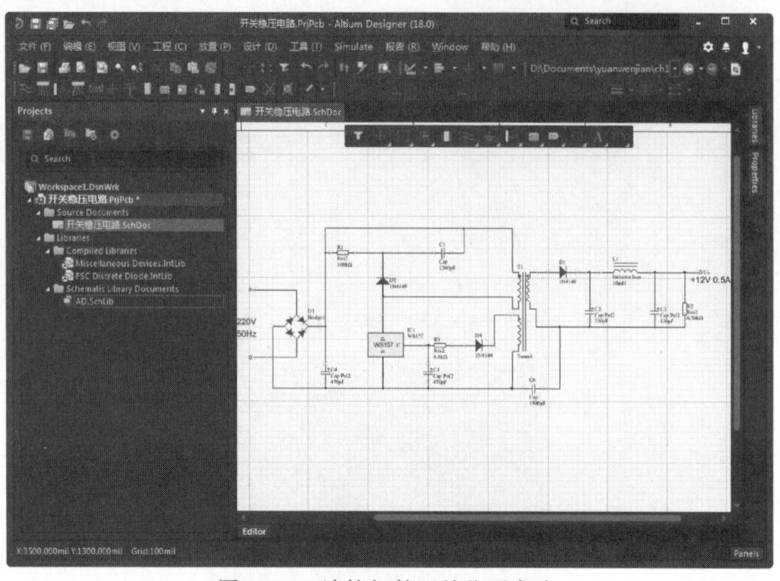

图 14-20　连接好的开关稳压电路

④ 设置完成后，单击“保存”按钮，保存连接好的原理图文件。

14.2.3　元件属性清单

元件属性清单包括元件的编号、注释和封装形式等。

（1）执行“报告”→“Bill of Material（元件清单）”命令，系统将弹出如图14-21所示的对话框显示元件清单列表。

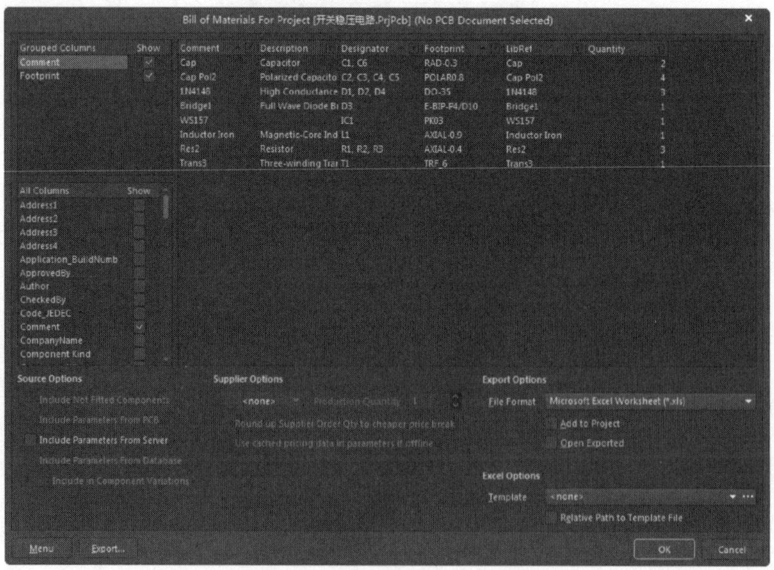

图 14-21　显示元件清单列表

（2）单击“Menu（菜单）”按钮，在弹出的菜单中选择“Report（报表）”命令，系统将弹出“Report Preview（报表预览）”对话框，如图 14-22 所示。

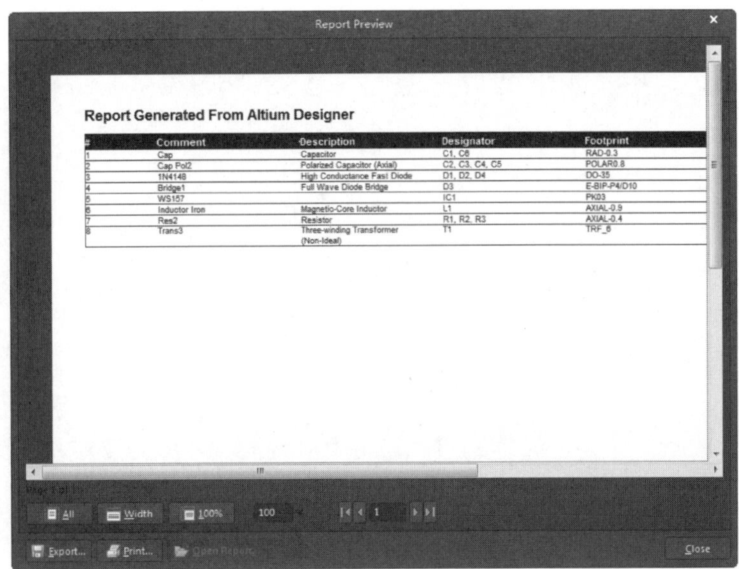

图 14-22　预览元件清单

（3）单击“Export（输出）”按钮，系统将弹出保存元件清单对话框。选择保存文件的位置，输入文件名，完成保存。

（4）单击“Open Report（打开报表）”按钮，系统将打开保存的元件清单，如图 14-23 所示。

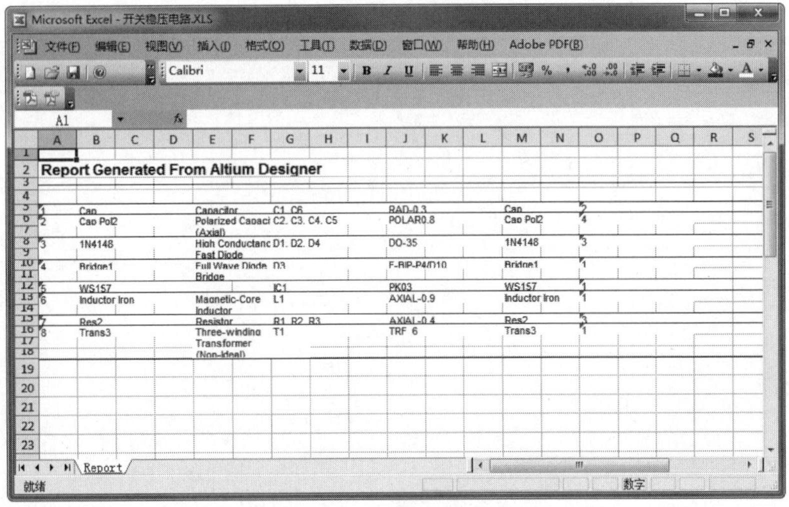

图 14-23　元件清单报表文件

14.2.4　编译工程及查错

编译工程之前需要对系统进行编译设置。编译时，系统将根据用户的设置检查整个工程。编译结束后，系统会提供网络构成、原理图层次、设计错误类型等报告信息。

（1）编译参数设置

① 执行“工程”→“工程选项”命令，弹出工程属性对话框，如图 14-24 所示。在“Error Reporting

（错误报告）”选项卡的“Violation Type Description（障碍类型描述）”列表框中罗列了网络构成、原理图层次、设计错误类型等报告错误。错误报告类型有 No Report（无报告）、Warning（警告）、Error（错误）和 Fatal Error（严重错误）4 种。

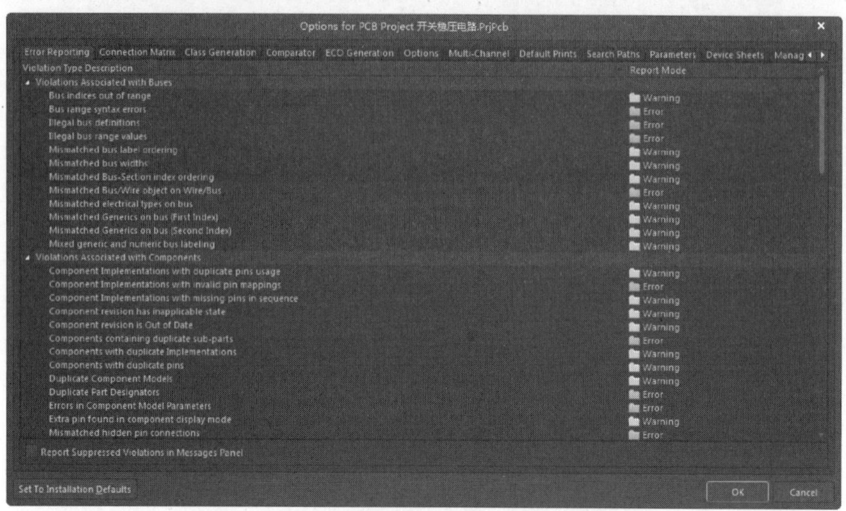

图 14-24 “Error Reporting（错误报告）”选项卡

② 选择“Connection Matrix（电气连接矩阵）”选项卡，按照图 14-25 所示修改参数。矩阵的上部和右边所对应的元件管脚或端口等交叉点为元素，元素所对应的颜色表示连接错误类型。绿色表示不报告，黄色表示警告，橙色表示错误，红色表示严重错误。当光标移动到这些颜色元素中时，光标将变为小手形状，连续单击该元素，可以设置错误报告类型。

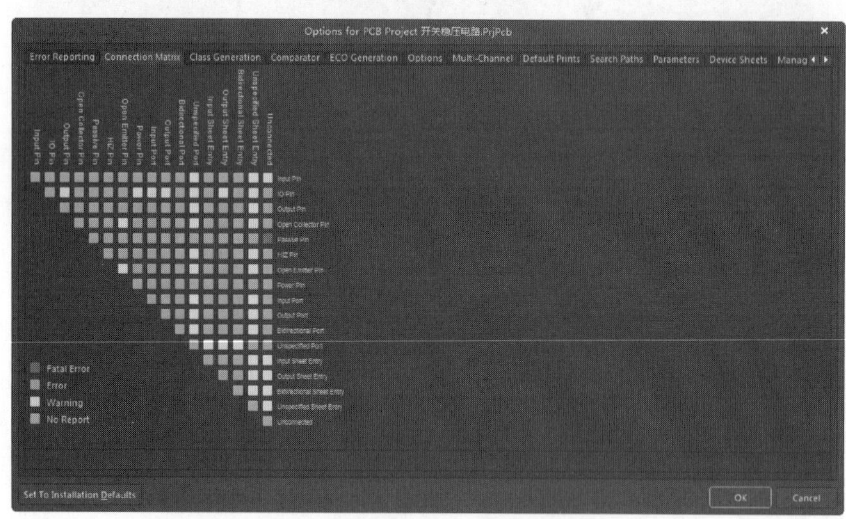

图 14-25 “Connection Matrix（电气连接矩阵）”选项卡

③ 选择“Comparator（差别比较器）”选项卡，如图 14-26 所示。在“类型描述”列表框中设置元件连接、网络连接和参数连接的差别比较类型。差别比较类型有 Ignore Differences（忽略差别）和 Find Differences（发现差别）两种。本例选用默认参数。

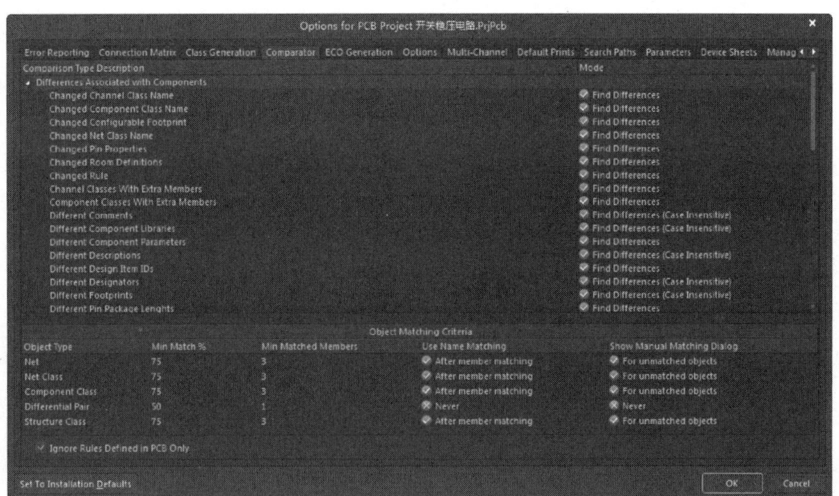

图 14-26　“Comparator（差别比较器）”选项卡

（2）完成编译

① 在界面右下角单击 Panels 按钮，弹出快捷菜单，选择“Navigator（导航）”命令，弹出“Navigator（导航）”面板，如图 14-27 所示。

在上半部分的“Documents for 开关稳压电路.PrjPcb”中选择一个文件，然后右击，在弹出的快捷菜单中选择“Compile All（全部编译）”命令，可以对工程进行编译，并弹出如图 14-28 所示的“Messages（信息）”提示面板。然后在具体的错误提示上单击，在下方显示详细错误提示信息。

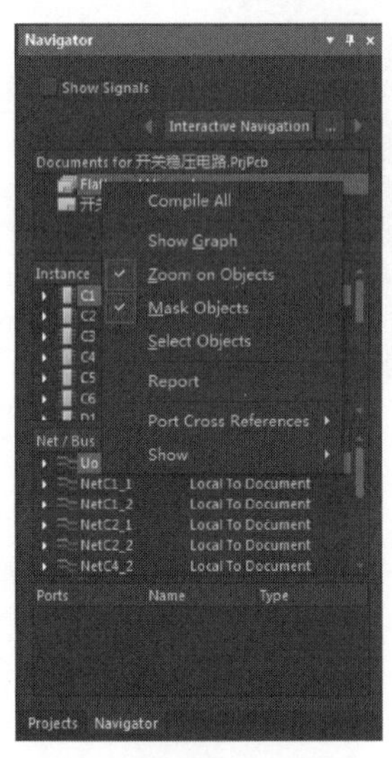

图 14-27　“Navigator（导航）”面板

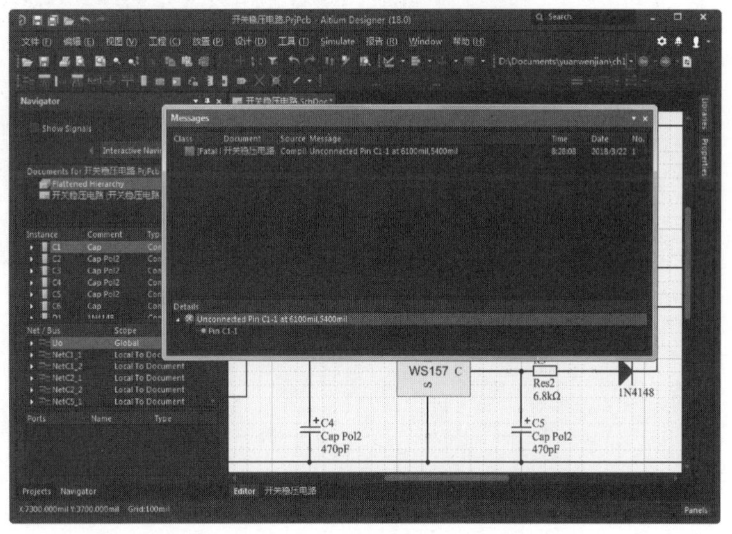

图 14-28　工程编译信息提示

② 执行“工程”→“Compile ××××（编译）”（××××代表具体的文件或者 Project）命令，或者在“Navigator（导航）”面板中选择工程中的单个文件，然后右击，弹出的快捷菜单中选择“Analyse（分析）”命令。分析工程中的单个文件，也可以弹出如图 14-29 所示的单个文件分析信息提示面板，但其分析的是单个文件。

③ 查看错误报告后，根据错误报告信息进行原理图的修改，然后重新编译，直到弹出如图 14-30 所示的信息提示为止。

Note

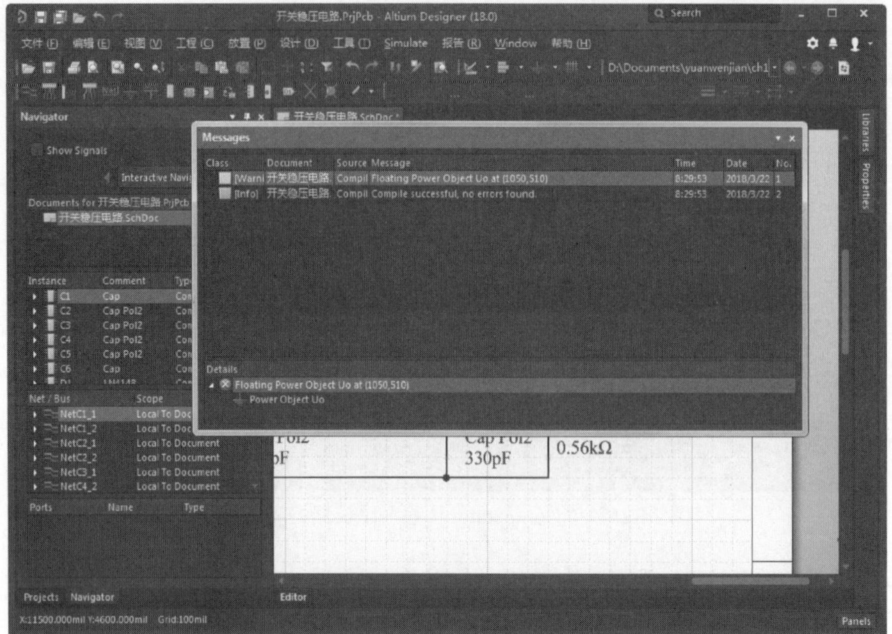

图 14-29　单个文件分析信息提示

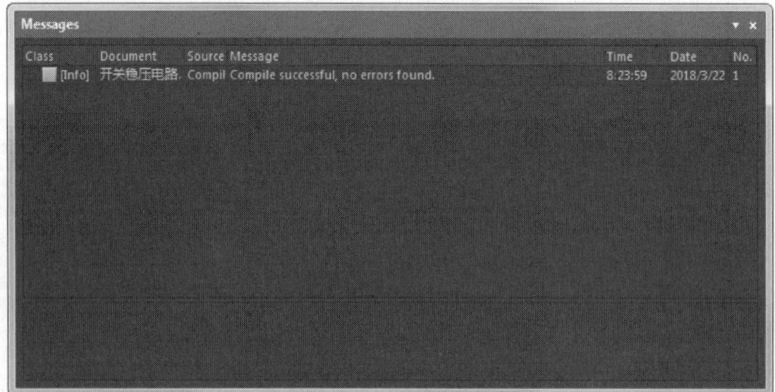

图 14-30　Messages 面板

耳机放大器电路设计实例

电路的设计不单单包括如何快速准确地绘制原理图，那只是万里长征第一步，对绘制完成的电路图通过报表文件检查图纸中具体参数不失为一个捷径。此外，音质电路板文件的绘制也是重中之重，这里简单介绍其绘制步骤，让读者对电路设计有一个新的认知。

- ☑ 电路工作原理说明
- ☑ 元件清单
- ☑ 耳机放大器电路设计
- ☑ 设计电路板

任务驱动&项目案例

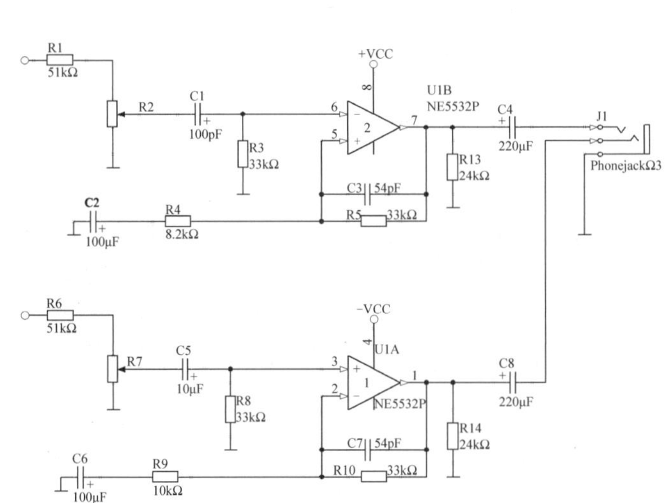

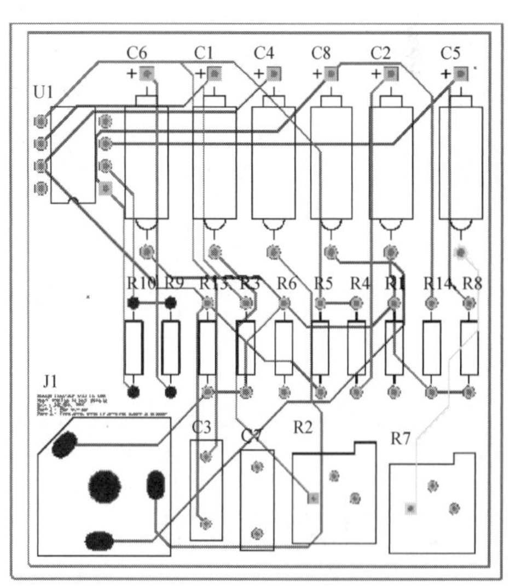

Note

15.1 电路工作原理说明

利用放大器芯片前置放大信号，在如图 15-1 所示的一般运放电路的基础上，大幅度更改电阻、电容参数值，工作状态和运放电路发生巨变，做输出小功率功放，性能极佳。

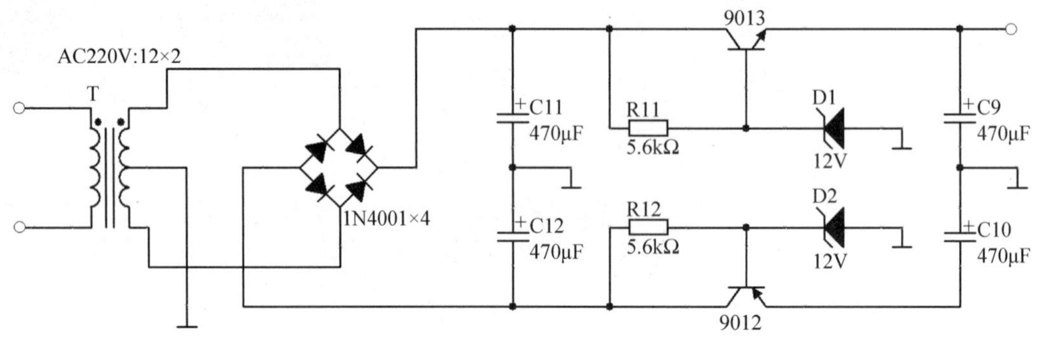

图 15-1 运放电路图

电源滤波电容 C9、C10 设置过小容易引起自激，作为前置放大时，C9、C10 大小选择 100μF 即可，但作为功放时必须加大到 470μF 以上。同时，滤波电容的大小直接关系到音质的好坏。

电路中 R4（R9）和 R5（R10）的阻值应反复调试，在前置放大电路中 R4（R9）一般为 1kΩ，而 R5（R10）为 100kΩ，这样设置的参数值使得放大系数高达 100 倍。但在本实例中，过大的倍数差异会引起自激，因此需较少阻值差异，将 R4（R9）设置为 8.2kΩ，R5（R10）设置为 33kΩ，放大倍数只有 4 倍，同时不会引起自激，负反馈也适量，音质柔和、清洗、通透度高，比例适度。但若继续增大 R4（R9），减小 R5（R10），则反馈过深，音量变轻，音色沉闷。

电路中 C2（C6）是输入回路的对地通路，在前置放大电路中只有 10μF，做功放时输入阻抗过大，信号阻塞，引起失真甚至自激，现将 C2（C6）加大到 100μF，音质明显改善，音域变宽，高音清脆悦耳，中音纯真明亮，低音深沉丰厚。

因为耳机收听时音量太大，输入端需要串接 R1（R6）并设置阻值为 51kΩ；若放在床头收听，可选择 5 英寸以下的小喇叭。

15.2 耳机放大器电路设计

本项目设计要求是完成耳机放大器电路中工作电路的原理图及 PCB 电路板设计。

15.2.1 创建原理图

（1）建立工作环境。

① 在 Altium Designer 18 主界面中执行“文件”→“新的”→“项目”→“Project（项目）”菜单命令，弹出“New Project（新建工程）”对话框，建立一个新的 PCB 项目。

默认选择 PCB Project 选项及“Default（默认）”选项，在“Name（名称）”文本框中输入文件名

称“耳机放大器电路”，在“Location（路径）”文本框中选择文件路径。在该对话框中显示工程文件类型，如图 15-2 所示。

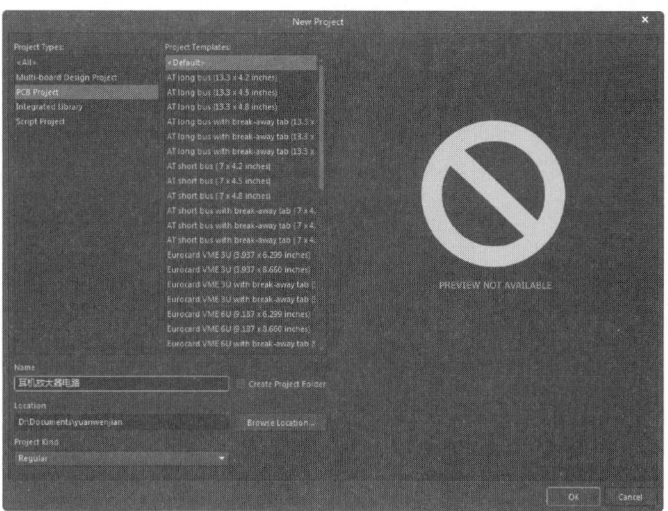

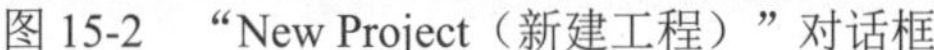
图 15-2　“New Project（新建工程）”对话框

完成设置后，单击 OK 按钮，关闭该对话框，打开“Project（工程）”面板，在面板中出现了新建的工程类型。

② 执行“文件”→“新的”→“原理图”命令，在创建的原理图上右击，在弹出的快捷菜单中选择“另存为”命令，将新建的原理图文件保存为“耳机放大器电路.SchDoc”。

（2）设置图纸参数。打开“Properties（属性）”面板，然后在其中设置原理图绘制时的工作环境，如图 15-3 所示。

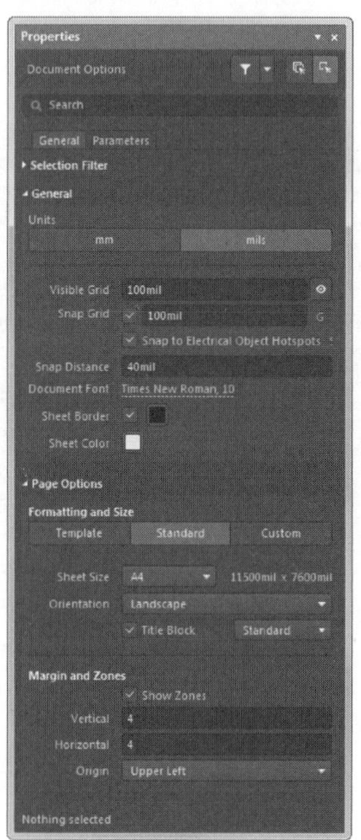

图 15-3　设置原理图绘制环境

Note

（3）选择“Parameters（参数）”选项组，显示标题栏设置选项。在“Value（值）”栏中输入参数值，在“Type（类型）”栏中选择参数类型，在“DocumentName（文件名称）”栏中输入原理图的名称，其他选项可以根据需要填写，如图 15-4 所示。

图 15-4 “Parameters（参数）”选项组

（4）添加元件库。

提示： 原理图中主要元件有放大器 NE5532 和可调电阻器 RP，其余元件均可在 Miscellaneous Devices.IntLib 和 Miscellaneous Connectors.IntLib 中找到。

在“Library（库）”面板中单击“Library（库）”按钮，系统将弹出“Available Libraries（可用库）”对话框。在该对话框中单击“Add Library（添加库）”按钮，打开相应的选择库文件对话框，在该对话框中选择确定的库文件夹，选择系统库文件 Miscellaneous Devices.IntLib 和 Miscellaneous Connectors.IntLib，单击 打开(O) 按钮，完成库添加，结果如图 15-5 所示，单击 Close 按钮，关闭该对话框。

图 15-5 “Available Libraries（可用库）”对话框

15.2.2 创建可变电阻

（1）执行“文件”→“新的”→“Library（库）”→“原理图库”命令，启动原理图库文件编辑器，并创建一个新的原理图库文件。

（2）执行“文件”→“另存为”命令，将库文件命名为“可调电位器.SchLib”，如图 15-6 所示。

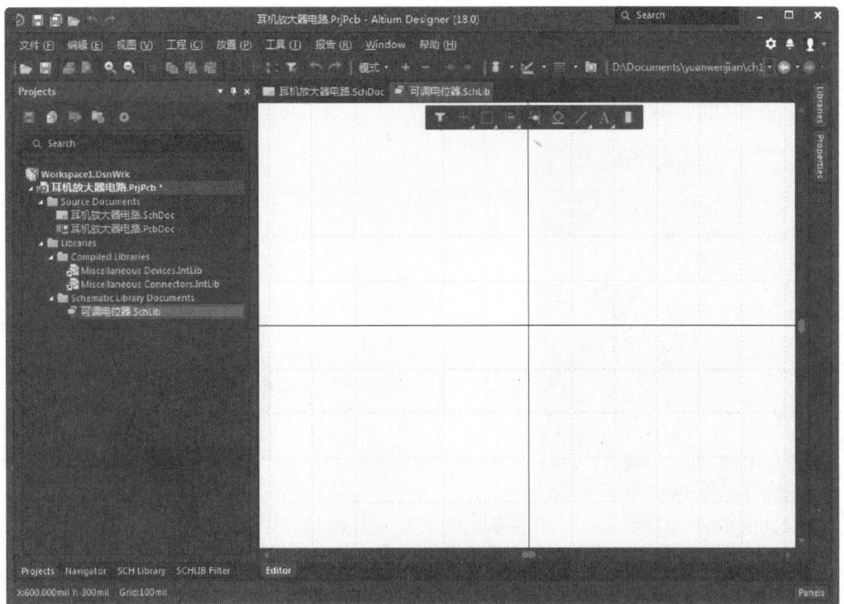

图 15-6　新建库文件

（3）管理元件库。在左侧“SCH Library（SCH 库）”面板的“器件”栏下单击 Add 按钮，打开“New Component（新元件）”对话框，在该对话框中将元件重命名为 RP，如图 15-7 所示。然后单击 OK 按钮退出对话框，在如图 15-8 所示的“SCH Library（SCH 库）”面板中显示新添加的元件。

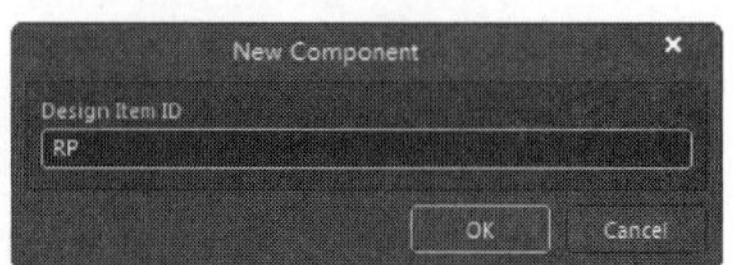

图 15-7　新元件命名

（4）绘制原理图符号。

① 执行“放置”→“矩形”命令，或者单击“应用工具”工具栏中的“实用工具”按钮下拉菜单中的（放置矩形）按钮，这时光标变成十字形。在图纸上绘制一个如图 15-9 所示的矩形。

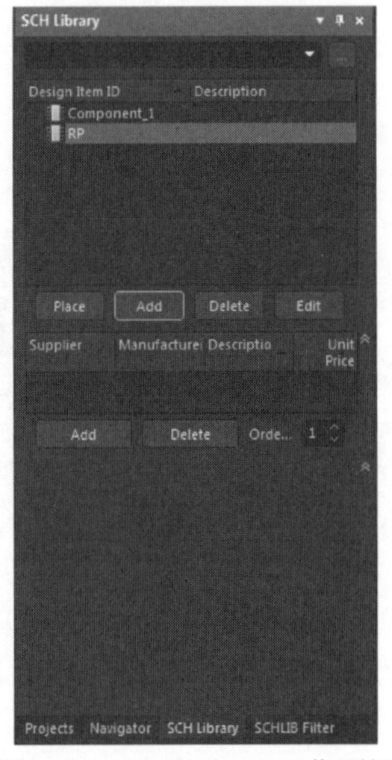

图 15-8　SCH Library 工作面板

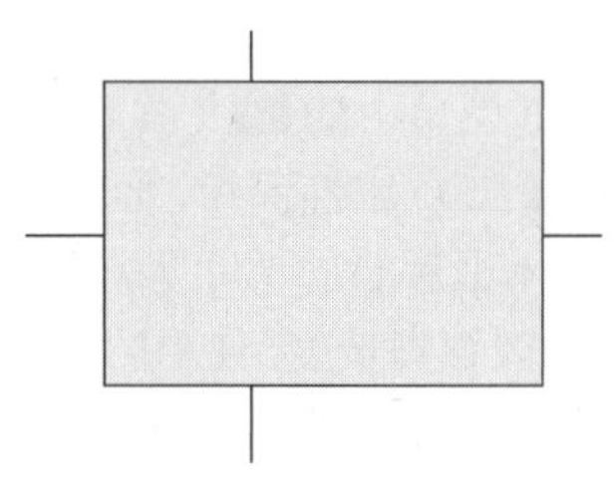

图 15-9　绘制矩形

② 双击所绘制的矩形，打开“Rectangle（长方形）”属性面板，如图 15-10 所示。在该面板中设置所画矩形的参数，包括矩形的左下角点坐标（-100，-40）、矩形宽高为 200×80、板的宽度 Small、填充色和板的颜色，矩形修改结果如图 15-11 所示。

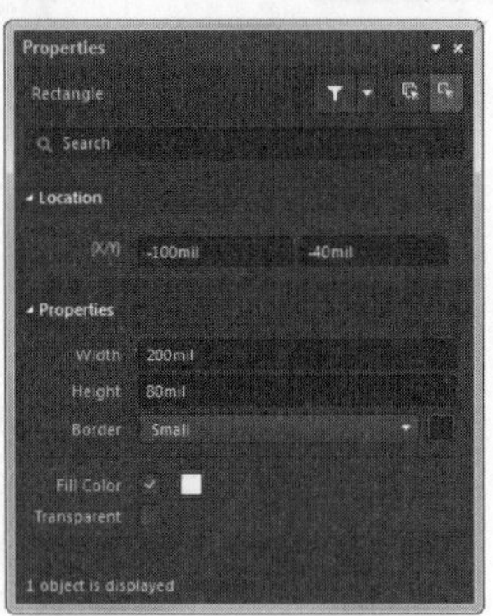

图 15-10 “Rectangle（长方形）”属性面板

图 15-11 修改后的矩形

③ 执行“放置”→“线”命令，或者单击“应用工具”工具栏中的“实用工具”按钮下拉菜单中的（放置线）按钮，这时光标变成十字形。按 Tab 键，弹出“Polyline（多段线）”属性面板，如图 15-12 所示。在图纸上绘制一个如图 15-13 所示的带箭头竖直线。

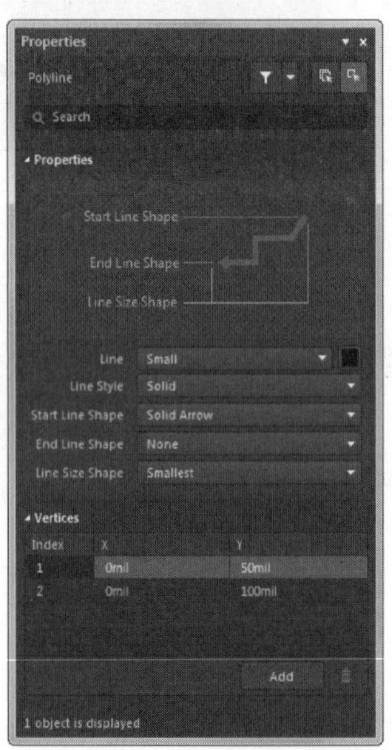

图 15-12 设置线属性

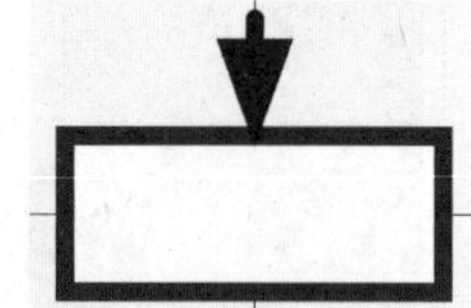

图 15-13 绘制直线

（5）绘制引线。执行“放置”→“管脚”命令，或单击“应用工具”工具栏中的“实用工具”按钮下拉菜单中的（放置管脚）按钮，绘制两个管脚，如图 15-14 所示。双击所放置的管脚，打开“Pin（管脚）”属性面板，如图 15-15 所示。在该对话框中，取消选中“Name（名字）”和“Designator（标识）”文本框后面的“可见的”按钮，表示隐藏管脚编号。在“Pin Length（长度）”文本框中输入“150”，修改管脚长度。使用同样的方法，修改另一侧水平管脚长度为“150”，竖直管脚长度为“100”。

（6）设置元件属性。在左侧“SCH Library（SCH 库）”面板中单击“Edit（编辑）”按钮，弹出如图 15-16 所示的弹出“Component（元件）”属性面板，在“Designator（默认标识符）”文本框中输入“R?”，在“Comment（注释）”文本框中输入 RP，完成设置。

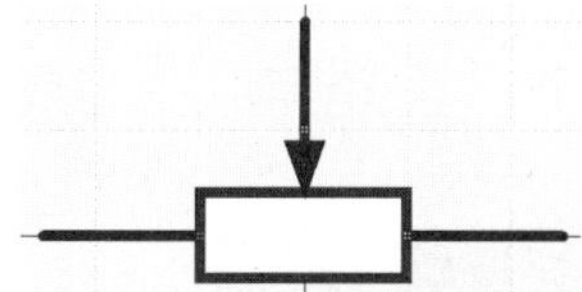

图 15-14　绘制直线和管脚

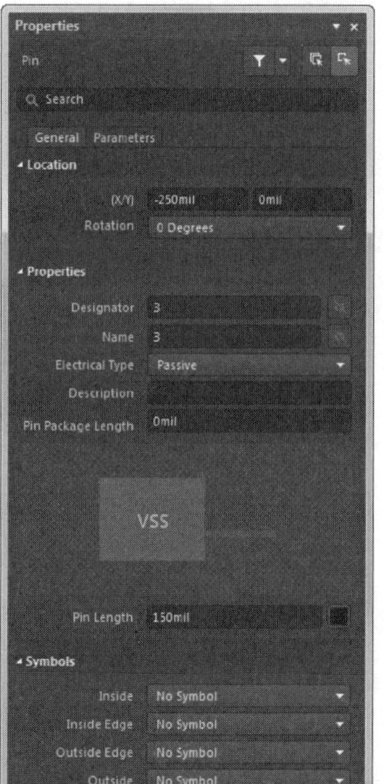

图 15-15　设置管脚属性

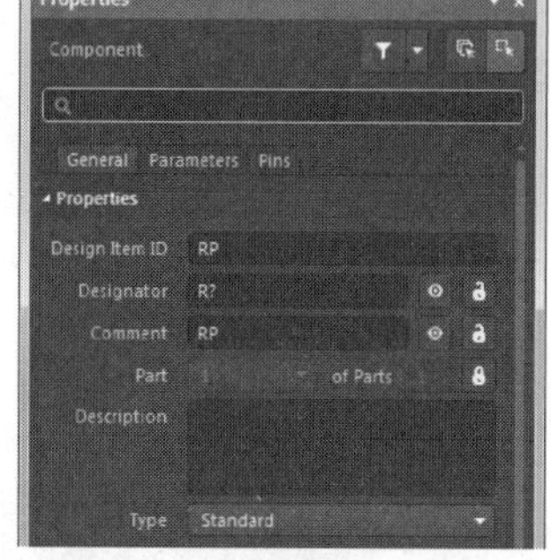

图 15-16　编辑库元件属性

（7）添加封装。单击“Footprint（封装）”选项组下单击“Add（添加）”按钮，弹出“PCB Model（PCB 模型）”对话框，如图 15-17 所示。单击“Browse（浏览）”按钮，在弹出的“Browse Libraries（浏览库）”对话框中选择封装 VR4，如图 15-18 所示，单击“OK（确定）”按钮，添加完成后的“PCB Model（PCB 模型）”对话框如图 15-19 所示。

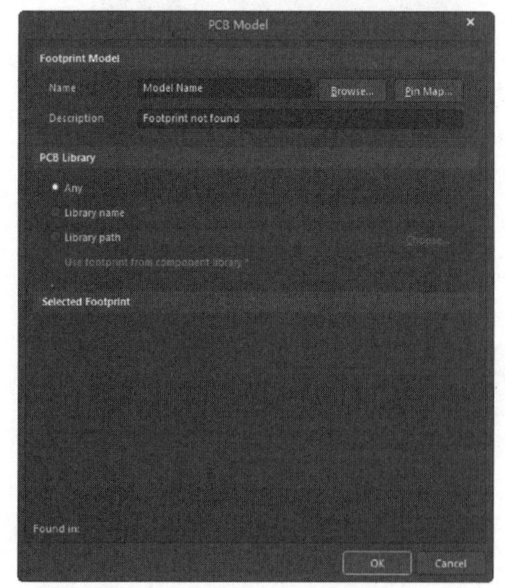

图 15-17　“PCB Model（PCB 模型）”对话框

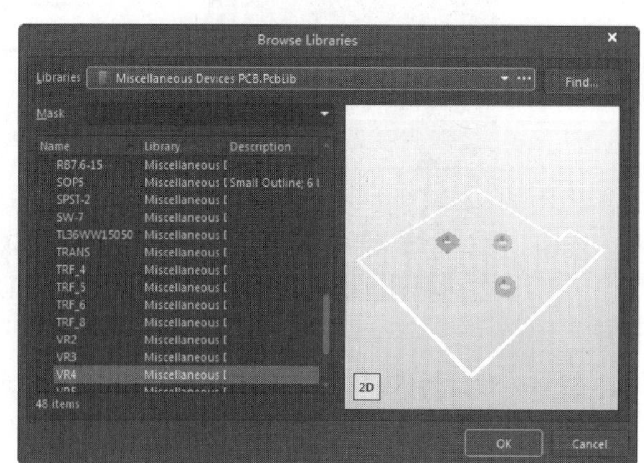

图 15-18　“Browse Libraries（浏览库）”对话框

Note

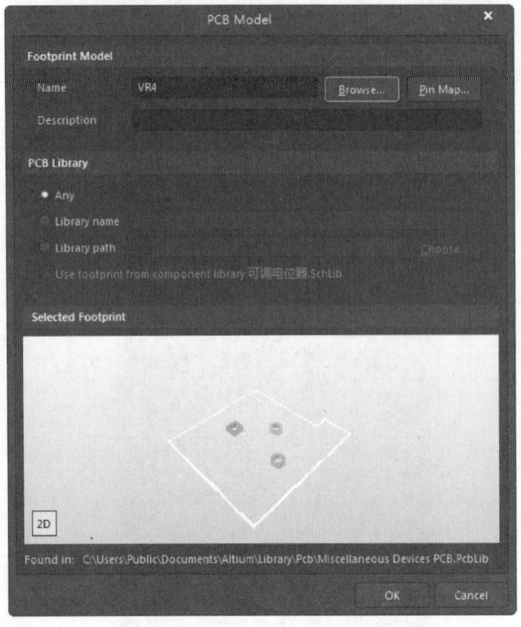

图 15-19 添加完成后的“PCB Model（PCB 模型）”对话框

（8）保存原理图。执行“文件”→“保存”命令，或单击“原理图标准”工具栏中的（保存）按钮，可调电位器元件即创建完成，如图 15-20 所示。

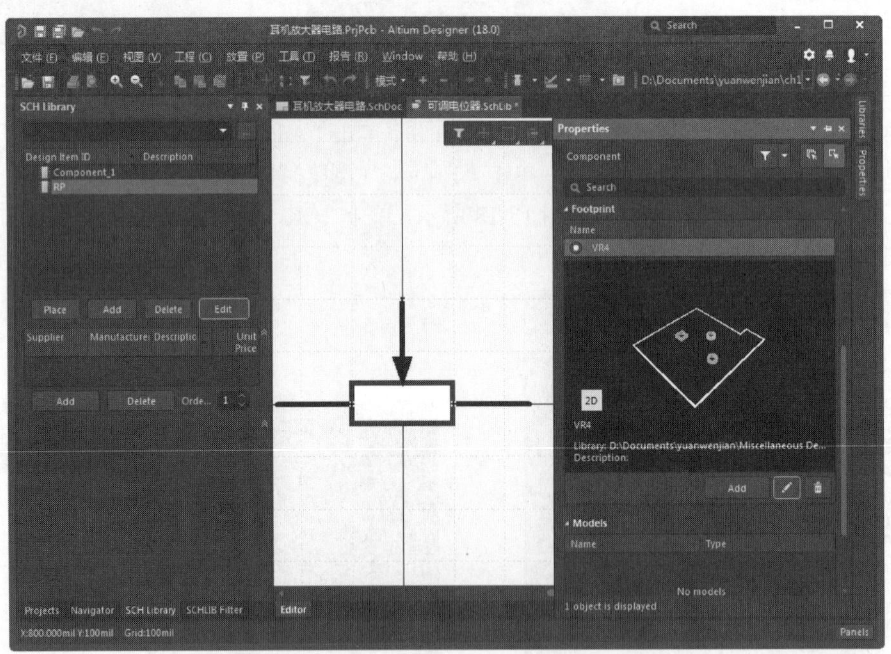

图 15-20 可调电位器绘制完成

提示： 读者还可以练习在原理图库中编辑所需元件，步骤同上面讲述的可调电位器，直接在原理图中编辑，相对步骤较少，过程简单。但必须在外形类似的元件上修改，读者可自行练习比较。

15.2.3　搜索元件 NE5532

（1）关闭原理图库文件，返回原理图编辑环境。选择“Library（库）”面板，单击 Search 按钮，弹出“Libraries Search（搜索库）”对话框。

（2）在对话框中输入电路需要的元件 NE5532，如图 15-21 所示。单击 Search 按钮，在“Libraries（库）”面板中显示搜索过程，最终在搜索结果中选中结果，如图 15-22 所示。

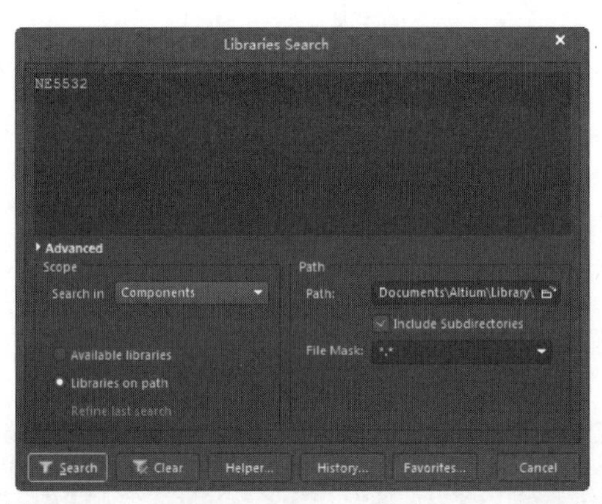

图 15-21　“Libraries Search（搜索库）”对话框

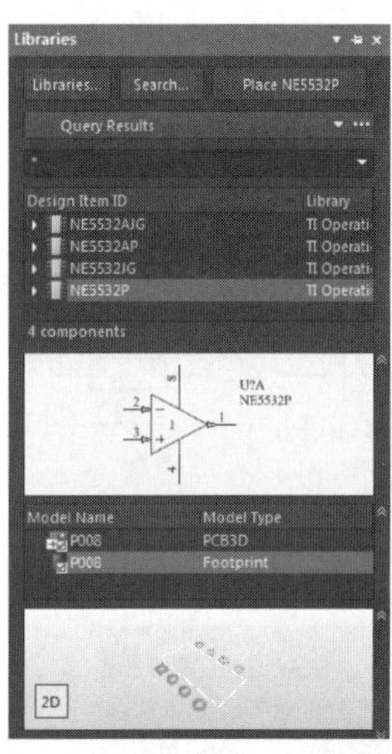

图 15-22　“Libraries（库）”面板

（3）在搜索结果中选中 NE5532P，单击 Place NE5532AJG 按钮，弹出确认对话框，如图 15-23 所示，单击 Yes 按钮，加载芯片所在元件库，然后将其放置在图纸上，如图 15-24 所示。

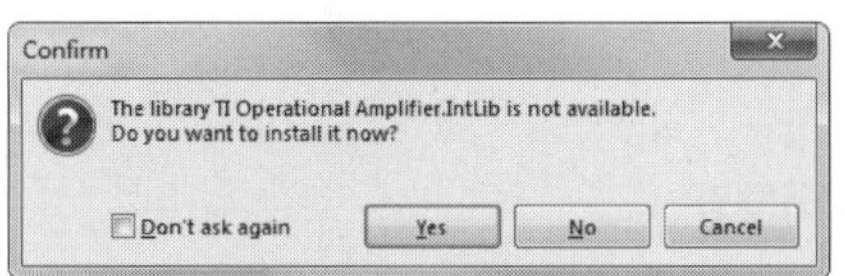

图 15-23　确认面板

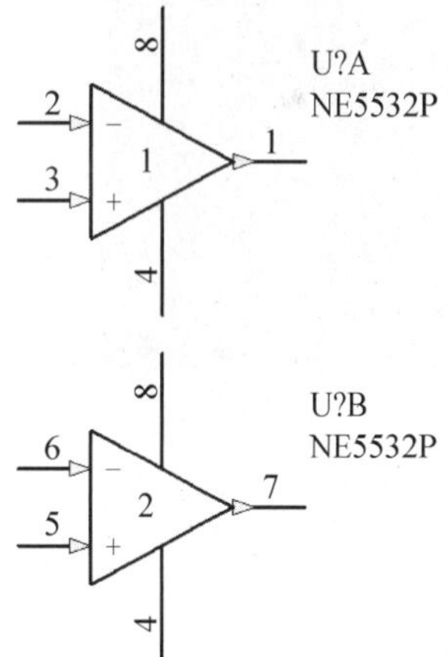

图 15-24　放置元件芯片

15.2.4　绘制原理图

在通用元件库中找出所需要的元件，放置在原理图中，结果如图 15-25 所示。

（1）编辑元件。

① 双击元件 NE5532，弹出“Component（元件）”属性面板，在“Designator（标识符）”文本框中输入“U1”，如图 15-26 所示。

② 选择“Pins（管脚）”选项卡，单击“编辑”按钮，弹出“Component Pin Editor（元件管脚编辑器）”对话框，取消管脚 4“Show（展示）”和“Number（数量）”复选框的选中，如图 15-27 所示。

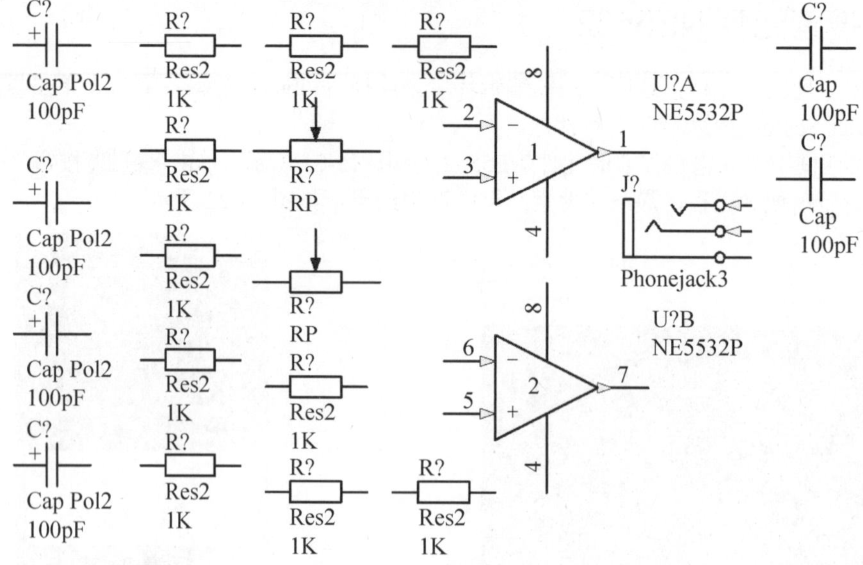

图 15-25　放置元件

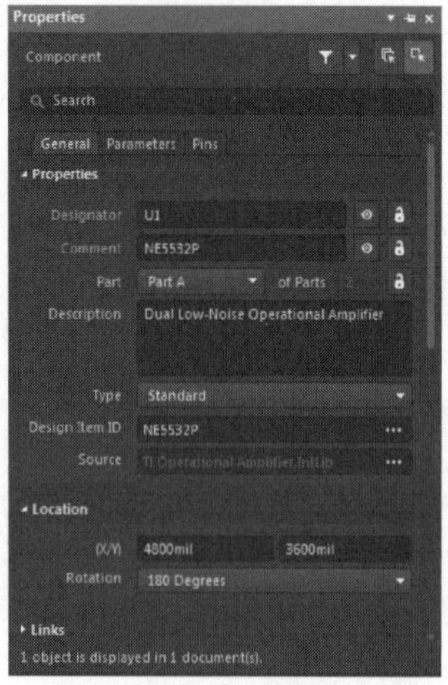

图 15-26　元件编辑面板

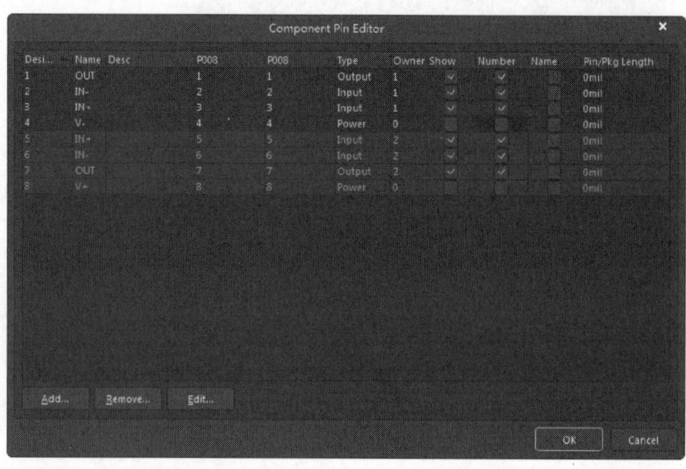

图 15-27　"Component Pin Editor（元件管脚编辑器）"对话框

结果如图 15-28 所示。

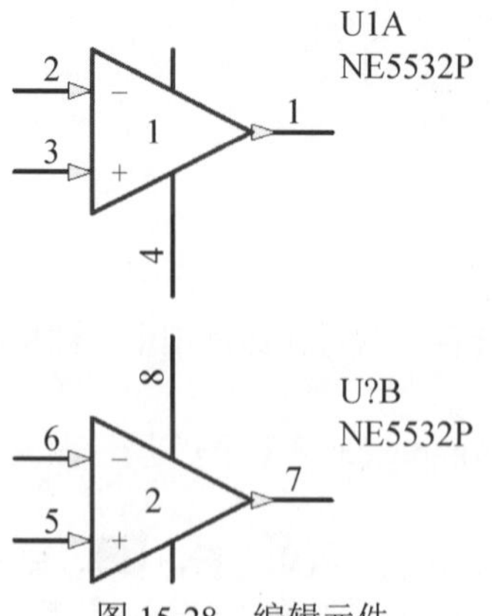

图 15-28　编辑元件

（2）编辑其余元件。使用同样的方法设置其余属性，根据前面介绍，本实例中同类型元件在不同位置表达不同含义，因此不能利用“Annotate（注释）”对话框一次性完成标号的设置，需要按照要求对应修改编号及属性，同时电路要求进行布局，结果如图 15-29 所示。

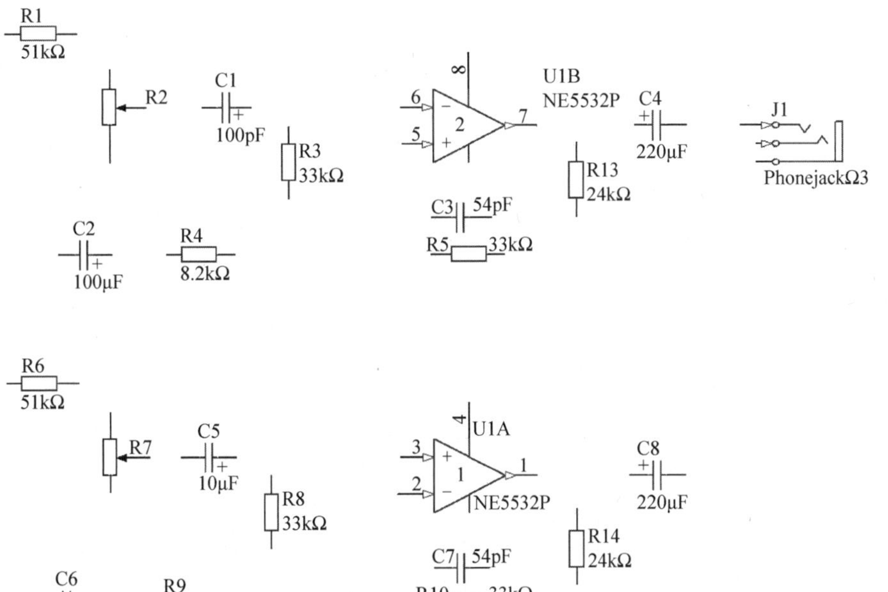

图 15-29　元件布局

（3）连接线路。单击“布线”工具栏中的 （放置线）按钮，放置导线，完成连线操作。完成连线后的电路图如图 15-30 所示。

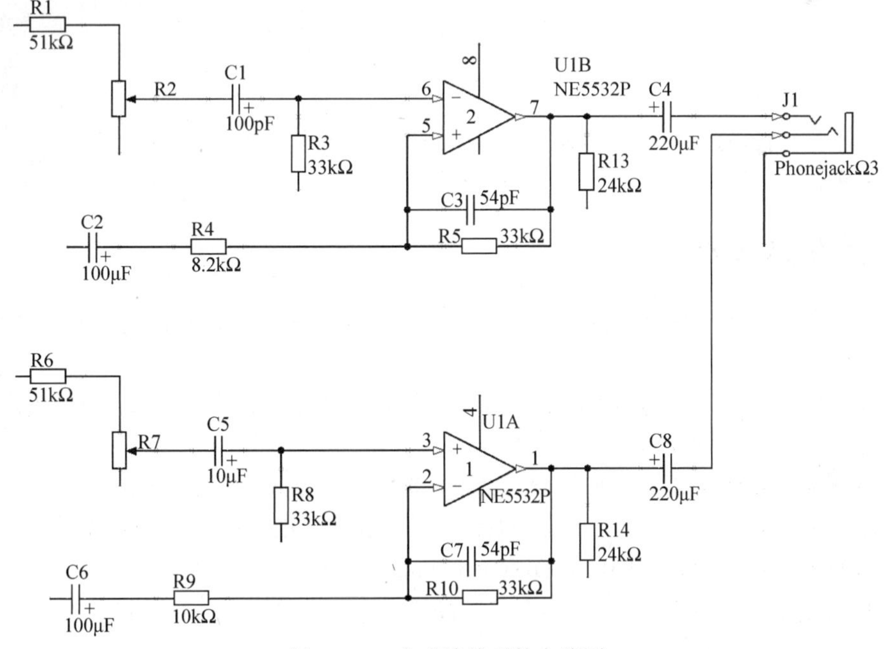

图 15-30　完成连线后的电路图

Note

（4）放置电源符号。单击“布线”工具栏中的（VCC 电源端口）按钮，放置电源，结果如图 15-31 所示。

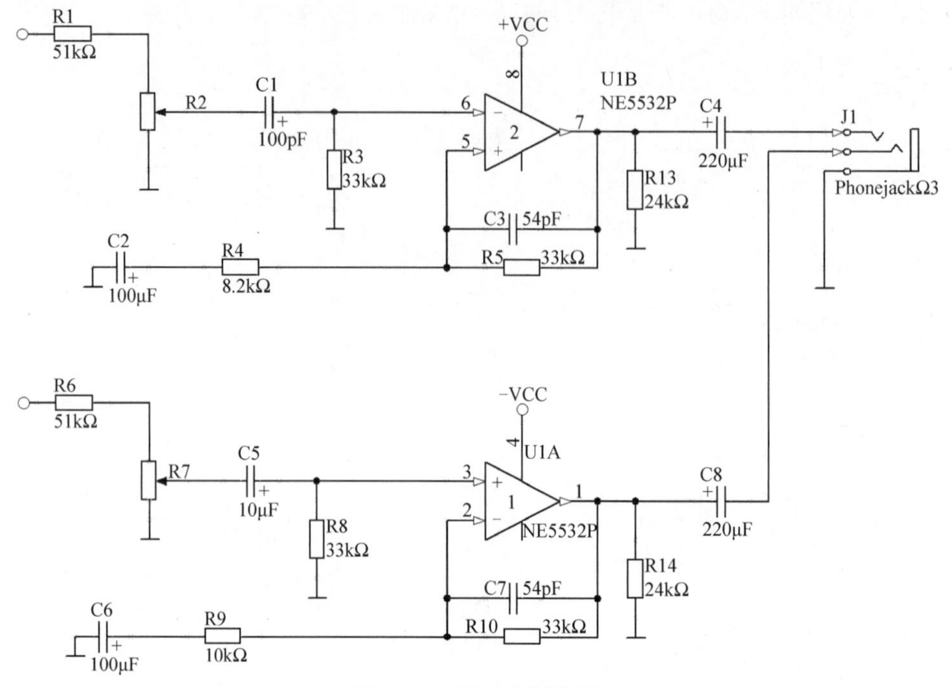

图 15-31　添加电源符号

（5）保存原理图。单击“原理图标准”工具栏中的（保存）按钮，保存原理图文件。

15.3　元件清单

元件清单不只包括电路中的元件报表，也可以分门别类地生成每张电路原理图的元件清单报表。

15.3.1　元件总报表

（1）执行“报告”→“Bill of Material（元件清单）”命令，系统将弹出如图 15-32 所示的对话框来显示元件清单列表。

（2）单击“Menu（菜单）”按钮，在弹出的菜单中选择“Report（报表）”命令，系统将弹出“Report Preview（报表预览）”对话框，如图 15-33 所示。

（3）单击Close按钮，返回元件报表对话框，选中“Add to Project（添加到项目）”和“Open Exported（打开输出报表）”复选框，单击按钮，在安装目录 C:\Program Files\AD 18\Template 下，选择系统自带的元件报表模板文件 BOM Default Template.XLT。

（4）单击“Export（输出）”按钮，保存带模板报表文件，系统自动打开报表文件，如图 15-34 所示。

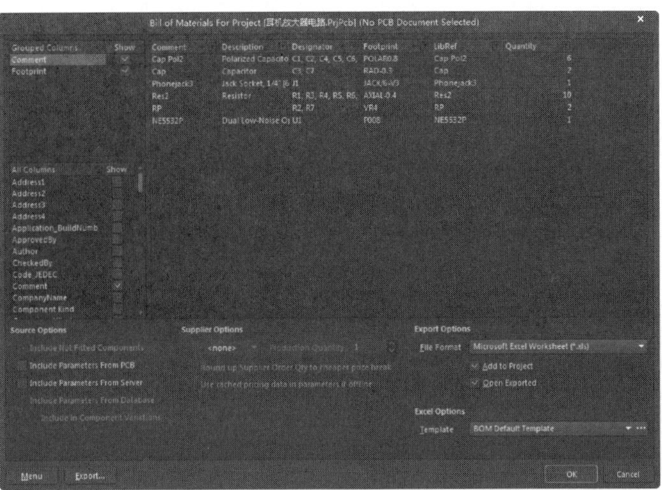

图 15-32　显示元件清单列表

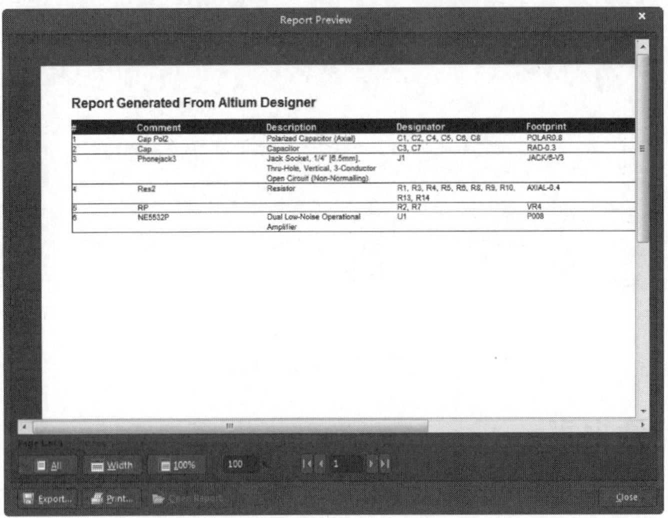

图 15-33　“Report Preview（报表预览）”对话框

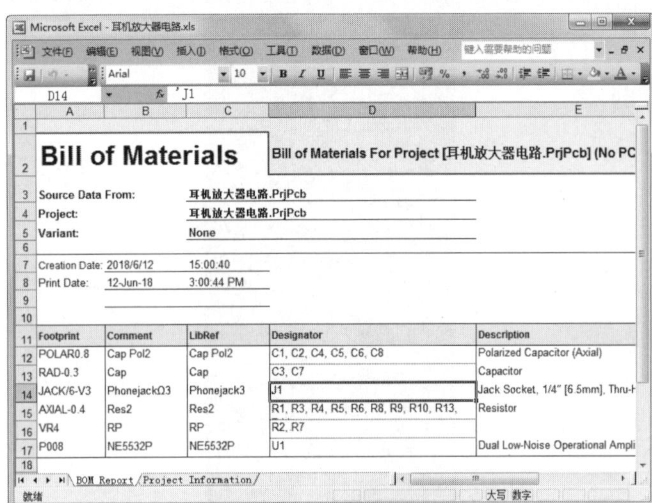

图 15-34　带模板报表文件

（5）关闭报表文件，单击“OK（确定）”按钮，退出该对话框，在项目面板中显示加载.XLS 的报表文件。

15.3.2 元件分类报表

执行“报告”→“Component Cross Reference（分类生成电路元件清单报表）”命令，系统将弹出如图 15-35 所示的对话框来显示元件分类清单列表。在该对话框中，元件的相关信息都按子原理图分组显示。

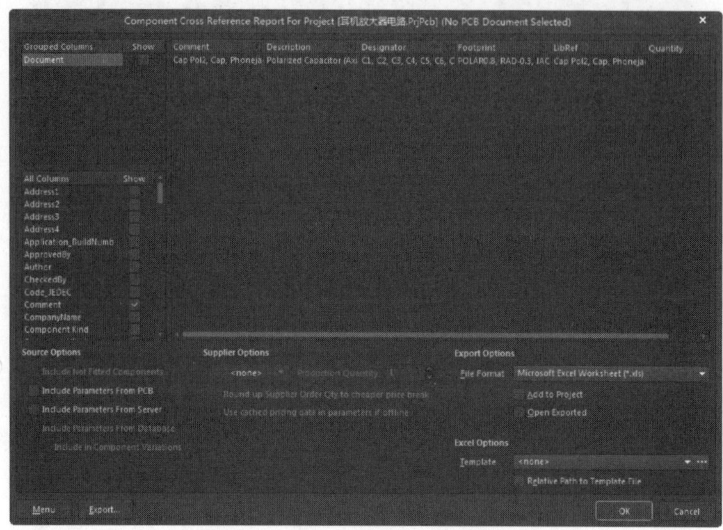

图 15-35 显示元件分类清单列表

其后续操作与 15.3.1 节相同，这里不再赘述，读者可自行练习。

15.3.3 简易元件报表

Altium Designer 18 还为用户提供了简易的元件信息，不需要进行设置即可产生。系统在“Project（工程）”面板中自动添加“Components（元件）”“Nets（网络）”选项组，显示工程文件中所有的元件与网络，如图 15-36 所示。

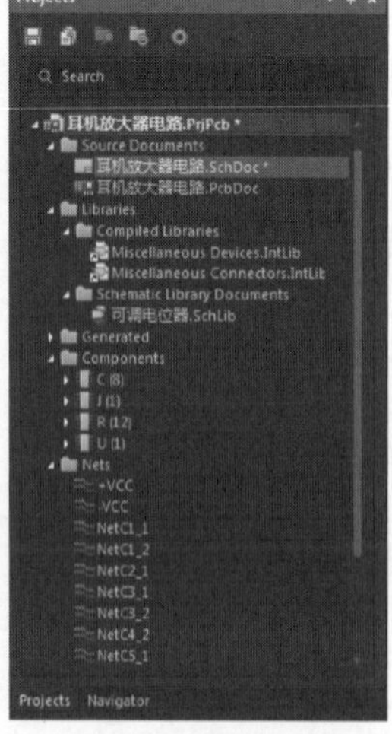

图 15-36 简易的元件信息

15.3.4 项目网络表

Note

执行“设计”→“工程的网络表”→“Protel（生成原理图网络表）”命令，系统自动生成了当前工程的网络表文件“耳机放大器电路.NET”，并存放在当前工程下的 Generated\Netlist Files 文件夹中。双击打开该工程网络表文件“耳机放大器电路.NET”，结果如图 15-37 所示。

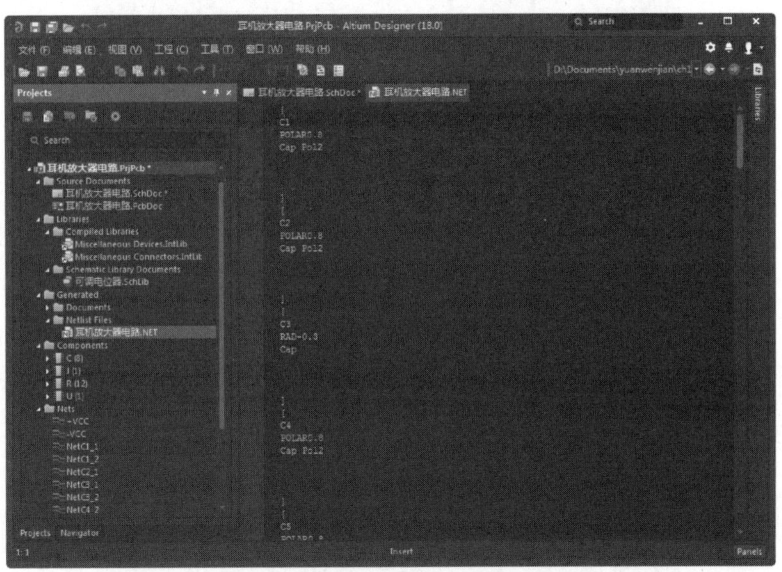

图 15-37 创建工程的网络表文件

15.4 设计电路板

在一个项目中，在设计印制电路板时系统都会将所有电路图的数据转移到一块电路板中，但电路图设计电路板，还要从新建印制电路板文件开始。

15.4.1 印制电路板设置

（1）执行“文件”→“新的”→“PCB（印制电路板）”命令，新建一个 PCB 文件。同时进入印制电路板编辑环境，在编辑区中也出现一个空白的印制电路板。

（2）单击“PCB 标准”工具栏中的 （保存）按钮，指定所要保存的文件名为“耳机放大器电路.PcbDoc”，单击“保存”按钮，关闭该对话框。

（3）绘制物理边界。指向编辑区下方工作层标签栏的“Mechanical 1（机械层 1）”标签，单击切换到机械层。执行“放置”→“线条”命令，进入画线状态，指向外框的第一个角单击；移到第二个角双击；再移到第三个角双击；再移到第四个角双击；移回第一个角（不一定要很准）单击，再右击退出该操作。

（4）绘制电气边界。指向编辑区下方工作层标签栏的“KeepOut Layer（禁止布线层）”标签，单击切换到禁止布线层。执行“放置”→“Keepout（禁止布线）”→“线径”命令，光标显示为带十字光标，在第一个矩形内部绘制略小矩形，绘制方法同上，如图 15-38 所示。

图 15-38 绘制边界

（5）执行“设计”→“Import Changes From 耳机放大器电路板.PrjPcb”命令，系统将弹出如图 15-39 所示的“Engineering Change Order（工程更改顺序）”对话框。

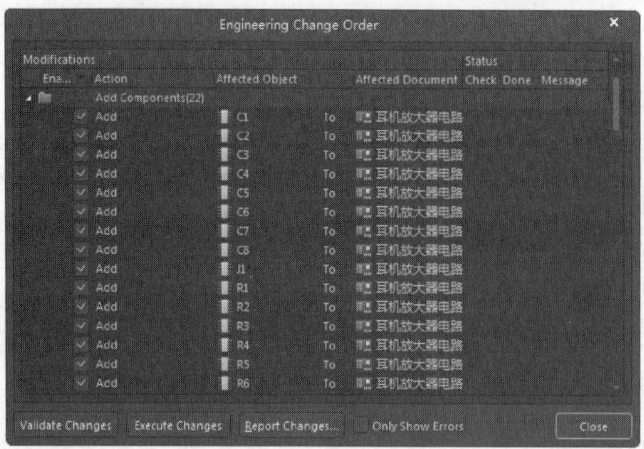

图 15-39　“Engineering Change Order（工程更新操作顺序）”对话框

（6）单击“Validate Changes（确认更改）”按钮，验证一下更新方案是否有错误，程序将验证结果显示在对话框中，如图 15-40 所示。

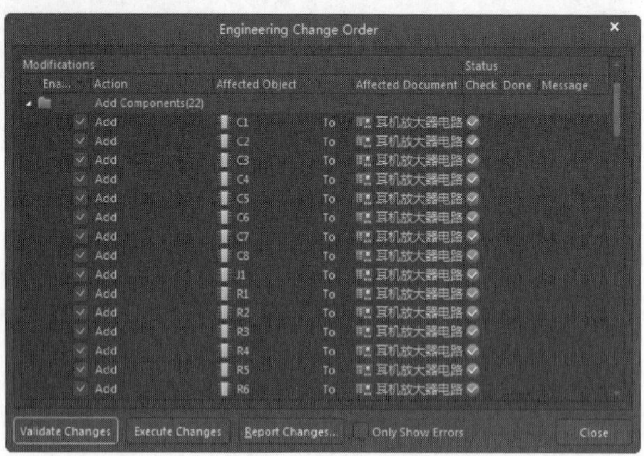

图 15-40　验证结果

（7）在图 15-40 中没有错误产生，单击“Execute Changes（执行更改）”按钮，执行更改操作，如图 15-41 所示。然后单击“Close（关闭）”按钮，关闭对话框。加载元件到电路板后的原理图如图 15-42 所示。

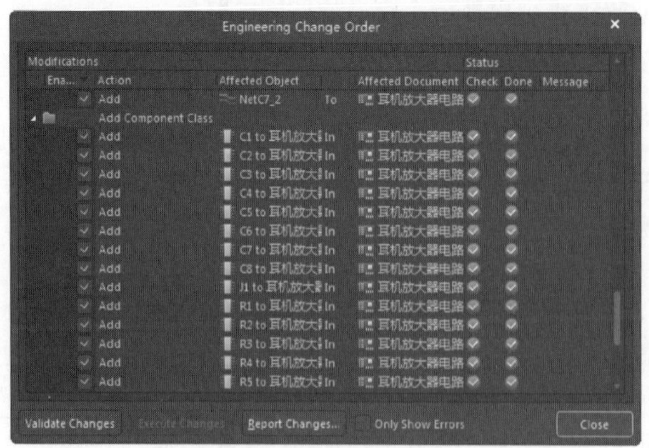

图 15-41　更改结果

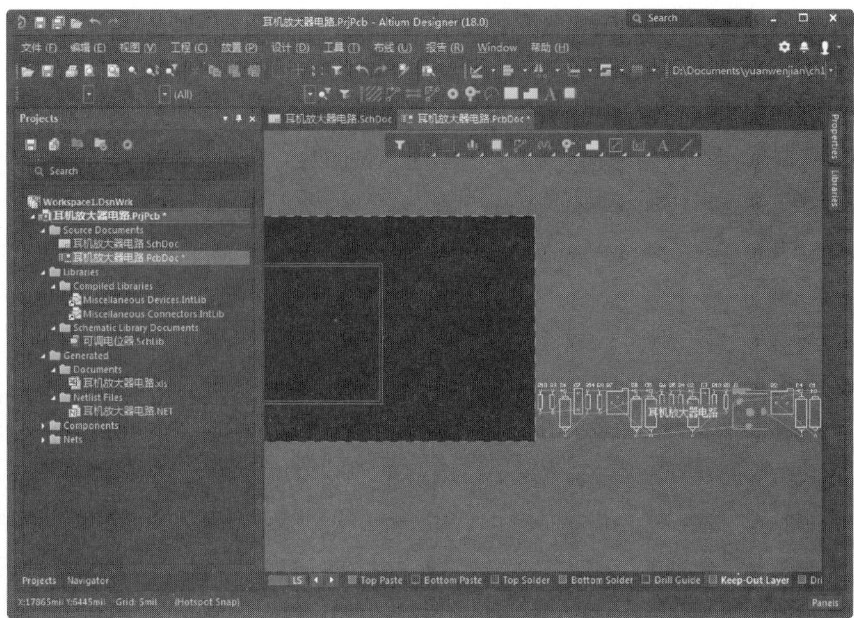

图 15-42　加载元件到电路板

（8）在图 15-42 中，按住鼠标左键将其拖到板框中。单击选中，再按 Delete 键，将它们删除。手动放置零件，将同类元件放置在一起，结果如图 15-43 所示。

（9）在“应用工具”工具栏的“排列工具”选项下拉列表中选择“以顶对齐器件”选项，均匀排布器件，结果如图 15-44 所示。

提示：在电气边界对元件进行布局，除特殊要求，否则同类元件依次并排放置。

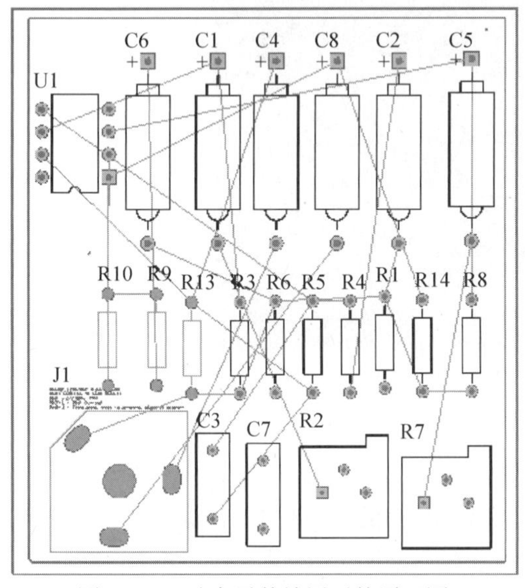

图 15-43　改变零件放置后的原理图

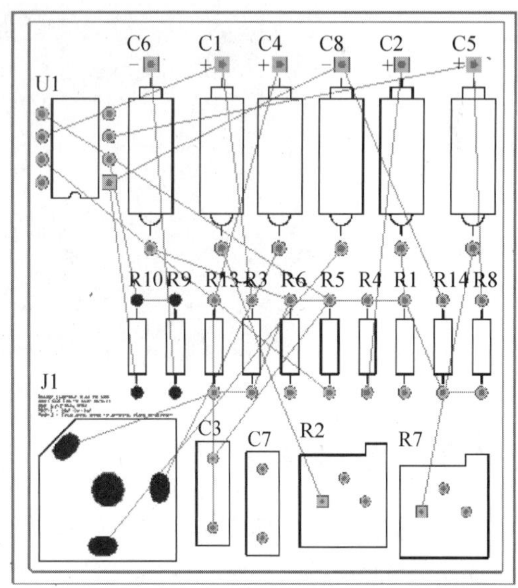

图 15-44　排布后的原理图

15.4.2　布线设置

本电路采用双面板布线，而程序默认即为双面板布线，所以不必设置布线板层。

Note

（1）执行“布线”→“自动布线”→“全部”命令，系统将弹出如图 15-45 所示的“Situs Routing Strategies（布线位置策略）”对话框。

（2）保持程序预置状态，单击“Route All（布线所有）”按钮，进行全局性的自动布线。布线完成后如图 15-46 所示。

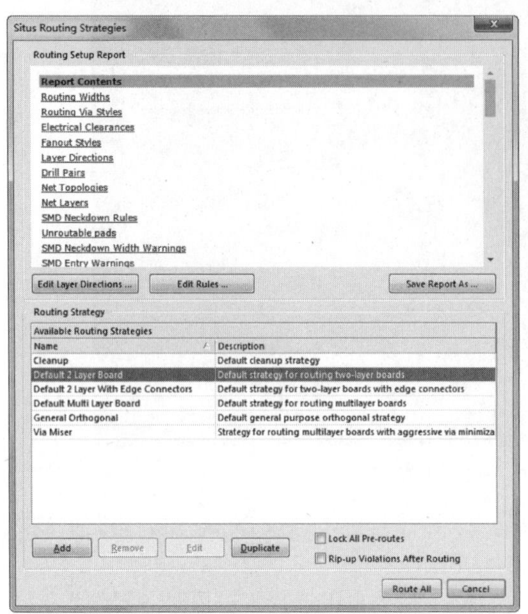

图 15-45　“Situs Routing Strategies（布线位置策略）”对话框

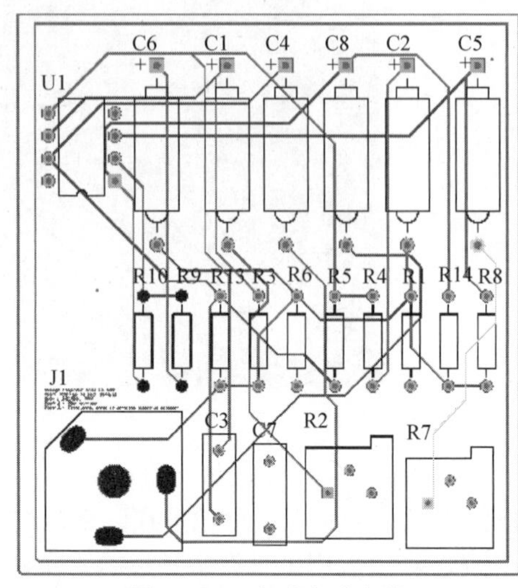

图 15-46　完成自动布线

（3）只需要很短的时间就可以完成布线，关闭如图 15-47 所示的“Messages（信息）”面板。

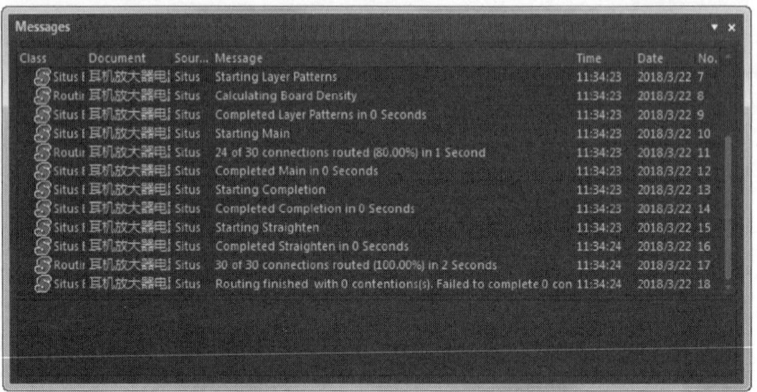

图 15-47　“Messages（信息）”面板

15.4.3　3D 效果图

执行“视图”→“切换到 3 维模式”命令，系统生成该 PCB 的 3D 效果图，如图 15-48 所示。

选择菜单栏中的“文件”→“导出”→PDF 3D 命令，弹出如图 15-49 所示的“Export File（输出文件）”对话框，输出电路板的三维模型 PDF 文件，单击“保存”按钮，弹出 PDF3D 对话框。

在该对话框中还可以选择 PDF 文件中显示的视图，进行页面设置，设置输出文件中的对象如图 15-50 所示，单击 Export 按钮，输出 PDF 文件，如图 15-51 所示。

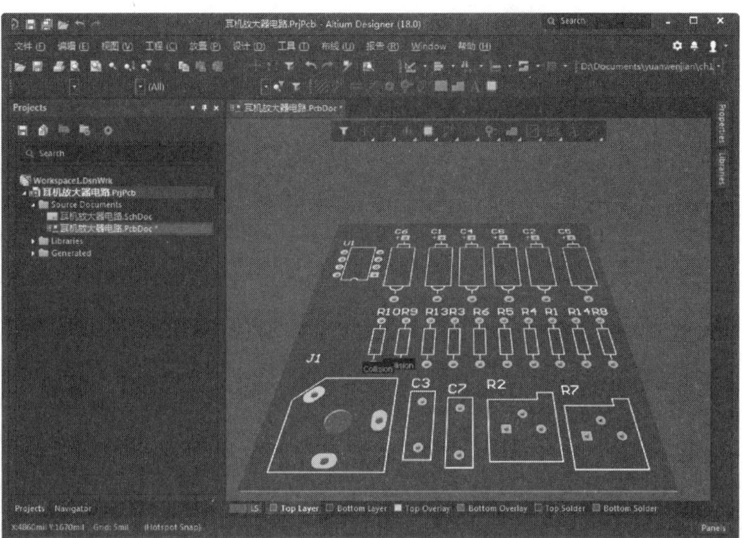

图 15-48　PCB 板 3D 效果图

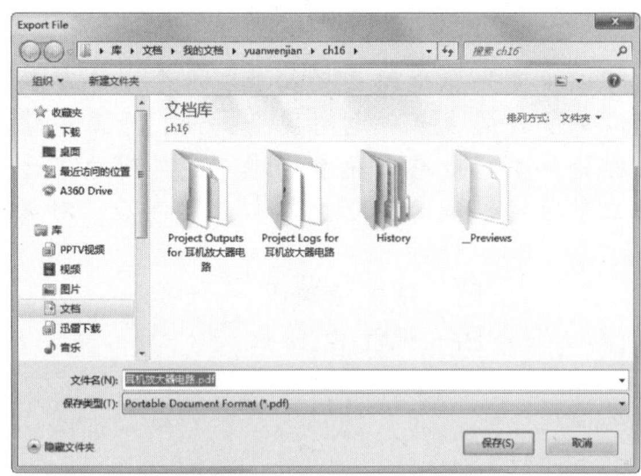

图 15-49　“Export File（输出文件）”对话框

图 15-50　PDF3D 对话框

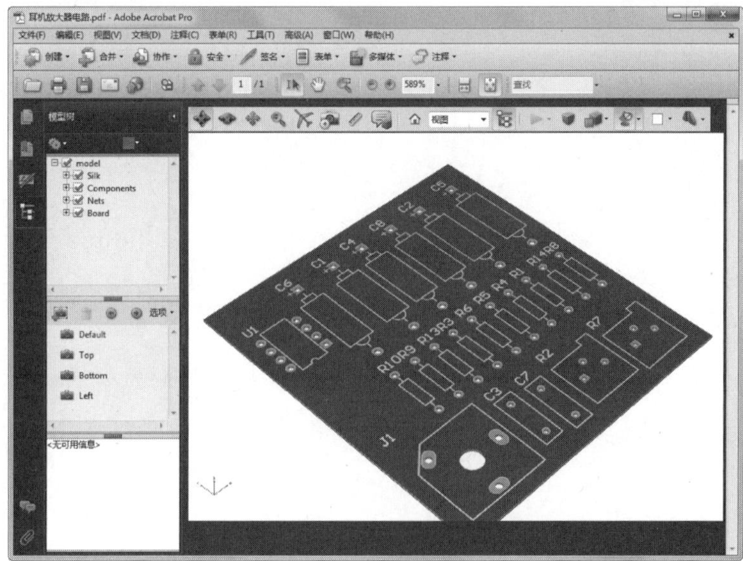

图 15-51　PDF 文件

第16章

无线防盗报警器电路图设计实例

电路图千变万化，不但元器件的变化可以改变一张电路图的功能，一个小小参数的更改也会让最终结果差之毫厘，失之千里，尤其是复杂的多元件电路更是如此，于是分模块设计就成为迫切的解决方法。根据模块的不同功能分别将电路图化整为零，这样解决了无处下手的窘境，同时避免了由于过多元器件而产生的遗漏。读者实际操作本章实例后，对电路图的绘制熟练度将有大幅度的提高。

- ☑ 电路工作原理说明
- ☑ 创建工程文件
- ☑ 制作元件
- ☑ 绘制原理图
- ☑ 设计PCB板

任务驱动&项目案例

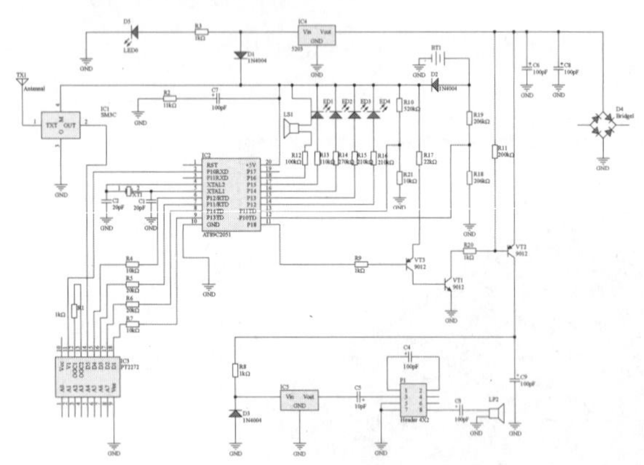

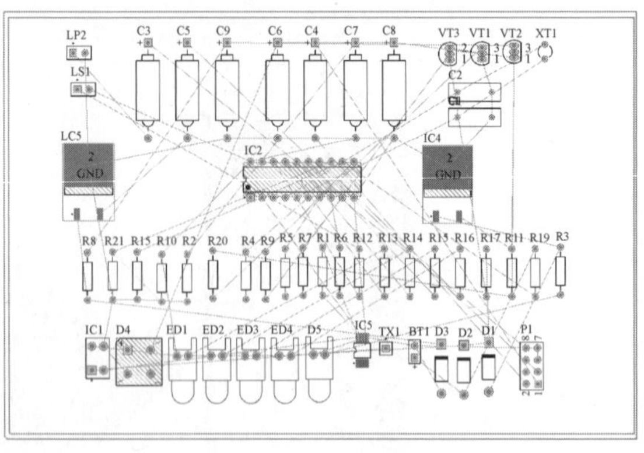

16.1　电路工作原理说明

无线防盗报警系统主要由无线接收、数据解码、数据处理、报警电路、输出显示、断电报警和电源电路组成。数据处理由单片机完成，用于区分报警信号，同时接收各种操作指令，完成相应的操作。当市电断电后，发出“嘟嘟”的报警声，提醒使用者注意，外供电已被切断，应及早采取措施。

原理图如图 16-1 所示，其中包括两个主要的芯片，即单片机 AT89C2051 和解码芯片 PT2272。

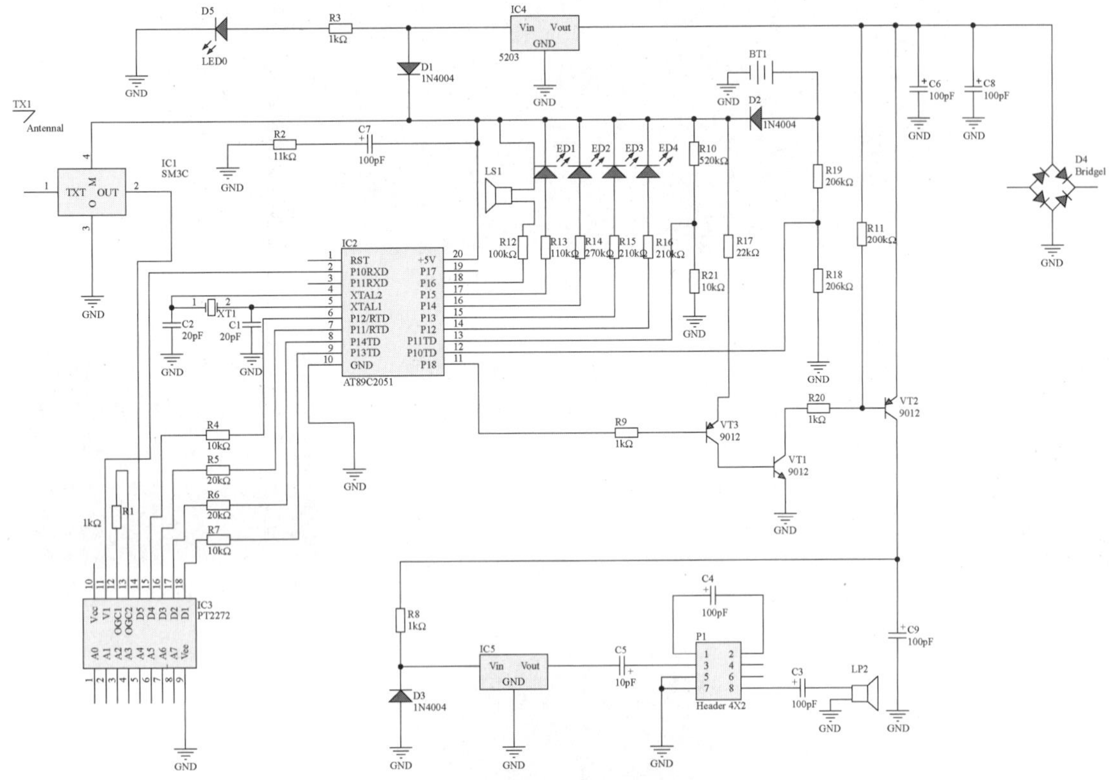

图 16-1　无线防盗报警器电路的原理图

16.2　创建工程文件

（1）执行“文件”→“新的”→“项目”→“Project（工程）”命令，弹出“New Project（新建工程）”对话框，建立一个新的 PCB 项目。

输入文件名称“无线防盗报警器电路”，在“Location（路径）”文本框中选择文件路径。在该对话框中显示工程文件类型，如图 16-2 所示。

完成设置后，单击 OK 按钮，关闭该对话框，打开“Projects（工程）”面板，在面板中出现了新建的工程类型。

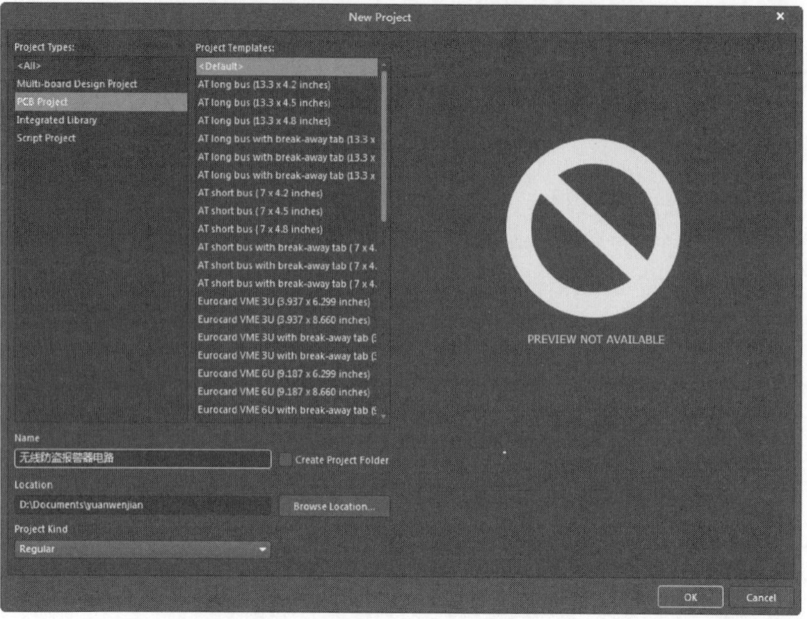

图 16-2 “New Project（新建工程）”对话框

（2）执行“文件”→“新的”→“原理图”命令，新建一个原理图文件。然后执行“文件”→“另存为”命令，将新建的原理图文件保存在文件夹中，并命名为“无线防盗报警器电路.SchDoc”，“Projects（工程）”面板如图 16-3 所示。

图 16-3 Projects 面板

（3）设置图纸参数。打开“Properties（属性）”面板，然后在其中设置原理图绘制时的工作环境，选择“Parameters（参数）”选项卡，在“Organization（组织）”文本框中输入名称，如图 16-4 所示。

图 16-4 设置原理图绘制环境

（4）加载元件库。执行“设计”→“浏览库”命令，打开“Library（库）”面板，单击“Library（库）”按钮，系统将弹出“Available Libraries（可用库）”对话框，然后在其中加载需要的元件库。本例中需要加载的元件库为 Miscellaneous Devices.IntLib 和 Miscellaneous Connectors.IntLib，如图 16-5 所示。

Note

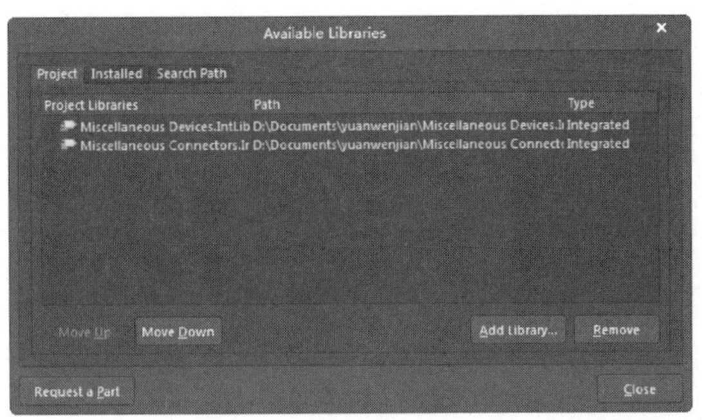

图 16-5　加载需要的元件库

16.3　制作元件

扫码看视频

16.3　制作元件

下面制作单片机芯片 AT89C2051、解码器芯片 PT2272 和芯片 SM3C。

16.3.1　制作 AT89C2051 元件

（1）执行“文件”→“新的”→“Library（库）”→“原理图库”命令，新建元件库文件，名称为 Schlib1.SchLib。

（2）执行“文件”→“保存”命令，在默认路径下保存原理图库名称为 annunciator.SchLib。

（3）切换到“SCH Library（SCH 库）”面板，从“SCH Library（原理图库）”面板的元件列表中选择元件，然后单击“Edit（编辑）”按钮，弹出“Component（元件）”属性面板，在“Design Item ID（设计项目地址）”文本框中将名称改为 AT89C2051，“Designator（标识）”文本框中输入“U?”，在“Comment（名称）”文本框中输入 AT89C2051，如图 16-6 所示，进入库元件编辑器界面。

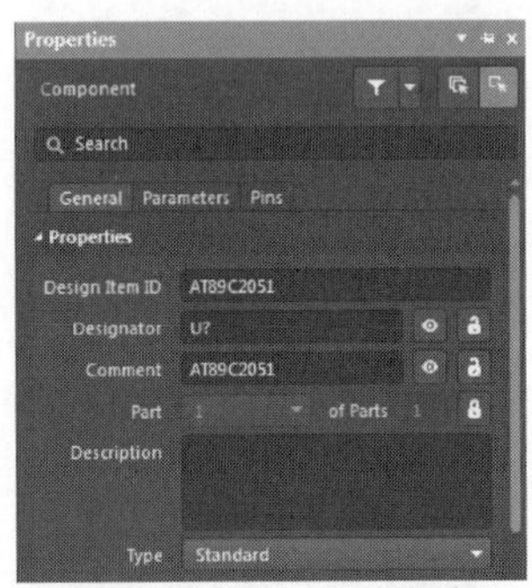

图 16-6　“Component（元件）”属性面板

（4）执行“放置”→“矩形”命令，放置矩形，随后会出现一个新的矩形虚框，可以连续放置。右击或者按 Esc 键退出该操作。

（5）执行“放置”→“管脚”命令放置管脚。AT89C2051 共有 20 个管脚，在“Component（元件）”属性面板的“Pins（管脚）”选项卡中，单击“Add（添加）”按钮，添加管脚。在放置管脚的过程中，按 Tab 键，弹出如图 16-7 所示的面板。在该对话框中可以设置管脚标识符的起始编号及显示文字等。放置的管脚如图 16-8 所示。

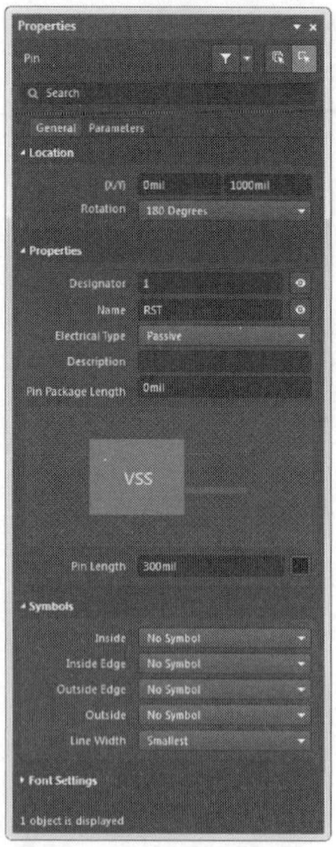

图 16-7　设置管脚属性

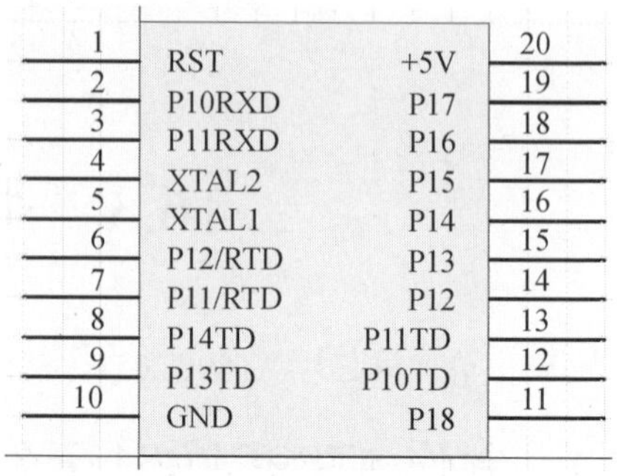

图 16-8　放置管脚

注意： 由于元件管脚较多，分别修改很麻烦，可以在管脚编辑器中修改管脚的属性，这样比较方便、直观。在“SCH Library（SCH 库）”面板中，选定刚刚创建的 AT89C2051 元件，然后单击“Edit（编辑）”按钮，弹出如图 16-9 所示的“Component（元件）”属性面板。选择“Pins（管脚）”选项卡，单击“编辑管脚”按钮，弹出“Component Pin Editor（元件管脚编辑器）”对话框。在该对话框中，可以同时修改元件管脚的各种属性，包括“标识”、“名称”和“类型”等。修改后的“Component Pin Editor（元件管脚编辑器）”对话框如图 16-10 所示。修改管脚属性后的元件如图 16-8 所示。

图 16-9　“Component（元件）”属性面板

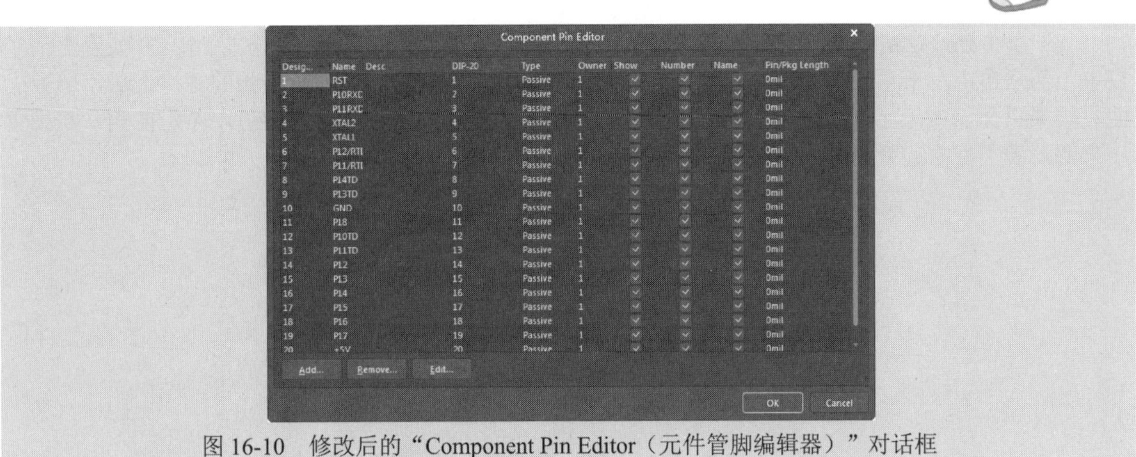

图 16-10　修改后的“Component Pin Editor（元件管脚编辑器）”对话框

Note

（6）在“Properties（属性）”面板“Footprint（封装）”选项组下单击“Add（添加）”按钮，弹出“PCB Model（PCB 模型）”对话框，如图 16-11 所示，添加封装，此时需要的封装为 DIP-20。

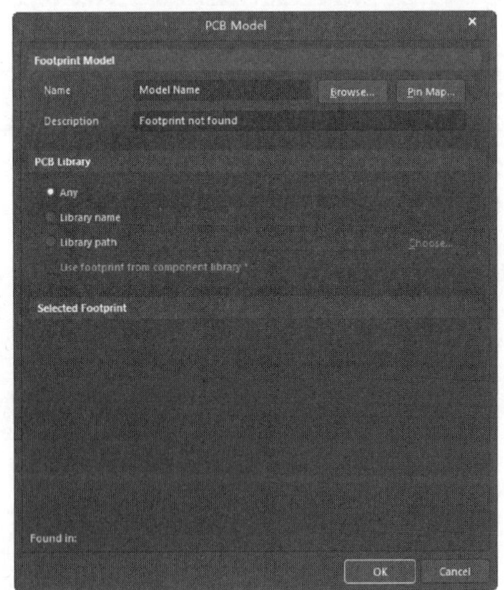

图 16-11　“PCB Model（PCB 模型）”对话框

（7）单击“Browse（浏览）”按钮，弹出如图 16-12 所示的“Browse Libraries（浏览库）”对话框，显示加载的库文件。

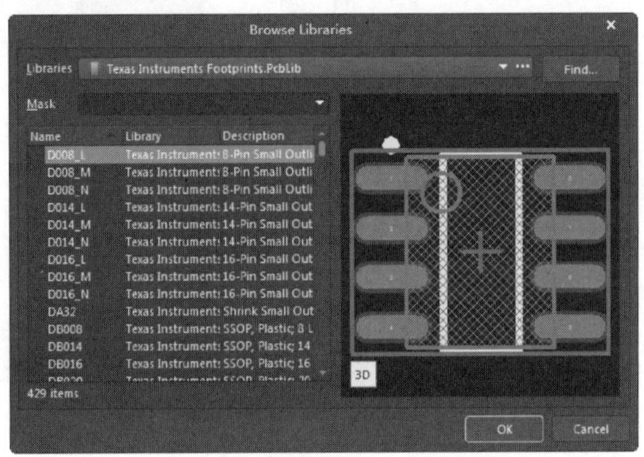

图 16-12　“Browse Libraries（浏览库）”对话框

（8）单击 Find... 按钮，在弹出的“Libraries Search（搜索库）”对话框中输入 DIP-20 或者查询字符串，然后单击左下角的 Search 按钮开始查找，如图 16-13 所示。在一段漫长的等待之后，会弹出搜寻结果页面，如果感觉已经搜索得差不多了，可以单击“Stop（停止）”按钮，停止搜索。在搜索出来的封装类型中选择 DIP-20，如图 16-14 所示。

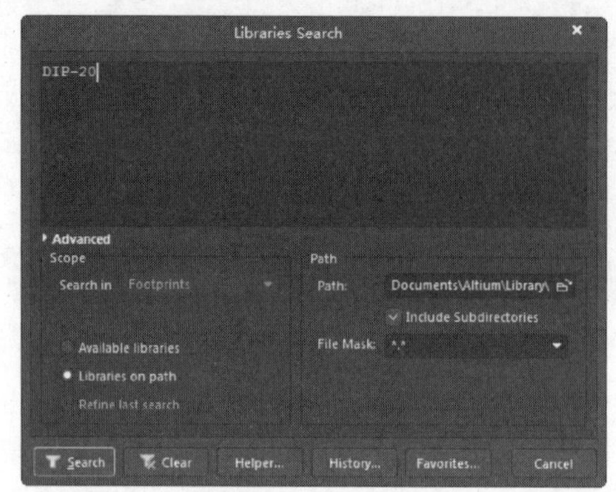

图 16-13 “Libraries Search（搜索库）”对话框

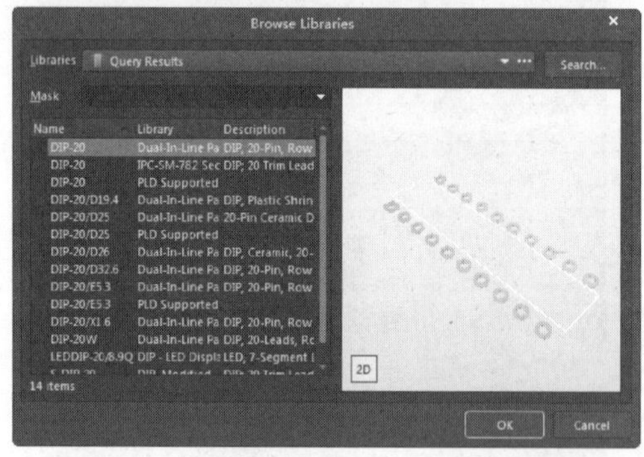

图 16-14 在搜索结果中选择 DIP-20

（9）单击 OK 按钮，关闭该对话框，系统将弹出“Confirm（确认）”对话框，提示是否加载所需的 PCBLIB 库（若需加载的元件库已加载，则不显示对话框），单击 Yes 按钮，可以完成元件库的加载。

（10）装入选定的封装库以后，会在“PCB Model（PCB 模型）”对话框中看到被选定封装的示意图，如图 16-15 所示。

（11）单击“OK（确定）”按钮，关闭该对话框。然后单击“保存”按钮，保存库元件。在“SCH Library（SCH 库）”面板中单击选项组中的 Place 按钮，将其放置到原理图中，如图 16-16 所示。

（12）保存原理图。执行“文件”→“保存”命令，或单击“原理图标准”工具栏中的（保存）按钮，完成单片机芯片原理图符号的绘制。

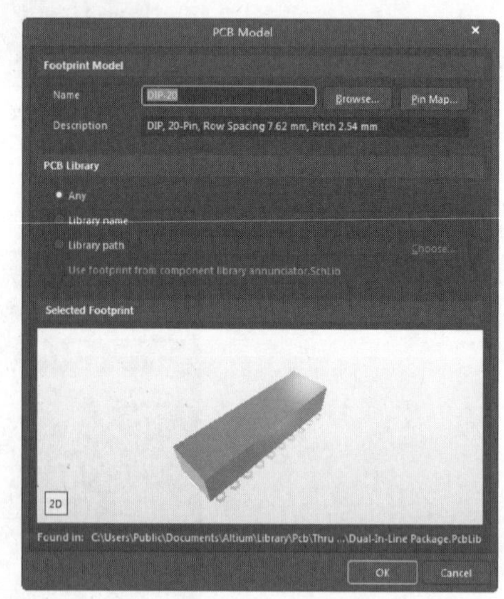

图 16-15 “PCB Model（PCB 模型）”对话框

Note

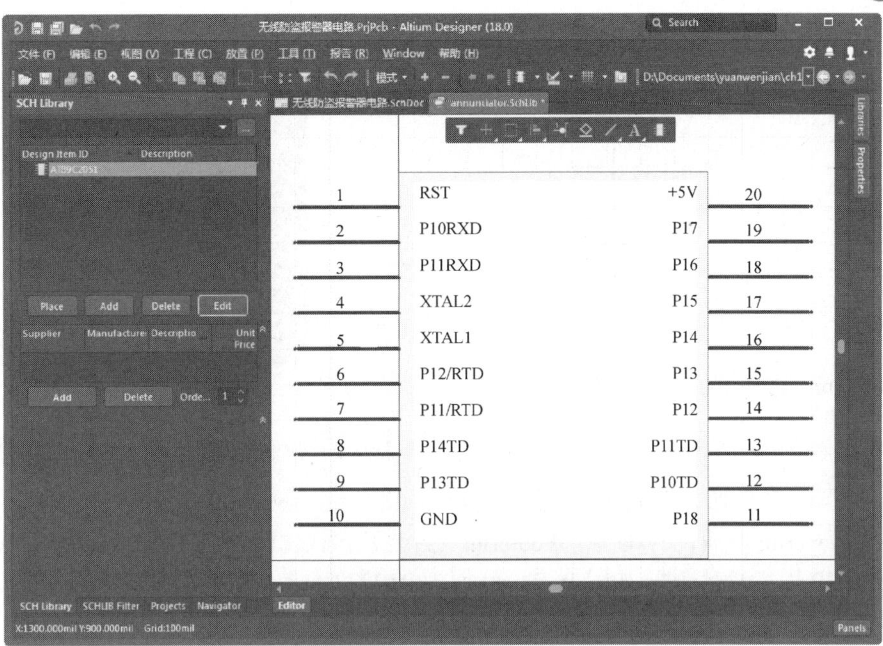

图 16-16　绘制库文件

16.3.2　制作 PT2272 元件

PT2272 是市面上用得较多的专用数据解码芯片，可靠性及稳定性较好。

制作 PT2272 元件的操作步骤如下。

（1）打开库元件设计文档 annunciator.SchLib，单击“实用”工具栏中的 （产生元件）按钮，或在“SCH Library（SCH 库）”面板中单击“元件”选项组中的 Add 按钮，系统将弹出“New Components Name（新元件名称）”对话框，输入 PT2272，如图 16-17 所示。

（2）执行“放置”→“矩形”命令，绘制元件边框，元件边框为长方形，如图 16-18 所示。

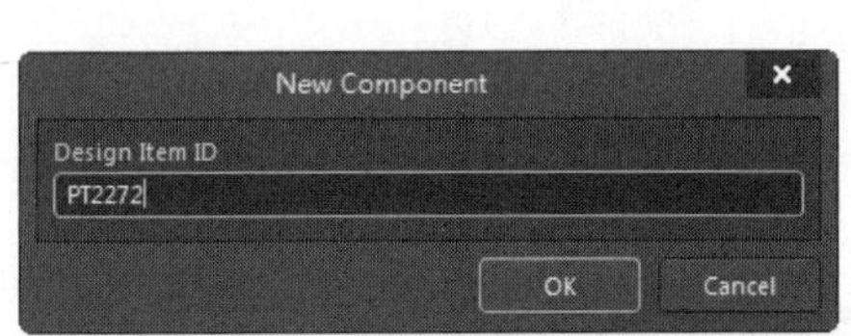

图 16-17　“New Components Name（新元件名称）”对话框

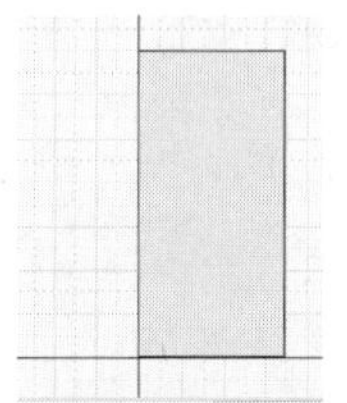

图 16-18　绘制元件边框

（3）执行“放置”→“管脚”命令，或者在“Properties（属性）”面板中打开“Pin（管脚）”选项卡，单击“编辑”按钮，弹出“Component Pin Editor（元件管脚编辑器）”对话框，单击 Add... 按钮，添加管脚。管脚在该对话框中可以设置管脚的起始编号以及显示文字等。PT2272 共有 14 个管脚，管脚放置完毕后的元件图如图 16-19 所示。

（4）在“SCH Library（SCH 库）”面板的“元件”选项组中选中 PT2272，单击 Edit 按钮，系统将弹出“Component（元件）”属性面板。在“Design Item ID（设计项目地址）”栏输入 PT2272，在“Designator（标识）”文本框中输入“U？”，在“Comment（默认名称）”文本框中输入 PT2272，如图 16-20 所示。

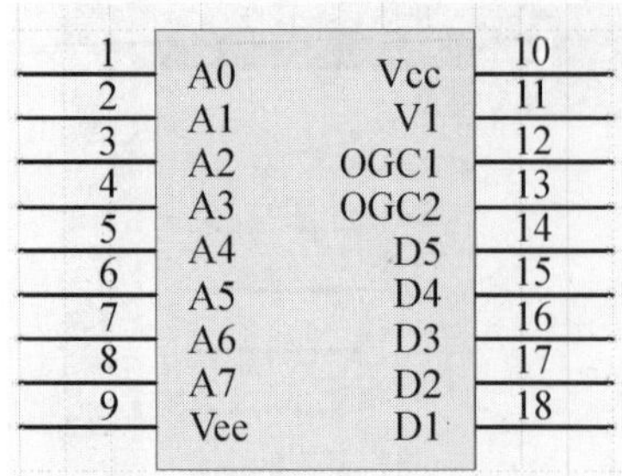

图 16-19　修改后的 PT2272 元件

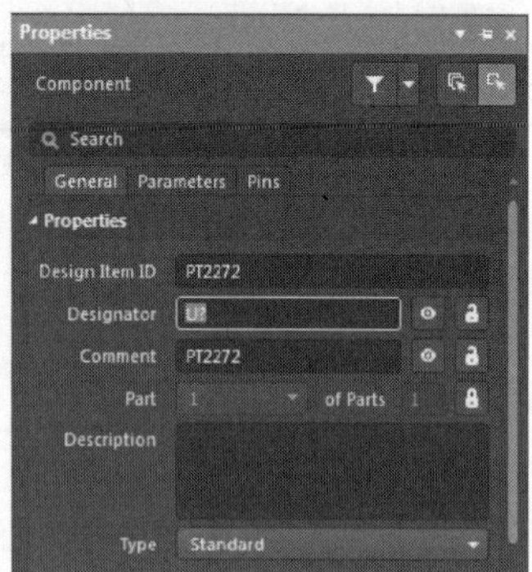

图 16-20　修改标识符

注意： 在制作管脚较多的元件时，可以使用复制和粘贴的方法来提高工作效率。粘贴过程中，应注意管脚的方向，可按 Space 键进行旋转。

（5）在“Properties（属性）”面板“Footprint（封装）”选项组下单击“Add（添加）”按钮，弹出“PCB Model（PCB 模型）”对话框，如图 16-21 所示，为 PT2272 添加封装。此处，选择的封装为 DGV014，单击“Browse Libraries（浏览库）”对话框中的 Find... 按钮和“Browse Libraries（浏览库）”对话框中的 Search 按钮查找该封装，添加完成后的“PCB Model（PCB 模型）”对话框如图 16-21 所示。

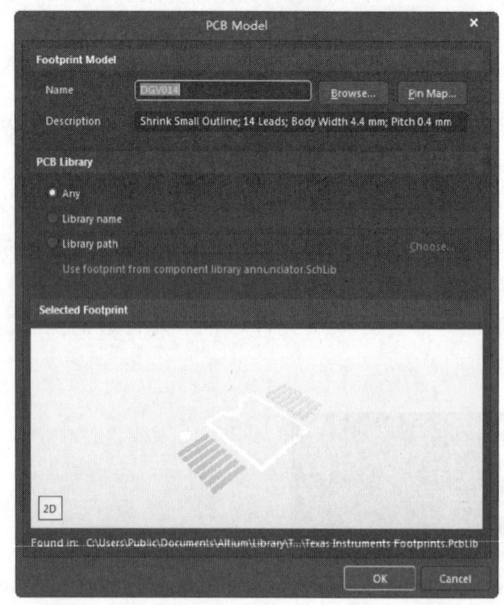

图 16-21　添加完成后的“PCB Model（PCB 模型）”对话框

（6）在“SCH Library（SCH 库）”面板中单击“元件”选项组中的 Place 按钮，将创建的数据解码器芯片 PT2272 放置到原理图中。

（7）保存原理图。执行“文件”→“保存”命令，或单击“原理图标准”工具栏中的（保存）按钮，完成数据解码芯片原理图符号的绘制。

16.3.3　制作 SM3C 元件

芯片 SM3C 为通过天线接收的信号进行不同处理，然后分别从不同输出端输出所需的信号。其操作步骤如下。

（1）打开库元件设计文档 annunciator.SchLib，单击“实用”工具栏中的▣（产生元件）按钮，或在“SCH Library（SCH 库）”面板中单击“元件”选项组中的“Add（添加）”按钮，系统将弹出“New Components Name（新元件名称）”对话框，输入元件名称 SM3C。

（2）执行“放置”→“矩形”命令，绘制元件边框。

（3）执行“放置”→“管脚”命令，或者在“Properties（属性）”面板中打开“Pin（管脚）”选项卡，单击“编辑”按钮✎，弹出“Component Pin Editor（元件管脚编辑器）”对话框，单击 Add... 按钮，添加管脚。在该对话框中可以设置管脚的起始号码以及显示文字等。SM3C 共有 4 个管脚，制作好的 SM3C 元件如图 16-22 所示。

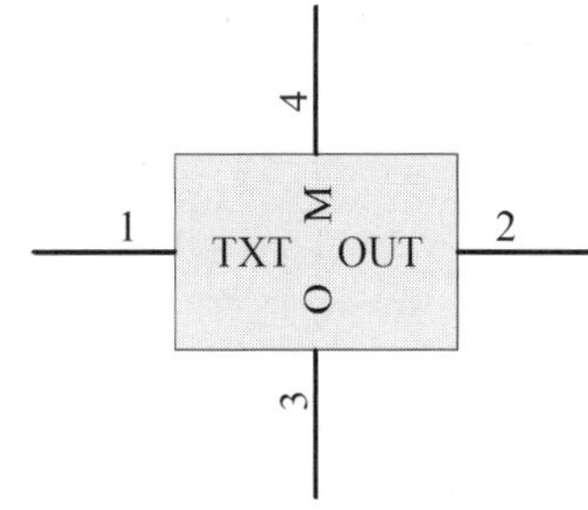

图 16-22　制作好的 SM3C 元件

（4）在“Properties（属性）”面板“Footprint（封装）”选项组下单击“Add（添加）”按钮，弹出“PCB Model（PCB 模型）”对话框，为 SM3C 添加封装。此处选择的封装为 DPST-4，“PCB Model（PCB 模型）”对话框设置如图 16-23 所示。

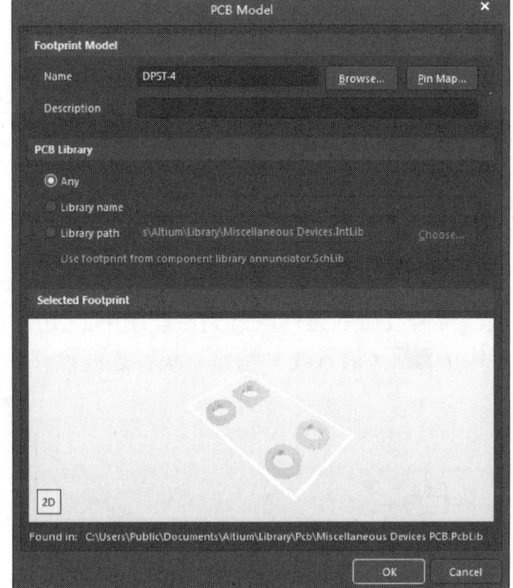

图 16-23　“PCB Model（PCB 模型）”对话框

（5）单击“保存”按钮，保存库元件。在“SCH Library（SCH 库）”面板中单击“元件”选项组中的 Place 按钮，将创建的芯片 SM3C 放置到原理图中。

（6）保存原理图。执行“文件”→“保存”命令，或单击原理图标准工具栏中的▣（保存）按钮，完成芯片原理图符号的绘制。

16.4　绘制原理图

扫码看视频

16.4　绘制原理图

为了更清晰地说明原理图的绘制过程，我们采用模块法绘制电路原理图。

16.4.1　无线接收电路模块设计

（1）打开“无线防盗报警器电路.SchDoc”原理图文件，选择“Libraries（库）”面板，将通用元

Note

件库 Miscellaneous Device.IntLib 中找出的天线 Antenna 元件，与系统创建的 annunciator.SchLib 元件库中的 SM3C，按照电路要求进行布局，结果如图 16-24 所示。

（2）单击“布线”工具栏中的 （放置线）按钮，将元件连接起来。单击“布线”工具栏中的 （GND 端口）按钮，在信号线上放置电源端口，连线后的电路原理图如图 16-25 所示。

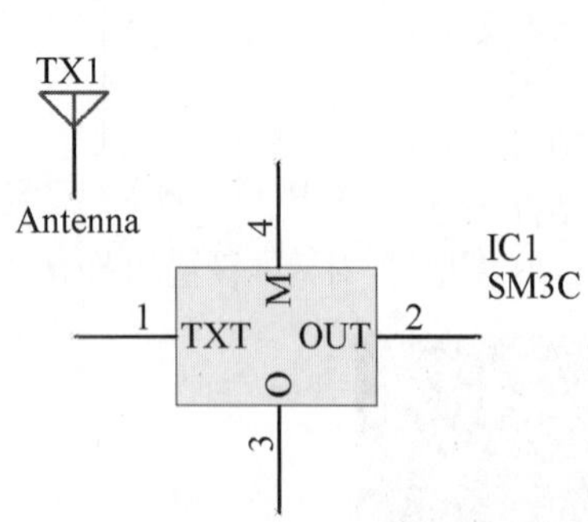

图 16-24　电路组成元件的布局

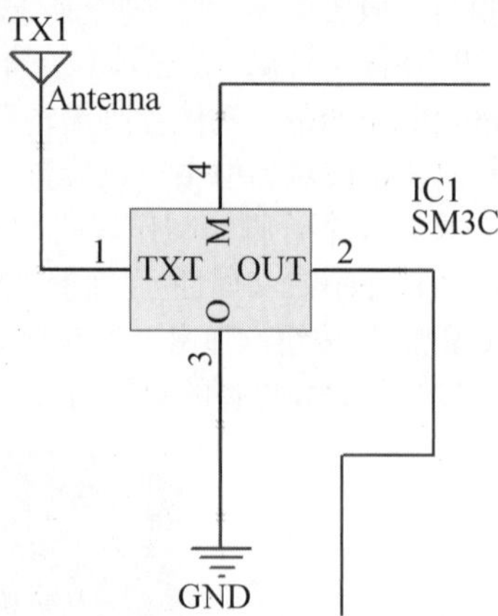

图 16-25　连线后的电路原理图

16.4.2　数据解码电路模块设计

（1）在 annunciator.SchLib 元件库中选择 1 个 PT2272 芯片，在 Miscellaneous Devices.IntLib 库中选择 5 个电阻，修改各自阻值，将修改后的元件放置到原理图中，如图 16-26 所示。

（2）单击“布线”工具栏中的 （放置线）按钮，执行连线操作，完成数据解码电路模块的绘制，如图 16-27 所示。

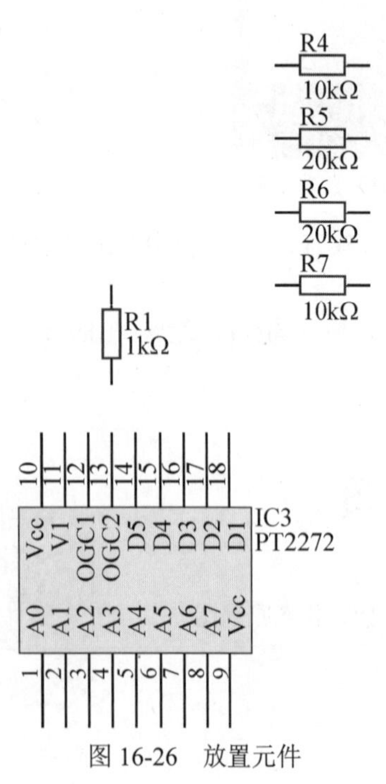

图 16-26　放置元件

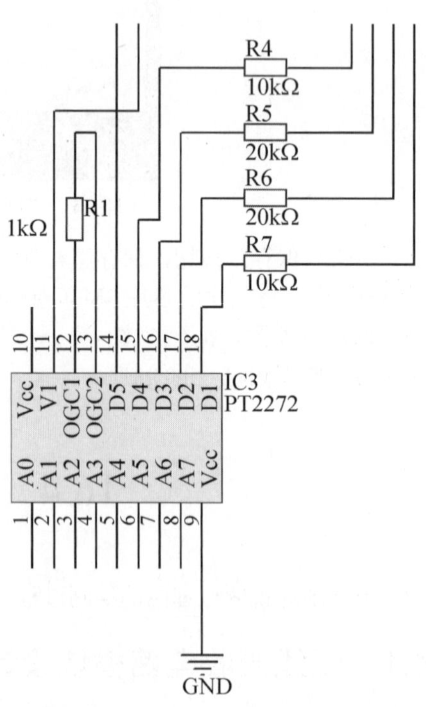

图 16-27　绘制完成的数据解码电路模块

16.4.3　数据处理电路模块设计

（1）选择“Library（库）”面板，在自建库annunciator.SchLib中选择芯片AT89C2051，在Miscellaneous Devices.IntLib库中选择极性电容、电阻和晶振体元件，放置好元件，并对元件进行属性设置，然后进行布局。

（2）单击“布线”工具栏中的（放置线）按钮，进行连线。单击“布线”工具栏中的（放置网络标签）按钮，标注电气网络标签。至此，数据处理电路模块设计完成，其电路原理图如图16-28所示。

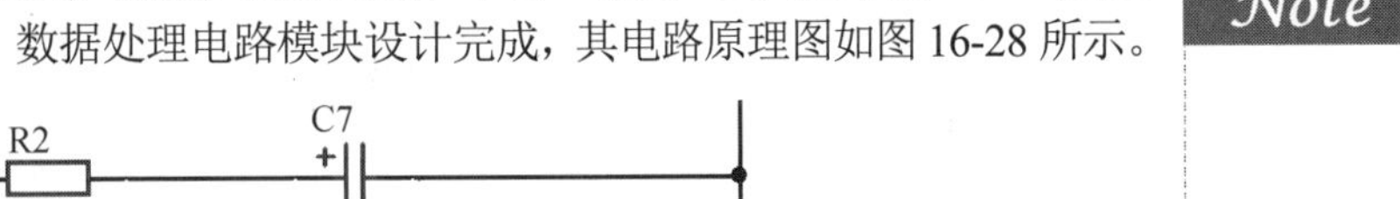

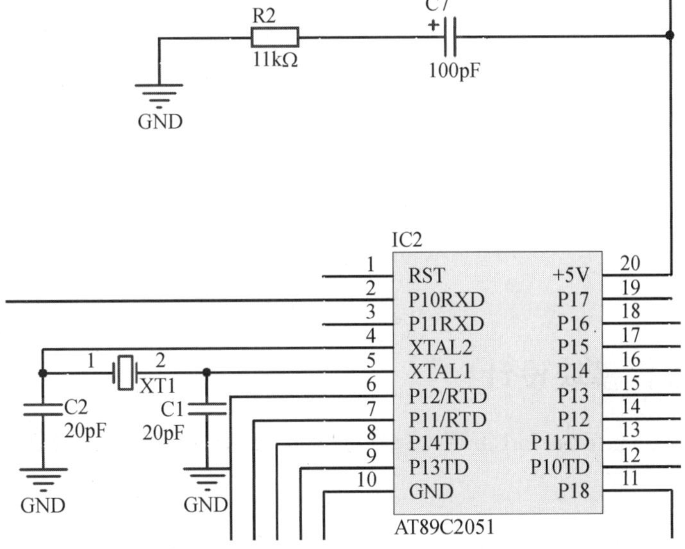

图16-28　设计完成的数据处理电路模块的电路原理图

16.4.4　报警电路模块设计

选择“Libraries（库）”面板，在Miscellaneous Devices.IntLib库中选择二极管、电阻、扬声器，放置到原理图中，然后单击“布线”工具栏中的（放置线）按钮，进行连线。连线后的报警电路模块如图16-29所示。

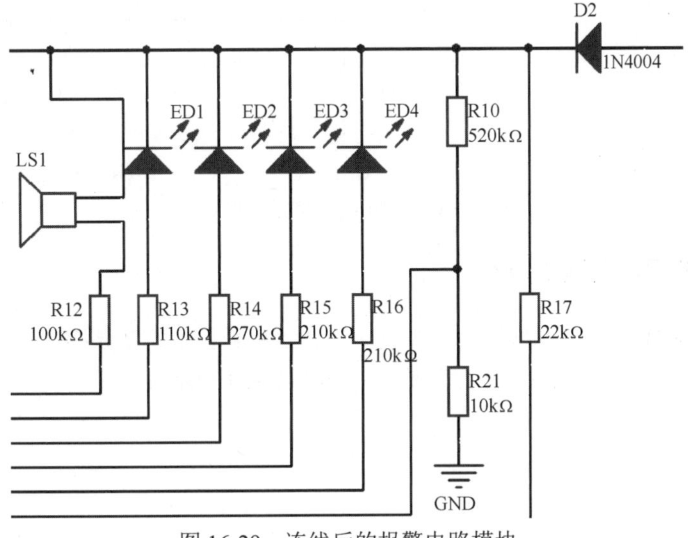

图16-29　连线后的报警电路模块

Note

16.4.5 输出显示模块设计

在 Miscellaneous Devices.IntLib 库中选择电桥、电阻等元件，并完成其电路连接，如图 16-30 所示。

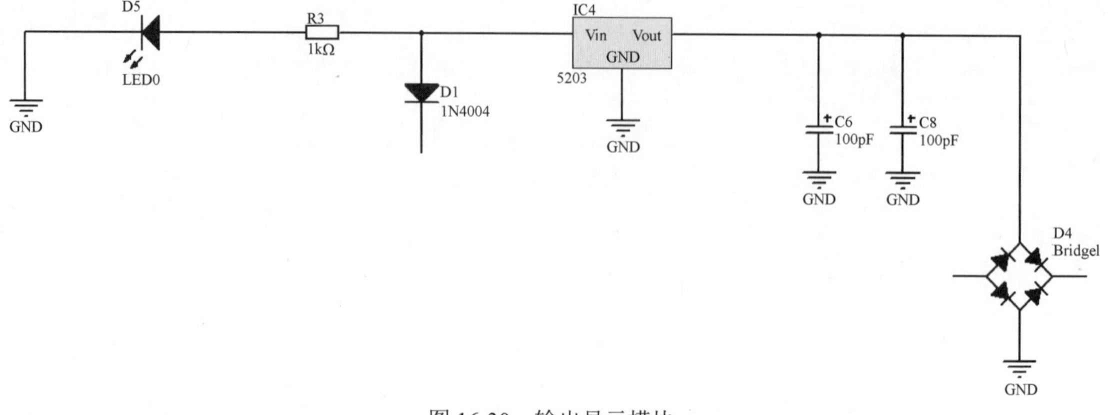

图 16-30　输出显示模块

16.4.6 断电报警模块设计

在 Miscellaneous Connectors.IntLib 库中选择连接器 Header4×2，并完成其电路连接，如图 16-31 所示。

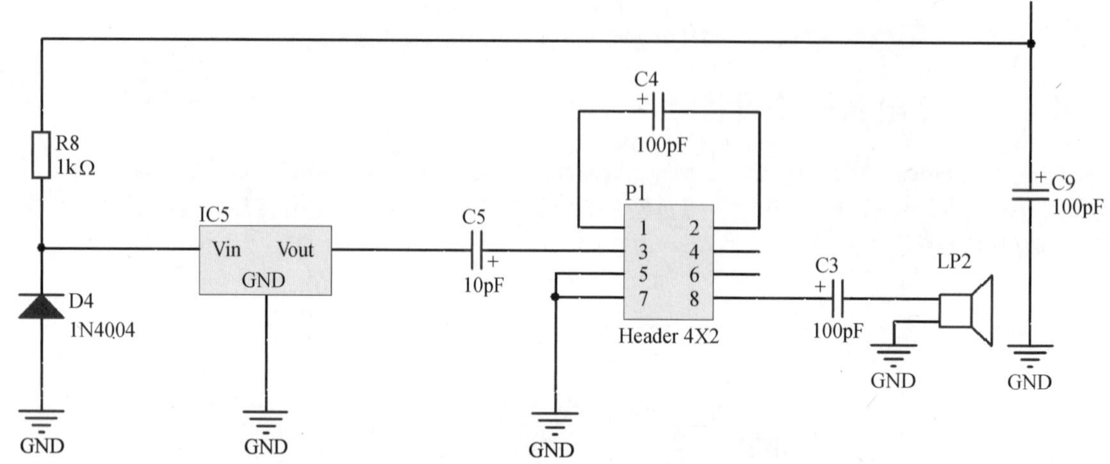

图 16-31　断电报警设计模块

16.4.7 电源电路模块设计

在 Miscellaneous Devices.IntLib 库中选择蓄电池、二极管、电阻及晶振体元件，并完成其电路连接，如图 16-32 所示。完整的电源电路设计原理图如图 16-33 所示。

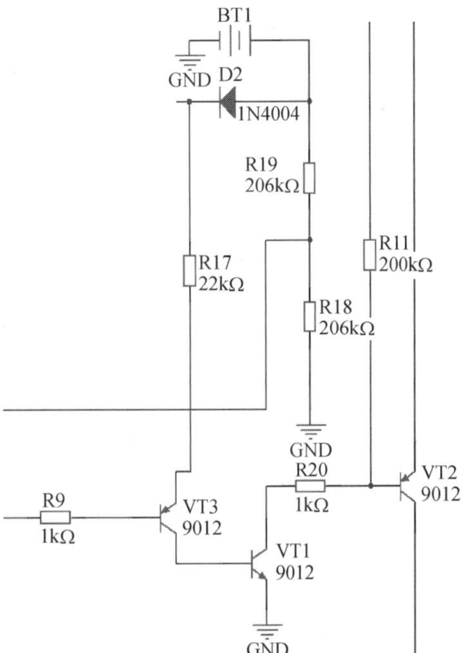

图 16-32　电源电路模块

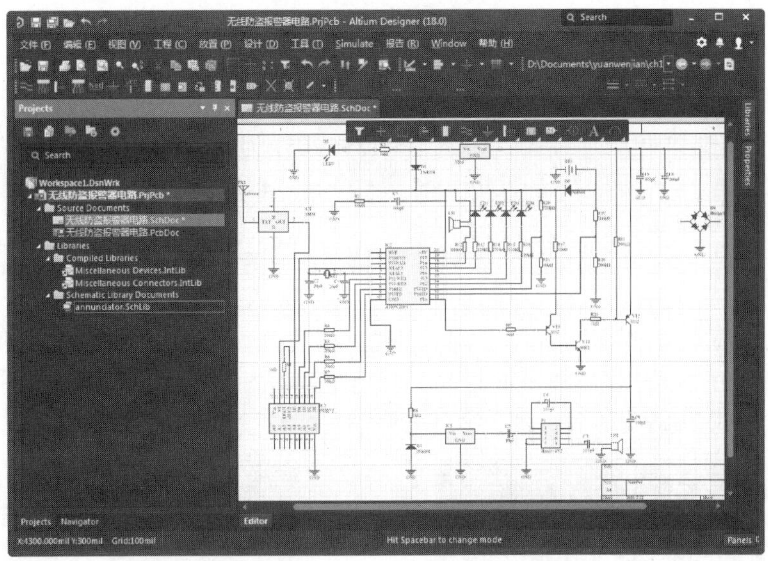

图 16-33　完整的电源电路原理图

扫码看视频

16.5　设计 PCB 板

16.5　设计 PCB 板

16.5.1　创建 PCB 文件

（1）在“Projects（工程）”面板中的任意位置右击，在弹出的快捷菜单中选择“添加新的...到工程”→“PCB（印制电路板文件）”命令，新建一个 PCB 文档，重新保存为“无线防盗报警器电路.PcbDoc”。

Note

（2）绘制物理边界。指向编辑区下方工作层标签栏的“Mechanical 1（机械层 1）”标签，单击切换到机械层。执行“放置”→“线条”命令，进入画线状态，指向外框的第一个角单击；移到第二个角双击；再移到第三个角双击；再移到第四个角双击；移回第一个角（不一定要很准）单击，再右击退出该操作。

（3）绘制电气边界。指向编辑区下方工作层标签栏的“KeepOut Layer（禁止布线层）”标签，单击切换到禁止布线层。执行“放置”→“Keepout（禁止布线）”→“线径”命令，光标显示为带十字光标，在第一个矩形内部绘制略小矩形，绘制方法同上，如图 16-34 所示。

图 16-34　绘制边界

（4）执行“设计”→“板子形状”→“按照选择对象定义”命令，依照物理边界重新定义 PCB 板的尺寸。

16.5.2　编辑元件封装

虽然前面已经为制作的元件指定了 PCB 封装形式，但对于一些特殊的元件，还可以自己定义封装形式，这会给设计带来更大的灵活性。下面以 AT89C2051 为例制作 PCB 封装形式。

（1）执行“文件”→“新的”→“Libraries（库）”→“PCB 元件库”命令，建立一个新的封装文件，命名为 AT89.PcbLib。

（2）执行“工具”→“元器件向导”命令，系统将弹出如图 16-35 所示的“Component Wizard（元器件向导）”对话框。

（3）单击“Next（下一步）”按钮，在进入的选择封装类型界面中选择用户需要的封装类型，如 DIP 或 BGA 封装。在本例中，采用 SOP 封装，如图 16-36 所示，然后单击“Next（下一步）”按钮。接下来的几步均采用系统默认设置，直接单击“Next（下一步）”按钮即可。

图 16-35　“Component Wizard（元器件向导）”对话框

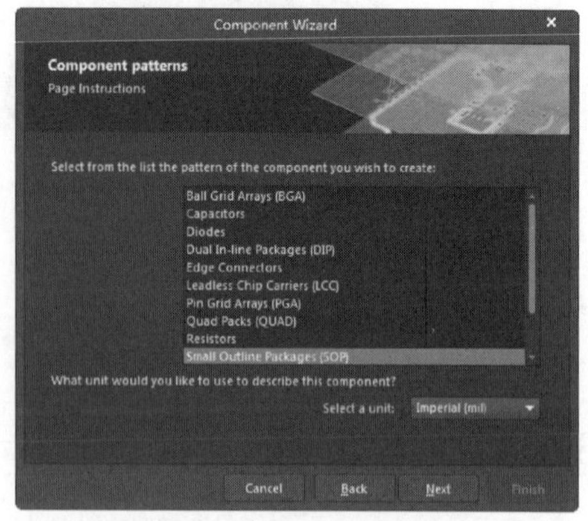

图 16-36　选择封装类型界面

（4）在系统弹出如图 16-37 所示的对话框中，设置管脚总数为 20。单击“Next（下一步）”按钮，在进入的命名封装界面中为元件命名，如图 16-38 所示。最后单击“Finished（完成）”按钮，完成 AT89C2051 封装形式的设计。结果将显示在布局区域，如图 16-39 所示。

（5）打开“Projects（工程）”面板，创建的 PCB 库文件已经自动添加到 PCB Library Documents 项目文件夹下，如图 16-40 所示。

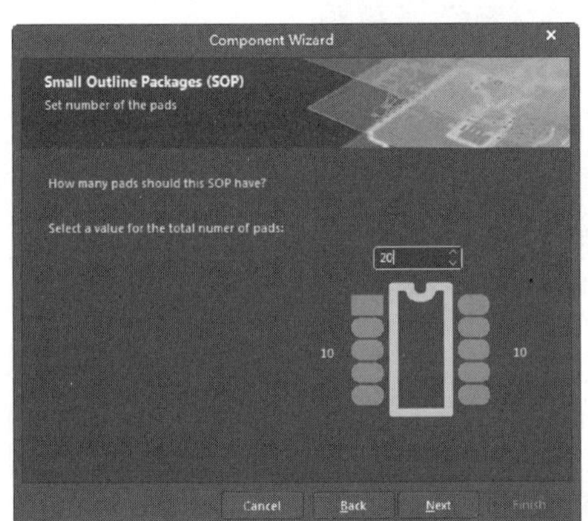

图 16-37　设置管脚数

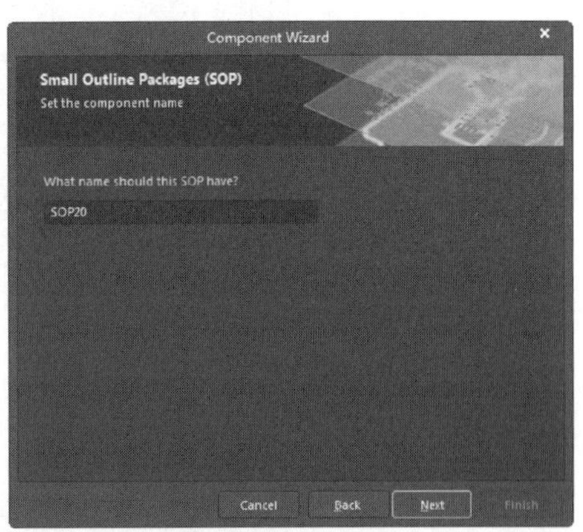

图 16-38　命名封装界面

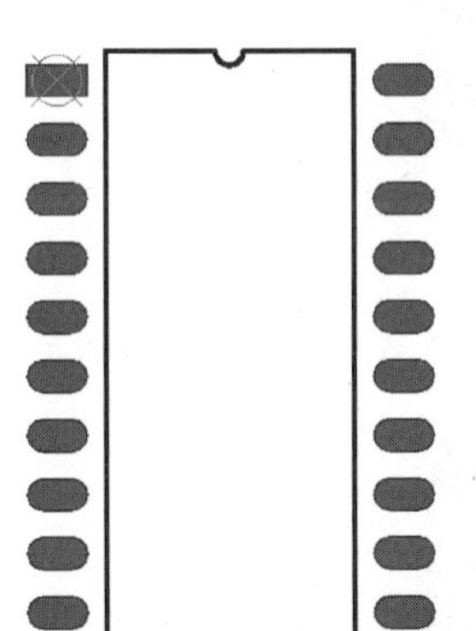

图 16-39　设计完成的元件封装

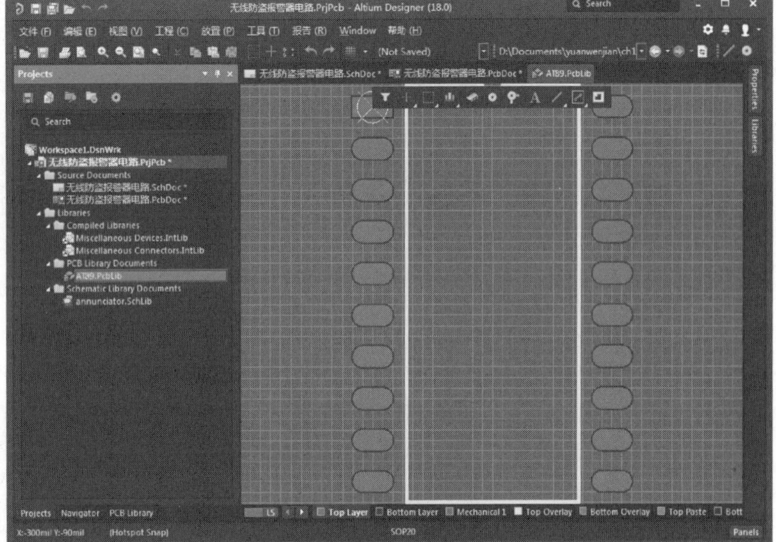

图 16-40　库文件添加到工程库中

（6）返回原理图编辑环境，双击 AT89C2051 元件，系统将弹出“Component（元件）”属性面板。在该面板的“Footprint（封装）”选项组，按步骤把绘制的 AT89C2051 封装形式导入。其步骤与连接系统自带的封装形式的导入步骤相同，具体可参见前面的介绍，在此不再赘述。

提示：在一个项目中，在设计印制电路板时系统会将所有电路图的数据转移到一块电路板中，但对于电路图设计电路板，需要从新建印制电路板文件开始。

16.5.3　印制电路板设置

（1）返回 PCB 编辑环境，执行“设计”→“Import Changes From 无线防盗报警器电路.PRJPCB”

Note

命令，系统将弹出如图 16-41 所示的“Engineering Change Order（工程更改顺序）”对话框。

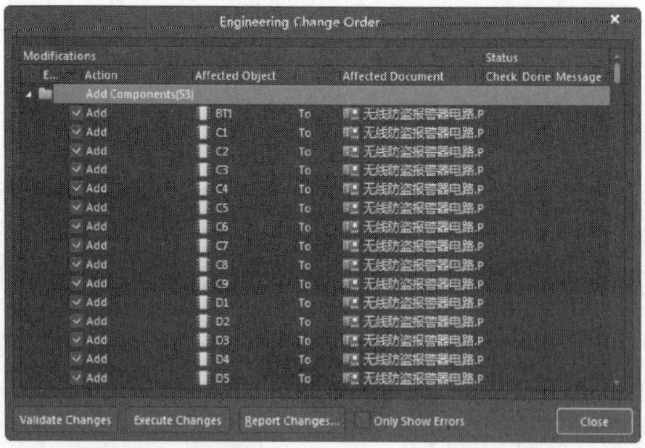

图 16-41　“Engineering Change Order（工程更改顺序）”对话框

（2）单击 Validate Changes 按钮，验证更新方案是否有错误，程序会将验证结果显示在对话框中，如图 16-42 所示。

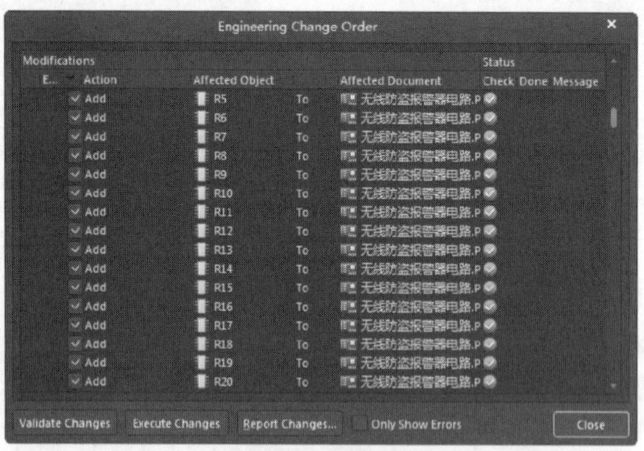

图 16-42　验证结果

（3）在图 16-42 中没有错误产生，单击 Execute Changes 按钮，执行更改操作，如图 16-43 所示。

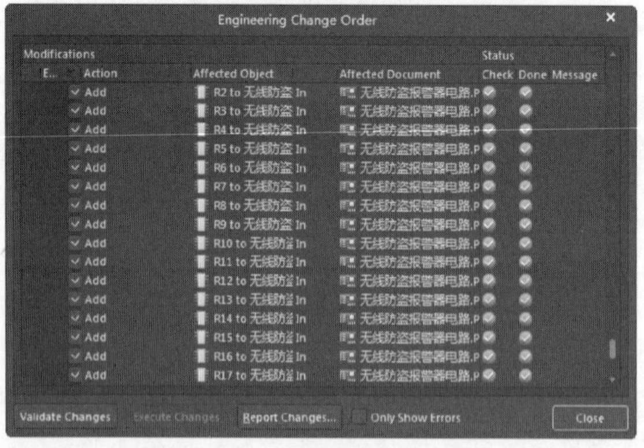

图 16-43　更改结果

（4）单击 Report Changes... 按钮，弹出“Report Preview（报告预览）”对话框，显示封装导入信息，如图 16-44 所示。然后单击 Close 按钮，关闭对话框。

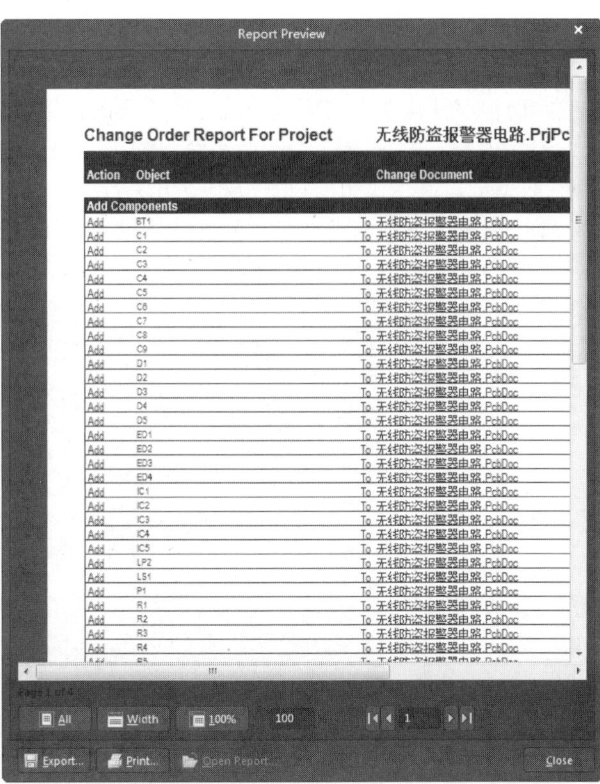

图 16-44　“Report Preview（报告预览）”对话框

（5）按住鼠标左键将导入的封装元件拖到电气边界板框中。单击选中，再按 Delete 键，将它们删除。手动放置零件，在电气边界对元件进行布局，如无特殊要求，同类元件依次并排放置。

（6）在绘制电路板边界时，按照元件数量估算绘制，在完成元件布局后，按照元件实际所占空间对边框进行修改。完成修改后执行“设计”→“板子形状”→“按照选择对象定义”命令，沿电路板物理边界外侧绘制矩形，裁剪电路板。至此，电路板设计初步完成，结果如图 16-45 所示。

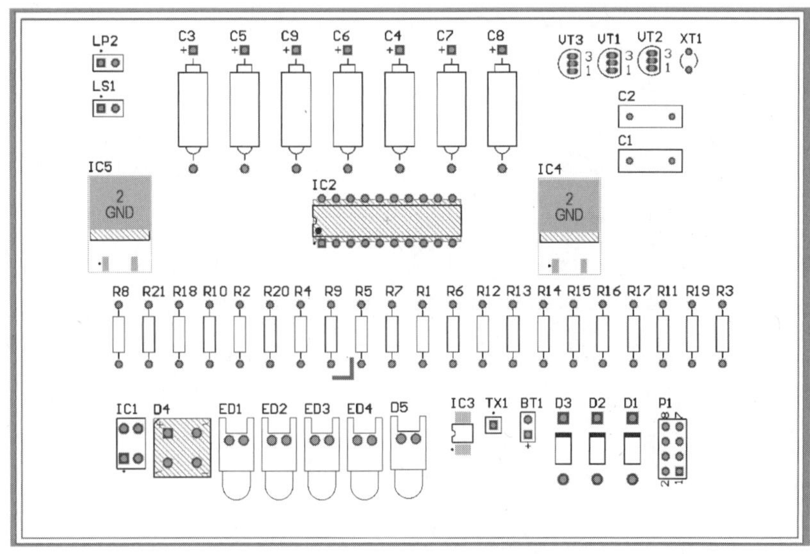

图 16-45　改变零件放置后的原理图

16.5.4 布线设置

本电路采用双面板布线，而程序默认即为双面板布线，所以不必设置布线板层。

（1）执行“布线”→“自动布线”→“设置”命令，系统将弹出如图 16-46 所示的“Situs Routing Strategies（布线位置策略）”对话框，显示在布局设置过程中出现的错误。

（2）单击 Error 选项，弹出电路板规则编辑器对话框，默认最小间隔为 10mil，由于布局过程中元件间距过小发出警告，因此修改最小间隔为 5mil，如图 16-47 所示。

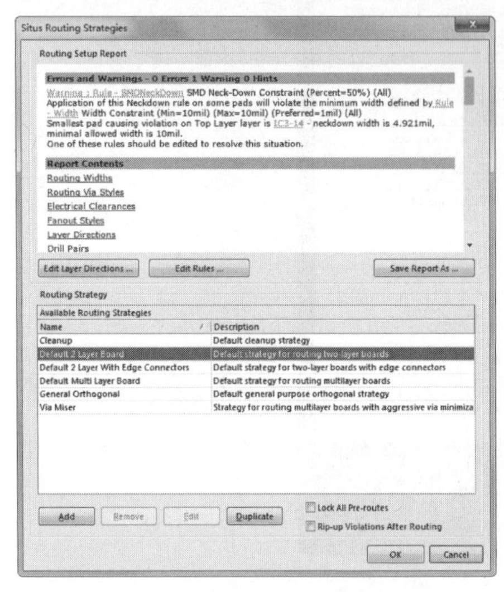

图 16-46 “Situs Routing Strategies（布线位置策略）”对话框

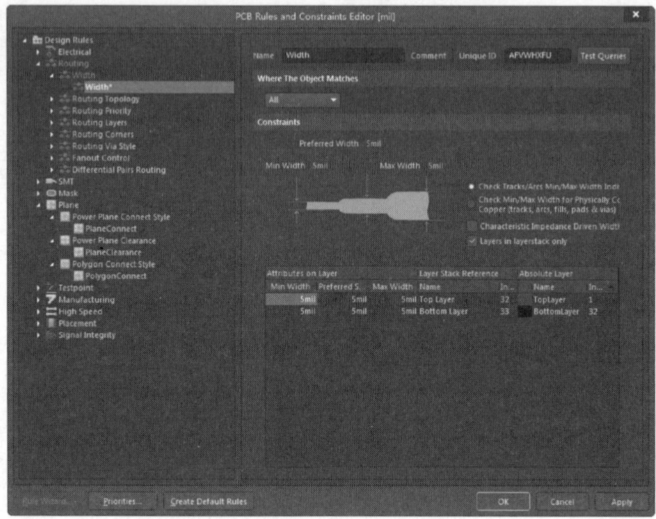

图 16-47 修改元件间距

（3）完成修改后，单击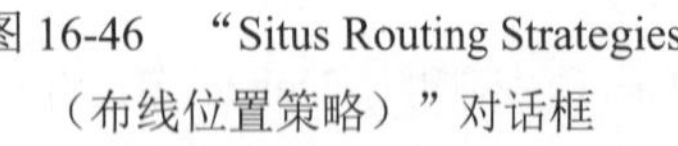按钮，关闭对话框，返回“Situs Routing Strategies（布线位置策略）”对话框，此时警告消除，如图 16-48 所示。

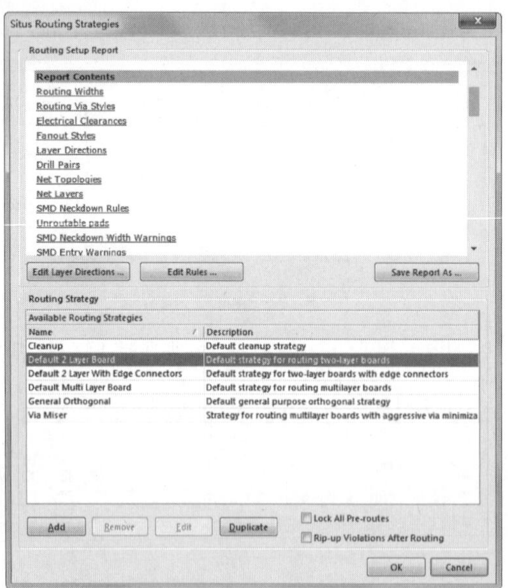

图 16-48 “Situs Routing Strategies（布线位置策略）”对话框

（4）单击“Route All（布线所有）”按钮，进行全局性的自动布线。布线完成后如图 16-49 所示。

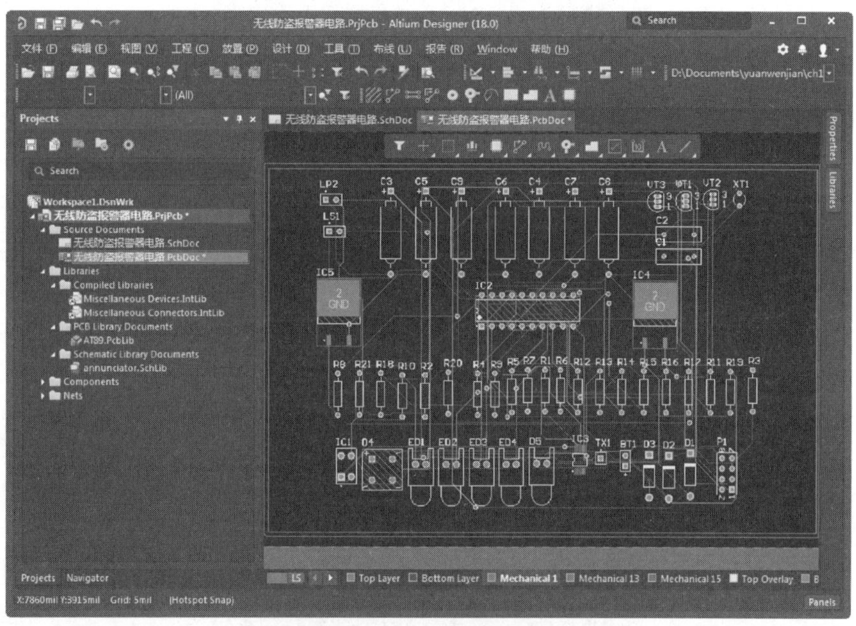

图 16-49　完成自动布线

（5）只需要很短的时间即可完成布线，如图 16-50 所示，然后关闭“Messages（信息）”面板。

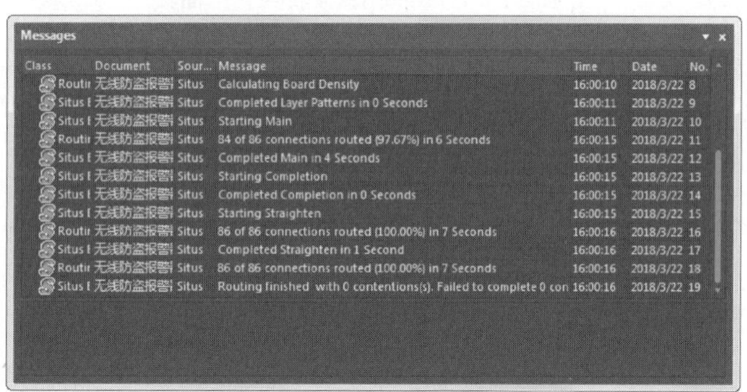

图 16-50　“Messages（信息）”面板

16.5.5　铺铜设置

（1）执行“放置”→“铺铜”命令，或者单击“布线”工具栏中的按钮，还可以使用 P+G 快捷键，即可执行放置铺铜命令，系统弹出“Properties（属性）”面板。

（2）选中“Hatched（Tracks/Arcs）（填充（轨迹/圆弧））”选项，设置孵化模式为 45°，如图 16-51 所示。

（3）光标变成十字形，准备开始铺铜操作。

（4）用光标沿着 PCB 的电气边界线，画出一个闭合的矩形框。单击确定起点，移动至拐点处再次单击，直至取完矩形框的第四个顶点，右击退出，完成 PCB 铺铜。

（5）单击“PCB 标准”工具栏中的（保存）按钮，保存文件。

Note

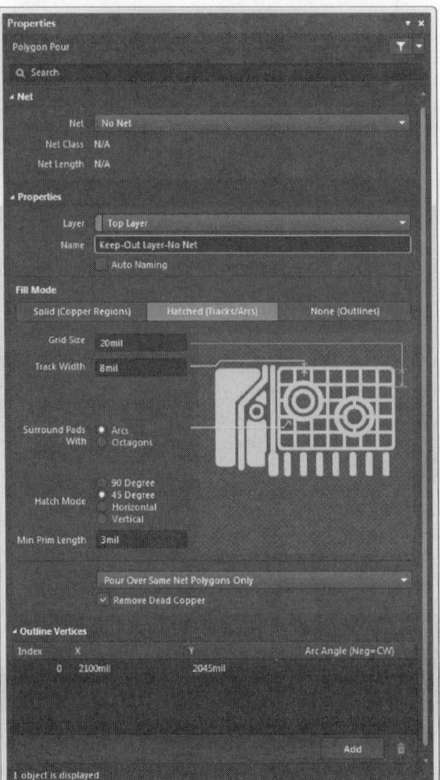

图 16-51 “Properties（属性）”面板